第1章 大头贴效果图

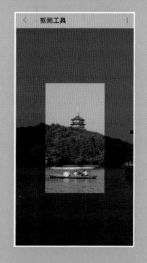
第2章 抠图工具效果图

第3章 动感影集效果图1

第3章 动感影集效果图2

第5章 动物分布图效果图

第4章 电子书架效果图1

第4章 电子书架效果图2

第5章 全景相册效果图1

第5章 全景相册效果图2

Android App 开发进阶与项目实战

第6章 即时通信效果图1

第6章 即时通信效果图2

第7章 长音频分享效果图1

第7章 长音频分享效果图2

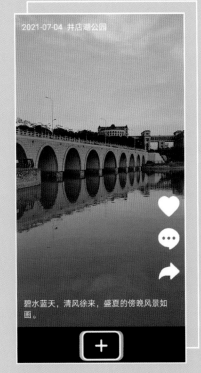
第8章 短视频分享效果图1

第8章 短视频分享效果图2

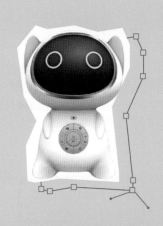

Android App
开发进阶与项目实战

▲ 第9章 附近的人效果图2

◀ 第9章 附近的人效果图1

第10章 ▶ 智能小车效果图

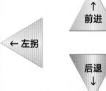

第9章 卫星浑天仪效果图

第11章 问答机器人效果图

第12章 智慧天眼效果图

第13章 视频通话效果图1

第13章 视频通话效果图2

第13章 直播带货效果图

Android App 开发进阶与项目实战

# Android App
## 开发进阶与项目实战

欧阳燊 著

清华大学出版社
北京

## 内 容 简 介

本书是一部 Android 开发的进阶实战教程，由点及面、由原理到实战，带领读者一步一步深入探索 App 开发的神奇世界。全书共分为 13 章。其中，前 5 章是单机部分，主要讲解 App 的图像加工、事件交互、动画特效、手机阅读、三维处理等 App 开发的高级进阶；中间 4 章是联网部分，主要讲解 App 的网络通信、音频处理、视频处理、定位导航等网络交互的高级进阶；后 4 章涉及人工智能方面的内容，主要讲解物联网、智能语音、人脸识别、在线直播等智能化应用进阶。书中在讲解知识点的同时给出了大量实战范例，各章末尾都提供了精心设计的实战项目（共 14 个），所有实战项目都提供了完整的源码，方便读者迅速将所学的知识运用到实际开发中。这 14 个流行 App 是可爱大头贴、抠图工具、动感影集、电子书架、全景相册、即时聊天、长音频分享、短视频分享、附近交友、智能小车、问答机器人、智慧天眼、视频通话、直播带货。另外，本书还讲解了扫一扫、摇一摇、指南针、地球仪、卫星浑天仪等趣味应用。

本书既适合 Android 开发的广大从业者、有志于转型 App 开发的程序员、App 开发的业余爱好者阅读，也可作为大中专院校与培训机构的 Android 开发课程的教材。

本书封面贴有清华大学出版社防伪标签，无标签者不得销售。
版权所有，侵权必究。举报：010-62782989，beiqinquan@tup.tsinghua.edu.cn。

**图书在版编目（CIP）数据**

Android App 开发进阶与项目实战 / 欧阳燊著. —北京：清华大学出版社，2021.10（2023.1重印）
ISBN 978-7-302-59259-4

Ⅰ. ①A… Ⅱ. ①欧… Ⅲ. ①移动终端－应用程序－程序设计 Ⅳ. ①TN929.53

中国版本图书馆 CIP 数据核字（2021）第 192758 号

责任编辑：王金柱
封面设计：王　翔
责任校对：闫秀华
责任印制：刘海龙

出版发行：清华大学出版社
　　　　　网　　址：http://www.tup.com.cn，http://www.wqbook.com
　　　　　地　　址：北京清华大学学研大厦 A 座　　　邮　编：100084
　　　　　社 总 机：010-83470000　　　　　　　　　邮　购：010-62786544
　　　　　投稿与读者服务：010-62776969，c-service@tup.tsinghua.edu.cn
　　　　　质 量 反 馈：010-62772015，zhiliang@tup.tsinghua.edu.cn
印 装 者：三河市铭诚印务有限公司
经　　销：全国新华书店
开　　本：190mm×260mm　　印　张：33.25　　插页2　　字　数：896 千字
版　　次：2021 年 11 月第 1 版　　　　　　　　印　次：2023 年 1 月第 2 次印刷
定　　价：129.00 元

产品编号：092025-01

# 前　言

自 2008 年 10 月第一部 Android 智能手机发布以来，移动互联网行业已经走过了十几年的发展历程，其间移动网络制式从 3G 到 4G 再到 5G，手机的数据传输速率越来越快，新形态的 App 犹如雨后春笋不断更新和迭代。

十几年来，手机 App 从早期的通信、拍照、上网等基本功能，到即时通信、电子商务、地图导航等高级功能，再到智能语音、人脸识别、视频通话等最新应用，以 Android 为代表的 App 开发热潮方兴未艾。物联网、虚拟现实、人工智能几个方向更是火热，最近几年涌现的新技术层出不穷，诸如 OpenGL ES、OpenCV、WebSocket、WebRTC、低功耗蓝牙、TensorFlow Lite 等不断推陈出新。

新技术的发展如此迅猛，就要求开发者要时刻关注技术发展趋势，并努力学习加以应用。也正是因为新技术的迭代速度太快，技术书籍往往无法及时跟上。目前市面上有关 App 进阶的书籍为数不多，特别是新技术的实战类书籍。掌握新技术已经很不容易了，还要把新技术应用于实战项目更是难上加难。尽管存在种种挑战和困难，本书仍然引入并介绍这些新技术，包括 OpenGL ES、OpenCV、WebSocket、WebRTC、低功耗蓝牙、TensorFlow Lite 等，力图给广大开发者呈现相关新技术的实战前景。

全书按照知识点分门别类，共分为 13 章。其中，前 5 章是单机部分，主要讲解 App 的图像加工、事件交互、动画特效、手机阅读、三维处理等单个 App 的高级进阶，侧重于控件美化、操控优化、动感界面、虚拟现实等功能实现；中间 4 章是联网部分，主要讲解 App 的网络通信、音频处理、视频处理、定位导航等网络交互的高级进阶，侧重于图文分享、音频分享、视频分享、位置分享等功能实现；后 4 章涉及人工智能方面的内容，主要讲解物联网、智能语音、人脸识别、在线直播等智能化应用进阶，侧重于无线遥控、机器听觉、机器视觉、实时音视频等功能实现。

书中在讲解知识点的同时给出了大量实战范例，各章末尾都提供了精心设计的实战项目（一共 14 个 App 实战项目），方便读者迅速将所学的知识运用到实际开发中。通过本书的学习，读者可以参照源码来掌握这 14 个流行 App 的开发技术，这 14 个 App 是可爱大头贴、抠图工具、动感影集、电子书架、全景相册、即时聊天、长音频分享、短视频分享、附近交友、智能小车、问答机器人、智慧天眼、视频通话、直播带货。另外，本书还讲解了扫一扫、摇一摇、指南针、地球仪、卫星浑天仪等趣味应用的开发。

本书不是一本零基础教程，而是一部 App 进阶书籍，是《Android App 开发入门与项目实战》的姊妹篇。《Android App 开发入门与项目实战》专注于介绍 App 入门开发，而本书专注于介绍

App 进阶开发。两本书的关系既是内容互补，又是前后衔接。

学习本书之前，读者需要具备 Java 编程基础和 App 开发基础。其中，Java 语言要求掌握 Java 8 的面向对象编程，如果读者不熟悉 Java 编程，可先阅读笔者的 Java 开发专著《好好学 Java：从零基础到项目实战》。至于 App 开发基础，建议通读笔者的 App 入门教程《Android App 开发入门与项目实战》（该书同样基于 Android 11 进行讲解，并详细介绍了新特性、新框架，如 Shortcuts、ViewPager2、ImageDecoder、Room、Gson、Glide 等，非常适合入门 App 开发。

对于进阶实战图书来说，不光技术要新、工具要新，还要看得懂、学得会，能够真正在开发工作中学以致用。为此，本书致力于提供下列服务：

- 随书提供包括实战项目在内的所有客户端源码，以及与之配套的服务端源码。
- 书中的代码片段都添加了详尽的中文注释，乃至配图都尽可能标上中文说明，方便读者快速理解技术细节。
- 各章末尾列出了若干动手练习题，帮助读者及时检查自己的学习成果。
- 书后增列了附录 A 至附录 E，从新技术时间线，到 Android 各版本适配，再到名词术语索引，可当作技术字典翻阅。
- 随书提供 PPT 教学课件，既有利于教学开展，也有利于自学巩固。

本书的主要代码采用 Java 8 编写，其中客户端的 App 代码基于 Android Studio 4.2 开发，并使用 API 30 的 SDK（Android 11）编译与调试通过；配套的服务端源码采用 Java Web 框架，结合 MySQL 数据库，并基于 IDEA 开发。

## 源码与 PPT 下载

本书配套的源码与教学 PPT 课件，需用微信扫描下边二维码获取。如果有疑问，请联系 booksaga@126.com，邮件主题为"Android App 开发进阶与项目实战"。

最后，感谢王金柱编辑的热情指点，感谢出版社其他人员的辛勤工作，感谢我的家人一直以来的支持，感谢各位师长的谆谆教导，没有他们的鼎力相助，本书就无法顺利完成。

欧阳燊

2021 年 8 月

# 目　　录

## 第1章　图像加工 ...... 1

### 1.1　图像装饰 ...... 1
#### 1.1.1　卡片视图 ...... 1
#### 1.1.2　给图像添加装饰 ...... 3
#### 1.1.3　给图像添加水波特效 ...... 6

### 1.2　位图加工 ...... 8
#### 1.2.1　转换位图的像素色彩 ...... 8
#### 1.2.2　裁剪位图内部区域 ...... 10
#### 1.2.3　利用矩阵变换位图 ...... 12

### 1.3　自定义图形 ...... 14
#### 1.3.1　位图与图形互转 ...... 14
#### 1.3.2　剪裁图形内部区域 ...... 15
#### 1.3.3　给图形添加小部件 ...... 17

### 1.4　实战项目：青葱岁月之可爱大头贴 ...... 20
#### 1.4.1　需求描述 ...... 20
#### 1.4.2　功能分析 ...... 20
#### 1.4.3　效果展示 ...... 22

### 1.5　小结 ...... 23

### 1.6　动手练习 ...... 23

## 第2章　事件交互 ...... 24

### 2.1　按键事件 ...... 24
#### 2.1.1　检测软键盘 ...... 24
#### 2.1.2　检测物理按键 ...... 26
#### 2.1.3　接管返回按键 ...... 27

2.2 触摸事件 ·································································································· 29
   2.2.1 手势事件的分发流程 ········································································ 29
   2.2.2 接管手势事件处理 ············································································ 33
   2.2.3 跟踪滑动轨迹实现手写签名 ······························································ 36
2.3 根据触摸行为辨别手势动作 ········································································ 38
   2.3.1 区分点击和长按动作 ········································································ 38
   2.3.2 识别手势滑动的方向 ········································································ 40
   2.3.3 辨别缩放与旋转手势 ········································································ 42
2.4 手势冲突处理 ······························································································ 46
   2.4.1 上下滚动与左右滑动的冲突处理 ······················································ 46
   2.4.2 内部滑动与翻页滑动的冲突处理 ······················································ 49
   2.4.3 正常下拉与下拉刷新的冲突处理 ······················································ 53
2.5 实战项目：仿美图秀秀的抠图工具 ······························································ 56
   2.5.1 需求描述 ··························································································· 56
   2.5.2 功能分析 ··························································································· 57
   2.5.3 效果展示 ··························································································· 58
2.6 小结 ············································································································ 59
2.7 动手练习 ····································································································· 59

# 第3章 动画特效 ·································································································· 60

3.1 帧动画 ········································································································ 60
   3.1.1 帧动画的实现 ·················································································· 60
   3.1.2 显示动图特效 ·················································································· 62
   3.1.3 淡入淡出动画 ·················································································· 66
3.2 补间动画 ····································································································· 67
   3.2.1 补间动画的种类 ·············································································· 67
   3.2.2 补间动画的原理 ·············································································· 72
   3.2.3 集合动画 ·························································································· 74
3.3 属性动画 ····································································································· 76
   3.3.1 常规的属性动画 ·············································································· 76

3.3.2 属性动画组合 ·············································································· 78
3.3.3 插值器和估值器 ·········································································· 80
3.3.4 利用估值器实现弹幕动画 ······························································ 83
3.4 遮罩动画及滚动器 ················································································· 86
3.4.1 画布的绘图层次 ·········································································· 86
3.4.2 实现百叶窗动画 ·········································································· 90
3.4.3 利用滚动器实现平滑翻页 ······························································ 94
3.5 实战项目：仿手机 QQ 的动感影集 ····························································· 97
3.5.1 需求描述 ··················································································· 98
3.5.2 功能分析 ··················································································· 99
3.5.3 效果展示 ·················································································· 102
3.6 小结 ·································································································· 104
3.7 动手练习 ···························································································· 104

# 第 4 章 手机阅读 ··············································································· 105

4.1 贝塞尔曲线 ························································································ 105
4.1.1 贝塞尔曲线的原理 ····································································· 105
4.1.2 实现波浪起伏动画 ····································································· 107
4.1.3 实现给主播刷礼物的特效 ···························································· 108
4.2 浏览 PDF 文件 ···················································································· 111
4.2.1 PDF 文件渲染器 ········································································ 111
4.2.2 实现平滑翻书效果 ····································································· 113
4.2.3 实现卷曲翻书动画 ····································································· 116
4.3 JNI 开发 ···························································································· 122
4.3.1 NDK 环境搭建 ·········································································· 122
4.3.2 创建 JNI 接口 ··········································································· 125
4.3.3 JNI 实现加解密 ········································································· 128
4.3.4 采取 CMake 编译方式 ································································ 132
4.4 实战项目：笔墨飘香之电子书架 ······························································ 134
4.4.1 需求描述 ················································································· 134

4.4.2　功能分析 136
　　4.4.3　效果展示 139
4.5　小结 141
4.6　动手练习 141

# 第5章　三维处理 142

5.1　OpenGL 142
　　5.1.1　三维投影 142
　　5.1.2　轮廓勾勒 147
　　5.1.3　纹理贴图 152
5.2　OpenGL ES 155
　　5.2.1　着色器小程序 155
　　5.2.2　通过矩阵变换调整视角 160
　　5.2.3　给三维物体贴图 163
5.3　Vulkan 166
　　5.3.1　下一代 OpenGL——Vulkan 166
　　5.3.2　简单的 Vulkan 例子 167
　　5.3.3　Vulkan 的实战应用 169
5.4　实战项目：虚拟现实的全景相册 171
　　5.4.1　需求描述 171
　　5.4.2　功能分析 172
　　5.4.3　效果展示 176
5.5　小结 177
5.6　动手练习 177

# 第6章　网络通信 178

6.1　多线程 178
　　6.1.1　通过 runOnUiThread 快速操纵界面 178
　　6.1.2　利用线程池 Executor 调度异步任务 181
　　6.1.3　工作管理器 WorkManager 183
6.2　HTTP 访问 186

## 目录 | VII

6.2.1 通过 okhttp 调用 HTTP 接口 ·································································· 187
6.2.2 使用 okhttp 下载和上传文件 ·································································· 191
6.2.3 实现下拉刷新和上拉加载 ······································································· 196
6.3 即时通信 ··············································································································· 200
6.3.1 通过 SocketIO 传输文本消息 ································································· 200
6.3.2 通过 SocketIO 传输图片消息 ································································· 203
6.3.3 利用 WebSocket 传输消息 ····································································· 206
6.4 实战项目：仿微信的私聊和群聊 ····································································· 209
6.4.1 需求描述 ··································································································· 209
6.4.2 功能分析 ··································································································· 211
6.4.3 效果展示 ··································································································· 217
6.5 小结 ······················································································································· 221
6.6 动手练习 ··············································································································· 221

## 第 7 章 音韵留声 ......................................................................................... 222

7.1 音量调节 ··············································································································· 222
7.1.1 拖动条和滑动条 ······················································································· 222
7.1.2 音频管理器 ······························································································· 225
7.1.3 音量调节对话框 ······················································································· 226
7.2 音频录播 ··············································································································· 230
7.2.1 普通音频的录播 ······················································································· 230
7.2.2 原始音频的录播 ······················································································· 235
7.2.3 自定义音频控制条 ··················································································· 238
7.3 音效增强 ··············································································································· 244
7.3.1 铃声播放 ··································································································· 244
7.3.2 声音池调度 ······························································································· 246
7.3.3 录制 WAV 音频 ······················································································· 249
7.3.4 录制 MP3 音频 ························································································ 253
7.4 实战项目：仿喜马拉雅的听说书 ····································································· 257
7.4.1 需求描述 ··································································································· 257

7.4.2 功能分析 259
7.4.3 效果展示 262
7.5 小结 265
7.6 动手练习 265

# 第8章 影像记录 266

8.1 经典相机 266
    8.1.1 表面视图和纹理视图 266
    8.1.2 使用经典相机拍照 268
    8.1.3 使用经典相机录像 273
    8.1.4 自定义视频控制条 276
8.2 二代相机 279
    8.2.1 使用二代相机拍照 280
    8.2.2 使用二代相机录像 286
    8.2.3 新型播放器 ExoPlayer 290
8.3 画面截取 294
    8.3.1 截取视频的某帧 294
    8.3.2 自定义悬浮窗 296
    8.3.3 对屏幕画面截图 301
8.4 实战项目：仿抖音的短视频分享 305
    8.4.1 需求描述 305
    8.4.2 功能分析 308
    8.4.3 效果展示 311
8.5 小结 313
8.6 动手练习 313

# 第9章 定位导航 314

9.1 基础定位 314
    9.1.1 开启定位功能 314
    9.1.2 获取定位信息 316
    9.1.3 根据经纬度查找详细地址 321

## 9.2 扩展定位 ... 323
### 9.2.1 获取照片里的位置信息 ... 323
### 9.2.2 全球卫星导航系统 ... 327
### 9.2.3 室内 WiFi 定位 ... 330

## 9.3 地图导航 ... 336
### 9.3.1 集成腾讯地图 ... 336
### 9.3.2 显示地图面板 ... 339
### 9.3.3 获取地点信息 ... 341
### 9.3.4 规划导航路线 ... 343

## 9.4 实战项目：仿微信的附近的人 ... 347
### 9.4.1 需求描述 ... 347
### 9.4.2 功能分析 ... 349
### 9.4.3 效果展示 ... 352

## 9.5 小结 ... 355

## 9.6 动手练习 ... 355

# 第 10 章 物联网 ... 356

## 10.1 传感器 ... 356
### 10.1.1 传感器的种类 ... 356
### 10.1.2 摇一摇——加速度传感器 ... 358
### 10.1.3 指南针——磁场传感器 ... 360
### 10.1.4 计步器、感光器和陀螺仪 ... 362

## 10.2 传统蓝牙 ... 365
### 10.2.1 蓝牙设备配对 ... 365
### 10.2.2 蓝牙音频传输 ... 371
### 10.2.3 点对点蓝牙通信 ... 374

## 10.3 低功耗蓝牙 ... 381
### 10.3.1 扫描 BLE 设备 ... 381
### 10.3.2 发送 BLE 广播 ... 387
### 10.3.3 通过主从 BLE 实现聊天应用 ... 390

10.4 实战项目：自动驾驶的智能小车 ................................................................................ 397
  10.4.1 需求描述 ................................................................................................... 397
  10.4.2 功能分析 ................................................................................................... 397
  10.4.3 效果展示 ................................................................................................... 401
10.5 小结 ................................................................................................................................ 403
10.6 动手练习 ........................................................................................................................ 403

# 第 11 章 智能语音 ............................................................................................................. 404

11.1 原生语音处理 ................................................................................................................ 404
  11.1.1 系统自带的语音引擎 ............................................................................... 404
  11.1.2 文字转语音 ............................................................................................... 406
  11.1.3 原生的语音识别 ....................................................................................... 409
11.2 在线语音处理 ................................................................................................................ 411
  11.2.1 中文转拼音 ............................................................................................... 411
  11.2.2 在线语音合成 ........................................................................................... 414
  11.2.3 在线语音识别 ........................................................................................... 417
11.3 基于机器学习的语音推断 ............................................................................................ 421
  11.3.1 TensorFlow 简介 ....................................................................................... 422
  11.3.2 TensorFlow Lite ......................................................................................... 423
  11.3.3 从语音中识别指令 ................................................................................... 425
11.4 实战项目：你问我答之小小机器人 ............................................................................ 426
  11.4.1 需求描述 ................................................................................................... 426
  11.4.2 功能分析 ................................................................................................... 427
  11.4.3 效果展示 ................................................................................................... 433
11.5 小结 ................................................................................................................................ 437
11.6 动手练习 ........................................................................................................................ 437

# 第 12 章 人脸识别 ............................................................................................................. 438

12.1 简单图像识别 ................................................................................................................ 438
  12.1.1 自动识别验证码 ....................................................................................... 438
  12.1.2 生成二维码图片 ....................................................................................... 442

12.1.3 扫描识别二维码 ································· 444

12.2 基于计算机视觉的人脸识别 ································· 449

　12.2.1 检测图像中的人脸 ································· 449

　12.2.2 OpenCV 简介及其集成 ································· 452

　12.2.3 利用 OpenCV 检测人脸 ································· 454

12.3 人脸识别的更多应用 ································· 457

　12.3.1 借助摄像头实时检测人脸 ································· 457

　12.3.2 比较两张人脸的相似程度 ································· 460

　12.3.3 根据人脸估算性别和年龄 ································· 463

12.4 实战项目：寻人神器之智慧天眼 ································· 466

　12.4.1 需求描述 ································· 467

　12.4.2 功能分析 ································· 467

　12.4.3 效果展示 ································· 470

12.5 小结 ································· 471

12.6 动手练习 ································· 472

# 第 13 章 在线直播 ································· 473

13.1 搭建 WebRTC 的服务端 ································· 473

　13.1.1 WebRTC 的系统架构 ································· 473

　13.1.2 搭建信令服务器 ································· 475

　13.1.3 搭建穿透服务器 ································· 477

13.2 给 App 集成 WebRTC ································· 480

　13.2.1 引入 WebRTC 开源库 ································· 480

　13.2.2 实现 WebRTC 的发起方 ································· 484

　13.2.3 实现 WebRTC 的接收方 ································· 487

13.3 实战项目：仿微信的视频通话 ································· 489

　13.3.1 需求描述 ································· 490

　13.3.2 功能分析 ································· 491

　13.3.3 效果展示 ································· 495

13.4 实战项目：仿拼多多的直播带货 ································· 497

13.4.1 需求描述 ································································ 497
13.4.2 功能分析 ································································ 498
13.4.3 效果展示 ································································ 504
13.5 小结 ················································································· 507
13.6 动手练习 ············································································ 507

附录 A 移动互联网行业的新技术发展简表 ································· 508

附录 B Android 各版本的新增功能简表 ···································· 510

附录 C Android 常用开发库说明简表 ······································· 512

附录 D 移动开发专业术语索引 ················································ 514

附录 E 本书的服务端程序说明 ················································ 517

# 第 1 章

# 图像加工

本章介绍 App 开发常见的一些图像加工技术,主要包括如何给图像添加装饰物品、如何对位图数据进行加工、如何利用自定义技术生成新的图形。最后结合本章所学的知识演示一个实战项目"青葱岁月之可爱大头贴"的设计与实现。

## 1.1 图像装饰

本节介绍 App 装饰图像控件的几种手段,内容包括卡片视图的样式特征及其用法、如何给图像视图添加水印或者边框、如何利用延迟刷新机制给图像视图添加水波特效。

### 1.1.1 卡片视图

随着手机越来越先进,开发者已经不满足简单地显示一张张图片,而要设计更多的花样出来。比如 Android 提供了一个卡片视图 CardView,顾名思义它拥有卡片式的圆角边框,边框外缘有一圈阴影,边框内缘有一圈空白。准确地说,CardView 实际上是一种布局类视图,它继承自框架布局 Framelayout,可以当作具有边框效果的特殊布局。

使用卡片视图之前,要先修改 build.gradle,在 dependencies 节点中加入下面的配置表示导入 CardView 库:

```
implementation 'androidx.cardview:cardview:1.0.0'
```

CardView 的常用属性与方法的说明见表 1-1。

表 1-1 CardView 的常用属性与方法说明

| CardView 的属性名称 | CardView 的设置方法 | 说明 |
| --- | --- | --- |
| cardBackgroundColor | setCardBackgroundColor | 设置卡片边框的背景颜色 |
| cardCornerRadius | setRadius | 设置卡片边框的圆角半径 |
| cardElevation | setCardElevation | 设置卡片边缘的阴影高程,即阴影宽度 |
| contentPadding | setContentPadding | 设置卡片边框的间隔 |

使用 CardView 属性时需要注意以下两点:

（1）因为 CardView 库是作为外部库导入的，所以节点属性要像对待自定义控件一样，即先在根节点定义一个命名空间 app 指向 res-auto，然后使用"app:属性名称"的形式定义属性值，不可直接使用"android:属性名称"。

（2）在设置阴影宽度的同时设置对应宽度的边距，因为阴影宽度不计入卡片的宽高，如果卡片的宽和高设置为 wrap_content，阴影部分就会被自动截掉。

下面是使用卡片视图的示例代码：

（完整代码见 picture\src\main\java\com\example\picture\CardViewActivity.java）

```java
public class CardViewActivity extends AppCompatActivity {
    private CardView cv_card;     // 声明一个卡片视图对象

    @Override
    protected void onCreate(Bundle savedInstanceState) {
        super.onCreate(savedInstanceState);
        setContentView(R.layout.activity_card_view);
        cv_card = findViewById(R.id.cv_card);
        initCardSpinner();        // 初始化卡片类型下拉框
    }

    // 初始化卡片类型下拉框
    private void initCardSpinner() {
        ArrayAdapter<String> cardAdapter = new ArrayAdapter<>(this,
            R.layout.item_select, cardArray);
        Spinner sp_card = findViewById(R.id.sp_card);
        sp_card.setPrompt("请选择卡片类型");
        sp_card.setAdapter(cardAdapter);
        sp_card.setOnItemSelectedListener(new CardSelectedListener());
        sp_card.setSelection(0);
    }

    private String[] cardArray = {"圆角与阴影均为3", "圆角与阴影均为6", "圆角与阴影均为10", "圆角与阴影均为15", "圆角与阴影均为20"};
    private int[] radiusArray = {3, 6, 10, 15, 20};
    class CardSelectedListener implements OnItemSelectedListener {
        public void onItemSelected(AdapterView<?> arg0, View arg1, int arg2, long arg3) {
            int radius = Utils.dip2px(CardViewActivity.this,
                        radiusArray[arg2]);
            cv_card.setRadius(radius);              // 设置卡片视图的圆角半径
            cv_card.setCardElevation(radius);       // 设置卡片视图的阴影长度
            MarginLayoutParams params = (MarginLayoutParams)
                        cv_card.getLayoutParams();
            // 设置布局参数的四周空白
            params.setMargins(radius, radius, radius, radius);
            cv_card.setLayoutParams(params);        // 设置卡片视图的布局参数
```

            }
            public void onNothingSelected(AdapterView<?> arg0) {}
        }
    }

卡片视图的显示效果如图 1-1 和图 1-2 所示。图 1-1 为阴影宽度为 6 的画面，此时卡片看起来比较薄；图 1-2 为阴影宽度为 15 的画面，此时卡片看起来比较厚。

图 1-1　阴影宽度为 6 的卡片视图　　　　图 1-2　阴影宽度为 15 的卡片视图

### 1.1.2　给图像添加装饰

虽然原样展示图片能够满足多数场合，但是有时需要给图片添加一些小装饰，比如添加图片边框、添加文字水印、添加图标水印等，好让图片显得更有规矩。为此要求自定义图像控件，重写视图的 onDraw 方法，利用画布工具 Canvas 来绘制图案。下面是 Canvas 的常用绘制方法说明：

- drawArc：绘制扇形或弧形。第 4 个参数为 true 时画扇形、为 false 时画弧形。
- drawBitmap：绘制位图。
- drawCircle：绘制圆形。
- drawLine：绘制直线。
- drawOval：绘制椭圆。
- drawPath：绘制路径，即不规则曲线。
- drawPoint：绘制点。
- drawRect：绘制矩形。
- drawRoundRect：绘制圆角矩形。
- drawText：绘制文字。

不过画布工具仅仅指定了绘制什么图案，具体的描绘细节依赖于画笔工具 Paint。下面是 Paint 的常用设置方法说明：

- setAntiAlias：设置是否使用抗锯齿功能，主要用于画圆圈等曲线。

- setDither：设置是否使用防抖动功能。
- setColor：设置画笔的颜色。
- setShadowLayer：设置画笔的阴影区域与颜色。
- setStyle：设置画笔的样式。Style.STROKE 表示线条，Style.FILL 表示填充。
- setStrokeWidth：设置画笔线条的宽度。
- setTextSize：设置文字的大小。
- setTypeface：设置文字的字体。

把画布工具与画笔工具搭配起来即可在自定义视图上添加常见图案，包括几何图形、文字、图标等。现在准备重写图像视图 ImageView，期望给它加上小装饰，包括图片边框、文字水印、图标水印等，此时调用了画布工具的 drawBitmap 和 drawText 方法。新编写的定义装饰视图的示例代码如下：

（完整代码见 picture\src\main\java\com\example\picture\widget\DecorateImageView.java）

```java
public class DecorateImageView extends ImageView {
    private Paint mPaint = new Paint();        // 声明一个画笔对象
    private int mWidth, mHeight;               // 视图宽度、视图高度
    private int mTextSize = 30;                // 文字大小
    private String mText;                      // 时间戳文字
    private Bitmap mLogo;                      // 标志图标
    private Bitmap mFrame;                     // 照片相框

    public DecorateImageView(Context context, AttributeSet attrs) {
        super(context, attrs);
        mPaint.setColor(0xff00ffff);           // 设置画笔颜色
        mPaint.setTextSize(Utils.dip2px(context, mTextSize));   // 设置文字大小
    }

    @Override
    protected void onMeasure(int widthMeasureSpec, int heightMeasureSpec) {
        super.onMeasure(widthMeasureSpec, heightMeasureSpec);
        mWidth = getMeasuredWidth();           // 获取视图的实际宽度
        mHeight = getMeasuredHeight();         // 获取视图的实际高度
    }

    @Override
    protected void onDraw(Canvas canvas) {
        super.onDraw(canvas);
        if (mFrame != null) {                  // 装饰相框非空
            canvas.drawBitmap(mFrame, null, new Rect(0,0,mWidth,mHeight),
                    mPaint);
        }
        if (!TextUtils.isEmpty(mText)) {       // 装饰文字非空
            // 获取指定文字的高度
            int textHeight = (int) MeasureUtil.getTextHeight(mText,
                    mTextSize);
            // 在画布上绘制文字
            canvas.drawText(mText, 0, mHeight - textHeight, mPaint);
        }
```

```
            if (mLogo != null) {           // 装饰标志非空
                canvas.drawBitmap(mLogo, mWidth-mLogo.getWidth(),
                        mHeight-mLogo.getHeight(), mPaint);
            }
        }

        // 不显示任何装饰
        public void showNone() {
            mText = "";
            mLogo = null;
            mFrame = null;
            postInvalidate();              // 立即刷新视图（线程安全方式）
        }

        // 显示装饰文字
        public void showText(String text, boolean isReset) {
            if (isReset) {
                showNone();                // 不显示任何装饰
            }
            mText = text;
            postInvalidate();              // 立即刷新视图（线程安全方式）
        }

        // 显示装饰标志
        public void showLogo(Bitmap bitmap, boolean isReset) {
            if (isReset) {
                showNone();                // 不显示任何装饰
            }
            mLogo = bitmap;
            postInvalidate();              // 立即刷新视图（线程安全方式）
        }

        // 显示装饰相框
        public void showFrame(Bitmap bitmap, boolean isReset) {
            if (isReset) {
                showNone();                // 不显示任何装饰
            }
            mFrame = bitmap;
            postInvalidate();              // 立即刷新视图（线程安全方式）
        }
    }
```

上面的装饰视图提供了三个装饰方法，分别说明如下：

- showText：显示装饰用的文字水印。
- showLogo：显示装饰用的图标水印。
- showFrame：显示装饰用的图片边框。

接下来只要在布局文件中添加 DecorateImageView 节点，并在对应的活动页面分别调用上述三个装饰方法，就能给图片添加装饰物。运行测试 App，观察到的图片装饰效果如图 1-3～图 1-6 所示。图 1-3 为无任何装饰的画面，图 1-4 为添加了文字水印的画面，图 1-5 为添加了图标水印的画面,图1-6为添加了图片边框的画面。

图1-3　无任何装饰的画面

图1-4　添加了文字水印的画面

图1-5　添加了图标水印的画面

图1-6　添加了图片边框的画面

### 1.1.3　给图像添加水波特效

除了给图片添加静态装饰物,有时还想添加动态的特效,比如说水波涟漪特效。水波特效要求一个同心圆持续向外扩散,圆圈在数秒之内从圆心扩散到视图边缘,从而实现了涟漪扩散动画。这个持续扩散的操作可通过定时机制实现,简单地说,结合处理器工具Handler与任务工具Runnable由处理器对象定时执行刷新任务即可完成水波动画。

下面是基于图像视图实现水波特效的示例代码:

(完整代码见picture\src\main\java\com\example\picture\widget\RippleImageView.java)

```
public class RippleImageView extends ImageView {
    private Context mContext;                              // 声明一个上下文对象
    private Paint mPaint = new Paint();                    // 声明一个画笔对象
    private int mWidth, mHeight;                           // 视图宽度、视图高度
    private int mRadius;                                   // 水波的半径
    private int mIncrease;                                 // 半径的增量
    private Handler mHandler = new Handler(Looper.myLooper());  // 处理器对象

    public RippleImageView(Context context) {
        this(context, null);
```

```java
    }

    public RippleImageView(Context context, AttributeSet attrs) {
        super(context, attrs);
        mContext = context;
        mIncrease = Utils.dip2px(mContext, 5);
        mPaint.setColor(0x99ffffff);  // 设置画笔颜色
    }

    @Override
    protected void onMeasure(int widthMeasureSpec, int heightMeasureSpec) {
        super.onMeasure(widthMeasureSpec, heightMeasureSpec);
        mWidth = getMeasuredWidth();    // 获取视图的实际宽度
        mHeight = getMeasuredHeight();  // 获取视图的实际高度
    }

    @Override
    protected void onDraw(Canvas canvas) {
        super.onDraw(canvas);
        if (mRadius > 0) {
            canvas.drawCircle(mWidth/2, mHeight/2, mRadius, mPaint);// 画水波
        }
    }

    // 开始播放水波动画
    public void startRipple() {
        mRadius = 0;
        mHandler.post(mRipple);  // 立即启动水波刷新任务
    }

    // 定义一个水波刷新任务
    private Runnable mRipple = new Runnable() {
        @Override
        public void run() {
            mRadius += mIncrease;
            // 水波半径已超出对角线
            if (mRadius*mRadius > (mWidth*mWidth/4 + mHeight*mHeight/4)) {
                mRadius = 0;
                mIncrease = Utils.dip2px(mContext, 5);
            } else {  // 水波半径未超出对角线
                mIncrease += Utils.dip2px(mContext, 1);
                mHandler.postDelayed(this, 50);  // 延迟 50 毫秒后再次启动刷新任务
            }
            postInvalidate();  // 立即刷新视图（线程安全方式）
        }
    };
}
```

同样在布局文件中添加 RippleImageView 节点，并在对应的活动页面调用 startRipple 方法，就能看到水波特效动画。运行并测试这个 App，可观察到的水波涟漪效果如图 1-7 和图 1-8 所示。图

1-7 为水波刚开始扩散的画面，图 1-8 为水波扩散较大的画面。

图 1-7　水波刚开始扩散的画面

图 1-8　水波扩散较大的画面

## 1.2　位图加工

本节介绍位图数据的几种加工方式，内容包括：如何转换位图的像素色彩并实现黑白、怀旧、底色、模糊四种特效；如何裁剪位图内部的指定区域；矩阵工具的用法以及如何通过矩阵工具完成缩放、翻转、旋转等变换操作。

### 1.2.1　转换位图的像素色彩

给图片添加装饰物，只是在局部变花样，无法改动图片自身。若想让图片一边保持轮廓一边改变色彩，譬如把一张彩色照片变为黑白照片，仿佛加了一层滤镜那般，此时就得深入图像的每个像素点，将这些像素点统统采取某种算法修改一番。在像素级别更改图像的话，要先把图片转成位图对象再进一步加工位图对象。这种滤镜特效的加工处理用到了位图工具 Bitmap，它有主要的三个操作方法，现说明如下：

- createBitmap：创建一个新位图。
- getPixels：获取位图对象所有点的像素数组。
- setPixels：设置位图对象所有点的像素数组。

更详细的位图加工步骤说明如下：

步骤 01　调用 createBitmap 方法创建新的空白位图。

步骤 02　调用原位图的 getPixels 方法，把该位图所有像素的色值保存到指定的像素点数组。

步骤 03　遍历第二步得到的像素点数组，分别获取每个点的灰度、红色、绿色以及蓝色的色值，并按照特定算法调整该点的色值。

步骤 04　像素点数组全部调整完毕之后，调用新位图的 setPixels 方法更新所有像素的色值。

上面四个步骤都做完之后得到的便是经过特效处理的新位图了。

以常见的几种特效处理为例，它们的加工算法描述如下：

（1）黑白效果：黑白照片对于彩色照片来说，就好比黑白电视机之于彩色电视机，黑白照片只有灰度的深浅区别，而没有红绿蓝之分。

（2）怀旧效果：现实生活中的老照片都是泛黄的，而黄色又是由绿色和红色混合而成的，所以怀旧效果为了突出黄色，就得加大绿色和红色的比重，同时降低蓝色的比重。

（3）底片效果：在数码相机时代之前，占统治地位的是胶卷相机，胶卷底片与洗出来的照片相比，底片的 RGB 值就是照片的 RGB 值取反，即：底片的红色=255-照片的红色，底片的绿色=255-照片的绿色，底片的蓝色=255-照片的蓝色。

（4）模糊效果：要让图片变得模糊起来，每个点的颜色都由附近一片像素颜色混合而成，这样图片中每个景物的边缘就变模糊了。

下面的代码描述的是两种图片特效的算法，两种特效为黑白效果和怀旧效果：
（完整代码见 picture\src\main\java\com\example\picture\util\BitmapUtil.java）

```java
// 图片黑白效果
public static Bitmap convertBlack(Bitmap origin) {
    int width = origin.getWidth();          // 获取位图的宽
    int height = origin.getHeight();        // 获取位图的高
    Bitmap bitmap = Bitmap.createBitmap(width, height,
                        Bitmap.Config.RGB_565);
    int[] pixels = new int[width * height];   // 通过位图的大小创建像素点数组
    origin.getPixels(pixels, 0, width, 0, 0, width, height);
    int alpha = 0xFF << 24;
    for (int i = 0; i < height; i++) {
        for (int j = 0; j < width; j++) {
            int grey = pixels[width * i + j];
            int red = ((grey & 0x00FF0000) >> 16);
            int green = ((grey & 0x0000FF00) >> 8);
            int blue = (grey & 0x000000FF);
            grey = (int) (red * 0.3 + green * 0.59 + blue * 0.11);
            grey = alpha | (grey << 16) | (grey << 8) | grey;
            pixels[width * i + j] = grey;
        }
    }
    bitmap.setPixels(pixels, 0, width, 0, 0, width, height);
    return bitmap;
}

// 图片怀旧效果
public static Bitmap convertOld(Bitmap origin) {
    int width = origin.getWidth();
    int height = origin.getHeight();
    Bitmap bitmap = Bitmap.createBitmap(width, height,
                        Bitmap.Config.RGB_565);
    int pixColor = 0;
    int pixR = 0, pixG = 0, pixB = 0, newR = 0, newG = 0, newB = 0;
    int[] pixels = new int[width * height];
    origin.getPixels(pixels, 0, width, 0, 0, width, height);
    for (int i = 0; i < height; i++) {
        for (int k = 0; k < width; k++) {
```

```
            pixColor = pixels[width * i + k];
            pixR = Color.red(pixColor);
            pixG = Color.green(pixColor);
            pixB = Color.blue(pixColor);
            newR = (int) (0.393 * pixR + 0.769 * pixG + 0.189 * pixB);
            newG = (int) (0.349 * pixR + 0.686 * pixG + 0.168 * pixB);
            newB = (int) (0.272 * pixR + 0.534 * pixG + 0.131 * pixB);
            int newColor = Color.argb(255, newR > 255 ? 255 : newR,
                newG > 255 ? 255 : newG, newB > 255 ? 255 : newB);
            pixels[width * i + k] = newColor;
        }
    }
    bitmap.setPixels(pixels, 0, width, 0, 0, width, height);
    return bitmap;
}
```

经过特效加工之后的新位图呈现出与原图片截然不同的风貌，具体的画面对比如图 1-9～图 1-13 所示。

图 1-9　原始图片的画面　　　图 1-10　黑白效果的画面　　　图 1-11　怀旧效果的画面

 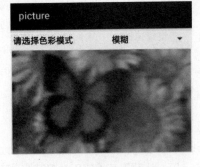

图 1-12　底片效果的画面　　　　　　　图 1-13　模糊效果的画面

### 1.2.2　裁剪位图内部区域

上一节提到位图工具的 createBitmap 方法，该方法不仅能创建空白位图，还能原样复制位图，甚至能从原位图截取一部分下来。这多亏了方法重载，尽管几个方法都叫 createBitmap，然而它们的方法参数各不相同，实现的功能也大相径庭。

本小节要介绍的 createBitmap 方法便是其中一个位图裁剪方法，它的第一个参数为原始的位图对象，第二个和第三个参数分别是裁剪起始点的横纵坐标，第四个参数为待截取的位图宽度，第五个参数为待截取的位图高度。注意，第二个到第五个参数表达了一个矩形框的上下左右边界，因而完全可以放在矩形对象 Rect 之中。

裁剪出来的新位图来自原始位图，为了清楚地标记它在原位图中的位置，可在图像视图上方覆盖新的图层，然后新图层先画一遍半透明的阴影，再画裁剪的位图部分，观察新老图层就能看出裁剪的部位。下面是显示裁剪图层的视图示例代码：

（完整代码见 picture\src\main\java\com\example\picture\widget\CropImageView.java）

```java
public class CropImageView extends View {
    private Paint mPaintShade;   // 声明一个阴影画笔对象
    private Bitmap mOrigBitmap = null;  // 声明一个原始的位图对象
    private Bitmap mCropBitmap = null;  // 声明一个裁剪后的位图对象
    private Rect mRect = new Rect(0, 0, 0, 0);   // 矩形边界

    public CropImageView(Context context) {
        this(context, null);
    }

    public CropImageView(Context context, AttributeSet attrs) {
        super(context, attrs);
        mPaintShade = new Paint();               // 创建一个画笔
        mPaintShade.setColor(0x99000000);        // 设置画笔的颜色
    }

    // 设置原始的位图对象
    public void setOrigBitmap(Bitmap orig) {
        mOrigBitmap = orig;
    }

    // 获得裁剪后的位图对象
    public Bitmap getCropBitmap() {
        return mCropBitmap;
    }

    // 设置位图的矩形边界
    public boolean setBitmapRect(Rect rect) {
        if (mOrigBitmap == null) {   // 原始位图为空
            return false;
        }
        mRect = rect;
        // 根据指定的四周边界，裁剪相应尺寸的位图对象
        mCropBitmap = Bitmap.createBitmap(mOrigBitmap,
                mRect.left, mRect.top, mRect.right, mRect.bottom);
        postInvalidate();   // 立即刷新视图（线程安全方式）
        return true;
    }

    // 在子视图都绘制完成后触发
    @Override
    protected void dispatchDraw(Canvas canvas) {
        if (mOrigBitmap == null) {
            return;
        }
        // 画外圈阴影
```

```
            Rect rectShade = new Rect(0, 0, getMeasuredWidth(),
                            getMeasuredHeight());
            canvas.drawRect(rectShade, mPaintShade);
            // 画高亮处的图像
            canvas.drawBitmap(mCropBitmap, mRect.left, mRect.top, new Paint());
        }
    }
```

接着在布局文件中添加 CropImageView 节点，并在对应的活动页面先调用 setOrigBitmap 方法设置原始位图，再调用 setBitmapRect 方法指定裁剪部分的位图边界，之后即可看到被裁剪的位图部分。运行并测试该 App，可观察到的裁剪效果如图 1-14 和图 1-15 所示。图 1-14 为裁剪前的画面，图 1-15 为裁剪后的画面。

图 1-14　裁剪前的画面

图 1-15　裁剪后的画面

### 1.2.3　利用矩阵变换位图

除了位图裁剪操作，Android 还支持缩放、旋转、平移等变换操作，不过位图工具不能直接完成这些操作，而要借助于矩阵工具 Matrix。因为图片是平面图形，对应于二维空间的坐标系，而矩阵是保存二维坐标的数据结构，所以处理位图变换本质上是通过矩阵映射坐标来实现的。

下面是 Matrix 工具常用的几个矩阵变换方法：

- postScale：指定横纵坐标两个方向的缩放比率。
- postRotate：指定旋转角度。
- postTranslate：指定横纵坐标两个方向的偏移大小。
- postSkew：指定横纵坐标两个方向的倾斜比例。

注意上述的几个变换方法仅仅设定了矩阵的变换形式，还得把矩阵对象传给位图工具的 createBitmap 方法，如此方能完成位图对象的变换操作。

以 postScale 方法为例，它的两个参数分别表示横坐标和纵坐标方向的缩放比率，值为 0.5 表示缩小成原来的一半，值为 2 表示放大成原来的两倍。这个比率值还可以是负数，表示在该方向上翻转，即镜像。比如 postScale(-1, 1) 表示在横坐标上翻转，且纵坐标上保持不变，最终便是镜子那样的水平镜像效果。下面是常见的位图变换方法的代码：

（完整代码见 picture\src\main\java\com\example\picture\util\BitmapUtil.java）

```
// 获得比例缩放之后的位图对象
public static Bitmap getScaleBitmap(Bitmap bitmap, double scaleRatio) {
    Matrix matrix = new Matrix();   // 创建操作图片用的矩阵对象
    matrix.postScale((float)scaleRatio, (float)scaleRatio);
```

```
        // 创建并返回缩放后的位图对象
        return Bitmap.createBitmap(bitmap, 0, 0, bitmap.getWidth(),
                bitmap.getHeight(), matrix, false);
    }

    // 水平翻转图像,也就是左右镜像
    public static Bitmap getFlipBitmap(Bitmap bitmap) {
        Matrix matrix = new Matrix();        // 创建操作图片用的矩阵对象
        matrix.postScale(-1, 1);             // 执行图片的旋转操作
        // 创建并返回旋转后的位图对象
        return Bitmap.createBitmap(bitmap, 0, 0, bitmap.getWidth(),
                bitmap.getHeight(), matrix, false);
    }

    // 获得旋转角度之后的位图对象
    public static Bitmap getRotateBitmap(Bitmap bitmap, float rotateDegree) {
        Matrix matrix = new Matrix();        // 创建操作图片用的矩阵对象
        matrix.postRotate(rotateDegree);     // 执行图片的旋转操作
        // 创建并返回旋转后的位图对象
        return Bitmap.createBitmap(bitmap, 0, 0, bitmap.getWidth(),
                bitmap.getHeight(), matrix, false);
    }
```

上面代码的三个方法分别实现了位图缩放、位图翻转、位图旋转等变换操作,具体的变换效果如图1-16～图1-19所示。图1-16为变换前的画面,图1-17为水平翻转的画面,图1-18为缩放之后的画面,图1-19为旋转之后的画面。

图1-16 变换前的画面

图1-17 水平翻转的画面

图1-18 缩放之后的画面

图1-19 旋转之后的画面

## 1.3 自定义图形

本节介绍自定义图形的起因及其实现过程，内容包括如何在位图和图形之间相互转换以及将位图转换为图形的必要性、如何利用位图着色器剪裁图形内部的指定区域、如何通过画笔在图形内部添加小部件等。

### 1.3.1 位图与图形互转

Android 的图形管理使用图形工具 Drawable 类，位图管理使用位图工具 Bitmap 类。其中，Drawable 用于在界面上展示图片，Bitmap 用于加工图像数据，鉴于图像加工完最终还得显示出来，故而位图归根到底仍是图形的一个分类。

位图图形 BitmapDrawable 正是二者之间的桥梁，图形对象与位图对象互转都需要它。其中，Bitmap 转 Drawable 的代码如下所示：

```
// 把位图对象转换为图形对象
Drawable drawable = new BitmapDrawable(getResources(), bitmap);
```

Drawable 转 Bitmap 的代码如下所示：

```
// 把图形对象转换为位图对象
Bitmap bitmap = ((BitmapDrawable)drawable).getBitmap();
```

图形对象转成位图对象有个前提，就是该图形原本便是位图格式，否则会转换失败。

位图对象为什么要转成图形对象呢？（ImageView 已经存在 setImageBitmap 方法，根本不用转成图形对象后再调用 setImageDrawable 方法）这是因为有很多控件只支持设置图形，不支持设置位图，包括但不限于下列场合：

（1）视图基类 View，调用 setBackground 方法设置背景图形。
（2）文本视图 TextView，调用 setCompoundDrawables 方法设置上下左右四方向的图标。
（3）复合按钮 CompoundButton，调用 setButtonDrawable 方法设置左侧的勾选图标。

此外，位图对象转成图形对象之后能够调用 Drawable 的各个方法。例如，Drawable 类有个 setAlpha 方法，可以设置图形的灰度值。其值为 255 时表示不透明，此时图形正常显示；其值为 0 时表示全透明，此时图形完全消失；其值为 127 时为半透明，此时图形若隐若现。下面是位图转图形后再调用 setAlpha 方法的示例代码：

（完整代码见 picture\src\main\java\com\example\picture\DrawableConvertActivity.java）

```
// 根据指定位图创建图形对象
Drawable drawable = new BitmapDrawable(getResources(), mOriginBitmap);
drawable.setAlpha((int) (255*ratio));        // 设置图形的灰度值
iv_picture.setImageDrawable(drawable);       // 设置图像视图的图形对象
```

运行并测试该 App，可观察到图形灰度效果如图 1-20 和图 1-21 所示。图 1-20 为不透明时的画面，图 1-21 为半透明时的画面。

图 1-20　不透明时的画面

图 1-21　半透明时的画面

## 1.3.2　剪裁图形内部区域

有时候为了美观,并不会显示整个图像,而是显示剪裁后的图像,比如 QQ 的圆形头像、微信的圆角矩形头像都剪成了圆润的模样。

图形剪裁正是位图图形的拿手好戏,只要调用画笔工具的 setShader 方法,设置位图着色器之后再调用画布工具的 draw\*\*\*方法即可剪裁出指定几何形状的图像。比如下面的定义椭圆图形的代码,寥寥几行便实现了椭圆剪裁功能:

（完整代码见 picture\src\main\java\com\example\picture\widget\OvalDrawable.java）

```java
public class OvalDrawable extends BitmapDrawable {
    private Paint mPaint = new Paint();  // 声明一个画笔对象

    public OvalDrawable(Context ctx, Bitmap bitmap) {
        super(ctx.getResources(), bitmap);
        // 创建一个位图着色器,CLAMP 表示边缘拉伸
        BitmapShader shader = new BitmapShader(bitmap, TileMode.CLAMP,
                            TileMode.CLAMP);
        mPaint.setShader(shader);  // 设置画笔的着色器对象
    }

    @Override
    public void draw(Canvas canvas) {
        // 在画布上绘制椭圆,也就是只显示椭圆内部的图像
        canvas.drawOval(0, 0, getBitmap().getWidth(),
                            getBitmap().getHeight(), mPaint);
    }
}
```

又如下面定义圆角矩形的代码,简洁程度不遑多让:

（完整代码见 picture\src\main\java\com\example\picture\widget\RoundDrawable.java）

```java
public class RoundDrawable extends BitmapDrawable {
    private Paint mPaint = new Paint();       // 声明一个画笔对象
    private int mRoundRadius;                 // 圆角的半径

    public RoundDrawable(Context ctx, Bitmap bitmap) {
        super(ctx.getResources(), bitmap);
        // 创建一个位图着色器,CLAMP 表示边缘拉伸
        BitmapShader shader = new BitmapShader(bitmap, TileMode.CLAMP,
                            TileMode.CLAMP);
```

```
        mPaint.setShader(shader);    // 设置画笔的着色器对象
        mRoundRadius = Utils.dip2px(ctx, 30);
    }

    @Override
    public void draw(Canvas canvas) {
        RectF rect = new RectF(0, 0, getBitmap().getWidth(),
                                     getBitmap().getHeight());
        // 在画布上绘制圆角矩形，也就是只显示圆角矩形内部的图像
        canvas.drawRoundRect(rect, mRoundRadius, mRoundRadius, mPaint);
    }
}
```

再如下面的定义圆形的代码，其精炼程度毫不逊色：
（完整代码见 picture\src\main\java\com\example\picture\widget\CircleDrawable.java）

```
public class CircleDrawable extends BitmapDrawable {
    private Paint mPaint = new Paint(); // 声明一个画笔对象

    public CircleDrawable(Context ctx, Bitmap bitmap) {
        super(ctx.getResources(), bitmap);
        // 创建一个位图着色器，CLAMP 表示边缘拉伸
        BitmapShader shader = new BitmapShader(bitmap, TileMode.CLAMP,
                                TileMode.CLAMP);
        mPaint.setShader(shader);          // 设置画笔的着色器对象
    }

    @Override
    public void draw(Canvas canvas) {
        int width = getBitmap().getWidth();
        int height = getBitmap().getHeight();
        int radius = Math.min(width, height) / 2 - 4;
        // 在画布上绘制圆形，也就是只显示圆形内部的图像
        canvas.drawCircle(width/2, height/2, radius, mPaint);
    }
}
```

接下来只要在活动页面的代码中设置上述图形，就能显示几何剪裁之后的图像。运行并测试该 App，图形剪裁效果如图 1-22～图 1-25 所示。图 1-22 为尚未剪裁的画面，图 1-23 为圆形剪裁后的画面，图 1-24 为椭圆剪裁后的画面，图 1-25 为圆角矩形剪裁后的画面。

图 1-22　尚未剪裁的画面

图 1-23　圆形剪裁后的画面

图 1-24 椭圆剪裁后的画面

图 1-25 圆角矩形剪裁后的画面

### 1.3.3 给图形添加小部件

除了剪裁图形之外，还能给图形添加小部件，比如文字、图标等。原来自定义图形类的时候，重写 draw 方法等同于重写视图的 onDraw 方法，因此在 draw 方法中挥毫泼墨就能添加图案。

以添加文字为例，自定义图形之时，重写 draw 方法并调用画布对象的 drawText 方法，即可往图形中加入文字标记。为了让文字更加多姿，还能设置个性化字体，此时用到了字体工具 Typeface 的 createFromAsset 方法，该方法允许从 assets 目录下的字体文件生成字体对象，然后调用画笔对象的 setTypeface 方法，就能使文字呈现对应的字体样式，像 Windows 系统常见的楷体、隶书等皆可为我所用。

下面是往图形中添加水印文字的示例代码：

（完整代码见 picture\src\main\java\com\example\picture\widget\MarkTextDrawable.java）

```java
public class MarkTextDrawable extends BitmapDrawable {
    private Context mContext;              // 声明一个上下文对象
    private Paint mPaint = new Paint();    // 声明一个画笔对象
    private String mText;                  // 水印文字
    private int mTextSize = 40;            // 文字大小

    public MarkTextDrawable(Context ctx, Bitmap bitmap) {
        super(ctx.getResources(), bitmap);
        mContext = ctx;
    }

    // 设置水印文字及其字体
    public void setMarkerText(String text, Typeface typeface) {
        mText = text;
        if (typeface != null) {
            mPaint.setColor(0xffffffff);        // 设置画笔颜色
            mPaint.setTextSize(Utils.dip2px(mContext, mTextSize));
            mPaint.setTypeface(typeface);       // 设置文字字体
        }
    }

    @Override
    public void draw(Canvas canvas) {
        super.draw(canvas);
        if (mText == null) {
```

```
        return;
    }
    int bitmapWidth = getBitmap().getWidth();
    int bitmapHeight = getBitmap().getHeight();
    // 获取指定文字的宽度（其实就是长度）
    int textWidth = (int) MeasureUtil.getTextWidth(mText, mTextSize);
    // 获取指定文字的高度
    int textHeight = (int) MeasureUtil.getTextHeight(mText, mTextSize);
    // 在画布上绘制文字
    canvas.drawText(mText, bitmapWidth/2 - textWidth,
            bitmapHeight - textHeight, mPaint);
}
```

接着在活动页面的代码中设置 MarkTextDrawable 对象，便能看到文字水印效果，如图 1-26～图 1-29 所示。图 1-26 为楷体的水印画面，图 1-27 为隶书的水印画面，图 1-28 为华文琥珀的水印画面，图 1-29 为方正舒体的水印画面。

图 1-26　楷体的水印画面

图 1-27　隶书的水印画面

图 1-28　华文琥珀的水印画面

图 1-29　方正舒体的水印画面

至于图标水印，也只需重写自定义图形的 draw 方法，加入画布对象的 drawBitmap 方法。下面是往图形中添加水印图标的示例代码：

（完整代码见 picture\src\main\java\com\example\picture\widget\MarkIconDrawable.java）

```
public class MarkIconDrawable extends BitmapDrawable {
    private Paint mPaint = new Paint();  // 声明一个画笔对象
    private Bitmap mMarker;  // 水印图标
    private int mDirection;  // 水印方位
```

```
public MarkIconDrawable(Context ctx, Bitmap bitmap) {
    super(ctx.getResources(), bitmap);
    mPaint.setColor(0x99ffffff);  // 设置画笔颜色
}

// 设置水印图标及其方位
public void setMarkerIcon(Bitmap bitmap, int direction) {
    int originHeight = getBitmap().getHeight();
    int markerHeight = bitmap.getHeight();
    double ratio = 1.0*originHeight/markerHeight/3;
    // 创建缩放后的水印图标
    mMarker = BitmapUtil.getScaleBitmap(bitmap, ratio);
    mDirection = direction;
}

@Override
public void draw(Canvas canvas) {
    super.draw(canvas);
    if (mMarker == null) {
        return;
    }
    int widthGap = getBitmap().getWidth() - mMarker.getWidth();
    int heightGap = getBitmap().getHeight() - mMarker.getHeight();
    if (mDirection == 0) {   // 在中间
        canvas.drawBitmap(mMarker, widthGap/2, heightGap/2, mPaint);
    } else if (mDirection == 1) {   // 左上角
        canvas.drawBitmap(mMarker, 0, 0, mPaint);
    } else if (mDirection == 2) {   // 右上角
        canvas.drawBitmap(mMarker, widthGap, 0, mPaint);
    } else if (mDirection == 3) {   // 左下角
        canvas.drawBitmap(mMarker, 0, heightGap, mPaint);
    } else if (mDirection == 4) {   // 右下角
        canvas.drawBitmap(mMarker, widthGap, heightGap, mPaint);
    }
}
```

接着在活动页面的代码中设置 **MarkIconDrawable** 对象，便能看到图标水印效果，如图 1-30 和图 1-31 所示。其中图 1-30 为莲花水印居中的画面，图 1-31 为莲花水印在右下角的画面。

图 1-30　莲花水印居中的画面　　　　　图 1-31　莲花水印在右下角的画面

## 1.4 实战项目：青葱岁月之可爱大头贴

大头贴的历史由来已久，早在 20 世纪 90 年代便风靡东亚，尤其是在年轻人中流行。彼时科技尚不如现在发达，摄影界的主流仍是胶卷相机，连数码相机都还不普及，遑论智能手机。不过依靠胶卷相机，搭配各种饰品与贴纸，大街小巷的照相馆愣是把大头贴做成了火爆的生意。现在的智能手机不但拍照功能强大，还能方便地自由加工图片，只要动动手指就能制作精美的大头贴。本节的实战项目就来谈谈如何设计并实现手机上的大头贴制作 App。

### 1.4.1 需求描述

大头贴有两个特征：第一个是头要大，拿来一张照片后把人像区域手工裁剪出来，这样新图片里的人头才会比较大；第二个是在周围贴上装饰物，而且装饰物还能随时更换，这样一幅人像可以变出许多张大头贴。

对于第一点的人像变大，要求从原图片中裁剪人像及其附近区域，就像图 1-32 所示的那样。对于第二点的人像装饰，要求支持在任意位置添加图文形式的饰品，就像图 1-33 所示的那样。

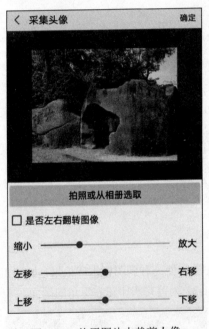

图 1-32　从原图片中裁剪人像

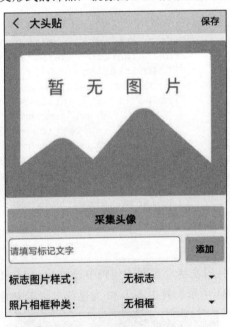

图 1-33　给人像添加装饰物

### 1.4.2 功能分析

就人像裁剪功能而言，首先适当变换图片，把人像区域调整到屏幕中央，以便后续的裁剪操作。这些图片变换操作包括平移图片、旋转图片、水平翻转图片等。调整好人像位置后，再来裁剪指定的人像区域。为了方便观察待裁剪区域和其余的图片区域，可将待裁剪区域高亮显示，同时暗色显示其余的图片区域。

就人像装饰功能而言，可用于装饰的物品包括一段文字、图片标志、相框背景等。待装饰的人像图片由前一步骤的人像裁剪而来，装饰完成的人像图片需要支持保存到存储卡，从而实现大头贴的多次加工操作。

下面简单介绍一下随书源码 picture 模块中与大头贴有关的主要代码之间的关系：

（1）PortraitActivity.java：采集头像的活动页面，从原始图片裁剪指定的人像区域。

（2）PurikuraActivity.java：制作大头贴的活动页面，给采集来的头像添加各种装饰。

采集头像的时候，先把裁剪后的头像保存为图片文件（或称为图像文件），再将图片文件路径返回给制作页面，与之相关的结束采集的示例代码如下：

（完整代码见 picture\src\main\java\com\example\picture\PortraitActivity.java）

```java
private CropImageView civ_photo;    // 声明一个裁剪视图对象

// 结束头像采集
private void finishCollect() {
    if (civ_photo.getCropBitmap() == null) {
        Toast.makeText(this, "请先选好头像图片", Toast.LENGTH_SHORT).show();
        return;
    }
    // 生成图片文件的保存路径
    String path = String.format("%s/%s.jpg",
            getExternalFilesDir(Environment.DIRECTORY_DOWNLOADS),
            DateUtil.getNowDateTime());
    BitmapUtil.saveImage(path, civ_photo.getCropBitmap()); // 保存位图
    BitmapUtil.notifyPhotoAlbum(this, path);    // 通知相册来了一张新图片
    Intent intent = new Intent();               // 创建一个新意图
    intent.putExtra("pic_path", path);
    setResult(Activity.RESULT_OK, intent);      // 携带意图返回前一个页面
    finish();  // 关闭当前页面
}
```

装饰头像的时候，先调用 setDrawingCacheEnabled 方法开启绘图缓存，再调用 getDrawingCache 方法从绘图缓存获取位图对象，即可获得制作好的大头贴图片。与之相关的用于保存大头贴的示例代码如下：

（完整代码见 picture\src\main\java\com\example\picture\PurikuraActivity.java）

```java
private DecorateImageView div_photo;   // 声明一个装饰视图对象

// 保存加工好的大头贴图片
private void savePurikura() {
    if (!haveCollected) {
        Toast.makeText(this, "请先采集头像图片", Toast.LENGTH_SHORT).show();
        return;
    }
    div_photo.setDrawingCacheEnabled(true);          // 开启装饰视图的绘图缓存
    Bitmap bitmap = div_photo.getDrawingCache();     // 从绘图缓存获取位图对象
    // 生成图片文件的保存路径
    String path = String.format("%s/%s.jpg",
            getExternalFilesDir(Environment.DIRECTORY_DOWNLOADS),
            DateUtil.getNowDateTime());
    BitmapUtil.saveImage(path, bitmap);            // 把位图保存为图片文件
    BitmapUtil.notifyPhotoAlbum(this, path);       // 通知相册来了一张新图片
    Toast.makeText(this, "已保存大头贴图片", Toast.LENGTH_SHORT).show();
}
```

## 1.4.3 效果展示

进入大头贴页面后，点击采集头像按钮，跳到采集页面，再打开相册选取原始图片，调整图片方位使得目标头像位于预览窗口的高亮区域，如图 1-34 所示。然后点击右上角的"确定"按钮，返回大头贴制作界面，此时尚未添加装饰的大头贴画面如图 1-35 所示。

图 1-34　采集目标头像的预览画面　　　　　图 1-35　尚未添加装饰的大头贴画面

往输入框中填写几个文字，点击"添加"按钮，并且在下拉列表框中选择标志图片样式、照片相框种类，装饰之后的大头贴画面如图 1-36 所示。接着修改输入框中的文字，点击"添加"按钮，同时更换新的标志图片样式、照片相框种类，更改之后的大头贴画面如图 1-37 所示。

图 1-36　兰花加稻草的大头贴装饰　　　　　图 1-37　菊花加爱心的大头贴装饰

继续调整装饰物直到满意为止,单击右上角的"保存"按钮,之后即可在系统相册中找到加工好的大头贴图片。

## 1.5 小　结

本章主要介绍了 App 开发用到的图像加工技术,包括装饰图像控件的几种手段(卡片视图 CardView、给图像添加装饰、给图像添加水波特效)、以各种方式加工位图数据(转换位图的像素色彩、裁剪位图内部区域、利用矩阵变换位图)、自定义图形的实现过程(位图与图形互转、剪裁图形内部区域、给图形添加小部件)。最后设计了一个实战项目"青葱岁月之可爱大头贴",在该项目的 App 编码中综合运用了本章介绍的图像加工技术。

通过本章的学习,读者应该能够掌握以下 3 种开发技能:

（1）学会常见的图像装饰操作。
（2）学会简单的位图加工技术。
（3）学会自定义图形的办法及其过程。

## 1.6 动手练习

1. 通过像素级加工实现图像的几种 PS 特效(黑白、怀旧、底片、模糊)。
2. 通过自定义控件实现对图像的几何形状剪裁(圆形剪裁、椭圆剪裁、圆角矩形剪裁)。
3. 综合运用图像加工技术实现一个大头贴制作 App。

# 第 2 章

# 事件交互

本章介绍 App 开发常见的一些事件交互技术，主要包括如何检测并接管按键事件，如何对触摸事件进行分发、拦截与处理，如何根据触摸行为辨别几种手势动作，如何正确避免手势冲突的意外状况。最后结合本章所学的知识演示一个实战项目"仿美图秀秀的抠图工具"的设计与实现。

## 2.1 按键事件

本节介绍 App 开发对按键事件的检测与处理，内容包括如何检测控件对象的按键事件、如何检测活动页面的物理按键、以返回键为例说明"再按一次返回键退出"的功能实现。

### 2.1.1 检测软键盘

手机上的输入按键一般不另外处理，直接由系统按照默认情况操作。有时为了改善用户体验，需要让 App 拦截按键事件，并进行额外处理。譬如使用编辑框有时要监控输入字符中的回车键，一旦发现用户敲了回车键，就将焦点自动移到下一个控件，而不是在编辑框中输入回车换行。拦截输入字符可通过注册文本观测器 TextWatcher 实现，但该监听器只适用于编辑框控件，无法用于其他控件。因此，若想让其他控件也能监听按键操作，则要另外调用控件对象的 setOnKeyListener 方法设置按键监听器，并实现监听器接口 OnKeyListener 的 onKey 方法。

监控按键事件之前，首先要知道每个按键的编码，这样才能根据不同的编码值进行相应的处理。按键编码的取值说明见表 2-1。注意，监听器 OnKeyListener 只会检测控制键，不会检测文本键（字母、数字、标点等）。

表 2-1 按键编码的取值说明

| 按键编码 | KeyEvent 类的按键名称 | 说明 |
| --- | --- | --- |
| 3 | KEYCODE_HOME | 首页键（未开放给普通 App） |
| 4 | KEYCODE_BACK | 返回键（后退键） |
| 24 | KEYCODE_VOLUME_UP | 加大音量键 |
| 25 | KEYCODE_VOLUME_DOWN | 减小音量键 |
| 26 | KEYCODE_POWER | 电源键（未开放给普通 App） |
| 66 | KEYCODE_ENTER | 回车键 |
| 67 | KEYCODE_DEL | 删除键（退格键） |
| 84 | KEYCODE_SEARCH | 搜索键 |
| 187 | KEYCODE_APP_SWITCH | 任务键（未开放给普通 App） |

实际监控结果显示,每次按下控制键时,onKey 方法都会收到两次重复编码的按键事件,这是因为该方法把每次按键都分成按下与松开两个动作,所以一次按键变成了两个按键动作。解决这个问题的办法很简单,就是只监控按下动作(KeyEvent.ACTION_DOWN)的按键事件,不监控松开动作(KeyEvent.ACTION_UP)的按键事件。

下面是使用软键盘监听器的示例代码:

(完整代码见 event\src\main\java\com\example\event\KeySoftActivity.java)

```java
public class KeySoftActivity extends AppCompatActivity implements OnKeyListener {
    private TextView tv_result; // 声明一个文本视图对象
    private String desc = "";

    @Override
    protected void onCreate(Bundle savedInstanceState) {
        super.onCreate(savedInstanceState);
        setContentView(R.layout.activity_key_soft);
        EditText et_soft = findViewById(R.id.et_soft);
        et_soft.setOnKeyListener(this); // 设置编辑框的按键监听器
        tv_result = findViewById(R.id.tv_result);
    }

    // 在发生按键动作时触发
    @Override
    public boolean onKey(View v, int keyCode, KeyEvent event) {
        if (event.getAction() == KeyEvent.ACTION_DOWN) {
            desc = String.format("%s 软按键编码是%d,动作是按下", desc, keyCode);
            if (keyCode == KeyEvent.KEYCODE_ENTER) {
                desc = String.format("%s,按键为回车键", desc);
            } else if (keyCode == KeyEvent.KEYCODE_DEL) {
                desc = String.format("%s,按键为删除键", desc);
            } else if (keyCode == KeyEvent.KEYCODE_SEARCH) {
                desc = String.format("%s,按键为搜索键", desc);
            } else if (keyCode == KeyEvent.KEYCODE_BACK) {
                desc = String.format("%s,按键为返回键", desc);
                // 延迟3秒后启动页面关闭任务
                new Handler(Looper.myLooper()).postDelayed(
                        () -> finish(), 3000);
            } else if (keyCode == KeyEvent.KEYCODE_VOLUME_UP) {
                desc = String.format("%s,按键为加大音量键", desc);
            } else if (keyCode == KeyEvent.KEYCODE_VOLUME_DOWN) {
                desc = String.format("%s,按键为减小音量键", desc);
            }
            desc = desc + "\n";
            tv_result.setText(desc);
            // 返回true表示处理完了不再输入该字符,返回false表示输入该字符
            return true;
        } else {
            // 返回true表示处理完了不再输入该字符,返回false表示输入该字符
            return false;
        }
    }
}
```

上述代码的按键效果如图 2-1 所示。虽然按键编码表存在主页键、任务键、电源键的定义，但这 3 个键并不开放给普通 App，普通 App 也不应该拦截这些按键事件。

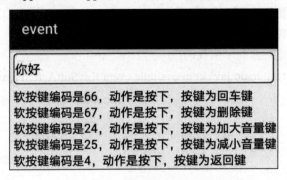

图 2-1　软键盘的检测结果

### 2.1.2　检测物理按键

除了给控件注册按键监听器外，还可以在活动页面上检测物理按键，即重写 Activity 的 onKeyDown 方法。onKeyDown 方法与前面的 onKey 方法类似，同样拥有按键编码与按键事件 KeyEvent 两个参数。当然，这两个方法也存在不同之处，具体说明如下：

（1）onKeyDown 只能在活动代码中使用，而 onKey 只要有可注册的控件就能使用。

（2）onKeyDown 只能检测物理按键，无法检测输入法按键（如回车键、删除键等），onKey 可同时检测两类按键。

（3）onKeyDown 不区分按下与松开两个动作，onKey 区分这两个动作。

下面是启用物理按键监听的代码片段：

（完整代码见 event\src\main\java\com\example\event\KeyHardActivity.java）

```java
// 在发生物理按键动作时触发
@Override
public boolean onKeyDown(int keyCode, KeyEvent event) {
    desc = String.format("%s物理按键的编码是%d", desc, keyCode);
    if (keyCode == KeyEvent.KEYCODE_BACK) {
        desc = String.format("%s,按键为返回键", desc);
        // 延迟 3 秒后启动页面关闭任务
        new Handler(Looper.myLooper()).postDelayed(() -> finish(), 3000);
    } else if (keyCode == KeyEvent.KEYCODE_VOLUME_UP) {
        desc = String.format("%s,按键为加大音量键", desc);
    } else if (keyCode == KeyEvent.KEYCODE_VOLUME_DOWN) {
        desc = String.format("%s,按键为减小音量键", desc);
    }
    desc = desc + "\n";
    tv_result.setText(desc);
    // 返回 true 表示不再响应系统动作，返回 false 表示继续响应系统动作
    return true;
}
```

物理按键的监听效果如图 2-2 所示，可见分别检测到了加大音量键、减小音量键、返回键。

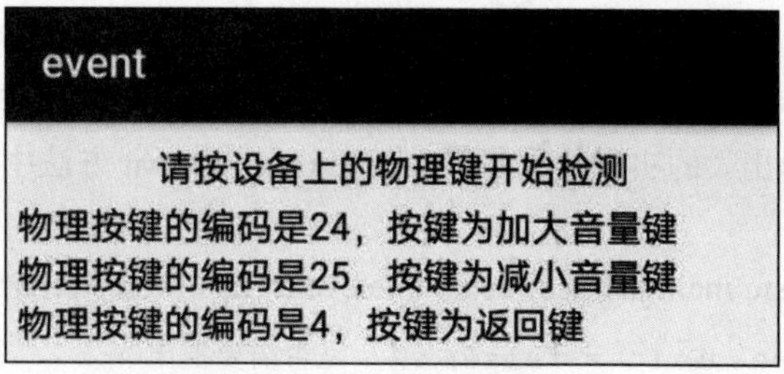

图 2-2　物理按键的检测结果

对于目前的 App 开发来说，onKeyDown 方法只能检测 3 个物理按键事件，即返回键、加大音量键和减小音量键，而首页键和任务键需要通过广播接收器来监测。广播监听的示例代码如下：

```java
// 初始化桌面广播，用于监听按下首页键和任务键
private void initDesktopRecevier() {
    // 创建一个返回桌面的广播接收器
    mDesktopRecevier = new DesktopRecevier();
    // 创建一个意图过滤器，只接收关闭系统对话框（返回桌面）的广播
    IntentFilter intentFilter = new
            IntentFilter(Intent.ACTION_CLOSE_SYSTEM_DIALOGS);
    registerReceiver(mDesktopRecevier, intentFilter);  // 注册广播接收器
}

private DesktopRecevier mDesktopRecevier;  // 声明一个返回桌面的广播接收器对象
// 定义一个返回到桌面的广播接收器
class DesktopRecevier extends BroadcastReceiver {
    private String SYSTEM_DIALOG_REASON_KEY = "reason";         // 键名
    private String SYSTEM_DIALOG_REASON_HOME = "homekey";       // 首页键
    private String SYSTEM_DIALOG_REASON_TASK = "recentapps";    // 任务键

    // 在收到返回桌面广播时触发
    @Override
    public void onReceive(Context context, Intent intent) {
        if (intent.getAction().equals(Intent.ACTION_CLOSE_SYSTEM_DIALOGS)) {
            String reason = intent.getStringExtra(SYSTEM_DIALOG_REASON_KEY);
            if (!TextUtils.isEmpty(reason)) {
                if (reason.equals(SYSTEM_DIALOG_REASON_HOME)) {
                    desc = String.format("%s%s\t 按键为首页键\n", desc,
                            DateUtil.getNowTime());
                    tv_result.setText(desc);
                } else if (reason.equals(SYSTEM_DIALOG_REASON_TASK)) {
                    desc = String.format("%s%s\t 按键为任务键\n", desc,
                            DateUtil.getNowTime());
                    tv_result.setText(desc);
                }
            }
        }
    }
}
```

## 2.1.3　接管返回按键

检测物理按键最常见的应用是淘宝首页的"再按一次返回键退出"，在 App 首页按返回键，

系统默认的做法是直接退出该 App。有时用户有可能是不小心按了返回键，并非想退出该 App，因此这里加一个小提示，等待用户再次按返回键才会确认退出意图，并执行退出操作。

"再按一次返回键退出"的实现代码很简单，在 onKeyDown 方法中拦截返回键即可，具体代码如下：

（完整代码见 event\src\main\java\com\example\event\BackPressActivity.java）

```java
private boolean needExit = false;  // 是否需要退出 App

// 在发生物理按键动作时触发
public boolean onKeyDown(int keyCode, KeyEvent event) {
    if (keyCode == KeyEvent.KEYCODE_BACK) {  // 按下返回键
        if (needExit) {
            finish();  // 关闭当前页面
        }
        needExit = true;
        Toast.makeText(this, "再按一次返回键退出!", Toast.LENGTH_SHORT).show();
        return true;
    } else {
        return super.onKeyDown(keyCode, event);
    }
}
```

重写活动代码的 onBackPressed 方法也能实现同样的效果，该方法专门响应按返回键事件，具体代码如下：

```java
private boolean needExit = false;  // 是否需要退出 App

// 在按下返回键时触发
@Override
public void onBackPressed() {
    if (needExit) {
        finish();  // 关闭当前页面
        return;
    }
    needExit = true;
    Toast.makeText(this, "再按一次返回键退出!", Toast.LENGTH_SHORT).show();
}
```

该功能的界面效果如图 2-3 所示。这是一个提示小窗口，在淘宝首页按返回键时能够看到。

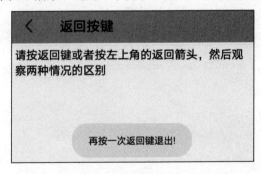

图 2-3 "再按一次返回键退出"的提示窗口

## 2.2 触摸事件

本节介绍 App 开发对屏幕触摸事件的相关处理，内容包括：手势事件的分发流程，包括 3 个手势方法、3 类手势执行者、派发与拦截处理；手势事件的具体用法（包括单点触摸和多点触控）；一个手势触摸的具体应用——手写签名功能的实现。

### 2.2.1 手势事件的分发流程

智能手机的一大革命性技术是把屏幕变为可触摸设备，既可用于信息输出（显示界面），又可用于信息输入（检测用户的触摸行为）。为方便开发者使用，Android 已可自动识别特定的几种触摸手势，包括按钮的点击事件、长按事件、滚动视图的上下滚动事件、翻页视图的左右翻页事件等。不过对于 App 的高级开发来说，系统自带的几个固定手势显然无法满足丰富多变的业务需求。这就要求开发者深入了解触摸行为的流程与方法，并在合适的场合接管触摸行为，进行符合需求的事件处理。

与手势事件有关的方法主要有 3 个（按执行顺序排列），分别说明如下：

- dispatchTouchEvent：进行事件分发处理，返回结果表示该事件是否需要分发。默认返回 true 表示分发给子视图，由子视图处理该手势，不过最终是否分发成功还得根据 onInterceptTouchEvent 方法的拦截判断结果；返回 false 表示不分发，此时必须实现自身的 onTouchEvent 方法，否则该手势将不会得到处理。
- onInterceptTouchEvent：进行事件拦截处理，返回结果表示当前容器是否需要拦截该事件。返回 true 表示予以拦截，该手势不会分发给子视图，此时必须实现自身的 onTouchEvent 方法，否则该手势将不会得到处理；默认返回 false 表示不拦截，该手势会分发给子视图进行后续处理。
- onTouchEvent：进行事件触摸处理，返回结果表示该事件是否处理完毕。返回 true 表示处理完毕，无须处理上一级视图的 onTouchEvent 方法，一路返回结束流程；返回 false 表示该手势事件尚未完成，返回继续处理上一级视图的 onTouchEvent 方法，然后根据上一级 onTouchEvent 方法的返回值判断直接结束或由上上一级处理。

上述手势方法的执行者有 3 个（按执行顺序排列），具体说明如下：

- 页面类：包括 Activity 及其派生类。页面类可调用 dispatchTouchEvent 和 onTouchEvent 两个方法。
- 容器类：包括从 ViewGroup 类派生出的各类容器，如各种布局 Layout 和 ListView、GridView、Spinner、ViewPager、RecyclerView、Toolbar 等。容器类可调用 dispatchTouchEvent、onInterceptTouchEvent 和 onTouchEvent 三个方法。
- 控件类：包括从 View 类派生的各类控件，如 TextView、ImageView、Button 等。控件类可调用 dispatchTouchEvent 和 onTouchEvent 两个方法。

只有容器类才能调用 onInterceptTouchEvent 方法，这是因为该方法用于拦截发往下层视图的事件，而控件类已经位于底层，只能被拦截，不能拦截别人。页面类没有下层视图，所以不能调用 onInterceptTouchEvent 方法。三类执行者的手势处理流程如图 2-4 所示。

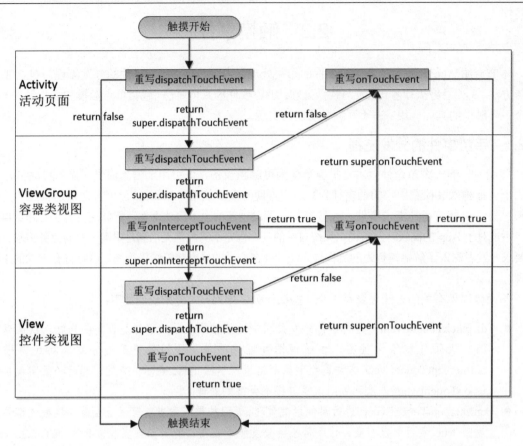

图 2-4　三类执行者的手势处理流程

以上流程图涉及 3 个手势方法和 3 种手势执行者，尤其是手势流程的排列组合千变万化，并不容易解释清楚。对于实际开发来说，真正需要处理的组合并不多，所以只要把常见的几种组合搞清楚就能应付大部分开发工作，这几种组合说明如下。

（1）页面类的手势处理。它的 dispatchTouchEvent 方法必须返回 super.dispatchTouchEvent，如果不分发，页面上的视图就无法处理手势。至于页面类的 onTouchEvent 方法，基本没有什么作用，因为手势动作要由具体视图处理，页面直接处理手势没有什么意义。所以，页面类的手势处理可以不用关心，直接略过。

（2）控件类的手势处理。它的 dispatchTouchEvent 方法没有任何作用，因为控件下面没有子视图，无所谓分不分发。至于控件类的 onTouchEvent 方法，如果要进行手势处理，就需要自定义一个控件，重写自定义类中的 onTouchEvent 方法；如果不想自定义控件，就直接调用控件对象的 setOnTouchListener 方法，注册一个触摸监听器 OnTouchListener，并实现该监听器的 onTouch 方法。所以，控件类的手势处理只需关心 onTouchEvent 方法。

（3）容器类的手势处理。这才是真正要深入了解的地方。容器类的 dispatchTouchEvent 与 onInterceptTouchEvent 方法都能决定是否将手势交给子视图处理。为了避免手势响应冲突，一般要重写 dispatchTouchEvent 或者 onInterceptTouchEvent 方法。两个方法的区别可以这么理解：前者是大领导，只管派发任务，不会自己做事情；后者是小领导，尽管有拦截的权利，不过也得自己做点事情,比如处理纠纷等。容器类的 onTouchEvent 方法近乎摆设,因为需要拦截的在前面已经拦截了,需要处理的在子视图已经处理了。

经过上面的详细分析,常见的手势处理方法有下面 3 种:

- 页面类的 dispatchTouchEvent 方法:控制事件的分发,决定把手势交给谁处理。
- 容器类的 onInterceptTouchEvent 方法:控制事件的拦截,决定是否要把手势交给子视图处理。
- 控件类的 onTouchEvent 方法:进行手势事件的具体处理。

为方便理解 dispatchTouchEvent 方法,先看下面不派发事件的自定义布局代码:

(完整代码见 event\src\main\java\com\example\event\widget\NotDispatchLayout.java)

```java
public class NotDispatchLayout extends LinearLayout {
    public NotDispatchLayout(Context context) {
        super(context);
    }

    public NotDispatchLayout(Context context, AttributeSet attrs) {
        super(context, attrs);
    }

    // 在分发触摸事件时触发
    @Override
    public boolean dispatchTouchEvent(MotionEvent ev) {
        if (mListener != null) {
            mListener.onNotDispatch();
        }
        // 一般容器默认返回 true,即允许分发给子视图
        return false;
    }

    private NotDispatchListener mListener; // 声明一个分发监听器对象
    // 设置分发监听器
    public void setNotDispatchListener(NotDispatchListener listener) {
        mListener = listener;
    }

    // 定义一个分发监听器接口
    public interface NotDispatchListener {
        void onNotDispatch();
    }
}
```

活动页面实现的 onNotDispatch 方法代码如下:

(完整代码见 event\src\main\java\com\example\event\EventDispatchActivity.java)

```java
// 在分发触摸事件时触发
public void onNotDispatch() {
    desc_no = String.format("%s%s 触摸动作未分发,按钮点击不了了\n"
            , desc_no, DateUtil.getNowTime());
    tv_dispatch_no.setText(desc_no);
}
```

不派发事件的处理效果如图 2-5 和图 2-6 所示。图 2-5 的上面部分为正常布局，此时按钮可正常响应点击事件；图 2-6 的下面部分为不派发布局，此时按钮不会响应点击事件，取而代之的是执行不派发布局的 onNotDispatch 方法。

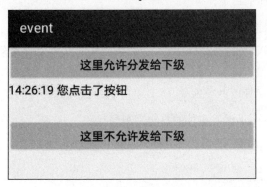

图 2-5　正常布局允许分发事件　　　　　图 2-6　不派发布局未分发事件

为方便理解 onInterceptTouchEvent 方法，再看拦截事件的自定义布局代码：

（完整代码见 event\src\main\java\com\example\event\widget\InterceptLayout.java）

```java
public class InterceptLayout extends LinearLayout {
    public InterceptLayout(Context context) {
        super(context);
    }

    public InterceptLayout(Context context, AttributeSet attrs) {
        super(context, attrs);
    }

    // 在拦截触摸事件时触发
    @Override
    public boolean onInterceptTouchEvent(MotionEvent ev) {
        if (mListener != null) {
            mListener.onIntercept();
        }
        // 一般容器默认返回 false，即不拦截，但滚动视图会拦截
        return true;
    }

    private InterceptListener mListener;  // 声明一个拦截监听器对象
    // 设置拦截监听器
    public void setInterceptListener(InterceptListener listener) {
        mListener = listener;
    }

    // 定义一个拦截监听器接口
    public interface InterceptListener {
        void onIntercept();
    }
}
```

活动页面实现的 onIntercept 方法代码如下：

（完整代码见 event\src\main\java\com\example\event\EventInterceptActivity.java）

```
// 在拦截触摸事件时触发
public void onIntercept() {
    desc_yes = String.format("%s%s 触摸动作被拦截,按钮点击不了了\n", desc_yes,
        DateUtil.getNowTime());
    tv_intercept_yes.setText(desc_yes);
}
```

拦截事件的处理效果如图 2-7 和图 2-8 所示。图 2-7 的上面部分为正常布局,此时按钮可正常响应点击事件;图 2-8 的下面部分为拦截布局,此时按钮不会响应点击事件,取而代之的是执行拦截布局的 onIntercept 方法。

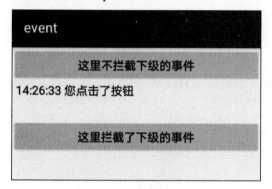

图 2-7　正常布局不拦截事件　　　　　图 2-8　拦截布局会拦截事件

### 2.2.2　接管手势事件处理

dispatchTouchEvent、onInterceptTouchEvent 和 onTouchEvent 三个方法的输入参数都是手势事件 MotionEvent,其中包含触摸动作的所有信息,各种手势操作都从 MotionEvent 中获取触摸信息并判断处理。

下面是 MotionEvent 的常用方法:

- getAction:获取当前的动作类型。动作类型的取值说明见表 2-2。

表 2-2　动作类型的取值说明

| MotionEvent 类的动作类型 | 说　明 |
| --- | --- |
| ACTION_DOWN | 按下动作 |
| ACTION_UP | 提起动作 |
| ACTION_MOVE | 移动动作 |
| ACTION_CANCEL | 取消动作 |
| ACTION_OUTSIDE | 移出边界动作 |
| ACTION_POINTER_DOWN | 第二个点的按下动作,用于多点触控的判断 |
| ACTION_POINTER_UP | 第二个点的提起动作,用于多点触控的判断 |
| ACTION_MASK | 动作掩码,与原动作类型进行"与"(&)操作后获得多点触控信息 |

- getEventTime:获取事件时间(从开机到现在的毫秒数)。

- getX：获取在控件内部的相对横坐标。
- getY：获取在控件内部的相对纵坐标。
- getRawX：获取在屏幕上的绝对横坐标。
- getRawY：获取在屏幕上的绝对纵坐标。
- getPressure：获取触摸的压力大小。
- getPointerCount：获取触控点的数量，如果为2就表示有两个手指同时按压屏幕。如果触控点数目大于1，坐标相关方法就可以输入整数编号，表示获取第几个触控点的坐标信息。

为方便理解 MotionEvent 的各类触摸行为，下面是单点触摸的示例代码：

（完整代码见 event\src\main\java\com\example\event\TouchSingleActivity.java）

```java
public class TouchSingleActivity extends AppCompatActivity {
    private TextView tv_touch;  // 声明一个文本视图对象

    @Override
    protected void onCreate(Bundle savedInstanceState) {
        super.onCreate(savedInstanceState);
        setContentView(R.layout.activity_touch_single);
        tv_touch = findViewById(R.id.tv_touch);
    }

    // 在发生触摸事件时触发
    @Override
    public boolean onTouchEvent(MotionEvent event) {
        // 从开机到现在的毫秒数
        int seconds = (int) (event.getEventTime() / 1000);
        String desc = String.format("动作发生时间：开机距离现在%02d:%02d:%02d",
                seconds / 3600, seconds % 3600 / 60, seconds % 60);
        desc = String.format("%s\n动作名称是：", desc);
        int action = event.getAction();   // 获得触摸事件的动作类型
        if (action == MotionEvent.ACTION_DOWN) {            // 按下手指
            desc = String.format("%s 按下", desc);
        } else if (action == MotionEvent.ACTION_MOVE) {     // 移动手指
            desc = String.format("%s 移动", desc);
        } else if (action == MotionEvent.ACTION_UP) {       // 松开手指
            desc = String.format("%s 提起", desc);
        } else if (action == MotionEvent.ACTION_CANCEL) {   // 取消手势
            desc = String.format("%s 取消", desc);
        }
        desc = String.format("%s\n动作发生位置是：横坐标%f，纵坐标%f，压力为%f",
                desc, event.getX(), event.getY(), event.getPressure());
        tv_touch.setText(desc);
        return super.onTouchEvent(event);
    }
}
```

单点触摸的效果如图 2-9～图 2-11 所示。图 2-9 为手势按下时的检测结果，图 2-10 为手势移动时的检测结果，图 2-11 为手势提起时的检测结果。

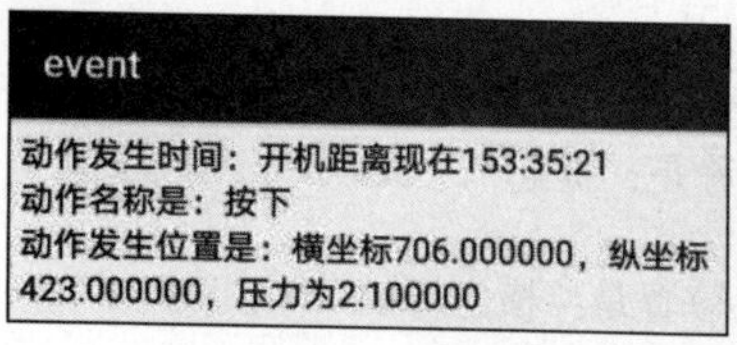

| event | event | event |
|---|---|---|
| 动作发生时间：开机距离现在153:35:21<br>动作名称是：按下<br>动作发生位置是：横坐标706.000000，纵坐标423.000000，压力为2.100000 | 动作发生时间：开机距离现在153:37:18<br>动作名称是：移动<br>动作发生位置是：横坐标552.000000，纵坐标457.000000，压力为5.350000 | 动作发生时间：开机距离现在153:37:19<br>动作名称是：提起<br>动作发生位置是：横坐标552.000000，纵坐标457.000000，压力为1.440000 |

图 2-9　手势按下时的检测结果 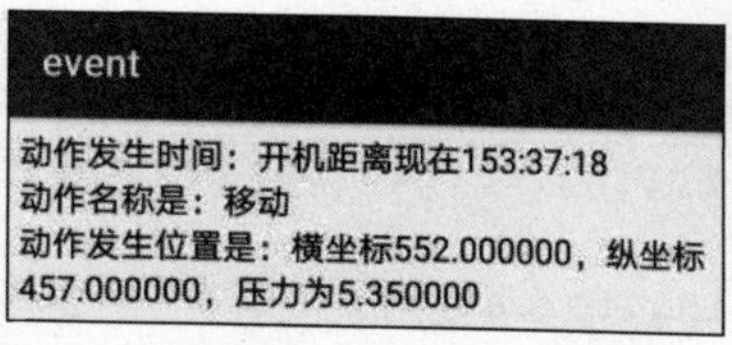　　图 2-10　手势移动时的检测结果 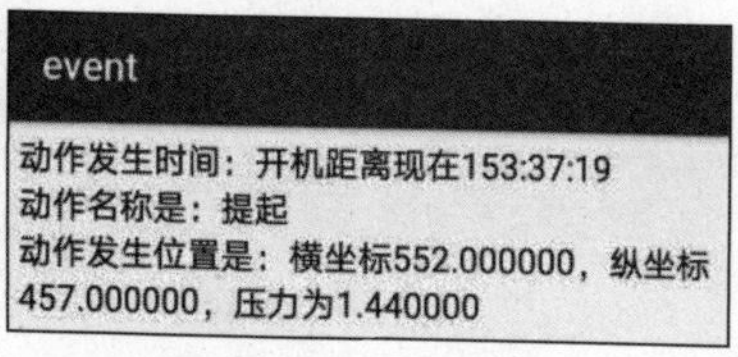　　图 2-11　手势提起时的检测结果

除了单点触摸，智能手机还普遍支持多点触控，即响应两个及以上手指同时按压屏幕。多点触控可用于操纵图像的缩放与旋转操作以及需要多点处理的游戏界面。

下面是处理多点触控的示例代码：

（完整代码见 event\src\main\java\com\example\event\TouchMultipleActivity.java）

```java
public class TouchMultipleActivity extends AppCompatActivity {
    private TextView tv_touch_major;            // 声明一个文本视图对象
    private TextView tv_touch_minor;            // 声明一个文本视图对象
    private boolean isMinorDown = false;        // 次要点是否按下

    @Override
    protected void onCreate(Bundle savedInstanceState) {
        super.onCreate(savedInstanceState);
        setContentView(R.layout.activity_touch_multiple);
        tv_touch_major = findViewById(R.id.tv_touch_major);
        tv_touch_minor = findViewById(R.id.tv_touch_minor);
    }

    // 在发生触摸事件时触发
    @Override
    public boolean onTouchEvent(MotionEvent event) {
        // 从开机到现在的毫秒数
        int seconds = (int) (event.getEventTime() / 1000);
        String desc_major = String.format("主要动作发生时间：开机距离现在%02d:%02d:%02d\n%s", seconds / 3600, seconds % 3600 / 60, seconds % 60, "主要动作名称是：");
        String desc_minor = "";
        isMinorDown = (event.getPointerCount() >= 2);
        // 获得包括次要点在内的触摸行为
        int action = event.getAction() & MotionEvent.ACTION_MASK;
        if (action == MotionEvent.ACTION_DOWN) {                    // 按下手指
            desc_major = String.format("%s按下", desc_major);
        } else if (action == MotionEvent.ACTION_MOVE) {             // 移动手指
            desc_major = String.format("%s移动", desc_major);
            if (isMinorDown) {
                desc_minor = String.format("%s次要动作名称是：移动", desc_minor);
            }
        } else if (action == MotionEvent.ACTION_UP) {               // 松开手指
            desc_major = String.format("%s提起", desc_major);
        } else if (action == MotionEvent.ACTION_CANCEL) {           // 取消手势
            desc_major = String.format("%s取消", desc_major);
        } else if (action == MotionEvent.ACTION_POINTER_DOWN) {     // 次要点按下
```

```
        desc_minor = String.format("%s 次要动作名称是：按下", desc_minor);
    } else if (action == MotionEvent.ACTION_POINTER_UP) {    // 次要点松开
        desc_minor = String.format("%s 次要动作名称是：提起", desc_minor);
    }
    desc_major = String.format("%s\n 主要动作发生位置是：横坐标%f，纵坐标%f",
            desc_major, event.getX(), event.getY());
    tv_touch_major.setText(desc_major);
    if (isMinorDown || !TextUtils.isEmpty(desc_minor)) {    // 存在次要触摸
        desc_minor = String.format("%s\n 次要动作发生位置是：横坐标%f，纵坐标%f",
                desc_minor, event.getX(1), event.getY(1));
        tv_touch_minor.setText(desc_minor);
    }
    return super.onTouchEvent(event);
    }
}
```

多点触控的效果如图 2-12 和图 2-13 所示。图 2-12 为两个手指一起按下时的检测结果，图 2-13 为两个手指一齐提起时的检测结果。

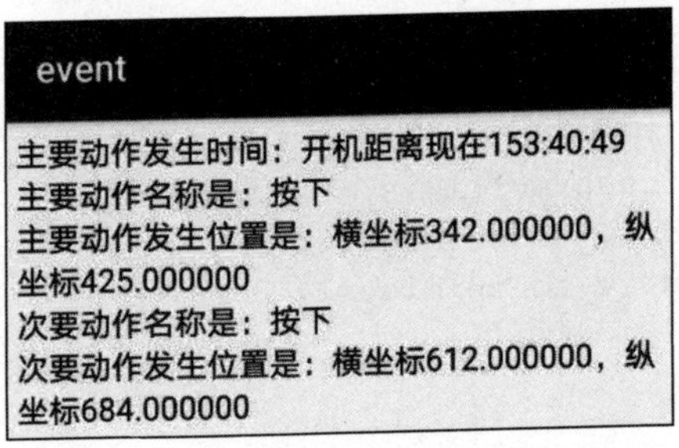

图 2-12　两个手指一齐按下时的检测结果 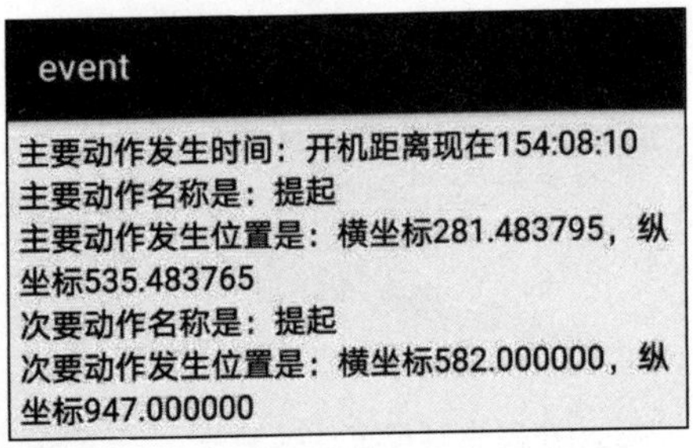　　　　图 2-13　两个手指一齐提起时的检测结果

### 2.2.3　跟踪滑动轨迹实现手写签名

为了加深对触摸事件的认识，接下来尝试实现一个手写签名控件，进一步理解手势处理的应用场合。

手写签名的原理是把手机屏幕当作画板，把用户手指当作画笔，手指在屏幕上划来划去，屏幕就会显示手指的移动轨迹，就像画笔在画板上写字一样。实现手写签名需要结合绘图的路径工具 Path，具体的实现步骤说明如下：

**步骤 01**　按下手指时，调用 Path 对象的 moveTo 方法，将路径起点移到触摸点。

**步骤 02**　移动手指时，调用 Path 对象的 quadTo 方法，记录本次触摸点与上次触摸点之间的路径。

**步骤 03**　移动手指或者手指提起时，调用 Canvas 对象的 drawPath 方法，将本次触摸轨迹绘制在画布上。

自定义手写签名控件的示例代码如下：

（完整代码见 event\src\main\java\com\example\event\widget\SignatureView.java）

```
private Paint mPathPaint = new Paint();     // 声明一个画笔对象
private Path mPath = new Path();            // 声明一个路径对象
```

```java
private int mPathPaintColor = Color.BLACK; // 画笔颜色
private int mStrokeWidth = 3;              // 画笔线宽
private PathPosition mPathPos = new PathPosition();          // 路径位置
private List<PathPosition> mPathList = new ArrayList<>();  // 路径位置列表
private PointF mLastPos;  // 上次触摸点的横纵坐标

// 初始化视图
private void initView() {
    mPathPaint.setStrokeWidth(mStrokeWidth);    // 设置画笔的线宽
    mPathPaint.setStyle(Paint.Style.STROKE);    // 设置画笔的类型，STROK 表示空心
    mPathPaint.setColor(mPathPaintColor);       // 设置画笔的颜色
    setDrawingCacheEnabled(true);               // 开启当前视图的绘图缓存
}

@Override
protected void onDraw(Canvas canvas) {
    canvas.drawPath(mPath, mPathPaint);         // 在画布上绘制指定路径线条
}

// 在发生触摸事件时触发
@Override
public boolean onTouchEvent(MotionEvent event) {
    switch (event.getAction()) {
        case MotionEvent.ACTION_DOWN:   // 按下手指
            mPath.moveTo(event.getX(), event.getY());  // 移动到指定坐标点
            mPathPos.prePos = new PointF(event.getX(), event.getY());
            break;
        case MotionEvent.ACTION_MOVE:   // 移动手指
            // 连接上一个坐标点和当前坐标点
            mPath.quadTo(mLastPos.x, mLastPos.y, event.getX(), event.getY());
            mPathPos.nextPos = new PointF(event.getX(), event.getY());
            mPathList.add(mPathPos);    // 往路径位置列表添加路径位置
            mPathPos = new PathPosition();  // 创建新的路径位置
            mPathPos.prePos = new PointF(event.getX(), event.getY());
            break;
        case MotionEvent.ACTION_UP:     // 松开手指
            // 连接上一个坐标点和当前坐标点
            mPath.quadTo(mLastPos.x, mLastPos.y, event.getX(), event.getY());
            break;
    }
    mLastPos = new PointF(event.getX(), event.getY());
    postInvalidate();   // 立即刷新视图（线程安全方式）
    return true;
}
```

手写签名的效果如图 2-14 和图 2-15 所示。图 2-14 为写到一半的签名画面，图 2-15 为签名完成的画面。

图 2-14 签名完成一半的画面

图 2-15 签名完成的画面

## 2.3 根据触摸行为辨别手势动作

本节介绍常见手势的行为特征及其检测办法，内容包括如何通过按压时长与按压力度区分点击和长按手势、如何根据触摸起点与终点的位置识别手势滑动的方向、如何利用双指按压以及它们的滑动轨迹辨别缩放与旋转手势。

### 2.3.1 区分点击和长按动作

根据触摸事件可以识别按压动作的时空关系，就能进一步判断用户的手势意图。比如区分点击和长按动作，只要看按压时长是否超过 500 毫秒即可，没超过的表示点击动作，超过了的表示长按动作。其实，除了按压时长之外，按压力度也是一个重要的参考指标。通常，点击时按得比较轻，长按时按得相对重。依据按压时长与按压力度两项指标即可有效地辨别点击和长按动作。

接下来尝试自定义点击视图，且以按压点为圆心绘制圆圈，从而分别观察点击与长按之时的圆圈大小。定义点击视图的示例代码如下：

（完整代码见 event\src\main\java\com\example\event\widget\ClickView.java）

```
public class ClickView extends View {
    private Paint mPaint = new Paint();  // 声明一个画笔对象
    private long mLastTime;      // 上次按下手指的系统时间
    private PointF mPos;         // 按下手指的坐标点
    private float mPressure=0;   // 按压的压力值
    private int dip_10;

    public ClickView(Context context) {
        this(context, null);
    }

    public ClickView(Context context, AttributeSet attrs) {
        super(context, attrs);
        dip_10 = Utils.dip2px(context, 10);
        mPaint.setColor(Color.DKGRAY);  // 设置画笔的颜色
    }

    @Override
```

```java
protected void onDraw(Canvas canvas) {
    if (mPos != null) {
        // 以按压点为圆心、压力值为半径在画布上绘制实心圆
        canvas.drawCircle(mPos.x, mPos.y, dip_10*mPressure, mPaint);
    }
}

// 在发生触摸事件时触发
@Override
public boolean onTouchEvent(MotionEvent event) {
    if (event.getAction()==MotionEvent.ACTION_DOWN
            || (event.getPressure()>mPressure)) {
        mPos = new PointF(event.getX(), event.getY());
        mPressure = event.getPressure(); // 获取本次触摸过程的最大压力值
    }
    switch (event.getAction()) {
        case MotionEvent.ACTION_DOWN:    // 按下手指
            mLastTime = event.getEventTime();
            break;
        case MotionEvent.ACTION_UP:      // 松开手指
            if (mListener != null) {     // 触发手势抬起事件
                mListener.onLift(event.getEventTime()-mLastTime,
                        mPressure);
            }
            break;
    }
    postInvalidate();  // 立即刷新视图（线程安全方式）
    return true;
}

private LiftListener mListener;  // 声明一个手势抬起监听器
public void setLiftListener(LiftListener listener) {
    mListener = listener;
}

// 定义一个手势抬起的监听器接口
public interface LiftListener {
    void onLift(long time_interval, float pressure);
}
}
```

然后在布局文件中添加 ClickView 节点，并在对应的活动页面调用 **setLiftListener** 方法设置手势抬起监听器，看看点击和长按的描圆效果究竟为何。下面是设置手势监听器的示例代码：

（完整代码见 event\src\main\java\com\example\event\ClickLongActivity.java）

```java
ClickView cv_gesture = findViewById(R.id.cv_gesture);
// 设置点击视图的手势抬起监听器
cv_gesture.setLiftListener((time_interval, pressure) -> {
    String gesture = time_interval>500 ? "长按" : "点击";
    String desc = String.format("本次按压时长为%d毫秒，属于%s动作。\n按压的压力峰
```

值为%f", time_interval, gesture, pressure);
        tv_desc.setText(desc);
    });
```

运行并测试该 App，手势按压效果如图 2-16 和图 2-17 所示。图 2-16 为点击手势的检测结果，此时圆圈较小；图 2-17 为长按手势的检测结果，此时圆圈较大。

图 2-16　点击手势的检测结果

图 2-17　长按手势的检测结果

### 2.3.2　识别手势滑动的方向

除了点击和长按，分辨手势的滑动方向也很重要，手势往左抑或往右代表着左右翻页，往上或者往下代表着上下滚动。另外，手势向下还可能表示下拉刷新，手势向上还可能表示上拉加载，总之，上、下、左、右四个方向各有不同的用途。

直观地看，手势在水平方向掠过，意味着左右滑动；手势在垂直方向掠过，意味着上下滚动。左右滑动的话，手势触摸的起点和终点在水平方向的位移必定大于垂直方向的位移；反之，上下滚动的话，它们在垂直方向的位移必定大于水平方向的位移。据此可将滑动方向的判定过程分解成以下三个步骤：

**步骤01** 对于按下手指事件，把当前点标记为起点，并记录起点的横纵坐标。

**步骤02** 对于松开手指事件，把当前点标记为终点，并记录终点的横纵坐标。

**步骤03** 分别计算起点与终点的横坐标距离以及它们的纵坐标距离，根据横纵坐标的大小关系判断本次手势的滑动方向。

于是重写自定义触摸视图的 onTouchEvent 方法，分别处理按下、移动、松开三种手势事件；同时重写该视图的 onDraw 方法，描绘起点与终点的位置，以及从起点到终点的路径线条。按照上述思路，编写单指触摸视图的代码：

（完整代码见 event\src\main\java\com\example\event\widget\SingleTouchView.java）

```
private Path mPath = new Path(); // 声明一个路径对象
// 路径中的上次触摸点，本次按压的起点和终点
private PointF mLastPos, mBeginPos, mEndPos;

@Override
protected void onDraw(Canvas canvas) {
    canvas.drawPath(mPath, mPathPaint); // 在画布上按指定路径绘制线条
    if (mBeginPos != null) { // 存在起点，则绘制起点的实心圆及其文字
        canvas.drawCircle(mBeginPos.x, mBeginPos.y, 10, mBeginPaint);
```
```

```java
            canvas.drawText("起点", mBeginPos.x-dip_17, mBeginPos.y+dip_17,
                    mBeginPaint);
        }
        if (mEndPos != null) {    // 存在终点，则绘制终点的实心圆及其文字
            canvas.drawCircle(mEndPos.x, mEndPos.y, 10, mEndPaint);
            canvas.drawText("终点", mEndPos.x-dip_17, mEndPos.y+dip_17,
                    mEndPaint);
        }
    }

    // 在发生触摸事件时触发
    @Override
    public boolean onTouchEvent(MotionEvent event) {
        switch (event.getAction()) {
            case MotionEvent.ACTION_DOWN:     // 按下手指
                mPath.reset();
                mPath.moveTo(event.getX(), event.getY());   // 移动到指定坐标点
                mBeginPos = new PointF(event.getX(), event.getY());
                mEndPos = null;
                break;
            case MotionEvent.ACTION_MOVE:     // 移动手指
                // 连接上一个坐标点和当前坐标点
                mPath.quadTo(mLastPos.x, mLastPos.y, event.getX(), event.getY());
                break;
            case MotionEvent.ACTION_UP:       // 松开手指
                mEndPos = new PointF(event.getX(), event.getY());
                // 连接上一个坐标点和当前坐标点
                mPath.quadTo(mLastPos.x, mLastPos.y, event.getX(), event.getY());
                if (mListener != null) {     // 触发手势滑动动作
                    mListener.onFlipFinish(mBeginPos, mEndPos);
                }
                break;
        }
        mLastPos = new PointF(event.getX(), event.getY());
        postInvalidate();    // 立即刷新视图（线程安全方式）
        return true;
    }

    private FlipListener mListener;   // 声明一个手势滑动监听器
    public void setFlipListener(FlipListener listener) {
        mListener = listener;
    }

    // 定义一个手势滑动的监听器接口
    public interface FlipListener {
        void onFlipFinish(PointF beginPos, PointF endPos);
    }
```

然后在布局文件中添加 SingleTouchView 节点，并在对应的活动页面调用 **setFlipListener** 方法设置手势滑动监听器，看看手势到底往哪个方向滑动。下面是设置手势监听器的示例代码：

（完整代码见 event\src\main\java\com\example\event\SlideDirectionActivity.java）

```
SingleTouchView stv_gesture = findViewById(R.id.stv_gesture);
// 设置单点触摸视图的手势滑动监听器
stv_gesture.setFlipListener((beginPos, endPos) -> {
    float offsetX = Math.abs(endPos.x - beginPos.x);
    float offsetY = Math.abs(endPos.y - beginPos.y);
    String gesture = "";
    if (offsetX > offsetY) {                    // 水平方向滑动
        gesture = (endPos.x - beginPos.x > 0) ? "向右" : "向左";
    } else if (offsetX < offsetY) {             // 垂直方向滑动
        gesture = (endPos.y - beginPos.y > 0) ? "向下" : "向上";
    } else {   // 对角线滑动
        gesture = "对角线";
    }
    String desc = String.format("%s 本次手势为%s 滑动",
                    DateUtil.getNowTime(), gesture);
    tv_desc.setText(desc);
});
```

运行并测试该 App，手势滑动效果如图 2-18～图 2-21 所示。图 2-18 为左滑手势的检测结果，图 2-19 为右滑手势的检测结果，图 2-20 为上滑手势的检测结果，图 2-21 为下滑手势的检测结果。

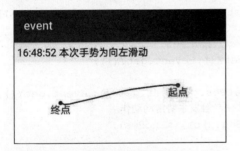

图 2-18　左滑手势的检测结果

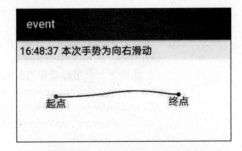

图 2-19　右滑手势的检测结果

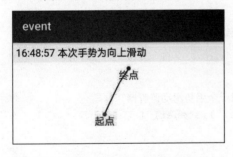

图 2-20　上滑手势的检测结果

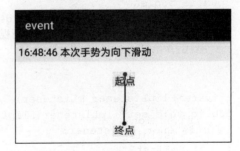

图 2-21　下滑手势的检测结果

### 2.3.3　辨别缩放与旋转手势

一个手指的滑动只能识别手势的滑动方向，两个手指的滑动才能识别更复杂的手势动作。比如两个手指张开可表示放大操作，两个手指并拢可表示缩小操作，两个手指交错旋转表示旋转操作，而旋转方向又可细分为顺时针旋转和逆时针旋转。

那么如何辨别手势的缩放与旋转动作呢？由于两个手指各有自己的按下与松开事件，都有对应的触摸起点和终点,因此只要依次记录两个手指的起点和终点坐标,根据这四个点的位置关系就能算出手势的动作类别。至于缩放手势与旋转手势的区分,则需分别计算第一个手势起点和终点的连线,以及第二个手势起点和终点的连线,再判断两根连线是倾向于在相同方向上缩放还是倾向于绕着连线中点旋转。

按照上述思路编写双指触摸视图的关键代码:

(完整代码见 event\src\main\java\com\example\event\widget\MultiTouchView.java)

```java
private Path mFirstPath = new Path();        // 声明主要动作的路径对象
private Path mSecondPath = new Path();       // 声明次要动作的路径对象
// 主要动作的上次触摸点,本次按压的起点和终点
private PointF mFirstLastP, mFirstBeginP, mFirstEndP;
// 次要动作的上次触摸点,本次按压的起点和终点
private PointF mSecondLastP, mSecondBeginP, mSecondEndP;
private boolean isFinish = false;            // 是否结束触摸

@Override
protected void onDraw(Canvas canvas) {
    canvas.drawPath(mFirstPath, mPathPaint);    // 在画布上按指定路径绘制线条
    canvas.drawPath(mSecondPath, mPathPaint);   // 在画布上按指定路径绘制线条
    if (isFinish) {  // 结束触摸,则绘制两个起点的连线以及两个终点的连线
        if (mFirstBeginP!=null && mSecondBeginP!=null) {  // 绘制两个起点的连线
            canvas.drawLine(mFirstBeginP.x, mFirstBeginP.y,
                    mSecondBeginP.x, mSecondBeginP.y, mBeginPaint);
        }
        if (mFirstEndP!=null && mSecondEndP!=null) {  // 绘制两个终点的连线
            canvas.drawLine(mFirstEndP.x, mFirstEndP.y,
                    mSecondEndP.x, mSecondEndP.y, mEndPaint);
        }
    }
}

// 在发生触摸事件时触发
@Override
public boolean onTouchEvent(MotionEvent event) {
    PointF firstP = new PointF(event.getX(), event.getY());
    PointF secondP = null;
    if (event.getPointerCount() >= 2) {          // 存在多点触摸
        secondP = new PointF(event.getX(1), event.getY(1));
    }
    // 获得包括次要点在内的触摸行为
    int action = event.getAction() & MotionEvent.ACTION_MASK;
    if (action == MotionEvent.ACTION_DOWN) {     // 主要点按下
        isFinish = false;
        mFirstPath.reset();
        mSecondPath.reset();
        mFirstPath.moveTo(firstP.x, firstP.y);   // 移动到指定坐标点
        mFirstBeginP = new PointF(firstP.x, firstP.y);
        mFirstEndP = null;
    } else if (action == MotionEvent.ACTION_MOVE) {  // 移动手指
        if (!isFinish) {
            // 连接上一个坐标点和当前坐标点
            mFirstPath.quadTo(mFirstLastP.x, mFirstLastP.y,
                    firstP.x, firstP.y);
```

```
                if (secondP != null) {
                    // 连接上一个坐标点和当前坐标点
                    mSecondPath.quadTo(mSecondLastP.x, mSecondLastP.y,
                                    secondP.x, secondP.y);
                }
            }
        } else if (action == MotionEvent.ACTION_UP) {    // 主要点松开
        } else if (action == MotionEvent.ACTION_POINTER_DOWN) {    // 次要点按下
            mSecondPath.moveTo(secondP.x, secondP.y);    // 移动到指定坐标点
            mSecondBeginP = new PointF(secondP.x, secondP.y);
            mSecondEndP = null;
        } else if (action == MotionEvent.ACTION_POINTER_UP) {    // 次要点松开
            isFinish = true;
            mFirstEndP = new PointF(firstP.x, firstP.y);
            mSecondEndP = new PointF(secondP.x, secondP.y);
            if (mListener != null) {    // 触发手势滑动动作
                mListener.onSlideFinish(mFirstBeginP, mFirstEndP,
                                    mSecondBeginP, mSecondEndP);
            }
        }
        mFirstLastP = new PointF(firstP.x, firstP.y);
        if (secondP != null) {
            mSecondLastP = new PointF(secondP.x, secondP.y);
        }
        postInvalidate();    // 立即刷新视图（线程安全方式）
        return true;
    }

    private SlideListener mListener;    // 声明一个手势滑动监听器
    public void setSlideListener(SlideListener listener) {
        mListener = listener;
    }

    // 定义一个手势滑动监听器接口
    public interface SlideListener {
        void onSlideFinish(PointF firstBeginP, PointF firstEndP, PointF secondBeginP, PointF secondEndP);
    }
```

然后在布局文件中添加 MultiTouchView 节点，并在对应的活动页面调用 setSlideListener 方法设置手势滑动监听器，看看是缩放手势还是旋转手势（判定算法参见图 2-22）。

图 2-22　缩放手势与旋转手势的区域判定

假设手势的起点位于图 2-22 的中心位置，如果手势的终点落在图 2-22 的左下角或者右上角，则表示本次为缩放手势；如果手势的终点落在图 2-22 的左上角或者右下角，则表示本次为旋转手势。据此编写的判定算法代码如下：

（完整代码见 event\src\main\java\com\example\event\ScaleRotateActivity.java）

```
MultiTouchView mtv_gesture = findViewById(R.id.mtv_gesture);
// 设置多点触摸视图的手势滑动监听器
mtv_gesture.setSlideListener((firstBeginP, firstEndP, secondBeginP,
secondEndP) -> {
    // 上次两个触摸点之间的距离
    float preWholeDistance = PointUtil.distance(firstBeginP, secondBeginP);
    // 当前两个触摸点之间的距离
    float nowWholeDistance = PointUtil.distance(firstEndP, secondEndP);
    // 主要点在前后两次落点之间的距离
    float primaryDistance = PointUtil.distance(firstBeginP, firstEndP);
    // 次要点在前后两次落点之间的距离
    float secondaryDistance = PointUtil.distance(secondBeginP, secondEndP);
    if (Math.abs(nowWholeDistance - preWholeDistance) >
       (float) Math.sqrt(2) / 2.0f * (primaryDistance + secondaryDistance)){
        // 倾向于在原始线段的相同方向上移动，则判作缩放动作
        float scaleRatio = nowWholeDistance / preWholeDistance;
        String desc = String.format("本次手势为缩放动作，%s 为%f",
            scaleRatio>=1?"放大倍数":"缩小比例", scaleRatio);
        tv_desc.setText(desc);
    } else {   // 倾向于在原始线段的垂直方向上移动，则判作旋转动作
        // 计算上次触摸事件的旋转角度
        int preDegree = PointUtil.degree(firstBeginP, secondBeginP);
        // 计算本次触摸事件的旋转角度
        int nowDegree = PointUtil.degree(firstEndP, secondEndP);
        String desc = String.format("本次手势为旋转动作，%s 方向旋转了%d 度",
            nowDegree>preDegree?"顺时针":"逆时针",
            Math.abs(nowDegree-preDegree));
        tv_desc.setText(desc);
    }
});
```

运行并测试该 App，手势滑动效果如图 2-23 和图 2-24 所示。图 2-23 为缩放手势的检测结果，图 2-24 为旋转手势的检测结果。

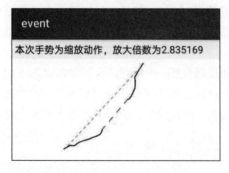
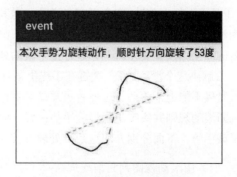

图 2-23　缩放手势的检测结果　　　　　图 2-24　旋转手势的检测结果

## 2.4 手势冲突处理

本节介绍手势冲突的三种常见处理办法,内容包括:对于上下滚动与左右滑动的冲突,既可由父视图主动判断是否拦截,又可由子视图根据情况向父反馈是否允许拦截;对于内部滑动与翻页滑动的冲突,可以通过限定在某块区域接管特定的手势来实现对不同手势的区分处理;对于正常下拉与下拉刷新的冲突,需要监控当前是否已经下拉到页面顶部,若未拉到页面顶部则为正常下拉,若已拉到页面顶部则为下拉刷新。

### 2.4.1 上下滚动与左右滑动的冲突处理

Android 控件繁多,允许滚动或滑动操作的视图也不少,例如滚动视图、翻页视图等,如果开发者要自己接管手势处理,比如通过手势控制横幅(Banner)轮播,那么这个页面的滑动就存在冲突的情况,如果系统响应了 A 视图的滑动事件,就顾不上 B 视图的滑动事件。

举个例子,某电商 App 的首页很长,内部采用滚动视图,允许上下滚动。该页面中央有一个手势控制的横幅轮播,如图 2-25 所示。用户在横幅上左右滑动,试图查看横幅的前后广告,结果如图 2-26 所示,原来翻页不成功,整个页面反而往上滚动了。

图 2-25　滚动视图中的横幅轮播

图 2-26　翻页滑动导致上下滚动

即使多次重复试验,仍然会发现横幅很少跟着翻页,而是继续上下滚动。因为横幅外层被滚动视图包着,系统检测到用户手势的一撇,父视图——滚动视图自作主张地认为用户要把页面往上拉,于是页面往上滚动,完全没有考虑这一撇其实是用户想翻动横幅。但是滚动视图不会考虑这些,因为没有人告诉它超过多大斜率才可以上下滚动;既然没有通知,那么滚动视图只要发现手势事件前后的纵坐标发生变化就一律进行上下滚动处理。

要解决这个滑动冲突,关键在于提供某种方式通知滚动视图,告诉它什么时候可以上下滚动、什么时候不能上下滚动。这个通知方式主要有两种:一种是父视图主动向下"查询",即由滚动视图判断滚动规则并决定是否拦截手势;另一种是子视图向上"反映",即由子视图告诉滚动视图是否拦截手势。下面分别介绍这两种处理方式。

(1)由滚动视图判断滚动规则

前两节提到,容器类视图可以重写 onInterceptTouchEvent 方法,根据条件判断结果决定是否拦截发给子视图的手势。那么可以自定义一个滚动视图,在 onInterceptTouchEvent 方法中判断本次手势的横坐标与纵坐标,如果纵坐标的偏移大于横坐标的偏移,此时就是垂直滚动,应拦截手势并交给自身进行上下滚动;否则表示此时为水平滚动,不应拦截手势,而是让子视图处理左右滑动事件。

下面的代码演示了自定义滚动视图拦截垂直滚动并放过水平滚动的功能。
(完整代码见 event\src\main\java\com\example\event\widget\CustomScrollView.java)

```java
public class CustomScrollView extends ScrollView {
    private float mOffsetX, mOffsetY;      // 横纵方向上的偏移
    private PointF mLastPos;               // 上次落点的位置
    private int mInterval;                 // 与边缘线的间距阈值

    public CustomScrollView(Context context) {
        this(context, null);
    }

    public CustomScrollView(Context context, AttributeSet attr) {
        super(context, attr);
        mInterval = Utils.dip2px(context, 3);
    }

    // 在拦截触摸事件时触发
    @Override
    public boolean onInterceptTouchEvent(MotionEvent event) {
        boolean result;
        // 其余动作,包括手指移动、手指松开等
        if (event.getAction() == MotionEvent.ACTION_DOWN) {  // 按下手指
            mOffsetX = 0.0F;
            mOffsetY = 0.0F;
            mLastPos = new PointF(event.getX(), event.getY());
            result = super.onInterceptTouchEvent(event);
        } else {
            PointF thisPos = new PointF(event.getX(), event.getY());
            mOffsetX += Math.abs(thisPos.x - mLastPos.x);  // x轴偏差
            mOffsetY += Math.abs(thisPos.y - mLastPos.y);  // y轴偏差
            mLastPos = thisPos;
            if (mOffsetX < mInterval && mOffsetY < mInterval) {
                result = false;    // false 表示传给子控件,此时为点击事件
            } else if (mOffsetX < mOffsetY) {
                result = true;     // true 表示不传给子控件,此时为垂直滑动
            } else {
                result = false;    // false 表示传给子控件,此时为水平滑动
            }
        }
        return result;
    }
}
```

接着在布局文件中把 ScrollView 节点改为自定义滚动视图的完整路径名称(如 com.example.event.widget.CustomScrollView),重新运行 App 后查看横幅轮播,手势滑动效果如图 2-27 所示。此时翻页成功,并且整个页面固定不动,未发生上下滚动的情况。

图 2-27　翻页滑动未造成上下滚动

（2）子视图告诉滚动视图能否拦截手势

在目前的案例中，滚动视图下面只有横幅一个淘气鬼，所以允许单独给它"开小灶"。在实际应用场合中，往往有多个"淘气鬼"，一个要吃苹果，另一个要吃香蕉，倘若都要滚动视图帮忙，那可真是忙都忙不过来了。不如弄个水果篮，想吃苹果的就拿苹果，想吃香蕉的就拿香蕉，如此皆大欢喜。

具体到代码的实现，需要调用 requestDisallowInterceptTouchEvent 方法（输入参数为 true 时表示禁止上级拦截触摸事件）。至于何时调用该方法，当然是在检测到滑动前后的横坐标偏移大于纵坐标偏移时。对于横幅采用手势监听器的情况，可重写 onTouchEvent 方法（在该方法中加入坐标偏移的判断），示例代码如下：

（完整代码见 event\src\main\java\com\example\event\widget\BannerPager.java）

```java
private float mOffsetX, mOffsetY;    // 横纵方向上的偏移
private PointF mLastPos;             // 上次落点的位置

@Override
public boolean onTouchEvent(MotionEvent event) {
    boolean result;
    if (event.getAction() == MotionEvent.ACTION_DOWN) {  // 按下手指
        mOffsetX = 0.0F;
        mOffsetY = 0.0F;
        mLastPos = new PointF(event.getX(), event.getY());
        result = super.onTouchEvent(event);
    } else {  // 其余动作，包括移动手指、松开手指等
        PointF thisPos = new PointF(event.getX(), event.getY());
        mOffsetX += Math.abs(thisPos.x - mLastPos.x);  // x轴偏差
        mOffsetY += Math.abs(thisPos.y - mLastPos.y);  // y轴偏差
        mLastPos = thisPos;
        if (mOffsetX >= mOffsetY) {  // 水平方向的滚动
            // 如果外层是普通的 ScrollView，则此处不允许父容器的拦截动作
            // CustomScrollActivity 通过自定义滚动视图来区分水平滑动和垂直滑动
            // DisallowScrollActivity 使用滚动视图，则需要下面的代码禁止父容器拦截
            getParent().requestDisallowInterceptTouchEvent(true);
            result = true;  // 返回 true 表示要继续处理
```

```
            } else {  // 垂直方向的滚动
                result = false;   // 返回 false 表示不处理了
            }
        }
        return result;
    }
```

修改后的手势滑动效果参见图 2-27。左右滑动能够正常翻页，整个页面也不容易上下滚动。

## 2.4.2 内部滑动与翻页滑动的冲突处理

在前面的手势冲突中，滚动视图是父视图，有时也是子视图，比如页面采用翻页视图的话，页面内的每个区域之间是左右滑动的关系，并且每个区域都可以拥有自己的滚动视图。如此一来，在左右滑动时，滚动视图反而变成翻页视图的子视图，前面的冲突处理办法就不能奏效了，只能另想办法。

自定义一个基于 ViewPager 的翻页视图是一种思路，另外还可以借鉴抽屉布局 DrawerLayout。该布局允许左右滑动，在滑动时会拉出侧面的抽屉面板，常用于实现侧滑菜单。抽屉布局与翻页视图在滑动方面存在区别，翻页视图在内部的任何位置均可触发滑动事件，而抽屉布局只在屏幕两侧边缘才会触发滑动事件。

举个实际应用的例子，微信的聊天窗口是上下滚动的，在主窗口的大部分区域触摸都是上下滚动窗口，若在窗口左侧边缘按下再右拉，就会看到左边拉出了消息关注页面。限定某块区域接管特定的手势，这是一种处理滑动冲突行之有效的办法。

既然提到了抽屉布局，不妨稍微了解一下它。下面是 DrawerLayout 的常用方法：

- setDrawerShadow：设置首页面的渐变阴影图形。
- addDrawerListener：添加抽屉面板的拉出监听器，需实现 DrawerListener 的如下 4 个方法：
  - onDrawerSlide：抽屉面板滑动时触发。
  - onDrawerOpened：抽屉面板打开时触发。
  - onDrawerClosed：抽屉面板关闭时触发。
  - onDrawerStateChanged：抽屉面板的状态发生变化时触发。
- removeDrawerListener：移除抽屉面板的拉出监听器。
- closeDrawers：关闭所有抽屉面板。
- openDrawer：打开指定抽屉面板。
- closeDrawer：关闭指定抽屉面板。
- isDrawerOpen：判断指定抽屉面板是否打开。

抽屉布局不仅可以拉出左侧抽屉面板，还可以拉出右侧抽屉面板。左侧面板与右侧面板的区别在于：左侧面板在布局文件中的 layout_gravity 属性为 left，右侧面板在布局文件中的 layout_gravity 属性为 right。

下面是使用 DrawerLayout 的布局文件：

（完整代码见 event\src\main\res\layout\activity_drawer_layout.xml）

```
<androidx.drawerlayout.widget.DrawerLayout
    xmlns:android="http://schemas.android.com/apk/res/android"
```

```xml
    android:id="@+id/dl_layout"
    android:layout_width="match_parent"
    android:layout_height="match_parent" >

    <LinearLayout
        android:layout_width="match_parent"
        android:layout_height="match_parent"
        android:orientation="vertical" >

        <LinearLayout
            android:layout_width="match_parent"
            android:layout_height="wrap_content"
            android:orientation="horizontal" >

            <Button
                android:id="@+id/btn_drawer_left"
                android:layout_width="0dp"
                android:layout_height="wrap_content"
                android:layout_weight="1"
                android:gravity="center"
                android:text="打开左边侧滑" />

            <Button
                android:id="@+id/btn_drawer_right"
                android:layout_width="0dp"
                android:layout_height="wrap_content"
                android:layout_weight="1"
                android:gravity="center"
                android:text="打开右边侧滑" />
        </LinearLayout>

        <TextView
            android:id="@+id/tv_drawer_center"
            android:layout_width="match_parent"
            android:layout_height="0dp"
            android:layout_weight="1"
            android:gravity="top|center"
            android:paddingTop="30dp"
            android:text="这里是首页" />
    </LinearLayout>

    <!--抽屉布局左边的侧滑列表视图,layout_gravity 属性设定了它的对齐方式 -->
    <ListView
        android:id="@+id/lv_drawer_left"
        android:layout_width="150dp"
        android:layout_height="match_parent"
        android:layout_gravity="left"
        android:background="#ffdd99" />

    <!--抽屉布局右边的侧滑列表视图,layout_gravity 属性设定了它的对齐方式 -->
    <ListView
        android:id="@+id/lv_drawer_right"
        android:layout_width="150dp"
        android:layout_height="match_parent"
        android:layout_gravity="right"
```

```xml
        android:background="#99ffdd" />
</androidx.drawerlayout.widget.DrawerLayout>
```

上述布局文件对应的页面代码如下:
(完整代码见 event\src\main\java\com\example\event\DrawerLayoutActivity.java)

```java
public class DrawerLayoutActivity extends AppCompatActivity {
    private DrawerLayout dl_layout;       // 声明一个抽屉布局对象
    private Button btn_drawer_left;       // 声明一个按钮对象
    private Button btn_drawer_right;      // 声明一个按钮对象
    private TextView tv_drawer_center;    // 声明一个文本视图对象
    private ListView lv_drawer_left;      // 声明左侧菜单的列表视图对象
    private ListView lv_drawer_right;     // 声明右侧菜单的列表视图对象
    // 左侧菜单项的标题数组
    private String[] titleArray = {"首页", "新闻", "娱乐", "博客", "论坛"};
    // 右侧菜单项的标题数组
    private String[] settingArray = {"我的", "设置", "关于"};

    @Override
    protected void onCreate(Bundle savedInstanceState) {
        super.onCreate(savedInstanceState);
        setContentView(R.layout.activity_drawer_layout);
        dl_layout = findViewById(R.id.dl_layout);
        dl_layout.addDrawerListener(new SlidingListener()); // 设置侧滑监听器
        btn_drawer_left = findViewById(R.id.btn_drawer_left);
        btn_drawer_right = findViewById(R.id.btn_drawer_right);
        tv_drawer_center = findViewById(R.id.tv_drawer_center);
        btn_drawer_left.setOnClickListener(v -> {
            if (dl_layout.isDrawerOpen(lv_drawer_left)) {    // 左侧菜单已打开
                dl_layout.closeDrawer(lv_drawer_left);       // 关闭左侧抽屉
            } else {   // 左侧菜单未打开
                dl_layout.openDrawer(lv_drawer_left);        // 打开左侧抽屉
            }
        });
        btn_drawer_right.setOnClickListener(v -> {
            if (dl_layout.isDrawerOpen(lv_drawer_right)) { // 右侧菜单已打开
                dl_layout.closeDrawer(lv_drawer_right);    // 关闭右侧抽屉
            } else {   // 右侧菜单未打开
                dl_layout.openDrawer(lv_drawer_right);     // 打开右侧抽屉
            }
        });
        initListDrawer();   // 初始化侧滑的菜单列表
    }

    // 初始化侧滑的菜单列表
    private void initListDrawer() {
        // 下面初始化左侧菜单的列表视图
        lv_drawer_left = findViewById(R.id.lv_drawer_left);
        ArrayAdapter<String> left_adapter = new ArrayAdapter<>(this,
                R.layout.item_select, titleArray);
        lv_drawer_left.setAdapter(left_adapter);
        lv_drawer_left.setOnItemClickListener((parent, view, position, id) -> {
            String text = titleArray[position];
            tv_drawer_center.setText("这里是" + text + "页面");
            dl_layout.closeDrawers();   // 关闭所有抽屉
        });
```

```java
    // 下面初始化右侧菜单的列表视图
    lv_drawer_right = findViewById(R.id.lv_drawer_right);
    ArrayAdapter<String> right_adapter = new ArrayAdapter<>(this,
            R.layout.item_select, settingArray);
    lv_drawer_right.setAdapter(right_adapter);
    lv_drawer_right.setOnItemClickListener((parent, view, position, id) -> {
        String text = settingArray[position];
        tv_drawer_center.setText("这里是" + text + "页面");
        dl_layout.closeDrawers();  // 关闭所有抽屉
    });
}

// 定义一个抽屉布局的侧滑监听器
private class SlidingListener implements DrawerListener {
    // 在拉出抽屉的过程中触发
    @Override
    public void onDrawerSlide(View drawerView, float slideOffset) {}

    // 在侧滑抽屉打开后触发
    @Override
    public void onDrawerOpened(View drawerView) {
        if (drawerView.getId() == R.id.lv_drawer_left) {
            btn_drawer_left.setText("关闭左边侧滑");
        } else {
            btn_drawer_right.setText("关闭右边侧滑");
        }
    }

    // 在侧滑抽屉关闭后触发
    @Override
    public void onDrawerClosed(View drawerView) {
        if (drawerView.getId() == R.id.lv_drawer_left) {
            btn_drawer_left.setText("打开左边侧滑");
        } else {
            btn_drawer_right.setText("打开右边侧滑");
        }
    }

    // 在侧滑状态变更时触发
    @Override
    public void onDrawerStateChanged(int paramInt) {}
}
```

抽屉布局的展示效果如图 2-28～图 2-30 所示。图 2-28 为初始界面，图 2-29 为从左侧边缘拉出左边侧滑菜单的界面，图 2-30 为从右侧边缘拉出右边侧滑菜单的界面。

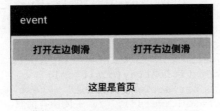

图 2-28  演示抽屉布局的初始界面

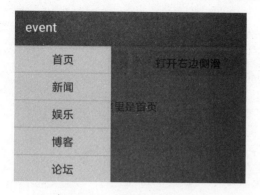
图 2-29　从左侧边缘拉出侧滑菜单

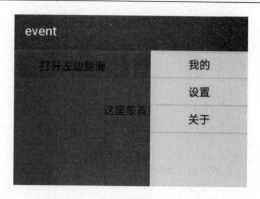
图 2-30　从右侧边缘拉出侧滑菜单

### 2.4.3　正常下拉与下拉刷新的冲突处理

电商 App 的首页通常都支持下拉刷新，比如京东首页的头部轮播图一直顶到系统的状态栏，并且页面下拉到顶后，继续下拉会拉出带有"下拉刷新"字样的布局，此时松手会触发页面的刷新动作。虽然 Android 提供了专门的下拉刷新布局 SwipeRefreshLayout，但是它没有实现页面随手势下滚的动态效果。一些第三方的开源库（如 PullToRefresh、SmartRefreshLayout 等）固然能让整体页面下滑，可是顶部的下拉布局很难个性化定制，状态栏、工具栏的背景色修改更是三不管。若想呈现完全仿照京东的下拉刷新特效，只能由开发者编写一个自定义的布局控件。

自定义的下拉刷新布局首先要能够区分是页面的正常下滚还是拉到头部要求刷新。二者之间的区别很简单，直观上就是判断当前页面是否拉到顶。倘若还没拉到顶，继续下拉动作属于正常的页面滚动；倘若已经拉到顶，继续下拉动作才会拉出头部提示刷新。所以此处需捕捉页面滚动到顶部的事件，相对应的是页面滚动到底部的事件。鉴于 App 首页基本采用滚动视图实现页面滚动功能，故而该问题就变成如何监听该视图滚到顶部或者底部。ScrollView 提供了滚动行为的变化方法 onScrollChanged，通过重写该方法即可判断是否到达顶部或底部。重写后的代码片段如下所示：

（完整代码见 event\src\main\java\com\example\event\widget\PullDownScrollView.java）

```
// 在滚动变更时触发
@Override
protected void onScrollChanged(int l, int t, int oldl, int oldt) {
    super.onScrollChanged(l, t, oldl, oldt);
    boolean isScrolledToTop;
    boolean isScrolledToBottom;
    if (getScrollY() == 0) {  // 下拉滚动到顶部
        isScrolledToTop = true;
        isScrolledToBottom = false;
    } else if (getScrollY() + getHeight() - getPaddingTop() - getPaddingBottom()
            == getChildAt(0).getHeight()) {  // 上拉滚动到底部
        isScrolledToBottom = true;
        isScrolledToTop = false;
    } else {  // 未拉到顶部，也未拉到底部
        isScrolledToTop = false;
        isScrolledToBottom = false;
    }
    if (mScrollListener != null) {
        if (isScrolledToTop) {  // 已经滚动到顶部
```

```
            // 触发下拉到顶部的事件
            mScrollListener.onScrolledToTop();
        } else if (isScrolledToBottom) {    // 已经滚动到底部
            // 触发上拉到底部的事件
            mScrollListener.onScrolledToBottom();
        }
    }
}

private ScrollListener mScrollListener;  // 声明一个滚动监听器对象
// 设置滚动监听器
public void setScrollListener(ScrollListener listener) {
    mScrollListener = listener;
}

// 定义一个滚动监听器接口,用于捕捉到达顶部和底部的事件
public interface ScrollListener {
    void onScrolledToBottom();  // 已经滚动到底部
    void onScrolledToTop();     // 已经滚动到顶部
}
```

如此改造一番,只要活动代码设置了滚动视图的滚动监听器,就能由onScrolledToTop方法判断当前页面是否拉到顶了。既然能够知晓到顶与否,同步变更状态栏和工具栏的背景色也就可行了。演示页面拉到顶部附近的两种效果如图2-31和图2-32所示。图2-31为上拉页面使之整体上滑,此时状态栏的背景变灰、工具栏的背景变白;图2-32为下拉页面使之完全拉出,此时状态栏和工具栏的背景均恢复透明。

图2-31　上拉页面时的导航栏　　　　　图2-32　下拉页面时的导航栏

成功监听页面是否到达顶部或底部仅仅解决了状态栏和工具栏的变色问题,页面到顶后继续下拉滚动视图要怎么处理呢?一方面是整个页面已经拉到顶了,滚动视图已经无可再拉;另一方面用户在京东首页看到的下拉头部并不属于滚动视图管辖,即使它想拉一下,也是有心无力。不管滚动视图是惊慌失措还是不知所措,恰恰说明它是真的束手无策了,为此还要一个和事佬来摆平下拉布局和滚动视图之间的纠纷。这个和事佬必须是下拉布局和滚动视图的父布局,考虑到下拉布局在上、滚动视图在下,故它俩的父布局继承线性布局比较合适。新的父视图需要完成以下3项任务:

(1)在子视图的最前面自动添加一个下拉刷新头部,保证该下拉头部位于整个页面的最上方。

(2)给前面自定义的滚动视图注册滚动监听器和触摸监听器。其中,滚动监听器用于处理到达顶部和到达底部的事件,触摸监听器用于处理下拉过程中的持续位移。

(3)重写触摸监听器接口需要实现的onTouch方法。这个是重中之重,因为该方法包含了所有的手势下拉跟踪处理,既要准确响应正常的下拉手势,也要避免误操作不属于下拉的手势,比如

下面几种情况就要统筹考虑：

① 水平方向的左右滑动，不做额外处理。
② 垂直方向的向上拉动，不做额外处理。
③ 下拉的时候尚未拉到页面顶部，不做额外处理。
④ 拉到顶之后继续下拉，则在隐藏工具栏的同时让下拉头部跟着往下滑动。
⑤ 下拉刷新过程中松开手势，判断下拉滚动的距离，距离太短则直接缩回头部、不刷新页面，只有距离足够长才会刷新页面，等待刷新完毕再缩回头部。

有了新定义的下拉上层布局，搭配自定义的滚动视图就能很方便地实现高仿京东首页的下拉刷新效果了。具体实现的首页布局模板如下所示：

（完整代码见 event\src\main\res\layout\activity_pull_refresh.xml）

```xml
<RelativeLayout xmlns:android="http://schemas.android.com/apk/res/android"
    android:layout_width="match_parent"
    android:layout_height="match_parent"
    android:background="@color/white">

    <com.example.event.widget.PullDownRefreshLayout
        android:id="@+id/pdrl_main"
        android:layout_width="match_parent"
        android:layout_height="match_parent"
        android:orientation="vertical">

        <com.example.event.widget.PullDownScrollView
            android:id="@+id/pdsv_main"
            android:layout_width="match_parent"
            android:layout_height="wrap_content">

            <LinearLayout
                android:layout_width="match_parent"
                android:layout_height="wrap_content"
                android:orientation="vertical">

                <!-- 此处放具体页面的布局内容 -->
            </LinearLayout>
        </com.example.event.widget.PullDownScrollView>
    </com.example.event.widget.PullDownRefreshLayout>

    <!-- title_drag.xml 是带搜索框的工具栏布局 -->
    <include layout="@layout/title_drag" />
</RelativeLayout>
```

以上布局模板用到的自定义控件 **PullDownRefreshLayout** 和 **PullDownScrollView** 代码量较多，这里就不贴出来了，读者可参考本书附带源码 event 模块的相关源码。运行并测试这个 App，下拉刷新的效果如图 2-33 和图 2-34 所示。图 2-33 为正在下拉时的界面，图 2-34 为松开刷新时的界面。

图 2-33　正在下拉时的界面　　　　　　　图 2-34　松开刷新时的界面

## 2.5　实战项目：仿美图秀秀的抠图工具

所谓抠图神器，就是从一幅图片中抠出用户想要的某块区域。就像在花店里卖花，先适当修剪花束，再配上一些包装，看起来就很漂亮，不愁用户不喜欢。如何从现有图片抠出指定区域着实是一门学问，抠大还是抠小还得调整合适的角度，全凭用户两根灵活的手指头。本节的实战项目就来谈谈如何设计并实现手机上的抠图工具。

### 2.5.1　需求描述

随着生活水平的提高，人民群众的审美标准也水涨船高，主打图片美颜的美图秀秀大受欢迎，甚至火到了国外。美图的修图功能如此强大，离不开专业的图片加工技术，抠图便是其中重要的一项。点击美图秀秀首页的图片美化按钮，到相册中选择一张图片，就打开了图片加工界面，如图 2-35 所示。在界面底部左滑拉出抠图按钮并点击，再选择下方的形状按钮，此时图片中央出现一个方框（见图 2-36），这个方框就是待抠的目标区域。

图 2-35　美图秀秀的加工界面　　　　　　　图 2-36　美图秀秀的抠图方框

然后通过手指触摸挪动方框，也可两指并用缩放或者旋转方框，调整方框大小及其角度后的界面如图 2-37 所示。接着点击右下角的对号按钮，再点击方框左上角的三点按钮，选择弹出菜单中的"存为贴纸"选项（见图 2-38），即可在贴纸功能中查看抠好的图片。

图 2-37　调整方框大小及其角度

图 2-38　把抠好的图存为贴纸

简简单单的抠图功能都做的这么人性化，难怪美图秀秀会吸引那么多用户。

### 2.5.2　功能分析

抠图工具通过对图像进行平移、缩放、旋转等操作把图像的某个区域抠下来。抠图工具要提供打开图片和保存图片两种操作，其中打开图片支持从手机相册选取待加工的原始图片、保存图片支持把抠出来的图像保存到存储卡。

打开原始图片后，工具界面进入抠图模式，主界面上没有任何控制按钮，抠哪块区域完全靠手势操作。需要实现的手势处理有以下 5 种。

- 挪动高亮区域的手势：点击高亮区域内部，再滑动手势，即可将该区域拖曳至指定位置。
- 调整高亮区域边界的手势：点击高亮区域边界，再滑动手势，即可将边界拉至指定位置。
- 挪动图片的手势：点击高亮区域外部（阴影部分），然后滑动手势，即可将整张图片拖曳至指定位置。
- 缩放图片的手势：两只手指同时按压屏幕，然后一起往中心点靠拢或彼此远离中心点，即可实现图片的缩小和放大操作。
- 旋转图片的手势：两个手指同时按压屏幕，然后围绕中心点一起顺时针或逆时针转动，即可实现图片的旋转操作。

下面是自定义的美图视图中关于缩放与旋转手势的判断代码：

（完整代码见 event\src\main\java\com\example\event\widget\MeituView.java）

```
// 当前两个触摸点之间的距离
float nowWholeDistance = distance(event.getX(), event.getY(),
                                  event.getX(1), event.getY(1));
```

```
    // 上次两个触摸点之间的距离
    float preWholeDistance = distance(mLastOffsetX, mLastOffsetY,
            mLastOffsetXTwo, mLastOffsetYTwo);
    // 主要点在前后两次落点之间的距离
    float primaryDistance = distance(event.getX(), event.getY(),
                                     mLastOffsetX, mLastOffsetY);
    // 次要点在前后两次落点之间的距离
    float secondaryDistance = distance(event.getX(1), event.getY(1),
            mLastOffsetXTwo, mLastOffsetYTwo);
    if (Math.abs(nowWholeDistance - preWholeDistance) >
        (float) Math.sqrt(2) / 2.0f * (primaryDistance + secondaryDistance)) {
        // 倾向于在原始线段的相同方向上移动,则判作缩放图像
        // 触发图像变更监听器的缩放图像动作
        mListener.onImageScale(nowWholeDistance / preWholeDistance);
    } else {   // 倾向于在原始线段的垂直方向上移动,则判作旋转图像
        // 计算上次触摸事件的旋转角度
        int preDegree = degree(mLastOffsetX, mLastOffsetY,
                               mLastOffsetXTwo, mLastOffsetYTwo);
        // 计算本次触摸事件的旋转角度
        int nowDegree = degree(event.getX(), event.getY(),
                               event.getX(1), event.getY(1));
        // 触发图像变更监听器的旋转图像动作
        mListener.onImageRotate(nowDegree - preDegree);
    }
}
```

### 2.5.3 效果展示

有一张杭州西湖的风景照(见图 2-39),湖畔山上的雷峰塔太小了,现在准备先挪动图片位置再将它放大,然后把雷峰塔抠出来。

打开抠图 App,点击右上角的三点图标,弹出读写图片文件的菜单,如图 2-40 所示。

图 2-39  杭州西湖的风景照　　　　　图 2-40  读写图片文件的菜单

选择菜单项"打开图片",打开待加工的图片文件,初始界面如图 2-41 所示。接着拖动原始图片与高亮区域,并适当放大与旋转图片,使雷峰塔位于高亮区域中上部,全部手势调整结束。完成抠图的效果如图 2-42 所示。

然后点击右上角的三点图标,选择菜单项"保存图片",之后即可在系统相册中找到抠好的图片。抠图操作本身只是一项功能,经常与其他图像处理功能联合使用,比如在第 1 章结尾的大头贴项目中,待装饰的头像要从别的图片裁剪而来,这个裁剪过程就可以改成本节的手势抠图。

图 2-41　抠图开始前的初始界面

图 2-42　抠图完成后的效果

## 2.6　小　结

本章主要介绍了 App 开发用到的事件交互技术，包括按键事件的检测与处理（检测软键盘、检测物理按键、接管返回按键）、触摸事件的检测与处理（手势事件的分发流程、接管手势事件处理、跟踪滑动轨迹实现手写签名）、根据触摸行为辨别手势动作（区分点击和长按动作、识别手势滑动的方向、辨别缩放与旋转手势）、手势冲突的处理方式（上下滚动与左右滑动的冲突处理、内部滑动与翻页滑动的冲突处理、正常下拉与下拉刷新的冲突处理）。最后设计了一个实战项目"仿美图秀秀的抠图工具"，在该项目的 App 编码中综合运用了本章介绍的事件交互技术，包括单点触摸、多点触控等。

通过本章的学习，读者应该能够掌握以下 4 种开发技能：

（1）学会在合适的场合监听并处理按键事件。
（2）学会检测触摸事件并接管手势处理。
（3）学会使用主要的手势检测手段。
（4）学会避免手势冲突的情况发生。

## 2.7　动手练习

1. 通过接管触摸事件实现手写签名控件。
2. 同样是两指触摸，在代码中区分缩放动作和旋转动作。
3. 综合运用事件交互技术实现一个抠图工具 App。

# 第 3 章

# 动画特效

本章介绍 App 开发常见的动画特效技术，主要包括如何使用帧动画实现电影播放效果、如何使用补间动画实现视图的 4 种基本状态变化、如何使用属性动画实现视图各种状态的动态变换效果，以及如何借助绘图层次与滚动器实现动画效果。最后结合本章所学的知识演示一个实战项目"仿手机 QQ 的动感影集"的设计与实现。

## 3.1 帧 动 画

本节介绍帧动画相关的技术实现，内容包括如何通过动画图形与宿主视图播放帧动画，播放动图的解决思路与技术方案，如何使用过渡图形实现两幅图片之间的淡入、淡出动画。注意：本章中关于图形、图片和图像术语的使用，它们的使用不是随意的。Drawable 类用图形来描述，Image 类对应的是图像。图片则是兼顾上面两种通用说法，源于 Picture。

### 3.1.1 帧动画的实现

Android 的动画分为 3 大类：帧动画、补间动画和属性动画。其中，帧动画是实现原理最简单的一种，跟现实生活中的电影胶卷类似，都是在短时间内连续播放多张图片，从而模拟动态画面的效果。

Android 的帧动画由动画图形 AnimationDrawable 生成。下面是 AnimationDrawable 的常用方法：

- addFrame：添加一幅图片帧，并指定该帧的持续时间（单位毫秒）。
- setOneShot：设置是否只播放一次，为 true 表示只播放一次，为 false 表示循环播放。
- start：开始播放。注意，设置宿主视图后才能进行播放。
- stop：停止播放。
- isRunning：判断是否正在播放。

有了动画图形，还得有一个宿主视图显示该图形，一般使用图像视图承载 AnimationDrawable，即调用图像视图的 setImageDrawable 方法加载动画图形。

下面是利用动画图形播放帧动画的代码片段：

（完整代码见 animation\src\main\java\com\example\animation\FrameAnimActivity.java）

```java
// 在代码中生成帧动画并进行播放
private void showFrameAnimByCode() {
    ad_frame = new AnimationDrawable();  // 创建一个帧动画图形
    // 下面把每帧图片加入到帧动画的队列中
    ad_frame.addFrame(getDrawable(R.drawable.flow_p1), 50);
    ad_frame.addFrame(getDrawable(R.drawable.flow_p2), 50);
    ad_frame.addFrame(getDrawable(R.drawable.flow_p3), 50);
    ad_frame.addFrame(getDrawable(R.drawable.flow_p4), 50);
    ad_frame.addFrame(getDrawable(R.drawable.flow_p5), 50);
    ad_frame.addFrame(getDrawable(R.drawable.flow_p6), 50);
    ad_frame.addFrame(getDrawable(R.drawable.flow_p7), 50);
    ad_frame.addFrame(getDrawable(R.drawable.flow_p8), 50);
    // 设置帧动画是否只播放一次，为 true 表示只播放一次，为 false 表示循环播放
    ad_frame.setOneShot(false);
    // 设置图像视图的图形为帧动画
    iv_frame_anim.setImageDrawable(ad_frame);
    ad_frame.start();  // 开始播放帧动画
}
```

帧动画的播放效果如图 3-1～图 3-3 所示。这组帧动画由 8 张瀑布图片构成，这里的 3 张画面为其中的 3 个瀑布帧，单看画面区别不大，连起来播放才能看到瀑布的流水动画。

图 3-1　瀑布动画帧 1　　　　图 3-2　瀑布动画帧 2　　　　图 3-3　瀑布动画帧 3

除了在代码中添加帧图片外，可以先在 XML 文件中定义帧图片的排列；然后在代码中调用图像视图的 setImageResource 方法，加载指定的 XML 图形定义文件；再调用图像视图的 getDrawable 方法，获得动画图形的实例，并进行后续的播放操作。

下面是定义帧图片排列的 XML 示例文件：

（完整代码见 animation\src\main\res\drawable\frame_anim.xml）

```xml
<animation-list xmlns:android="http://schemas.android.com/apk/res/android"
 android:oneshot="false" >
    <item android:drawable="@drawable/flow_p1" android:duration="50"/>
    <item android:drawable="@drawable/flow_p2" android:duration="50"/>
    <item android:drawable="@drawable/flow_p3" android:duration="50"/>
    <item android:drawable="@drawable/flow_p4" android:duration="50"/>
    <item android:drawable="@drawable/flow_p5" android:duration="50"/>
    <item android:drawable="@drawable/flow_p6" android:duration="50"/>
    <item android:drawable="@drawable/flow_p7" android:duration="50"/>
    <item android:drawable="@drawable/flow_p8" android:duration="50"/>
</animation-list>
```

根据图形定义文件播放帧动画的效果与在代码中添加帧图片是一样的，播放的示例代码如下：

```java
// 从 XML 文件中获取帧动画并进行播放
private void showFrameAnimByXml() {
    // 设置图像视图的图像来源为帧动画的 XML 定义文件
    iv_frame_anim.setImageResource(R.drawable.frame_anim);
    // 从图像视图对象中获取帧动画
    ad_frame = (AnimationDrawable) iv_frame_anim.getDrawable();
    ad_frame.start();   // 开始播放帧动画
}
```

### 3.1.2　显示动图特效

GIF 是 Windows 常见的图片格式，主要用来播放短小的动画。Android 虽然号称支持 PNG、JPG、GIF 三种图片格式，但是并不支持直接播放 GIF 动图，如果在图像视图中加载一张 GIF 文件，那么只会显示 GIF 文件的第一帧图片。

若想在手机上显示 GIF 动图，则需八仙过海各显神通，具体的实现方式主要有三种：借助帧动画播放拆解后的组图，利用 Movie 类结合自定义控件播放动图，利用 ImageDecoder 结合动画图形播放动图。

**1. 借助帧动画播放拆解后的组图**

在代码中将 GIF 文件分解为一系列图片数据，并获取每帧的持续时间，然后通过动画图形动态加载每帧图片。

从 GIF 文件中分解帧图片有现成的开源代码（具体参见本书源码 animation 模块的 com\example\animation\util\GifImage.java），分解得到所有帧的组图，再通过帧动画技术显示 GIF 动图，详细的显示 GIF 图的示例代码如下：

（完整代码见 animation\src\main\java\com\example\animation\GifActivity.java）

```java
// 显示 GIF 动画
private void showGifAnimationOld(int imageId) {
    // 从资源文件中获取输入流对象
    InputStream is = getResources().openRawResource(imageId);
```

```
GifImage gifImage = new GifImage();        // 创建一个GIF图像对象
int code = gifImage.read(is);              // 从输入流中读取GIF数据
if (code == GifImage.STATUS_OK) {          // 读取成功
    GifImage.GifFrame[] frameList = gifImage.getFrames();
    // 创建一个帧动画
    AnimationDrawable ad_gif = new AnimationDrawable();
    for (GifImage.GifFrame frame : frameList) {
        // 把Bitmap位图对象转换为Drawable图形格式
        BitmapDrawable drawable = new BitmapDrawable(
                        getResources(), frame.image);
        // 给帧动画添加指定图形，以及该帧的播放延迟
        ad_gif.addFrame(drawable, frame.delay);
    }
    // 设置帧动画是否只播放一次，为true表示只播放一次，为false表示循环播放
    ad_gif.setOneShot(false);
    iv_gif.setImageDrawable(ad_gif);    // 设置图像视图的图形为帧动画
    ad_gif.start();   // 开始播放帧动画
} else if (code == GifImage.STATUS_FORMAT_ERROR) {
    Toast.makeText(this, "该图片不是gif格式", Toast.LENGTH_LONG).show();
} else {
    Toast.makeText(this, "gif图片读取失败:" + code,
                    Toast.LENGTH_LONG).show();
}
}
```

### 2. 利用 Movie 类结合自定义控件播放动图

借助原生的 Movie 工具，先加载动图的资源图片，再将每帧图像绘制到视图画布，使之成为能够播放动图的自定义控件。动图视图的自定义代码如下：

（完整代码见 animation\src\main\java\com\example\animation\widget\GifView.java）

```
public class GifView extends View {
    private Movie mMovie;                  // 声明一个电影对象
    private long mBeginTime = 0;           // 开始播放时间
    private float mScaleRatio = 1;         // 缩放比率

    public GifView(Context context) {
        this(context, null);
    }

    public GifView(Context context, AttributeSet attrs) {
        super(context, attrs);
    }

    // 设置电影对象
    public void setMovie(Movie movie) {
        mMovie = movie;
        requestLayout();    // 请求重新调整视图位置
    }
```

```java
@Override
protected void onMeasure(int widthMeasureSpec, int heightMeasureSpec) {
    super.onMeasure(widthMeasureSpec, heightMeasureSpec);
    if (mMovie != null) {
        int width = mMovie.width();            // 获取电影动图的宽度
        int height = mMovie.height();          // 获取电影动图的高度
        float widthRatio = 1.0f * getMeasuredWidth() / width;
        float heightRatio = 1.0f * getMeasuredHeight() / height;
        mScaleRatio = Math.min(widthRatio, heightRatio);
    }
}

@Override
public void onDraw(Canvas canvas) {
    long now = SystemClock.uptimeMillis();
    if (mBeginTime == 0) {  // 如果是第一帧，就记录起始时间
        mBeginTime = now;
    }
    if (mMovie != null) {
        // 获取电影动图的播放时长
        int duration = mMovie.duration()==0 ? 1000 : mMovie.duration();
        // 计算当前要显示第几帧图片
        int currentTime = (int) ((now - mBeginTime) % duration);
        mMovie.setTime(currentTime); // 设置当前帧的相对时间
        canvas.scale(mScaleRatio, mScaleRatio);  // 将画布缩放到指定比率
        mMovie.draw(canvas, 0, 0);   // 把当前帧绘制到画布上
        postInvalidate();            // 立即刷新视图（线程安全方式）
    }
}
```

接着在布局文件中添加上面定义的 GifView 节点，并给活动代码添加如下加载方法，即可实现 GIF 动图的播放功能：

（完整代码见 animation\src\main\java\com\example\animation\GifActivity.java）

```java
// 通过 Movie 类播放动图
private void showGifMovie(int imageId) {
    // 从资源图片中解码得到电影对象
    Movie movie = Movie.decodeStream(
                    getResources().openRawResource(imageId));
    gv_gif.setMovie(movie);   // 设置电影对象
}
```

### 3. 利用 ImageDecoder 结合动画图形播放动图

上述两种显示 GIF 动图的方法显然都不方便，毕竟 GIF 文件还是很流行的动图格式，因而 Android 从 9.0 开始增加了新的图像解码器 ImageDecoder，该解码器支持直接读取 GIF 文件的图像数据，通过搭配具备动画特征的图形工具 Animatable 即可轻松实现在 App 中播放 GIF 动图。详细的演示代码如下所示：

（完整代码见 animation\src\main\java\com\example\animation\GifActivity.java）

```
@RequiresApi(api = Build.VERSION_CODES.P)
private void showAnimateDrawable(int imageId) {
    try {
        // 利用 Android 9.0 新增的 ImageDecoder 获取图像来源
        ImageDecoder.Source source = ImageDecoder.createSource(
                            getResources(), imageId);
        // 从数据源中解码得到图像数据
        Drawable drawable = ImageDecoder.decodeDrawable(source);
        iv_gif.setImageDrawable(drawable);        // 设置图像视图的图形
        if (drawable instanceof Animatable) {   // 如果是动图类型，就开始播放动图
            ((Animatable) iv_gif.getDrawable()).start();
        }
    } catch (Exception e) {
        e.printStackTrace();
    }
}
```

GIF 文件的播放效果如图 3-4 和图 3-5 所示。图 3-4 为 GIF 动图播放开始时的画面，图 3-5 为 GIF 动图临近播放结束时的画面。

图 3-4　GIF 动画开始播放　　　　　　图 3-5　GIF 动画播放结束

上面提到 Android 9.0 新增了 ImageDecoder，该图像解码器不但支持播放 GIF 动图，也支持谷歌公司自研的 WebP 图片。WebP 格式是谷歌公司在 2010 年推出的新一代图片格式，在压缩方面比 JPEG 格式更高效，且拥有相同的图像质量，同时 WebP 的图片大小比 JPEG 图片平均要小 30%。另外，WebP 也支持动图效果，ImageDecoder 从 WebP 图片读取出 Drawable 对象之后即可转换成 Animatable 实例进行动画播放和停止播放的操作。

WebP 格式的动图播放效果如图 3-6 和图 3-7 所示，其中图 3-6 为动图播放开头的界面、图 3-7 为动图播放结尾的界面，可见有一个足球向右边飞了过去。

图 3-6 WebP 动图开始播放

图 3-7 WebP 动图即将结束

### 3.1.3 淡入淡出动画

帧动画采取后面一帧直接覆盖前面一帧的显示方式,这在快速轮播时没有什么问题,但是如果每帧的间隔时间比较长(比如超过 0.5 秒),那么两帧之间的画面切换就会很生硬,直接从前一帧变成后一帧会让人觉得很突兀。为了解决这种长间隔切换图片在视觉方面的问题,Android 提供了过渡图形 TransitionDrawable 处理两张图片之间的渐变显示,即淡入淡出的动画效果。

过渡图形同样需要宿主视图显示该图形,即调用图像视图的 setImageDrawable 方法进行图形加载操作。下面是 TransitionDrawable 的常用方法:

- 构造方法:指定过渡图形的图形数组。该图形数组大小为 2,包含前后两张图形。
- startTransition:开始过渡操作。这里需要先设置宿主视图再进行渐变显示。
- resetTransition:重置过渡操作。
- reverseTransition:倒过来执行过渡操作。

下面是使用过渡图形的代码片段:

(完整代码见 animation\src\main\java\com\example\animation\FadeAnimActivity.java)

```
// 开始播放淡入淡出动画
private void showFadeAnimation() {
    // 淡入淡出动画需要先定义一个图形资源数组,用于变换图片
    Drawable[] drawableArray = {getDrawable(R.drawable.fade_begin),
                        getDrawable(R.drawable.fade_end)};
    // 创建一个用于淡入淡出动画的过渡图形
    TransitionDrawable td_fade = new TransitionDrawable(drawableArray);
    iv_fade_anim.setImageDrawable(td_fade);  // 设置过渡图形
    td_fade.setCrossFadeEnabled(true);   // 是否启用交叉淡入,启用后淡入效果更柔和
    td_fade.startTransition(3000);       // 开始时长 3 秒的过渡转换
}
```

过渡图形的播放效果如图 3-8 和图 3-9 所示。图 3-8 为开始转换不久的画面,此时仍以第一张图片为主;图 3-9 为转换将要结束的画面,此时已经基本过渡到第二张图片。

图 3-8 淡入淡出动画开始播放

图 3-9 淡入淡出动画即将结束

## 3.2 补间动画

本节介绍补间动画的原理与用法，内容包括 4 种补间动画及其基本用法、补间动画的原理和基于旋转动画的思想实现摇摆动画、如何通过集合动画同时展示多种动画效果。

### 3.2.1 补间动画的种类

在 3.1.3 节提到，两张图片之间的渐变效果可以使用过渡图形实现，那么一张图形内部能否运用渐变效果呢？比如展示图片的逐步缩放过程等。正好，Android 提供了补间动画，它允许开发者实现某个视图的动态变换，具体包括 4 种动画效果，分别是灰度动画、平移动画、缩放动画和旋转动画。为什么把这 4 种动画称作补间动画呢？因为由开发者提供动画的起始状态值与终止状态值，然后系统按照时间推移计算中间的状态值，并自动把中间状态的视图补充到起止视图的变化过程中，自动补充中间视图的动画就被简称为"补间动画"。

4 种补间动画（灰度动画 AlphaAnimation、平移动画 TranslateAnimation、缩放动画 ScaleAnimation 和旋转动画 RotateAnimation）都来自于共同的动画类 Animation，因此同时拥有 Animation 的属性与方法。下面是 Animation 的常用方法：

- setFillAfter：设置是否维持结束画面。true 表示动画结束后停留在结束画面，false 表示动画结束后恢复到开始画面。
- setRepeatMode：设置动画的重播模式。Animation.RESTART 表示从头开始，Animation.REVERSE 表示倒过来播放。默认为 Animation.RESTART。
- setRepeatCount：设置动画的重播次数。默认值为 0，表示只播放一次；值为

ValueAnimator.INFINITE 时表示持续重播。
- setDuration:设置动画的持续时间,单位为毫秒。
- setInterpolator:设置动画的插值器。
- setAnimationListener:设置动画的监听器。需实现接口 AnimationListener 的 3 个方法:
  - onAnimationStart:在动画开始时触发。
  - onAnimationEnd:在动画结束时触发。
  - onAnimationRepeat:在动画重播时触发。

与帧动画一样,补间动画也需要找一个宿主视图,对宿主视图施展动画效果;不同的是,帧动画的宿主视图只能是由 ImageView 派生出来的视图家族(图像视图、图像按钮等),而补间动画的宿主视图可以是任意视图,只要派生自 View 类就行。给补间动画指定宿主视图的方式很简单,调用宿主对象的 startAnimation 方法即可命令宿主视图开始播放动画,调用宿主对象的 clearAnimation 方法即可要求宿主视图清除动画。

具体到每种补间动画又有不同的初始化方式。下面来看具体说明。

(1)初始化灰度动画:在构造方法中指定视图透明度的前后数值,取值为 0.0~1.0(0 表示完全不透明,1 表示完全透明)。

(2)初始化平移动画:在构造方法中指定视图在平移前后左上角的坐标值。其中,第一个参数为平移前的横坐标,第二个参数为平移后的横坐标,第三个参数为平移前的纵坐标,第四个参数为平移后的纵坐标。

(3)初始化缩放动画:在构造方法中指定视图横纵坐标的前后缩放比例。缩放比例取值为 0.5 时表示缩小到原来的二分之一,取值为 2 时表示放大到原来的两倍。其中,第一个参数为缩放前的横坐标比例,第二个参数为缩放后的横坐标比例,第三个参数为缩放前的纵坐标比例,第四个参数为缩放后的纵坐标比例。

(4)初始化旋转动画:在构造方法中指定视图的旋转角度。其中,第一个参数为旋转前的角度,第二个参数为旋转后的角度,第三个参数为圆心的横坐标类型,第四个参数为圆心横坐标的数值比例,第五个参数为圆心的纵坐标类型,第六个参数为圆心纵坐标的数值比例。坐标类型的取值说明见表 3-1。

表 3-1 坐标类型的取值说明

| Animation 类的坐标类型 | 说 明 |
| --- | --- |
| ABSOLUTE | 绝对位置 |
| RELATIVE_TO_SELF | 相对自身位置 |
| RELATIVE_TO_PARENT | 相对父视图的位置 |

下面是分别使用 4 种补间动画的示例代码:

(完整代码见 animation\src\main\java\com\example\animation\TweenAnimActivity.java)

```
// 声明 4 个补间动画对象
private Animation alphaAnim, translateAnim, scaleAnim, rotateAnim;

// 初始化补间动画
private void initTweenAnim() {
```

```java
        // 创建一个灰度动画，从完全透明变为即将不透明
        alphaAnim = new AlphaAnimation(1.0f, 0.1f);
        alphaAnim.setDuration(3000);            // 设置动画的播放时长
        alphaAnim.setFillAfter(true);           // 设置维持结束画面
        // 创建一个平移动画，向左平移100dp
        translateAnim = new TranslateAnimation(1.0f,
                    Utils.dip2px(this, -100), 1.0f, 1.0f);
        translateAnim.setDuration(3000);        // 设置动画的播放时长
        translateAnim.setFillAfter(true);       // 设置维持结束画面
        // 创建一个缩放动画，宽度不变，高度变为原来的二分之一
        scaleAnim = new ScaleAnimation(1.0f, 1.0f, 1.0f, 0.5f);
        scaleAnim.setDuration(3000);            // 设置动画的播放时长
        scaleAnim.setFillAfter(true);           // 设置维持结束画面
        // 创建一个旋转动画，围绕着圆心顺时针旋转360度
        rotateAnim = new RotateAnimation(0f, 360f, Animation.RELATIVE_TO_SELF,
                0.5f, Animation.RELATIVE_TO_SELF, 0.5f);
        rotateAnim.setDuration(3000);           // 设置动画的播放时长
        rotateAnim.setFillAfter(true);          // 设置维持结束画面
    }

    // 播放指定类型的补间动画
    private void playTweenAnim(int type) {
        if (type == 0) {   // 灰度动画
            iv_tween_anim.startAnimation(alphaAnim);      // 开始播放灰度动画
            // 给灰度动画设置动画事件监听器
            alphaAnim.setAnimationListener(TweenAnimActivity.this);
        } else if (type == 1) {   // 平移动画
            iv_tween_anim.startAnimation(translateAnim);  // 开始播放平移动画
            // 给平移动画设置动画事件监听器
            translateAnim.setAnimationListener(TweenAnimActivity.this);
        } else if (type == 2) {   // 缩放动画
            iv_tween_anim.startAnimation(scaleAnim);      // 开始播放缩放动画
            // 给缩放动画设置动画事件监听器
            scaleAnim.setAnimationListener(TweenAnimActivity.this);
        } else if (type == 3) {   // 旋转动画
            iv_tween_anim.startAnimation(rotateAnim);     // 开始播放旋转动画
            // 给旋转动画设置动画事件监听器
            rotateAnim.setAnimationListener(TweenAnimActivity.this);
        }
    }

    // 在补间动画开始播放时触发
    @Override
    public void onAnimationStart(Animation animation) {}

    // 在补间动画结束播放时触发
    @Override
    public void onAnimationEnd(Animation animation) {
        if (animation.equals(alphaAnim)) {         // 灰度动画
            // 创建一个灰度动画，从即将不透明变为完全透明
            Animation alphaAnim2 = new AlphaAnimation(0.1f, 1.0f);
            alphaAnim2.setDuration(3000);          // 设置动画的播放时长
            alphaAnim2.setFillAfter(true);         // 设置维持结束画面
            iv_tween_anim.startAnimation(alphaAnim2);    // 开始播放灰度动画
        } else if (animation.equals(translateAnim)) {   // 平移动画
```

```
                    // 创建一个平移动画，向右平移100dp
                    Animation translateAnim2 = new TranslateAnimation(
                            Utils.dip2px(this, -100), 1.0f, 1.0f, 1.0f);
                    translateAnim2.setDuration(3000);    // 设置动画的播放时长
                    translateAnim2.setFillAfter(true);   // 设置维持结束画面
                    iv_tween_anim.startAnimation(translateAnim2);  // 开始播放平移动画
                } else if (animation.equals(scaleAnim)) {           // 缩放动画
                    // 创建一个缩放动画，宽度不变，高度变为原来的两倍
                    Animation scaleAnim2 = new ScaleAnimation(1.0f, 1.0f, 0.5f, 1.0f);
                    scaleAnim2.setDuration(3000);    // 设置动画的播放时长
                    scaleAnim2.setFillAfter(true);   // 设置维持结束画面
                    iv_tween_anim.startAnimation(scaleAnim2);    // 开始播放缩放动画
                } else if (animation.equals(rotateAnim)) {           // 旋转动画
                    // 创建一个旋转动画，围绕着圆心逆时针旋转360度
                    Animation rotateAnim2 = new RotateAnimation(0f, -360f,
                            Animation.RELATIVE_TO_SELF, 0.5f,
                            Animation.RELATIVE_TO_SELF, 0.5f);
                    rotateAnim2.setDuration(3000);    // 设置动画的播放时长
                    rotateAnim2.setFillAfter(true);   // 设置维持结束画面
                    iv_tween_anim.startAnimation(rotateAnim2);   // 开始播放旋转动画
                }
            }

            // 在补间动画重复播放时触发
            @Override
            public void onAnimationRepeat(Animation animation) {}
```

补间动画的播放效果如图 3-10～图 3-17 所示。图 3-10 和图 3-11 为灰度动画播放前后的画面，图 3-12 和图 3-13 为平移动画播放前后的画面，图 3-14 和图 3-15 为缩放动画播放前后的画面，图 3-16 和图 3-17 为旋转动画播放前后的画面。

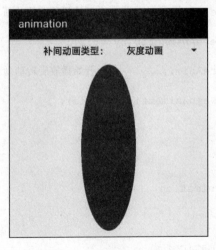

图 3-10　灰度动画开始播放

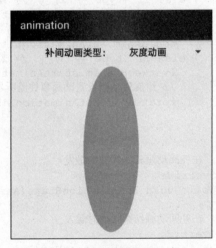

图 3-11　灰度动画即将结束

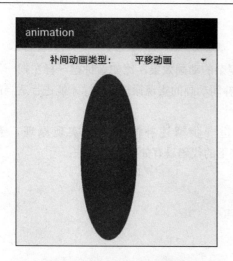
图 3-12　平移动画开始播放

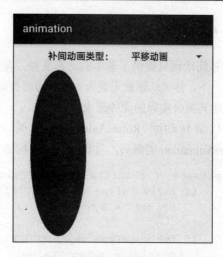
图 3-13　平移动画即将结束

图 3-14　缩放动画开始播放

图 3-15　缩放动画即将结束

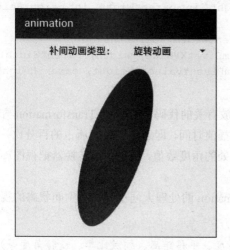
图 3-16　旋转动画开始播放

图 3-17　旋转动画正在播放

## 3.2.2 补间动画的原理

补间动画只提供了基本的动态变换,如果想要复杂的动画效果,比如像钟摆一样左摆一下再右摆一下,补间动画就无能为力了。因而有必要了解补间动画的实现原理,这样才能进行适当的改造,使其符合实际的业务需求。

以旋转动画 RotateAnimation 为例,接下来进一步阐述补间动画的实现原理。查看 RotateAnimation 的源码,发现除了一堆构造方法外剩下的代码只有如下 3 个方法:

```java
private void initializePivotPoint() {
    if (mPivotXType == ABSOLUTE) {
        mPivotX = mPivotXValue;
    }
    if (mPivotYType == ABSOLUTE) {
        mPivotY = mPivotYValue;
    }
}

@Override
protected void applyTransformation(float interpolatedTime, Transformation t) {
    float degrees = mFromDegrees + ((mToDegrees - mFromDegrees) * interpolatedTime);
    float scale = getScaleFactor();
    if (mPivotX == 0.0f && mPivotY == 0.0f) {
        t.getMatrix().setRotate(degrees);
    } else {
        t.getMatrix().setRotate(degrees, mPivotX * scale, mPivotY * scale);
    }
}

@Override
public void initialize(int width, int height, int parentWidth, int parentHeight) {
    super.initialize(width, height, parentWidth, parentHeight);
    mPivotX = resolveSize(mPivotXType, mPivotXValue, width, parentWidth);
    mPivotY = resolveSize(mPivotYType, mPivotYValue, height, parentHeight);
}
```

两个初始化方法都在处理圆心的坐标,与动画播放有关的代码只有 **applyTransformation** 方法。该方法很简单,提供了两个输入参数:第一个参数为插值时间,即逝去的时间所占的百分比;第二个参数为转换器。方法内部根据插值时间计算当前所处的角度数值,最后使用转换器把视图旋转到该角度。

查看其他补间动画的源码,发现都与 RotateAnimation 的处理大同小异,对中间状态的视图变换处理不外乎以下两个步骤:

**步骤01** 根据插值时间计算当前的状态值(如灰度、平移距离、缩放比率、旋转角度等)。

**步骤02** 在宿主视图上使用该状态值执行变换操作。

如此看来，补间动画的关键在于利用插值时间计算状态值。现在回头看看钟摆的左右摆动，这个摆动操作其实由 3 段旋转动画构成。

（1）以上面的端点为圆心，钟摆以垂直向下的状态向左旋转，转到左边的某个角度停住（比如左转 60 度）。

（2）钟摆从左边向右边旋转，转到右边的某个角度停住（比如右转 120 度，与垂直方向的夹角为 60 度）。

（3）钟摆从右边再向左旋转，当其摆到垂直方向时完成一个周期的摇摆动作。

清楚了摇摆动画的运动过程后，接下来根据插值时间计算对应的角度，具体到代码实现上需要做以下两处调整：

（1）旋转动画初始化时只有两个度数，即起始角度和终止角度。摇摆动画需要 3 个参数，即中间角度（既是起始角度也是终止角度）、摆到左侧的角度和摆到右侧的角度。

（2）根据插值时间估算当前所处的角度。对于摇摆动画来说，需要做 3 个分支判断（对应之前 3 段旋转动画）。如果整个动画持续 4 秒，那么 0~1 秒为往左的旋转动画，该区间的起始角度为中间角度，终止角度为摆到左侧的角度；1~3 秒为往右的旋转动画，该区间的起始角度为摆到左侧的角度，终止角度为摆到右侧的角度；3~4 秒为往左的旋转动画，该区间的起始角度为摆到右侧的角度，终止角度为中间角度。

分析完毕，下面为修改后的摇摆动画代码片段：

（完整代码见 animation\src\main\java\com\example\animation\widget\SwingAnimation.java）

```java
// 在动画变换过程中调用
@Override
protected void applyTransformation(float interpolatedTime, Transformation t) {
    float degrees;
    float leftPos = (float) (1.0 / 4.0);     // 摆到左边端点时的时间比例
    float rightPos = (float) (3.0 / 4.0);    // 摆到右边端点时的时间比例
    if (interpolatedTime <= leftPos) {       // 从中间线往左边端点摆
        degrees = mMiddleDegrees + ((mLeftDegrees - mMiddleDegrees) * interpolatedTime * 4);
        // 从左端点往右端点摆
    }
    else if (interpolatedTime > leftPos && interpolatedTime < rightPos) {
        degrees = mLeftDegrees + ((mRightDegrees - mLeftDegrees) * (interpolatedTime - leftPos) * 2);
    } else {   // 从右边端点往中间线摆
        degrees = mRightDegrees + ((mMiddleDegrees-mRightDegrees) * (interpolatedTime-rightPos)*4);
    }
    float scale = getScaleFactor();   // 获得缩放比率
    if (mPivotX == 0.0f && mPivotY == 0.0f) {
        t.getMatrix().setRotate(degrees);
    } else {
        t.getMatrix().setRotate(degrees, mPivotX * scale, mPivotY * scale);
```

    }
}
```

摇摆动画的播放效果如图 3-18 和图 3-19 所示。图 3-18 为钟摆向左摆动时的画面,图 3-19 为钟摆向右摆动时的画面。

图 3-18 摇摆动画向左摆动

图 3-19 摇摆动画向右摆动

### 3.2.3 集合动画

有时一个动画效果会加入多种动画技术,比如一边旋转一边缩放,这时便会用到集合动画 AnimationSet 把几个补间动画组装起来,实现让某视图同时呈现多种动画的效果。

因为集合动画与补间动画一样继承自 Animation 类,所以拥有补间动画的基本方法。集合动画不像一般补间动画那样提供构造方法,而是通过 addAnimation 方法把别的补间动画加入本集合动画中。

下面是使用集合动画的代码片段:

(完整代码见 animation\src\main\java\com\example\animation\AnimSetActivity.java)

```java
private AnimationSet setAnim;  // 声明一个集合动画对象

// 初始化集合动画
private void initAnimation() {
    // 创建一个灰度动画
    Animation alphaAnim = new AlphaAnimation(1.0f, 0.1f);
    alphaAnim.setDuration(3000);      // 设置动画的播放时长
    alphaAnim.setFillAfter(true);     // 设置维持结束画面
```
```

```java
    // 创建一个平移动画
    Animation translateAnim = new TranslateAnimation(1.0f, -200f, 1.0f, 1.0f);
    translateAnim.setDuration(3000);        // 设置动画的播放时长
    translateAnim.setFillAfter(true);       // 设置维持结束画面
    // 创建一个缩放动画
    Animation scaleAnim = new ScaleAnimation(1.0f, 1.0f, 1.0f, 0.5f);
    scaleAnim.setDuration(3000);            // 设置动画的播放时长
    scaleAnim.setFillAfter(true);           // 设置维持结束画面
    // 创建一个旋转动画
    Animation rotateAnim = new RotateAnimation(0f, 360f,
            Animation.RELATIVE_TO_SELF, 0.5f,
            Animation.RELATIVE_TO_SELF, 0.5f);
    rotateAnim.setDuration(3000);           // 设置动画的播放时长
    rotateAnim.setFillAfter(true);          // 设置维持结束画面
    // 创建一个集合动画
    setAnim = new AnimationSet(true);
    // 下面在代码中添加集合动画
    setAnim.addAnimation(alphaAnim);        // 给集合动画添加灰度动画
    setAnim.addAnimation(translateAnim);    // 给集合动画添加平移动画
    setAnim.addAnimation(scaleAnim);        // 给集合动画添加缩放动画
    setAnim.addAnimation(rotateAnim);       // 给集合动画添加旋转动画
    setAnim.setFillAfter(true);             // 设置维持结束画面
    startAnim();                            // 开始播放集合动画
}

// 开始播放集合动画
private void startAnim() {
    iv_anim_set.startAnimation(setAnim);    // 开始播放动画
    setAnim.setAnimationListener(this);     // 设置动画事件监听器
}
```

集合动画的播放效果如图 3-20 和图 3-21 所示。图 3-20 为集合动画开始不久的画面，图 3-21 为集合动画即将结束的画面。

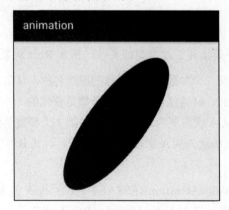
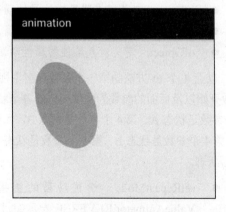

图 3-20　集合动画开始播放不久　　　　图 3-21　集合动画即将结束播放

## 3.3 属性动画

本节介绍属性动画的应用场合与进阶用法，内容包括：为何属性动画是补间动画的升级版以及属性动画的基本用法；运用属性动画组合实现多个属性动画的同时播放与顺序播放效果；对动画技术中的插值器和估值器进行分析，并演示不同插值器的动画效果；如何利用估值器实现视频网站常见的弹幕动画。

### 3.3.1 常规的属性动画

视图 View 类虽有许多状态属性，但补间动画只对其中 6 种属性进行操作，具体说明见表 3-2。

表 3-2 补间动画的属性说明

| View 类的属性名称 | 属性说明 | 属性设置方法 | 对应的补间动画 |
| --- | --- | --- | --- |
| alpha | 透明度 | setAlpha | 灰度动画 |
| rotation | 旋转角度 | setRotation | 旋转动画 |
| scaleX | 横坐标的缩放比例 | setScaleX | 缩放动画 |
| scaleY | 纵坐标的缩放比例 | setScaleY | 缩放动画 |
| translationX | 横坐标的平移距离 | setTranslationX | 平移动画 |
| translationY | 纵坐标的平移距离 | setTranslationY | 平移动画 |

实际上每个控件的属性远不止这 6 种，如果要求对视图的背景颜色做渐变处理，补间动画就无能为力了。为此，Android 又引入了属性动画 ObjectAnimator。属性动画突破了补间动画的局限，允许视图的所有属性都能实现渐变的动画效果，例如背景颜色、文字颜色、文字大小等。只要设定某属性的起始值与终止值、渐变的持续时间，属性动画即可实现渐变效果。

下面是 ObjectAnimator 的常用方法：

- ofInt：定义整型属性的属性动画。
- ofFloat：定义浮点型属性的属性动画。
- ofArgb：定义颜色属性的属性动画。
- ofObject：定义对象属性的属性动画，用于不是上述三种类型的属性，例如 Rect 对象。

以上 4 个 of 方法的第一个参数为宿主视图对象，第二个参数为需要变化的属性名称，从第三个参数开始以及后面的参数为属性变化的各个状态值。注意，of 方法后面的参数个数是变化的。如果第 3 个参数是状态 A、第 4 个参数是状态 B，属性动画就从 A 状态变为 B 状态；如果第 3 个参数是状态 A、第 4 个参数是状态 B、第 5 个参数是状态 C，属性动画就先从 A 状态变为 B 状态，再从 B 状态变为 C 状态。

- setRepeatMode：设置动画的重播模式。ValueAnimator.RESTART 表示从头开始，ValueAnimator.REVERSE 表示倒过来播放。默认值为 ValueAnimator.RESTART。
- setRepeatCount：设置动画的重播次数。默认值为 0，表示只播放一次；值为 ValueAnimator.INFINITE 时表示持续重播。
- setDuration：设置动画的持续播放时间，单位为毫秒。

- setInterpolator：设置动画的插值器。
- setEvaluator：设置动画的估值器。
- start：开始播放动画。
- cancel：取消播放动画。
- end：结束播放动画。
- pause：暂停播放动画。
- resume：恢复播放动画。
- reverse：倒过来播放动画。
- isRunning：判断动画是否在播放。注意，暂停时，isRunning 方法仍然返回 true。
- isPaused：判断动画是否被暂停。
- isStarted：判断动画是否已经开始。注意，曾经播放与正在播放都算已经开始。
- addListener：添加动画监听器，需实现接口 AnimatorListener 的 4 个方法。
  - onAnimationStart：在动画开始播放时触发。
  - onAnimationEnd：在动画结束播放时触发。
  - onAnimationCancel：在动画取消播放时触发。
  - onAnimationRepeat：在动画重播时触发。
- removeListener：移除指定的动画监听器。
- removeAllListeners：移除所有动画监听器。

下面是使用属性动画分别实现透明度、平移、缩放、旋转等变换操作的示例代码：
（完整代码见 animation\src\main\java\com\example\animation\ObjectAnimActivity.java）

```java
// 声明 4 个属性动画对象
private ObjectAnimator alphaAnim, translateAnim, scaleAnim, rotateAnim;

// 初始化属性动画
private void initObjectAnim() {
    // 构造一个在透明度上变化的属性动画
    alphaAnim = ObjectAnimator.ofFloat(iv_object_anim, "alpha", 1f, 0.1f, 1f);
    // 构造一个在横轴上平移的属性动画
    translateAnim = ObjectAnimator.ofFloat(iv_object_anim,
                    "translationX", 0f, -200f, 0f, 200f, 0f);
    // 构造一个在纵轴上缩放的属性动画
    scaleAnim = ObjectAnimator.ofFloat(iv_object_anim, "scaleY", 1f, 0.5f, 1f);
    // 构造一个围绕中心点旋转的属性动画
    rotateAnim = ObjectAnimator.ofFloat(iv_object_anim, "rotation", 0f, 360f, 0f);
}

// 播放指定类型的属性动画
private void playObjectAnim(int type) {
    ObjectAnimator anim = null;
    if (type == 0) {              // 灰度动画
        anim = alphaAnim;
    } else if (type == 1) {       // 平移动画
        anim = translateAnim;
```

```
        } else if (type == 2) {        // 缩放动画
            anim = scaleAnim;
        } else if (type == 3) {        // 旋转动画
            anim = rotateAnim;
        } else if (type == 4) {        // 裁剪动画
            int width = iv_object_anim.getWidth();
            int height = iv_object_anim.getHeight();
            // 构造一个从四周向中间裁剪的属性动画
            ObjectAnimator clipAnim = ObjectAnimator.ofObject(
                    iv_object_anim, "clipBounds",
                    new RectEvaluator(), new Rect(0, 0, width, height),
                    new Rect(width / 3, height / 3, width / 3 * 2, height / 3 * 2),
                    new Rect(0, 0, width, height));
            anim = clipAnim;
        }
        if (anim != null) {
            anim.setDuration(3000);    // 设置动画的播放时长
            anim.start();              // 开始播放属性动画
        }
    }
```

在上述代码演示的属性动画中，补间动画已经实现的效果就不再给出图例了，补间动画未实现的裁剪动画效果如图 3-22 和图 3-23 所示。图 3-22 为裁剪即将开始时的画面，图 3-23 为裁剪过程中的画面。

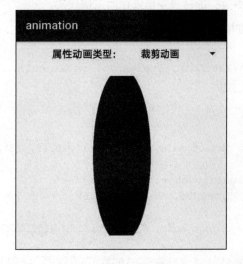
图 3-22　裁剪动画即将开始

图 3-23　裁剪动画正在播放

## 3.3.2　属性动画组合

补间动画可以通过集合动画 AnimationSet 组装多种动画效果，属性动画也有类似的做法，即通过属性动画组合 AnimatorSet 组装多种属性动画。

AnimatorSet 虽然与 ObjectAnimator 都继承自 Animator，但是两者的使用方法略有不同，主要是属性动画组合少了部分方法。下面是 AnimatorSet 的常用方法：

- setDuration：设置动画组合的持续时间，单位为毫秒。
- setInterpolator：设置动画组合的插值器。
- play：设置当前动画。该方法返回一个 AnimatorSet.Builder 对象，可对该对象调用组装方法添加新动画，从而实现动画组装功能。下面是 Builder 的组装方法说明。
  - with：指定该动画与当前动画一起播放。
  - before：指定该动画在当前动画之前播放。
  - after：指定该动画在当前动画之后播放。
- start：开始播放动画组合。
- pause：暂停播放动画组合。
- resume：恢复播放动画组合。
- cancel：取消播放动画组合。
- end：结束播放动画组合。
- isRunning：判断动画组合是否在播放。
- isStarted：判断动画组合是否已经开始。

下面是使用属性动画组合组装多种属性动画的示例代码：
（完整代码见 animation\src\main\java\com\example\animation\ObjectGroupActivity.java）

```java
private AnimatorSet animSet;    // 声明一个属性动画组合对象

// 初始化属性动画
private void initObjectAnim() {
    // 构造一个在横轴上平移的属性动画
    ObjectAnimator anim1 = ObjectAnimator.ofFloat(iv_object_group,
                "translationX", 0f, 100f);
    // 构造一个在透明度上变化的属性动画
    ObjectAnimator anim2 = ObjectAnimator.ofFloat(iv_object_group,
                "alpha", 1f, 0.1f, 1f, 0.5f, 1f);
    // 构造一个围绕中心点旋转的属性动画
    ObjectAnimator anim3 = ObjectAnimator.ofFloat(iv_object_group,
                "rotation", 0f, 360f);
    // 构造一个在纵轴上缩放的属性动画
    ObjectAnimator anim4 = ObjectAnimator.ofFloat(iv_object_group,
                "scaleY", 1f, 0.5f, 1f);
    // 构造一个在横轴上平移的属性动画
    ObjectAnimator anim5 = ObjectAnimator.ofFloat(iv_object_group,
                "translationX", 100f, 0f);
    animSet = new AnimatorSet();    // 创建一个属性动画组合
    // 把指定的属性动画添加到属性动画组合
    AnimatorSet.Builder builder = animSet.play(anim2);
    // 动画播放顺序为：先执行 anim1，再一起执行 anim2、anim3、anim3，最后执行 anim5
    builder.with(anim3).with(anim4).after(anim1).before(anim5);
    animSet.setDuration(4500);           // 设置动画的播放时长
    animSet.start();                     // 开始播放属性动画
    animSet.addListener(this);           // 给属性动画添加动画事件监听器
}
```

属性动画组合的演示效果如图 3-24 和图 3-25 所示。图 3-24 为动画组合开始播放不久的画面，图 3-25 为动画组合播放过程中的画面。

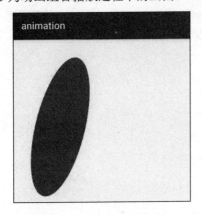
图 3-24　属性动画组合开始播放

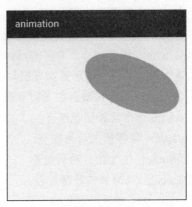
图 3-25　属性动画组合正在播放

### 3.3.3　插值器和估值器

前面在介绍补间动画与属性动画时都提到了插值器，属性动画还提到了估值器，因为插值器和估值器是相互关联的，所以放在本小节一起介绍。

插值器用来控制属性值的变化速率，也可以理解为动画播放的速度，默认是先加速再减速（AccelerateDecelerateInterpolator）。若要给动画播放指定某种速率形式（比如匀速播放），调用 setInterpolator 方法设置对应的插值器实现类即可，无论是补间动画、集合动画、属性动画还是属性动画组合，都可以设置插值器。插值器实现类的说明见表 3-3。

表 3-3　插值器实现类的说明

| 插值器的实现类 | 说　明 |
| --- | --- |
| LinearInterpolator | 匀速插值器 |
| AccelerateInterpolator | 加速插值器 |
| DecelerateInterpolator | 减速插值器 |
| AccelerateDecelerateInterpolator | 落水插值器，即前半段加速、后半段减速 |
| AnticipateInterpolator | 射箭插值器，后退几步再往前冲 |
| OvershootInterpolator | 回旋插值器，冲过头再归位 |
| AnticipateOvershootInterpolator | 射箭回旋插值器，后退几步再往前冲，冲过头再归位 |
| BounceInterpolator | 震荡插值器，类似皮球落地（落地后会弹起几次） |
| CycleInterpolator | 钟摆插值器，以开始位置为中线而晃动（类似摇摆动画，开始位置与结束位置的距离就是摇摆的幅度） |

估值器专用于属性动画，主要描述该属性的数值变化要采用什么单位，比如整数类型的渐变数值要取整，颜色的渐变数值为 ARGB 格式的颜色对象，矩形的渐变数值为 Rect 对象等。要给属性动画设置估值器，调用属性动画对象的 setEvaluator 方法即可。估值器实现类的说明见表 3-4。

表 3-4 估值器实现类的说明

| 估值器的实现类 | 说 明 |
| --- | --- |
| IntEvaluator | 整数类型估值器 |
| FloatEvaluator | 浮点类型估值器 |
| ArgbEvaluator | 颜色估值器 |
| RectEvaluator | 矩形估值器 |

一般情况下，无须单独设置属性动画的估值器，使用系统默认的估值器即可。如果属性类型不是 int、float、argb 三种，只能通过 ofObject 方法构造属性动画对象，就必须指定该属性的估值器，否则系统不知道如何计算渐变属性值。为方便记忆属性动画的构造方法与估值器的关联关系，表 3-5 列出了两者之间的对应关系。

表 3-5 属性类型与估值器的对应关系

| 属性动画的构造方法 | 估 值 器 | 对应的属性说明 |
| --- | --- | --- |
| ofInt | IntEvaluator | 整数类型的属性 |
| ofFloat | FloatEvaluator | 大部分状态属性，如 alpha、rotation、scaleY、translationX、textSize 等 |
| ofArgb | ArgbEvaluator | 颜色，如 backgroundColor、textColor 等 |
| ofObject | RectEvaluator | 裁剪范围，如 clipBounds |

下面是在属性动画中运用插值器和估值器的示例代码：

（完整代码见 animation\src\main\java\com\example\animation\InterpolatorActivity.java）

```
// 声明四个属性动画对象
private ObjectAnimator animAcce, animDece, animLinear, animBounce;

// 初始化属性动画
private void initObjectAnim() {
    // 构造一个在背景色上变化的属性动画
    animAcce = ObjectAnimator.ofInt(tv_interpolator, "backgroundColor",
                        Color.RED, Color.GRAY);
    // 给属性动画设置加速插值器
    animAcce.setInterpolator(new AccelerateInterpolator());
    // 给属性动画设置颜色估值器
    animAcce.setEvaluator(new ArgbEvaluator());
    // 构造一个围绕中心点旋转的属性动画
    animDece = ObjectAnimator.ofFloat(tv_interpolator, "rotation", 0f, 360f);
    // 给属性动画设置减速插值器
    animDece.setInterpolator(new DecelerateInterpolator());
    // 给属性动画设置浮点型估值器
    animDece.setEvaluator(new FloatEvaluator());
    // 构造一个文字大小变化的属性动画
    animBounce = ObjectAnimator.ofFloat(tv_interpolator,
                        "textSize", 20f, 60f);
    // 给属性动画设置震荡插值器
    animBounce.setInterpolator(new BounceInterpolator());
    // 给属性动画设置浮点类型估值器
```

```java
        animBounce.setEvaluator(new FloatEvaluator());
    }

    // 根据插值器类型展示属性动画
    private void showInterpolator(int type) {
        ObjectAnimator anim = null;
        if (type == 0) {                    // 背景色+加速插值器+颜色估值器
            anim = animAcce;
        } else if (type == 1) {             // 旋转+减速插值器+浮点类型估值器
            anim = animDece;
        } else if (type == 2) {             // 裁剪+匀速插值器+矩形估值器
            int width = tv_interpolator.getWidth();
            int height = tv_interpolator.getHeight();
            // 构造一个从四周向中间裁剪的属性动画,同时指定了矩形估值器 RectEvaluator
            animLinear = ObjectAnimator.ofObject(tv_interpolator, "clipBounds",
                    new RectEvaluator(), new Rect(0, 0, width, height),
                    new Rect(width / 3, height / 3, width / 3 * 2, height / 3 * 2),
                    new Rect(0, 0, width, height));
            // 给属性动画设置匀速插值器
            animLinear.setInterpolator(new LinearInterpolator());
            anim = animLinear;
        } else if (type == 3) {             // 文字大小+震荡插值器+浮点类型估值器
            anim = animBounce;
            // 给属性动画添加动画事件监听器,目的是在动画结束时恢复文字大小
            anim.addListener(this);
        }
        anim.setDuration(2000);             // 设置动画的播放时长
        anim.start();                       // 开始播放属性动画
    }

    // 在属性动画开始播放时触发
    @Override
    public void onAnimationStart(Animator animation) {}

    // 在属性动画结束播放时触发
    @Override
    public void onAnimationEnd(Animator animation) {
        if (animation.equals(animBounce)) {  // 震荡动画
            // 构造一个文字大小变化的属性动画
            ObjectAnimator anim = ObjectAnimator.ofFloat(tv_interpolator,
                                "textSize", 60f, 20f);
            // 给属性动画设置震荡插值器
            anim.setInterpolator(new BounceInterpolator());
            // 给属性动画设置浮点类型估值器
            anim.setEvaluator(new FloatEvaluator());
            anim.setDuration(2000);         // 设置动画的播放时长
            anim.start();                   // 开始播放属性动画
        }
    }
```

```
// 在属性动画取消播放时触发
@Override
public void onAnimationCancel(Animator animation) {}

// 在属性动画重复播放时触发
@Override
public void onAnimationRepeat(Animator animation) {}
```

插值器和估值器的演示效果如图 3-26 和图 3-27 所示。图 3-26 为文字变大时的画面,图 3-27 为文字变小时的画面。此处采用的是震荡插值器,由于截图无法准确反映震荡的动画效果,因此建议读者自己运行和测试该 App,这样会有更直观的感受。

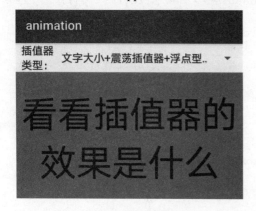
图 3-26　震荡插值器开始播放

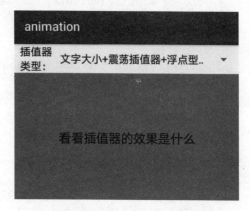
图 3-27　震荡插值器即将结束

## 3.3.4　利用估值器实现弹幕动画

如今上网看电影电视越发流行了,追剧的时候经常看到视频上方数行评论向左边飘去,犹如子弹那样飞快掠过,这些评论文字因此得名"弹幕"。弹幕评论由正在观看的网友们即兴发表,故而连绵不绝从画面右端不断涌现,直到漂至画面左端才隐没消失。

虽然弹幕效果可使用平移动画实现,但是平移动画比较单调,只能控制位移,不能控制速率、文字大小、文字颜色等要素。想同时操纵视图的多种属性要素时,需要采用属性动画加以实现。然而视图的位移大小由间距属性 margin 控制,该属性又分为上下左右四个方向,更要命的是,这几个间距属性并非视图 View 类的属性,而是布局参数 LayoutParams 的属性,意味着无法通过"margin***"这种形式来直接构造属性动画对象。为了动态调整间距属性这种非常规属性,就要引入估值器实时计算当前的属性值,再据此设置自定义控件的状态参数。以间距属性为例,它的动画步骤说明如下:

**步骤 01** 定义一个间距估值器,实现接口 TypeEvaluator 的 evaluate 方法,并在该方法中返回指定时间点的间距数值。

**步骤 02** 调用 ValueAnimator 类的 ofObject 方法,根据间距估值器、开始位置和结束位置构建属性动画对象。

**步骤 03** 调用属性动画对象的 addUpdateListener 方法设置刷新监听器,在监听器内部获取当前的间距数值,并调整视图此时的布局参数。

具体到编码实现上,需要自定义弹幕视图,其内部在垂直方向排列,每行放置一个相对布局。发表弹幕评论时,先随机挑选某行相对布局,在该布局右侧添加文本视图,再通过前述的间距动画向左渐次滑动。弹幕视图的定义代码如下:

(完整代码见 animation\src\main\java\com\example\animation\widget\BarrageView.java)

```java
public class BarrageView extends LinearLayout {
    private Context mContext;            // 声明一个上下文对象
    private int mRowCount = 5;           // 弹幕行数
    private int mTextSize = 15;          // 文字大小
    // 每行的相对布局列表
    private List<RelativeLayout> mLayoutList = new ArrayList<>();
    private int mWidth;          // 视图宽度
    private int mLastPos1 = -1, mLastPos2 = -1;  // 最近两次的弹幕位置

    public BarrageView(Context context, AttributeSet attrs) {
        super(context, attrs);
        intView(context);        // 初始化视图
    }

    // 初始化视图
    private void intView(Context context) {
        mContext = context;
        setOrientation(LinearLayout.VERTICAL);  // 设置垂直方向
        for (int i=0; i<mRowCount; i++) {
            RelativeLayout layout = new RelativeLayout(mContext);
            RelativeLayout.LayoutParams params = new
                RelativeLayout.LayoutParams(
                    LayoutParams.MATCH_PARENT, Utils.dip2px(mContext, 40));
            layout.setLayoutParams(params);
            mLayoutList.add(layout);
            addView(layout);     // 添加至当前视图
        }
    }

    @Override
    protected void onMeasure(int widthMeasureSpec, int heightMeasureSpec) {
        super.onMeasure(widthMeasureSpec, heightMeasureSpec);
        mWidth = getMeasuredWidth();    // 获取视图的实际宽度
    }

    // 获取本次弹幕的位置。不与最近两次的弹幕在同一行,避免挨得太近
    private int getPos() {
        int pos;
        do {
            pos = new Random().nextInt(mRowCount);
        } while (pos==mLastPos1 || pos==mLastPos2);
        mLastPos2 = mLastPos1;
        mLastPos1 = pos;
        return pos;
    }
```

```java
// 给弹幕视图添加评论
public void addComment(String comment) {
    RelativeLayout layout = mLayoutList.get(getPos()); // 获取随机位置布局
    TextView tv_comment = getCommentView(comment); // 获取评论的文本视图
    float textWidth = MeasureUtil.getTextWidth(comment,
                        Utils.dip2px(mContext, mTextSize));
    layout.addView(tv_comment); // 添加至当前视图
    // 根据估值器和起止位置创建一个属性动画
    ValueAnimator anim = ValueAnimator.ofObject(new MarginEvaluator(),
                (int) -textWidth, mWidth);
    // 添加属性动画的刷新监听器
    anim.addUpdateListener(animation -> {
        int margin = (int) animation.getAnimatedValue(); // 获取动画当前值
        RelativeLayout.LayoutParams tv_params =
            (RelativeLayout.LayoutParams) tv_comment.getLayoutParams();
        tv_params.rightMargin = margin;
        if (margin > mWidth-textWidth) { // 左滑到顶了
            tv_params.leftMargin = (int) (mWidth-textWidth - margin);
        }
        tv_comment.setLayoutParams(tv_params); // 设置文本视图的布局参数
    });
    anim.setTarget(tv_comment); // 设置动画的播放目标
    anim.setDuration(5000);     // 设置动画的播放时长
    anim.setInterpolator(new LinearInterpolator()); // 设置属性动画的插值器
    anim.start(); // 属性动画开始播放
}

// 获取评论内容的文本视图
private TextView getCommentView(String content) {
    TextView tv = new TextView(mContext);
    tv.setText(content);
    tv.setTextSize(mTextSize);
    tv.setSingleLine(true);
    RelativeLayout.LayoutParams tv_params = new
        RelativeLayout.LayoutParams(
            LayoutParams.WRAP_CONTENT, LayoutParams.WRAP_CONTENT);
    tv_params.addRule(RelativeLayout.CENTER_VERTICAL); // 垂直方向居中
    tv_params.addRule(RelativeLayout.ALIGN_PARENT_RIGHT); // 右对齐
    tv.setLayoutParams(tv_params); // 设置文本视图的布局参数
    return tv;
}

// 定义一个间距估值器，计算动画播放期间的间距大小
public static class MarginEvaluator implements TypeEvaluator<Integer> {
    @Override
    public Integer evaluate(float fraction, Integer startValue, Integer endValue) {
        return (int) (startValue*(1-fraction) + endValue*fraction);
    }
}
```

       }
   }

然后在布局文件中添加 BarrageView 节点，且活动代码调用弹幕视图的 addComment 方法发表评论。运行并测试该 App，数次点击"添加评论"按钮后，弹幕效果如图 3-28 所示；继续点击几次"添加评论"按钮，此时弹幕效果如图 3-29 所示，可见每条弹幕评论都在往左漂去。

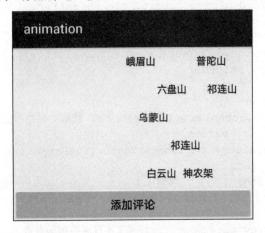
图 3-28　开始不久的弹幕效果

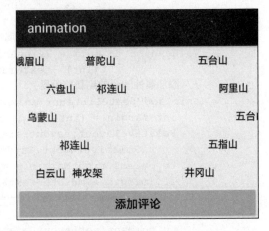
图 3-29　持续漂移的弹幕效果

## 3.4　遮罩动画及滚动器

本节介绍其他几种常见的动画实现手段，内容包括：遮罩动画与滚动器动画，遮罩动画画布的绘图层次类型及其相互之间的区别；如何利用绘图层次实现百叶窗动画和马赛克动画；滚动器动画在平滑翻书特效中的具体运用。

### 3.4.1　画布的绘图层次

画布 Canvas 上的绘图操作都是在同一个图层上进行的，这意味着如果存在重叠区域，后面绘制的图形就必然覆盖前面的图形。绘图是比较复杂的事情，不是直接覆盖这么简单，有些特殊的绘图操作往往需要做与、或、非运算，如此才能实现百变的图像特效。

Android 给画布的图层显示制定了许多规则，详细的图层显示规则见表 3-6。表中的上层指的是后绘制的图形 Src，下层指的是先绘制的图形 Dst。

表 3-6　图层模式的取值说明

| PorterDuff.Mode 类的图层模式 | 说　　明 |
| --- | --- |
| CLEAR | 不显示任何图形 |
| SRC | 只显示上层图形 |
| DST | 只显示下层图形 |
| SRC_OVER | 按通常情况显示，即重叠部分由上层遮盖下层 |
| DST_OVER | 重叠部分由下层遮盖上层，其余部分正常显示 |
| SRC_IN | 只显示重叠部分的上层图形 |

（续表）

| PorterDuff.Mode 类的图层模式 | 说　明 |
| --- | --- |
| DST_IN | 只显示重叠部分的下层图形 |
| SRC_OUT | 只显示上层图形的未重叠部分 |
| DST_OUT | 只显示下层图形的未重叠部分 |
| SRC_ATOP | 只显示上层图形区域，但重叠部分显示下层图形 |
| DST_ATOP | 只显示下层图形区域，但重叠部分显示上层图形 |
| XOR | 不显示重叠部分，其余部分正常显示 |
| DARKEN | 重叠部分按颜料混合方式加深，其余部分正常显示 |
| LIGHTEN | 重叠部分按光照重合方式加亮，其余部分正常显示 |
| MULTIPLY | 只显示重叠部分，且重叠部分的颜色混合加深 |
| SCREEN | 过滤重叠部分的深色，其余部分正常显示 |

这些图层规则的文案有点令人费解，还是看画面效果比较直观。在图 3-30 中，圆圈是先绘制的下层图形，正方形是后绘制的上层图形，图例展示了运用不同规则时的显示画面。

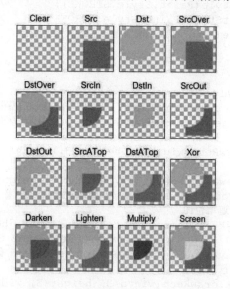

图 3-30　各种图层规则的画面效果

具体到编码而言，需要在当前画布之外再准备一个遮罩画布，遮罩画布绘制上层图形，而当前画布绘制下层图形。同时指定两个画布的混合图层模式，并根据该模式在当前画布盖上遮罩画布。为此自定义演示用的图层视图示例代码如下：

（完整代码见 animation\src\main\java\com\example\animation\widget\LayerView.java）

```
public class LayerView extends View {
    private Paint mUpPaint = new Paint();       // 声明上层的画笔对象
    private Paint mDownPaint = new Paint();     // 声明下层的画笔对象
    private Paint mMaskPaint = new Paint();     // 声明遮罩的画笔对象
    private boolean onlyLine = true;     // 是否只绘制轮廓
    private PorterDuff.Mode mMode;       // 绘图模式
```

```java
        public LayerView(Context context, AttributeSet attrs) {
            super(context, attrs);
            mUpPaint.setStrokeWidth(5);          // 设置画笔的线宽
            mUpPaint.setColor(Color.CYAN);       // 设置画笔的颜色
            mDownPaint.setStrokeWidth(5);        // 设置画笔的线宽
            mDownPaint.setColor(Color.RED);      // 设置画笔的颜色
        }

        // 设置绘图模式
        public void setMode(PorterDuff.Mode mode) {
            mMode = mode;
            onlyLine = false;
            mUpPaint.setStyle(Paint.Style.FILL);     // 设置画笔的类型
            mDownPaint.setStyle(Paint.Style.FILL);   // 设置画笔的类型
            postInvalidate();   // 立即刷新视图（线程安全方式）
        }

        // 只显示线条轮廓
        public void setOnlyLine() {
            onlyLine = true;
            mUpPaint.setStyle(Paint.Style.STROKE);     // 设置画笔的类型
            mDownPaint.setStyle(Paint.Style.STROKE);   // 设置画笔的类型
            postInvalidate();   // 立即刷新视图（线程安全方式）
        }

        @Override
        protected void onDraw(Canvas canvas) {
            int width = getMeasuredWidth();       // 获取视图的实际宽度
            int height = getMeasuredHeight();     // 获取视图的实际高度
            if (onlyLine) {   // 只绘制轮廓
                canvas.drawRect(width/3, height/3, width*9/10, height*9/10,
                                mUpPaint);
                canvas.drawCircle(width/3, height/3, height/3, mDownPaint);
            } else if (mMode != null) {   // 绘制混合后的图像
                // 创建一个遮罩位图
                Bitmap mask = Bitmap.createBitmap(width, height,
                                Bitmap.Config.ARGB_8888);
                Canvas canvasMask = new Canvas(mask);   // 创建一个遮罩画布
                // 先绘制上层的矩形
                canvasMask.drawRect(width/3, height/3, width*9/10, height*9/10,
                                mUpPaint);
                // 设置离屏缓存
                int saveLayer = canvas.saveLayer(0, 0, width, height, null,
                                Canvas.ALL_SAVE_FLAG);
                // 再绘制下层的圆形
                canvas.drawCircle(width/3, height/3, height/3, mDownPaint);
                // 设置混合模式
                mMaskPaint.setXfermode(new PorterDuffXfermode(mMode));
                canvas.drawBitmap(mask, 0, 0, mMaskPaint);   // 绘制源图像的遮罩
                mMaskPaint.setXfermode(null);            // 还原混合模式
                canvas.restoreToCount(saveLayer);        // 还原画布
            }
        }
    }
```

然后在布局文件中添加 LayerView 节点，并在对应的活动页面调用 setMode 方法设置绘图模式。运行并测试该 App，可观察到图层覆盖效果如图 3-31~图 3-36 所示。图 3-31 为只显示轮廓的画面，图 3-32 为 SRC_OVER 模式的画面，图 3-33 为 DST_OVER 模式的画面，图 3-34 为 SRC_OUT 模式的画面，图 3-35 为 DST_OUT 模式的画面，图 3-36 为 XOR 模式的画面，这些画面效果都能跟表 3-6 对得上。

图 3-31　只显示轮廓的画面

图 3-32　SRC_OVER 模式的画面

图 3-33　DST_OVER 模式的画面

图 3-34　SRC_OUT 模式的画面

图 3-35　DST_OUT 模式的画面

图 3-36　XOR 模式的画面

## 3.4.2 实现百叶窗动画

合理运用图层规则可以实现酷炫的动画效果，比如把图片分割成一条一条，接着每条都逐渐展开，这便产生了百叶窗动画；把图片等分为若干小方格，然后逐次显示几个小方格，直至所有小方格都显示出来，便形成了马赛克动画。

以百叶窗动画为例，首先定义一个百叶窗视图，并重写 onDraw 方法，给遮罩画布描绘若干矩形叶片，每次绘制的叶片大小由比率参数决定。按此编写的百叶窗视图定义代码如下：

（完整代码见 animation\src\main\java\com\example\animation\widget\ShutterView.java）

```java
public class ShutterView extends View {
    private Paint mPaint = new Paint();    // 声明一个画笔对象
    private int mOrientation = LinearLayout.HORIZONTAL;        // 动画方向
    private int mLeafCount = 10;     // 叶片的数量
    private PorterDuff.Mode mMode = PorterDuff.Mode.DST_IN;   // 只展示交集
    private Bitmap mBitmap;          // 声明一个位图对象
    private int mRatio = 0;          // 绘制的比率

    public ShutterView(Context context, AttributeSet attrs) {
        super(context, attrs);
    }

    // 设置百叶窗的方向
    public void setOriention(int oriention) {
        mOriention = oriention;
    }

    // 设置百叶窗的叶片数量
    public void setLeafCount(int leaf_count) {
        mLeafCount = leaf_count;
    }

    // 设置绘图模式
    public void setMode(PorterDuff.Mode mode) {
        mMode = mode;
    }

    // 设置位图对象
    public void setImageBitmap(Bitmap bitmap) {
        mBitmap = bitmap;
    }

    // 设置绘图比率
    public void setRatio(int ratio) {
        mRatio = ratio;
        postInvalidate();    // 立即刷新视图（线程安全方式）
    }

    @Override
```

```java
protected void onDraw(Canvas canvas) {
    if (mBitmap == null) {
        return;
    }
    int width = getMeasuredWidth();        // 获取视图的实际宽度
    int height = getMeasuredHeight();      // 获取视图的实际高度
    // 创建一个遮罩位图
    Bitmap mask = Bitmap.createBitmap(width, height, mBitmap.getConfig());
    Canvas canvasMask = new Canvas(mask);  // 创建一个遮罩画布
    for (int i = 0; i < mLeafCount; i++) {
        if (mOrientation == LinearLayout.HORIZONTAL) {  // 水平方向
            int column_width = (int) Math.ceil(width * 1f / mLeafCount);
            int left = column_width * i;
            int right = left + column_width * mRatio / 100;
            // 在遮罩画布上绘制各矩形叶片
            canvasMask.drawRect(left, 0, right, height, mPaint);
        } else {  // 垂直方向
            int row_height = (int) Math.ceil(height * 1f / mLeafCount);
            int top = row_height * i;
            int bottom = top + row_height * mRatio / 100;
            // 在遮罩画布上绘制各矩形叶片
            canvasMask.drawRect(0, top, width, bottom, mPaint);
        }
    }
    // 设置离屏缓存
    int saveLayer = canvas.saveLayer(0, 0, width, height, null,
                    Canvas.ALL_SAVE_FLAG);
    Rect rect = new Rect(0, 0, width,
                    width * mBitmap.getHeight() / mBitmap.getWidth());
    canvas.drawBitmap(mBitmap, null, rect, mPaint);       // 绘制目标图像
    mPaint.setXfermode(new PorterDuffXfermode(mMode));    // 设置混合模式
    canvas.drawBitmap(mask, 0, 0, mPaint);                // 再绘制源图像的遮罩
    mPaint.setXfermode(null);                             // 还原混合模式
    canvas.restoreToCount(saveLayer);                     // 还原画布
}
```

然后在布局文件中添加 ShutterView 节点，并在对应的活动页面调用 setOrientation 方法设置百叶窗的方向，调用 setLeafCount 方法设置百叶窗的叶片数量。再利用属性动画渐进设置 ratio 属性，使整个百叶窗的各个叶片逐步合上，从而实现合上百叶窗的动画特效。播放百叶窗动画的示例代码如下：

（完整代码见 animation\src\main\java\com\example\animation\ShutterActivity.java）

```java
// 构造一个按比率逐步展开的属性动画
ObjectAnimator anim = ObjectAnimator.ofInt(sv_shutter, "ratio", 0, 100);
anim.setDuration(3000);        // 设置动画的播放时长
anim.start();                  // 开始播放属性动画
```

运行并测试该 App，可观察到百叶窗动画的播放效果如图 3-37 和图 3-38 所示。图 3-37 为百叶窗动画开始播放时的画面，图 3-38 为百叶窗动画即将结束播放时的画面。

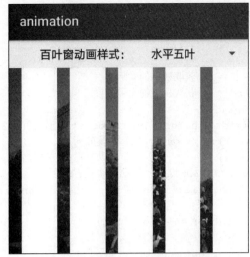

图 3-37　百叶窗动画开始播放　　　图 3-38　百叶窗动画即将结束

基于同样的绘制原理，可以依样画瓢实现马赛克动画，其中马赛克视图的代码片段如下：
（完整代码见 animation\src\main\java\com\example\animation\widget\MosaicView.java）

```java
private Paint mPaint = new Paint();          // 声明一个画笔对象
private int mOriention = LinearLayout.HORIZONTAL;     // 动画方向
private int mGridCount = 20;      // 格子的数量
private PorterDuff.Mode mMode = PorterDuff.Mode.DST_IN;    // 只展示交集
private Bitmap mBitmap;         // 声明一个位图对象
private int mRatio = 0;         // 绘制的比率
private int mOffset = 5;        // 偏差的比例
private float FENMU = 100;      // 计算比例的分母

@Override
protected void onDraw(Canvas canvas) {
    if (mBitmap == null) {
        return;
    }
    int width = getMeasuredWidth();       // 获取视图的实际宽度
    int height = getMeasuredHeight();     // 获取视图的实际高度
    // 创建一个遮罩位图
    Bitmap mask = Bitmap.createBitmap(width, height, mBitmap.getConfig());
    Canvas canvasMask = new Canvas(mask);          // 创建一个遮罩画布
    if (mOriention == LinearLayout.HORIZONTAL) {   // 水平方向
        float grid_width = height / mGridCount;
        int column_count = (int) Math.ceil(width / grid_width);
        int total_count = mGridCount * column_count;
        int draw_count = 0;
        for (int i = 0; i < column_count; i++) {
            for (int j = 0; j < mGridCount; j++) {
                int now_ratio = (int) ((mGridCount * i + j) * FENMU / total_count);
                if (now_ratio < mRatio - mOffset
                        || (now_ratio >= mRatio - mOffset && now_ratio < mRatio &&
                        ((j % 2 == 0 && i % 2 == 0) || (j % 2 == 1 && i % 2 == 1)))
                        || (now_ratio >= mRatio && now_ratio < mRatio + mOffset &&
                        ((j % 2 == 0 && i % 2 == 1) || (j % 2 == 1 && i % 2 ==
```

```java
                        0)))) {
                    int left = (int) (grid_width * i);
                    int top = (int) (grid_width * j);
                    // 在遮罩画布上绘制各方形格子
                    canvasMask.drawRect(left, top,
                            left + grid_width, top + grid_width, mPaint);
                    if (j < mGridCount) {
                        draw_count++;
                    }
                    if (draw_count * FENMU / total_count > mRatio) {
                        break;
                    }
                }
            }
            if (draw_count * FENMU / total_count > mRatio) {
                break;
            }
        }
    } else {  // 垂直方向
        float grid_width = width / mGridCount;
        int row_count = (int) Math.ceil(height / grid_width);
        int total_count = mGridCount * row_count;
        int draw_count = 0;
        for (int i = 0; i < row_count; i++) {
            for (int j = 0; j < mGridCount; j++) {
                int now_ratio = (int) ((mGridCount * i + j) * FENMU / total_count);
                if (now_ratio < mRatio - mOffset
                        || (now_ratio >= mRatio - mOffset && now_ratio < mRatio &&
                        ((j % 2 == 0 && i % 2 == 0) || (j % 2 == 1 && i % 2 == 1)))
                        || (now_ratio >= mRatio && now_ratio < mRatio + mOffset &&
                        ((j % 2 == 0 && i % 2 == 1) || (j % 2 == 1 && i % 2 ==
                        0)))) {
                    int left = (int) (grid_width * j);
                    int top = (int) (grid_width * i);
                    // 在遮罩画布上绘制各方形格子
                    canvasMask.drawRect(left, top,
                            left + grid_width, top + grid_width, mPaint);
                    if (j < mGridCount) {
                        draw_count++;
                    }
                    if (draw_count * FENMU / total_count > mRatio) {
                        break;
                    }
                }
            }
            if (draw_count * FENMU / total_count > mRatio) {
                break;
            }
        }
    }
    // 设置离屏缓存
    int saveLayer = canvas.saveLayer(0, 0, width, height, null,
                            Canvas.ALL_SAVE_FLAG);
    Rect rect = new Rect(0, 0, width,
                    width * mBitmap.getHeight() / mBitmap.getWidth());
```

```
canvas.drawBitmap(mBitmap, null, rect, mPaint);              // 绘制目标图像
mPaint.setXfermode(new PorterDuffXfermode(mMode));           // 设置混合模式
canvas.drawBitmap(mask, 0, 0, mPaint);    // 再绘制源图像的遮罩
mPaint.setXfermode(null);                 // 还原混合模式
canvas.restoreToCount(saveLayer);         // 还原画布
}
```

在布局文件中添加 MosaicView 节点，并在对应的活动页面调用 setGridCount 方法设置马赛克的格子数量，再利用属性动画渐进设置 ratio 属性，使得视图中的马赛克逐步清晰显现。下面是播放马赛克动画的示例代码：

```
// 起始值和结束值要超出一些范围，这样头尾的马赛克看起来才是连贯的
int offset = 5;
mv_mosaic.setOffset(offset);     // 设置偏差比例
// 构造一个按比率逐步展开的属性动画
ObjectAnimator anim = ObjectAnimator.ofInt(mv_mosaic,
                              "ratio", 0 - offset, 101 + offset);
anim.setDuration(3000);          // 设置动画的播放时长
anim.start();                    // 开始播放属性动画
```

运行并测试该 App，可观察到马赛克动画的播放效果如图 3-39 和图 3-40 所示。图 3-39 为马赛克动画开始播放时的画面，图 3-40 为马赛克动画即将结束播放时的画面。

图 3-39　马赛克动画开始播放　　　　　　图 3-40　马赛克动画即将结束

### 3.4.3　利用滚动器实现平滑翻页

在日常生活中，平移动画较为常见，有时也被称为位移动画。左右翻页和上下滚动其实都用到了平移动画，当然对于滚动视图、列表视图、翻页视图这些常用控件，Android 已实现了位移动画，无须开发者劳心劳力。如果开发者自定义新的控件，就得自己编写这部分的滚动特效。

譬如平滑翻书的动画效果，就是位移动画的一种应用。用户先通过手势拉动书页，不等拉到底就松开手指，此时 App 需要判断当前书页是继续向前滚动还是往后缩回去。倘若书页的拉动距离超过屏幕宽度的一半，那么无疑应当继续前滚动到底；倘若书页的拉动距离尚未达到屏幕宽度的

一半，那么应当往相反方向缩回去。对于这种向前滚动抑或向后滚动的判断处理，除了利用补间动画之外，还能借助滚动器（Scroller）加以实现。

滚动器不但可以实现平滑滚动的效果，还能解决拖曳时卡顿的问题。下面是滚动器的常用方法：

- startScroll：设置开始滑动的参数，包括起始的横纵坐标、横纵坐标偏移量和滑动的持续时间。
- computeScrollOffset：计算滑动偏移量。返回值可判断滑动是否结束，返回 false 表示滑动结束，返回 true 表示还在滑动中。
- getCurrX：获得当前的横坐标。
- getCurrY：获得当前的纵坐标。
- getFinalX：获得最终的横坐标。
- getFinalY：获得最终的纵坐标。
- getDuration：获得滑动的持续时间。
- forceFinished：强行停止滑动。
- isFinished：判断滑动是否结束。返回 false 表示还未结束，返回 true 表示滑动结束。该方法与 computeScrollOffset 的区别在于：

（1）computeScrollOffset 方法会在内部计算偏移量，isFinished 方法只返回是否结束的标志，而不做其他处理。

（2）computeScrollOffset 方法返回 false 表示滑动结束，isFinished 方法返回 true 表示滑动结束。

仍以平滑翻书为例，在自定义的滚动布局中，需要重写 onTouchEvent 方法，分别记录手势按下和松开之时对应的起点和终点，再计算两点在水平方向上的位移是否超过屏幕宽度的一半。超过则往前翻页，未超过则往后缩回，不管是前翻还是后缩，都得调用滚动器的 startScroll 方法执行滚动操作。同时重写布局的 computeScroll 方法，根据当前的滚动距离设置书页的偏移量，并在滚到终点时结束滚动操作。据此编写的滚动布局示例代码如下：

（完整代码见 animation\src\main\java\com\example\animation\widget\ScrollLayout.java）

```java
public class ScrollLayout extends LinearLayout {
    private Scroller mScroller;        // 声明一个滚动器对象
    private PointF mOriginPos;         // 按下手指时的起始点坐标
    private int mLastMargin = 0;       // 上次的间距
    private ImageView iv_scene;        // 声明一个图像视图对象
    private Bitmap mBitmap;            // 声明一个位图对象
    private boolean isScrolling = false;  // 是否正在滚动

    public ScrollLayout(Context context, AttributeSet attrs) {
        super(context, attrs);
        // 创建一个基于线性插值器的滚动器对象
        mScroller = new Scroller(context, new LinearInterpolator());
        mBitmap = BitmapFactory.decodeResource(
                            getResources(), R.drawable.bj06);
        LinearLayout.LayoutParams params = new LinearLayout.LayoutParams(
            LayoutParams.MATCH_PARENT, LayoutParams.WRAP_CONTENT);
```

```java
        iv_scene = new ImageView(context);
        iv_scene.setLayoutParams(params);         // 设置图像视图的布局参数
        iv_scene.setImageBitmap(mBitmap);         // 设置图像视图的位图对象
        addView(iv_scene);                        // 把演示图像添加到当前视图之上
    }

    @Override
    public boolean onTouchEvent(MotionEvent event) {
        if (!mScroller.isFinished() && isScrolling) {  // 正在滚动则忽略触摸事件
            return super.onTouchEvent(event);
        }
        PointF nowPos = new PointF(event.getX(), event.getY());
        if (event.getAction() == MotionEvent.ACTION_DOWN) {         // 按下手指
            mOriginPos = new PointF(event.getX(), event.getY());
        } else if (event.getAction() == MotionEvent.ACTION_MOVE) {  // 移动手指
            moveView(mOriginPos, nowPos);          // 把视图从起点移到终点
        } else if (event.getAction() == MotionEvent.ACTION_UP) {    // 松开手指
            if (moveView(mOriginPos, nowPos)) {    // 需要继续滚动
                isScrolling = true;
                judgeScroll(mOriginPos, nowPos);   // 判断滚动方向,并发出滚动命令
            }
        }
        return true;
    }

    // 把视图从起点移到终点
    private boolean moveView(PointF lastPos, PointF thisPos) {
        int offsetX = (int) (thisPos.x-lastPos.x);
        LinearLayout.LayoutParams params =
                (LinearLayout.LayoutParams) iv_scene.getLayoutParams();
        params.leftMargin = mLastMargin + offsetX;
        params.rightMargin = -mLastMargin - offsetX;
        // 还没滚到底,继续滚动
        if (Math.abs(params.leftMargin) < iv_scene.getMeasuredWidth()) {
            iv_scene.setLayoutParams(params);      // 设置图像视图的布局参数
            iv_scene.postInvalidate();             // 立即刷新视图(线程安全方式)
            return true;
        } else {   // 已经滚到底了,停止滚动
            return false;
        }
    }

    // 判断滚动方向,并发出滚动命令
    private void judgeScroll(PointF lastPos, PointF thisPos) {
        int offsetX = (int) (thisPos.x-lastPos.x);
        if (Math.abs(offsetX) < iv_scene.getMeasuredWidth()/2) {   // 滚回原处
            mScroller.startScroll(offsetX, 0, -offsetX, 0, 1000);
        } else if (offsetX >= iv_scene.getMeasuredWidth()/2) {     // 滚动到右边
            mScroller.startScroll(offsetX, 0,
                    iv_scene.getMeasuredWidth()-offsetX, 0, 1000);
```

```
            } else if (offsetX <= -iv_scene.getMeasuredWidth()/2) {   // 滚动到左边
                mScroller.startScroll(offsetX, 0,
                        -iv_scene.getMeasuredWidth()-offsetX, 0, 1000);
            }
        }

        // 在滚动器滑动过程中不断触发, 用于计算当前的视图偏移位置
        @Override
        public void computeScroll() {
            if (mScroller.computeScrollOffset() && isScrolling) {   // 尚未滚动完毕
                LinearLayout.LayoutParams params = (LinearLayout.LayoutParams)
                                iv_scene.getLayoutParams();
                params.leftMargin = mLastMargin + mScroller.getCurrX();
                params.rightMargin = -mLastMargin - mScroller.getCurrX();
                iv_scene.setLayoutParams(params);   // 设置图像视图的布局参数
                if (mScroller.getFinalX() == mScroller.getCurrX()) {   // 滚到终点
                    isScrolling = false;
                    mLastMargin = params.leftMargin;
                }
            }
        }
    }
```

在布局文件中添加 ScrollLayout 节点,运行并测试该 App 后尝试左滑与右滑屏幕,可观察到平滑翻书效果如图 3-41 和图 3-42 所示。图 3-41 为松开手指时的画面,此时拉动距离超过了屏幕一半宽度;图 3-42 为书页滚动即将结束的画面,图片朝同方向继续滚动。

图 3-41　松开手指时的画面

图 3-42　书页即将滚动结束

## 3.5　实战项目:仿手机 QQ 的动感影集

动画可以做得千变万化、很酷很炫,故而常用于展示具有纪念意义的组图,比如婚纱照、亲子照、艺术照等。这方面做得比较好、使用比较广泛的当数手机 QQ 的动感影集,只要用户添加一

组图片，动感影集便给每张图片渲染不同的动画效果，让原本静止的图片变得活泼起来，辅以各种精致的动画特效，营造一种赏心悦目的感觉。本节的实战项目就来谈谈如何设计并实现手机上的动感影集。

## 3.5.1 需求描述

登录手机 QQ，点击左上角的头像打开个人菜单页，选择菜单项"我的相册"打开相册页面，点击相册页右上角的工具箱按钮，弹出一排工具按钮，如图 3-43 所示。

图 3-43 手机 QQ 的工具箱面板

点击左边的"动感影集"按钮，先选择影集模板，再跳到图片挑选页面，勾选若干图片后点击右下角的确定按钮，即可打开动感影集的预览界面。图 3-44 所示是正在播放影集中一张照片的画面，镶了边框的图片从屏幕边缘滑入中央。图 3-45 所示是正在播放影集中另一张照片的画面，除了常规的动画效果，图片左上角还贴上了邮戳字样。

图 3-44 动感影集正在播放　　　　图 3-45 影集照片贴上了邮戳

动感影集一边播放，一边穿插着其他动画特效，比如飞机模型飞越照片上层的瞬间如图 3-46 所示。播放到了影集的最后一张照片，画面又呈现云雾缭绕的动态景象，如图 3-47 所示。

图 3-46　飞机模型飞越影集照片　　　　图 3-47　影集照片上云雾缭绕

这个动感影集不但拥有多种动画效果，而且给照片镶边框、盖印章、添加飞机穿越动画，当然能够实现主要的动画特效就行了。

### 3.5.2　功能分析

动感影集的目的是使用动画技术呈现前后照片的动态切换效果，用到的动画必须承上启下，而且要求具备一定的视觉美感。根据本章介绍的动画特效，可用于动感影集动画的技术包括但不限于下列几种：

（1）淡入淡出动画：用于前后两张照片的渐变切换。
（2）灰度动画：用于从无到有渐变显示一张照片。
（3）平移动画：用于把上层照片抽离当前视图。
（4）缩放动画：用于逐步缩小并隐没上层照片。
（5）旋转动画：用于将上层照片甩离当前视图。
（6）裁剪动画：用于把上层照片由大到小逐步裁剪完。
（7）集合动画：用于把几种补间动画效果集中到一起播放。
（8）属性动画组合：用于把几种属性动画效果集中到一起播放。
（9）其余动画：更多动画特效切换，包括百叶窗动画、马赛克动画等。

除了以上列举的动画技术，还需考虑前后动画之间的无缝衔接，像补间动画可通过监听器 AnimationListener 侦听到播放完成事件，属性动画也可通过监听器 AnimatorListener 侦听到播放完成事件，它们都能在前一个动画播放结束后立即启动下一个动画。但是对于淡入淡出动画来说，它属于图形类型，并非动画类型，因此无法通过动画事件的侦听来判断是否已经播放完成，只能利用处理器固定延迟一段时间后开启下一个动画任务。动画技术用起来不难，关键要用好，只有用到位才能让我们的 App 熠熠生辉、锦上添花。

动感影集的实现过程主要包含下列三个步骤：

（1）编写动感影集刚开始的初始化代码

主要初始化各类动画用到的视图对象，同时清空界面布局并从第一个动画开始播放，初始化的示例代码如下：

（完整代码见 animation\src\main\java\com\example\animation\YingjiActivity.java）

```java
private ImageView view1, view4, view5, view6;        // 分别声明四个图像视图对象
private ShutterView view2;         // 声明一个百叶窗视图对象
private MosaicView view3;          // 声明一个马赛克视图对象
private ObjectAnimator anim1, anim2, anim3, anim4;  // 分别声明四个属性动画对象
private Animation translateAnim, setAnim;           // 分别声明两个补间动画对象
private int mDuration = 5000;    // 每个动画的播放时长

// 开始播放动感影集
private void playYingji() {
    rl_yingji.removeAllViews();       // 移除相对布局下面的所有子视图
    initView();    // 初始化各视图
    rl_yingji.addView(view1);         // 往相对布局添加一个图像视图
    // 构造一个在灰度上变化的属性动画
    anim1 = ObjectAnimator.ofFloat(view1, "alpha", 0f, 1f);
    anim1.setDuration(mDuration);     // 设置动画的播放时长
    anim1.addListener(this);          // 给属性动画添加动画事件监听器
    anim1.start();          // 属性动画开始播放
}

// 初始化各视图
private void initView() {
    LayoutParams params = new LayoutParams(
            LayoutParams.MATCH_PARENT, LayoutParams.MATCH_PARENT);
    view1 = getImageView(params, mImageArray[0]);
    view1.setAlpha(0f);      // 设置视图的灰度
    // 创建一个百叶窗视图
    view2 = new ShutterView(this);
    view2.setLayoutParams(params);
    view2.setImageBitmap(BitmapFactory.decodeResource(
                        getResources(), mImageArray[1]));
    view2.setMode(PorterDuff.Mode.DST_OUT);     // 设置百叶窗视图的绘图模式
    // 创建一个马赛克视图
    view3 = new MosaicView(this);
    view3.setLayoutParams(params);
    view3.setImageBitmap(BitmapFactory.decodeResource(
                        getResources(), mImageArray[2]));
    view3.setMode(PorterDuff.Mode.DST_OUT);     // 设置马赛克视图的绘图模式
    view3.setRatio(-5);
    view4 = getImageView(params, mImageArray[3]);
    view5 = getImageView(params, mImageArray[5]);
    view6 = getImageView(params, mImageArray[6]);
}
```

（2）编写各种动画效果之间的承上启下衔接代码

考虑到多数动画特效都能通过属性动画来实现，因而要重写动画监听器的 onAnimationEnd 方

法，在属性动画结束时置换到下一种动画。这种操作适用于灰度动画、平移动画、缩放动画、旋转动画、裁剪动画、百叶窗动画、马赛克动画等，但不适用于淡入淡出动画。对于淡入淡出动画，只能固定延迟动画播放时长的若干秒，再触发下一种动画效果。

下面是处理各种动画上下衔接的示例代码：

```java
// 在属性动画结束播放时触发
@Override
public void onAnimationEnd(Animator animation) {
    if (animation.equals(anim1)) { // 灰度动画之后准备播放裁剪动画
        rl_yingji.addView(view2, 0);
        // 从指定资源编号的图片文件中获取位图对象
        Bitmap bitmap = BitmapFactory.decodeResource(
                                    getResources(), mImageArray[0]);
        int width = view1.getWidth();
        int height = bitmap.getHeight() * width / bitmap.getWidth();
        // 构造一个从四周向中间裁剪的属性动画
        anim2 = ObjectAnimator.ofObject(view1, "clipBounds",
                new RectEvaluator(), new Rect(0, 0, width, height),
                new Rect(width / 2, height / 2, width / 2, height / 2));
        anim2.setDuration(mDuration);    // 设置动画的播放时长
        anim2.addListener(this);         // 给属性动画添加动画事件监听器
        anim2.start(); // 属性动画开始播放
    } else if (animation.equals(anim2)) { // 裁剪动画之后准备播放百叶窗动画
        rl_yingji.removeView(view1);
        rl_yingji.addView(view3, 0);
        // 构造一个按比率逐步展开的属性动画
        anim3 = ObjectAnimator.ofInt(view2, "ratio", 0, 100);
        anim3.setDuration(mDuration);    // 设置动画的播放时长
        anim3.addListener(this);         // 给属性动画添加动画事件监听器
        anim3.start(); // 属性动画开始播放
    } else if (animation.equals(anim3)) { // 百叶窗动画之后准备播放马赛克动画
        rl_yingji.removeView(view2);
        rl_yingji.addView(view4, 0);
        int offset = 5;
        view3.setOffset(offset);          // 设置偏差比例
        // 构造一个按比率逐步展开的属性动画
        anim4 = ObjectAnimator.ofInt(view3, "ratio", 0 - offset, 101 + offset);
        anim4.setDuration(mDuration);    // 设置动画的播放时长
        anim4.addListener(this);         // 给属性动画添加动画事件监听器
        anim4.start(); // 属性动画开始播放
    } else if (animation.equals(anim4)) { // 马赛克动画之后准备播放淡入淡出动画
        rl_yingji.removeView(view3);
        // 淡入淡出动画需要先定义一个图形资源数组，用于变换图片
        Drawable[] drawableArray = {getDrawable(mImageArray[3]),
                                    getDrawable(mImageArray[4])};
        // 创建一个用于淡入淡出动画的过渡图形
        TransitionDrawable td_fade = new TransitionDrawable(drawableArray);
        td_fade.setCrossFadeEnabled(true);     // 是否启用交叉淡入
        view4.setImageDrawable(td_fade);       // 设置过渡图形
        td_fade.startTransition(mDuration);    // 开始过渡转换
        tv_anim_title.setText("正在播放淡入淡出动画");
        // 延迟若干秒后启动平移动画的播放任务。平移动画跟在淡入淡出动画后面
        new Handler(Looper.myLooper()).postDelayed(() -> {
            rl_yingji.addView(view5, 0);
```

```
            // 创建一个平移动画
            translateAnim = new TranslateAnimation(
                            0f, -view4.getWidth(), 0f, 0f);
            translateAnim.setDuration(mDuration);        // 设置动画的播放时长
            translateAnim.setFillAfter(true);            // 设置维持结束画面
            view4.startAnimation(translateAnim);         // 平移动画开始播放
            translateAnim.setAnimationListener(this);    // 设置动画事件监听器
        }, mDuration);
    }
}
```

（3）编写动感影集末尾的集合动画代码

影集末尾的集合动画融合了灰度动画、平移动画、缩放动画、旋转动画四种效果，分别构建四个动画对象，再把它们依次添加到集合动画即可。下面是构建集合动画的示例代码：

```
// 开始播放集合动画
private void startSetAnim() {
    // 创建一个灰度动画
    Animation alpha = new AlphaAnimation(1.0f, 0.1f);
    alpha.setDuration(mDuration);     // 设置动画的播放时长
    alpha.setFillAfter(true);         // 设置维持结束画面
    // 创建一个平移动画
    Animation translate = new TranslateAnimation(1.0f, -200f, 1.0f, 1.0f);
    translate.setDuration(mDuration);  // 设置动画的播放时长
    translate.setFillAfter(true);      // 设置维持结束画面
    // 创建一个缩放动画
    Animation scale = new ScaleAnimation(1.0f, 1.0f, 1.0f, 0.5f);
    scale.setDuration(mDuration);      // 设置动画的播放时长
    scale.setFillAfter(true);          // 设置维持结束画面
    // 创建一个旋转动画
    Animation rotate = new RotateAnimation(0f, 360f,
            Animation.RELATIVE_TO_SELF, 0.5f,
            Animation.RELATIVE_TO_SELF, 0.5f);
    rotate.setDuration(mDuration);     // 设置动画的播放时长
    rotate.setFillAfter(true);         // 设置维持结束画面
    // 创建一个集合动画
    setAnim = new AnimationSet(true);
    ((AnimationSet) setAnim).addAnimation(alpha);      // 给集合动画添加灰度动画
    ((AnimationSet) setAnim).addAnimation(translate);  // 给集合动画添加平移动画
    ((AnimationSet) setAnim).addAnimation(scale);      // 给集合动画添加缩放动画
    ((AnimationSet) setAnim).addAnimation(rotate);     // 给集合动画添加旋转动画
    setAnim.setFillAfter(true);        // 设置维持结束画面
    view5.startAnimation(setAnim);     // 集合动画开始播放
    setAnim.setAnimationListener(this);  // 给集合动画设置动画事件监听器
}
```

### 3.5.3 效果展示

现在让我们一起欣赏首都北京的名胜古迹，通过动感影集观看风景组图。动感影集的画面一开始从无到有，故而适合采取灰度动画渐进展示首张照片（太和殿，如图 3-48 所示）。等待首张照片完全呈现后，逐步缩小它的显示区域，使得第二张照片徐徐拉开（播放天坛的裁剪动画，如图 3-49 所示）。

图 3-48 动感影集的灰度动画效果

图 3-49 动感影集的裁剪动画效果

接下来的动画特效从百叶窗动画开始,可观察到的动感影集轮播效果如图 3-50～图 3-53 所示。图 3-50 展示了八达岭的百叶窗动画,图 3-51 展示了恭王府的马赛克动画,图 3-52 展示了圆明园的淡入淡出动画,图 3-53 展示了颐和园的平移动画。

图 3-50 动感影集的百叶窗动画效果

图 3-51 动感影集的马赛克动画效果

图 3-52 动感影集的淡入淡出动画效果

图 3-53 动感影集的平移动画效果

影集最后来个超炫的乾坤大挪移,其效果如图 3-54 所示,很明显这是一个包含旋转动画在内的集合动画。等到集合动画播放完毕,展示影集的最后一张照片(鸟巢)。

图 3-54 动感影集中的集合动画效果

为方便演示，动感影集不支持自行选择照片，而是在代码中固定使用了几张照片。另外，各种动画的执行顺序也是固定的，不支持定制动画顺序。读者若有兴趣，可在源码的基础上加以改造，增加选择照片与定制顺序的功能，使其更贴近真实动感影集的使用习惯。

## 3.6 小　　结

本章主要介绍了 App 开发用到的动画特效技术，包括帧动画的用法（帧动画的实现、显示动图特效、淡入淡出动画）、补间动画的用法（补间动画的种类、补间动画的原理、集合动画）、属性动画的用法（常规的属性动画、属性动画组合、插值器和估值器、利用估值器实现弹幕动画）、其他动画实现手段（画布的绘图层次、实现百叶窗动画、滚动器）。最后设计了一个实战项目"仿手机 QQ 的动感影集"，在该项目的 App 编码中综合运用本章介绍的动画技术，实现了照片动态轮换的效果。

通过本章的学习，读者应该能够掌握以下 4 种开发技能：

（1）学会使用帧动画实现动态效果。
（2）学会在合适的场合使用补间动画。
（3）学会属性动画的基本用法和高级用法。
（4）学会其他几种动画的实现手段。

## 3.7 动手练习

1. 基于补间动画技术实现摇摆动画。
2. 基于属性动画技术实现弹幕动画。
3. 综合运用动画特效技术实现一个动感影集 App。

# 第 4 章

## 手机阅读

本章介绍 App 开发常见的手机阅读技术，主要包括如何利用贝塞尔曲线实现各种动画特效，如何以贴近现实的方式浏览 PDF 文件内容，如何基于 Android 系统采取 JNI 技术进行原生开发。最后结合本章所学的知识演示了一个实战项目"笔墨飘香之电子书架"的设计与实现。

## 4.1 贝塞尔曲线

本节介绍贝塞尔曲线在 App 开发中的运用，内容包括贝塞尔曲线的数学原理及其三类曲线定义、如何借助贝塞尔曲线实现波浪起伏动画、如何通过贝塞尔曲线实现给主播刷礼物的漂移动画特效。

### 4.1.1 贝塞尔曲线的原理

贝塞尔曲线又叫贝济埃曲线，是一种用于二维图形的数学曲线。贝塞尔曲线由节点和线段构成，其中节点是可拖动的支点，而线段仿佛有弹性的牛皮筋。譬如上班族每天两点一线，一个端点是家，另一个端点是单位，那么从家到单位存在一条通勤路线，该路线弯弯曲曲在大街小巷之间穿行。这个上班路线无疑由许多条折线连接而成，既无规律也无美感，无法通过简洁的数学公式来表达。为此法国数学家贝塞尔研究出一种曲线，除了起点和终点之外，不再描绘中间的折线，而是构建一段运输小球的控制线，控制线本身在移动，然后小球随着在控制线上滑动，小球从起点运动到终点的轨迹便形成了贝塞尔曲线。

贝塞尔曲线又分为以下三类曲线：

（1）一次贝塞尔曲线

此时曲线只是一条两点之间的线段，它的函数公式为 $B(t) = P_0 + (P_1 - P_0)t = (1-t)P_0 + tP_1, t \in [0,1]$。

（2）二次贝塞尔曲线

此时除了起点和终点，曲线还存在一个控制点，它的函数公式为 $B(t) = (1-t)^2 P_0 + 2t(1-t)P_1 + t^2 P_2, t \in [0,1]$。

二次贝塞尔曲线的小球运动轨迹如图 4-1 和图 4-2 所示。图 4-1 为小球运动到三分之一时的路径曲线，图 4-2 为小球运动到三分之二时的路径曲线。

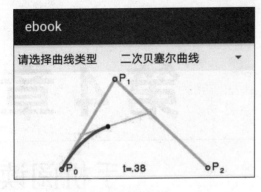 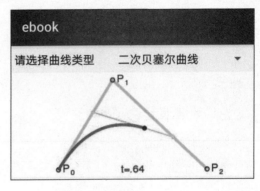

图 4-1　小球运动到三分之一时的二次曲线　　　图 4-2　小球运动到三分之二时的二次曲线

（3）三次贝塞尔曲线

此时除了起点和终点，曲线还存在两个控制点，它的函数公式为 $B(t) = P_0(1-t)^3 + 3P_1 t(1-t)^2 + 3P_2 t^2(1-t) + P_3 t^3, t \in [0,1]$。

三次贝塞尔曲线的小球运动轨迹如图 4-3 和图 4-4 所示。图 4-3 为小球运动到三分之一时的路径曲线，图 4-4 为小球运动到三分之二时的路径曲线。

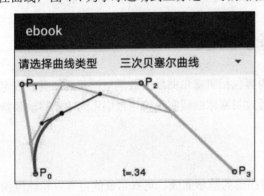 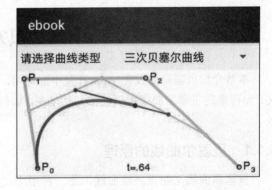

图 4-3　小球运动到三分之一时的三次曲线　　　图 4-4　小球运动到三分之二时的三次曲线

贝塞尔曲线拥有优美的平滑特性，使得它广泛应用于计算机绘图，甚至 Android 也自带了与之相关的操作方法。这些方法都是由路径工具 Path 提供的，具体说明如下：

- moveTo：把画笔移动到指定起点。
- lineTo：从当前点到目标点画一条直线。
- quadTo：指定二次贝塞尔曲线的控制点与结束点的绝对坐标，并在当前点到结束点之间绘制贝塞尔曲线。
- rQuadTo：指定二次贝塞尔曲线的控制点与结束点的相对坐标，并在当前点到结束点之间绘制贝塞尔曲线。
- cubicTo：指定三次贝塞尔曲线的两个控制点与结束点的绝对坐标，并在当前点到结束点之间绘制贝塞尔曲线。

- rCubicTo：指定三次贝塞尔曲线的两个控制点与结束点的相对坐标，并在当前点到结束点之间绘制贝塞尔曲线。

注意，quadTo 与 rQuadTo 两个方法的区别在于：前者的坐标参数为绝对坐标，后者的坐标参数为参考当前点偏移的相对坐标。

有了上述的路径方法，开发者无须自己实现贝塞尔曲线的算法，只要调用相关路径方法即可，于是 App 绘制贝塞尔曲线就简单多了。

### 4.1.2 实现波浪起伏动画

贝塞尔曲线表面上只是一条静止的曲线，不过通过持续改变曲线的起点位置就能实现曲线的波动特效。比如有人拿着一根绳子，上下反复抖动绳子，这根绳子便会波动展开。波浪起伏动画的实现原理与之类似，都是不断移动曲线的起点位置，波浪曲线便平移而去。

波浪动画的实现步骤简述如下：

**步骤 01** 重写自定义视图的 onDraw 方法，根据起点、终点以及控制点勾勒出一段波浪曲线。
**步骤 02** 初始化一个属性动画，随着时间推移逐渐挪动起点的坐标位置，并刷新视图界面。
**步骤 03** 提供开始播放动画和停止播放动画两个方法。

下面是集成了贝塞尔曲线的波浪视图的示例代码：
（完整代码见 ebook\src\main\java\com\example\ebook\widget\WaveView.java）

```java
public class WaveView extends View {
    private Paint mPaint = new Paint();        // 声明一个画笔对象
    private Path mPath = new Path();           // 声明一个路径对象
    private int mItemWaveLength;    // 一个波浪长，相当于两个二次贝塞尔曲线的长度
    private int mOriginY;           // 波浪起点在纵轴上的坐标
    private int mRange;             // 波浪幅度
    private int mOffsetX;           // 横坐标的偏移
    private ValueAnimator mAnimator;           // 声明一个属性动画对象

    public WaveView(Context context, AttributeSet attrs) {
        super(context, attrs);
        mPaint.setColor(Color.BLUE);           // 设置画笔的颜色
        mItemWaveLength = Utils.dip2px(context, 150);
        mOriginY = Utils.dip2px(context, 60);
        mRange = Utils.dip2px(context, 50);
        initAnimator();        // 初始化属性动画
    }

    @Override
    protected void onDraw(Canvas canvas) {
        super.onDraw(canvas);
        mPath.reset();          // 重置路径对象
        int halfWaveLen = mItemWaveLength / 2;   // 半个波长
        mPath.moveTo(-mItemWaveLength + mOffsetX, mOriginY);// 移动到波浪起点
        // 下面勾勒出一段连绵起伏的波浪曲线
        for (int i = -mItemWaveLength; i <= getWidth() + mItemWaveLength; i +=
mItemWaveLength) {
            mPath.rQuadTo(halfWaveLen / 2, -mRange, halfWaveLen, 0);
            mPath.rQuadTo(halfWaveLen / 2, mRange, halfWaveLen, 0);
        }
```

```
        mPath.lineTo(getWidth(), getHeight());    // 移动到右下角
        mPath.lineTo(0, getHeight());             // 移动到左下角
        mPath.close();                            // 闭合区域
        canvas.drawPath(mPath, mPaint);           // 在画布上按指定路径绘制线条
    }

    // 初始化属性动画
    private void initAnimator() {
        mAnimator = ValueAnimator.ofInt(0, mItemWaveLength);
        mAnimator.setDuration(5000);        // 设置属性动画的持续时间
        mAnimator.setRepeatCount(ValueAnimator.INFINITE);  // 设置持续重播
        mAnimator.setInterpolator(new LinearInterpolator());  // 设置插值器
        // 添加属性动画的刷新监听器
        mAnimator.addUpdateListener(animation -> {
            mOffsetX = (int) animation.getAnimatedValue();
            postInvalidate();               // 立即刷新视图（线程安全方式）
        });
    }

    // 开始播放动画
    public void startAnim() {
        if (!mAnimator.isStarted()) {
            mAnimator.start();
        } else {
            mAnimator.resume();
        }
    }

    // 停止播放动画
    public void stopAnim() {
        mAnimator.pause();
    }
}
```

然后在布局文件中添加 WaveView 节点，并在对应的活动页面调用 startAnim 方法播放动画。运行并测试该 App，可观察到波浪起伏的动画效果如图 4-5 和图 4-6 所示。图 4-5 为波浪动画开始播放的画面，图 4-6 为波浪动画播放一阵的画面。

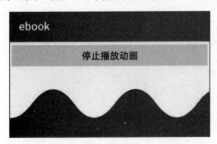

图 4-5　波浪动画开始播放的画面

图 4-6　波浪动画播放一阵的画面

### 4.1.3　实现给主播刷礼物的特效

贝塞尔曲线在 App 中还有一个常见应用，就像时兴的给主播打赏礼物，点击爱心打赏之后，礼物图标会在屏幕上走出一条优雅的漂移曲线。这个漂移曲线在前进途中左右摇摆，不拘一格款款前行。

具体到编码上，可将漂移动画的实现步骤分解为下列几项：

**步骤 01** 创建一个缩放动画,让礼物图标在爱心处从小变到大,呈现出礼物孵化效果。

**步骤 02** 创建一个属性动画,指定礼物漂移的起点和终点,并在动画过程中动态改变贝塞尔曲线的控制点。

**步骤 03** 定义一个添加打赏的方法,该方法先把礼物图标添加到视图上,再依次播放前两步的缩放动画和属性动画。

按照以上步骤的描述,自定义打赏视图的示例代码如下:

(完整代码见 ebook\src\main\java\com\example\ebook\widget\RewardView.java)

```java
public class RewardView extends RelativeLayout{
    private Context mContext;                           // 声明一个上下文对象
    private int mLayoutWidth, mLayoutHeight;            // 声明当前视图的宽度和高度
    private LayoutParams mLayoutParams;                 // 声明打赏礼物的布局参数
    private List<Drawable> mDrawableList = new ArrayList<>();  // 图形列表
    private int dip_35;
    private int[] mDrawableArray = new int[] {
            R.drawable.gift01, R.drawable.gift02, R.drawable.gift03,
            R.drawable.gift04, R.drawable.gift05, R.drawable.gift06};

    public RewardView(Context context, AttributeSet attrs) {
        super(context, attrs);
        mContext = context;
        for (int drawableId : mDrawableArray) {
            mDrawableList.add(mContext.getDrawable(drawableId));
        }
        dip_35 = Utils.dip2px(mContext, 35);
        mLayoutParams = new LayoutParams(dip_35, dip_35);
        // 代码设置礼物的起始布局方式,底部居中
        mLayoutParams.addRule(CENTER_HORIZONTAL, TRUE);
        mLayoutParams.addRule(ALIGN_PARENT_BOTTOM, TRUE);
    }

    @Override
    protected void onMeasure(int widthMeasureSpec, int heightMeasureSpec) {
        super.onMeasure(widthMeasureSpec, heightMeasureSpec);
        mLayoutWidth = getMeasuredWidth();              // 获取视图的实际宽度
        mLayoutHeight = getMeasuredHeight();            // 获取视图的实际高度
    }

    // 添加打赏礼物的视图并播放打赏动画
    public void addGiftView(){
        int pos = new Random().nextInt(mDrawableList.size());
        ImageView imageView = new ImageView(mContext);
        imageView.setImageDrawable(mDrawableList.get(pos));  // 设置图像图形
        imageView.setLayoutParams(mLayoutParams);            // 设置图像视图的布局参数
        addView(imageView);  // 添加打赏礼物的图像视图
        // 创建礼物的缩放动画(补间动画方式)
        ScaleAnimation scaleAnim = new ScaleAnimation(0.2f, 1.0f, 0.2f, 1.0f,
```

```java
                Animation.RELATIVE_TO_SELF, 0.5f,
                Animation.RELATIVE_TO_SELF, 1.0f);
    scaleAnim.setDuration(500);                      // 设置动画的播放时长
    imageView.startAnimation(scaleAnim);             // 启动礼物的缩放动画
    playBezierAnimation(imageView);  // 播放礼物的漂移动画（贝塞尔曲线方式）
}

// 播放礼物的漂移动画（贝塞尔曲线方式）
private void playBezierAnimation(View giftView) {
    // 初始化一个贝塞尔计算器
    BezierEvaluator evaluator = new BezierEvaluator(
                            getPoint(), getPoint());
    PointF beginPoint = new PointF(mLayoutWidth/2 - dip_35/2,
                            mLayoutHeight - dip_35/2);
    float endX = (float) (Math.random()*mLayoutWidth - dip_35/2);
    float endY = (float) (Math.random()*10);
    PointF endPoint = new PointF(endX, endY);
    // 创建一个属性动画
    ValueAnimator animator = ValueAnimator.ofObject(
                            evaluator, beginPoint, endPoint);
    // 添加属性动画的刷新监听器
    animator.addUpdateListener(animation -> {
        // 获取二阶贝塞尔曲线的坐标点，用于指定打赏礼物的当前位置
        PointF point = (PointF) animation.getAnimatedValue();
        giftView.setX(point.x);   // 设置视图的横坐标
        giftView.setY(point.y);   // 设置视图的纵坐标
        giftView.setAlpha(1 - animation.getAnimatedFraction());  // 灰度
    });
    animator.setTarget(giftView);       // 设置动画的播放目标
    animator.setDuration(3000);         // 设置动画的播放时长
    animator.start();                   // 播放礼物的漂移动画
}

// 生成随机控制点
private PointF getPoint() {
    PointF point = new PointF();
    point.x = (float) (Math.random()*mLayoutWidth - dip_35/2);
    point.y = (float) (Math.random()*mLayoutHeight/5);
    return point;
}
```

然后在布局文件中添加 RewardView 节点，并在对应的活动页面给爱心图标添加点击事件，每次点击爱心都调用 addGiftView 方法添加打赏礼物。这样多次点击便会涌现多个礼物，同时每个礼物图标都沿着自己的曲线蜿蜒前行，从而实现打赏漂移的动画特效。

运行并测试该 App，可观察到打赏效果如图 4-7 和图 4-8 所示。图 4-7 为刚点击爱心图标时的画面，图 4-8 为多次点击爱心后的画面，可见礼物分别漂到了不同的位置。

图 4-7　刚点击爱心图标时的画面

图 4-8　多次点击爱心后的画面

## 4.2　浏览 PDF 文件

本节介绍手机 App 浏览 PDF 文件的几种方式，内容包括如何使用 Android 自带的 PDF 渲染器将 PDF 文件解析为一组图片、如何通过自定义控件实现上下层叠的平滑翻书效果、如何借助贝塞尔曲线实现模拟现实的卷曲翻书动画特效。

### 4.2.1　PDF 文件渲染器

Android 集成了 PDF 的渲染操作，从很大程度上方便了开发者，这个 PDF 文件渲染器便是 PdfRenderer。渲染器允许从存储卡读取 PDF 文件，示例代码如下：

```
// 打开存储卡里指定路径的 PDF 文件
ParcelFileDescriptor pfd = ParcelFileDescriptor.open(
        new File(file_path), ParcelFileDescriptor.MODE_READ_ONLY);
```

打开 PDF 文件只是第一步，接下来使用 PdfRenderer 工具加载 PDF 文件，并进行相关的处理操作。下面是 PdfRenderer 类的常用方法：

- 构造方法：从 ParcelFileDescriptor 对象构造一个 PdfRenderer 实例。
- getPageCount：获取 PDF 文件的页数。
- openPage：打开 PDF 文件的指定页面，返回一个 PdfRenderer.Page 对象。
- close：关闭 PDF 文件。

从上面列出的方法可以看到，PDF 渲染器只提供了对整个 PDF 文件的管理操作，具体的页面处理（比如渲染操作）得由 PdfRenderer.Page 对象来完成。下面是 Page 类的常用方法：

- getIndex：获取该页的页码。
- getWidth：获取该页的宽度。
- getHeight：获取该页的高度。
- render：渲染该页面的内容，并将渲染结果写入一个位图对象。开发者可把位图对象保存到存储卡的图片文件。
- close：关闭该页面。

总而言之，PDF 渲染器支持把一个 PDF 文件转成若干图片。开发者可以将这些图片展示在屏幕上。下面的代码片段演示如何将 PDF 文件解析为一组图片文件的路径列表：

（完整代码见 ebook\src\main\java\com\example\ebook\util\AssetsUtil.java）

```java
// 把 PDF 文件转换为图片文件的路径列表
public static List<String> convertPdfToImg(String rootDir, String fileName) {
    List<String> pathList = new ArrayList<>();
    String imgDir = String.format("%s%s/", rootDir,
                            MD5Util.encrypt(fileName));
    // 打开存储卡里指定路径的 PDF 文件，并创建 PDF 渲染器
    try (ParcelFileDescriptor pfd = ParcelFileDescriptor.open(
            new File(rootDir+fileName),
            ParcelFileDescriptor.MODE_READ_ONLY);
         PdfRenderer pdfRenderer = new PdfRenderer(pfd);) {
        int count = pdfRenderer.getPageCount();   // 获取 PDF 文件的页数
        String lastName = String.format("%s%03d.jpg", imgDir, count-1);
        File firstFile = new File(imgDir+"000.jpg");
        File lastFile = new File(lastName);
        boolean isExist = firstFile.exists() && lastFile.exists();
        for (int i = 0; i < count; i++) {
            String imgPath = String.format("%s/%03d.jpg", imgDir, i);
            pathList.add(imgPath);
            if (!isExist) {  // 目标图片尚不存在
                // 打开序号为 i 的页面
                PdfRenderer.Page page = pdfRenderer.openPage(i);
                // 创建该页面的临时位图
                Bitmap bitmap = Bitmap.createBitmap(
                        page.getWidth(), page.getHeight(),
                        Bitmap.Config.ARGB_8888);
                bitmap.eraseColor(Color.WHITE);   // 将临时位图洗白
                // 渲染该 PDF 页面并写入临时位图
                page.render(bitmap, null, null,
                        PdfRenderer.Page.RENDER_MODE_FOR_DISPLAY);
                BitmapUtil.saveImage(imgPath, bitmap);// 把位图对象保存为图片文件
                page.close();  // 关闭该 PDF 页面
            }
        }
    } catch (Exception e) {
        e.printStackTrace();
    }
    return pathList;
}
```

按照解析完成的图片路径调用图像视图的 setImageURI 方法，即可在界面上显示 PDF 图片。渲染完成的 PDF 页面效果如图 4-9～图 4-12 所示。图 4-9 为解析得到的第一页 PDF 图片，图 4-10

为解析得到的第二页 PDF 图片，图 4-11 为解析得到的第三页 PDF 图片，图 4-12 为解析得到的最后一页 PDF 图片。

图 4-9　解析得到的第一页 PDF 图片

图 4-10　解析得到的第二页 PDF 图片

图 4-11　解析得到的第三页 PDF 图片

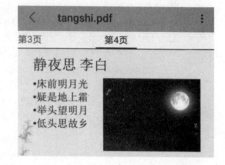

图 4-12　解析得到的最后一页 PDF 图片

### 4.2.2　实现平滑翻书效果

与纸质书籍类似，手机上的电子书也有很多页，逐页浏览可采用翻页视图。然而翻页视图犹如一幅从左到右的绵长画卷，与现实生活中上下层叠的书籍并不相像。若想让手机电子书更贴近纸质书的阅读体验，就得重新设计上下翻动的视图，比如图 4-13 所示的平滑翻页效果，上下两页存在遮挡的情况，并且下面那页在未完全显示出来之前呈现阴影笼罩的效果。

图 4-13　平滑翻页的显示效果

从图 4-13 所示的效果图可以看到，此时的书页应当具备下列视图特征：

（1）能够容纳图片在内的多个控件，意味着自定义视图必须由某种布局派生而来。

（2）书页存在两种状态：未遮挡时的高亮状态、被遮挡时的阴影状态。

（3）鉴于书页允许拉动，考虑给它设置左侧间距。左侧间距为零时，该页完整显示；左侧间距为负值时，该页向左缩进。

按照上述三点要求实现的书页视图的示例代码如下：
（完整代码见 ebook\src\main\java\com\example\ebook\widget\PageView.java）

```java
public class PageView extends FrameLayout {
    private boolean isUpToTop = false;   // 是否高亮显示

    public PageView(Context context) {
        super(context);
    }

    @Override
    protected void dispatchDraw(Canvas canvas) {
        super.dispatchDraw(canvas);
        if (isUpToTop) {   // 已经是最上面一页
            // 给画布涂上透明颜色，也就是去掉遮罩
            canvas.drawColor(Color.TRANSPARENT);
        } else {   // 不是最上面一页
            // 给画布涂上半透明颜色，也就是加上遮罩
            canvas.drawColor(0x55000000);
        }
    }

    // 设置是否高亮显示
    public void setUp(boolean isUp) {
        isUpToTop = isUp;
        postInvalidate();   // 立即刷新视图（线程安全方式）
    }

    // 设置视图的左侧间距
    public void setMargin(int margin) {
        // 获取空白边缘的布局参数
        MarginLayoutParams params = (MarginLayoutParams) getLayoutParams();
        params.leftMargin = margin;
        setLayoutParams(params);       // 设置视图的布局参数
        postInvalidate();              // 立即刷新视图（线程安全方式）
    }
}
```

接着自定义滑动视图，用来容纳多个书页视图，以便模拟电子书的翻页浏览功能。滑动视图待实现的几处细节说明如下：

（1）支持传入图片路径列表，每张图片都做成书页视图，然后添加至滑动视图容器当中。
（2）重写 onTouchEvent 方法，根据手势的滑动距离实时设置当前书页的左侧间距。
（3）声明一个滚动器对象，并在手势松开后启动滚动器，同时重写 computeScroll 方法，在滚动过程中持续计算并设置当前书页的左侧间距。
（4）滚动结束后，确保上层书页视图高亮显示（没有覆盖一层阴影）。

根据上述说明实现的滑动视图的示例代码片段如下：
（完整代码见 ebook\src\main\java\com\example\ebook\widget\ViewSlider.java）

```java
private float mLastX = 0;        // 上次按下点的横坐标
private int mPos = 0;            // 当前书页的序号
// 上一个视图、当前视图、下一个视图
private PageView mPreView, mCurrentView, mNextView;
private int mShowPage;           // 显示页面类型
private int mDirection;          // 滑动方向
private Scroller mScroller;      // 声明一个滚动器对象
private boolean isScrolling = false;  // 是否正在滚动

public ViewSlider(Context context, AttributeSet attrs) {
    super(context, attrs);
    mContext = context;
    // 创建一个基于线性插值器的滚动器对象
    mScroller = new Scroller(context, new LinearInterpolator());
}

// 在发生触摸事件时触发
@Override
public boolean onTouchEvent(MotionEvent event) {
    if (!mScroller.isFinished() && isScrolling) {  // 正在滚动则忽略触摸事件
        return super.onTouchEvent(event);
    }
    int distanceX = (int) (event.getRawX() - mLastX);
    switch (event.getAction()) {
        case MotionEvent.ACTION_DOWN:     // 按下手指
            mLastX = event.getRawX();
            break;
        case MotionEvent.ACTION_MOVE:     // 移动手指
            if (distanceX > 0) {          // 拉出上一页
                if (mPos != 0) {
                    mShowPage = SHOW_PRE;
                    mPreView.setUp(true);             // 高亮显示上一个书页
                    mPreView.setMargin(-mWidth + distanceX);  // 设置左侧间距
                    mCurrentView.setUp(false);        // 当前书页取消高亮
                }
            } else {  // 拉出下一页
                if (mPos < mPathList.size() - 1) {
                    mShowPage = SHOW_NEXT;
                    mCurrentView.setMargin(distanceX);  // 设置当前书页的左侧间距
                }
            }
            break;
        case MotionEvent.ACTION_UP:       // 松开手指
            if ((mPos==0 && distanceX>0) ||
                    (mPos==mPathList.size()-1 && distanceX<0)) {
                break;   // 第一页不准往前翻页，最后一页不准往后翻页
            }
            isScrolling = true;
            if (mShowPage == SHOW_PRE) {                    // 原来在拉出上一页
                mDirection = Math.abs(distanceX) < mWidth / 2 ? DIRECTION_LEFT :
                        DIRECTION_RIGHT;
```

```
                int distance = mDirection==DIRECTION_LEFT
                        ? -distanceX : mWidth-distanceX;
                mScroller.startScroll(-mWidth + distanceX, 0,
                        distance, 0, 400);
            } else if (mShowPage == SHOW_NEXT) {      // 原来在拉出下一页
                mDirection = Math.abs(distanceX) > mWidth / 2 ? DIRECTION_LEFT :
                        DIRECTION_RIGHT;
                int distance = mDirection==DIRECTION_RIGHT
                        ? -distanceX : -(mWidth+distanceX);
                mScroller.startScroll(distanceX, 0, distance, 0, 400);
            }
            break;
    }
    return true;
}

// 在滚动器滑动过程中不断触发，用于计算当前的视图偏移位置
@Override
public void computeScroll() {
    if (mScroller.computeScrollOffset()) {
        PageView view = mShowPage == SHOW_PRE ? mPreView : mCurrentView;
        view.setMargin(mScroller.getCurrX());
        if (mScroller.getFinalX() == mScroller.getCurrX()) {
            onScrollEnd(mDirection);    // 重新规定上一页、当前页和下一页视图
            isScrolling = false;
        }
    }
}
```

滑动视图编写完成之后，在布局文件中添加 ViewSlider 节点，并在对应的活动页面给滑动视图设置图片路径列表，剩下的手势滑动操作就由滑动视图接管了。运行并测试该 App，可通过滑动手势来控制平滑翻书，划了几下观察到翻书效果如图 4-14 和图 4-15 所示。图 4-14 为当前页向左滑动且即将松开手指的画面，由于此时当前页左滑超过二分之一，因此松开后会继续向左滚动，快要滚动结束时的画面如图 4-15 所示，这便是滑动惯性使然。

图 4-14　即将松开手指的画面

图 4-15　快要滚动结束时的画面

### 4.2.3　实现卷曲翻书动画

上一小节介绍的平滑翻书固然实现了层叠翻页，可是该方式依旧无法模拟现实生活的翻书动作。现实当中每翻过一页，这页纸都会卷起来，再绕着装订线往前翻，并非平直地滑过去。就像图 4-16 所示的那样，手指捏住书页的右下角，然后轻轻地往左上方掀。

仔细观察图 4-16，可发现翻书的效果映射到平面上可以划分为三块区域，如图 4-17 所示。其中，A 区域为正在翻的当前页，B 区域为当前页的背面，C 区域为露出来的下一页。关键在于如何确定三块区域之间的界线，特别是部分界线还是曲线，因而加大了勾勒线条的难度。

图 4-16　卷曲翻页的界面效果

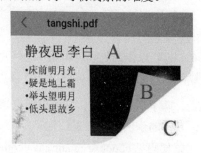

图 4-17　翻书界面的三块区域

鉴于贝塞尔曲线的柔韧特性，可将其应用于翻书时的卷曲线条，为此需要把图 4-17 所示的区域界线划分为直线与曲线，其中直线通过首尾两个端点连接而成，曲线采取贝塞尔曲线的公式来描绘。单凭肉眼观察，先标出相关的划分点，如图 4-18 所示。

由图 4-18 可见，三块区域的界线从左往右依次描述如下：

（1）CDB 三点组成一条曲线线段，其中 D 点位于书页背面的边缘。

（2）BA 两点组成一条直线线段，其中 A 点原本是当前页右下角的端点。

（3）AK 两点组成一条直线线段。

（4）KIJ 三点组成一条曲线线段，其中 I 点位于书页背面的边缘。

（5）DI 两点组成一条直线线段。

如此看来，区域界线总共分成两条曲线线段再加三条直线线段。同时 E 点像是贝塞尔曲线 CDB 的控制点，H 点像是贝塞尔曲线 KIJ 的控制点。那么这些坐标点的位置又是怎样计算得到的呢？

首先能确定的是 F 点，该点固定位于书页的右下角；其次是 A 点，手指在触摸翻书的时候，指尖挪到哪里，A 点就跟到哪里。基于 A 点和 F 点的坐标位置，再来计算剩余坐标点的位置。为方便讲解，给出标记相关连线的画面效果，如图 4-19 所示。

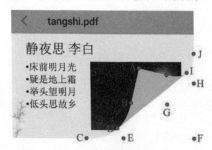

图 4-18　三块区域的分界端点

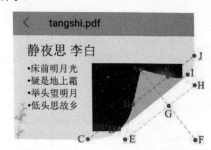

图 4-19　各点坐标的计算连线

接着继续介绍其余点的计算方法：

（1）连接 AF 两点，找到线段 AF 的中点，该点取名为 G。

（2）过 G 点做线段 AF 的垂线，该垂线分别与书页的下边缘与右边缘相交，其中垂线与书页下边缘的交点为 E,垂线与书页右边缘的交点为 H。

（3）把线段 EF 向左边延长二分之一至 C 点,也就是线段 CE 的长度为线段 EF 长度的一半。

（4）把线段 HF 向上方延长二分之一至 J 点,也就是线段 JH 的长度为线段 HF 长度的一半。

（5）依次连接线段 AE、AH、CJ,注意线段 AE 和线段 CJ 相交于 B 点,线段 AH 和线段 CJ 相交于 K 点。

（6）以 C 点作为起点、B 点作为终点、E 点作为控制点,计算贝塞尔曲线的中间位置(在 D 点);以 J 点为起点、K 点为终点、H 点为控制点,计算贝塞尔曲线的中间位置(在 I 点)。

至此,除了 A、F 两点,其他坐标点都通过各种连线确定了方位。把上述的坐标算法转换成程序实现,具体的示例代码如下:

（完整代码见 ebook\src\main\java\com\example\ebook\widget\CurveView.java）

```java
private PointF a,f,g,e,h,c,j,b,k,d,i;    // 贝塞尔曲线的各个关联点坐标

// 计算各点的坐标
private void calcEachPoint(PointF a, PointF f) {
    g.x = (a.x + f.x) / 2;
    g.y = (a.y + f.y) / 2;
    e.x = g.x - (f.y - g.y) * (f.y - g.y) / (f.x - g.x);
    e.y = f.y;
    h.x = f.x;
    h.y = g.y - (f.x - g.x) * (f.x - g.x) / (f.y - g.y);
    c.x = e.x - (f.x - e.x) / 2;
    c.y = f.y;
    j.x = f.x;
    j.y = h.y - (f.y - h.y) / 2;
    b = getCrossPoint(a,e,c,j);    // 计算线段 AE 与 CJ 的交点坐标
    k = getCrossPoint(a,h,c,j);    // 计算线段 AH 与 CJ 的交点坐标
    d.x = (c.x + 2 * e.x + b.x) / 4;
    d.y = (2 * e.y + c.y + b.y) / 4;
    i.x = (j.x + 2 * h.x + k.x) / 4;
    i.y = (2 * h.y + j.y + k.y) / 4;
}

// 计算两条线段的交点坐标
private PointF getCrossPoint(PointF firstP1, PointF firstP2, PointF secondP1, PointF secondP2) {
    float dxFirst = firstP1.x - firstP2.x, dyFirst = firstP1.y - firstP2.y;
    float dxSecond = secondP1.x - secondP2.x,
            dySecond = secondP1.y - secondP2.y;
    float gapCross = dxSecond*dyFirst - dxFirst*dySecond;
    float firstCross = firstP1.x * firstP2.y - firstP2.x * firstP1.y;
    float secondCross = secondP1.x * secondP2.y - secondP2.x * secondP1.y;
    float pointX = (dxFirst*secondCross - dxSecond*firstCross) / gapCross;
    float pointY = (dyFirst*secondCross - dySecond*firstCross) / gapCross;
    return new PointF(pointX, pointY);
}
```

算出了区域界线的重要划分点,接下来描绘当前页、书页背面、下一页就好办多了。其中,当前页的翻卷边缘由 CDBAKIJ 诸点的曲线和直线线段连接而成,书页背面的边缘则由 ABDIK 之间的直线或曲线线段界定,剩下的区域部分便是下一页了。唯一的难点在于:矩形的书页视图先去掉当前页部分,再去掉背面页部分,剩下的才是下一页,但下一页的边缘明显不规则,该如何绘制下一页的内容呢?

其实当前页的边缘路径可由前面计算的各点坐标连接得到,背面页的边缘路径同理可得,既然这两个页面的边缘路径都能算出,那么把整张画布的路径依次减去二者的路径,岂不是就得到下一页的边缘路径了呢?Android 正好支持路径区域的加减,此时用到了路径工具的 op 方法,该方法的第一个参数为参与计算的目标路径,第二个参数表示计算规则(比如加法还是减法,具体取值说明见表 4-1)。

表 4-1 路径计算规则的取值说明

| 路径计算规则的类型 | 说 明 |
| --- | --- |
| Path.Op.DIFFERENCE | 源路径减去目标路径,取剩下的部分 |
| Path.Op.INTERSECT | 取源路径与目标路径的公共部分,也就是取二者的交集 |
| Path.Op.REVERSE_DIFFERENCE | 目标路径减去源路径,取剩下的部分 |
| Path.Op.UNION | 源路径加上目标路径,也就是取二者的并集 |
| Path.Op.XOR | 源路径加上目标路径,再去掉二者的公共部分,也就是异或操作 |

从表 4-1 可知,翻书效果需要的路径规则正是 Path.Op.DIFFERENCE,那么下一页画面的绘制便水到渠成了,绘制过程的具体示例代码如下:

(完整代码见 ebook\src\main\java\com\example\ebook\widget\CurveView.java)

```
private int mViewWidth, mViewHeight;     // 视图的宽度和高度
private Bitmap mNextBitmap;              // 下一页的位图

// 绘制下一页
private void drawNextView(Canvas canvas, Path currentPath) {
    canvas.save();                       // 保存画布
    Path nextPath = getNextPath();       // 获得下一页的轮廓路径
    nextPath.op(currentPath, Path.Op.DIFFERENCE);      // 去除当前页的部分
    nextPath.op(getBackPath(), Path.Op.DIFFERENCE);    // 去除背面页的部分
    canvas.clipPath(nextPath);           // 根据指定路径裁剪画布
    canvas.drawBitmap(mNextBitmap, null,
            new RectF(0, 0, mViewWidth, mViewHeight), null);
    canvas.restore();                    // 还原画布
}

// 获得下一页的轮廓路径
private Path getNextPath() {
    Path nextPath = new Path();                          // 从左上角开始
    nextPath.lineTo(0, mViewHeight);                     // 移动到左下角
    nextPath.lineTo(mViewWidth, mViewHeight);            // 移动到右下角
    nextPath.lineTo(mViewWidth, 0);                      // 移动到右上角
    nextPath.close();  // 闭合区域(右上角到左上角)
```

```
        return nextPath;
}

// 获得背面页的轮廓路径
private Path getBackPath() {
    Path backPath = new Path();
    backPath.moveTo(i.x,i.y);   // 移动到 I 点
    backPath.lineTo(d.x,d.y);   // 移动到 D 点
    backPath.lineTo(b.x,b.y);   // 移动到 B 点
    backPath.lineTo(a.x,a.y);   // 移动到 A 点
    backPath.lineTo(k.x,k.y);   // 移动到 K 点
    backPath.close();    // 闭合区域
    return backPath;
}
```

至此，翻书效果还剩下两个功能点有待实现，说明如下：

（1）在手指触摸的过程中，要实时计算各坐标点的位置，并调整书页的画面绘制。

（2）手指松开之后，要判断接下来是往前翻页，还是往后缩回去，并在前翻与后缩的过程中展示翻书动画。

关于以上两个功能点，第二点可借助滚动器（Scroller）来实现，第一点则需重写 onTouchEvent 方法，分别处理手指按下、移动、松开三种情况的视图变迁。下面是实现第一点功能的示例代码的片段：

```java
private static final int CLICK_TOP = 1;            // 点击了上面部分
private static final int CLICK_BOTTOM = 2;         // 点击了下面部分
private int mClickType = CLICK_BOTTOM;  // 点击类型，点击了上半部分还是下半部分
private boolean needMove = false;          // 是否需要移动
private boolean needChange = false;        // 是否需要改变图像

@Override
public boolean onTouchEvent(MotionEvent event) {
    super.onTouchEvent(event);
    float x = event.getX();
    float y = event.getY();
    switch (event.getAction()) {
        case MotionEvent.ACTION_DOWN:         // 按下手指
            needMove = !((x<=mViewWidth/2 && mCurrentPos==0)
                    || (x>=mViewWidth/2 && mCurrentPos==mPathList.size()));
            if (needMove) {
                if (x < mViewWidth/2) {
                    exchangeBitmap(false);      // 改变当前显示的图像
                }
                int clickType = (y<=mViewHeight/2) ? CLICK_TOP : CLICK_BOTTOM;
                showTouchResult(x, y, clickType);    // 显示触摸结果
            }
            break;
        case MotionEvent.ACTION_MOVE:         // 移动手指
            if (needMove) {
                showTouchResult(x, y, mClickType);    // 显示触摸结果
            }
            break;
```

```java
            case MotionEvent.ACTION_UP:              // 松开手指
                if (needMove) {
                    needChange = x < mViewWidth / 2;
                    if (needChange) {
                        rollFront();    // 滚动到上一页
                    } else {
                        rollBack();     // 滚回当前页
                    }
                }
                break;
        }
        return true;
    }

    // 显示触摸结果
    private void showTouchResult(float x, float y, int clickType) {
        a = new PointF(x, y);
        mClickType = clickType;
        int fy = (mClickType == CLICK_TOP) ? 0 : mViewHeight;
        f = new PointF(mViewWidth, fy);
        calcEachPoint(a, f);            // 计算各点的坐标
        PointF touchPoint = new PointF(x, y);
        if (calcPointCX(touchPoint, f)<0) {  // 若C点的x坐标小于0，就重测C点坐标
            calcPointA();    // 如果C点的x坐标小于0，就根据触摸点重新测量A点的坐标
            calcEachPoint(a, f);        // 计算各点的坐标
        }
        postInvalidate();    // 立即刷新视图（线程安全方式）
    }
```

上面的代码调用了 rollFront 和 rollBack 两个方法，其中 rollFront 表示滚动到上一页，rollBack 表示滚回当前页。同时它们在方法末尾都得调用滚动器对象的 startScroll，命令滚动器按照规定完成后续的自动滚动行为。这个自动滚动正是前述的第二点功能要求，下面是实现该点功能的示例代码的片段：

```java
    private Scroller mScroller;    // 声明一个滚动器对象

    private void initView(Context context) {
        // 创建一个基于线性插值器的滚动器对象
        mScroller = new Scroller(context, new LinearInterpolator());
    }

    // 在滚动器滑动过程中不断触发，计算并显示视图界面
    @Override
    public void computeScroll() {
        if (mScroller.computeScrollOffset()) {  // 尚未滚动完毕
            float x = mScroller.getCurrX();
            float y = mScroller.getCurrY();
            showTouchResult(x, y, mClickType);   // 显示触摸结果
            // 已经滚到终点了
            if (mScroller.getFinalX() == x && mScroller.getFinalY() == y) {
                if (needChange) {
                    exchangeBitmap(true);    // 改变当前显示的图像
                }
                reset();   // 回到默认状态
```

            }
        }
    }

完成所有的翻书功能点之后，在布局文件中添加 CurveView 节点，并在对应的活动页面设置该视图的布局参数及其图片列表。运行并测试该 App，可分别观察两种情况下的翻书效果：第一种情况尚未翻过半页（见图 4-20），此时松开手指发现书页往右缩了回来，如图 4-21 所示；第二种情况已经翻过半页（见图 4-22），此时松开手指发现书页往左翻了过去，如图 4-23 所示。

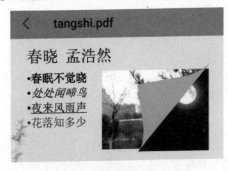

图 4-20　尚未翻过半页的画面

图 4-21　书页回缩过程的画面

图 4-22　已经翻过半页的画面

图 4-23　书页前翻过程的画面

## 4.3　JNI 开发

本节介绍 Android 系统的原生开发过程，内容包括如何在 Android Studio 中搭建 NDK 编译环境、如何通过 JNI（Java Native Interface）接口调用 C/C++代码（给出 JNI 技术的一个实际应用"JNI 实现加解密"）、如何采取 CMake 方式编译 JNI 的 so 库。

### 4.3.1　NDK 环境搭建

Android 系统的所谓原生开发指的是在 App 中调用 C/C++代码。鉴于 C/C++语言具有跨平台的特性，如果某项功能采用 C/C++实现，就很容易在不同平台（如 Android 与 iOS）之间移植，那么已有的 C/C++代码库便能焕发新生。

完整的 Android Studio 环境包括 3 个开发工具，即 JDK、SDK 和 NDK，分别简述如下。

（1）JDK 是 Java 代码的编译器，因为 App 采用 Java 语言开发，所以 Android Studio 内置了 JDK。

（2）SDK 是 Android 应用的开发包，提供了 Android 内核的公共方法调用，故而开发 App 必须事先安装 SDK。在安装 Android Studio 的最后一步会自动下载最新版本的 SDK。

（3）NDK 是 C/C++代码的编译器，属于 Android Studio 的可选组件。如果 App 未使用 JNI 技术，就无须安装 NDK；如果 App 用到 JNI 技术，就必须安装 NDK。

只有给 Android Studio 配置好 NDK 环境，开发者才能在 App 中通过 C/C++代码执行部分操作，然后由 Java 代码通过 JNI 接口调用 C/C++代码。下面介绍 NDK 环境的搭建步骤。

步骤01 到谷歌开发者网站下载最新的 NDK 开发包。下载完毕后，解压到本地路径，比如把 NDK 解压到 E:\Android\android-ndk-r21d。注意，目录名称中不要有中文。

步骤02 在系统中增加 NDK 的环境变量定义，如变量名为 NDK_ROOT、变量值为 E:\Android\android-ndk-r21d。另外，在 Path 变量值后面补充;%NDK_ROOT%。

步骤03 在项目名称上右击，弹出如图 4-24 所示的快捷菜单，从中选择 Open Module Settings 选项，打开设置页面。也可依次选择菜单 File→Project Structure 打开设置页面。

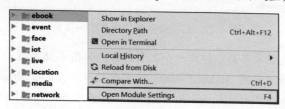

图 4-24　通过右击快捷菜单打开设置页面

在打开的设置页面中依次找到 SDK Location→NDK Location，设置前面解压的 NDK 目录路径，填好了的设置页面如图 4-25 所示，确认无误后再单击下方的 OK 按钮结束设置操作。

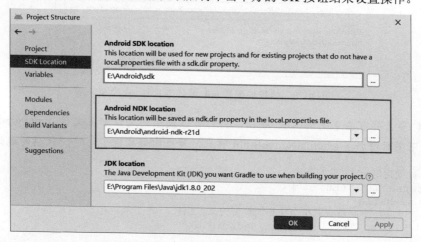

图 4-25　项目结构页面设置 NDK 的安装路径

上面的三个步骤搭建好了 NDK 环境，接下来还要给模块添加 JNI 支持，步骤说明如下：

步骤01 在模块的 src/main 路径下创建名为 jni 的目录（h 文件、c 文件、cpp 文件、mk 编译文件都放在该目录下）。jni 与 java、res 等为同级目录，其目录结构如图 4-26 所示。

| 名称 | 修改日期 | 类型 |
|---|---|---|
| assets | 2020/11/16 10:03 | 文件夹 |
| java | 2020/11/15 18:49 | 文件夹 |
| jni | 2021/3/29 11:31 | 文件夹 |
| jniLibs | 2020/11/15 18:45 | 文件夹 |
| res | 2020/11/16 16:11 | 文件夹 |
| AndroidManifest.xml | 2020/12/12 22:58 | XML 文件 |

图 4-26　jni 目录在模块工程中的位置

**步骤 02**　右击模块名称，在如图 4-27 所示的快捷菜单中选择 Link C++ Project with Gradle。

图 4-27　在快捷菜单中选择 C++ 支持

**步骤 03**　选中 C++ 支持菜单后，弹出一个配置页面，如图 4-28 所示。在 Build System 下拉列表框中选择 ndk-build，表示采用 Android Studio 内置的编译工具。在 Project Path 一栏中选择 mk 文件的路径，下方提示会把"src/main/jni/Android.mk"保存到 build.gradle 中。

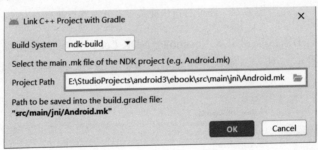

图 4-28　给模块配置 ndk 编译工具与 mk 文件

**步骤 04**　单击弹窗右下角的 OK 按钮，再打开该模块的编译配置文件 build.gradle，发现在 android 节点下果然增加了 externalNativeBuild 节点，节点内部指定了 C/C++ 代码的编译 mk 文件。

```
// 此处指定 mk 文件的路径
externalNativeBuild {
    ndkBuild {
        // 下面是获取指令集和加解密的 mk 文件
        path "src/main/jni/Android.mk"
    }
}
```

**步骤 05**　上一步骤单击 OK 按钮会触发编译动作，开发者也可手动选择菜单 Build→Make Module ***，执行 C/C++ 代码的编译工作。编译通过后，可在"模块名称\build\intermediates\ndkBuild\debug\obj\local\arm64-v8a"路径下找到生成的 so 库文件。

**步骤 06**　在 src/main 路径下创建 so 库的保存目录，目录名称为 jniLibs，并将生成的 so 文件复制到该目录下。复制完 so 库的目录结构如图 4-29 所示，可见 jniLibs 目录与 jni 目录平级。

图 4-29　jniLibs 目录在模块工程中的位置

**步骤 07** 重新运行 App 或重新生成签名 Apk，最后产生的 App 就是封装好 so 库的安装包。

### 4.3.2 创建 JNI 接口

JNI 提供了若干 API 实现 Java 和其他语言的通信（主要是 C/C++）。虽然 JNI 是 Java 平台的标准，但是要想在 Android 上使用 JNI，还得配合 NDK。NDK 提供了 C/C++标准库的头文件和标准库的链接文件（主要是.a 文件和.so 文件），而 JNI 开发只是在 App 工程下编写 C/C++代码，代码必须包含 NDK 提供的头文件，build.gradle 和 mk 文件依据编译规则把标准库链接进去，编译完成形成最终的 so 动态库文件，这样才能在 App 中通过 Java 代码调用 JNI 接口。

下面以获取 CPU 的指令集为例，简要介绍 JNI 开发的具体步骤。

**步骤 01** 确保 NDK 环境搭建完成，并且本模块已经添加了对 NDK 的支持。

**步骤 02** 在活动代码中添加 JNI 接口定义，并在初始化时加载 JNI 动态库，示例代码如下：

（完整代码见 ebook\src\main\java\com\example\ebook\JniCpuActivity.java）

```
// 声明 cpuFromJNI 是来自于 JNI 的原生方法
public native String cpuFromJNI(int i1, float f1, double d1, boolean b1);

// 在加载当前类时加载 common.so，加载操作发生在页面启动之前
static {
    System.loadLibrary("common");
}
```

**步骤 03** 转到工程的 jni 目录下，在 h 文件、c 文件、cpp 文件中编写 C/C++代码。注意，C 代码中对接口名称的命名规则是"Java_包名_Activity 类名_方法名"。其中，包名中的点号要替换为下画线。下面是获取 CPU 指令集的 C 示例代码：

（完整代码见 ebook\src\main\jni\get_cpu.cpp）

```
jstring Java_com_example_ebook_JniCpuActivity_cpuFromJNI( JNIEnv* env,
jobject thiz, jint i1, jfloat f1, jdouble d1, jboolean b1 )
{
#if defined(__arm__)
  #if defined(__ARM_ARCH_7A__)
    #if defined(__ARM_NEON__)
```

```
        #if defined(__ARM_PCS_VFP)
          #define ABI "armeabi-v7a/NEON (hard-float)"
        #else
          #define ABI "armeabi-v7a/NEON"
        #endif
      #else
        #if defined(__ARM_PCS_VFP)
          #define ABI "armeabi-v7a (hard-float)"
        #else
          #define ABI "armeabi-v7a"
        #endif
      #endif
    #else
     #define ABI "armeabi"
    #endif
#elif defined(__i386__)
    #define ABI "x86"
#elif defined(__x86_64__)
    #define ABI "x86_64"
#elif defined(__aarch64__)
    #define ABI "arm64-v8a"
#else
    #define ABI "unknown"
#endif
    char desc[200] = {0};
    sprintf(desc, "%d %f %lf %u \nHello from JNI ! Compiled with %s.", i1,
f1, d1, b1, ABI);
    return env->NewStringUTF(desc);
}
```

**步骤 04** 在 jni 目录中创建一个 mk 文件单独定义编译规则，并在 build.gradle 中启用 externalNativeBuild 节点，指定 mk 文件的路径。

**步骤 05** 编译 JNI 代码，并把编译生成的 so 库复制到 jniLibs 目录，再重新运行 App。

以上开发步骤尚有 3 处需要补充说明，分别是数据类型转换、编译规则定义以及开发注意事项，详细说明如下。

### 1. 数据类型转换

JNI 作为 Java 与 C/C++之间的联系桥梁，需要对基本数据类型进行转换，基本数据类型的转换关系见表 4-2。

表 4-2 基本数据类型的转换关系

| 数据类型名称 | Java 的数据类型 | JNI 的数据类型 | C/C++的数据类型 |
| --- | --- | --- | --- |
| 整数 | int | jint | int |
| 浮点数 | float | jfloat | float |
| 双精度浮点数 | double | jdouble | double |
| 布尔 | boolean | jboolean | unsigned char |
| 字符串 | string | jstring | const char* |

其中，整数、浮点数、双精度浮点数这 3 种数据类型可以由 C/C++直接使用，而布尔类型和字符串类型需要转换后才能由 C/C++使用，具体的转换规则如下：

（1）处理布尔类型时，Java 的 false 对应 C/C++的 0，Java 的 true 对应 C/C++的 1。
（2）处理字符串类型时，JNI 调用 env->GetStringUTFChars 方法将 jstring 类型转为 const char*类型，调用 env->NewStringUTF 方法将 const char*类型转为 jstring 类型。

2. 编译规则定义

Android Studio 不允许在 build.gradle 中直接设定 C/C++代码的编译规则，只支持通过外部配置文件来编译 so 库，也就是需要开发者另外编写 Android.mk 定义编译规则。mk 文件中编译规则名称的对应关系见表 4-3。

表 4-3 编译规则名称的对应关系

| Android.mk 的规则名称 | 说 明 | 常 用 值 |
| --- | --- | --- |
| LOCAL_MODULE | so 库文件的名称 | |
| LOCAL_SRC_FILES | 需要编译的源文件 | |
| LOCAL_CPPFLAGS | C++的编译标志 | -fexceptions（支持 try…catch…） |
| LOCAL_LDLIBS | 需要链接的库，多个库用逗号分隔 | log（支持打印日志） |
| LOCAL_WHOLE_STATIC_LIBRARIES | 要加载的静态库 | android_support |

下面是一个 Android.mk 内部编译规则的例子：
（完整代码见 ebook\src\main\jni\Android.mk）

```
LOCAL_PATH := $(call my-dir)
include $(CLEAR_VARS)

# 指定 so 库文件的名称
LOCAL_MODULE    := common
# 指定需要编译的源文件列表
LOCAL_SRC_FILES := get_cpu.cpp get_encrypt.cpp get_decrypt.cpp aes.cpp
# 指定 C++的编译标志
LOCAL_CPPFLAGS += -fexceptions
# 指定要加载的静态库
#LOCAL_WHOLE_STATIC_LIBRARIES += android_support
# 指定需要链接的库
LOCAL_LDLIBS    := -llog

include $(BUILD_SHARED_LIBRARY)
$(call import-module, android/support)
```

编写好 Android.mk 之后，再来修改 build.gradle，这个编译文件需要修改三处，分别是两处 externalNativeBuild 加一处 packagingOptions，具体的编译配置修改说明如下。

```
android {
    compileSdkVersion 30
    buildToolsVersion "30.0.3"
```

```
defaultConfig {
    applicationId "com.example.ebook"
    minSdkVersion 21
    targetSdkVersion 30
    versionCode 1
    versionName "1.0"

    // 此处说明 mk 文件未能指定的编译参数
    externalNativeBuild {
        ndkBuild {
            // 说明需要生成哪些处理器的 so 文件
            // NDK 的 r17 版本开始不再支持 ARM5(armeabi)、MIPS、MIPS64 这几种处理
器类型
            abiFilters "arm64-v8a", "armeabi-v7a"
            // 指定 C++编译器的版本，比如下面这行用的是 C++11
            //cppFlags "-std=c++11"
        }
    }
}

// 下面指定拾取的第一个 so 库路径，编译时才不会重复链接
packagingOptions {
    pickFirst 'lib/ arm64-v8a/libcommon.so'
    pickFirst 'lib/armeabi-v7a/libcommon.so'
}

// 此处指定 mk 文件的路径
externalNativeBuild {
    ndkBuild {
        // 下面是编译获取指令集和加解密的 mk 文件
        path "src/main/jni/Android.mk"
        //path file("src\\main\\jni\\Android.mk")
    }
}
```

获取 CPU 指令集的运行结果，如图 4-30 和图 4-31 所示。图 4-30 为模拟器的指令集获取结果，可见计算机模拟器使用英特尔（Intel）公司的 x86 指令集；图 4-31 为真实手机的指令集获取结果，可见手机使用安谋（ARM）公司的 arm64 指令集。

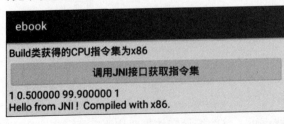

图 4-30　模拟器的指令集获取结果　　　　图 4-31　真实手机的指令集获取结果

### 4.3.3　JNI 实现加解密

在实际开发中，JNI 主要应用于如下业务场景：

（1）对关键业务数据进行加解密

虽然 Java 提供了常用的加解密方法，但是 Java 代码容易遭到破解，而 so 库到目前为止是不可破解的，所以使用 JNI 进行加解密无疑更加安全。

（2）底层的网络操作与设备操作

Java 作为一门高级程序设计语言，与硬件和网络操作的"隔阂"比 C/C++程序设计语言大，它不像 C/C++那样容易驾驭硬件和网络的底层操作。

（3）对运行效率要求较高的场合

同样的操作，C/C++的执行效率比 Java 高得多，因为 iOS 基于 C/C++的变种 ObjectC，而 Android 基于 Java，所以 iOS 的流畅性强于 Android。Android 系统内置的数据库 SQLite 是使用 Java 实现的，因此性能存在瓶颈。现在移动端兴起了第三方的数据库 Realm，其性能优异，渐有取代 SQLite 之势，而 Realm 的底层是用 C/C++实现的。

另外，图像处理、音视频处理等需要大量运算的场合，其底层算法也都是用 C/C++实现的，比方说常见的位图工厂（BitmapFactory），它可以解析各种来源的位图数据，底层都得调用 JNI 方法。还有嵌入式系统的开放图形库 OpenGL ES、跨平台的计算机视觉库 OpenCV 等著名的第三方开源库，它们的底层算法统统是用 C/C++实现的。

（4）跨平台的应用移植

移动设备的操作系统不是 Android 就是 iOS，现在企业开发 App 一般都要做两条产品线，一条做 Android，另一条做 iOS，同样的功能需要两边分别实现，费时费力。如果部分业务功能采用 C/C++实现，那么不但 Android 可以通过 JNI 调用，而且 iOS 能直接编译运行，一份代码可同时被两个平台复用，省时又省力。

接下来准备一个实战应用，尝试使用 JNI 完成加解密操作。C/C++的加解密算法代码不少，本书采用的是 AES 算法 C++的开源代码，主要的改造工作是给 C++源代码配上 JNI 接口。

下面是 JNI 接口的 AES 加密代码：

（完整代码见 ebook\src\main\jni\get_encrypt.cpp）

```
#include <jni.h>
#include <string.h>
#include <stdio.h>
#include "aes.h"
#include <android/log.h>
#define TAG "MyMsg"  // log 标签
// 定义 info 信息
#define LOGI(...) __android_log_print(ANDROID_LOG_INFO,TAG,__VA_ARGS__)

extern "C"

jstring Java_com_example_ebook_JniSecretActivity_encryptFromJNI( JNIEnv*
env, jobject thiz, jstring raw, jstring key) {
    const char* str_raw;
    const char* str_key;
```

```cpp
    str_raw = env->GetStringUTFChars(raw, 0);
    str_key = env->GetStringUTFChars(key, 0);
    LOGI("str_raw=%s, str_key=%s ", str_raw, str_key);
    char encrypt[1024] = {0};
    AES aes_en((unsigned char*)str_key);
    aes_en.Cipher((char*)str_raw, encrypt);
    LOGI("encrypt=%s", encrypt);
    return env->NewStringUTF(encrypt);
}
```

下面是 JNI 接口的 AES 解密代码:
(完整代码见 ebook\src\main\jni\get_decrypt.cpp)

```cpp
#include <jni.h>
#include <string.h>
#include <stdio.h>
#include "aes.h"
#include <android/log.h>
#define TAG "MyMsg"    // log 标签
// 定义 info 信息
#define LOGI(...) __android_log_print(ANDROID_LOG_INFO,TAG,__VA_ARGS__)

extern "C"

jstring Java_com_example_ebook_JniSecretActivity_decryptFromJNI( JNIEnv* env, jobject thiz, jstring des, jstring key) {
    const char* str_des;
    const char* str_key;
    str_des = env->GetStringUTFChars(des, 0);
    str_key = env->GetStringUTFChars(key, 0);
    LOGI("str_des=%s, str_key=%s ", str_des, str_key);
    char decrypt[1024] = {0};
    AES aes_de((unsigned char*)str_key);
    aes_de.InvCipher((char*)str_des, decrypt);
    LOGI("decrypt=%s", decrypt);
    return env->NewStringUTF(decrypt);
}
```

下面是活动页面的 Java 代码，通过界面控件对输入数据进行加解密:
(完整代码见 ebook\src\main\java\com\example\ebook\JniSecretActivity.java)

```java
public class JniSecretActivity extends AppCompatActivity {
    private EditText et_origin;        // 声明一个用于输入原始字符串的编辑框对象
    private TextView tv_encrypt;       // 声明一个文本视图对象
    private TextView tv_decrypt;       // 声明一个文本视图对象
    private String mKey = "123456789abcdef";    // 该算法要求密钥的长度为 16 位
    private String mEncrypt;           // 要加密的字符串
```

```java
@Override
protected void onCreate(Bundle savedInstanceState) {
    super.onCreate(savedInstanceState);
    setContentView(R.layout.activity_jni_secret);
    et_origin = findViewById(R.id.et_origin);
    tv_encrypt = findViewById(R.id.tv_encrypt);
    tv_decrypt = findViewById(R.id.tv_decrypt);
    findViewById(R.id.btn_encrypt).setOnClickListener(v -> {
        // 调用 JNI 的 encryptFromJNI 方法获得加密后的字符串
        mEncrypt = encryptFromJNI(et_origin.getText().toString(), mKey);
        tv_encrypt.setText("jni 加密结果为: "+mEncrypt);
    });
    findViewById(R.id.btn_decrypt).setOnClickListener(v -> {
        if (TextUtils.isEmpty(mEncrypt)) {
            Toast.makeText(this, "请先加密后再解密",
                    Toast.LENGTH_SHORT).show();
            return;
        }
        // 调用 JNI 的 decryptFromJNI 方法获得解密后的字符串
        String raw = decryptFromJNI(mEncrypt, mKey);
        tv_decrypt.setText("jni 解密结果为: "+raw);
    });
}

// 声明 encryptFromJNI 是来自于 JNI 的原生方法
public native String encryptFromJNI(String raw, String key);

// 声明 decryptFromJNI 是来自于 JNI 的原生方法
public native String decryptFromJNI(String des, String key);

// 在加载当前类时加载 common.so, 加载操作发生在页面启动之前
static {
    System.loadLibrary("common");
}
```

JNI 实现加解密的效果如图 4-32 和图 4-33 所示。图 4-32 为输入原始字符串并调用 JNI 接口进行加密的结果，图 4-33 为对已加密的字符串进行 JNI 解密操作的结果。

图 4-32　JNI 的加密结果

图 4-33　JNI 的解密结果

### 4.3.4 采取 CMake 编译方式

虽然使用 ndkBuild 方式能够将 C/C++代码编译成 so 库，但是 mk 文件的配置规则比较麻烦，也不易理解。为此 Android 官方推荐使用另一种 CMake 方式编译 C/C++代码，CMake 不仅配置简单，而且功能更加强大。使用 CMake 要求 Android Studio 事先安装 CMake 插件，依次选择菜单 Tools→SDK Manager，打开 SDK 配置窗口，单击 SDK Tools 标签切换到工具配置页面，如图 4-34 所示。

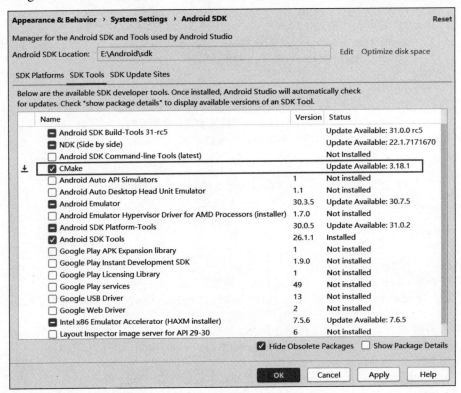

图 4-34　SDK 工具配置页面

勾选工具配置页面的 CMake 选项，表示要求安装 CMake 插件，再点击下方的 OK 按钮，等待 Android Studio 下载安装 CMake，之后就能在 App 工程中使用 CMake 了。

CMake 文件通常名叫 CMakeLists.txt，与 mk 文件一样放在 src\main\jni 目录下，它的配置规则主要有 6 点，分别说明如下：

（1）指定最低要求的 CMake 版本号

一旦指定了这个最低版本号，Android Studio 就会在编译时检查 CMake 插件的版本是否大于等于该版本号。该步骤用到了指令 cmake_minimum_required，这个指令的格式为：cmake_minimum_required(VERSION 版本号)。版本设置指令示例如下，注意 CMake 以井号"#"作为注释符号：

```
cmake_minimum_required(VERSION 3.6)    # 指定最低要求的CMake版本号
```

（2）设置环境变量的名称及其取值

设置环境变量的好处是：定义环境变量及其取值之后，接下来的指令允许直接引用该变量，而不必多次输入重复的名称。该步骤用到了指令 set，这个指令的格式为：set(变量名 变量值)。环境变量设置指令示例如下：

```
set(target common)    # 设置环境变量的名称（target）及其取值（common）
```

（3）指定项目的名称

项目名称相当于本次 JNI 编译的唯一代号，最终生成的库名也包含这个项目名称。该步骤用到了指令 project，该指令的格式为：project(项目名称)。此时可使用第二步设置的环境变量，比如"${target}"表示获取名为 target 的变量值。项目名称设置指令示例如下：

```
project(${target})    # 指定项目的名称
```

（4）定义文件的集合

C/C++代码分为头文件与实现文件两类，其中头文件的扩展名为 h 或者 hpp，实现文件的扩展名为 c 或者 cpp，故而有必要将头文件列表与实现文件列表放入各自的数据集合，方便后续引用这些文件集合。该步骤用到了指令 file，这个指令的格式为：file(GLOB 集合名称 以空格分隔的文件列表)。要把头文件与实现文件分别归类，可以使用如下的文件集合定义指令：

```
file(GLOB srcs *.cpp *.c)    # 把所有 cpp 文件和 c 文件都放入名称为 srcs 的集合中
file(GLOB hdrs *.hpp *.h)    # 把所有 hpp 文件和 h 文件都放入名称为 hdrs 的集合中
```

（5）设置编译类型以及待编译的源码集合

编译类型主要有两种，分别是 STATIC 和 SHARED。其中，STATIC 代表静态库，此时生成的库文件扩展名为 a；SHARED 代表共享库（也叫动态库），此时生成的库文件扩展名为 so。该步骤用到了指令 add_library，这个指令的格式为：add_library(待生成的库名 编译类型 实现文件与头文件列表)。由于 App 直接使用的是动态库，因此一般指定编译类型为 SHARED。另外，还需指定待编译的源码集合，包括头文件列表与实现文件列表，这时可使用前面第 4 项规则中定义的文件集合。编译类型设置指令示例如下：

```
add_library(${target} STATIC ${srcs} ${hdrs})# 生成静态库（库文件的扩展名为 a）
add_library(${target} SHARED ${srcs} ${hdrs})    # 生成动态库（库文件的扩展名为 so）
```

（6）指定要链接哪些库

最终生成的 so 库可能用到了其他公共库，比如日志库 log，那就需要把这些公共库链接进来。该步骤用到了指令 target_link_libraries，这个指令的格式为：target_link_libraries(最终生成的库名 待链接的库名)。要链接日志库，可以使用如下的公共库链接指令：

```
target_link_libraries(${target} log)    # 指定要链接哪些库，log 表示日志库
```

现在把上述 CMake 指令拼接起来，形成一份完整的 CMake 编译文件，假如生成的 so 库名为 libcommon.so，那么去掉前面的"lib"，再去掉后面的".so"，剩下"common"便是 JNI 代码的项目名称。于是合并后的 CMake 示例文件如下：

（完整代码见 ebook\src\main\jni\CMakeLists.txt）

```
cmake_minimum_required(VERSION 3.6)    # 指定最低要求的 CMake 版本号

set(target common)    # 设置环境变量的名称（target）及其取值（common）
```

```
    project(${target})   # 指定项目的名称

    file(GLOB srcs *.cpp *.c)   # 把所有 cpp 文件和 c 文件都放入名称为 srcs 的集合中
    file(GLOB hdrs *.hpp *.h)   # 把所有 hpp 文件和 h 文件都放入名称为 hdrs 的集合中

    #add_library(${target} STATIC ${srcs} ${hdrs})    # 生成静态库（库文件的扩展名为 a）
    add_library(${target} SHARED ${srcs} ${hdrs})     # 生成动态库（库文件的扩展名为 so）
    target_link_libraries(${target} log)   # 指定要链接哪些库，log 表示日志库
```

然后修改模块的 build.gradle，将采用 ndkBuild+mk 文件的编译配置更改为采用 CMake 的编译配置：

```
    externalNativeBuild {
        // 下面使用 ndkBuild 方式编译
        ndkBuild {
            path file('src/main/jni/Android.mk')
        }
    }
    externalNativeBuild {
        // 下面使用 CMake 方式编译
        cmake {
            path file('src/main/jni/CMakeLists.txt')
        }
    }
```

接着依次选择菜单 Build→Make module '***'，等待模块编译完成，即可在 build\intermediates\cmake\debug\obj 目录下找到各指令集的 so 文件。

## 4.4 实战项目：笔墨飘香之电子书架

书籍是知识的源泉，更是进步的阶梯，在历史悠久的中华大地上，每个人都热爱看书。看教材可以求知，看小说可以娱乐，看专业书籍可以提升技能，故而早在互联网诞生之初就流传着海量电子书籍。在智能手机时代，通过手机阅读电子书更是方便，像爱读掌阅、QQ 阅读、微信读书等 App 大行其道，更有番茄、七猫、疯读等小说 App 后来居上，为移动互联网增添了几缕墨痕书香。本节的实战项目就来谈谈如何设计并实现手机上的电子书阅读 App。

### 4.4.1 需求描述

文字的创制，使得人类的知识得以传承；造纸术和印刷术的发明，使得知识能够普及开来；智能手机的出现，推动了知识的便携化与多样化，只要小小一部手机就能在知识的海洋中遨游。那么手机 App 又是怎样管理电子书的呢？打开 QQ 阅读找到一部科幻小说《流浪地球》，如图 4-35 所示，据说同名电影很火爆，于是点击右下角的"加书架"按钮，然后返回 App 首页，发现书架栏目新增了刚加的图书，如图 4-36 所示。

图 4-35　《流浪地球》的内容介绍　　　　图 4-36　添加新书后的书架界面

点击书架上的某部图书进入浏览界面,想要翻到下一页时,手指按住右下角往左上方拖动,翻页效果如图 4-37 所示;也可手指按住右上角往左下方拖动,翻页效果如图 4-38 所示。

图 4-37　右下角的翻页效果　　　　　　　图 4-38　右上角的翻页效果

在手机上浏览电子书的浏览体验跟阅读纸质书差不多，翻页过程仍旧呈现纸张翻转的视觉特效，让读者看起来赏心悦目。总结一下，手机阅读无非是要具有两大功能点：其一为书架管理，主要是书籍的增删改；其二为浏览操作，主要是翻页过程的处理。

### 4.4.2 功能分析

表面上看电子书的内容仅仅由图文组成，解析起来似乎要比音频和视频简单，实际情况并非如此。音视频的数据流虽然格式复杂，却遵循少数几种编码标准，为此 Android 在系统底层早已集成了相应的编解码类库，业务层面也提供了 MediaPlayer、VideoView 等控件，开发者只需调用公开的方法即可。对于电子书来说，就没有这么好办了。一方面电子书格式多样，既有 TXT、CHM、UMD、PDF、EPUB、DJVU 等类型，又有纯文本、纯图片以及图文混排等形式；另一方面 Android 没有现成的控件可以统一显示这些电子书，格式各异的电子书要在手机屏幕的方寸之间展示，着实是件难事。

当然，电子书的两个问题不难解决：对于前一个问题，可将电子书统一成少数几种公共格式，以便降低编码难度；对于后一个问题，可将电子书的每个页面都转成图片文件，然后利用图像视图浏览电子书。

制定了切实可行的解决方案，接下来才能付诸编码实现。为减小实战项目的复杂度，本项目暂且支持两种格式的电子书，分别是 PDF（Portable Document Format，一种与平台无关的电子文件格式）、DJVU（主要用于图书档案和古籍的数字化）。就 PDF 格式而言，可利用 Android 自带的 PDF 文件渲染器把 PDF 文件转成图片列表；至于 DJVU 格式，可引入第三方的电子书解码库（如 Vudroid），通过 JNI 技术处理 DJVU 文件。

接下来分析电子书阅读器可能用到了哪些技术，下面罗列一些可能的技术点：

（1）资产管理器 AssetManager：初始的五本演示电子书，打包进 App 工程的 assets 目录。
（2）数据库框架 Room：每本电子书的图书名称、作者、页数，统一保存到数据库中。
（3）PDF 文件渲染器：把 PDF 文件解析为一组图片，用到了 PdfRenderer。
（4）贝塞尔曲线：在浏览电子书的翻页过程中，需要运用贝塞尔曲线实现翻书特效。
（5）JNI 接口：解析 DJVU 文件的开源库 Vudroid，其内核是由 C 语言编写的，所以要使用 NDK 将其编译为 so 文件，然后在 Java 代码中通过 JNI 接口调用。
（6）图片文件处理：不管是 PdfRenderer 还是 Vudroid，都会把电子书提取成一组图片，因此要实现图片文件的保存、打开以及缩放等操作。
（7）输入对话框：修改电子书的名称，需要在弹窗中填入具体文本，而在对话框中输入文字信息，必须自定义输入对话框控件 InputDialog。

下面简单介绍一下随书源码 ebook 模块中与电子书架有关的主要代码模块之间的关系：

（1）EbookReaderActivity.java：电子书阅读器的书籍列表页面。
（2）PdfRenderActivity.java：PDF 电子书的阅读页面（ViewPager 翻页）。
（3）PdfSlideActivity.java：PDF 电子书的阅读页面（平滑翻页）。
（4）PdfCurveActivity.java：PDF 电子书的阅读页面（贝塞尔曲线翻页）。
（5）PdfOpenglActivity.java：PDF 电子书的阅读页面（卷曲翻页）。
（6）DjvuRenderActivity.java：DJVU 电子书的阅读页面（使用 Vudroid 库）。

（7）ImageFragment.java：这是每页电子书图片的展示碎片。

关于电子书阅读器的编码实现，除了系统原生的控件操作，还需要开发者自行编写几个功能点，主要包括下列几项：

（1）自动导入初始的几本电子书。演示用的电子书放在 assets 目录下，包括 tangshi.pdf、android.pdf、zhugeliang.djvu、dufu.djvu、luyou.djvu 等。自动导入操作主要包含两方面内容：一方面是把电子书从 assets 目录复制到存储卡上，另一方面是往数据库中插入这几条电子书记录。导入初始电子书的示例代码如下：

（完整代码见 ebook\src\main\java\com\example\ebook\EbookReaderActivity.java）

```java
private List<BookInfo> mBookList = new ArrayList<>(); // 图书信息列表
private BookDao bookDao;  // 声明一个图书的持久化对象

// 把 assets 目录下的演示文件复制到存储卡
private void copyPdfFile() {
    // 从 App 实例中获取唯一的图书持久化对象
    bookDao = MainApplication.getInstance().getBookDB().bookDao();
    mBookList = bookDao.queryAllBook();          // 获取所有图书记录
    if (mBookList!=null && mBookList.size()>0) {
        runOnUiThread(() -> initBookList());     // 初始化图书列表
        return;
    }
    List<BookInfo> bookList = new ArrayList<>();
    for (String file_name : mFileNameArray) {
        String dir = String.format("%s/%s/",
                getExternalFilesDir(Environment.DIRECTORY_DOWNLOADS),
                file_name.substring(file_name.lastIndexOf(".")+1)
        );
        String fileName = file_name.substring(file_name.lastIndexOf("/") + 1);
        // 把 assets 目录下的电子书复制到存储卡
        AssetsUtil.Assets2Sd(this, fileName, dir + fileName);
        bookList.add(new BookInfo(file_name));
    }
    bookDao.insertBookList(bookList);            // 把演示用的电子书信息添加到数据库
    runOnUiThread(() -> initBookList());         // 初始化图书列表
}
```

（2）实现文本输入对话框。系统自带的提醒对话框仅能显示固定文本，不支持用户输入文字，因此需要自定义文本输入对话框，在对话框界面上增加编辑框控件。实现文本输入对话框的示例代码如下：

（完整代码见 ebook\src\main\java\com\example\ebook\widget\InputDialog.java）

```java
public class InputDialog {
    private Dialog mDialog;     // 声明一个对话框对象
    private View mView;         // 声明一个视图对象
    private String mIdt;        // 当前标识
    private int mSeq;           // 当前序号
    private String mTitle;      // 对话框标题
```

```java
        private InputCallbacks mCallbacks;   // 回调监听器

    public InputDialog(Context context, String idt, int seq, String title,
InputCallbacks callbacks) {
        mIdt = idt;
        mSeq = seq;
        mTitle = title;
        mCallbacks = callbacks;
        // 根据布局文件 dialog_input.xml 生成视图对象
        mView = LayoutInflater.from(context).inflate(
                        R.layout.dialog_input, null);
        // 创建一个指定风格的对话框对象
        mDialog = new Dialog(context, R.style.CustomDialog);
        TextView tv_title = mView.findViewById(R.id.tv_title);
        EditText et_input = mView.findViewById(R.id.et_input);
        tv_title.setText(mTitle);
        mView.findViewById(R.id.tv_cancel).setOnClickListener(
                                    v -> dismiss());
        mView.findViewById(R.id.tv_confirm).setOnClickListener(v -> {
            dismiss();   // 关闭对话框
            mCallbacks.onInput(mIdt, et_input.getText().toString(), mSeq);
        });
    }

    // 显示对话框
    public void show() {
        // 设置对话框窗口的内容视图
        mDialog.getWindow().setContentView(mView);
        // 设置对话框窗口的布局参数
        mDialog.getWindow().setLayout(LayoutParams.MATCH_PARENT,
                LayoutParams.WRAP_CONTENT);
        mDialog.show();   // 显示对话框
    }

    // 关闭对话框
    public void dismiss() {
        // 如果对话框显示出来了，就关闭它
        if (mDialog != null && mDialog.isShowing()) {
            mDialog.dismiss();   // 关闭对话框
        }
    }

    // 判断对话框是否显示
    public boolean isShowing() {
        if (mDialog != null) {
            return mDialog.isShowing();
        } else {
            return false;
        }
    }

    public interface InputCallbacks {
        void onInput(String idt, String content, int seq);
    }
}
```

（3）利用 JNI 集成 C 语言编写的 Vudroid 库。Vudroid 是第三方的开源库，它的源码既包含 Java 代码也包含 C 代码，为此在 App 工程中集成 Vudroid 需要下列几个步骤：

① 在模块的 jni 目录放置 Vudroid 库包括 mk 文件在内的所有源码，并修改 build.gradle 文件，在 android 节点内添加以下几行配置，表示支持把 C 代码编译为 so 文件：

```
externalNativeBuild {
    ndkBuild {
        // 下面是编译 vudroid 专用的 mk 文件
        path "src/main/jni/Android_vudroid.mk"
    }
}
```

② 依次选择菜单 Build→Make module 'ebook'，将编译好的 libvudroid.so 复制到 jniLibs 目录。
③ 在工程源码中导入 org.vudroid.pdfdroid 包下的所有 Java 代码，该包内部集成了 JNI 接口，方便开发者直接调用电子书的解析 API。

集成了 Vudroid 之后，还要在代码中使用该库从 DJVU 文件解析出每页图片，下面是利用 Vudroid 库读取 DJVU 文件的示例代码片段：

（完整代码见 ebook\src\main\java\com\example\ebook\fragment\ImageFragment.java）

```
// 存储卡上没有该页的图片，就要到电子书中解析出该页的图片
private void readImage() {
    String dir = mPath.substring(0, mPath.lastIndexOf("/"));
    final int index = Integer.parseInt(mPath.substring(
            mPath.lastIndexOf("/") + 1, mPath.lastIndexOf(".")));
    // 解析页面的操作是异步的，解析结果在监听器中回调通知
    DjvuRenderActivity.decodeService.decodePage(dir, index,
            new DecodeService.DecodeCallback() {
        @Override
        public void decodeComplete(Bitmap bitmap) {
            // 把位图对象保存成图片，下次直接读取存储卡上的图片文件
            BitmapUtil.saveImage(mPath, bitmap);
            // 解码监听器在分线程中运行，调用 runOnUiThread 方法表示回到主线程操作界面
            getActivity().runOnUiThread(
                    () -> iv_content.setImageBitmap(bitmap));
        }
    }, 1, new RectF(0, 0, 1, 1));
}
```

### 4.4.3 效果展示

打开电子书阅读器，映入眼帘的是一排图书名称，就像每户书香门第家里的书架那样。对于架子上的电子书，主人能够给它们起个好听的名字，这便是每本图书的昵称。实体书架上的纸书厚薄不一，可以显示这些图书的内容多寡，电子书虽然没有厚薄之分，却也能通过页数多少来衡量翔实与否。

如此一来，电子书架的总览及管理操作如图 4-39～图 4-41 所示。图 4-39 展示阅读器的初始界面，列出了两种格式（PDF、DJVU）的五本图书；图 4-40 展示图书信息的修改对话框，支持修改电子书的名称；图 4-41 展示了完善图书信息之后的书架，可见不但书名改为了中文，而且增加了页数统计。

图 4-39　电子书阅读器的初始界面　　图 4-40　电子书信息的修改对话框　　图 4-41　完善图书信息的电子书架

在图书列表中打开一本电子书，发现 DJVU 文件的阅读器效果如图 4-42 和图 4-43 所示，其中图 4-42 是《杜甫诗》的浏览界面，图 4-43 是《渭南文集》（陆游著）的浏览界面。

图 4-42　DJVU 文件的阅览效果 1　　　　　图 4-43　DJVU 文件的阅览效果 2

从图 4-42 和图 4-43 可见，逐页浏览使用了翻页视图，这是常规的翻页效果。若想让手机电子书更贴近纸质书的阅读体验，就得引入贝塞尔曲线重新设计卷曲翻页特效，并且在当前页与下一页的折痕两旁显示阴影，营造灯光在折痕附近被遮挡的氛围。比如图 4-44 所示从右上角向左下方翻页，此时折痕阴影由左上角延伸到右下角；又如图 4-45 所示从右下角向左上方翻页，此时折痕阴影由右上角延伸到左下角。

图 4-44　从右上角向左下角翻页　　　　图 4-45　从右下角向左上角翻页

经过贝塞尔曲线处理过的翻页画面，看起来更逼真、更赏心悦目，从而达到模拟现实的阅读感受。至此，书架管理与阅读翻页这两大功能都成功实现了。

## 4.5　小　结

本章主要介绍了 App 开发用到的手机阅读技术，包括贝塞尔曲线（贝塞尔曲线的原理、实现波浪起伏动画、实现给主播刷礼物的特效）、浏览 PDF 文件（PDF 文件渲染器、实现平滑翻书效果、实现卷曲翻书动画）、JNI 开发（NDK 环境搭建、创建 JNI 接口、JNI 实现加解密、采取 CMake 编译方式）。最后设计一个实战项目"笔墨飘香之电子书架"，在该项目的 App 编码中综合运用了本章介绍的手机阅读技术。

通过本章的学习，读者应该能够掌握以下 3 种开发技能：

（1）学会使用贝塞尔曲线实现相关的动画特效。
（2）学会针对 PDF 文件的几种浏览方式。
（3）学会实现 JNI 接口的编码、编译及其调用。

## 4.6　动手练习

1. 借助贝塞尔曲线实现打赏动画。
2. 利用 JNI 技术在 App 工程中集成 C/C++代码。
3. 综合运用手机阅读技术实现一个电子书阅读 App。

# 第 5 章

# 三维处理

本章介绍 App 开发常见的三维图形技术，主要包括如何使用 OpenGL 实现三维图形的投影、绘制和渲染，如何通过 OpenGL ES 结合小程序在嵌入式设备上加载三维图形，如何在 App 中集成 Vulkan 编写的程序。最后结合本章所学的知识演示一个实战项目"虚拟现实的全景相册"的设计与实现。

## 5.1 OpenGL

本节介绍 OpenGL 在 App 开发中的详细运用，内容包括怎样利用投影技术将三维物体映射到二维平面、怎样通过顶点列表来勾勒三维物体的框架轮廓、怎样把一幅图片作为纹理材质贴到三维物体的表面。

### 5.1.1 三维投影

OpenGL（Open Graphics Library，开放图形库）定义了一个跨语言、跨平台的图形程序接口。对于 Android 开发者来说，OpenGL 就是用来绘制三维图形的技术手段，当然 OpenGL 并不仅限于展示静止的三维图形，也能用来播放运动着的三维动画。不管是三维图形还是三维动画，都是力求在二维的手机屏幕上展现模拟的真实世界的场景，说到底，这个 OpenGL 的应用方向就是时下大热的虚拟现实。

看起来 OpenGL 很高大上，其实 Android 早已集成了相关的 API，只要开发者按照方法要求依次调用，就能一步一步在手机屏幕上画出各式各样的三维物体。对于初次接触 OpenGL 的开发者来说，三维绘图的概念可能过于抽象，所以为了有利于读者理解，下面就以 Android 上的二维图形绘制为参考，帮助读者亦步亦趋地逐步消化 OpenGL 的相关知识点。

App 界面上的每个控件其实都是在某个视图上绘制规定的文字（如文本视图），或者绘制指定的图像（如图像视图）。文本视图和图像视图都继承自基本视图 View，这意味着首先要有一个专门的绘图场所，比如现实生活中的黑板、画板和桌子。然后还要有绘画作品的载体，比如现实生活中黑板的漆面，以及用于国画的宣纸、用于油画的油布等，在 Android 体系中，这个绘画载体便是画布 Canvas。有了绘图场所和绘画载体，还得有一把绘图工具，不管是勾勒线条还是涂抹颜料都少不了：写黑板报用粉笔，画国画用毛笔，画油画用油画笔，画 Android 控件则用画笔（Paint）。

只要具备了绘图场所、绘画载体、绘图工具，即可进行绘画创作。对于 OpenGL 的三维绘图来说，同样需要具备三种要素，分别是 GLSurfaceView、GLSurfaceView.Renderer 和 GL10，其中 GLSurfaceView 继承自表面视图 SurfaceView，对应于二维绘图的 View；GLSurfaceView.Renderer 是三维图形的渲染器，对应于二维绘图的 Canvas；最后一个 GL10 相当于二维绘图的画笔。有了 GLSurfaceView、GLRender 和 GL10 这三驾马车，Android 才能实现 OpenGL 的三维图形渲染功能。

具体到 App 编码上，还要将 GLSurfaceView、GLSurfaceView.Renderer 和 GL10 这三个类有机结合起来，即通过方法调用关联它们。首先从布局文件获得 GLSurfaceView 的控件对象，然后调用该对象的 setRenderer 方法设置三维渲染器。这个三维渲染器必须实现 GLSurfaceView.Renderer 定义的三个视图方法，分别是 onSurfaceCreated、onSurfaceChanged 和 onDrawFrame，这三个方法的输入参数都包含 GL10，也就是说它们都持有画笔对象。如此，绘图三要素的 GLSurfaceView、GLSurfaceView.Renderer 和 GL10 就互相关联起来了。

可是，Renderer 接口定义的 onSurfaceCreated、onSurfaceChanged 和 onDrawFrame 三个方法很是陌生，它们之间又有什么区别呢？为方便理解，接下来不妨继续套用 Android 二维绘图的有关概念。从 Android 自定义控件的主要流程得知，自定义一个控件主要有以下 4 个步骤：

**步骤 01** 声明自定义控件的构造方法，可在此获取并初始化控件属性。
**步骤 02** 重写 onMeasure 方法，可在此测量控件的宽度和高度。
**步骤 03** 重写 onLayout 方法，可在此挪动控件的位置。
**步骤 04** 重写 onDraw 方法，可在此绘制控件的形状、颜色、文字以及图案等。

Renderer 接口定义的三个方法的用途说明如下：

- onSurfaceCreated 方法在 GLSurfaceView 创建时调用，相当于自定义控件的构造方法，一样可在此进行三维绘图的初始化操作。
- onSurfaceChanged 方法在 GLSurfaceView 创建、恢复与改变时调用，在这里不但要定义三维空间的大小，还要定义三维物体的方位，所以该方法相当于完成了自定义控件的 onMeasure 和 onLayout 两个方法的功能。
- onDrawFrame 方法跟自定义控件的 onDraw 方法差不多，onDraw 方法用于绘制二维图形的具体形状，而 onDrawFrame 方法用于绘制三维图形的具体形状。

下面来看一个简单的 OpenGL 例子，在布局文件中放置一个 android.opengl.GLSurfaceView 节点，后续的三维绘图动作将在该视图上开展。布局文件内容示例如下：

（完整代码见 threed\src\main\res\layout\activity_gl_axis.xml）

```
<LinearLayout xmlns:android="http://schemas.android.com/apk/res/android"
    android:layout_width="match_parent"
    android:layout_height="match_parent"
    android:orientation="vertical" >

    <!-- 注意这里要使用控件的全路径 android.opengl.GLSurfaceView -->
```

```xml
<android.opengl.GLSurfaceView
    android:id="@+id/glsv_content"
    android:layout_width="match_parent"
    android:layout_height="match_parent" />
</LinearLayout>
```

接着在活动代码中获取 GLSurfaceView 对象，并给它注册一个三维图形渲染器（GLRender），此时自定义的渲染器必须重写 onSurfaceCreated、onSurfaceChanged 和 onDrawFrame 三个方法。下面是对应的活动代码片段：

（完整代码见 threed\src\main\java\com\example\threed\EsMatrixActivity.java）

```java
protected void onCreate(Bundle savedInstanceState) {
    super.onCreate(savedInstanceState);
    setContentView(R.layout.activity_gl_cub);
    GLSurfaceView glsv_content = (GLSurfaceView)
                                 findViewById(R.id.glsv_content);
    // 给 OpenGL 的表面视图注册三维图形的渲染器
    glsv_content.setRenderer(new SceneRender());
}

// 定义一个三维图形的渲染器
private class SceneRender implements GLSurfaceView.Renderer {
    // 在表面创建时触发
    @Override
    public void onSurfaceCreated(GL10 gl, EGLConfig config) {
        // 这里进行三维绘图的初始化操作
    }

    // 在表面变更时触发
    @Override
    public void onSurfaceChanged(GL10 gl, int width, int height) {
        // 这里既要定义三维空间的大小，还要定义三维物体的方位
    }

    // 执行框架绘制操作
    @Override
    public void onDrawFrame(GL10 gl) {
        // 这里绘制三维图形的具体形状
    }
}
```

然后是 OpenGL 具体的绘图操作，这得靠三维图形的画笔 GL10 来完成。GL10 作为三维空间的画笔，它所描绘的三维物体却要显示在二维平面上，显而易见这不是一件简单的事情。为了理顺物体从三维空间到二维平面的变换关系，下面就概括介绍一下 GL10 编码的三类常见方法。

### 1. 颜色的取值范围

Android 开发的三原色，不管是红色、绿色还是蓝色，取值范围都是 0 到 255，对应的十六进制数值则为 00 到 FF，颜色数值越小表示亮度越弱，数值越大表示亮度越强。在 OpenGL 之中，颜

色的取值范围是 0.0 到 1.0，其中 0.0 对应 Android 标准的 0，而 1.0 对应 Android 标准的 255，同理，OpenGL 值为 0.5 的颜色对应 Android 标准的 128。

GL10 与颜色有关的方法主要有两个，分别说明如下：

- glClearColor：设置背景颜色。以下代码表示给三维空间设置白色背景：

```
// 设置白色背景，四个参数依次为透明度 alpha、红色 red、绿色 green、蓝色 blue
gl.glClearColor(1.0f, 1.0f, 1.0f, 1.0f);
```

- glColor4f：设置画笔颜色。以下代码表示把画笔颜色设置为橙色：

```
gl.glColor4f(0.0f, 1.0f, 1.0f, 0.0f);   // 设置画笔颜色为橙色
```

### 2. 三维坐标系

三维空间需要三个方向的坐标才能表达立体形状，分别为水平方向的 $x$ 轴和 $y$ 轴，以及垂直方向的 $z$ 轴。在图 5-1 所示的三维坐标系中，三维空间有一个 $M$ 点，该点在 $x$ 轴上的投影为 $P$ 点，在 $y$ 轴上的投影为 $Q$ 点，在 $z$ 轴上的投影为 $R$ 点，因此 $M$ 点的坐标位置就是 $(P,Q,R)$。

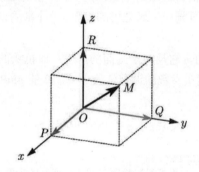

图 5-1 三维坐标空间

既然三维空间中的每个点都存在 $x$、$y$、$z$ 三个方向的坐标值，那么与物体位置有关的方法均需提供 $x$、$y$、$z$ 三个方向的数值。比如物体的旋转方法 glRotatef、平移方法 glTranslatef、缩放方法 glScalef，要分别指定物体在三个坐标轴上的旋转方向、平移距离、缩放倍率。具体的方法调用示例如下：

```
gl.glRotatef(90, 0, -1, 0);         // 沿着 y 轴的负方向旋转 90 度
gl.glTranslatef(1, 0, 0);           // 沿着 x 轴方向移动 1 个单位
gl.glScalef(0.1f, 0.1f, 0.1f);      // x、y、z 三个方向各缩放到原来的 0.1 倍
```

### 3. 坐标矩阵变换

有了三维坐标系，还要把三维物体投影到二维平面上才能在手机屏幕中绘制三维图形。这个投影操作主要有 3 个步骤，分别叙述如下：

（1）设置绘图区域

前面讲过 OpenGL 使用 GLSurfaceView 作为绘图场所，于是允许绘制的区域范围自然落在该控件内部。设置绘图区域的方法是 glViewport，它指定了该区域左上角的平面坐标，以及区域的宽

度和高度。当然，一般 OpenGL 的绘图范围与 GLSurfaceView 的大小重合，所以倘若 GLSurfaceView 控件的宽度为 width、高度为 height，则设置绘图区域的方法调用示例如下：

```
gl.glViewport(0, 0, width, height);  // 设置输出屏幕大小
```

（2）调整镜头参数

框住了绘图区域，还要把三维物体在二维平面上的投影一点一点描绘进去才行，这中间的坐标变换计算由 OpenGL 内部自行完成，开发者无须关注具体的运算逻辑。好比日常生活中的拍照，用户只管拿起手机咔嚓一下，根本不用关心摄像头怎么生成照片。用户所关心的照片效果不外乎景物是大还是小、是远还是近；用专业一点的术语来讲，景物的大小由镜头的焦距决定，景物的远近由镜头的视距决定。

对于镜头的焦距而言，拍摄同样尺寸的照片，广角镜头看到的景物比标准镜头看到的景物更多，这意味着单个景物在广角镜头中会比较小，照片面积不增大，容纳的景物却变多了。

对于镜头的视距而言，它表示镜头的视力好坏，即最近能看到多近的景物、最远能看到多远的景物。在日常生活当中，每个人的睫毛离自己的眼睛太近了，这么近的东西是看不清楚的，所以必须规定一下，比如最近只能看清楚离眼睛十厘米的物体。很遥远的景物自然也是看不清楚的，所以也要规定一下，比如最远只能看到一千米之内的人影。这个能看清景物的最近距离和最远距离就构成了镜头的视距。

所以，镜头的焦距是横向的，它反映了画面的广度；而镜头的视距是纵向的，它反映了画面的深度。在 OpenGL 中，这些镜头参数的调节依赖于 GL10 的 gluPerspective 方法，具体的参数调整代码举例如下：

```
// 设置投影矩阵，对应 gluPerspective（调整相机）、glFrustumf（透视投影）、glOrthof（正
交投影）
gl.glMatrixMode(GL10.GL_PROJECTION);
gl.glLoadIdentity();  // 重置投影矩阵，即去掉所有的参数调整操作
// 设置透视图视窗大小。第二个参数是焦距的角度，第四个参数是能看清的最近距离，
// 第五个参数是能看清的最远距离
GLU.gluPerspective(gl, 40, (float) width / height, 0.1f, 20.0f);
```

（3）挪动观测方位

调整好了镜头的拍照参数，要不要再来个花式摄影？比如用户跃上好几级台阶，居高临下拍摄；也可俯下身子，从下向上拍摄；还能把手机横过来拍或者倒过来拍。要是怕摄影家累坏了，不妨叫摆拍的模特自己挪动身影，或者走近或者走远，往左靠一点或者往右靠一点，还可以躺下来甚至倒立过来。

因此，不管是挪动相机的位置还是挪动物体的位置，都会让照片里的景物发生变化。挪动相机的位置依靠的是 GL10 的 gluLookAt 方法，挪动物体的位置依靠的则是旋转方法 glRotatef、平移方法 glTranslatef、缩放方法 glScalef。下面是 OpenGL 挪动相机位置的方法调用代码：

```
// 选择模型观察矩阵，对应 gluLookAt（人动）、glTranslatef/glScalef/glRotatef（物动）
gl.glMatrixMode(GL10.GL_MODELVIEW);
gl.glLoadIdentity();  // 重置模型矩阵，即去掉所有的位置挪动操作
// 设置镜头的方位。第二个到第四个参数为相机的位置坐标，第五个到第七个参数为相机画面中心点
// 的坐标，第八个到第十个参数为朝上的坐标方向，比如第八个参数为 1 表示 x 轴朝上，第九个参
// 数为 1 表示 y 轴朝上，第十个参数为 1 表示 z 轴朝上
```

```
GLU.gluLookAt(gl, 10.0f, 8.0f, 6.0f, 0.0f, 0.0f, 0.0f, 0.0f, 1.0f, 0.0f);
```

注意，前面调整相机参数和挪动相机位置的这两个操作都事先调用了 glMatrixMode 与 glLoadIdentity 方法。其实这两个方法结合起来只不过是重置拍摄状态，好比把手机恢复成出厂设置，接下来从头设置新状态。glMatrixMode 方法的参数指定了重置操作的类型：像 GL10.GL_PROJECTION 类型涵盖了所有的镜头参数调整方法，包括 gluPerspective（调整相机）、glFrustumf（透视投影）、glOrthof（正交投影）三种方法，每次重置 GL10.GL_PROJECTION 都意味着之前的镜头参数设置统统失效；GL10.GL_MODELVIEW 类型涵盖了位置变换的相关方法，包括挪动相机的 gluLookAt 方法，以及挪动物体的 glTranslatef（平移）、glScalef（缩放）、glRotatef（旋转）方法，每次重置 GL10.GL_MODELVIEW 都意味着之前的位置挪动操作统统失效。

倘若相机的参数和位置已经固定，只有物体的状态会发生变化，那么视角中的物体模样跟自身状态紧密相连。以缩放和旋转操作为例，三维坐标的变换效果如图 5-2～图 5-4 所示。图 5-2 为坐标轴的初始画面，图 5-3 为坐标轴放大到两倍的画面，图 5-4 为坐标轴旋转 90°的画面。

 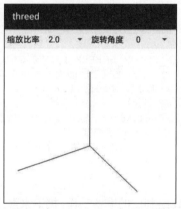 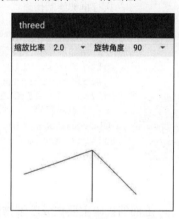

图 5-2　坐标轴的初始画面　　图 5-3　坐标轴放大到两倍的画面　　图 5-4　坐标轴旋转 90°的画面

## 5.1.2　轮廓勾勒

上一小节介绍了三维绘图的常见方法，接着学习 OpenGL 的应用代码就会比较轻松了。先来看一个简单的三维立方体是如何实现的，示例代码如下：

（完整代码见 threed\src\main\java\com\example\threed\GlLineActivity.java）

```
protected void onCreate(Bundle savedInstanceState) {
    super.onCreate(savedInstanceState);
    setContentView(R.layout.activity_gl_line);
    mVertexList = GlVertexUtil.getCubeVertexs();
    glsv_content = findViewById(R.id.glsv_content);
    // 给 OpenGL 的表面视图注册三维图形的渲染器
    glsv_content.setRenderer(new LineRender());
}
    // 定义一个三维图形的渲染器
private class LineRender implements GLSurfaceView.Renderer {
    // 在表面创建时触发
    @Override
    public void onSurfaceCreated(GL10 gl, EGLConfig config) {
        // 设置白色背景：0.0f 相当于 00, 1.0f 相当于 FF
```

```java
        gl.glClearColor(1.0f, 1.0f, 1.0f, 1.0f);
        gl.glShadeModel(GL10.GL_SMOOTH);    // 启用阴影平滑
    }

    // 在表面变更时触发
    @Override
    public void onSurfaceChanged(GL10 gl, int width, int height) {
        gl.glViewport(0, 0, width, height);          // 设置输出屏幕大小
        gl.glMatrixMode(GL10.GL_PROJECTION);         // 设置投影矩阵
        gl.glLoadIdentity();  // 重置投影矩阵，即去掉所有的平移、缩放、旋转操作
        // 设置透视图视窗大小
        GLU.gluPerspective(gl, 40, (float) width / height, 0.1f, 20.0f);
        // 对应 gluLookAt（人动）、glTranslatef/glScalef/glRotatef（物动）
        gl.glMatrixMode(GL10.GL_MODELVIEW);          // 选择模型观察矩阵
        gl.glLoadIdentity();   // 重置模型矩阵
    }

    // 执行框架绘制操作
    @Override
    public void onDrawFrame(GL10 gl) {
        // 清除屏幕和深度缓存
        gl.glClear(GL10.GL_COLOR_BUFFER_BIT | GL10.GL_DEPTH_BUFFER_BIT);
        gl.glLoadIdentity(); // 重置当前的模型观察矩阵
        gl.glColor4f(0.0f, 0.0f, 1.0f, 1.0f);  // 设置画笔颜色
        // 设置观测点
        GLU.gluLookAt(gl, 10.0f, 8.0f, 6.0f, 0.0f, 0.0f, 0.0f, 0.0f, 1.0f, 0.0f);
        gl.glLineWidth(3);      // 指定线宽
        drawCube(gl);           // 绘制立方体，后面会再具体说明
    }
}
```

上面的代码主要完成三维物体绘制前的准备工作，接下来继续介绍如何利用 GL10 进行实际的三维绘图操作。在三维坐标系中，每个点都有 x、y、z 三个方向上的坐标值，也即是需要三个浮点数来表示一个点。一个面又至少由三个不在一条直线上的点唯一确定，例如三个点可以构成一个三角形，而四个点可以构成一个四边形。OpenGL 使用浮点数组表达一块平面区域的时候，数组大小等于该面的顶点个数×3，也就是说，每三个浮点数用来指定一个顶点的 x、y、z 三轴坐标值，所以总共需要 3 倍于顶点数量的浮点数才能表示这些顶点构成的平面。下面举一个定义四边形的浮点数组的例子：

```java
// 四边形的顶点坐标数组，每三个数组元素代表一个坐标点（含 x、y、z）
float verticesFront[]={ 1f, 1f, 1f,   1f, 1f, -1f,   -1f, 1f, -1f,  -1f, 1f, 1f };
```

上述的浮点数组一共有 12 个浮点数，其中每三个浮点数代表一个点，因此这个四边形由下列坐标的顶点构成：A 点坐标（1,1,1）、B 点坐标（1,1,-1）、C 点坐标（-1,1,-1）、D 点坐标（-1,1,1）。

不过这个浮点数组并不能直接传给 OpenGL 处理，因为 OpenGL 的底层是用 C 语言实现的，C 语言与其他语言（如 Java）默认的数据存储方式在字节顺序上可能不同（如大端和小端问题：Big-endian 和 Little-endian），所以其他语言的数据结构必须转换成 C 语言能够识别的形式。这里面 C 语言能听懂的数据结构名为 FloatBuffer，于是问题的实质就变成了如何将浮点数组 float[] 转换为浮点缓存 FloatBuffer，具体的转换过程已经有了模板，开发者只管套用即可，详细的转换方法代码如下所示：

(完整代码见 threed\src\main\java\com\example\threed\util\GlUtil.java)

```java
public static FloatBuffer getFloatBuffer(float[] array) {
    // 初始化字节缓冲区的大小=数组长度*数组元素大小。float 类型的元素大小为 Float.SIZE,
    // int 类型的元素大小为 Integer.SIZE, double 类型的元素大小为 Double.SIZE。
    ByteBuffer byteBuffer = ByteBuffer.allocateDirect(
                            array.length * Float.SIZE);
    // 以当前设备字节顺序来修改字节缓冲区的字节顺序
    // OpenGL 在底层的实现是 C 语言,与 Java 默认的数据存储字节顺序可能不同,即大小端问题
    // 因此,为了保险起见,在将数据传递给 OpenGL 之前,需要指明使用当前设备的存储顺序
    byteBuffer.order(ByteOrder.nativeOrder());
    // 根据设置好的参数构造浮点缓冲区
    FloatBuffer floatBuffer = byteBuffer.asFloatBuffer();
    floatBuffer.put(array);           // 把数组数据写入缓冲区
    floatBuffer.position(0);          // 设置浮点缓冲区的初始位置
    return floatBuffer;
}
```

现在有了可供 OpenGL 识别的 FloatBuffer 对象,接着描绘三维图形就有章可循了。绘制图形之前要先调用 glEnableClientState 方法启用顶点开关,绘制完成之后要调用 glDisableClientState 方法禁用顶点开关,在这两个方法之间再绘制物体的点、线、面。下面是按序调用绘制三维图形的方法的示例代码:

```java
gl.glEnableClientState(GL10.GL_VERTEX_ARRAY);       // 启用顶点开关
// gl.glVertexPointer(***);    // 指定三维物体的顶点坐标集合
// gl.glDrawArrays(***);       // 在顶点坐标集合之间绘制点、线、面
gl.glDisableClientState(GL10.GL_VERTEX_ARRAY);      // 禁用顶点开关
```

上面的代码给出了绘制操作的两个方法 glVertexPointer 和 glDrawArrays,其中前者指定了三维物体的顶点坐标集合,后者才在顶点坐标集合之间绘制点、线、面。那么这两个方法的输入参数又是怎样取值的呢?先来看看 glVertexPointer 方法的参数定义:

```java
void glVertexPointer(
    int size,   // 指定顶点的坐标维度。三维空间有 x、y、z 三个坐标轴,所以三维空间的 size
                // 为 3。同理,二维平面的 size 为 2,相对论之时空观的 size 为 4(三维空间+时间)
    int type,   // 指定顶点的数据类型。GL10.GL_FLOAT 表示浮点数,GL_SHORT 表示短整型
    int stride, // 指定顶点之间的间隔。通常取值为 0,表示这些顶点是连续的
    // 所有顶点坐标的数据集合。这便是前面转换而来的 FloatBuffer 对象
    java.nio.Buffer pointer
);
```

通常情况下,OpenGL 用于绘制三维空间中连续顶点构成的图形,故而一般可按以下格式调用 glVertexPointer 方法:

```java
// 三维空间,顶点的坐标值为浮点数,并且顶点是连续的集合
gl.glVertexPointer(3, GL10.GL_FLOAT, 0, buffer);
```

再来看看 glDrawArrays 方法的参数定义:

```java
void glDrawArrays(
    int mode,   // 指定顶点之间的绘制模式,是只描绘点还是描绘线段、平面
```

```
    int first,// 从第 first 个顶点开始绘制。通常都取值为 0，表示从数组下标的第 0 个点开始绘制
    int count   // 本次绘制操作的顶点数量，也就是从第 first 个点描绘到第（first+count）个顶点
);
```

这里补充介绍一下 glDrawArrays 方法的绘制模式的取值，常见的几种绘制模式的取值说明见表 5-1。

表 5-1　绘制模式的取值说明

| glDrawArrays 方法的绘制模式 | 说　　明 |
|---|---|
| GL10.GL_POINTS | 只描绘各个独立的点 |
| GL10.GL_LINE_STRIP | 前后两个顶点用线段连接，但不闭合（最后一个点与第一个点不连接） |
| GL10.GL_LINE_LOOP | 前后两个顶点用线段连接，并且闭合（最后一个点与第一个点有连接） |
| GL10.GL_TRIANGLES | 每隔三个顶点绘制一个三角形的平面 |

按照目前的演示要求，由于只需绘制一个立方体的线段框架，因此可按以下格式调用 glDrawArrays 方法：

```
// 为每个面画闭合的四边形线段,从第 0 个点开始绘制,绘制连接四边形所有顶点(pointCount=4)的线段
gl.glDrawArrays(GL10.GL_LINE_LOOP, 0, pointCount);
```

首先根据立方体六个面的顶点坐标数组获得顶点列表，代码如下：

（完整代码见 threed\src\main\java\com\example\threed\util\GlVertexUtil.java）

```
// 下面定义立方体六个面的顶点坐标数组（每个坐标点都由三个浮点数组成）
private static float[] vertexsFront = {2f, 2f, 2f, 2f, 2f, -2f, -2f, 2f, -2f,
-2f, 2f, 2f};
private static float[] vertexsBack = {2f, -2f, 2f, 2f, -2f, -2f, -2f, -2f,
-2f, -2f, -2f, 2f};
private static float[] vertexsTop = {2f, 2f, 2f, 2f, -2f, 2f, -2f, -2f, 2f,
-2f, 2f, 2f};
private static float[] vertexsBottom = {2f, 2f, -2f, 2f, -2f, -2f, -2f, -2f,
-2f, -2f, 2f, -2f};
private static float[] vertexsLeft = {-2f, 2f, 2f, -2f, 2f, -2f, -2f, -2f,
-2f, -2f, -2f, 2f};
private static float[] vertexsRight = {2f, 2f, 2f, 2f, 2f, -2f, 2f, -2f, -2f,
2f, -2f, 2f};

// 获得立方体的顶点列表
public static List<FloatBuffer> getCubeVertexs() {
   List<FloatBuffer> vertexList = new ArrayList<>();
   vertexList.add(GlUtil.getFloatBuffer(vertexsFront));
   vertexList.add(GlUtil.getFloatBuffer(vertexsBack));
   vertexList.add(GlUtil.getFloatBuffer(vertexsTop));
   vertexList.add(GlUtil.getFloatBuffer(vertexsBottom));
   vertexList.add(GlUtil.getFloatBuffer(vertexsLeft));
   vertexList.add(GlUtil.getFloatBuffer(vertexsRight));
   return vertexList;
}

// 获得立方体的顶点数量
public static int getCubePointCount() {
   return vertexsFront.length / 3;
}
```

接着在活动代码中编写 drawCube 方法,把上面得到的顶点列表 mVertexList 传给 OpenGL。下面为绘制立方体的示例代码:

```
// 绘制立方体
private void drawCube(GL10 gl) {
    // 启用顶点开关。GL_VERTEX_ARRAY 表示顶点数组,GL_COLOR_ARRAY 表示颜色数组
    gl.glEnableClientState(GL10.GL_VERTEX_ARRAY);
    for (FloatBuffer buffer : mVertexList) {
        // 将顶点坐标传给 OpenGL 管道
        gl.glVertexPointer(3, GL10.GL_FLOAT, 0, buffer);
        // 用画线的方式将点连接,即画出线段
        gl.glDrawArrays(GL10.GL_LINE_LOOP, 0,
                        GlVertexUtil.getCubePointCount());
    }
    gl.glDisableClientState(GL10.GL_VERTEX_ARRAY);    // 禁用顶点开关
}
```

立方体算是较简单的三维物体了,倘若是一个球体,也能按照上述代码逻辑绘制球形框架,当然这个近似的球体由许多个小三角形所构成。绘制完成的立方体三维图形如图 5-5 所示,绘制完成的球体三维图形如图 5-6 所示。

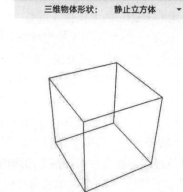

图 5-5　立方体的三维图形

图 5-6　球体的三维图形

要想让三维物体动起来,其实也很容易。由于 GLSurfaceView 的渲染器会持续调用 onDrawFrame 方法,因此只要在该方法中设置渐变的状态数值即可实现以下三维动画效果:

(1)调用 glRotatef 方法设置渐变的角度,可实现三维物体的旋转动画。
(2)调用 glTranslatef 方法设置渐变的位移,可实现三维物体的平移动画。
(3)调用 glScalef 方法设置渐变的放大或缩小比率,可实现三维物体的缩放动画。

以立方体和球体为例,若想让它们转动,可在重写 onDrawFrame 时调用 glTranslatef 方法,同时旋转角度持续增加,使得每次绘制操作都转动递增的角度,从而产生物体旋转的视觉效果。三维物体的动态旋转效果如图 5-7 和图 5-8 所示,其中图 5-7 为正在转动的立方体、图 5-8 为正在转动的球体。

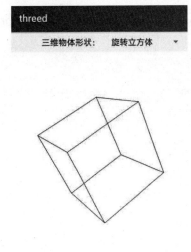 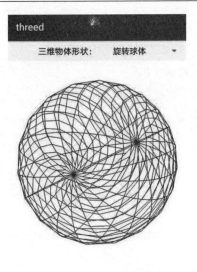

图 5-7　正在转动的立方体　　　　　图 5-8　正在转动的球体

### 5.1.3　纹理贴图

上一小节给出的立方体和球体效果图虽然看起来具备立体的轮廓，可离真实的物体还差得远。因为现实生活中的物体不仅有骨架，还有花纹、光泽（比如衣服），所以若想让三维物体更加逼真，就得给它加一层皮，也可以说是加一件衣服，这个皮毛大衣用 OpenGL 的术语称呼就是"纹理"。

三维物体的骨架是通过三维坐标系表示的，每个点都有 x、y、z 三个方向上的坐标值。三维物体的纹理也需要通过纹理坐标系来表达，但是纹理坐标并非三维形式而是二维形式，这是怎么回事呢？打个比方，裁缝店给顾客制作一件衣服，首先要丈量顾客的身高、肩宽、三围，然后才能根据这些体型数据剪裁布料，这便是所谓的量体裁衣。做衣服的一匹匹布料又是什么样子的？当然是摊开来一大块一大块整齐的布匹，明显这些布匹近似于二维的平面。但是最终的成品衣服穿在顾客身上是三维的模样，显然中间要有一个从二维布匹到三维衣服的转换过程。转换工作的一系列计算离不开前面测量得到的身高、肩宽、三围等，其中身高和肩宽是直线的长度，而三围是曲线的长度。如果把三围的曲线剪断并拉直，就能得到直线形式的三围；同理，把衣服这个三维的曲面剪开，然后摊平，得到平面形式的衣服，即可与原始的平面布匹对应起来。因此，纹理坐标的目的就是标记被摊平衣服的二维坐标，从而将同属二维坐标系的布匹一块块贴上去。

在 OpenGL 体系中，纹理坐标又称 UV 坐标，通过两个浮点数组合来设置一个点的纹理坐标 (U,V)，其中 U 表示横轴、V 表示纵轴。纹理坐标不关心物体的三维位置，好比一个人不管走到哪里、做什么动作，身上穿的还是那件衣服。纹理坐标所要表述的是衣服的各一小片分别来自于哪块布料，也就是说，每一小片衣服是由什么材质构成的，既可以是棉布材质，也可以是丝绸材质，还可以是尼龙材质。纹理只是衣服的脉络，材质才是贴上去的花色。

给三维物体穿衣服的操作通常被称为给三维图形贴图，更专业地说叫纹理渲染。纹理渲染的过程主要由三大项操作组成，分别说明如下：

**1. 启用纹理的一系列开关设置**

该系列操作又包括下述步骤：

（1）纹理渲染肯定要启用纹理功能，并且为了能够正确渲染，还需要同时启用深度测试。启用深度测试的目的是为了只绘制物体朝向观测者的正面，而不绘制物体的背面。5.1.2 节中的立方体和球体没有开启深度测试，所以背面的线段也都画了出来。启用纹理与深度测试的示例代码如下：

```
// 启用某功能，对应的 glDisable 是关闭某功能
// GL_DEPTH_TEST 指的是深度测试。启用纹理时必须同时开启深度测试
// 这样只有像素点前面没有东西遮挡之时，该像素点才会予以绘制
gl.glEnable(GL10.GL_DEPTH_TEST);
gl.glEnable(GL10.GL_TEXTURE_2D);    // 启用纹理
```

（2）OpenGL 默认的环境光是没有特定光源的散光，如果要实现特定光源的光照效果，则需开启灯照功能，另外至少启用一个光源或者同时启用多个光源。下面是只开启一处灯光的示例代码：

```
gl.glEnable(GL10.GL_LIGHTING);      // 开启灯照效果
gl.glEnable(GL10.GL_LIGHT0);        // 启用光源 0
```

（3）就像人可以穿着多件衣服那样，三维物体也能接连描绘多种纹理，于是每次渲染纹理都得分配一个纹理编号。这个纹理编号的分配操作有点拗口，开发者不用太在意，只管按照下面的方式例行公事即可：

```
// 使用 OpenGL 库创建一个纹理(Texture)，首先要获取一个纹理编号（保存在 textures 中）
int[] textures = new int[1];
gl.glGenTextures(1, textures, 0);   // 生成纹理编号
gl.glBindTexture(GL10.GL_TEXTURE_2D, textures[0]);    // 绑定这个纹理编号
```

（4）如同衣服既有很宽松的款式也有很紧身的款式，对于那些不是特别合身的情况，OpenGL 应怎么去渲染放大或者缩小纹理呢？此时就要设置纹理参数，如下：

```
// 纹理的尺寸可能大于或小于要渲染的区域，所以要设置纹理在放大时或缩小时的模式
// GL_TEXTURE_MAG_FILTER 表示放大的情况，GL_TEXTURE_MIN_FILTER 表示缩小的情况
// 常用的两种模式为 GL10.GL_LINEAR 和 GL10.GL_NEAREST
// 使用 GL_NEAREST 会得到较清晰的图像，使用 GL_LINEAR 会得到较模糊的图像
gl.glTexParameterf(GL10.GL_TEXTURE_2D, GL10.GL_TEXTURE_MIN_FILTER, GL10.GL_NEAREST);
gl.glTexParameterf(GL10.GL_TEXTURE_2D, GL10.GL_TEXTURE_MAG_FILTER, GL10.GL_LINEAR);
// 当定义的纹理坐标点超过 UV 坐标的区域范围时就要告诉 OpenGL 该如何渲染
// GL_TEXTURE_WRAP_S 表示水平方向，GL_TEXTURE_WRAP_T 表示垂直方向
// 有两种设置：GL_REPEAT 表示重复 Texture，GL_CLAMP_TO_EDGE 表示只靠边线绘制一次
gl.glTexParameterf(GL10.GL_TEXTURE_2D, GL10.GL_TEXTURE_WRAP_S, GL10.GL_CLAMP_TO_EDGE);
gl.glTexParameterf(GL10.GL_TEXTURE_2D, GL10.GL_TEXTURE_WRAP_T, GL10.GL_CLAMP_TO_EDGE);
```

（5）声明一个位图对象绑定该纹理，表示后续的纹理渲染操作将使用该位图包裹三维物体，绑定位图纹理的示例代码如下：

```
// 将位图（Bitmap）和纹理（Texture）绑定起来，即指定一个具体的纹理资源
GLUtils.texImage2D(GL10.GL_TEXTURE_2D, 0, mBitmap, 0);
```

### 2. 计算纹理坐标

由于三维物体的每个顶点坐标都以$(x,y,z)$构成，因此若要表达三个顶点的空间位置，就需要大

小为 3×3=9 的浮点数组。前面提到纹理坐标是二维的，因此表达三个顶点的纹理坐标只需大小为 3×2=6 的浮点数组。至于纹理坐标的计算，可根据具体物体的形状和纹理的尺寸来决定，这里不再赘述。

### 3. 在三维图形上根据纹理点坐标逐个贴上对应的纹理

纹理渲染除了要打开顶点开关外，还要打开纹理开关。同理，绑定顶点坐标的时候也要绑定纹理坐标。因为纹理是一片一片的花色，所以调用 glDrawArrays 绘制方法时要指定采取 GL10.GL_TRIANGLE_STRIP 方式，表示本次绘图准备画一个三角形平面，这样从位图对象裁剪出来的花纹就可用于贴图。

下面是绘制纹理贴图的示例代码：

（完整代码见 threed\src\main\java\com\example\threed\GlGlobeActivity.java）

```java
// 绘制地球仪
private void drawGlobe(GL10 gl) {
    gl.glEnableClientState(GL10.GL_TEXTURE_COORD_ARRAY);    // 启用纹理开关
    gl.glEnableClientState(GL10.GL_VERTEX_ARRAY);           // 启用顶点开关
    for (int i = 0; i <= mDivide; i++) {
        // 将顶点坐标传给 OpenGL 管道
        gl.glVertexPointer(3, GL10.GL_FLOAT, 0, mVertexList.get(i));
        // 声明纹理点坐标
        gl.glTexCoordPointer(2, GL10.GL_FLOAT, 0, mTextureCoords.get(i));
        // GL_LINE_STRIP 只绘制线条，GL_TRIANGLE_STRIP 才是画三角形的面
        gl.glDrawArrays(GL10.GL_TRIANGLE_STRIP, 0, mDivide * 2 + 2);
    }
    gl.glDisableClientState(GL10.GL_VERTEX_ARRAY);          // 禁用顶点开关
    gl.glDisableClientState(GL10.GL_TEXTURE_COORD_ARRAY);   // 禁用纹理开关
}
```

接着观察一下地球仪效果（世界动物分布图），也就是把平面的动物分布图贴到球体表面，如图 5-9 所示。这是一张墨卡托投影（又叫正轴等角圆柱投影）的世界动物分布图。

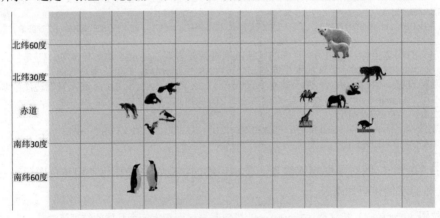

图 5-9　平面的世界动物分布图

利用 OpenGL 将世界地图按照纹理坐标裁剪后贴到三维球体上，贴图后的三维地球仪如图 5-10～图 5-13 所示。其中图 5-10 展示了东半球地图，图 5-11 展示了西半球地图，图 5-12 展示了北半球地图，图 5-13 展示了南半球地图。

图 5-10 东半球的动物分布图

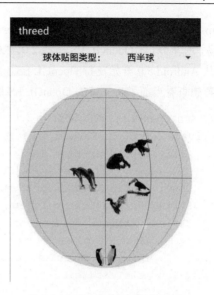

图 5-11 西半球的动物分布图

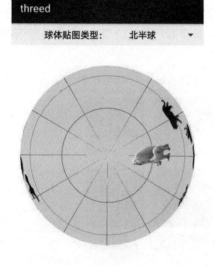

图 5-12 北半球的动物分布图

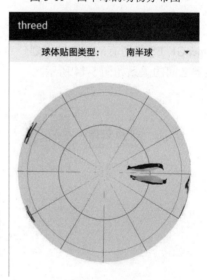

图 5-13 南半球的动物分布图

## 5.2 OpenGL ES

本节介绍 OpenGL ES 在 App 开发中的具体用法，内容包括：着色器小程序的概念以及小程序的编码规范；矩阵种类与投影类型，通过矩阵变换调整视角；怎样借助纹理坐标和采样器给三维物体贴图。

### 5.2.1 着色器小程序

虽然 OpenGL 的三维制图功能非常强大，但是它主要为计算机设计的，对于嵌入式设备来说，就显得比较臃肿了。故而业界又设计了专供嵌入式设备的 OpenGL，名为 OpenGL for Embedded

Systems，简称 OpenGL ES，它相当于 OpenGL 的精简版，可用于智能手机、PDA 和游戏机等嵌入式设备。时至今日，OpenGL ES 历经 2.0、3.0 等多个版本的迭代，Android 系统也早已支持 OpenGL ES，从 Android 5.0 开始支持 OpenGL ES 3.1，从 Android 7.0 开始支持 OpenGL ES 3.2。

若想查看当前手机支持的 OpenGL ES 版本号，可通过以下代码实现：

```java
// 显示 OpenGL ES 的版本号
private void showEsVersion() {
    ActivityManager am = (ActivityManager)
                    getSystemService(Context.ACTIVITY_SERVICE);
    ConfigurationInfo info = am.getDeviceConfigurationInfo();
    String versionDesc = String.format("%08X", info.reqGlEsVersion);
    String versionCode = String.format("%d.%d",
            Integer.parseInt(versionDesc)/10000,
            Integer.parseInt(versionDesc)%10000);
    Toast.makeText(this, "系统的 OpenGL ES 版本号为"+versionCode,
                    Toast.LENGTH_SHORT).show();
}
```

因为嵌入式设备追求性价比，所以能不做的渲染操作尽量不做，以便优化整体的系统性能。为此 OpenGL ES 将所有的渲染过程划分为若干着色器，每个着色器只负责自己这块的渲染操作，各着色器之间的关系如图 5-14 所示。

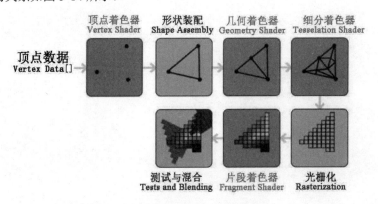

图 5-14　各个着色器之间的关系

在图 5-14 所示的几个着色器当中，顶点着色器和片段着色器是必需的，也是允许开发者自行配置的。考虑到嵌入式设备的型号不尽相同，适配之时可能需要更改着色器的逻辑，如果每次都要改代码无疑颇费工夫，因此 OpenGL ES 支持把着色器做成可配置的小程序，从此修改代码操作变成了调整程序配置。同时着色器之间不能相互通信，每个着色器都是独立的程序，它们唯一的交流就是输入和输出参数。

着色器的小程序保存在扩展名为 glsl 的配置文件中，它采用 GLSL（OpenGL Shader Language）编写。GLSL 的语法框架类似 C 语言，不过它的数据类型别具一格，除了常见的 int、float 等基本数据类型，还包括一些向量类型、矩阵类型和采样器类型等，详细的数据类型说明见表 5-2。

表 5-2 着色器小程序的数据类型说明

| 数据类型 | 说明 | 用途 |
| --- | --- | --- |
| int | 整数 | |
| float | 浮点数 | |
| vec2 | 包含了 2 个浮点数的向量 | 纹理平面各顶点的二维坐标 |
| vec4 | 包含了 4 个浮点数的向量 | 颜色的四维度色值（灰度、红色、绿色、蓝色），顶点的位置矩阵（三维坐标加视角） |
| mat2 | 2×2 的浮点数矩阵 | |
| mat4 | 4×4 的浮点数矩阵 | 用于顶点坐标变换的 4×4 矩阵 |
| sampler2D | 二维纹理的采样器 | 物体表面的纹理 |
| sampler3D | 三维纹理的采样器 | |

对于这些数据类型声明的变量，还得加上限定符前缀表示它们的使用范围，常用的限定符主要有 in、out、uniform 三个。其中，in 表示该变量是输入参数，out 表示该变量是输出参数，uniform 表示该变量是全局参数。声明完待使用的数据变量即可编写形如"void main() { /*里面是具体的实现代码*/ }"这样的小程序代码。

另外，OpenGL ES 从 2.0 升级到 3.0 之后，对应版本的 GLSL 也调整了部分语法，两个版本之间的语法差异如下：

（1）对于 ES 3.0，GLSL 文件开头多了一行"#version 300 es"，表示当前小程序使用 ES 3.0。
（2）取消 ES 2.0 的限定符 attribute 和 varying，取而代之的是 in 和 out。
（3）删除 ES 2.0 的内置变量 gl_FragColor 和 gl_FragData，改为通过 out 声明相关输出参数。
（4）ES 2.0 内置的纹理方法 texture2D 和 texture3D 都被新方法 texture 所取代。
（5）ES 3.0 新增修饰符 layout，允许指定变量的位置序号。

下面以顶点着色器和片段着色器为例熟悉一下 GLSL 语言的编码规则。首先是顶点着色器，需要给内置的位置变量赋值，还要输出顶点的颜色向量，它的小程序代码如下所示：
（完整代码见 threed\src\main\assets\shader_vertex.glsl）

```
#version 300 es
layout (location = 0) in vec4 vPosition;    // 声明一个位置坐标向量的输入参数
layout (location = 1) in vec4 inColor;      // 声明一个颜色向量的输入参数
out vec4 vColor;       // 声明一个颜色向量的输出参数
void main() {          // 小程序的实现代码
    gl_Position = vPosition;   // 给内置的位置变量赋值
    vColor = inColor;
}
```

其次是片段着色器，需要输出片段的颜色向量，它的小程序代码如下所示：
（完整代码见 threed\src\main\assets\shader_fragment.glsl）

```
#version 300 es
precision mediump float;   // 声明浮点数为中等精度(highp 为高精度，mediump 为中等精
                           // 度，lowp 为低精度)
in vec4 vColor;            // 声明一个颜色向量的输入参数
```

```
out vec4 fragColor;        // 声明一个颜色向量的输出参数
void main() {              // 小程序的实现代码
    fragColor = vColor;
}
```

回到 App 的 Java 代码，ES 2.0 使用 GLES20 工具，ES 3.0 使用 GLES30 工具，二者的常见方法类似 GL10，同时添加了与 OpenGL ES 相关的方法。以 GLES30 为例，顶点着色器和片段着色器的使用过程分为下列三个步骤：

**步骤 01** 加载活动页面的时候，调用 GLSurfaceView 对象的 setEGLContextClientVersion 方法，声明使用 OpenGL ES 3.0，调用代码如下：

```
// 从布局文件中获取名为 glsv_content 的图形库表面视图
GLSurfaceView glsv_content = findViewById(R.id.glsv_content);
glsv_content.setEGLContextClientVersion(3);
```

**步骤 02** 分别依据对应文件初始化顶点着色器和片段着色器，并获取着色器链接后的小程序编号。该步骤涉及的 GLES30 方法，分别说明如下：

- glCreateProgram：创建小程序，并返回该程序的编号。
- glCreateShader：创建指定类型的着色器。
- glShaderSource：指定着色器的程序内容。
- glCompileShader：编译着色器的程序代码。
- glAttachShader：将着色器的编译结果添加至小程序。
- glLinkProgram：链接着色器的小程序。
- glUseProgram：使用小程序。

着色器（含顶点着色器和片段着色器）的通用初始化示例代码如下：
（完整代码见 threed\src\main\java\com\example\threed\util\GlUtil.java）

```
// 初始化着色器。第二个参数是顶点着色器的文件名，第三个参数是片段着色器的文件名
public static int initShaderProgram(Context context, String vertexFile,
String fragmentFile) {
    // 获取顶点着色器的程序内容
    String vertexStr = AssetsUtil.getTxtFromAssets(context, vertexFile);
    // 获取片段着色器的程序内容
    String fragStr = AssetsUtil.getTxtFromAssets(context, fragmentFile);
    int programId = GLES30.glCreateProgram();    // 创建小程序，并返回该程序的编号
    // 创建顶点着色器
    int vertexShader = GLES30.glCreateShader(GLES30.GL_VERTEX_SHADER);
    // 指定顶点着色器的程序内容
    GLES30.glShaderSource(vertexShader, vertexStr);
    GLES30.glCompileShader(vertexShader);        // 编译顶点着色器
    // 创建片段着色器
    int fragShader = GLES30.glCreateShader(GLES30.GL_FRAGMENT_SHADER);
    GLES30.glShaderSource(fragShader, fragStr);// 指定片段着色器的程序内容
    GLES30.glCompileShader(fragShader);          // 编译片段着色器
    // 将顶点着色器的编译结果添加至小程序
    GLES30.glAttachShader(programId, vertexShader);
    // 将片段着色器的编译结果添加至小程序
```

```
GLES30.glAttachShader(programId, fragShader);
GLES30.glLinkProgram(programId);      // 链接着色器的小程序
GLES30.glUseProgram(programId);       // 使用小程序
return programId;
}
```

**步骤03** 根据小程序编号获取输出的位置、颜色等参数，再调用相关方法绘制三维图形。该步骤涉及的 GLES30 方法，分别说明如下：

- glGetAttribLocation：从小程序获取属性变量的位置索引。
- glEnableVertexAttribArray：启用顶点属性数组。
- glVertexAttribPointer：指定顶点属性数组的位置索引及其数据格式。
- glDrawArrays：采用顶点的坐标数组方式绘制图形。
- glDrawElements：采用顶点的编号连线方式绘制图形。
- glDisableVertexAttribArray：禁用顶点属性数组。

以绘制三角形为例，借助着色器小程序进行绘制的示例代码如下：

（完整代码见 threed\src\main\java\com\example\threed\EsShaderActivity.java）

```
// 绘制三角形
private void drawTriangle() {
    FloatBuffer vertexBuffer = GlUtil.getFloatBuffer(mCoordArray);
    FloatBuffer colorBuffer;
    if (mStyle == 2) {   // 绘制彩色表面
        colorBuffer = GlUtil.getFloatBuffer(mColorFullArray);
    } else {   // 绘制纯色表面
        colorBuffer = GlUtil.getFloatBuffer(mColorPureArray);
    }
    // 获取顶点着色器的 vPosition 位置（来自 shader_vertex.glsl）
    int positionLoc = GLES30.glGetAttribLocation(mProgramId, "vPosition");
    // 获取片段着色器的 vColor 位置（来自 shader_vertex.glsl）
    int colorLoc = GLES30.glGetAttribLocation(mProgramId, "inColor");
    GLES30.glEnableVertexAttribArray(positionLoc);  // 启用顶点属性数组
    GLES30.glEnableVertexAttribArray(colorLoc);     // 启用顶点属性数组
    // 指定顶点属性数组的位置信息
    GLES30.glVertexAttribPointer(positionLoc, 3, GLES30.GL_FLOAT,
                            false, 0, vertexBuffer);
    // 指定顶点属性数组的颜色信息
    GLES30.glVertexAttribPointer(colorLoc, 4, GLES30.GL_FLOAT,
                            false, 0, colorBuffer);
    if (mStyle == 0) {   // 只绘制线条
        // 绘制物体的轮廓线条
        GLES30.glDrawArrays(GLES30.GL_LINE_LOOP, 0, mCoordArray.length/3);
    } else {   // 也绘制表面
        // 绘制物体的轮廓表面
        GLES30.glDrawArrays(GLES30.GL_TRIANGLES, 0, mCoordArray.length/3);
    }
    GLES30.glDisableVertexAttribArray(colorLoc);      // 禁用顶点属性数组
    GLES30.glDisableVertexAttribArray(positionLoc);   // 禁用顶点属性数组
}
```

然后运行并测试该 App，分别观察三种情况的 ES 绘图结果，如图 5-15～图 5-17 所示。图 5-15

为只绘制三角形轮廓的画面，图 5-16 为绘制纯色三角形的画面，图 5-17 为绘制彩色三角形的画面。

图 5-15　只绘制三角形轮廓　　　　图 5-16　绘制纯色三角形　　　　图 5-17　绘制彩色三角形

### 5.2.2　通过矩阵变换调整视角

虽然借助着色器小程序 OpenGL ES 能够绘制三维物体的轮廓，但是着色器无法控制物体的状态变更，例如位置平移、大小缩放、角度旋转等。倘若是 OpenGL 的 GL10 工具，还拥有 glTranslatef、glScalef、glRotatef 等改变状态的方法，但是 OpenGL ES 的 GLES30 工具并未提供这些状态方法，而是交给专门的矩阵工具 Matrix。注意，这里的矩阵工具来自 android.opengl.Matrix，并非二维制图时的 android.graphics.Matrix，它俩仅仅是名称相同，实际用法大不相同。

为了更好地理解 OpenGL ES 的矩阵工具，需先弄清楚两个方面的概念：第一方面是矩阵的种类，第二方面是投影的类型。首先介绍矩阵的种类，一般而言，三维物体所呈现的景象不仅取决于物体自身的运动状态，还取决于观测者的运动状态。物体自身怎么运动，人眼看到的物体景象当然在不断改变；反之，物体不动而观测者在运动，人眼看到的物体景象也会发生变化。对应到 OpenGL ES，物体的位置状态以模型矩阵描述，观测者的位置状态以投影矩阵描述，那么模型矩阵的变迁反映了物动，投影矩阵的变迁反映了人动。

另一个重要概念是投影的类型，常见的矩阵投影有两类，分别是正交投影和透视投影。正交投影指的是，观测者的每条视线都互相平行且毫不交叉，此时物体无论远近都是一样大小，就像图 5-18 所示的那样。透视投影则与距离有关，观测者离物体近的话，物体看起来比较大；观测者离物体远的话，物体看起来比较小；这种情况正如素描的透视画法，就像图 5-19 所示的那样。

图 5-18　正交投影的远近效果　　　　　　　图 5-19　透视投影的远近效果

透视投影也被称为截锥体（frustum）投影，不管是圆锥还是方锥，把尖的那端砍掉一角，变成秃头的椎体，如图 5-20 所示。秃头的椎体截面比起椎体的底面就是小号的底面，底面的每个点都能在截面上找到对应的点，这与素描透视的原理是相同的。

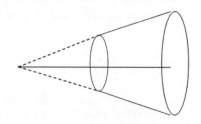

图 5-20　截锥体的截面和底面

熟悉了矩阵种类和投影类型，再介绍矩阵工具的方法便顺理成章了。下面是 Matrix 的常用方法：

- setIdentityM：初始化矩阵，通常要分别初始化模型矩阵和投影矩阵。
- frustumM：计算矩阵的透视投影。
- orthoM：计算矩阵的正交投影。
- translateM：平移矩阵。
- scaleM：缩放矩阵。
- rotateM：旋转矩阵。
- multiplyMM：把投影矩阵和模型矩阵相乘，得到最终的结果矩阵。

基本上，在 OpenGL ES 中应用矩阵工具的流程为：分别声明模型矩阵和投影矩阵→初始化矩阵→计算矩阵投影→改变矩阵状态（平移、缩放、旋转）→把投影矩阵和模型矩阵相乘得到结果矩阵。一系列流程走下来，获得最终看到的物体结果矩阵，才能交给 GLES30 使用。

接下来以绘制立方体为例，详细说明引入矩阵工具后的编码步骤，主要分成下列三步：

（1）往顶点着色器的 GLSL 文件添加矩阵变量，将矩阵变量与位置坐标运算之后赋值给内置的位置变量，修改后的着色器文件的示例内容如下：

（完整代码见 threed\src\main\assets\matrix_vertex.glsl）

```
#version 300 es
layout (location = 0) in vec4 vPosition;    // 声明一个位置坐标向量的输入参数
uniform mat4 unMatrix;   // 声明一个位置矩阵的全局变量
out vec4 vColor;      // 声明一个颜色向量的输出参数
void main() {         // 小程序的实现代码
    gl_Position = unMatrix*vPosition;        // 给内置的位置变量赋值
    vColor = vec4(0.0,1.0,1.0,1.0);
}
```

（2）在活动页面分别声明模型矩阵、投影矩阵以及结果矩阵，声明代码如下所示：

```
private int mProgramId;  // 声明 GLSL 小程序的编号
private float[] mProjectionMatrix = new float[16];  // 声明投影矩阵
private float[] mModelMatrix = new float[16];  // 声明模型矩阵
private float[] mMVPMatrix = new float[16];     // 声明结果矩阵
```

（3）自定义一个三维图形渲染器，并重写 GLSurfaceView.Renderer 的三个方法，具体修改说明如下：

① 在 onSurfaceCreated 方法中初始化着色器，并获取着色器的小程序编号，代码如下：
（完整代码见 threed\src\main\java\com\example\threed\EsMatrixActivity.java）

```
@Override
public void onSurfaceCreated(GL10 gl, EGLConfig config) {
    GLES30.glClearColor(1f, 1f, 1f, 1f);  //设置背景颜色
    // 初始化着色器
    mProgramId = GlUtil.initShaderProgram(EsMatrixActivity.this,
                    "matrix_vertex.glsl", "matrix_fragment.glsl");
}
```

② 在 onSurfaceChanged 方法中初始化投影矩阵，并计算它的正交投影，代码如下：

```
@Override
public void onSurfaceChanged(GL10 gl, int width, int height) {
    GLES30.glViewport(0, 0, width, height);        // 设置输出屏幕大小
    float aspectRatio = width>height ? 1.0f*width/height : 1.0f*height/width;
    Matrix.setIdentityM(mProjectionMatrix, 0); // 初始化投影矩阵
    // 计算正交投影矩阵
    Matrix.orthoM(mProjectionMatrix, 0, -1f, 1f,
                    -aspectRatio, aspectRatio, -1f, 1f);
}
```

③ 在 onDrawFrame 方法中初始化模型矩阵，并改变矩阵的运动状态，把两个矩阵相乘得到结果矩阵。接着调用 GLES30 工具的 glGetUniformLocation 方法，从顶点着色器获取矩阵变量的位置序号；再调用 glUniformMatrix4fv 方法，将结果矩阵输入到矩阵变量。具体代码如下：

```
@Override
public void onDrawFrame(GL10 gl) {
    // 清除屏幕和深度缓存
    GLES30.glClear(GLES30.GL_COLOR_BUFFER_BIT |
                    GLES30.GL_DEPTH_BUFFER_BIT);
    Matrix.setIdentityM(mModelMatrix, 0);  // 初始化模型矩阵
    Matrix.rotateM(mModelMatrix, 0, mAngle,1f, 1f, 0.5f);  // 旋转模型矩阵
    // 把投影矩阵和模型矩阵相乘，得到最终的变换矩阵
    Matrix.multiplyMM(mMVPMatrix, 0, mProjectionMatrix, 0, mModelMatrix, 0);
    // 获取顶点着色器的 unMatrix 位置
    int matrixLoc = GLES30.glGetUniformLocation(mProgramId, "unMatrix");
    // 输入变换矩阵信息
    GLES30.glUniformMatrix4fv(matrixLoc, 1, false, mMVPMatrix, 0);
    mAngle++;
    GLES30.glLineWidth(3);   // 指定线宽
    if (mType == 0 || mType == 2) {
        drawCube();          // 绘制立方体
    } else if (mType == 1 || mType == 3) {
        drawBall();          // 绘制球体
    }
}
```

完成上述三个步骤之后，调用 GLSurfaceView 对象的 setRenderer 方法设置渲染器，运行和测试这个 App 即可观察立方体的运动效果，如图 5-21 和图 5-22 所示。图 5-21 为立方体的初始状态

画面，图 5-22 为立方体正在旋转的画面。

图 5-21　立方体的初始状态画面

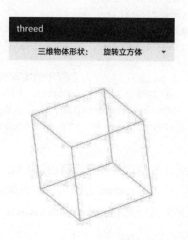

图 5-22　立方体正在旋转的画面

对球体运用矩阵变换，观察到球体的运动效果如图 5-23 和图 5-24 所示。图 5-23 为球体的初始状态画面，图 5-24 为球体正在旋转的画面。

图 5-23　球体的初始状态画面

图 5-24　球体正在旋转的画面

## 5.2.3　给三维物体贴图

除了位置坐标、颜色向量和矩阵向量，着色器还支持声明纹理坐标和纹理采样器。其中，纹理坐标表示物体表面摊平后的二维空间，纹理采样器表示采用第几层的纹理单元。引入纹理指标之后，需要修改顶点着色器的 GLSL 文件，补充声明纹理坐标的输入参数及输出参数，修改后的顶点着色器程序代码如下：

（完整代码见 threed\src\main\assets\texture_vertex.glsl）

```
#version 300 es
layout(location = 0) in vec4 vPosition;    // 声明一个位置坐标向量的输入参数
```

```
layout(location = 1) in vec4 inColor;        // 声明一个颜色向量的输入参数
layout(location = 2) in vec2 inTextureCoord; // 声明一个纹理坐标向量的输入参数
uniform mat4 unMatrix;          // 声明一个位置矩阵的全局变量
out vec4 vColor;                // 声明一个颜色向量的输出参数
out vec2 vTextCoord;            // 声明一个纹理坐标向量的输出参数
void main() {  // 小程序的实现代码
    gl_Position = unMatrix*vPosition;   // 给内置的位置变量赋值
    vColor = vec4(0.0,1.0,1.0,1.0);
    vTextCoord = inTextureCoord;
}
```

接着还要修改片段着色器的 GLSL 文件，补充声明纹理坐标的输入参数以及纹理采样器的全局变量，并调用 texture 方法生成片元颜色。修改后的片段着色器的示例程序代码如下：

（完整代码见 threed\src\main\assets\texture_fragment.glsl）

```
#version 300 es
precision mediump float;        // 声明浮点数为中等精度
in vec4 vColor;                 // 声明一个颜色向量的输入参数
in vec2 vTextCoord;             // 声明一个纹理坐标向量的输入参数
uniform sampler2D usTexture;    // 声明一个二维纹理采样器的全局变量
out vec4 fragColor;             // 声明一个颜色向量的输出参数
void main() {  // 小程序的实现代码
    fragColor = texture(usTexture,vTextCoord);   // 调用内置的 texture 方法
}
```

然后根据小程序编号在指定的材质坐标上应用纹理，注意末尾调用 glGetUniformLocation 方法获取采样器的位置序号之后还要调用 glUniform1i 方法传入采样器纹理单元的编号。具体的图像纹理绑定代码如下所示：

（完整代码见 threed\src\main\java\com\example\threed\util\GlUtil.java）

```
// 绑定图像纹理
public static int bindImageTexture(int programId, FloatBuffer textBuffer,
        Bitmap bitmap) {
    // 获取顶点着色器的 inTextureCoord 位置
    int textCoordLoc = GLES30.glGetAttribLocation(programId,
                        "inTextureCoord");
    GLES30.glEnableVertexAttribArray(textCoordLoc);   // 启用顶点属性数组
    // 指定顶点属性数组的位置信息
    GLES30.glVertexAttribPointer(textCoordLoc, 2, GLES30.GL_FLOAT,
                        false, 0, textBuffer);
    // 下面开始用纹理进行渲染
    int[] textures = new int[1];
    GLES30.glGenTextures(1, textures, 0);             // 生成纹理编号
    GLES30.glActiveTexture(GLES30.GL_TEXTURE0);       // 激活某段纹理
    GLES30.glBindTexture(GLES30.GL_TEXTURE_2D, textures[0]);   // 绑定纹理编号
    // 纹理的尺寸可能大于或小于渲染区域，所以要设置纹理在放大时或缩小时的模式
    // GL_TEXTURE_MAG_FILTER 表示放大时的情况，GL_TEXTURE_MIN_FILTER 表示缩小时的情况
    // 常用的两种模式为 GL10.GL_LINEAR 和 GL10.GL_NEAREST
    // 使用 GL_NEAREST 会得到较清晰的图像，使用 GL_LINEAR 会得到较模糊的图像
    GLES30.glTexParameterf(GLES30.GL_TEXTURE_2D,
        GLES30.GL_TEXTURE_MIN_FILTER, GLES30.GL_NEAREST);
```

```
GLES30.glTexParameterf(GLES30.GL_TEXTURE_2D,
        GLES30.GL_TEXTURE_MAG_FILTER, GLES30.GL_LINEAR);
// 当定义的纹理坐标点超过 UV 坐标的区域范围时就要告诉 OpenGL 该如何渲染
// GL_TEXTURE_WRAP_S 表示水平方向，GL_TEXTURE_WRAP_T 表示垂直方向
// 有两种设置：GL_REPEAT 表示重复 Texture，GL_CLAMP_TO_EDGE 表示只靠边线绘制一次
GLES30.glTexParameterf(GLES30.GL_TEXTURE_2D,
        GLES30.GL_TEXTURE_WRAP_S, GLES30.GL_CLAMP_TO_EDGE);
GLES30.glTexParameterf(GLES30.GL_TEXTURE_2D,
        GLES30.GL_TEXTURE_WRAP_T, GLES30.GL_CLAMP_TO_EDGE);
// 将位图 Bitmap 和纹理 Texture 绑定起来，即指定一个具体的纹理资源
GLUtils.texImage2D(GLES30.GL_TEXTURE_2D, 0, bitmap, 0);
// 如果只绘制第一层纹理，那么无须调用下面的纹理代码，因为默认就是绘制第一层纹理
// 如果同时绘制多层纹理，那么调用 glActiveTexture 方法的次数就代表有多少层纹理
// 获取片段着色器的 usTexture 位置
int textureLoc = GLES30.glGetUniformLocation(programId, "usTexture");
GLES30.glUniform1i(textureLoc, 0);   // 输入纹理信息，0 表示第一层纹理
return textures[0];
}
```

回到活动页面代码，在绘制图形之前调用以上的 bindImageTexture 方法绑定图像纹理，具体的绘制代码如下所示：

（完整代码见 threed\src\main\java\com\example\threed\EsTextureActivity.java）

```
// 绘制魔方
private void drawMagic() {
    if (mMagicBitmap == null) {
        mMagicBitmap = BitmapFactory.decodeResource(
                            getResources(), R.drawable.magic);
        FloatBuffer textureBuffer = GlUtil.getFloatBuffer(
                            EsVertexUtil.cubeTextCoord);
        // 绑定魔方的图像纹理
        int textureId = GlUtil.bindImageTexture(mProgramId,
                            textureBuffer, mMagicBitmap);
    }
    // 获取顶点着色器的 vPosition 位置
    int positionLoc = GLES30.glGetAttribLocation(mProgramId, "vPosition");
    GLES30.glEnableVertexAttribArray(positionLoc);   // 启用顶点属性数组
    for (FloatBuffer buffer : mVertexList) {
        // 指定顶点属性数组的信息
        GLES30.glVertexAttribPointer(positionLoc, 3, GLES30.GL_FLOAT,
                            false, 0, buffer);
        // 假设绘制一个立方体，绘制类型为 GL_TRIANGLES，那么六个面各由两个三角形组成，
        // 就得向渲染管线传入 36 个顶点依次绘制，可实际上一个矩形也只有 4 个顶点，
        // 为了优化绘制的效率、减少数据的传递，于是有了 glDrawElements 绘制方法
        GLES30.glDrawElements(GLES30.GL_TRIANGLES,
                EsVertexUtil.cubeIndicates.length,
                GLES30.GL_UNSIGNED_BYTE, mIndicateBuffer);
    }
    GLES30.glDisableVertexAttribArray(positionLoc);  // 禁用顶点属性数组
}
```

运行并测试该 App，可观察到绑定了九宫格图像的魔方效果如图 5-25 和图 5-26 所示。图 5-25 为魔方尚未旋转的初始画面，图 5-26 为魔方正在旋转的运动画面。

图 5-25　魔方尚未旋转的初始画面　　　　图 5-26　魔方正在旋转的运动画面

## 5.3　Vulkan

本节介绍 Vulkan 在 App 开发中的应用案例，内容包括 Vulkan 的优势及其在 Android 上的支持程度、怎样将官方的 Vulkan 例子导入 App 工程、怎样让 Vulkan 的实战应用运行于 Android 系统。

### 5.3.1　下一代 OpenGL——Vulkan

Vulkan 是一个跨平台的图形绘制接口，发布于 2016 年，被称为下一代 OpenGL。尽管 OpenGL 及其子集提供了丰富的图形 API，但它在底层实现的 C 代码早已封装起来，由于开发者修改不了底层代码，因此不可避免会遇到功能与性能上的瓶颈。Vulkan 正是为了解决这些问题而开发的，它提供的图形 API 都是 C 方法，开发者可以运用 JNI 技术自行封装 Vulkan 方法，使得图形编程更加灵活、高效。有关图形编程标准的发展历程如图 5-27 所示。

图 5-27　有关图形编程标准的发展历程

更具体地说，Vulkan 充分发挥了 GPU 与多核 CPU 的性能、效率和功能优势，它在下列几个方面改善颇多：

(1) 重写了底层的图形绘制代码，从而降低了资源开销、优化了程序性能。

(2) 允许开启多个线程工作，例如构建命令缓冲区等，进而加快了程序的运行效率。

(3) 支持直接访问硬件，由此可以直接访问 GPU 硬件特性（而通过 OpenGL 无法访问 GPU 硬件特性）。

一诞生就自带光环的 Vulkan 早早便与安卓系统紧密协作，Android 从 7.0 开始集成了 Vulkan 1.0 组件，包括验证层（调试库）、运行时编译器、驱动程序等工具。各组件相互之间的关系如图 5-28 所示。

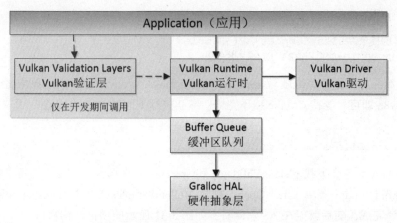

图 5-28  Vulkan 各组件相互之间的关系

从 Android 10 开始进一步集成了 Vulkan 1.1，同时推出的还有基于 Vulkan 的 Angle 渲染引擎，该引擎能够将 OpenGL 的 API 转码为 Vulkan 的 API，加上 Vulkan 支持直接控制和访问底层 GPU 的显示驱动，使得跨平台移植应用的难度大幅降低。2020 年 8 月的统计数据显示，已有超过一半的 Android 设备支持 Vulkan，未来它的采用率还将进一步提升。详细的设备采用率如图 5-29 和图 5-30 所示。图 5-29 为 2020 年 8 月 Android 平台上 OpenGL ES 的各版本所占份额，图 5-30 为 2020 年 8 月 Android 平台上 Vulkan 的各版本所占份额。

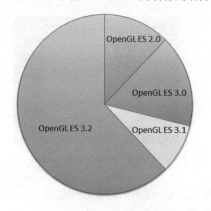
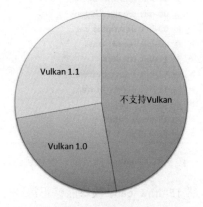

图 5-29  OpenGL ES 的各版本所占份额　　　　图 5-30  Vulkan 的各版本所占份额

### 5.3.2  简单的 Vulkan 例子

因为 Vulkan 是比较新的技术，所以进行 Vulkan 开发要求具备以下几个条件：

(1) Android Studio 版本为 4.0 或者更高版本。
(2) Android 的系统版本至少为 7.0（API 24）。
(3) Android 设备的硬件必须支持 Vulkan。
(4) 计算机上已安装了最新的 Python，系统的环境变量 Path 中设置好了 Python 的安装目录。

确保上述条件都满足之后，到官方的 Vulkan 案例页面下载源码，网页地址是 https://github.com/LunarG/VulkanSamples。在该页面依次选择绿色按钮 Code→Download ZIP 下载源码包，并解压到本地计算机。接着打开 Android Studio，单击 AS 下方的 Terminal 标签，在弹出的命令行窗口执行以下命令：

```
cd 源码解压目录/VulkanSamples/API-Samples
cmake -DANDROID=ON -DABI_NAME=指令集
```

以上命令第二行的指令集可填写 armeabi-v7a、arm64-v8a、x86、x86_64 其中之一，对于真机而言填 arm64-v8a 即可。等待 CMake 编译完毕，继续执行下面的 Python 命令：

```
cd android
python ./compile_shaders.py
```

注意，Python 命令会下载 glslangValidator 和 spirv-as 两个插件，请耐心等待下载完成。然后依次选择 Android Studio 菜单 File→Open，打开 VulkanSamples\API-Samples\android 目录，等待 Gradle 同步编译完成，随后就能在 AS 左侧看到如图 5-31 所示的项目结构窗口。

选择一个样例运行，比如立方体模块 15-draw_cube，运行结果如图 5-32 所示。

图 5-31　Vulkan 简单例子的项目结构窗口　　图 5-32　Vulkan 编写的立方体模块运行的结果

虽然 15-draw_cube 模块能够正常运行，但是它的代码无法直接移植到其他地方，不过编译生成的 so 库可以被其他 App 工程调用，迁移步骤说明如下：

首先在 15-draw_cube\build\intermediates\cmake\debug\obj\arm64-v8a 路径下找到 so 文件 libvulkan_sample.so，把该库文件复制到自己工程的 jniLibs 目录中。

接着编写加载 so 库的活动代码，示例代码如下：
（完整代码见 threed\src\main\java\com\example\threed\VulkanCubeActivity.java）

```
public class VulkanCubeActivity extends NativeActivity {
    static {
        System.loadLibrary("vulkan_sample");  // 加载 so 库
    }

    @Override
    protected void onCreate(Bundle savedInstanceState) {
        super.onCreate(savedInstanceState);
    }
}
```

然后打开 AndroidManifest.xml，添加以下的 activity 节点配置：
（完整代码见 threed\src\main\AndroidManifest.xml）

```
<activity android:name=".VulkanCubeActivity"
    android:screenOrientation="portrait"
    android:configChanges="orientation|keyboardHidden">
    <meta-data android:name="android.app.lib_name"
        android:value="vulkan_sample" />
</activity>
```

最后运行并测试该 App，打开 VulkanCubeActivity 页面就能看到如图 5-32 所示的绘图结果。

### 5.3.3 Vulkan 的实战应用

上一小节提到了 Vulkan 例子，其实入门样例的绘图很简单。若想观赏具有实战意义的图形特效，还得下载官方提供的进阶例子，下载页面为 https://github.com/SaschaWillems/Vulkan。导入 Vulkan 进阶实战代码的步骤说明如下：

（1）使用浏览器打开 https://github.com/SaschaWillems/Vulkan，在该页面依次选择绿色按钮 Code→Download ZIP 下载源码包，并解压到本地计算机。

（2）单独打开页面 https://github.com/g-truc/glm/tree/1ad55c5016339b83b7eec98c31007e0aee57d2bf（该链接来自网页 https://github.com/SaschaWillems/Vulkan/tree/master/external 上的 glm 目录链接），在该页面依次选择绿色按钮 Code→Download ZIP 下载源码包，并解压到本地计算机的 Vulkan\external\glm 目录。

（3）从这个地址下载材质资源 http://vulkan.gpuinfo.org/downloads/vulkan_asset_pack_ gltf.zip，下载完毕后把压缩包里的 data 目录放到本地计算机的 Vulkan 目录下。

（4）启动 Android Studio，依次选择菜单 File→Open，打开 Vulkan\android 目录，等待 Gradle 同步编译完成，就能在 AS 左侧看到如图 5-33 所示的项目结构窗口。

图 5-33　Vulkan 实战应用的项目结构窗口

马上选择样例模块 bloom 运行，即可观察到它的动画效果。当然，该模块的代码无法直接移植到其他地方，仍需提供编译生成的 so 库给其他工程调用，迁移步骤说明如下：

首先在 bloom\build\intermediates\cmake\debug\obj\arm64-v8a 路径下找到 so 文件 libnative-lib.so，把该库文件复制到自己工程的 jniLibs 目录。

接着编写加载 so 库的活动代码，示例代码如下：

（完整代码见 threed\src\main\java\com\example\threed\VulkanRadarActivity.java）

```java
public class VulkanRadarActivity extends NativeActivity {
    static {
        System.loadLibrary("native-lib");  // 加载 so 库
    }

    @Override
    protected void onCreate(Bundle savedInstanceState) {
        super.onCreate(savedInstanceState);
    }
}
```

然后打开 AndroidManifest.xml，添加以下的 activity 节点配置：

（完整代码见 threed\src\main\AndroidManifest.xml）

```xml
<activity android:name=".VulkanRadarActivity"
    android:screenOrientation="landscape"
    android:configChanges="orientation|keyboardHidden">
    <meta-data android:name="android.app.lib_name"
               android:value="native-lib" />
</activity>
```

最后运行并测试该 App，打开 VulkanRadarActivity 页面就能看到如图 5-34 和图 5-35 所示的动画效果。图 5-34 为雷达动画的初始画面，图 5-35 为手指触控后的雷达画面。

图 5-34　雷达动画的初始画面　　　　图 5-35　手指触控后的雷达画面

## 5.4　实战项目：虚拟现实的全景相册

不管是绘画还是摄影，都是把三维的物体投影到平面上，其实仍旧是呈现二维的模拟画面。随着科技的发展，传统的成像手段越来越凸显出局限性，缘由在于人们需要一种更逼真、更接近现实的技术，从而更好地显示三维世界的环境信息，这便催生了增强现实（AR）和虚拟现实（VR）。传统的摄影只能拍摄 90 度左右的风景，而新型的全景相机能够拍摄 360 度乃至 720 度（连同头顶和脚底在内）的场景，这种 360/720 度的照片即为全景照片。本节的实战项目就来谈谈如何在手机上浏览这种全景照片。

### 5.4.1　需求描述

每逢一年一度的春运来临，无论是火车站还是机场，到处都是人潮汹涌。为了做好春运期间的安全保障工作，各级部门可谓是"八仙过海，各显神通"，除了加强乘客进站和进港时的安检措施，还在候车室和候机室的各个角落加装了摄像头，以便实时监控候车室和候机室的旅客动态。但是监控视频只能在专门的监控室里观看，在外执勤的安保人员无法察看，现在有了 VR 技术，只要把全景相机拍摄的全景照片发到手机上，无论人在哪里都能及时通过手机浏览全景照片，从而方便掌握最新的现场情况。

图 5-36 显示的是故宫一隅的照片，看起来左右两边各有一处明显的扭曲。

图 5-36　故宫一隅

当然这张照片的扭曲现象是有意为之，目的是保存上天入地的 720 度景物数据。仰望星空，环顾四周，蓦然发现原来繁星如画，自己在不同角度看到的仅是这幅天穹画卷中的一小块截面。同理，这张照片看似一张矩形图片，其实前后左右的景色全都囊括在内，而用户每次只能观看某个角度的截图，仿佛管中窥豹一样。以这个故宫照片为例，从各个角度游览故宫，期望达到如图 5-37 ～

图 5-39 所示的效果。图 5-37 为打开故宫照片的初始画面，图 5-38 为右滑屏幕后的画面，图 5-39 为左滑屏幕后的画面。

图 5-37 故宫照片的初始画面　　　图 5-38 右滑后的故宫照片　　　图 5-39 左滑后的故宫照片

## 5.4.2 功能分析

把世界地图贴到球面上，使之变成地球仪，犹如人在球外，从外部观察球体。至于全景照片，天地四周全浓缩于一张全景图，而人身处天地之间，犹如人在球内，从内部观察周围景象。世界地图之于地球仪，便是将地图贴在球体外侧；全景照片之于观察者，便是将全景图贴在球体内侧。由此可见，二者的不同之处在于人是在球外还是在球内，人在球外的观测模样如图 5-40 所示，人在球内的观测模样如图 5-41 所示。

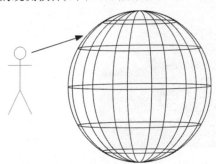

图 5-40 人在球外的观测模样　　　　　　　图 5-41 人在球内的观测模样

明确了人在球内观测全景图后，若要观看每个方向上的图画，就得想办法让全景照片转起来，那么转动之时会用到以下手段：

- 通过手势的触摸与滑动把全景照片相应地挪动观测角度。

- 利用 OpenGL ES 库把平面的全景照片转换为曲面的实景快照。
- 根据手势滑动在水平方向和垂直方向分别产生的角度变化，实时调整全景图的快照范围。

总之，运用了上述几项手段才能实现全景照片的滑动浏览效果。

下面简单介绍一下随书源码 threed 模块中与全景相册有关的主要代码之间的关系：

（1）PanoramaActivity.java：这是全景相册的浏览器页面。

（2）PanoramaView.java：这是自定义全景视图的实现代码，内部集成了 GLSurfaceView。

（3）PanoramaRender.java：这是全景图形的三维渲染器代码。

（4）PanoramaUtil.java：这是全景图片的顶点坐标工具类，用于计算全景图片的顶点列表和全景图片的纹理列表。

只要调用 glRotatef 方法设置旋转角度即可旋转待观察的三维物体，对于全景照片来说，从不同的角度进行观测就相当于把全景图挪动若干角度。业务层面的工作便需实时计算当前的偏移角度，并将该旋转角度传给三维图形的渲染器。具体到编码过程，主要关注以下三项处理。

### 1. 实现全景照片的渲染器

该步骤需要定义全景照片的三维渲染器，操作细节包括：

（1）从顶点着色器文件 panorama_vertex.glsl 和片段着色器文件 panorama_fragment.glsl 初始化小程序。

（2）根据传入的全景照片位图资源绑定模型的材质纹理。

（3）依据设定的横纵方向角度将模型矩阵旋转至对应的观测角度。

全景照片的三维渲染器的示例代码如下：

（完整代码见 threed\src\main\java\com\example\threed\panorama\PanoramaRender.java）

```java
public class PanoramaRender implements Renderer {
    private Context mContext;    // 声明一个上下文对象
    private int mProgramId;      // 声明 glsl 小程序的编号
    private int mVertexCount;    // 顶点数量
    private FloatBuffer mVertexBuff;    // 顶点缓存
    private FloatBuffer mTextureBuff;   // 纹理缓存
    // 上次的图片 id，本次的图片 id
    private int mLastDrawableId = 0, mThisDrawableId = 0;
    private Bitmap mBitmap;      // 全景图片的位图对象
    private float[] mProjectMatrix = new float[16];// 投影矩阵
    private float[] mModelMatrix = new float[16];  // 模型矩阵
    private float[] mMVPMatrix = new float[16];    // 结果矩阵
    public float xAngle = 0f, yAngle = 90f, zAngle;// 三维空间的三个观测角度

    public PanoramaRender(Context context) {
        mContext = context;
        initData();  // 初始化顶点数据和纹理坐标
    }

    // 初始化顶点数据和纹理坐标
```

```java
private void initData() {
    int perVertex = 36;
    double perRadius = 2 * Math.PI / (float) perVertex;
    List<Float> vertexList = PanoramaUtil.getPanoramaVertexList(
                    perVertex, perRadius);
    List<Float> textureList = PanoramaUtil.getPanoramaTextureList(
                    perVertex);
    // 每个顶点都有 xyz 三坐标，所以顶点数量要除以 3
    mVertexCount = vertexList.size() / 3;
    mVertexBuff = GlUtil.getFloatBuffer(vertexList);      // 获取顶点缓存
    mTextureBuff = GlUtil.getFloatBuffer(textureList);    // 获取纹理缓存
}

// 设置全景图片的资源编号
public void setDrawableId(int drawableId) {
    mBitmap = BitmapFactory.decodeResource(
                    mContext.getResources(), drawableId);
    mThisDrawableId = drawableId;
}

// 在表面创建时触发
@Override
public void onSurfaceCreated(GL10 gl, EGLConfig config) {
    // 初始化着色器
    mProgramId = GlUtil.initShaderProgram(mContext,
            "panorama_vertex.glsl", "panorama_fragment.glsl");
}

// 在表面变更时触发
@Override
public void onSurfaceChanged(GL10 gl, int width, int height) {
    GLES30.glViewport(0, 0, width, height); // 设置输出屏幕大小
    GLES30.glEnable(GLES30.GL_CULL_FACE);    // 开启剔除操作
    float ratio = width / (float) height;
    // 计算矩阵的透视投影
    Matrix.frustumM(mProjectMatrix, 0, -ratio, ratio, -1, 1, 1, 20);
    Matrix.translateM(mProjectMatrix, 0, 0, 0, -2); // 平移投影矩阵
    Matrix.scaleM(mProjectMatrix, 0, 4, 4, 4);       // 缩放投影矩阵
    // 获取顶点着色器的 vPosition 位置
    int positionLoc = GLES30.glGetAttribLocation(
                    mProgramId, "vPosition");
    // 指定顶点属性数组的信息
    GLES30.glVertexAttribPointer(positionLoc, 3, GLES30.GL_FLOAT,
                    false, 0, mVertexBuff);
    GLES30.glEnableVertexAttribArray(positionLoc);  // 启用顶点属性数组
}

// 执行框架绘制操作
@Override
public void onDrawFrame(GL10 gl) {
```

```
    GLES30.glClearColor(1, 1, 1, 1);   // 设置白色背景
    // 清除屏幕和深度缓存
    GLES30.glClear(GLES30.GL_COLOR_BUFFER_BIT |
               GLES30.GL_DEPTH_BUFFER_BIT);
    Matrix.setIdentityM(mModelMatrix, 0);   // 初始化模型矩阵
    Matrix.rotateM(mModelMatrix, 0, -xAngle, 1, 0, 0);   // 旋转模型矩阵
    Matrix.rotateM(mModelMatrix, 0, -yAngle, 0, 1, 0);   // 旋转模型矩阵
    Matrix.rotateM(mModelMatrix, 0, -zAngle, 0, 0, 1);   // 旋转模型矩阵
    // 把投影矩阵和模型矩阵相乘，得到最终的结果矩阵
    Matrix.multiplyMM(mMVPMatrix, 0, mProjectMatrix, 0, mModelMatrix, 0);
    // 获取顶点着色器的 unMatrix 位置
    int matrixLoc = GLES30.glGetUniformLocation(mProgramId, "unMatrix");
    // 输入结果矩阵信息
    GLES30.glUniformMatrix4fv(matrixLoc, 1, false, mMVPMatrix, 0);
    if (mLastDrawableId != mThisDrawableId) {   // 换了张图片
        // 绑定新的图像纹理
        int textureId = GlUtil.bindImageTexture(
                        mProgramId, mTextureBuff, mBitmap);
        mLastDrawableId = mThisDrawableId;
    }
    // 绘制物体的轮廓表面
    GLES30.glDrawArrays(GLES30.GL_TRIANGLES, 0, mVertexCount);
}
```

#### 2. 计算手势触摸引发的角度变更

该步骤需要接管全景视图的触摸事件，即重写 onTouchEvent 方法，在侦听到触摸移动事件之时，依据触摸前后的位移大小计算横纵方向对应的旋转角度，并传给全景照片渲染器。接管触摸事件处理的示例代码片段如下：

（完整代码见 threed\src\main\java\com\example\threed\panorama\PanoramaView.java）

```
private PointF mPreviousPos;          // 记录上一次的横纵坐标位置
private PanoramaRender mRender;       // 声明一个全景渲染器

// 在发生触摸事件时触发
@Override
public boolean onTouchEvent(MotionEvent event) {
    if (event.getAction() == MotionEvent.ACTION_MOVE) {   // 移动手指
        // 移动手势，则令全景照片旋转相应的角度
        float dx = event.getX() - mPreviousPos.x;
        float dy = event.getY() - mPreviousPos.y;
        mRender.yAngle += dx * 0.3f;
        mRender.xAngle += dy * 0.3f;
    }
    // 保存本次的触摸坐标数值
    mPreviousPos = new PointF(event.getX(), event.getY());
    return true;
}
```

#### 3. 在活动页面加载全景照片的渲染器

该步骤需要声明 OpenGL ES 的版本号，并指定全景照片的资源编号设置全景照片的渲染器。

加载代码如下:

(完整代码见 threed\src\main\java\com\example\threed\panorama\PanoramaView.java)

```
private GLSurfaceView glsv_panorama;  // 声明一个图形库表面视图对象

// 初始化视图
private void initView() {
    // 根据布局文件 layout_panorama.xml 生成转换视图对象
    LayoutInflater.from(mContext).inflate(R.layout.layout_panorama, this);
    glsv_panorama = findViewById(R.id.glsv_panorama);
    // 声明使用 OpenGL ES 的版本号为 3.0
    glsv_panorama.setEGLContextClientVersion(3);
}

// 传入全景照片的资源编号
public void initRender(int drawableId) {
    mRender = new PanoramaRender(mContext);      // 创建一个全新的全景渲染器
    setDrawableId(drawableId);                    // 传入全景图片的资源编号
    glsv_panorama.setRenderer(mRender);           // 设置全景照片的渲染器
}

// 传入全景图片的资源编号
public void setDrawableId(int drawableId) {
    mRender.setDrawableId(drawableId);
}
```

### 5.4.3 效果展示

除了全景相机拍摄的全景照片,现在很多装修公司都会制作 VR 全景效果图,不但给客户出示传统的平面设计图纸,还给客户展示 360/720 度的室内 VR 全景,仿佛毛坯房一下子变成了精装房,从而让客户迅速获得装修效果的直观感受。这种 VR 全景效果的来源就是一张矩形的全景照片,接下来通过全景照片查看器浏览全景图片,不妨体验一下身临其境的感觉。图 5-42 所示是一张现代客厅的全景设计图,其范围包括客厅的每个角落,如背景墙、沙发、陈列柜、天花板、地板以及各种装饰物品等。

图 5-42　原始的室内全景照片

用查看器打开图 5-42 所示的全景图片,一开始显示的是客厅的背景墙与多人沙发,如图 5-43 所示。接着用手指在屏幕上滑动,右滑后展示旁边的台灯与单人沙发,如图 5-44 所示;左滑后展示旁边的花瓶与陈列柜,如图 5-45 所示。

图 5-43　初始的室内全景图　　图 5-44　右滑后的室内全景　　图 5-45　左滑后的室内全景

原来看似魔幻的 VR 全景是这样实现的！下次装修房子的时候就可以让全景相册大展拳脚了。

## 5.5　小　结

本章主要介绍了 App 开发用到的三维图形处理技术，包括 OpenGL（三维投影、轮廓勾勒、纹理贴图）、OpenGL ES（着色器小程序、通过矩阵变换调整视角、给三维物体贴图）、Vulkan（下一代 OpengGL——Vulkan、简单的 Vulkan 例子、Vulkan 的实战应用）。最后设计了一个实战项目"虚拟现实的全景相册"，在该项目的 App 编码中综合运用了本章介绍的三维图形技术。

通过本章的学习，读者应该能够掌握以下 3 种开发技能：

（1）学会使用 OpenGL 技术描绘三维图形以及三维动画。

（2）学会使用 OpenGL ES 技术描绘三维图形以及三维动画。

（3）学会在 App 中集成简单的 Vulkan 应用例子。

## 5.6　动手练习

1. 利用 OpenGL 实现旋转的地球仪。
2. 利用 OpenGL ES 实现旋转的魔方。
3. 综合运用三维处理技术实现一个全景相册 App。

# 第 6 章

## 网络通信

本章介绍 App 开发常用的一些网络通信技术,主要包括如何以官方推荐的方式使用多线程技术、如何通过 okhttp 实现常见的 HTTP 接口访问操作、如何分别运用 SocketIO 和 WebSocket 实现即时通信功能等。最后结合本章所学的知识演示一个实战项目"仿微信的私聊和群聊"的设计与实现。

## 6.1 多线程

本节介绍 App 开发对多线程的几种进阶用法,内容包括如何通过 runOnUiThread 方法简化分线程与处理器的通信机制、如何利用线程池工具替代 AsyncTask 调度异步任务、如何使用工作管理器替代 IntentService 实现后台任务管理。

### 6.1.1 通过 runOnUiThread 快速操纵界面

因为 Android 规定分线程不能直接操纵界面,所以它设计了处理程序(Handler)工具,由处理程序负责在主线程和分线程之间传递数据。如果分线程想刷新界面,就得向处理程序发送消息,由处理程序在 handleMessage 方法中操作控件。举个例子,在《Android App 开发入门与项目实战》(清华大学出版社)一书的第 11 章讲到的通过分线程播报新闻便是经由处理程序操纵文本视图。分线程与处理程序交互的代码片段如下所示:

```
private boolean isPlaying = false; // 是否正在播放新闻

// 定义一个新闻播放线程
private class PlayThread extends Thread {
    @Override
    public void run() {
        mHandler.sendEmptyMessage(BEGIN); // 向处理程序发送播放开始的空消息
        while (isPlaying) { // 正在播放新闻
            try {
```

```
            sleep(2000);    // 睡眠两秒（2000毫秒）
        } catch (InterruptedException e) {
            e.printStackTrace();
        }
        Message message = Message.obtain();   // 获得默认的消息对象
        message.what = SCROLL;    // 消息类型
        message.obj = mNewsArray[new Random().nextInt(5)];   // 消息描述
        mHandler.sendMessage(message);            // 向处理程序发送消息
    }
    mHandler.sendEmptyMessage(END);       // 向处理程序发送播放结束的空消息
    isPlaying = false;
    }
}

// 创建一个处理程序对象
private Handler mHandler = new Handler(Looper.myLooper()) {
    // 在收到消息时触发
    @Override
    public void handleMessage(Message msg) {
        String desc = tv_message.getText().toString();
        if (msg.what == BEGIN) {              // 开始播放
            desc = String.format("%s\n%s %s", desc,
                    DateUtil.getNowTime(), "开始播放新闻");
        } else if (msg.what == SCROLL) {      // 滚动播放
            desc = String.format("%s\n%s %s", desc,
                    DateUtil.getNowTime(), msg.obj);
        } else if (msg.what == END) {         // 结束播放
            desc = String.format("%s\n%s %s", desc,
                    DateUtil.getNowTime(), "新闻播放结束");
        }
        tv_message.setText(desc);
    }
};
```

以上代码定义了一个新闻播放线程，接着主线程启动该线程，启动代码如下：

```
new PlayThread().start();   // 创建并启动新闻播放线程
```

上述代码处理分线程与处理程序的交互甚是烦琐，既要区分消息类型，又要来回跳转。为此 Android 提供了一种简单交互方式，分线程若想操纵界面控件，在线程内部调用 runOnUiThread 方法即可，调用代码如下所示：

```
// 回到主线程（UI 线程）操作界面
runOnUiThread(new Runnable() {
    @Override
    public void run() {
        // 操作界面控件的代码放在这里
    }
});
```

由于 Runnable 属于函数式接口，因此调用代码可简化如下：

```
// 回到主线程（UI 线程）操作界面
runOnUiThread(() -> {
    // 操作界面控件的代码放在这里
});
```

倘若 Runnable 的运行代码只有一行，那么 Lambda 表达式允许进一步简化，也就是省略外面的花括号，于是更精简的代码变成以下这样：

```
// 回到主线程（UI 线程）操作界面
runOnUiThread(() -> /*如果只有一行代码，那么连花括号也可省掉*/ );
```

回看之前的新闻播报线程，把原来的消息发送代码统统改成 runOnUiThread 方法，修改后的播放代码如下所示：

（完整代码见 network\src\main\java\com\example\network\ThreadUiActivity.java）

```java
private boolean isPlaying = false;  // 是否正在播放新闻

// 播放新闻
private void broadcastNews() {
    String startDesc = String.format("%s\n%s %s", tv_message.getText(),
            DateUtil.getNowTime(), "开始播放新闻");
    // 回到主线程（UI 线程）操作界面
    runOnUiThread(() -> tv_message.setText(startDesc));
    while (isPlaying) {  // 正在播放新闻
        try {
            Thread.sleep(2000);  // 睡眠两秒（2000 毫秒）
        } catch (InterruptedException e) {
            e.printStackTrace();
        }
        String runDesc = String.format("%s\n%s %s", tv_message.getText(),
                DateUtil.getNowTime(), mNewsArray[new Random().nextInt(5)]);
        // 回到主线程（UI 线程）操作界面
        runOnUiThread(() -> tv_message.setText(runDesc));
    }
    String endDesc = String.format("%s\n%s %s", tv_message.getText(),
            DateUtil.getNowTime(), "新闻播放结束，谢谢观看");
    // 回到主线程（UI 线程）操作界面
    runOnUiThread(() -> tv_message.setText(endDesc));
    isPlaying = false;
}
```

从以上代码可见，处理程序的相关代码不见了，取而代之的是一行又一行 runOnUiThread 方法。主线程启动播放线程也只需下面一行代码就够了：

```
new Thread(() -> broadcastNews()).start();  // 启动新闻播放线程
```

改造完毕后运行并测试该 App，可观察到新闻播报效果如图 6-1 和图 6-2 所示。图 6-1 为正在播放新闻的画面，图 6-2 为停止播放新闻的画面。

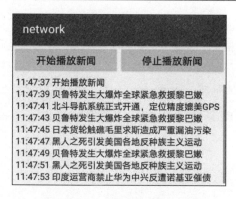

图 6-1　正在播放新闻的画面　　　　　　　图 6-2　停止播放新闻的画面

## 6.1.2　利用线程池 Executor 调度异步任务

从 Android 11 开始，AsyncTask 被标记为已废弃，官方建议改为使用线程池 Executor（ExecutorService 是它的子接口），而线程池由 Executors 工具创建。系统已经封装好的线程池说明见表 6-1。

表 6-1　已经封装好的线程池说明

| 线程池的创建方法 | 线程池类型 | 说　　明 |
| --- | --- | --- |
| newSingleThreadExecutor | ExecutorService | 创建只有单个线程的线程池 |
| newFixedThreadPool | ThreadPoolExecutor | 创建线程数量固定的线程池 |
| newCachedThreadPool | ThreadPoolExecutor | 创建无个数限制的线程池 |

当然，线程池中的线程数量最好由开发者分配，这时需要使用 ThreadPoolExecutor 的构造方法创建线程池对象。下面是构造方法的参数说明。

- int corePoolSize：线程池的最小线程个数。
- int maximumPoolSize：线程池的最大线程个数。
- long keepAliveTime：非核心线程在无任务时的等待时长。若超过该时间仍未分配任务，则该线程自动结束。
- TimeUnit unit：时间单位，取值说明见表 6-2。

表 6-2　时间单位的取值说明

| TimeUnit 类的时间单位 | 说　　明 |
| --- | --- |
| SECONDS | 秒 |
| MILLISECONDS | 毫秒 |
| MICROSECONDS | 微秒 |

- BlockingQueue<Runnable> workQueue：设置等待队列。取值 new LinkedBlockingQueue<Runnable>() 即可，默认表示等待队列无穷大，此时工作线程等于最小线程个数。当然，也可以在参数中指定等待队列的大小，此时工作线程数等于总任务数减去等待队列大小，工作线程数位于最小线程个数与最大线程个数之间。若计算得到的工作线程数小于最小线程个数，则工作线程数等于最小线程个数；若工作线程数大于最大线程个数，则系统抛出

异常 java.util.concurrent.RejectedExecutionException，并不会自动让工作线程个数等于最大线程个数。所以，等待队列大小要么取默认值（不设置），要么尽可能大，否则一旦程序启动大量线程，就会抛出异常。
- ThreadFactory threadFactory：一般使用默认值即可。

创建线程池对象后，还可在代码中随时调整参数，并执行任务管理操作。下面是 ThreadPoolExecutor 的常用方法：

- execute：向执行队列添加指定的任务。
- remove：从执行队列移除指定的任务。
- shutdown：关闭线程池。
- isTerminated：判断线程池是否关闭。
- setCorePoolSize：设置线程池的最小线程个数。
- setMaximumPoolSize：设置线程池的最大线程个数。
- setKeepAliveTime：设置非核心线程在无任务时的等待时长。
- getPoolSize：获取当前的线程个数。
- getActiveCount：获取当前的活动线程个数。

线程池对象构建之后，即可调用 execute 方法执行指定任务，示例代码如下：
（完整代码见 network\src\main\java\com\example\network\ThreadExecutorActivity.java）

```java
private ExecutorService mThreadPool; // 声明一个线程池对象

// 开始执行线程池处理
private void startPoolTask() {
    for (int i = 0; i < 20; i++) {
        // 创建一个新的消息分发任务
        MessageRunnable task = new MessageRunnable(i);
        mThreadPool.execute(task); // 命令线程池执行该任务
    }
}

// 定义一个消息分发任务
private class MessageRunnable implements Runnable {
    private int mIndex;
    public MessageRunnable(int index) {
        mIndex = index;
    }

    @Override
    public void run() {
        runOnUiThread(() -> {
            mDesc = String.format("%s\n%s 当前序号是%d", mDesc,
                            DateUtil.getNowTime(), mIndex);
            tv_desc.setText(mDesc);
        });
        try {
            Thread.sleep(2000);
        } catch (InterruptedException e) {
            e.printStackTrace();
        }
    }
}
```

各种线程池的执行结果如图 6-3～图 6-6 所示。图 6-3 为单线程的线程池的结果画面，因为是单线程，所以每隔 2 秒打印一行日志；图 6-4 为多线程（4 个线程）的线程池的结果画面，因为有 4 个线程，所以每秒打印 4 行日志；图 6-5 为无限制个数的线程池的结果画面，因为不限制线程个数，所以一秒内就把所有日志打印出来了；图 6-6 为自定义线程个数（两个线程）的线程池的结果画面，因为自定义了两个线程，所以每秒打印两行日志。

图 6-3　单线程的线程池的日志

图 6-4　多线程的线程池的日志

图 6-5　无限制线程个数的线程池的日志

图 6-6　自定义线程个数的线程池的日志

### 6.1.3　工作管理器 WorkManager

Android 11 不光废弃了 AsyncTask，还把 IntentService 一起废弃了，对于后台的异步服务，官方建议改为使用工作管理器 WorkManager。

除了 IntentService 之外，Android 也提供了其他后台任务工具，例如工作调度器 JobScheduler、闹钟管理器 AlarmManager 等。当然，这些后台工具的用法各不相同，徒增开发者的学习时间而已，所以谷歌索性把它们统一起来，在 Jetpack 库中推出了工作管理器 WorkManager。这个 WorkManager 的兼容性很强，对于 Android 6.0 或更高版本的系统，它通过 JobScheduler 完成后台任务；对于 Android 6.0 以下版本的系统（不含 Android 6.0），通过 AlarmManager 和广播接收器组合完成后台任务。无论采取哪种方案，后台任务最终都是由线程池 Executor 执行的。

因为 WorkManager 来自 Jetpack 库，所以使用之前要修改 build.gradle，增加下面一行依赖配置：

```
implementation 'androidx.work:work-runtime:2.5.0'
```

接着定义一个处理后台业务逻辑的工作者，该工作者继承自 Worker 抽象类，就像异步任务需要从 IntentService 派生而来那样。自定义的工作者必须实现构造方法，并重写 doWork 方法，其中构造方法可获得外部传来的请求数据，而 doWork 方法处理具体的业务逻辑。特别要注意，由于 doWork 方法运行于分线程，因此该方法内部不能操作界面控件。下面是自定义工作者的示例代码：

（完整代码见 network\src\main\java\com\example\network\work\CollectWork.java）

```java
public class CollectWork extends Worker {
    private final static String TAG = "CollectWork";
    private Data mInputData; // 工作者的输入数据

    public CollectWork(Context context, WorkerParameters workerParams) {
        super(context, workerParams);
        mInputData = workerParams.getInputData();
    }

    // doWork 内部不能操纵界面控件
    @Override
    public Result doWork() {
        String desc = String.format("请求参数包括：姓名=%s，身高=%d，体重=%f",
            mInputData.getString("name"),
            mInputData.getInt("height", 0),
            mInputData.getDouble("weight", 0));
        Log.d(TAG, "doWork "+desc);
        // 这里填写详细的业务逻辑代码
        Data outputData = new Data.Builder()
            .putInt("resultCode", 0)
            .putString("resultDesc", "处理成功")
            .build();
        return Result.success(outputData); // success 为成功，failure 为失败
    }
}
```

然后在活动页面中构建并启动工作任务，详细过程主要分为下列 4 个步骤：

（1）构建约束条件

该步骤说明在哪些情况下才能执行后台任务，也就是运行后台任务的前提条件，此时用到了约束工具 Constraints。约束条件的构建代码如下：

（完整代码见 network\src\main\java\com\example\network\WorkManagerActivity.java）

```java
// 1. 构建约束条件
Constraints constraints = new Constraints.Builder()
        //.setRequiresBatteryNotLow(true)       // 设备电量充足
        //.setRequiresCharging(true)            // 设备正在充电
        .setRequiredNetworkType(NetworkType.CONNECTED)  // 已经连上网络
        .build();
```

（2）构建输入数据

该步骤把后台任务需要的输入参数封装到一个数据对象中，此时用到了数据工具 Data，构建输入数据的示例代码如下：

```java
// 2. 构建输入数据
Data inputData = new Data.Builder()
        .putString("name", "小明")
        .putInt("height", 180)
        .putDouble("weight", 80)
        .build();
```

（3）构建工作请求

该步骤把约束条件、输入数据等请求内容组装起来，此时用到了工作请求工具 OneTimeWorkRequest，构建工作请求的示例代码如下：

```java
// 3. 构建一次性任务的工作请求
String workTag = "OnceTag";
OneTimeWorkRequest onceRequest = new
                OneTimeWorkRequest.Builder(CollectWork.class)
        .addTag(workTag)    // 添加工作标签
        .setConstraints(constraints)    // 设置触发条件
        .setInputData(inputData)        // 设置输入参数
        .build();
UUID workId = onceRequest.getId();      // 获取工作请求的编号
```

（4）执行工作请求

该步骤生成工作管理器实例，并将第 3 步的工作请求对象加入管理器的执行队列，由管理器调度并执行请求任务，执行工作请求的示例代码如下：

```java
// 4. 执行工作请求
WorkManager workManager = WorkManager.getInstance(this);
workManager.enqueue(onceRequest);    // 将工作请求加入执行队列
```

工作管理器不止拥有 enqueue，还有其他的调度方法，常用的几个方法分别说明如下：

- enqueue：将工作请求加入执行队列。
- cancelWorkById：取消指定编号（第 3 步 getId 方法返回的 workId）的工作。
- cancelAllWorkByTag：取消指定标签（第 3 步设置的 workTag）的所有工作。
- cancelAllWork：取消所有工作。
- getWorkInfoByIdLiveData：获取指定编号的工作信息。

鉴于后台任务是异步执行的，因此若想知晓工作任务的处理结果，就得调用 getWorkInfoByIdLiveData 方法，获取工作信息并实时监听它的运行情况。查询工作结果的示例代码如下：

```
// 获取指定编号的工作信息，并实时监听工作的处理结果
workManager.getWorkInfoByIdLiveData(workId).observe(this, workInfo -> {
    if (workInfo.getState() == WorkInfo.State.SUCCEEDED) {  // 工作处理成功
        Data outputData = workInfo.getOutputData();   // 获得工作信息的输出数据
        int resultCode = outputData.getInt("resultCode", 0);
        String resultDesc = outputData.getString("resultDesc");
        String desc = String.format("工作处理结果为：resultCode=%d, resultDesc=%s", resultCode, resultDesc);
        tv_result.setText(desc);
    }
});
```

至此，工作管理器的任务操作步骤都过了一遍。有的读者可能会发现，第 3 步的工作请求类其名为 OneTimeWorkRequest，读起来像是一次性工作。其实工作管理器不止支持设定一次性工作，也支持设定周期性工作，此时用到的工作请求名为 PeriodicWorkRequest，构建的示例代码如下：

```
// 构建周期性任务的工作请求，周期性任务的间隔时间不能小于 15 分钟
String workTag = "PeriodTag";
PeriodicWorkRequest periodRequest = new PeriodicWorkRequest.Builder(
        CollectWork.class, 15, TimeUnit.MINUTES)
        .addTag(workTag)    // 添加工作标签
        .setConstraints(constraints)      // 设置触发条件
        .setInputData(inputData)          // 设置输入参数
        .build();
UUID workId = periodRequest.getId();    // 获取工作请求的编号
```

最后在活动页面中集成工作管理器，运行并测试 App 后点击启动按钮，执行结果如图 6-7 所示，成功获知了后台工作的运行情况。

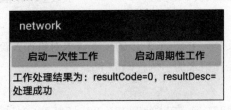

图 6-7　集成工作管理器的运行结果

## 6.2　HTTP 访问

本节介绍 okhttp 在 App 接口访问中的详细用法，内容包括通过 okhttp 调用 HTTP 接口的三种方式（GET 方式、表单格式的 POST 请求、JSON 格式的 POST 请求）、如何使用 okhttp 下载网络文件以及如何将本地文件上传到服务器、如何借助下拉刷新和上拉加载技术实现网络信息的分页访问。

## 6.2.1 通过 okhttp 调用 HTTP 接口

尽管使用 HttpURLConnection 能够实现大多数的网络访问操作,但是它的用法实在烦琐,很多细节都要开发者关注,一不留神就可能导致访问异常。于是各路网络开源框架纷纷涌现,比如声名显赫的 Apache 的 HttpClient、Square 的 okhttp。Android 从 9.0 开始正式弃用 HttpClient,使得 okhttp 成为 App 开发流行的网络框架。

因为 okhttp 属于第三方框架,所以使用之前要修改 build.gradle,增加下面一行依赖配置:

```
implementation 'com.squareup.okhttp3:okhttp:4.9.1'
```

当然访问网络之前得先申请上网权限,也就是在 AndroidManifest.xml 里面补充以下权限:

```
<!-- 互联网 -->
<uses-permission android:name="android.permission.INTERNET" />
```

除此之外,Android 9 开始默认只能访问以 HTTPS 开头的安全地址,不能直接访问以 HTTP 开头的网络地址。如果应用仍想访问以 HTTP 开头的普通地址,就得修改 AndroidManifest.xml,给 application 节点添加如下属性,表示继续使用 HTTP 明文地址:

```
android:usesCleartextTraffic="true"
```

okhttp 的网络访问功能十分强大,单就 HTTP 接口调用而言,它就支持三种访问方式:GET 方式的请求、表单格式的 POST 请求、JSON 格式的 POST 请求,下面分别进行说明。

### 1. GET 方式的请求

不管是 GET 方式还是 POST 方式,okhttp 在访问网络时都离不开下面 4 个步骤:

**步骤 01** 使用 OkHttpClient 类创建一个 okhttp 客户端对象。创建客户端对象的示例代码如下:

```
OkHttpClient client = new OkHttpClient(); // 创建一个 okhttp 客户端对象
```

**步骤 02** 使用 Request 类创建一个 GET 或 POST 方式的请求结构。采取 GET 方式时调用 get 方法,采取 POST 方式时调用 post 方法。此外,需要指定本次请求的网络地址,还可添加个性化 HTTP 头部信息。创建请求结构的示例代码如下:

```
// 创建一个 GET 方式的请求结构
Request request = new Request.Builder()
        //.get()   // 因为 okhttp 默认采用 GET 方式,所以这里可以不调用 get 方法
        .header("Accept-Language", "zh-CN")  // 给 HTTP 请求添加头部信息
        .url(URL_STOCK)   // 指定 HTTP 请求的调用地址
        .build();
```

**步骤 03** 调用第 1 步中客户端对象的 newCall 方法,方法参数为第 2 步骤中的请求结构,从而创建 Call 类型的调用对象。创建调用对象的示例代码如下:

```
Call call = client.newCall(request);  // 根据请求结构创建调用对象
```

**步骤 04** 调用第 3 步骤中 Call 对象的 enqueue 方法,将本次请求加入 HTTP 访问的执行队列,并编写请求失败与请求成功两种情况的处理代码。加入执行队列的示例代码如下:

```
    // 加入HTTP请求队列。异步调用，并设置接口应答的回调方法
    call.enqueue(new Callback() {
        @Override
        public void onFailure(Call call, IOException e) {  // 请求失败
            // 这里填写请求失败时的业务逻辑
        }

        @Override
        public void onResponse(Call call, final Response response) throws
IOException {  // 请求成功
            // 这里填写请求成功时的业务逻辑
        }
    });
```

综合上述4个步骤，接下来以查询上证指数为例，来熟悉okhttp的完整使用过程。上证指数的查询接口来自新浪网的证券板块，具体的接口调用代码如下：

（完整代码见network\src\main\java\com\example\network\OkhttpCallActivity.java）

```
    private final static String URL_STOCK =
"https://hq.sinajs.cn/list=s_sh000001";

    // 发起GET方式的HTTP请求
    private void doGet() {
        OkHttpClient client = new OkHttpClient();    // 创建一个okhttp客户端对象
        // 创建一个GET方式的请求结构
        Request request = new Request.Builder()
                //.get()    // 因为okhttp默认采用GET方式，所以这里可以不调用get方法
                .header("Accept-Language", "zh-CN")  // 给HTTP请求添加头部信息
                .url(URL_STOCK)    // 指定HTTP请求的调用地址
                .build();
        Call call = client.newCall(request);         // 根据请求结构创建调用对象
        // 加入HTTP请求队列。异步调用，并设置接口应答的回调方法
        call.enqueue(new Callback() {
            @Override
            public void onFailure(Call call, IOException e) {  // 请求失败
                // 回到主线程操作界面
                runOnUiThread(() -> tv_result.setText(
                                    "调用股指接口报错："+e.getMessage()));
            }

            @Override
            public void onResponse(Call call, final Response response) throws
IOException {  // 请求成功
                String resp = response.body().string();
                // 回到主线程操作界面
                runOnUiThread(() -> tv_result.setText("调用股指接口返回：\n"+resp));
            }
        });
    }
```

运行并测试该App，可观察到上证指数的查询结果如图6-8所示。

图 6-8 GET 方式的接口调用结果

### 2. 表单格式的 POST 请求

对于 okhttp 来说，POST 方式与 GET 方式的调用过程大同小异，主要区别在于如何创建请求结构。除了通过 post 方法表示本次请求采取 POST 方式外，还要给 post 方法填入请求参数，比如表单格式的请求参数放在 FormBody 结构中，示例代码如下：

```
String username = et_username.getText().toString();
String password = et_password.getText().toString();
// 创建一个表单对象
FormBody body = new FormBody.Builder()
        .add("username", username)
        .add("password", password)
        .build();
// 创建一个 POST 方式的请求结构
Request request = new Request.Builder().post(body).url(URL_LOGIN).build();
```

以登录功能为例，用户在界面上输入用户名和密码，然后点击登录按钮时，App 会把用户名和密码封装进 FormBody 结构后提交给后端服务器。采取表单格式的登录代码如下：

```
// 发起 POST 方式的 HTTP 请求（报文为表单格式）
private void postForm() {
    String username = et_username.getText().toString();
    String password = et_password.getText().toString();
    // 创建一个表单对象
    FormBody body = new FormBody.Builder()
            .add("username", username)
            .add("password", password)
            .build();
    OkHttpClient client = new OkHttpClient();   // 创建一个 okhttp 客户端对象
    // 创建一个 POST 方式的请求结构
    Request request = new
                    Request.Builder().post(body).url(URL_LOGIN).build();
    Call call = client.newCall(request);        // 根据请求结构创建调用对象
    // 加入 HTTP 请求队列。异步调用，并设置接口应答的回调方法
    call.enqueue(new Callback() {
        @Override
        public void onFailure(Call call, IOException e) {   // 请求失败
            // 回到主线程操作界面
            runOnUiThread(() -> tv_result.setText(
                            "调用登录接口报错："+e.getMessage()));
        }

        @Override
```

```
            public void onResponse(Call call, final Response response) throws
IOException { // 请求成功
                String resp = response.body().string();
                // 回到主线程操作界面
                runOnUiThread(() -> tv_result.setText("调用登录接口返回：\n"+resp));
            }
        });
    }
```

确保服务端的登录接口正常开启（服务端程序的运行说明见本书附录 E），并且手机和计算机连接同一个 WiFi，再运行并测试该 App。打开登录页面，填入登录信息后点击"发起接口调用"按钮，接收到服务端返回的数据，如图 6-9 所示，可见表单格式的 POST 请求被正常调用。

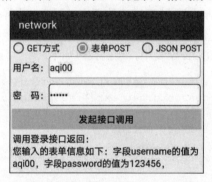

图 6-9　表单格式的 POST 请求结果

### 3. JSON 格式的 POST 请求

由于表单格式不能传递复杂的数据，因此 App 在与服务端交互时经常使用 JSON 格式。设定好 JSON 串的字符编码后再放入 RequestBody 结构中，示例代码如下：

```
// 创建一个 POST 方式的请求结构
RequestBody body = RequestBody.create(jsonString,
                MediaType.parse("text/plain;charset=utf-8"));
Request request = new Request.Builder().post(body).url(URL_LOGIN).build();
```

仍以登录功能为例，App 先将用户名和密码组装进 JSON 对象，再把 JSON 对象转为字符串，后续便是常规的 okhttp 调用过程了。采取 JSON 格式的登录代码如下：

```
// 发起 POST 方式的 HTTP 请求（报文为 JSON 格式）
private void postJson() {
    String username = et_username.getText().toString();
    String password = et_password.getText().toString();
    String jsonString = "";
    try {
        JSONObject jsonObject = new JSONObject();
        jsonObject.put("username", username);
        jsonObject.put("password", password);
        jsonString = jsonObject.toString();
    } catch (Exception e) {
        e.printStackTrace();
    }
    // 创建一个 POST 方式的请求结构
    RequestBody body = RequestBody.create(jsonString,
                MediaType.parse("text/plain;charset=utf-8"));
```

```
        OkHttpClient client = new OkHttpClient();  // 创建一个okhttp客户端对象
        Request request = new
                        Request.Builder().post(body).url(URL_LOGIN).build();
        Call call = client.newCall(request);       // 根据请求结构创建调用对象
        // 加入HTTP请求队列。异步调用，并设置接口应答的回调方法
        call.enqueue(new Callback() {
            @Override
            public void onFailure(Call call, IOException e) {  // 请求失败
                // 回到主线程操作界面
                runOnUiThread(() -> tv_result.setText(
                                    "调用登录接口报错："+e.getMessage()));
            }

            @Override
            public void onResponse(Call call, final Response response) throws
IOException {  // 请求成功
                String resp = response.body().string();
                // 回到主线程操作界面
                runOnUiThread(() -> tv_result.setText("调用登录接口返回：\n"+resp));
            }
        });
    }
```

同样确保服务端的登录接口正常开启（服务端程序的运行说明见本书附录 E），并且手机和计算机连接同一个 WiFi，再运行并测试该 App。打开登录页面，填入登录信息后点击"发起接口调用"按钮，接收到服务端返回的数据，如图 6-10 所示，可见 JSON 格式的 POST 请求被正常调用。

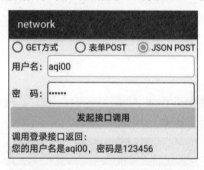

图 6-10  JSON 格式的 POST 请求结果

## 6.2.2 使用 okhttp 下载和上传文件

okhttp 不但简化了 HTTP 接口的调用过程，连下载文件都变简单了。对于一般的文件下载，按照常规的 GET 方式调用流程，只要重写回调方法 onResponse，在该方法中通过应答对象的 body 方法即可获得应答的数据包对象，调用数据包对象的 string 方法即可得到文本形式的字符串，调用数据包对象的 byteStream 方法即可得到 InputStream 类型的输入流对象，从输入流就能读出原始的二进制数据。

以下载网络图片为例，位图工具 BitmapFactory 刚好提供了 decodeStream 方法，允许直接从输入流中解码获取位图对象。此时通过 okhttp 下载图片的示例代码如下：

（完整代码见 network\src\main\java\com\example\network\OkhttpDownloadActivity.java）

```
    private final static String URL_IMAGE =
            "https://img-blog.csdnimg.cn/2018112123554364.png";
```

```
// 下载网络图片
private void downloadImage() {
    OkHttpClient client = new OkHttpClient();   // 创建一个okhttp客户端对象
    // 创建一个GET方式的请求结构
    Request request = new Request.Builder().url(URL_IMAGE).build();
    Call call = client.newCall(request);          // 根据请求结构创建调用对象
    // 加入HTTP请求队列。异步调用，并设置接口应答的回调方法
    call.enqueue(new Callback() {
        @Override
        public void onFailure(Call call, IOException e) {  // 请求失败
            runOnUiThread(() -> tv_result.setText(
                    "下载网络图片报错："+e.getMessage()));
        }

        @Override
        public void onResponse(Call call, final Response response) {  // 成功
            InputStream is = response.body().byteStream();
            // 从返回的输入流中解码获得位图数据
            Bitmap bitmap = BitmapFactory.decodeStream(is);
            String mediaType = response.body().contentType().toString();
            long length = response.body().contentLength();
            String desc = String.format("文件类型为%s，文件大小为%d",
                            mediaType, length);
            runOnUiThread(() -> {
                tv_result.setText("下载网络图片返回："+desc);
                iv_result.setImageBitmap(bitmap);
            });
        }
    });
}
```

回到活动代码中调用 downloadImage 方法，再运行并测试 App，可观察到图片下载结果如图 6-11 所示，可见网络图片成功下载并显示出来。

图 6-11  okhttp 下载网络图片的结果

当然，网络文件不只是图片，还有其他各式各样的文件，这些文件没有专门的解码工具，只能从输入流老老实实地读取字节数据。不过读取字节数据有个好处，就是能够根据已经读写的数据长度计算下载进度，特别在下载大文件的时候，实时展示当前的下载进度非常有用。下面是通过

okhttp 下载普通文件的示例代码：

```java
// 下载网络文件
private void downloadFile() {
    OkHttpClient client = new OkHttpClient();   // 创建一个okhttp客户端对象
    // 创建一个GET方式的请求结构
    Request request = new Request.Builder().url(URL_APK).build();
    Call call = client.newCall(request);        // 根据请求结构创建调用对象
    // 加入HTTP请求队列。异步调用，并设置接口应答的回调方法
    call.enqueue(new Callback() {
        @Override
        public void onFailure(Call call, IOException e) {  // 请求失败
            runOnUiThread(() -> tv_result.setText(
                            "下载网络文件报错："+e.getMessage()));
        }

        @Override
        public void onResponse(Call call, final Response response) {  // 成功
            String mediaType = response.body().contentType().toString();
            long length = response.body().contentLength();
            String desc = String.format("文件类型为%s，文件大小为%d",
                            mediaType, length);
            runOnUiThread(() -> tv_result.setText("下载网络文件返回："+desc));
            String path = String.format("%s/%s.apk",
                    getExternalFilesDir(Environment.DIRECTORY_DOWNLOADS),
                    DateUtil.getNowDateTime());
            // 下面从返回的输入流中读取字节数据并保存为本地文件
            try (InputStream is = response.body().byteStream();
                 FileOutputStream fos = new FileOutputStream(path)) {
                byte[] buf = new byte[100 * 1024];
                int sum=0, len=0;
                while ((len = is.read(buf)) != -1) {
                    fos.write(buf, 0, len);
                    sum += len;
                    int progress = (int) (sum * 1.0f / length * 100);
                    String detail = String.format("文件保存在%s。已下载%d%%",
                                    path, progress);
                    runOnUiThread(() -> tv_progress.setText(detail));
                }
            } catch (Exception e) {
                e.printStackTrace();
            }
        }
    });
}
```

回到活动代码调用 downloadFile 方法，再运行并测试该 App，可观察到文件下载结果如图 6-12 和图 6-13 所示。图 6-12 为正在下载文件的画面，此时下载进度为 49%；图 6-13 为文件下载结束的画面，此时下载进度为 100%。

图 6-12　正在下载文件的画面　　　　图 6-13　文件下载结束的画面

okhttp 不仅让下载文件变简单了，还让上传文件变得更加灵活易用。修改个人资料上传头像图片、在朋友圈发动态视频等都用到了文件上传功能，并且上传文件常常带着文字说明，比如上传头像时可能一并修改了昵称、发布视频时附加了视频描述，甚至可能同时上传多个文件等。

像这种组合上传的业务场景，倘若使用 HttpURLConnection 编码就难了，有了 okhttp 就好办多了。它引入分段结构 MultipartBody 及其建造器，并提供了名为 addFormDataPart 的两种重载方法，分别适用于文本格式与文件格式的数据。带两个输入参数的 addFormDataPart 方法，它的第一个参数是字符串的键名，第二个参数是字符串的键值，该方法用来传递文本消息。带三个输入参数的 addFormDataPart 方法，它的第一个参数是文件类型，第二个参数是文件名，第三个参数是文件体。

举个带头像进行用户注册的例子，既要把用户名和密码送给服务端，也要把头像图片传给服务端，此时需多次调用 addFormDataPart 方法，并通过 POST 方式提交数据。虽然存在文件上传的交互操作，但整体操作流程与 POST 方式调用接口保持一致，唯一区别在于请求结构由 MultipartBody 生成。下面是上传文件之时根据 MultipartBody 构建请求结构的代码模板：

```
// 创建分段内容的建造器对象
MultipartBody.Builder builder = new MultipartBody.Builder();
// 往建造器对象添加文本格式的分段数据
builder.addFormDataPart("username", username);
builder.addFormDataPart("password", password);
File file = new File(path);              // 根据文件路径创建文件对象
// 往建造器对象中添加图像格式的分段数据
builder.addFormDataPart("image", file.getName(),
        RequestBody.create(file, MediaType.parse("image/*"))
);
RequestBody body = builder.build();      // 根据建造器生成请求结构
// 创建一个 POST 方式的请求结构
Request request = new
        Request.Builder().post(body).url(URL_REGISTER).build();
```

合理的文件上传代码要求具备容错机制，譬如判断文本内容是否为空、不能上传空文件、支持上传多个文件等。综合考虑之后，重新编写文件上传部分的示例代码如下：

（完整代码见 network\src\main\java\com\example\network\OkhttpUploadActivity.java）

```
private List<String> mPathList = new ArrayList<>();  // 头像文件的路径列表
```

```java
// 执行文件上传操作
private void uploadFile() {
    // 创建分段内容的建造器对象
    MultipartBody.Builder builder = new MultipartBody.Builder();
    String username = et_username.getText().toString();
    String password = et_password.getText().toString();
    if (!TextUtils.isEmpty(username)) {
        // 往建造器对象中添加文本格式的分段数据
        builder.addFormDataPart("username", username);
        builder.addFormDataPart("password", password);
    }
    for (String path : mPathList) {          // 添加多个附件
        File file = new File(path);          // 根据文件路径创建文件对象
        // 往建造器对象中添加图像格式的分段数据
        builder.addFormDataPart("image", file.getName(),
                RequestBody.create(file, MediaType.parse("image/*"))
        );
    }
    RequestBody body = builder.build();          // 根据建造器生成请求结构
    OkHttpClient client = new OkHttpClient();    // 创建一个okhttp客户端对象
    // 创建一个POST方式的请求结构
    Request request = new
            Request.Builder().post(body).url(URL_REGISTER).build();
    Call call = client.newCall(request);         // 根据请求结构创建调用对象
    // 加入HTTP请求队列。异步调用，并设置接口应答的回调方法
    call.enqueue(new Callback() {
        @Override
        public void onFailure(Call call, IOException e) {   // 请求失败
            runOnUiThread(() -> tv_result.setText(
                    "调用注册接口报错：\n"+e.getMessage()));
        }

        @Override
        public void onResponse(Call call, final Response response) throws
IOException {   // 请求成功
            String resp = response.body().string();
            runOnUiThread(() -> tv_result.setText("调用注册接口返回：\n"+resp));
        }
    });
}
```

确保服务端的注册接口正常开启（服务端程序的运行说明见本书附录E），并且手机和计算机连接同一个WiFi，再运行并测试该App。打开初始的注册界面，如图6-14所示。依次输入用户名和密码，跳到相册选择头像图片，然后点击"注册"按钮，接收到服务端返回的数据，如图6-15所示，可见服务端正常收到了注册信息与头像图片。

图 6-14　尚未进行用户注册

图 6-15　成功提交用户注册信息

### 6.2.3　实现下拉刷新和上拉加载

网络上的信息很多，往往无法一次性拉下来，故而 App 引入了分页加载功能，最开始先展示第一页内容，等到用户拉到该页底部后再去加载下一页内容。如此往复，按需加载，既提高了系统效率，也加快了显示速度。

然而 Android 只提供下拉刷新布局 SwipeRefreshLayout，用于在页面顶部下拉时的刷新操作，并未提供在页面底部上拉加载的控件。不过借助循环视图的滚动监听器，开发者依然能够侦听到列表底部的上拉操作。此时用到了循环视图的 addOnScrollListener 方法，该方法设置的滚动监听器类型为 RecyclerView.OnScrollListener，监听器接口需要实现 onScrolled 与 onScrollStateChanged 两个方法，其中正在滚动时会触发 onScrolled 方法，滚动状态发生变化时会触发 onScrollStateChanged 方法，据此可将上拉操作的侦听过程分解为下列 2 个步骤：

**步骤 01** 重写 onScrolled 方法，其内部调用布局管理器的 findLastVisibleItemPosition 方法，寻找最后一个可见项的序号，并记录该项的序号。

**步骤 02** 重写 onScrollStateChanged 方法，其内部判断当前的滚动状态，如果状态值为 RecyclerView.SCROLL_STATE_IDLE，则表示停止滚动。再根据上一步获得的最后一个可见项序号检查该序号是否为列表的最后一项，是的话表示已经滚到了列表末尾，此时就要触发设定好的上拉加载操作。

根据以上 2 个步骤的描述，为实现上拉加载的事件侦听编写循环视图的初始化代码：
（完整代码见 network\src\main\java\com\example\network\PullRefreshActivity.java）

```
private SwipeRefreshLayout srl_dynamic;     // 声明一个下拉刷新布局对象
private RecyclerView rv_dynamic;            // 声明一个循环视图对象
private LinearLayout ll_bottom;             // 声明一个线性视图对象
private ArticleAdapter mAdapter;            // 声明一个线性适配器对象
private List<ArticleInfo> mArticleList = new ArrayList<>();  // 文章列表
private int mPageNo = 0;                    // 已加载的分页序号
private int mLastVisibleItem = 0;           // 最后一个可见项的序号
private Handler mHandler = new Handler(Looper.myLooper());   // 声明处理器对象
```

```java
// 初始化动态线性布局的循环视图
private void initRecyclerDynamic() {
    rv_dynamic = findViewById(R.id.rv_dynamic);
    // 创建一个垂直方向的线性布局管理器
    LinearLayoutManager manager = new LinearLayoutManager(
                        this, RecyclerView.VERTICAL, false);
    rv_dynamic.setLayoutManager(manager);    // 设置循环视图的布局管理器
    // 构建一个文章列表的线性适配器
    mAdapter = new ArticleAdapter(this, mArticleList);
    rv_dynamic.setAdapter(mAdapter);         // 设置循环视图的线性适配器
    rv_dynamic.setItemAnimator(new DefaultItemAnimator());  // 设置动画效果
    // 给循环视图添加滚动监听器
    rv_dynamic.addOnScrollListener(new RecyclerView.OnScrollListener() {
        @Override
        public void onScrollStateChanged(RecyclerView recyclerView, int newState) {
            super.onScrollStateChanged(recyclerView, newState);
            if (newState == RecyclerView.SCROLL_STATE_IDLE) {  // 滚动停止
                // 滚到最后一项
                if (mLastVisibleItem+1 == mAdapter.getItemCount()) {
                    // 显示底部的加载更多文字
                    ll_bottom.setVisibility(View.VISIBLE);
                    // 滚到最后一项
                    rv_dynamic.scrollToPosition(mArticleList.size()-1);
                    // 延迟 500 毫秒后加载更多文章
                    mHandler.postDelayed(() -> loadArticle(), 500);
                }
            }
        }

        @Override
        public void onScrolled(RecyclerView recyclerView, int dx, int dy) {
            super.onScrolled(recyclerView, dx, dy);
            // 寻找最后一个可见项的序号
            mLastVisibleItem = manager.findLastVisibleItemPosition();
        }
    });
}
```

以文章列表的上拉加载操作为例,这里使用了 wanandroid 网站的公开接口,按照分页序号抓取每页的文章标题。抓取数据采用了 okhttp 访问网站接口,再从返回的 JSON 报文中解析该页的标题列表,并追加显示在界面下方。完整的加载操作包含数据抓取和追加显示两个步骤,下面是加载下一页网络文章列表的示例代码:

```java
// 加载网络文章
private void loadArticle() {
    String url = String.format(
            "https://www.wanandroid.com/article/list/%d/json", mPageNo);
    OkHttpClient client = new OkHttpClient();  // 创建一个 okhttp 客户端对象
    // 创建一个 GET 方式的请求结构
```

```
        Request request = new Request.Builder().url(url).build();
        Call call = client.newCall(request);    // 根据请求结构创建调用对象
        // 加入HTTP请求队列。异步调用,并设置接口应答的回调方法
        call.enqueue(new Callback() {
            @Override
            public void onFailure(Call call, IOException e) {    // 请求失败
                runOnUiThread(() -> srl_dynamic.setRefreshing(false));
            }

            @Override
            public void onResponse(Call call, final Response response) throws
IOException {    // 请求成功
                String resp = response.body().string();
                mPageNo++;
                runOnUiThread(() -> showArticle(resp));    // 显示返回的文章
            }
        });
    }

    // 显示返回的文章
    private void showArticle(String resp) {
        srl_dynamic.setRefreshing(false);
        int lastSize = mArticleList.size();
        List<ArticleInfo> addList = new ArrayList<>();
        try {
            JSONObject jsonObject = new JSONObject(resp);
            JSONObject data = jsonObject.getJSONObject("data");
            JSONArray datas = data.getJSONArray("datas");
            for (int i=0; i<datas.length(); i++) {
                JSONObject item = datas.getJSONObject(i);
                ArticleInfo article = new ArticleInfo();
                article.setTitle(item.getString("title"));
                addList.add(article);
            }
            mArticleList.addAll(addList);
            if (lastSize == 0) {          // 下拉刷新开头文章
                mAdapter.notifyDataSetChanged();        // 刷新所有列表项数据
            } else {                      // 上拉加载更多文章
                // 只刷新指定范围的列表项数据
                mAdapter.notifyItemRangeInserted(lastSize, addList.size());
            }
            ll_bottom.setVisibility(View.GONE);      // 隐藏底部的"加载更多"文字
        } catch (Exception e) {
            e.printStackTrace();
        }
    }
```

至此,上述的演示代码基本实现了文章列表的上拉加载功能,而下拉刷新功能可借助系统控件 SwipeRefreshLayout 加以实现。运行并测试该 App,手指在列表顶部向下滑动,可观察到下拉刷新效果如图 6-16 和图 6-17 所示。图 6-16 为正在刷新的列表画面,此时进度圆圈在转动;图 6-17 为刷新结束的列表画面,此时进度圆圈消失。

图 6-16　正在刷新的列表　　　　　图 6-17　刷新结束的列表

接着把文章列表拉到底部，继续往上拉动触发上拉加载事件，可观察到上拉加载效果如图 6-18 和图 6-19 所示。图 6-18 为正在加载的列表画面，此时显示提示文字和进度圈；图 6-19 为加载结束的列表画面，此时新来的文章标题加到了列表末尾。

图 6-18　正在加载的列表　　　　　图 6-19　加载结束的列表

## 6.3 即时通信

本节介绍 App 开发在即时通信方面的几种进阶用法,内容包括:如何通过 SocketIO 在两台设备之间传输文本消息;如何通过 SocketIO 在两台设备之间传输图片消息;SocketIO 的局限性和 WebSocket 协议,以及如何利用 WebSocket 更方便地在设备之间传输各类消息。

### 6.3.1 通过 SocketIO 传输文本消息

虽然 HTTP 协议能够满足多数常见的接口交互,但是它属于短连接,每次调用完成就自动断开连接,并且 HTTP 协议区分了服务端和客户端,双方的通信过程是单向的,只有客户端可以请求服务端,服务端无法主动向客户端推送消息。基于这些特点,HTTP 协议仅能用于一次性的接口访问,而不适用于点对点的即时通信功能。

即时通信技术需要满足两方面的基本条件:一方面是长连接,以便在两台设备间持续通信,避免频繁的"连接-断开"再"连接-断开"如此反复而造成资源浪费;另一方面支持双向交流,既允许 A 设备主动向 B 设备发消息,又允许 B 设备主动向 A 设备发消息。这要求在套接字 Socket 层面进行通信,Socket 连接一旦成功连上,便默认维持连接,直到有一方主动断开。而且 Socket 服务端支持向客户端的套接字推送消息,从而实现双向通信功能。

可是 Java 的 Socket 编程比较烦琐,不仅要自行编写线程通信与 IO 处理的代码,还要自己定义数据包的内部格式以及编解码。为此,出现了第三方的 Socket 通信框架 SocketIO,该框架提供服务端和客户端的依赖包,大大简化了 Socket 通信的开发工作量。

在服务端集成 SocketIO,要先引入相关 jar 包(服务端程序的运行说明见本书附录 E),接着编写如下所示的 main 方法监听文本发送事件:

(完整代码见 HttpServer\src\com\socketio\server\SocketServer.java)

```java
public static void main(String[] args) {
    Configuration config = new Configuration();
    config.setPort(9010);  // 设置监听端口
    final SocketIOServer server = new SocketIOServer(config);
    // 添加连通的监听事件
    server.addConnectListener(client -> {
        System.out.println(client.getSessionId().toString()+"已连接");
    });
    // 添加连接断开的监听事件
    server.addDisconnectListener(client -> {
        System.out.println(client.getSessionId().toString()+"已断开");
    });
    // 添加文本发送的事件监听器
    server.addEventListener("send_text", String.class, (client, message, ackSender) -> {
        System.out.println(client.getSessionId().toString()+message);
        client.sendEvent("receive_text", "不开不开我不开,妈妈没回来谁来也不开。");
    });
    server.start();  // 启动 Socket 服务
}
```

然后服务端执行 main 方法即可启动 Socket 服务侦听。

在客户端集成 SocketIO 的话，要先修改 build.gradle，增加下面一行依赖配置：

```
implementation 'io.socket:socket.io-client:1.0.1'
```

接着使用 SocketIO 提供的 Socket 工具完成消息的收发操作，Socket 对象是由 IO 工具的 socket 方法获得的，它的常用方法分别说明如下：

- connect：建立 Socket 连接。
- connected：判断是否连上 Socket。
- emit：向服务器提交指定事件的消息。
- on：开始监听服务端推送的事件消息。
- off：取消监听服务端推送的事件消息。
- disconnect：断开 Socket 连接。
- close：关闭 Socket 连接。关闭之后要重新获取新的 Socket 对象才能连接。

在两部手机之间 Socket 通信依旧区分发送方与接收方，且二者的消息收发通过 Socket 服务器中转。对于发送方的 App 来说，发消息的 Socket 操作流程为：获取 Socket 对象→调用 connect 方法→调用 emit 方法往 Socket 服务器发送消息。对于接收方的 App 来说，收消息的 Socket 操作流程为：获取 Socket 对象→调用 connect 方法→调用 on 方法从服务器接收消息。若想把 Socket 消息的收发功能集中在一个 App，让它既充当发送方又充当接收方，则整理后的 App 消息收发流程如图 6-20 所示。

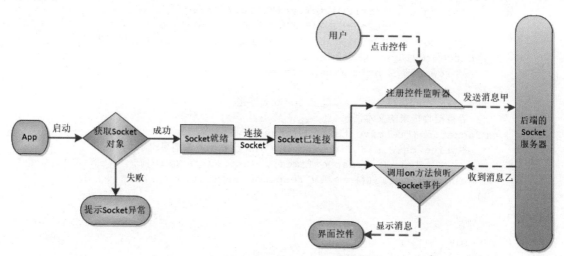

图 6-20　双向 Socket 通信的 App 消息收发流程

图 6-20 中的实线表示代码的调用顺序，虚线表示异步的事件触发，例如用户的点击事件以及服务器的消息推送等。根据这个收发流程编写代码逻辑，具体的实现代码如下：

（完整代码见 network\src\main\java\com\example\network\SocketioTextActivity.java）

```java
public class SocketioTextActivity extends AppCompatActivity {
    private EditText et_input;         // 声明一个编辑框对象
    private TextView tv_response;      // 声明一个文本视图对象
```

```java
    private Socket mSocket;    // 声明一个套接字对象

    @Override
    protected void onCreate(Bundle savedInstanceState) {
        super.onCreate(savedInstanceState);
        setContentView(R.layout.activity_socketio_text);
        et_input = findViewById(R.id.et_input);
        tv_response = findViewById(R.id.tv_response);
        findViewById(R.id.btn_send).setOnClickListener(v -> {
            String content = et_input.getText().toString();
            if (TextUtils.isEmpty(content)) {
                Toast.makeText(this, "请输入聊天消息",
                        Toast.LENGTH_SHORT).show();
                return;
            }
            mSocket.emit("send_text", content);   // 往 Socket 服务器发送文本消息
        });
        initSocket();    // 初始化套接字
    }

    // 初始化套接字
    private void initSocket() {
        // 检查能否连上 Socket 服务器
        SocketUtil.checkSocketAvailable(this,
                NetConst.BASE_IP, NetConst.BASE_PORT);
        try {
            String uri = String.format("http://%s:%d/",
                    NetConst.BASE_IP, NetConst.BASE_PORT);
            mSocket = IO.socket(uri);    // 创建指定地址和端口的套接字实例
        } catch (URISyntaxException e) {
            throw new RuntimeException(e);
        }
        mSocket.connect();    // 建立 Socket 连接
        // 等待接收传来的文本消息
        mSocket.on("receive_text", (args) -> {
            String desc = String.format("%s 收到服务端消息：%s",
                    DateUtil.getNowTime(), (String) args[0]);
            runOnUiThread(() -> tv_response.setText(desc));
        });
    }

    @Override
    protected void onDestroy() {
        super.onDestroy();
        mSocket.off("receive_text");        // 取消接收传来的文本消息
        if (mSocket.connected()) {          // 已经连上 Socket 服务器
            mSocket.disconnect();           // 断开 Socket 连接
        }
        mSocket.close();                    // 关闭 Socket 连接
    }
}
```

确保服务器的 SocketServer 正在运行（服务端程序的运行说明见本书附录 E），再运行并测试

该 App，在编辑框输入待发送的文本，此时交互界面如图 6-21 所示。接着点击"发送文本消息"按钮，向 Socket 服务器发送文本消息；随后接收到服务器推送的应答消息，应答内容展示在按钮下方，此时交互界面如图 6-22 所示，可见文本消息的收发流程成功走通。

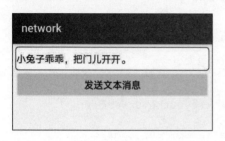

图 6-21　准备发送文本的交互界面

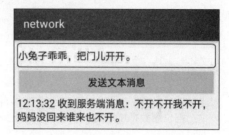

图 6-22　成功发送文本的交互界面

## 6.3.2　通过 SocketIO 传输图片消息

上一小节借助 SocketIO 成功实现了文本消息的即时通信，然而文本内容只用到字符串，本来就比较简单。倘若让 SocketIO 实时传输图片，便不那么容易了。因为 SocketIO 不支持直接传输二进制数据，使得位图对象的字节数据无法作为 emit 方法的输入参数。除了字符串类型，SocketIO 还支持 JSONObject 类型的数据，所以可以考虑利用 JSON 对象封装图像信息，把图像的字节数据通过 BASE64 编码成字符串保存起来。

鉴于 JSON 格式允许容纳多个字段，同时图片有可能很大，因此建议将图片拆开分段传输，每段标明本次的分段序号、分段长度以及分段数据，由接收方在收到后重新拼接成完整的图像。为此需要将原来的 Socket 收发过程改造一番，使之支持图片数据的即时通信，改造步骤说明如下。

首先给服务端的 Socket 侦听程序添加以下代码，表示新增图像发送事件：

（完整代码见 HttpServer\src\com\socketio\server\SocketServer.java）

```
// 添加图像发送的事件监听器
server.addEventListener("send_image", JSONObject.class, (client, json, ackSender) -> {
    client.sendEvent("receive_image", json);
});
```

接着在 App 模块中定义一个图像分段结构，用于存放分段名称、分段数据、分段序号、分段长度等信息，该结构的关键代码如下：

（完整代码见 network\src\main\java\com\example\network\bean\ImagePart.java）

```java
public class ImagePart {
    private String name;     // 分段名称
    private String data;     // 分段数据
    private int seq;         // 分段序号
    private int length;      // 分段长度

    public ImagePart(String name, String data, int seq, int length) {
        this.name = name;
        this.data = data;
        this.seq = seq;
        this.length = length;
    }
```

然后回到 App 的活动代码，补充实现图像的分段传输功能。先将位图数据转为字节数组，再将字节数组分段编码为 BASE64 字符串，再组装成 JSON 对象传给 Socket 服务器。发送图像的示例代码如下：

（完整代码见 network\src\main\java\com\example\network\SocketioImageActivity.java）

```
private int mBlock = 50*1024;   // 每段的数据包大小
// 分段传输图片数据
private void sendImage() {
    ByteArrayOutputStream baos = new ByteArrayOutputStream();
    // 把位图数据压缩到字节数组输出流
    mBitmap.compress(Bitmap.CompressFormat.JPEG, 80, baos);
    byte[] bytes = baos.toByteArray();
    int count = bytes.length/mBlock + 1;
    // 下面把图片数据经过 BASE64 编码后发给 Socket 服务器
    for (int i=0; i<count; i++) {
        String encodeData = "";
        if (i == count-1) {   // 是最后一段图像数据
            int remain = bytes.length % mBlock;
            byte[] temp = new byte[remain];
            System.arraycopy(bytes, i*mBlock, temp, 0, remain);
            encodeData = Base64.encodeToString(temp, Base64.DEFAULT);
        } else {              // 不是最后一段图像数据
            byte[] temp = new byte[mBlock];
            System.arraycopy(bytes, i*mBlock, temp, 0, mBlock);
            encodeData = Base64.encodeToString(temp, Base64.DEFAULT);
        }
        // 往 Socket 服务器发送本段的图片数据
        ImagePart part = new ImagePart(mFileName, encodeData, i, bytes.length);
        SocketUtil.emit(mSocket, "send_image", part);   // 向服务器提交图像数据
    }
}
```

除了实现发送方的图像发送功能，还需实现接收方的图像接收功能。先从服务器获取各段图像数据，等所有分段都接收完毕再按照分段序号依次拼接图像的字节数组，再从拼接好的字节数组解码得到位图对象。接收图像的示例代码如下：

```
private String mLastFile;           // 上次的文件名
private int mReceiveCount;          // 接收包的数量
private byte[] mReceiveData;        // 收到的字节数组
// 接收对方传来的图片数据
private void receiveImage(Object... args) {
    JSONObject json = (JSONObject) args[0];
    ImagePart part = new Gson().fromJson(json.toString(), ImagePart.class);
    if (!part.getName().equals(mLastFile)) {   // 文件名不同，表示开始接收新文件
        mLastFile = part.getName();
        mReceiveCount = 0;
        mReceiveData = new byte[part.getLength()];
    }
    mReceiveCount++;
    // 把接收到的图片数据通过 BASE64 解码为字节数组
```

```
            byte[] temp = Base64.decode(part.getData(), Base64.DEFAULT);
            System.arraycopy(temp, 0, mReceiveData, part.getSeq()*mBlock,
                             temp.length);
            // 所有数据包都接收完毕
            if (mReceiveCount >= part.getLength()/mBlock+1) {
                // 从字节数组中解码得到位图对象
                Bitmap bitmap = BitmapFactory.decodeByteArray(
                                mReceiveData, 0, mReceiveData.length);
                String desc = String.format("%s 收到服务端消息：%s",
                                DateUtil.getNowTime(), part.getName());
                runOnUiThread(() -> {  // 回到主线程显示图片与说明文字
                    tv_response.setText(desc);
                    iv_response.setImageBitmap(bitmap);
                });
            }
        }
```

在 App 代码中记得调用 Socket 对象的 on 方法，这样 App 才能正常接收服务器传来的图像数据。下面是 on 方法的调用代码：

```
// 等待接收传来的图片数据
mSocket.on("receive_image", (args) -> receiveImage(args));
```

完成上述几个步骤之后，确保服务器的 SocketServer 正在运行（服务端程序的运行说明见本书附录 E），再运行并测试该 App，从系统相册中选择待发送的图片，此时交互界面如图 6-23 所示。接着点击"发送图片信息"按钮，向 Socket 服务器发送图片消息；随后接收到服务器推送的应答消息，应答内容显示在按钮下方（包含文本和图片），此时交互界面如图 6-24 所示，可见图片消息的收发流程成功完成。

图 6-23　准备发送图片的交互界面

图 6-24　成功发送图片的交互界面

### 6.3.3 利用 WebSocket 传输消息

经过前面两小节的介绍，文本与图片的即时通信都可以由 SocketIO 实现，看似它要一统即时通信了，可是深究起来会发现 SocketIO 存在很多局限，包括但不限于下列几点：

（1）SocketIO 不能直接传输字节数据，只能重新编码成字符串后（比如 BASE64 编码）再传输，造成了额外的系统开销。

（2）SocketIO 不能保证前后发送的数据被收到时仍然是同样顺序，如果业务要求实现分段数据的有序性，开发者就得自己采取某种机制确保这种有序性。

（3）SocketIO 服务器只有一个 main 程序，不可避免地会产生性能瓶颈。倘若有许多通信请求奔涌过来，一个 main 程序很难应对。

为了解决上述几点问题，业界提出了一种互联网时代的 Socket 协议，名叫 WebSocket。它支持在 TCP 连接上进行全双工通信，这个协议在 2011 年被定为互联网的标准之一，并纳入 HTML5 的规范体系。相对于传统的 HTTP 与 Socket 协议来说，WebSocket 具备以下几点优势：

（1）实时性更强，无须轮询即可实时获得对方设备的消息推送。

（2）利用率更高，连接创建之后，基于相同的控制协议，每次交互的数据包头部较小，节省了数据处理的开销。

（3）功能更强大，WebSocket 定义了二进制帧，使得传输二进制的字节数组不在话下。

（4）扩展更方便，WebSocket 接口被托管在普通的 Web 服务之上，跟着 Web 服务方便扩容，有效规避了性能瓶颈。

WebSocket 不仅拥有如此丰富的特性，而且用起来也特别简单。先说服务端的 WebSocket 编程，除了引入它的依赖包 javaee-api-8.0.1.jar，就只需添加如下的服务器代码：

（完整代码见 HttpServer\src\com\websocket\server\WebSocketServer.java）

```java
@ServerEndpoint("/testWebSocket")
public class WebSocketServer {
    // 存放每个客户端对应的 WebSocket 对象
    private static CopyOnWriteArraySet<WebSocketServer> webSocketSet =
                new CopyOnWriteArraySet<WebSocketServer>();
    private Session mSession;  // 当前的连接会话

    // 连接成功后调用
    @OnOpen
    public void onOpen(Session session) {
        System.out.println("WebSocket 连接成功");
        this.mSession = session;
        webSocketSet.add(this);
    }

    // 连接关闭后调用
    @OnClose
    public void onClose() {
        System.out.println("WebSocket 连接关闭");
        webSocketSet.remove(this);
```

```
    }

    // 连接异常时调用
    @OnError
    public void onError(Throwable error) {
        System.out.println("WebSocket 连接异常");
        error.printStackTrace();
    }

    // 收到客户端消息时调用
    @OnMessage
    public void onMessage(String msg) throws Exception {
        System.out.println("接收到客户端消息: " + msg);
        for(WebSocketServer item : webSocketSet){
            item.mSession.getBasicRemote().sendText("我听到消息啦""+msg+"" ");
        }
    }
}
```

接着启动服务器的 Web 工程,便能通过形如 ws://localhost:8080/HttpServer/testWebSocket 这样的地址访问 WebSocket。

再说 App 端的 WebSocket 编程,由于 WebSocket 协议尚未纳入 JDK,因此要引入它所依赖的 jar 包 tyrus-standalone-client-1.17.jar。代码方面则需自定义客户端的连接任务,注意给任务类添加注解@ClientEndpoint,表示该类属于 WebSocket 的客户端任务。任务内部需要重写 onOpen(连接成功后调用)、processMessage(收到服务端消息时调用)、processError(收到服务端错误时调用)三个方法,还得定义一个向服务端发消息的发送方法,消息内容支持文本与二进制两种格式。下面是处理客户端消息交互工作的示例代码:

(完整代码见 network\src\main\java\com\example\network\task\AppClientEndpoint.java)

```
@ClientEndpoint
public class AppClientEndpoint {
    private Activity mAct;                  // 声明一个活动实例
    private OnRespListener mListener;        // 消息应答监听器
    private Session mSession;                // 连接会话

    public AppClientEndpoint(Activity act, OnRespListener listener) {
        mAct = act;
        mListener = listener;
    }

    // 向服务器发送请求报文
    public void sendRequest(String req) {
        try {
            if (mSession != null) {
                RemoteEndpoint.Basic remote = mSession.getBasicRemote();
                remote.sendText(req);                   // 发送文本数据
                // remote.sendBinary(buffer);           // 发送二进制数据
            }
        } catch (Exception e) {
```

```java
            e.printStackTrace();
        }
    }

    // 连接成功后调用
    @OnOpen
    public void onOpen(final Session session) {
        mSession = session;
    }

    // 收到服务端消息时调用
    @OnMessage
    public void processMessage(Session session, String message) {
        if (mListener != null) {
            mAct.runOnUiThread(() -> mListener.receiveResponse(message));
        }
    }

    // 收到服务端错误时调用
    @OnError
    public void processError(Throwable t) {
        t.printStackTrace();
    }

    // 定义一个 WebSocket 应答的监听器接口
    public interface OnRespListener {
        void receiveResponse(String resp);
    }
}
```

回到App的活动代码，依次执行下述步骤就能向WebSocket服务器发送消息：获取WebSocket容器→连接WebSocket服务器→调用WebSocket任务的发送方法。其中前两步涉及的初始化代码如下：

（完整代码见 network\src\main\java\com\example\network\WebSocketActivity.java）

```java
private AppClientEndpoint mAppTask; // 声明一个 WebSocket 客户端任务对象

// 初始化 WebSocket 的客户端任务
private void initWebSocket() {
    // 创建文本传输任务，并指定消息应答监听器
    mAppTask = new AppClientEndpoint(this, resp -> {
        String desc = String.format("%s 收到服务端返回：%s",
                DateUtil.getNowTime(), resp);
        tv_response.setText(desc);
    });
    // 获取 WebSocket 容器
    WebSocketContainer container =
                    ContainerProvider.getWebSocketContainer();
    try {
```

```
            URI uri = new URI(SERVER_URL);   // 创建一个 URI 对象
            // 连接 WebSocket 服务器，并关联文本传输任务获得连接会话
            Session session = container.connectToServer(mAppTask, uri);
            // 设置文本消息的最大缓存大小
            session.setMaxTextMessageBufferSize(1024 * 1024 * 10);
            // 设置二进制消息的最大缓存大小
            //session.setMaxBinaryMessageBufferSize(1024 * 1024 * 10);
        } catch (Exception e) {
            e.printStackTrace();
        }
    }
```

因为 WebSocket 接口仍为网络操作，所以必须在分线程中初始化 WebSocket，启动初始化线程的代码如下所示：

```
new Thread(() -> initWebSocket()).start();  // 启动线程初始化 WebSocket 客户端
```

同理，发送 WebSocket 消息也要在分线程中操作，启动消息发送线程的代码如下：

```
new Thread(() -> mAppTask.sendRequest(content)).start();  // 启动发送文本线程
```

最后确保后端的 Web 服务正在运行（服务端程序的运行说明见本书附录 E），再运行并测试该 App，在编辑框输入待发送的文本，此时交互界面如图 6-25 所示。接着点击"发送 WEBSOCKET 消息"按钮，向 WebSocket 服务器发送文本消息；随后接收到服务器推送的应答消息，应答内容显示在按钮下方，此时交互界面如图 6-26 所示，可见 WebSocket 的消息收发流程成功走通。

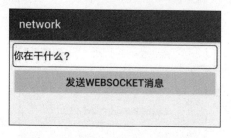

图 6-25　准备发送 WebSocket 消息

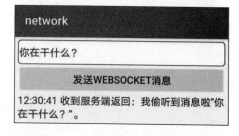

图 6-26　成功发送 WebSocket 消息

## 6.4　实战项目：仿微信的私聊和群聊

手机最开始用于通话，后来增加了短信功能，初步满足了人与人之间的沟通需求。然而短信只能发文字，于是出现了能够发图片的彩信，但不管是短信还是彩信，资费都比较贵，令人惜墨如金。后来移动公司推出飞信，它支持从计算机向手机免费发短信，因而风靡一时。到了智能手机时代，更懂用户的微信异军突起，只需耗费少数流量即可发送丰富的图文消息，由此打败了短信、彩信、飞信，成为人们最常用的社交 App。本节的实战项目就来谈谈如何设计并实现手机上的即时通信 App。

### 6.4.1　需求描述

聊天属于微信的基础功能，包括单人聊天和多人聊天，其中单人聊天简称私聊，多人聊天简

称群聊。打开微信 App，它的底部标签栏如图 6-27 所示，点击第一个微信标签，上面的主界面切换到聊天列表页；点击第二个通讯录标签，主界面切换到通讯录列表页。

图 6-27　微信的底部标签栏

　　点击某个通讯录好友，准备给他发消息，此时打开私聊界面，如图 6-28 所示，可见聊天界面既能发送文本消息，也能发送图片消息，并且对方消息靠左对齐，我方消息靠右对齐。再切到聊天列表，进入某个群聊，如图 6-29 所示，发现顶部群聊名称的右侧显示总人数，并且大伙都能在群聊界面畅所欲言。

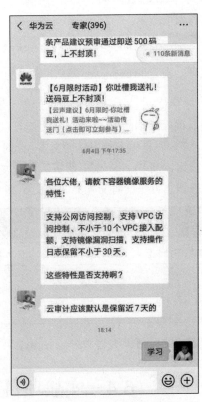

图 6-28　微信的私聊界面　　　　　　　　图 6-29　微信的群聊界面

　　私聊的时候，聊天消息只发给对方；群聊的时候，该群的所有成员都会收到群消息。看似简单的聊天功能成就了微信，如今微信不仅仅是社交 App，它还成为乡村振兴的扶贫工具。微信群更是被写进了当代流行音乐，请听中国梦主题歌曲《小村微信群》（许会锋作词）："左邻的网店开张生意忙不忙，右舍的果园树苗长势壮不壮。小村微信群天天聊得人气旺，邻里街坊多少打算手指尖来讲。东家的养殖项目前景广不广，西家的大棚蔬菜销路畅不畅。小村微信群人人传递着向往，乡里乡亲多少想法群里来共享。一个个小点子点燃小村希望，一个个好经验打开小村梦想。一个个新目标凝聚小村力量，一个个好故事汇成小村春光。"

## 6.4.2 功能分析

即时通信（Instant Message，IM）有两个意思：第一个是通信，也就是传输消息，至少支持包含文字与图片在内的图文消息；第二个是即时，也叫实时，发出来的消息要马上送到对方那里，一刻都不能耽搁。即时通信的特性决定了它没法采用基于短连接的 HTTP 协议，而必须采用基于长连接的网络协议，比如 Socket、MQTT、IMPP、XMPP 等，其中又以 Socket 最为基础。

当然，即时通信工具首先是一个工具，由于它面向最终用户，因此要求方便易用，符合人们的使用习惯才行。从用户界面到后台服务，即时通信工具主要集成了如下 App 技术：

（1）底部标签栏：主界面底部的一排标签按钮，用于控制切换到哪个页面，该标签栏可结合 RadioGroup 与 ViewPager 自定义实现。

（2）列表控件：无论是好友列表还是群聊列表，都从上到下依次排列，可采用列表视图 ListView 或者基于线性布局管理器的循环视图 RecyclerView。

（3）输入对话框：个人信息页面修改用户昵称，需要在弹窗中填入新昵称，而在对话框中输入文字信息，用到了第 4 章介绍的 InputDialog。

（4）圆角矩形：好友列表与聊天界面中的用户头像，经过了圆角矩形裁剪，看起来更亲切更柔和。

（5）Socket 通信：聊天消息实时传给对方，需要采取 Socket 通信与后端服务器交互，为降低编码复杂程度，客户端与服务端均需集成第三方的 SocketIO 库。

（6）移动数据格式 JSON：传输聊天内容时，需要把图文消息封装为 JSON 格式，以便数据解析与结构扩展。

下面简单介绍一下随书源码 network 模块中与微信聊天有关的主要代码之间的关系：

（1）WeLoginActivity.java：这是仿微信聊天的登录页面。
（2）WeChatActivity.java：这是登录进去后的主界面（内含三个碎片页）。
（3）FriendListFragment.java：这是好友列表的碎片页。
（4）GroupListFragment.java：这是群聊列表的碎片页。
（5）MyInfoFragment.java：这是个人信息的碎片页。
（6）FriendChatActivity.java：这是单人聊天的私聊界面。
（7）GroupChatActivity.java：这是多人聊天的群聊界面。

此外，仿微信聊天还需要与之配合的 Socket 服务器，其源码主要是 HttpServer 模块中的 WeChatServer.java，它涵盖了即时通信后端的图文消息传输，包括私聊消息和群聊消息。

接下来补充说明仿微信聊天的 Socket 通信，因为涉及客户端与服务端的交互，所以通信流程有些复杂，主要划分为下列 4 个功能。

### 1. 服务端的 Socket 连接管理

Socket 服务器对各个客户端的管理操作主要包括如下 3 类：

（1）人员上线、人员下线。人员上线时，需要把该人员保存至人员映射表（即对应表）；人员下线时，需要从人员映射表删除该人员。

（2）人员入群、人员退群。人员入群时，需要把该人员添加至群成员映射表；人员退群时，需要从群成员映射表删除该人员。

（3）发送文本消息、发送图片消息。对于私聊消息，只要把文本或图片转发给目标人员即可；对于群聊消息，则需把文本或图片转发给当前群的所有成员（消息发送者除外）。

按照上述管理操作的描述，首先声明几个映射对象，用于保存相关的实体数据，声明代码如下所示：

```java
// 客户端映射表
private static Map<String, SocketIOClient> clientMap = new HashMap<>();
// 人员名字映射表
private static Map<String, String> nameMap = new HashMap<>();
// 群名称与群成员映射表
private static Map<String, Map<String, String>> groupMap = new HashMap<>();
```

接着给服务端的main方法补充以上管理操作对应的事件监听器，这些监听器的注册代码如下：（完整代码见 HttpServer\src\com\socketio\server\WeChatServer.java）

```java
// 添加我已上线的监听事件
server.addEventListener("self_online", String.class, (client, name, ackSender) -> {
    String sessionId = client.getSessionId().toString();
    for (Map.Entry<String, SocketIOClient> item : clientMap.entrySet()) {
        item.getValue().sendEvent("friend_online", name);
        client.sendEvent("friend_online", nameMap.get(item.getKey()));
    }
    nameMap.put(sessionId, name);
});
// 添加我已下线的监听事件
server.addEventListener("self_offline", String.class, (client, name, ackSender) -> {
    String sessionId = client.getSessionId().toString();
    for (Map.Entry<String, SocketIOClient> item : clientMap.entrySet()) {
        if (!sessionId.equals(item.getKey())) {
            item.getValue().sendEvent("friend_offline", name);
        }
    }
    nameMap.remove(sessionId);
});
// 添加文本发送的事件监听器
server.addEventListener("send_friend_message", JSONObject.class, (client, json, ackSender) -> {
    MessageInfo message = (MessageInfo) JSONObject.toJavaObject(
                            json, MessageInfo.class);
    for (Map.Entry<String, String> item : nameMap.entrySet()) {
        if (message.getTo().equals(item.getValue())) {
            clientMap.get(item.getKey()).sendEvent(
                            "receive_friend_message", message);
            break;
        }
    }
});
// 添加图像发送的事件监听器
```

```java
    server.addEventListener("send_friend_image", JSONObject.class, (client,
json, ackSender) -> {
        ImageMessage message = (ImageMessage) JSONObject.toJavaObject(
                            json, ImageMessage.class);
        for (Map.Entry<String, String> item : nameMap.entrySet()) {
            if (message.getTo().equals(item.getValue())) {
                clientMap.get(item.getKey()).sendEvent(
                            "receive_friend_image", message);
                break;
            }
        }
    });
    // 添加入群的事件监听器
    server.addEventListener("join_group", JSONObject.class, (client, json,
ackSender) -> {
        String sessionId = client.getSessionId().toString();
        JoinInfo info = (JoinInfo) JSONObject.toJavaObject(json, JoinInfo.class);
        if (!groupMap.containsKey(info.getGroup_name())) {
            groupMap.put(info.getGroup_name(), new HashMap<String, String>());
        }
        for (Map.Entry<String, Map<String, String>> group : groupMap.entrySet())
        {
            if (info.getGroup_name().equals(group.getKey())) {
                group.getValue().put(sessionId, info.getUser_name());
                for (Map.Entry<String, String> user :
                        group.getValue().entrySet()) {
                    clientMap.get(user.getKey()).sendEvent(
                            "person_in_group", info.getUser_name());
                }
                client.sendEvent("person_count", group.getValue().size());
            }
        }
    });
    // 添加退群的事件监听器
    server.addEventListener("leave_group", JSONObject.class, (client, json,
ackSender) -> {
        String sessionId = client.getSessionId().toString();
        JoinInfo info = (JoinInfo) JSONObject.toJavaObject(json, JoinInfo.class);
        for (Map.Entry<String, Map<String, String>> group : groupMap.entrySet())
        {
            if (info.getGroup_name().equals(group.getKey())) {
                group.getValue().remove(sessionId);
                for (Map.Entry<String, String> user :
                        group.getValue().entrySet()) {
                    clientMap.get(user.getKey()).sendEvent(
                            "person_out_group", info.getUser_name());
                }
            }
        }
    });
    // 添加群消息发送的事件监听器
    server.addEventListener("send_group_message", JSONObject.class, (client,
json, ackSender) -> {
        MessageInfo message = (MessageInfo) JSONObject.toJavaObject(
                            json, MessageInfo.class);
```

```java
        for (Map.Entry<String, Map<String, String>> group : groupMap.entrySet())
        {
            if (message.getTo().equals(group.getKey())) {
                for (Map.Entry<String, String> user :
                        group.getValue().entrySet()) {
                    if (!user.getValue().equals(message.getFrom())) {
                        clientMap.get(user.getKey()).sendEvent(
                                "receive_group_message", message);
                    }
                }
                break;
            }
        }
    });
    // 添加群图片发送的事件监听器
    server.addEventListener("send_group_image", JSONObject.class, (client, json,
ackSender) -> {
        ImageMessage message = (ImageMessage) JSONObject.toJavaObject(
                        json, ImageMessage.class);
        for (Map.Entry<String, Map<String, String>> group : groupMap.entrySet())
        {
            if (message.getTo().equals(group.getKey())) {
                for (Map.Entry<String, String> user :
                        group.getValue().entrySet()) {
                    if (!user.getValue().equals(message.getFrom())) {
                        clientMap.get(user.getKey()).sendEvent(
                                "receive_group_image", message);
                    }
                }
                break;
            }
        }
    });
```

然后服务端执行 main 方法即可启动微信聊天的 Socket 服务侦听。

### 2. 客户端的人员上下线

客户端的好友列表页页面需要侦听来自服务器的好友上下线事件,以便及时刷新在线好友列表。好友列表页的事件侦听代码如下:

(完整代码见 network\src\main\java\com\example\network\fragment\FriendListFragment.java)

```java
private List<EntityInfo> mFriendList = new ArrayList<>(); // 好友列表
private EntityListAdapter mAdapter;          // 好友列表适配器
private Socket mSocket;                      // 声明一个套接字对象
private Handler mHandler = new Handler(Looper.myLooper());// 声明处理程序对象

// 初始化套接字
private void initSocket() {
    mSocket = MainApplication.getInstance().getSocket();
    // 开始监听好友上线事件
    mSocket.on("friend_online", (args) -> {
        String friend_name = (String) args[0];
        if (friend_name != null) {
            // 把刚上线的好友加入好友列表
            mFriendMap.put(friend_name, new EntityInfo(friend_name, "好友"));
```

```java
        mFriendList.clear();
        mFriendList.addAll(mFriendMap.values());
        mHandler.postDelayed(mRefresh, 200);
    }
});
// 开始监听好友下线事件
mSocket.on("friend_offline", (args) -> {
    String friend_name = (String) args[0];
    mFriendMap.remove(friend_name);   // 从好友列表移除已下线的好友
    mFriendList.clear();
    mFriendList.addAll(mFriendMap.values());
    mHandler.postDelayed(mRefresh, 200);
});
// 通知服务器"我已上线"
mSocket.emit("self_online", MainApplication.getInstance().wechatName);
}

@Override
public void onDestroyView() {
    super.onDestroyView();
    // 通知服务器"我已下线"
    mSocket.emit("self_offline", MainApplication.getInstance().wechatName);
    mSocket.off("friend_online");    // 取消监听好友上线事件
    mSocket.off("friend_offline");   // 取消监听好友下线事件
}

private Runnable mRefresh = () -> doRefresh();   // 好友列表的刷新任务
// 刷新好友列表
private void doRefresh() {
    mHandler.removeCallbacks(mRefresh);   // 防止频繁刷新造成列表视图崩溃
    tv_title.setText(String.format("好友（%d）", mFriendList.size()));
    mAdapter.notifyDataSetChanged();
}
```

### 3. 客户端的私聊消息收发

单人聊天的一对一消息收发比较简单，前提是明确把消息发给谁，为此定义一个消息结构，里面存放消息的来源、目的、文本内容。倘若是发送图片消息，参考前面的"6.3.2 通过SocketIO传输图片消息"即可。单人聊天的消息收发代码如下：

（完整代码见network\src\main\java\com\example\network\FriendChatActivity.java）

```java
private String mSelfName, mFriendName;    // 自己的名称，好友名称
private Socket mSocket;                    // 声明一个套接字对象

// 初始化套接字
private void initSocket() {
    mSocket = MainApplication.getInstance().getSocket();
    // 等待接收好友消息
    mSocket.on("receive_friend_message", (args) -> {
        JSONObject json = (JSONObject) args[0];
        MessageInfo message = new Gson().fromJson(
                           json.toString(), MessageInfo.class);
        // 往聊天窗口添加文本消息
        runOnUiThread(() -> appendChatMsg(message.from,
                           message.content, false));
    });
    // 等待接收好友图片
    mSocket.on("receive_friend_image", (args) -> receiveImage(args));
}
```

```
@Override
protected void onDestroy() {
    super.onDestroy();
    mSocket.off("receive_friend_message");   // 取消接收好友消息
    mSocket.off("receive_friend_image");     // 取消接收好友图片
}

// 发送聊天消息
private void sendMessage() {
    String content = et_input.getText().toString();
    et_input.setText("");
    ViewUtil.hideOneInputMethod(this, et_input);       // 隐藏软键盘
    appendChatMsg(mSelfName, content, true);           // 往聊天窗口添加文本消息
    // 下面向 Socket 服务器发送聊天消息
    MessageInfo message = new MessageInfo(mSelfName, mFriendName, content);
    SocketUtil.emit(mSocket, "send_friend_message", message);
}
```

**4. 客户端的群聊管理**

多人聊天的难点在于群成员管理,不过这方面的人员匹配操作都由服务端处理了,客户端只需按部就班侦听入群通知、退群通知,然后及时刷新成员人数即可。至于群消息与群图片的收发,可参考单人聊天时的消息收发流程。下面是群成员管理的代码片段:

(完整代码见 network\src\main\java\com\example\network\GroupChatActivity.java)

```
private String mSelfName, mGroupName;   // 自己的名称,群名称
private Socket mSocket;                 // 声明一个套接字对象
private int mCount = 0;                 // 群成员数量

// 初始化套接字
private void initSocket() {
    mSocket = MainApplication.getInstance().getSocket();
    // 等待接收群人数通知
    mSocket.on("person_count", (args) -> {
        int count = (Integer) args[0];
        if (count > mCount) {
            mCount = (Integer) args[0];
            runOnUiThread(() -> tv_title.setText(String.format("%s(%d)",
                    mGroupName, mCount)));
        }
    });
    // 等待接收成员入群通知
    mSocket.on("person_in_group", (args) -> {
        runOnUiThread(() -> {
            if (!mSelfName.equals(args[0])) {
                tv_title.setText(String.format("%s(%d)",
                        mGroupName, ++mCount));
            }
            appendHintMsg(String.format("%s 加入了群聊", args[0]));
        });
    });
    // 等待接收成员退群通知
    mSocket.on("person_out_group", (args) -> {
        runOnUiThread(() ->
                tv_title.setText(String.format("%s(%d)", mGroupName, --mCount));
```

```
            appendHintMsg(String.format("%s 退出了群聊", args[0]));
        });
    });
    // 等待接收群消息
    mSocket.on("receive_group_message", (args) -> {
        JSONObject json = (JSONObject) args[0];
        MessageInfo message = new Gson().fromJson(
                        json.toString(), MessageInfo.class);
        // 往聊天窗口添加文本消息
        runOnUiThread(() -> appendChatMsg(message.from,
                        message.content, false));
    });
    // 等待接收群图片
    mSocket.on("receive_group_image", (args) -> receiveImage(args));
    // 下面向 Socket 服务器发送入群通知
    JoinInfo joinInfo = new JoinInfo(mSelfName, mGroupName);
    SocketUtil.emit(mSocket, "join_group", joinInfo);
}

@Override
protected void onDestroy() {
    super.onDestroy();
    // 下面向 Socket 服务器发送退群通知
    JoinInfo joinInfo = new JoinInfo(mSelfName, mGroupName);
    SocketUtil.emit(mSocket, "leave_group", joinInfo);
    mSocket.off("person_count");            // 取消接收群人数通知
    mSocket.off("person_in_group");         // 取消接收成员入群通知
    mSocket.off("person_out_group");        // 取消接收成员退群通知
    mSocket.off("receive_group_message");   // 取消接收群消息
    mSocket.off("receive_group_image");     // 取消接收群图片
}
```

### 6.4.3 效果展示

聊天功能需要服务器配合，确保后端的 Socket 服务已经开启，再打开聊天 App。聊天开始前先填写自己的昵称，昵称输入页如图 6-30 所示。登录进去后的个人信息页如图 6-31 所示。

图 6-30 昵称填写界面

图 6-31 个人信息界面

对于私聊场景，需要准备两部手机；对于群聊场景，至少准备三部手机，笔者这边准备了四部手机。先看私聊，两部手机分别输入昵称，再点击"登录"按钮打开好友列表页，如图 6-32 所示；如果点击下方的"群聊"标签，则切换到群聊列表页，如图 6-33 所示。

图 6-32　好友列表页

图 6-33　群聊列表页

私聊的两部手机分别起名浩宇和欣怡，他们各自点击对方头像，分别打开了聊天界面。然后往界面底部的编辑框输入文本消息，或者跳到系统相册选择图片发送。俩人开始你一言我一语，中间还夹杂着图片来往，聊得可带劲了。其中，浩宇手机的聊天界面如图 6-34 和图 6-35 所示，欣怡手机的聊天界面如图 6-36 和图 6-37 所示。

图 6-34　浩宇的聊天界面 1

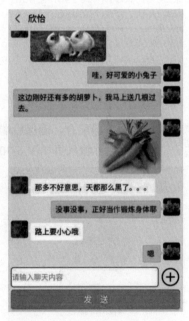

图 6-35　浩宇的聊天界面 2

图 6-36　欣怡的聊天界面 1

图 6-37　欣怡的聊天界面 2

群聊的四部手机分别名为梓萱、俊杰、欣怡和浩宇，他们准备讨论毕业设计的选题事项，于是各自点击 Android 开发技术交流群，分别打开了群聊界面。俊杰还没想好毕业设计要做什么 App，梓萱已经选择制作音乐播放器 App，欣怡向大家推荐 Android 开发实战图书，浩宇决定研究在线直播项目。四个好友叽叽喳喳，在群里聊得不亦乐乎，充分展现了当代大学生勤奋好学、积极向上的精神风貌。其中，梓萱的群聊界面如图 6-38 和图 6-39 所示，欣怡的群聊界面如图 6-40 和图 6-41 所示，浩宇的群聊界面如图 6-42 和图 6-43 所示，俊杰的群聊界面如图 6-44 和图 6-45 所示。

图 6-38　梓萱的群聊界面 1

图 6-39　梓萱的群聊界面 2

图 6-40　欣怡的群聊界面 1

图 6-41　欣怡的群聊界面 2

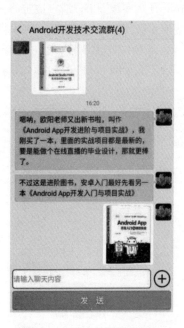

图 6-42　浩宇的群聊界面 1

图 6-43　浩宇的群聊界面 2

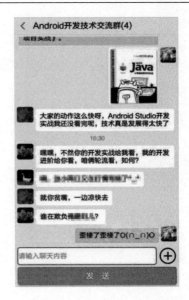

图 6-44　俊杰的群聊界面 1　　　　　图 6-45　俊杰的群聊界面 2

除了聊天功能，社区属性也是微信制胜的一大法宝，其代表作便是微信朋友圈。人们在朋友圈发布自己的图文动态，引得各路好友前来点赞，这种图文分享功能可通过 HTTP 服务来实现。聊天方面，竞品有 QQ、陌陌；社区方面，竞品有微博、小红书；纵然微信已经做了第一把交椅，其他竞品犹能俘获大批用户，可见此间市场容量足够大，有兴趣的读者不妨自行实现社区方面的图文分享，以此完善本章的微信聊天项目。

## 6.5　小　　结

本章主要介绍了 App 开发用到的网络通信技术，包括多线程（通过 runOnUiThread 快速操纵界面、用线程池 Executor 调度异步任务、工作管理器 WorkManager）、HTTP 访问（通过 okhttp 调用 HTTP 接口、使用 okhttp 下载和上传文件、实现下拉刷新和上拉加载）、即时通信（通过 SocketIO 传输文本消息、通过 SocketIO 传输图片消息、利用 WebSocket 传输消息）。最后设计了一个实战项目"仿微信的私聊和群聊"，在该项目的 App 编码中综合运用了本章介绍的网络通信技术。

通过本章的学习，读者应该能够掌握以下 3 种开发技能：

（1）学会几种多线程技术的进阶用法。
（2）学会使用 okhttp 访问 HTTP 接口。
（3）学会使用 SocketIO 和 WebSocket 实现 Socket 通信。

## 6.6　动手练习

1. 借助 WebSocket 实现前后端的消息交互。
2. 综合运用网络通信技术实现一个社区交流 App（仿微博的图文分享）。
3. 综合运用网络通信技术实现一个即时通信 App（含私聊和群聊）。

# 第 7 章

## 音韵留声

本章介绍 App 开发常用的一些音频处理技术，主要包括如何以各种方式（拖动条、滑动条、音量键）调节铃声音量，如何录制和播放两类音频（普通音频和原始音频），如何增强音效的录播效果（混合播放、WAV 录制、MP3 转码）等。最后结合本章所学的知识演示了一个实战项目"仿喜马拉雅的听说书"的设计与实现。

## 7.1 音量调节

本节介绍通过控件调节铃声音量的几种方式，内容包括拖动条和滑动条的用法及其优缺点、音频管理器对 6 类系统铃声的操作办法、如何在对话框中通过音量加减键调整音量大小。

### 7.1.1 拖动条和滑动条

拖动条 SeekBar 继承自进度条 ProgressBar，它与进度条的不同之处在于：进度条只能在代码中修改进度值，不能由用户改变进度值；拖动条不仅可以在代码中修改进度值，还可以由用户通过拖动操作改变进度值。在播放音频和视频之时，用户通过拖动条控制播放器快进或快退到指定位置，然后从新位置开始播放。除此之外，拖动条还可以调节音量大小、屏幕亮度、字体大小等。

与进度条相比，拖动条新增加了 4 个方法：

- setThumb：设置当前进度位置的图标。
- setThumbOffset：设置当前进度图标的偏移量。
- setKeyProgressIncrement：设置通过按键更改进度值时每次的变化量。
- setOnSeekBarChangeListener：设置拖动变化事件，需实现监听器 OnSeekBarChangeListener 的 3 个方法。
  - onProgressChanged：在进度值变化时触发。第 3 个参数表示是否来自用户，为 true 表示用户拖动，为 false 表示代码修改进度值。
  - onStartTrackingTouch：开始拖动时触发。
  - onStopTrackingTouch：结束拖动时触发。一般在该方法中添加用户拖动的处理逻辑。

尽管拖动条在多数情况下够用了，但它有一个毛病：拖动之后用户不能直观地看到当前进度值是多少。为此 Android 设计了全新的滑动条控件 Slider，并将其纳入 MaterialDesign 库。使用 Slider 前要修改 build.gradle，增加下面一行依赖配置：

```
implementation 'com.google.android.material:material:1.4.0'
```

接着修改 values 目录下的 styles.xml，添加如下的与风格定义有关的配置：

```xml
<style name="MaterialTheme" parent="Theme.MaterialComponents.DayNight">
</style>
```

然后打开 AndroidManifest.xml，给活动页面的 activity 节点补充属性"android:theme="@style/MaterialTheme""，表示使用 MaterialDesign 库的组件专用风格。补充属性之后，节点配置的如下：

```xml
<activity
    android:name=".SliderActivity"
    android:theme="@style/MaterialTheme" />
```

完成以上三处配置之后，即可在 App 工程中使用滑动条，注意 XML 文件引用 Slider 节点时要填全路径，就像下面这样：

（完整代码见 audio\src\main\res\layout\activity_slider.xml）

```xml
<com.google.android.material.slider.Slider
    android:id="@+id/sl_progress"
    android:layout_width="match_parent"
    android:layout_height="wrap_content"
    android:stepSize="1"
    android:valueFrom="0"
    android:valueTo="100"
    android:value="0" />
```

滑动条的代码用法与拖动条有所不同，它的常见方法分别说明如下：

- setStepSize：设置每次增减的步长。
- setValueFrom：设置进度区间的起始值。
- setValueTo：设置进度区间的终止值。
- setValue：设置当前进度的数值。
- addOnSliderTouchListener：设置滑动条的触摸监听器，需要实现监听器 OnSliderTouchListener 的两个方法。
  - ➢ onStartTrackingTouch：在开始滑动进度时触发。
  - ➢ onStopTrackingTouch：在停止滑动进度时触发。

下面是分别操作拖动条和滑动条的示例代码：

（完整代码见 audio\src\main\java\com\example\audio\SliderActivity.java）

```java
public class SliderActivity extends AppCompatActivity {

    @Override
```

```java
    protected void onCreate(Bundle savedInstanceState) {
        super.onCreate(savedInstanceState);
        setContentView(R.layout.activity_slider);
        SeekBar sb_progress = findViewById(R.id.sb_progress);
        // 设置拖动条的拖动监听器
        sb_progress.setOnSeekBarChangeListener(mSeekListener);
        Slider sl_progress = findViewById(R.id.sl_progress);
        // 设置滑动条的触摸监听器
        sl_progress.addOnSliderTouchListener(mSliderListener);
    }

    private SeekBar.OnSeekBarChangeListener mSeekListener=new SeekBar.OnSeekBarChangeListener() {
        //在进度变更时触发。第三个参数为true时表示用户拖动,为false时表示代码设置进度
        @Override
        public void onProgressChanged(SeekBar seekBar, int progress, boolean fromUser) {}

        // 在开始拖动进度时触发
        @Override
        public void onStartTrackingTouch(SeekBar seekBar) {}

        // 在停止拖动进度时触发
        @Override
        public void onStopTrackingTouch(SeekBar seekBar) {
            Toast.makeText(SliderActivity.this, "您选择的进度是"+seekBar.getProgress(), Toast.LENGTH_SHORT).show();
        }
    };

    private Slider.OnSliderTouchListener mSliderListener = new Slider.OnSliderTouchListener() {
        // 在开始滑动进度时触发
        @Override
        public void onStartTrackingTouch(Slider slider) {}

        // 在停止滑动进度时触发
        @Override
        public void onStopTrackingTouch(Slider slider) {
            Toast.makeText(SliderActivity.this, "您选择的进度是"+slider.getValue(), Toast.LENGTH_SHORT).show();
        }
    };
}
```

上述代码的执行结果如图 7-1 和图 7-2 所示。图 7-1 为按住拖动条时的画面,此时上方的拖动条进度发生变化;图 7-2 为按住滑动条时的画面,此时下方的滑动条进度发生变化。对比可知滑动条会额外显示当前的进度值,故而在与用户交互时变现得更为友好。

图 7-1 按住拖动条

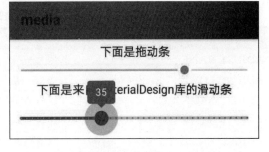
图 7-2 按住滑动条

### 7.1.2 音频管理器

Android 只有一个麦克风，却管理着 6 类铃声，分别是通话音、系统音、铃音、媒体音、闹钟音、通知音，取值说明见表 7-1。

表 7-1 铃声类型的取值说明

| AudioManager 类的铃声类型 | 铃声名称 | 说　明 |
| --- | --- | --- |
| STREAM_VOICE_CALL | 通话音 | |
| STREAM_SYSTEM | 系统音 | |
| STREAM_RING | 铃音 | 来电与收短信的铃声 |
| STREAM_MUSIC | 媒体音 | 音频、视频、游戏等的声音 |
| STREAM_ALARM | 闹钟音 | |
| STREAM_NOTIFICATION | 通知音 | |

管理这些铃声音量的工具是音频管理器 AudioManager，其对象从系统服务 AUDIO_SERVICE 中获取。下面是 AudioManager 的常用方法：

- getStreamMaxVolume：获取指定类型铃声的最大音量。
- getStreamVolume：获取指定类型铃声的当前音量。
- getRingerMode：获取指定类型铃声的响铃模式。响铃模式的取值说明见表 7-2。

表 7-2 响铃模式的取值说明

| AudioManager 类的响铃模式 | 说　明 |
| --- | --- |
| RINGER_MODE_NORMAL | 正常 |
| RINGER_MODE_SILENT | 静音 |
| RINGER_MODE_VIBRATE | 震动 |

- setStreamVolume：设置指定类型铃声的当前音量。
- setRingerMode：设置指定类型铃声的响铃模式。响铃模式的取值说明见表 7-2。
- adjustStreamVolume：调整指定类型铃声的当前音量。第一个参数是铃声类型；第二个参数是调整方向，音量调整方向的取值说明见表 7-3；第三个参数表示调整时的附加操作，填 FLAG_PLAY_SOUND 表示调整音量时播放声音，填 FLAG_SHOW_UI 表示调整音量时显示音量条。

表 7-3　音量调整方向的取值说明

| AudioManager 类的音量调整方向 | 说　明 |
| --- | --- |
| ADJUST_RAISE | 调大一级 |
| ADJUST_LOWER | 调小一级 |
| ADJUST_SAME | 保持不变 |
| ADJUST_MUTE | 静音 |
| ADJUST_UNMUTE | 取消静音 |
| ADJUST_TOGGLE_MUTE | 静音取反，即原来不是静音就设置静音，原来是静音就取消静音 |

上面的 setStreamVolume 和 adjustStreamVolume 两个方法都能设置音量，不同的是 setStreamVolume 方法直接将音量调整到目标值，通常与拖动条配合使用；而 adjustStreamVolume 方法是以当前音量为基础，然后调大、调小或调成静音。

音量调整的效果如图 7-3 所示，这个设置页面不但允许通过拖动条将音量直接调整到目标值，还允许通过加减按钮逐级调大或逐级调小音量。

图 7-3　各种铃声的音量调整界面

### 7.1.3　音量调节对话框

虽然 Android 提供了 6 类铃声，可是手机侧边的音量键只有加大与减少两个按键，当用户按音量增加键时，App 怎么知道用户希望加大哪类铃声的音量呢？如果用户想把声音一下子加到最大，莫非要多次按下音量键才行？

要解决这个问题，最好是弹出一个对话框，让用户选择希望调节的铃声类型，并显示拖动条，方便用户把音量一次调整到位，而不必连续按增加键或减小键。自定义音量对话框还有一个好处，即允许定制对话框的界面风格与显示位置，这在播放音乐和播放电影时尤其适用。

因为自定义对话框的代码不在活动页面中，所以无法通过 onKeyDown 方法检测按键，只能给拖动条注册按键监听器 OnKeyListener，在对话框代码中监听拖动条的按键事件。自定义音量调节对话框的示例代码如下：

（完整代码见 audio\src\main\java\com\example\audio\widget\VolumeDialog.java）

```java
public class VolumeDialog implements OnSeekBarChangeListener, OnKeyListener
{
    private Dialog dialog;    // 声明一个对话框对象
    private View view;        // 声明一个视图对象
    private SeekBar sb_music;                // 声明一个拖动条对象
    private AudioManager mAudioMgr;          // 声明一个音频管理器对象
    private int MUSIC = AudioManager.STREAM_MUSIC;        // 音乐的音频流类型
    private int mMaxVolume, mNowVolume; // 分别声明最大音量和当前音量
    private Handler mHandler = new Handler(Looper.myLooper());  // 处理器对象
    private Runnable mClose = () -> dismiss();  // 声明一个关闭对话框任务

    public VolumeDialog(Context context) {
        // 从系统服务中获取音频管理器
        mAudioMgr = (AudioManager)
            context.getSystemService(Context.AUDIO_SERVICE);
        mMaxVolume = mAudioMgr.getStreamMaxVolume(MUSIC);    // 获取最大音量
        mNowVolume = mAudioMgr.getStreamVolume(MUSIC);       // 获取当前音量
        // 根据布局文件 dialog_volume.xml 生成视图对象
        view = LayoutInflater.from(context).inflate(
                            R.layout.dialog_volume, null);
        sb_music = view.findViewById(R.id.sb_music);
        sb_music.setOnSeekBarChangeListener(this); // 设置拖动条的拖动变更监听器
        // 设置拖动条的拖动进度
        sb_music.setProgress(sb_music.getMax() * mNowVolume / mMaxVolume);
        // 创建一个指定风格的对话框对象
        dialog = new Dialog(context, R.style.VolumeDialog);
    }

    // 显示对话框
    public void show() {
        dialog.getWindow().setContentView(view);  // 设置对话框窗口的内容视图
        // 设置对话框窗口的布局参数
        dialog.getWindow().setLayout(LayoutParams.MATCH_PARENT,
                            LayoutParams.WRAP_CONTENT);
        // 设置对话框的显示监听器
        dialog.setOnShowListener(dialog -> {
            sb_music.setFocusable(true);     // 设置拖动条允许获得焦点
            sb_music.setFocusableInTouchMode(true);  // 设置在触摸时允许获得焦点
            sb_music.requestFocus();         // 拖动条请求获得焦点
            sb_music.setOnKeyListener(this); // 设置拖动条的按键监听器
        });
        dialog.show();   // 显示对话框
    }

    // 关闭对话框
    public void dismiss() {
        // 如果对话框显示出来了，就关闭它
        if (dialog != null && dialog.isShowing()) {
            dialog.dismiss();   // 关闭对话框
        }
    }

    // 判断对话框是否显示
```

```java
    public boolean isShowing() {
        if (dialog != null) {
            return dialog.isShowing();
        } else {
            return false;
        }
    }

    // 按音量方向调整音量
    public void adjustVolume(int direction, boolean fromActivity) {
        if (direction == AudioManager.ADJUST_RAISE) { // 调大音量
            mNowVolume = mNowVolume>=mMaxVolume ? mNowVolume : ++mNowVolume;
        } else { // 调小音量
            mNowVolume = mNowVolume<=0 ? mNowVolume : --mNowVolume;
        }
        // 设置拖动条的当前进度
        sb_music.setProgress(sb_music.getMax() * mNowVolume / mMaxVolume);
        // 把该音频类型的当前音量往指定方向调整
        mAudioMgr.adjustStreamVolume(MUSIC, direction,
                            AudioManager.FLAG_PLAY_SOUND);
        if (mListener != null && !fromActivity) { // 触发监听器的音量调节事件
            mListener.onVolumeAdjust(mNowVolume);
        }
        prepareCloseDialog(); // 准备关闭对话框
    }

    // 准备关闭对话框
    private void prepareCloseDialog() {
        mHandler.removeCallbacks(mClose);        // 移除原来的对话框关闭任务
        mHandler.postDelayed(mClose, 2000);      // 延迟两秒后启动对话框关闭任务
    }

    // 在进度变更时触发。第三个参数为true时表示用户拖动,为false时表示代码设置进度
    @Override
    public void onProgressChanged(SeekBar seekBar, int progress, boolean fromUser) {}

    // 在开始拖动进度时触发
    @Override
    public void onStartTrackingTouch(SeekBar seekBar) {}

    // 在停止拖动进度时触发
    @Override
    public void onStopTrackingTouch(SeekBar seekBar) {
        // 计算拖动后的当前音量
        mNowVolume = mMaxVolume * seekBar.getProgress() / seekBar.getMax();
        // 设置该音频类型的当前音量
        mAudioMgr.setStreamVolume(MUSIC, mNowVolume,
                            AudioManager.FLAG_PLAY_SOUND);
        if (mListener != null) {
            mListener.onVolumeAdjust(mNowVolume);
        }
        prepareCloseDialog(); // 准备关闭对话框
    }
```

```java
        // 在发生按键操作时触发
        @Override
        public boolean onKey(View v, int keyCode, KeyEvent event) {
            if (keyCode == KeyEvent.KEYCODE_VOLUME_UP
                    && event.getAction() == KeyEvent.ACTION_UP) { // 按下了音量加键
                adjustVolume(AudioManager.ADJUST_RAISE, false);    // 调大音量
            } else if (keyCode == KeyEvent.KEYCODE_VOLUME_DOWN
                    && event.getAction() == KeyEvent.ACTION_UP) { // 按下了音量减键
                adjustVolume(AudioManager.ADJUST_LOWER, false);    // 调小音量
            }
            return true;
        }

        private VolumeAdjustListener mListener; // 声明一个音量调节的监听器对象
        // 设置音量调节监听器
        public void setVolumeAdjustListener(VolumeAdjustListener listener) {
            mListener = listener;
        }

        // 定义一个音量调节的监听器接口
        public interface VolumeAdjustListener {
            void onVolumeAdjust(int volume);
        }
    }
```

在页面代码中通过检测音量增加键和减小键来弹出音量对话框，示例代码如下：

（完整代码见 audio\src\main\java\com\example\audio\VolumeDialogActivity.java）

```java
    public class VolumeDialogActivity extends AppCompatActivity implements
VolumeAdjustListener {
        private TextView tv_volume;            // 声明一个文本视图对象
        private VolumeDialog dialog;           // 声明一个音量对话框对象
        private AudioManager mAudioMgr;        // 声明一个音量管理器对象

        @Override
        protected void onCreate(Bundle savedInstanceState) {
            super.onCreate(savedInstanceState);
            setContentView(R.layout.activity_volume_dialog);
            tv_volume = findViewById(R.id.tv_volume);
            // 从系统服务中获取音量管理器
            mAudioMgr = (AudioManager) getSystemService(Context.AUDIO_SERVICE);
        }

        // 在发生物理按键操作时触发
        @Override
        public boolean onKeyDown(int keyCode, KeyEvent event) {
            if (keyCode == KeyEvent.KEYCODE_VOLUME_UP
                    && event.getAction() == KeyEvent.ACTION_DOWN){ // 按下音量加键
                showVolumeDialog(AudioManager.ADJUST_RAISE); // 显示对话框并调大
                return true;
            } else if (keyCode == KeyEvent.KEYCODE_VOLUME_DOWN
                    && event.getAction() == KeyEvent.ACTION_DOWN){ // 按下音量减键
                showVolumeDialog(AudioManager.ADJUST_LOWER); // 显示对话框并调小
                return true;
            } else if (keyCode == KeyEvent.KEYCODE_BACK) {              // 按下返回键
```

```
            finish();        // 关闭当前页面
            return false;
        } else {             // 其他按键
            return false;
        }
    }

    // 显示音量对话框
    private void showVolumeDialog(int direction) {
        if (dialog == null || !dialog.isShowing()) {
            dialog = new VolumeDialog(this);             // 创建一个音量对话框
            dialog.setVolumeAdjustListener(this);        // 设置音量调节监听器
            dialog.show();   // 显示音量对话框
        }
        dialog.adjustVolume(direction, true);    // 令音量对话框按音量方向调整音量
        onVolumeAdjust(mAudioMgr.getStreamVolume(
                        AudioManager.STREAM_MUSIC));
    }

    // 在音量调节完成后触发
    @Override
    public void onVolumeAdjust(int volume) {
        tv_volume.setText("调节后的音乐音量大小为: " + volume);
    }
}
```

音量调节对话框的效果如图 7-4 和图 7-5 所示。按下音量增加键时弹出音量对话框，如图 7-4 所示；用户左滑拖动条以减小音量，此时音量对话框如图 7-5 所示。

图 7-4　按音量增加键弹出对话框　　　　　　　图 7-5　把对话框上的拖动条往左拉

## 7.2　音频录播

本节介绍 App 音频的录制和播放过程，内容包括：如何使用媒体录制器 MediaRecorder 录制普通音频，以及如何使用媒体播放器 MediaPlayer 播放普通音频；如何使用音频录制器 AudioRecord 录制原始音频，以及如何使用音轨播放器 AudioTrack 播放原始音频；如何自定义音频控制条以便更好地进行播控操作。

### 7.2.1　普通音频的录播

Android 没有单独操作麦克风的工具类，如果要录音就使用媒体录制器 MediaRecorder，如果要播音就使用媒体播放器 MediaPlayer。下面分别进行介绍。

**1. 媒体录制器 MediaRecorder**

MediaRecorder 是 Android 自带的音视频录制工具，它通过操纵摄像头和麦克风完成媒体录制，

既可录制视频，又可单独录制音频。

下面是 MediaRecorder 的常用方法（录音与录像通用）：

- reset：重置录制资源。
- prepare：准备录制。
- start：开始录制。
- stop：结束录制。
- release：释放录制资源。
- setOnErrorListener：设置错误监听器。可监听服务器异常和未知错误的事件。需要实现接口 MediaRecorder.OnErrorListener 的 onError 方法。
- setOnInfoListener：设置信息监听器。可监听录制结束事件，包括达到录制时长和达到录制大小。需要实现接口 MediaRecorder.OnInfoListener 的 onInfo 方法。
- setMaxDuration：设置可录制的最大时长，单位为毫秒。
- setMaxFileSize：设置可录制的最大文件大小，单位为字节。
- setOutputFile：设置输出文件的存储路径。

下面是 MediaRecorder 用于音频录制的方法（当然录像时要一起录音）。

- setAudioSource：设置音频来源。一般使用麦克风 AudioSource.MIC。
- setOutputFormat：设置媒体输出格式。媒体输出格式的取值说明见表 7-4。

表 7-4 媒体输出格式的取值说明

| OutputFormat 类的输出格式 | 格式分类 | 扩 展 名 | 格式说明 |
|---|---|---|---|
| AMR_NB | 音频 | .amr | 窄带格式 |
| AMR_WB | 音频 | .amr | 宽带格式 |
| AAC_ADTS | 音频 | .aac | 高级的音频传输流格式 |
| MPEG_4 | 视频 | .mp4 | MPEG4 格式 |
| THREE_GPP | 视频 | .3gp | 3GP 格式 |

- setAudioEncoder：设置音频编码器。音频编码器的取值说明见表 7-5。注意：该方法应在 setOutputFormat 方法之后执行，否则会出现异常。

表 7-5 音频编码器的取值说明

| AudioEncoder 类的音频编码器 | 说 明 |
|---|---|
| AMR_NB | 窄带编码 |
| AMR_WB | 宽带编码 |
| AAC | 低复杂度的高级编码 |
| HE_AAC | 高效率的高级编码 |
| AAC_ELD | 增强型低延时的高级编码 |

- setAudioSamplingRate：设置音频的采样率，单位为赫兹。
- setAudioChannels：设置音频的声道数。1 表示单声道，2 表示双声道。

- setAudioEncodingBitRate：设置音频每秒录制的字节数。数值越大音频越清晰。

注意，录音之前要在 AndroidManifest.xml 中添加录音权限，如下所示：

```xml
<!-- 录音 -->
<uses-permission android:name="android.permission.RECORD_AUDIO" />
```

下面是使用 MediaRecorder 实现简单音频录制器的示例代码片段：

（完整代码见 audio\src\main\java\com\example\audio\AudioCommonActivity.java）

```java
private int mAudioEncoder;  // 音频编码
private int mOutputFormat;  // 输出格式
private int mDuration;      // 录制时长
private String mRecordFilePath;  // 录音文件的保存路径
private MediaRecorder mMediaRecorder = new MediaRecorder();  // 媒体录制器
private boolean isRecording = false;       // 是否正在录音
private Timer mRecordTimer = new Timer();  // 录音计时器
private int mRecordTimeCount;        // 录音时间计数

// 开始录音
private void startRecord() {
    ll_record_progress.setVisibility(View.VISIBLE);
    isRecording = !isRecording;
    btn_record.setText("停止录音");
    pb_record_progress.setMax(mDuration);  // 设置进度条的最大值
    mRecordTimeCount = 0;           // 录音时间计数清零
    mRecordTimer = new Timer();     // 创建一个录音计时器
    mRecordTimer.schedule(new TimerTask() {
        @Override
        public void run() {
            pb_record_progress.setProgress(mRecordTimeCount);  // 设置当前进度
            tv_record_progress.setText(MediaUtil.formatDuration(
                    mRecordTimeCount*1000));
            mRecordTimeCount++;
        }
    }, 0, 1000);   // 计时器每隔一秒就更新进度条上的录音进度
    // 获取本次录制的媒体文件路径
    mRecordFilePath = String.format("%s/%s.amr",
            getExternalFilesDir(Environment.DIRECTORY_DOWNLOADS),
            DateUtil.getNowDateTime());
    // 下面是媒体录制器的处理代码
    mMediaRecorder.reset();      // 重置媒体录制器
    // 设置媒体录制器的信息监听器
    mMediaRecorder.setOnInfoListener((mr, what, extra) -> {
        // 达到最大时长或者达到文件大小限制时将停止录制
        if (what == MediaRecorder.MEDIA_RECORDER_INFO_MAX_DURATION_REACHED
          || what == MediaRecorder.MEDIA_RECORDER_INFO_MAX_FILESIZE_REACHED){
            stopRecord();        // 停止录音
        }
    });
    // 设置音频源为麦克风
```

```
mMediaRecorder.setAudioSource(MediaRecorder.AudioSource.MIC);
mMediaRecorder.setOutputFormat(mOutputFormat);    // 设置媒体的输出格式
mMediaRecorder.setAudioEncoder(mAudioEncoder);    // 设置媒体的音频编码器
// mMediaRecorder.setAudioSamplingRate(8);   // 设置媒体的音频采样率，可选
// mMediaRecorder.setAudioChannels(2);       // 设置媒体的音频声道数，可选
// mMediaRecorder.setAudioEncodingBitRate(1024);  // 设置每秒录制的字节数
mMediaRecorder.setMaxDuration(mDuration * 1000);  // 设置媒体的最大录制时长
// mMediaRecorder.setMaxFileSize(1024*1024*10);   // 设置媒体的最大文件大小
// setMaxFileSize 与 setMaxDuration 设置其一即可
mMediaRecorder.setOutputFile(mRecordFilePath);    // 设置媒体文件的保存路径
try {
    mMediaRecorder.prepare();      // 媒体录制器准备就绪
    mMediaRecorder.start();        // 媒体录制器开始录制
} catch (Exception e) {
    e.printStackTrace();
}
}

// 停止录音
private void stopRecord() {
    btn_record.setText("开始录音");
    mRecordTimer.cancel();         // 取消录音定时器
    if (isRecording) {
        isRecording = !isRecording;
        mMediaRecorder.stop();     // 媒体录制器停止录制
        Toast.makeText(this, "已结束录音,音频文件路径为"+mRecordFilePath,
                       Toast.LENGTH_LONG).show();
        btn_play.setVisibility(View.VISIBLE);
    }
}
```

### 2. 媒体播放器 MediaPlayer

　　MediaPlayer 是 Android 自带的音视频播放器，可播放 MediaRecorder 录制的媒体文件，除了表 7-4 所示的文件格式，还有 MP3、WAV、MID、OGG 等音频文件，以及 MKV、MOV、AVI 等视频文件。

　　下面是 MediaPlayer 的常用方法（播音与放映通用）：

- reset：重置播放器。
- prepare：准备播放。
- prepareAsync：异步加载媒体文件，播放大文件或者网络媒体时建议使用该方法。
- start：开始播放。
- pause：暂停播放。
- stop：停止播放。
- setOnPreparedListener：设置准备播放监听器，需要实现接口 MediaPlayer.OnPreparedListener 的 onPrepared 方法。
- setOnCompletionListener：设置结束播放监听器，需要实现接口 MediaPlayer.OnCompletion-

Listener 的 onCompletion 方法。
- setOnSeekCompleteListener：设置播放拖动监听器，需要实现接口 MediaPlayer.OnSeek-CompleteListener 的 onSeekComplete 方法。
- create：创建指定 URI 的媒体播放器。
- setDataSource：设置播放数据来源的文件路径。create 与 setDataSource 两个方法只需调用一个即可。
- setVolume：设置音量。两个参数分别是左声道和右声道的音量，取值范围为 0~1。
- setAudioStreamType：设置音频流的类型。音频流类型的取值说明见表 7-2。
- setLooping：设置是否循环播放。true 表示循环播放，false 表示只播放一次。
- isPlaying：判断是否正在播放。
- seekTo：拖动播放进度到指定位置。该方法可与拖动条 SeekBar 配合使用。
- getCurrentPosition：获取当前播放进度所在的位置。
- getDuration：获取播放时长，单位为毫秒。

下面是使用 MediaPlayer 实现简单音频播放器的示例代码：
（完整代码见 audio\src\main\java\com\example\audio\AudioCommonActivity.java）

```java
private MediaPlayer mMediaPlayer = new MediaPlayer();  // 媒体播放器
private boolean isPlaying = false;                      // 是否正在播音
private Timer mPlayTimer = new Timer();                 // 录音计时器
private int mPlayTimeCount;                             // 录音时间计数

// 开始播音
private void startPlay() {
    ll_play_progress.setVisibility(View.VISIBLE);
    isPlaying = !isPlaying;
    btn_play.setText("停止播音");
    mMediaPlayer.reset();           // 重置媒体播放器
    // 设置媒体播放器的完成监听器
    mMediaPlayer.setOnCompletionListener(mp -> stopPlay());
    mMediaPlayer.setAudioStreamType(AudioManager.STREAM_MUSIC);  // 设置音乐类型
    try {
        mMediaPlayer.setDataSource(mRecordFilePath);  // 设置媒体数据的文件路径
        mMediaPlayer.prepare();      // 媒体播放器准备就绪
        mMediaPlayer.start();        // 媒体播放器开始播放
    } catch (Exception e) {
        e.printStackTrace();
    }
    pb_play_progress.setMax(mMediaPlayer.getDuration()/1000);  // 设置最大进度
    mPlayTimeCount = 0;              // 播音时间计数清零
    mPlayTimer = new Timer();        // 创建一个播音计时器
    mPlayTimer.schedule(new TimerTask() {
        @Override
        public void run() {
            pb_play_progress.setProgress(mPlayTimeCount);  // 设置进度条的当前进度
            tv_play_progress.setText(MediaUtil.formatDuration(
                    mPlayTimeCount*1000));
```

```
            mPlayTimeCount++;
        }
    }, 0, 1000);  // 计时器每隔一秒就更新进度条上的播音进度
}

// 停止播音
private void stopPlay() {
    btn_play.setText("开始播音");
    mPlayTimer.cancel();            // 取消播音定时器
    if (mMediaPlayer.isPlaying() || isPlaying) {  // 如果正在播放
        isPlaying = !isPlaying;
        mMediaPlayer.stop();         // 停止播放
        Toast.makeText(this, "已结束播音", Toast.LENGTH_LONG).show();
    }
}
```

由于音频本身没有对应的界面，因此使用进度条间接表达音频录制与播放进度。录音与播音的界面如图 7-6 和图 7-7 所示。图 7-6 表示当前正在录音，图 7-7 表示当前正在播音。

图 7-6　正在录音的界面

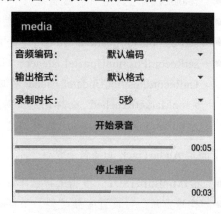
图 7-7　正在播音的界面

### 7.2.2　原始音频的录播

语音通话功能要求实时传输，在手机这边说一句话，那边就同步听到一句话。如果使用 MediaRecorder 与 MediaPlayer 组合，那么只能整句话都录完并编码好了才能传给对方去播放，这个实效性太差。理想的做法是把原始的音频流实时传给对方，由对方接收之后自行拼接播放，此时用到了音频录制器 AudioRecord 与音轨播放器 AudioTrack，该组合的音频格式为原始的二进制音频数据，没有文件头和文件尾，故而可以实现边录边播的实时语音对话。

MediaRecorder 录制的音频格式有 AMR、AAC 等，MediaPlayer 支持播放的音频格式除了 AMR、AAC 之外，还支持常见的 MP3、WAV、MID、OGG 等经过压缩编码的音频。AudioRecord 录制的音频格式只有 PCM，AudioTrack 可直接播放的格式也只有 PCM。PCM 格式有一个缺点，就是在播放过程中不能暂停，因为音频数据是二进制流，无法直接寻址；PCM 格式有一个好处——允许跨平台播放，比如 iOS 不能播放 AMR 音频，但能播放 PCM 音频。如果 Android 手机录制的语音需要传给 iOS 手机播放，就得采用 pcm 格式。

下面是 AudioRecord 的录音方法。

- getMinBufferSize：根据采样频率、声道配置、音频格式获得合适的缓冲区大小。
- 构造方法：可设置录音来源、采样频率、声道配置、音频格式与缓冲区大小。其中，录音来源一般是 AudioSource.MIC，采样频率可取值 8000 或者 16000。音频格式的取值说明见表 7-6。

表 7-6 原始音频格式的取值说明

| AudioFormat 类的音频格式 | 说 明 |
| --- | --- |
| ENCODING_PCM_16BIT | 每个采样块为 16 位（比特），推荐该格式 |
| ENCODING_PCM_8BIT | 每个采样块为 8 位（比特） |
| ENCODING_PCM_FLOAT | 每个采样块为单精度浮点数 |

- startRecording：开始录音。
- read：从缓冲区中读取音频数据，此数据要保存到音频文件中。
- stop：停止录音。
- release：停止录音并释放资源。
- setNotificationMarkerPosition：设置需要通知的标记位置。
- setPositionNotificationPeriod：设置需要通知的时间周期。
- setRecordPositionUpdateListener：设置录制位置变化的监听器对象。该监听器从 OnRecordPositionUpdateListener 扩展而来，需要实现的两个方法说明如下：
  - ➢ onMarkerReached：在标记到达时触发，对应 setNotificationMarkerPosition 方法。
  - ➢ onPeriodicNotification：在周期结束时触发，对应 setPositionNotificationPeriod 方法。

下面是 AudioTrack 的播音方法。

- getMinBufferSize：根据采样频率、声道配置、音频格式获得合适的缓冲区大小。
- 构造方法：可设置音频类型、采样频率、声道配置、音频格式、播放模式与缓冲区大小。其中，音频类型一般是 AudioManager.STREAM_MUSIC，采样频率、声道配置、音频格式与录音时保持一致，播放模式一般是 AudioTrack.MODE_STREAM。
- setStereoVolume：设置立体声的音量。第一个参数是左声道音量，第二个参数是右声道音量。
- play：开始播音。
- write：把缓冲区的音频数据写入音轨。调用该方法前要先从音频文件读取数据写入缓冲区。
- stop：停止播音。
- release：停止播音并释放资源。
- setNotificationMarkerPosition：设置需要通知的标记位置。
- setPositionNotificationPeriod：设置需要通知的时间周期。
- setPlaybackPositionUpdateListener：设置播放位置变化的监听器对象。该监听器从 OnPlaybackPositionUpdateListener 扩展而来，需要实现的两个方法说明如下：
  - ➢ onMarkerReached：在标记到达时触发，对应 setNotificationMarkerPosition 方法。
  - ➢ onPeriodicNotification：在周期结束时触发，对应 setPositionNotificationPeriod 方法。

音轨录制直接读取流数据，如果没有取消录制，就会一直等待，所以适合将录制任务分配到分线程处理，避免等待行为堵塞主线程。下面是音轨录制线程的示例代码片段：

（完整代码见 audio\src\main\java\com\example\audio\task\AudioRecordTask.java）

```java
public void run() {
    // 开通输出流到指定的文件
    try (FileOutputStream fos = new FileOutputStream(mRecordFile);
         DataOutputStream dos = new DataOutputStream(fos)) {
        // 根据定义好的几个配置来获取合适的缓冲大小
        int bufferSize = AudioRecord.getMinBufferSize(
                            mFrequence, mChannel, mFormat);
        byte[] buffer = new byte[bufferSize];  // 创建缓冲区
        // 根据音频配置和缓冲区构建原始音频录制实例
        AudioRecord record = new AudioRecord(MediaRecorder.AudioSource.MIC,
                mFrequence, mChannel, mFormat, bufferSize);
        // 设置需要通知的时间周期为 1 秒
        record.setPositionNotificationPeriod(1000);
        // 设置录制位置变化的监听器
        record.setRecordPositionUpdateListener(new RecordUpdateListener());
        record.startRecording();  // 开始录制原始音频
        // 没有取消录制，则持续读取缓冲区
        while (!isCancel) {
            int readSize = record.read(buffer, 0, buffer.length);
            // 循环将缓冲区中的音频数据写入到输出流
            for (int i = 0; i < readSize; i++) {
                dos.writeByte(buffer[i]);
            }
        }
        record.stop();  // 停止原始音频录制
    } catch (Exception e) {
        e.printStackTrace();
    }
}
```

同理，音轨播放操作也应当开启分线程处理，下面是音轨播放线程的示例代码片段：

（完整代码见 audio\src\main\java\com\example\audio\task\AudioPlayTask.java）

```java
public void run() {
    // 定义输入流，将音频写入 AudioTrack 类中，实现播放
    try (FileInputStream fis = new FileInputStream(mPlayFile);
         DataInputStream dis = new DataInputStream(fis)) {
        // 根据定义好的几个配置来获取合适的缓冲大小
        int bufferSize = AudioTrack.getMinBufferSize(
                            mFrequence, mChannel, mFormat);
        byte[] buffer = new byte[bufferSize];  // 创建缓冲区
        // 根据音频配置和缓冲区构建原始音频播放实例
        AudioTrack track = new AudioTrack(AudioManager.STREAM_MUSIC,
                mFrequence, mChannel, mFormat, bufferSize,
                AudioTrack.MODE_STREAM);
        // 设置需要通知的时间周期为 1 秒
```

```
            track.setPositionNotificationPeriod(1000);
            // 设置播放位置变化的监听器
            track.setPlaybackPositionUpdateListener(
                            new PlaybackUpdateListener());
            track.play();    // 开始播放原始音频
            // 由于AudioTrack播放的是字节流,因此我们需要一边播放一边读取
            while (!isCancel && dis.available() > 0) {
                int i = 0;
                // 把输入流中的数据循环读取到缓冲区
                while (dis.available() > 0 && i < buffer.length) {
                    buffer[i] = dis.readByte();
                    i++;
                }
                // 然后将数据写入原始音频AudioTrack中
                track.write(buffer, 0, buffer.length);
            }
            track.stop();    // 取消播放任务或者读完了就停止原始音频播放
        } catch (Exception e) {
            e.printStackTrace();
        }
    }
```

音轨录播的效果如图7-8和图7-9所示。图7-8为正在录制音轨的界面,此时录音按钮下方的文字记录了当前已录制的音轨时长;图7-9为正在播放音轨时的界面,此时播音按钮下方的文字记录了当前已播放的音轨时长。

图 7-8　音轨正在录制　　　　　　　　图 7-9　音轨正在播放

### 7.2.3　自定义音频控制条

尽管联合使用媒体播放器与拖动条能够简单操纵音频(既能在拖动条上展示播放进度,也能通过拖动条选择播放起始位置),可是拖动条实在太简陋了,无法满足更多样的播放控制要求,譬如下列几点功能拖动条便无法胜任:

(1) 显示音频的总时长。
(2) 显示音频的已播放时长。
(3) 提供暂停播放与恢复播放功能。

为此需设计一个全新的控件——音频控制条,不仅支持拖动条的所有功能,还要满足上述几点播控需求。对于总时长和已播放时长,可考虑通过两个文本视图分别展示;对于暂停播放与恢复播放功能,可考虑通过图像按钮加以控制。

增加新控件只保证基本的界面显示,尚不具备完整的播控功能。完备的播控功能至少包括三项:关联音频路径与音频控制条、控制条实时显示当前的播放进度、进度条的拖动操作实时传给媒体播放器,分别简述如下。

### 1. 关联音频路径与音频控制条

在音频控制条的自定义代码中,声明一个媒体播放器对象,并提供方法让外部传入音频路径,示例代码如下:

```java
private MediaPlayer mMediaPlayer = new MediaPlayer(); // 声明媒体播放器对象
private int mDuration = 0;     // 播放时长,单位为毫秒

// 准备播放指定路径的音频
public void prepare(String audioPath) {
    mMediaPlayer.reset();        // 重置媒体播放器
    mMediaPlayer.setAudioStreamType(AudioManager.STREAM_MUSIC); // 音乐类型
    try {
        mMediaPlayer.setDataSource(audioPath); // 设置媒体数据的文件路径
        mMediaPlayer.prepare(); // 媒体播放器准备就绪
    } catch (Exception e) {
        e.printStackTrace();
    }
    // 给媒体播放器设置播放准备监听器,准备完毕获取播放时长
    mMediaPlayer.setOnPreparedListener(mp ->
                    mDuration = mMediaPlayer.getDuration());
    // 给媒体播放器设置播放完成监听器,播放完毕重置当前进度
    mMediaPlayer.setOnCompletionListener(mp -> setCurrentTime(0));
}
```

### 2. 控制条实时显示当前播放进度

控制条自动轮询播放器的已播放时长,并刷新播放进度条等控件,轮询的示例代码如下:

```java
// 定义一个控制条的进度刷新任务。实时刷新控制条的播放进度,每隔0.5秒刷新一次
private Runnable mRefresh = new Runnable() {
    @Override
    public void run() {
        if (mMediaPlayer.isPlaying()) {  // 媒体播放器正在播放
            // 给音频控制条设置当前的播放位置
            setCurrentTime(mMediaPlayer.getCurrentPosition());
        }
        // 延迟500毫秒后再次启动进度刷新任务
        mHandler.postDelayed(this, 500);
    }
};
```

```java
// 设置当前的播放时间,同步 MediaPlayer 的播放进度
public void setCurrentTime(int current_time) {
    if (current_time == 0 || !mMediaPlayer.isPlaying()) {  // 在开头或处于暂停
        iv_play.setImageResource(R.drawable.btn_play);  // 显示播放图标
    } else {   // 处于播放状态
        iv_play.setImageResource(R.drawable.btn_pause); // 显示暂停图标
    }
    tv_current.setText(DateUtil.formatTime(current_time));  // 显示当前时间
    tv_total.setText(DateUtil.formatTime(mDuration));   //显示总时长
    if (mDuration == 0) {   // 播放时长为零
        sb_progress.setProgress(0);  // 设置拖动条的当前进度为零
    } else {                     // 播放时长非零
        // 设置拖动条的当前进度为播放进度
        sb_progress.setProgress((current_time == 0)
                ? 0 : (current_time * 100 / mDuration));
    }
}
```

### 3. 进度条的拖动操作实时传给媒体播放器

用户在界面上拖动进度条,此时控件要将拖动进度通知播放器,以便播放器迅速切换到指定位置重新开始,用于通知功能的示例代码如下:

```java
// 在进度变更时触发。第三个参数为 true 表示用户拖动,为 false 表示代码设置进度
// 如果是人为地改变进度(用户拖动进度条),则令音频从指定时间点开始播放
@Override
public void onProgressChanged(SeekBar seekBar, int progress, boolean fromUser)
{
    if (fromUser) {
        int time = progress * mDuration / 100;  // 计算拖动后的当前时间进度
        mMediaPlayer.seekTo(time);   // 拖动播放器的当前进度到指定位置
    }
}
```

综合上述三项播控功能,补充音频控制条的视图初始化逻辑,形成控制条的示例代码如下:
(完整代码见 audio\src\main\java\com\example\audio\widget\AudioController.java)

```java
public class AudioController extends RelativeLayout implements
SeekBar.OnSeekBarChangeListener {
    private ImageView iv_play;       // 声明用于播放控制的图像视图对象
    private TextView tv_current;     // 声明用于展示当前时间的文本视图对象
    private TextView tv_total;       // 声明用于展示播放时长的文本视图对象
    private SeekBar sb_progress;     // 声明一个拖动条对象
    private MediaPlayer mMediaPlayer = new MediaPlayer();  // 媒体播放器对象
    private int mDuration = 0;       // 播放时长,单位毫秒
    private Handler mHandler = new Handler(Looper.myLooper());// 处理程序对象

    public AudioController(Context context, AttributeSet attrs) {
        super(context, attrs);
        initView(context);   // 初始化视图
    }
```

```java
        // 初始化视图
        private void initView(Context context) {
            // 根据布局文件 bar_controller.xml 生成视图对象
            View view = LayoutInflater.from(context).inflate(
                                R.layout.bar_controller, null);
            iv_play = view.findViewById(R.id.iv_play);
            tv_current = view.findViewById(R.id.tv_current);
            tv_total = view.findViewById(R.id.tv_total);
            sb_progress = view.findViewById(R.id.sb_progress);
            iv_play.setOnClickListener(v -> {
                if (mMediaPlayer.isPlaying()) { // 媒体播放器正在播放
                    mMediaPlayer.pause();           // 媒体播放器暂停播放
                    iv_play.setImageResource(R.drawable.btn_play);
                } else {  // 媒体播放器未在播放
                    mMediaPlayer.start();           // 媒体播放器开始播放
                    iv_play.setImageResource(R.drawable.btn_pause);
                }
            });
            iv_play.setEnabled(false);
            sb_progress.setEnabled(false);
            sb_progress.setOnSeekBarChangeListener(this);  // 设置拖动变更监听器
            addView(view);    // 添加至当前视图
        }

        // 在进度变更时触发。第三个参数为 true 表示用户拖动，为 false 表示代码设置进度
        // 如果是人为地改变进度（用户拖动进度条），则令音频从指定时间点开始播放
        @Override
        public void onProgressChanged(SeekBar seekBar, int progress, boolean fromUser) {
            if (fromUser) {
                int time = progress * mDuration / 100;  // 计算拖动后的当前时间进度
                mMediaPlayer.seekTo(time);  // 拖动播放器的当前进度到指定位置
            }
        }

        // 在开始拖动进度时触发
        @Override
        public void onStartTrackingTouch(SeekBar seekBar) {}

        // 在停止拖动进度时触发
        @Override
        public void onStopTrackingTouch(SeekBar seekBar) {}

        // 设置当前的播放时间，同步 MediaPlayer 的播放进度
        public void setCurrentTime(int current_time) {
            if (current_time == 0 || !mMediaPlayer.isPlaying()) {  // 在开头或暂停
                iv_play.setImageResource(R.drawable.btn_play);    // 显示播放图标
            } else {  // 处于播放状态
                iv_play.setImageResource(R.drawable.btn_pause);   // 显示暂停图标
            }
            tv_current.setText(DateUtil.formatTime(current_time));// 显示当前时间
            tv_total.setText(DateUtil.formatTime(mDuration));  //显示总时长
            if (mDuration == 0) {     // 播放时长为零
                sb_progress.setProgress(0);  // 设置拖动条的当前进度为零
            } else {                 // 播放时长非零
```

```java
            // 设置拖动条的当前进度为播放进度
            sb_progress.setProgress((current_time == 0)
                    ? 0 : (current_time * 100 / mDuration));
        }
    }

    // 准备播放指定路径的音频
    public void prepare(String audioPath) {
        setVisibility(View.VISIBLE);
        iv_play.setEnabled(true);
        sb_progress.setEnabled(true);
        mMediaPlayer.reset();          // 重置媒体播放器
        // 设置音频流的类型
        mMediaPlayer.setAudioStreamType(AudioManager.STREAM_MUSIC);
        // 给媒体播放器设置播放完成监听器，播放完毕重置当前进度
        mMediaPlayer.setOnCompletionListener(mp -> setCurrentTime(0));
        mHandler.post(mRefresh);       // 立即启动进度刷新任务
        try {
            mMediaPlayer.setDataSource(audioPath);  // 设置媒体数据的文件路径
            mMediaPlayer.prepare();    // 媒体播放器准备就绪
        } catch (Exception e) {
            e.printStackTrace();
        }
        // 给媒体播放器设置播放准备监听器，准备完毕获取播放时长
        mMediaPlayer.setOnPreparedListener(mp ->
                mDuration = mMediaPlayer.getDuration());
    }

    // 开始播放
    public void start() {
        if (mDuration > 0) {
            mMediaPlayer.start();      // 媒体播放器开始播放
        }
    }

    // 定义一个控制条的进度刷新任务。实时刷新控制条的播放进度，每隔0.5秒刷新一次
    private Runnable mRefresh = new Runnable() {
        @Override
        public void run() {
            if (mMediaPlayer.isPlaying()) {  // 媒体播放器正在播放
                // 给音频控制条设置当前的播放位置
                setCurrentTime(mMediaPlayer.getCurrentPosition());
            }
            // 延迟500毫秒后再次启动进度刷新任务
            mHandler.postDelayed(this, 500);
        }
    };
}
```

接着在活动页面的布局文件中添加 AudioController 节点，然后先调用音频控制条的 prepare 方法指定待播放的音频路径，再调用 start 方法开始播放，其余的音频操作都由音频控制条接管。采用音频控制条的活动代码如下：

（完整代码见 audio\src\main\java\com\example\audio\AudioControllerActivity.java）

```java
    private TextView tv_title;              // 声明一个文本视图对象
    private AudioController ac_play;        // 声明一个音频控制条对象
    private int CHOOSE_CODE = 3;            // 只在音乐库挑选音频的请求码

    @Override
    protected void onCreate(Bundle savedInstanceState) {
        super.onCreate(savedInstanceState);
        setContentView(R.layout.activity_audio_controller);
        tv_title = findViewById(R.id.tv_title);
        ac_play = findViewById(R.id.ac_play);
        findViewById(R.id.btn_open).setOnClickListener(v -> {
            Intent intent = new Intent(Intent.ACTION_GET_CONTENT);
            intent.setType("audio/*");  // 类型为音频
            startActivityForResult(intent, CHOOSE_CODE);  // 打开系统音频库
        });
    }

    @Override
    protected void onActivityResult(int requestCode, int resultCode, Intent intent) {
        super.onActivityResult(requestCode, resultCode, intent);
        if (resultCode == RESULT_OK && requestCode == CHOOSE_CODE) {
            if (intent.getData() != null) {
                // 从 content://media/external/audio/media/这样的 URI 中获取音频信息
                AudioInfo audio = MediaUtil.getPathFromContentUri(
                        this, intent.getData());
                ac_play.prepare(audio.getAudio());  // 准备播放指定路径的音频
                ac_play.start();  // 开始播放
                String desc = String.format("%s 的《%s》",
                        audio.getArtist(), audio.getTitle());
                tv_title.setText("当前播放曲目名称："+desc);
            }
        }
    }
```

运行并测试该 App，选择音频文件之后的播音控制界面如图 7-10 和图 7-11 所示。图 7-10 为正在播音的控制界面，此时控制条左侧显示暂停图标；图 7-11 为暂停播音的控制界面，此时控制条左侧显示播放图标。

图 7-10　正在播音的控制界面

图 7-11　暂停播音的控制界面

## 7.3 音效增强

本节介绍增强音效的几种方式:铃声工具的适用场合与简单用法;声音池的运用场景,优缺点以及基本用法;分析 WAV 文件的格式说明以及如何录制 WAV 音频;使用 JNI 集成 LAME 库的过程以及如何利用 LAME 将原始音频转成 MP3 格式。

### 7.3.1 铃声播放

虽然媒体播放器 MediaPlayer 既可用来播放视频,也可用来播放音频,但是在具体的使用场合,MediaPlayer 存在某些播音方面的不足之处,主要包括:

(1) MediaPlayer 的初始化比较消耗资源,尤其是播放短铃声时反应偏慢。
(2) MediaPlayer 同时只能播放一个媒体文件,无法同时播放多个声音。
(3) MediaPlayer 只能播放已经完成转码的音频文件,无法播放原始音频,也不能进行流式播放(边录边播)。

以上问题各有不同的解决方案,对于第一个问题来说,Android 提供了铃声工具 Ringtone 处理铃声的播放。铃声对象通过铃声管理器 RingtoneManager 的 getRingtone 方法来获取,具体而言,铃声管理器支持三种来源的铃声,说明如下:

(1) 系统自带的铃声,通过 URI 的获取方式如下:

```
RingtoneManager.getDefaultUri(RingtoneManager.TYPE_RINGTONE);   // 来电铃声
```

铃声管理器支持的系统类型取值说明见表 7-7。

表 7-7 铃声类型的取值说明

| RingtoneManager 类的铃声类型 | 说 明 |
| --- | --- |
| TYPE_RINGTONE | 来电铃声 |
| TYPE_NOTIFICATION | 通知铃声 |
| TYPE_ALARM | 闹钟铃声 |

(2) 存储卡上的铃声文件,通过 URI 的获取方式如下:

```
Uri.parse("file:///system/media/audio/ui/camera_click.ogg");   // 相机快门声
```

(3) App 工程中 res/raw 目录下的铃声文件,通过 URI 的获取方式如下:

```
// 从资源文件中获取铃声
Uri.parse("android.resource://"+getPackageName()+"/"+R.raw.ring);
```

通过铃声管理器获得铃声对象之后才能进行铃声的播放。下面是 Ringtone 的常用方法:

- play: 开始播放铃声。
- stop: 停止播放铃声。
- isPlaying: 判断铃声是否正在播放。

使用 Ringtone 聆听声音的代码例子如下所示:

（完整代码见 audio\src\main\java\com\example\audio\RingtoneActivity.java）

```java
public class RingToneActivity extends AppCompatActivity {
    private TextView tv_volume;   // 声明一个文本视图对象
    private Ringtone mRingtone;   // 声明一个铃声对象

    @Override
    protected void onCreate(Bundle savedInstanceState) {
        super.onCreate(savedInstanceState);
        setContentView(R.layout.activity_ring_tone);
        tv_volume = findViewById(R.id.tv_volume);
        initVolumeInfo();     // 初始化音量信息
        initRingSpinner();    // 初始化铃声下拉框
        // 生成本 App 自带的铃声文件 res/raw/ring.ogg 的 URI 实例
        uriArray[uriArray.length-1] = Uri.parse(
            "android.resource://"+getPackageName()+"/"+R.raw.ring);
    }

    // 初始化音量信息
    private void initVolumeInfo() {
        // 从系统服务中获取音频管理器
        AudioManager audio = (AudioManager)
                getSystemService(Context.AUDIO_SERVICE);
        // 获取铃声的最大音量
        int maxVolume = audio.getStreamMaxVolume(AudioManager.STREAM_RING);
        // 获取铃声的当前音量
        int nowVolume = audio.getStreamVolume(AudioManager.STREAM_RING);
        String desc = String.format("当前铃声音量为%d，最大音量为%d，请先将铃声音量调至最大", nowVolume, maxVolume);
        tv_volume.setText(desc);
    }

    // 初始化铃声下拉框
    private void initRingSpinner() {
        ArrayAdapter<String> ringAdapter = new ArrayAdapter<>(this,
                R.layout.item_select, ringArray);
        Spinner sp_ring = findViewById(R.id.sp_ring);
        sp_ring.setPrompt("请选择要播放的铃声");
        sp_ring.setAdapter(ringAdapter);
        sp_ring.setOnItemSelectedListener(new RingSelectedListener());
        sp_ring.setSelection(0);
    }

    private String[] ringArray = {"来电铃声", "通知铃声", "闹钟铃声",
            "相机快门声", "视频录制声", "门铃叮咚声"};
    private Uri[] uriArray = {
            RingtoneManager.getDefaultUri(RingtoneManager.TYPE_RINGTONE),
            RingtoneManager.getDefaultUri(
                    RingtoneManager.TYPE_NOTIFICATION),
            RingtoneManager.getDefaultUri(RingtoneManager.TYPE_ALARM),
            Uri.parse("file:///system/media/audio/ui/camera_click.ogg"),
            Uri.parse("file:///system/media/audio/ui/VideoRecord.ogg"),
            null };

    class RingSelectedListener implements OnItemSelectedListener {
```

```
            public void onItemSelected(AdapterView<?> arg0, View arg1, int arg2,
long arg3) {
                if (mRingtone != null) {
                    mRingtone.stop();          // 停止播放铃声
                }
                // 从铃声文件的 URI 中获取铃声对象
                mRingtone = RingtoneManager.getRingtone(
                                RingToneActivity.this, uriArray[arg2]);
                mRingtone.play();              // 开始播放铃声
            }

            public void onNothingSelected(AdapterView<?> arg0) {}
        }

        @Override
        protected void onStop() {
            super.onStop();
            mRingtone.stop();                  // 停止播放铃声
        }
    }
```

运行并测试该 App，选择"来电铃声"时，可听到系统预设的来电铃声，如图 7-12 所示，选择"闹钟铃声"时，可听到系统预设的闹钟铃声，如图 7-13 所示。

图 7-12　选择播放来电铃声　　　　　　图 7-13　选择播放闹钟铃声

### 7.3.2　声音池调度

对于 MediaPlayer 无法同时播放多个声音的问题，Android 提供了声音池工具 SoundPool，通过声音池即可同时播放多个音频。声音池可以事先加载多个音频，在需要时再播放指定音频，这样有几个好处：

（1）资源占用量小，不像 MediaPlayer 那么耗资源。
（2）相对 MediaPlayer 来说延迟时间非常短。
（3）可以同时播放多个音频，从而实现游戏过程中多个声音叠加的情景。

当然，声音池带来方便的同时也做了一部分牺牲，下面是它的一些使用限制：

（1）声音池最大只能申请 1MB 的内存，这意味着它只能播放一些很短的声音片段，不能播放歌曲或者游戏背景音乐。
（2）虽然声音池提供了 pause 和 stop 方法，但是轻易不要调用这两个方法，因为它们可能会让 App 异常或崩溃。
（3）建议使用声音池播放 ogg 格式的音频，据说它对 WAV 格式的音频支持不太好。
（4）待播放的音频要提前加载到声音池中，不要等到要播放的时候才加载，否则可能播不出声音。因为声音池不会等音频加载完毕才播放，而 MediaPlayer 会等待加载完毕才播放。

下面是 SoundPool 的常用方法：

- load：加载指定的音频文件，返回值为该音频的编号。
- unload：卸载指定编号的音频。
- play：播放指定编号的音频，可同时设置左右声道的音量（取值为 0.0 到 1.0）、优先级（0 为最低）、是否循环播放（0 为只播放一次，-1 为无限循环）、播放速率（取值为 0.5~2.0，其中 1.0 为正常速率）。
- setVolume：设置指定编号音频的音量大小。
- setPriority：设置指定编号音频的优先级。
- setLoop：设置指定编号的音频是否循环播放。
- setRate：设置指定编号音频的播放速率。
- pause：暂停播放指定编号的音频。
- resume：恢复播放指定编号的音频。
- stop：停止播放指定编号的音频。
- release：释放所有音频资源。
- setOnLoadCompleteListener：设置音频加载完毕的监听器，需实现接口 OnLoadCompleteListener 的 onLoadComplete 方法（在音频加载结束后触发）。

下面是使用声音池播放多个音频的示例代码：

（完整代码见 audio\src\main\java\com\example\audio\SoundPoolActivity.java）

```java
public class SoundPoolActivity extends AppCompatActivity implements OnClickListener {
    private TextView tv_volume;         // 声明一个文本视图对象
    private SoundPool mSoundPool;       // 初始化一个声音池对象
    // 声音编号映射表
    private HashMap<Integer, Integer> mSoundMap = new HashMap<>();

    @Override
    protected void onCreate(Bundle savedInstanceState) {
        super.onCreate(savedInstanceState);
        setContentView(R.layout.activity_sound_pool);
        tv_volume = findViewById(R.id.tv_volume);
        findViewById(R.id.btn_play_all).setOnClickListener(this);
        findViewById(R.id.btn_play_first).setOnClickListener(this);
        findViewById(R.id.btn_play_second).setOnClickListener(this);
        findViewById(R.id.btn_play_third).setOnClickListener(this);
        initVolumeInfo();    // 初始化音量信息
        initSound();         // 初始化声音池
    }

    // 初始化音量信息
    private void initVolumeInfo() {
        // 从系统服务中获取音频管理器
        AudioManager audio = (AudioManager)
                getSystemService(Context.AUDIO_SERVICE);
        // 获取音乐的最大音量
```

```java
        int maxVolume = audio.getStreamMaxVolume(AudioManager.STREAM_MUSIC);
        // 获取音乐的当前音量
        int nowVolume = audio.getStreamVolume(AudioManager.STREAM_MUSIC);
        String desc = String.format("当前音乐音量为%d, 最大音量为%d, 请先将音乐音量调至最大", nowVolume, maxVolume);
        tv_volume.setText(desc);
    }

    // 初始化声音池
    private void initSound() {
        // 初始化声音池，最多容纳三个声音
        AudioAttributes attributes = new AudioAttributes.Builder()
                .setLegacyStreamType(AudioManager.STREAM_MUSIC).build();
        SoundPool.Builder builder = new SoundPool.Builder();
        builder.setMaxStreams(3).setAudioAttributes(attributes);
        mSoundPool = builder.build();
        loadSound(1, R.raw.beep1);    // 加载第一个声音
        loadSound(2, R.raw.beep2);    // 加载第二个声音
        loadSound(3, R.raw.ring);     // 加载第三个声音
    }

    // 把音频资源添加到声音池中
    private void loadSound(int seq, int resid) {
        // 把声音文件加入声音池中，同时返回该声音文件的编号
        int soundID = mSoundPool.load(this, resid, 1);
        mSoundMap.put(seq, soundID);
    }

    // 播放指定编号的声音
    private void playSound(int seq) {
        int soundID = mSoundMap.get(seq);
        // 播放声音池中指定编号的音频
        mSoundPool.play(soundID, 1.0f, 1.0f, 1, 0, 1.0f);
    }

    @Override
    public void onClick(View v) {
        if (v.getId() == R.id.btn_play_all) {   //同时播放三个声音
            playSound(1);   // 播放指定编号的声音
            playSound(2);   // 播放指定编号的声音
            playSound(3);   // 播放指定编号的声音
        } else if (v.getId() == R.id.btn_play_first) {    // 播放第一个声音
            playSound(1);   // 播放指定编号的声音
        } else if (v.getId() == R.id.btn_play_second) {   // 播放第二个声音
            playSound(2);   // 播放指定编号的声音
        } else if (v.getId() == R.id.btn_play_third) {    // 播放第三个声音
            playSound(3);   // 播放指定编号的声音
        }
    }

    @Override
    protected void onDestroy() {
        super.onDestroy();
        if (mSoundPool != null) {
            mSoundPool.release();   // 释放声音池资源
```

            }
        }
    }

运行并测试该 App，打开声音池演示界面，如图 7-14 所示，点击播放单支 OGG 的按钮，可听到单独的音频；点击"播放所有 OGG 音效"按钮，可听到三支音频混合播放。

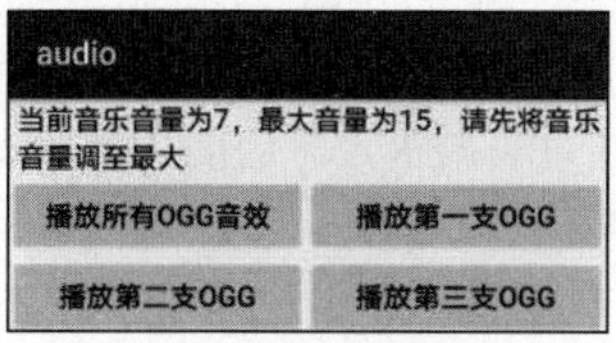

图 7-14　声音池的演示界面

### 7.3.3　录制 WAV 音频

无论是 MediaRecorder 录制的 AMR 和 AAC 音频，还是 AudioRecord 录制的 PCM 音频，都不能在计算机上直接播放，因为它们并非 Windows 支持的音频格式，WAV 才是 Windows 的经典音频格式。WAV 文件能够存储声音波形数据，通用于 Windows、Mac、Linux 等多种操作系统。虽然 WAV 属于一种音频格式，但并未硬性规定音频流的编码算法，它既支持非压缩的脉冲编码调制（Pulse Code Modulation，PCM），也支持压缩型的自适应分脉冲编码调制（Adaptive Differential Puls Code Modulation，ADPCM）等多种编码算法。

PCM 文件与 WAV 文件相比，其实只差了个 WAV 文件头，这个头部包含文件大小、音频格式、声道数量、采样频率等信息，文件头数据加上 PCM 音频数据就构成了无压缩的 WAV 文件。WAV 文件的基本格式结构如图 7-15 所示。

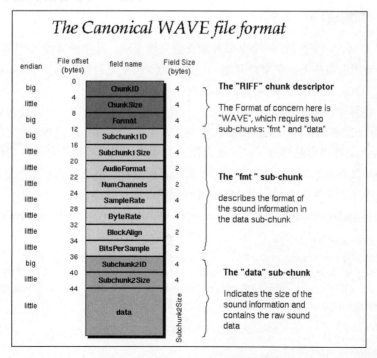

图 7-15　WAV 文件的基本格式结构

从图 7-15 可以看出，WAV 文件主要由 RIFF、fmt、data 三块组成，对于压缩型算法来说，还要加上 fact 块。由于 PCM 没有经过压缩编码，因此这里只讨论 RIFF、fmt、data 三部分，详细说明如下。

### 1. RIFF 块

RIFF 块占据着 WAV 文件的前 12 个字节，其中前 4 个字节固定填 "RIFF"，中间 4 个字节填从下一个字段开始的文件长度（文件总长减 8），后面 4 个字节固定填 "WAVE"。

### 2. fmt 块

fmt 块占据着 WAV 文件第 12 个字节到第 35 个字节，其中前 4 个字节固定填 "fmt "，紧接着的 4 个字节固定填从下一个字段开始的子块长度（fmt 块大小减 8），fmt 块的其余字段说明见表 7-8。

表 7-8　WAV 文件 fmt 块字段的取值说明

| 字段英文名称 | 字段中文名称 | 字段说明 |
| --- | --- | --- |
| AudioFormat | 音频格式 | 一般为 1 |
| Num Channels | 声道数量 | 单声道为 1，立体声或双声道为 2 |
| SampleRate | 采样频率 | 单位为赫兹 |
| ByteRate | 数据传输速率 | 数值为采样频率×采样帧大小 |
| BlockAlign | 采样帧大小 | 数值为声道数×采样位数/8 |
| BitsPerSample | 采样位数 | 存储每个采样值需要的二进制数位数，如 8、16、32 等 |

### 3. data 块（数据块）

数据块占据着 WAV 文件第 36 个字节开始直到文件末尾，其中前 4 个字节固定填 "data"，紧接着的 4 个字节固定填从下一个字段开始的子块长度（也就是音频数据大小），剩余字节容纳实际的音频流数据（也就是原来 PCM 格式的文件内容）。

根据以上介绍可知，44 个字节的 WAV 文件头加上 PCM 格式的文件内容便构成了一个完整的 WAV 文件，而且是能够在计算机上直接播放的 WAV 格式。既然明确了 WAV 文件的具体格式，接下来封装 WAV 文件内容就好办了，只要对原始音频的录制线程稍加修改，先给音频文件写入 44 个字节的 WAV 文件头，再写入原来的 PCM 原始音频数据，整个 WAV 文件便新鲜出炉了。

下面是补充 WAV 文件头之后的 WAV 录音线程的示例代码：

（完整代码见 audio\src\main\java\com\example\audio\task\WavRecordTask.java）

```java
private File mRecordFile;                // 音频文件的保存路径
private int mFrequence = 16000;          // 音频的采样频率，单位为赫兹
private int mChannel = AudioFormat.CHANNEL_IN_MONO;      // 音频的声道类型
private int mFormat = AudioFormat.ENCODING_PCM_16BIT;    // 音频的编码格式
private boolean isCancel = false;        // 是否取消录音

public void run() {
    // 开通输出流到指定的文件
    try (FileOutputStream fos = new FileOutputStream(mRecordFile);
```

```java
            ByteArrayOutputStream baos = new ByteArrayOutputStream()) {
        // 根据定义好的几个配置来获取合适的缓冲大小
        int bufferSize = AudioRecord.getMinBufferSize(
                            mFrequence, mChannel, mFormat);
        byte[] buffer = new byte[bufferSize];   // 创建缓冲区
        // 根据音频配置和缓冲区构建原始音频录制实例
        AudioRecord record = new AudioRecord(MediaRecorder.AudioSource.MIC,
                mFrequence, mChannel, mFormat, bufferSize);
        record.startRecording();   // 开始录制原始音频
        // 没有取消录制,则持续读取缓冲区
        while (!isCancel) {
            int readSize = record.read(buffer, 0, buffer.length);
            baos.write(buffer, 0, readSize);
        }
        record.stop();             // 停止原始音频录制
        buffer = baos.toByteArray();
        fos.write(getWavHeader(buffer.length));  // 先往音频文件写入 WAV 文件头
        fos.write(buffer);         // 再往音频文件写入音频数据
    } catch (Exception e) {
        e.printStackTrace();
    }
}

// 获取 WAV 文件的头信息
private byte[] getWavHeader(long totalAudioLen){
    int channels = 1;          // 声道数,单声道为1,立体声或双声道为2
    int sampleBits = 16;       // 采样位数
    long totalDataLen = totalAudioLen + 36;    // 文件总长减去8
    long sampleRate = mFrequence;              // 采样频率
    // 采样帧大小,其值为声道数×采样位数/8
    int frameSize = channels * sampleBits / 2;
    // 数据传输速率,其值为采样频率×采样帧大小
    long byteRate = mFrequence * frameSize;
    byte[] header = new byte[44];
    header[0] = 'R';           // RIFF 块开始
    header[1] = 'I';
    header[2] = 'F';
    header[3] = 'F';
    header[4] = (byte) (totalDataLen & 0xff);
    header[5] = (byte) ((totalDataLen >> 8) & 0xff);
    header[6] = (byte) ((totalDataLen >> 16) & 0xff);
    header[7] = (byte) ((totalDataLen >> 24) & 0xff);
    header[8] = 'W';           // WAVE 格式包含 fmt 子块和数据子块
    header[9] = 'A';
    header[10] = 'V';
    header[11] = 'E';
    header[12] = 'f';          // fmt 子块开始
    header[13] = 'm';
    header[14] = 't';
    header[15] = ' ';
```

```
            header[16] = 16;           // fmt 子块大小，从第 20 位到第 36 位
            header[17] = 0;
            header[18] = 0;
            header[19] = 0;
            header[20] = 1;            // 音频格式，一般为 1
            header[21] = 0;
            header[22] = (byte) channels;    // 声道数量
            header[23] = 0;
            header[24] = (byte) (sampleRate & 0xff);
            header[25] = (byte) ((sampleRate >> 8) & 0xff);
            header[26] = (byte) ((sampleRate >> 16) & 0xff);
            header[27] = (byte) ((sampleRate >> 24) & 0xff);
            header[28] = (byte) (byteRate & 0xff);
            header[29] = (byte) ((byteRate >> 8) & 0xff);
            header[30] = (byte) ((byteRate >> 16) & 0xff);
            header[31] = (byte) ((byteRate >> 24) & 0xff);
            header[32] = (byte) (channels * sampleBits / 2);  // 采样帧大小
            header[33] = 0;
            header[34] = (byte) sampleBits; // 采样位数，每个样本的位数
            header[35] = 0;
            header[36] = 'd';          // data 块开始（数据块）
            header[37] = 'a';
            header[38] = 't';
            header[39] = 'a';
            header[40] = (byte) (totalAudioLen & 0xff);
            header[41] = (byte) ((totalAudioLen >> 8) & 0xff);
            header[42] = (byte) ((totalAudioLen >> 16) & 0xff);
            header[43] = (byte) ((totalAudioLen >> 24) & 0xff);
            return header;
        }
```

启动 WAV 录音线程很简单，与启动原始音频录制线程一样，使用下面两行代码即可：（完整代码见 audio\src\main\java\com\example\audio\WavRecordActivity.java）

```
        // 创建一个 WAV 录制线程，并设置录制事件监听器
        mRecordTask = new WavRecordTask(this, mRecordFilePath, this);
        mRecordTask.start();     // 启动 WAV 录制线程
```

运行并测试该 App，可观察到 WAV 录播过程如图 7-16 和图 7-17 所示。图 7-16 为 WAV 录音完成时的截图，图 7-17 为正在播放 WAV 时的截图。

图 7-16　WAV 录音完成

图 7-17　正在播放 WAV

## 7.3.4 录制 MP3 音频

Android 常用的录音工具有两种，分别是 MediaRecorder 和 AudioRecord，前者用于录制普通音频，后者用于录制原始音频。无论是普通音频的 AMR、AAC 格式，还是原始音频的 PCM 格式，都不能在计算机上直接播放，也不能在苹果手机上播放，因为它们属于安卓手机的定制格式，并非通用的音频格式。即便是 WAV 格式，如果未经过压缩编码，文件太大也限制了它的应用范围。若想让录音文件放之四海而皆能播放，就得事先将其转为通用的 MP3 格式，虽然 Android 官方的开发包不支持 MP3 转换，不过借助第三方的 LAME 库仍然能够将原始音频转存为 MP3 文件。

LAME 是一个高质量的 MP3 编码器，它采用 C/C++代码开发，需要通过 JNI 技术引入 App 工程。LAME 源码的下载页面为 https://lame.sourceforge.io/download.php，这里找到的版本是 3.100，先解压下载完成的源码包，再按照下列步骤依次调整源码细节：

步骤 01 把源码包里面的 libmp3lame 目录整个复制到 App 模块的 jni 目录下。

步骤 02 把 include 目录下的 lame.h 头文件复制到 jni\libmp3lame 目录下。

步骤 03 打开 jni\libmp3lame 下面的 set_get.h，把代码 "#include <lame.h>" 改为 "#include "lame.h""，也就是将尖括号改为双引号。

步骤 04 打开 jni\libmp3lame 下面的 util.h，把代码 "extern ieee754_float32_t fast_log2(ieee754_float32_t x);" 改为 "extern float fast_log2(float x);"，也就是把参数的数据类型改为 float 类型。

接着给 App 模块添加 LAME 支持，具体步骤说明如下：

步骤 01 在 App 代码中声明几个来自 JNI 的原生方法，同时准备加载 NDK 编译生成的 so 库，示例代码如下：

（完整代码见 audio\src\main\java\com\example\audio\util\LameUtil.java）

```
public class LameUtil {
    static {
        System.loadLibrary("lamemp3");  // 加载 so 库
    }
    // 查看 Lame 版本号
    public native static String version();
    // 初始化 Lame
    public native static void init(int inSampleRate, int inChannel, int outSampleRate, int outBitrate, int quality);
    // 开始 MP3 转码
    public native static int encode(short[] buffer_l, short[] buffer_r, int samples, byte[] mp3buf);
    // 写入缓冲区
    public native static int flush(byte[] mp3buf);
    // 关闭 Lame
    public native static void close();
}
```

步骤 02 在 jni 目录下新建 lame-lib.cpp，编写与第一步对应的原生函数，注意函数名称内部的包名、类名与方法名都要和 App 模块保持一致。CPP 文件内容如下所示：

（完整代码见 audio\src\main\jni\lame-lib.cpp）

```cpp
#include <jni.h>
#include "libmp3lame/lame.h"

static lame_global_flags *glf = NULL;

extern "C"
JNIEXPORT jstring

JNICALL
Java_com_example_audio_util_LameUtil_version(JNIEnv *env, jclass type) {
    return env->NewStringUTF(get_lame_version());
}

extern "C"
JNIEXPORT void JNICALL
Java_com_example_audio_util_LameUtil_init(
        JNIEnv *env, jclass type, jint inSampleRate,
        jint outChannel, jint outSampleRate, jint outBitrate, jint quality)
{
    if (glf != NULL) {
        lame_close(glf);
        glf = NULL;
    }
    glf = lame_init();
    lame_set_in_samplerate(glf, inSampleRate);
    lame_set_num_channels(glf, outChannel);
    lame_set_out_samplerate(glf, outSampleRate);
    lame_set_brate(glf, outBitrate);
    lame_set_quality(glf, quality);
    lame_init_params(glf);
}

extern "C"
JNIEXPORT jint JNICALL
Java_com_example_audio_util_LameUtil_encode(
        JNIEnv *env, jclass type, jshortArray buffer_l_,
        jshortArray buffer_r_, jint samples, jbyteArray mp3buf_) {
    jshort *buffer_l = env->GetShortArrayElements(buffer_l_, NULL);
    jshort *buffer_r = env->GetShortArrayElements(buffer_r_, NULL);
    jbyte *mp3buf = env->GetByteArrayElements(mp3buf_, NULL);
    const jsize mp3buf_size = env->GetArrayLength(mp3buf_);
    int result = lame_encode_buffer(glf, buffer_l, buffer_r, samples,
(u_char*)mp3buf, mp3buf_size);
    env->ReleaseShortArrayElements(buffer_l_, buffer_l, 0);
    env->ReleaseShortArrayElements(buffer_r_, buffer_r, 0);
    env->ReleaseByteArrayElements(mp3buf_, mp3buf, 0);
    return result;
}

extern "C"
JNIEXPORT jint JNICALL
Java_com_example_audio_util_LameUtil_flush(JNIEnv *env, jclass type,
jbyteArray mp3buf_) {
```

```cpp
    jbyte *mp3buf = env->GetByteArrayElements(mp3buf_, NULL);
    const jsize  mp3buf_size = env->GetArrayLength(mp3buf_);
    int result = lame_encode_flush(glf, (u_char*)mp3buf, mp3buf_size);
    env->ReleaseByteArrayElements(mp3buf_, mp3buf, 0);
    return result;
}

extern "C"
JNIEXPORT void JNICALL
Java_com_example_audio_util_LameUtil_close(JNIEnv *env, jclass type) {
    lame_close(glf);
    glf = NULL;
}
```

**步骤 03** 在 jni 目录下新建编译文件 CMakeLists.txt，在该文件中编写 LAME 库的编译规则，指定 so 文件名以及要编译哪些代码，编译规则的内容如下：

（完整代码见 audio\src\main\jni\CMakeLists.txt）

```
cmake_minimum_required(VERSION 3.6) # 指定 CMake 的最低要求版本号
set(target lamemp3)       # 设置环境变量的名称（target）及其取值（lamemp3）
project(${target})        # 指定项目的名称
aux_source_directory(libmp3lame SRC_LIST) # 查找在某个路径下的所有源文件
add_library(${target} SHARED lame-lib.cpp ${SRC_LIST}) # 生成动态库（共享库）
```

**步骤 04** 打开模块的 build.gradle，先给 android 节点补充下面的 cmake 文件配置：

```
// 此处指定 mk 文件的路径
externalNativeBuild {
    cmake {
        path file('src/main/jni/CMakeLists.txt')
    }
}
```

再给 defaultConfig 节点补充下面的 cmake 规则配置：

```
        externalNativeBuild {
            cmake {
                cppFlags "-frtti -fexceptions"
                cFlags "-DSTDC_HEADERS"
            }
            ndkBuild {
                abiFilters "arm64-v8a", "armeabi-v7a"
            }
        }
```

完成以上集成步骤之后，依次点击菜单 Build→Make module 'audio'，等待编译完成即可在 audio\build\intermediates\cmake\debug\obj\arm64-v8a 目录中找到 liblamemp3.so。

若想让 App 真正实现 MP3 转码功能，还得在代码中调用 LameUtil 类的初始化、转码、写入、关闭等方法。MP3 的转换过程又有两种形式：一种是把 PCM 文件转成 MP3 文件，另一种是在录音时将原始音频数据直接转存为 MP3 文件，也就是边录边转。由于 PCM 保存着原始音频，该格式的文件较大，一次性转成 MP3 较费时间，因此通常采取边录边转以便提高转换效率。具体而言，需要创建录音线程,在其构造方法中初始化 LAME;然后开启录音线程,同时启动 MP3 转码线程,录音线程由 AudioRecord 获得原始音频数据,马上转交给 MP3 转码线程处理;录音结束时,也给 MP3 转码线程发个停止消息。录音线程的示例代码如下:

(完整代码见 audio\src\main\java\com\example\audio\task\Mp3RecordTask.java)

```java
private File mRecordFile;                // 音频文件的保存路径
private int mFrequence = 16000;          // 音频的采样频率,单位为赫兹
private int mChannel = AudioFormat.CHANNEL_IN_MONO;       // 音频的声道类型
private int mFormat = AudioFormat.ENCODING_PCM_16BIT;    // 音频的编码格式
private static final int FRAME_COUNT = 160;   // 时间周期,单位为毫秒

public Mp3RecordTask(Activity act, String filePath, OnRecordListener listener) {
    mRecordFile = new File(filePath);
    // 最后一个参数表示录音质量,取值为 0~9。其中,0 最好,但转换速度慢;9 最差
    LameUtil.init(mFrequence, 1, mFrequence, 32, 5);
}

// 根据样本数重新计算缓冲区大小
private int calculateBufferSize() {
    // 根据定义好的几个配置来获取合适的缓冲大小
    int bufferSize = AudioRecord.getMinBufferSize(
                          mFrequence, mChannel, mFormat);
    int bytesPerFrame = 2;
    // 通过样本数重新计算缓冲区大小(能够整除样本数),以便发出周期性的通知
    int frameSize = bufferSize / bytesPerFrame;
    if (frameSize % FRAME_COUNT != 0) {
        frameSize += (FRAME_COUNT - frameSize % FRAME_COUNT);
        bufferSize = frameSize * bytesPerFrame;
    }
    return bufferSize;
}

@Override
public void run() {
    int bufferSize = calculateBufferSize();  // 根据样本数重新计算缓冲区大小
    short[] buffer = new short[bufferSize];
    try {
        // 构建 MP3 转码线程
        Mp3EncodeTask encodeTask = new Mp3EncodeTask(mRecordFile, bufferSize);
        encodeTask.start();  // 启动 MP3 转码线程
        // 根据音频配置和缓冲区构建原始音频录制实例
        AudioRecord record = new AudioRecord(MediaRecorder.AudioSource.MIC,
                mFrequence, mChannel, mFormat, bufferSize);
        // 设置需要通知的时间周期
        record.setPositionNotificationPeriod(FRAME_COUNT);
        // 设置录制位置变化的监听器
        record.setRecordPositionUpdateListener(encodeTask,
                          encodeTask.getHandler());
        record.startRecording();    // 开始录制原始音频
        while (!isCancel) {         // 没有取消录制,则持续读取缓冲区
```

```
            int readSize = record.read(buffer, 0, buffer.length);
            if (readSize > 0) {
                encodeTask.addTask(buffer, readSize);  // 添加MP3转码任务
            }
        }
        record.stop(); // 停止原始音频录制
        encodeTask.sendStopMessage(); // 发送停止消息
    } catch (Exception e) {
        e.printStackTrace();
    }
}
```

启动 MP3 录音线程很简单，与启动原始音频录制线程一样，使用下面两行代码即可。
（完整代码见 audio\src\main\java\com\example\audio\Mp3RecordActivity.java）

```
// 创建一个MP3录制线程，并设置录制事件监听器
mRecordTask = new Mp3RecordTask(this, mRecordFilePath, this);
mRecordTask.start();  // 启动MP3录制线程
```

运行并测试该 App，可观察到 MP3 录播过程如图 7-18 和图 7-19 所示。图 7-18 为 MP3 录音完成时的截图，图 7-19 为正在播放 MP3 时的截图。

图 7-18　MP3 录音完成

图 7-19　MP3 正在播放

## 7.4　实战项目：仿喜马拉雅的听说书

随着生活水平不断提高，人们的娱乐活动日趋丰富，在家看电视、出门玩手机已成为老百姓的日常娱乐。在几十年前科技尚不发达的年代，人们经常用收音机收听电台节目；尽管改革开放之后普及了彩色电视机，但主打便携播音的随身听依旧流行一时；即便是智能手机一统江湖的现在，纯音频形式的听书 App 仍然收获大批拥趸。前有深耕音频分享平台的喜马拉雅、蜻蜓 FM、荔枝 FM，后有背靠巨头的长音频新秀，诸如腾讯公司的懒人畅听、字节跳动的番茄畅听等，这些听书 App 共同推动了有声书和广播剧的蓬勃发展。本节的实战项目就来谈谈如何设计并实现手机上的长音频分享 App。

### 7.4.1　需求描述

喜马拉雅是一个移动音频分享平台，创作者（说书人）用声音分享自己的故事，普通用户（听书人）聆听有声书汲取快乐。打开喜马拉雅 App 首页，展现了当前热门的几类长音频（见图 7-20），包括小说与网文的配音、相声与评书的经典表演，还有专业的播客与电台节目。进入某个相声专辑，

跳到相声节目的播放界面，如图 7-21 所示，可以一边收听相声表演一边与其他听友交流互动。

图 7-20　喜马拉雅的首页必听

图 7-21　相声节目的播放界面

用户不仅能在平台上收听音频，还能成为内容创作者。以喜马拉雅为例，打开它的录音界面（见图 7-22），准备就绪后点击界面右下角的红色按钮开始录音，此时界面上方的风车图标转动起来，已录时长的数字也跟着跳跃，如图 7-23 所示。

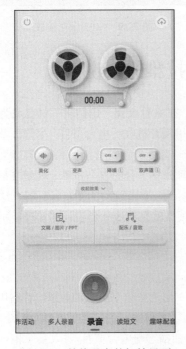
图 7-22　等待录音的初始界面

图 7-23　正在录音的界面

再次点击界面下方的红色按钮停止录音,接着点击右下角的保存按钮,跳到声音信息编辑页面,如图 7-24 所示。

图 7-24　声音信息的编辑页面

在编辑界面上方添加声音配图,依次输入专辑名称、音频标题、简介内容,然后点击界面下方的"上传声音"按钮,即可向平台发布声音作品。

总之,长音频分享平台需要满足两种角色的使用:一种是作为内容创作者发布自己的音频,另一种是作为用户欣赏平台上的已有音频。

## 7.4.2　功能分析

长音频分享看似没有几个界面,其实用到的控件以及相关技术不少,从用户界面到后台服务,长音频分享主要集成了如下 App 技术:

(1)网格控件:长音频分享首页的栏目列表,以网格形式排列,可采用网格视图 GridView 或者基于网格布局管理器的循环视图 RecyclerView。

(2)属性动画:在音频录制过程中,上方的风车图标持续旋转,建议采用属性动画实现,因为属性动画支持暂停与恢复,而补间动画不支持暂停和恢复。

(3)弹幕动画:在音频收听界面,各听友的评论消息像弹幕一样在界面上滑过,用到了第 3 章介绍的弹幕动画。

(4)音频控制条:无论是用户收听音频还是创作者试听音频,都需要音频控制条协助播音。

(5)JNI 接口:创作者录制的原始音频要求转成 MP3 格式,需借助第三方的 LAME 方可转换,这要通过 JNI 接口(参见第 4 章)才能调用 C 语言编写的 LAME 内核。

(6)网络通信框架:上传音频信息与获取音频列表均需与后端交互,可采用第 6 章介绍的

okhttp 简化 HTTP 通信操作。

（7）图片加载框架：音频封面来自 Web 服务，建议利用 Glide 框架加载网络图片，同时 Glide 也支持对图片进行圆角矩形剪裁。

（8）Socket 通信：评论消息实时传给正在收听同一音频的众听友，该场景类似聊天室功能，需要采取 Socket 通信与后端服务器交互，为降低编码复杂程度，客户端与服务端均需集成第 6 章介绍的 SocketIO 库。

（9）移动数据格式 JSON：传输评论消息时，需要把消息结构封装为 JSON 格式，以便于数据的解析。从服务器获取音频列表，也要通过 JSON 结构传递列表数据。

下面简单介绍一下随书源码 audio 模块中与长音频分享有关的主要代码模块之间的关系：

- StoryViewActivity.java：长音频分享的首页列表。
- StoryListenActivity.java：说书音频的欣赏页面（含弹幕窗口）。
- StoryTakeActivity.java：音频录制页面。
- StoryEditActivity.java：音频信息的编辑页面。
- AudioLoadTask.java：首页音频列表的加载任务。

此外，长音频分享还需要与之配合的 HTTP 服务器和 Socket 服务器，其源码来自于后端的 HttpServer 模块，说明如下：

- CommitAudio.java：音频信息的上传服务。
- QueryAudio.java：音频列表的查询服务。
- WeChatServer.java：长音频收听页面的弹幕消息传输，复用了第 6 章仿微信聊天项目的后端聊天服务。

接下来对长音频分享编码中的部分疑难点进行补充说明：

（1）Glide 的圆角矩形剪裁。第 1 章的圆角矩形剪裁基于位图对象，如果使用 Glide 先获得网络图片的位图，再进行剪裁操作，大费周章反而失去了图片加载框架的便捷性。其实 Glide 自带了圆角矩形剪裁功能，只要通过 RoundedCorners 指定圆角大小即可实现网络图片的剪裁操作，具体处理的示例代码如下：

（完整代码见 audio\src\main\java\com\example\audio\StoryListenActivity.java）

```
// 使用 Glide 加载圆角矩形裁剪后的故事封面
RoundedCorners roundedCorners = new RoundedCorners(Utils.dip2px(this, 30));
RequestOptions options = RequestOptions.bitmapTransform(roundedCorners);
Glide.with(this).load(UrlConstant.HTTP_PREFIX+audio.getCover())
                .apply(options).into(iv_cover);
```

（2）弹幕消息的实时传达。收听同一个音频的众听友，相当于身处同一个聊天室，那么听友的评论消息就像聊天室中的群聊消息，于是音频收听页面要处理入群、退群、收发群消息等 Socket 通信操作。服务端的 Socket 代码可复用第 6 章的微信群聊后端代码，客户端 Socket 通信的示例代码如下：

（完整代码见 audio\src\main\java\com\example\audio\StoryListenActivity.java）

```
BarrageView bv_comment;        // 声明一个弹幕视图对象
```

```java
private String mSelfName, mGroupName; // 自己的名称，群名称
private Socket mSocket;              // 声明一个套接字对象

// 初始化套接字
private void initSocket() {
    mSocket = MainApplication.getInstance().getSocket();
    mSocket.connect();              // 建立 Socket 连接
    // 等待接收弹幕消息
    mSocket.on("receive_group_message", (args) -> {
        JSONObject json = (JSONObject) args[0];
        MessageInfo message = new Gson().fromJson(
                        json.toString(), MessageInfo.class);
        // 往故事窗口添加弹幕评论
        runOnUiThread(() -> bv_comment.addComment(message.content));
    });
    // 下面向 Socket 服务器发送入群通知
    JoinInfo joinInfo = new JoinInfo(mSelfName, mGroupName);
    SocketUtil.emit(mSocket, "join_group", joinInfo);
}

// 发送评论消息
private void sendMessage() {
    String content = et_input.getText().toString();
    if (TextUtils.isEmpty(content)) {
        Toast.makeText(this, "请输入评论消息", Toast.LENGTH_SHORT).show();
        return;
    }
    et_input.setText("");
    ViewUtil.hideOneInputMethod(this, et_input);    // 隐藏软键盘
    bv_comment.addComment(content);                  // 给弹幕视图添加评论
    // 下面向 Socket 服务器发送群消息
    MessageInfo message = new MessageInfo(mSelfName, mGroupName, content);
    SocketUtil.emit(mSocket, "send_group_message", message);
}
```

（3）音频信息的上传操作。待上传的音频信息格式多样，既有作者、标题、描述等文本内容，又有封面文件的图像数据，以及 MP3 文件的音频数据，这要求分段组装请求结构，再统一发给后端的 Web 服务。下面是 HTTP 调用的上传音频信息的示例代码：

（完整代码见 audio\src\main\java\com\example\audio\StoryEditActivity.java）

```java
// 弹出进度对话框
mDialog = ProgressDialog.show(this, "请稍候", "正在上传音频信息......");
// 下面把音频信息（包含封面）提交给 HTTP 服务端
MultipartBody.Builder builder = new MultipartBody.Builder();
// 往建造器对象中添加文本格式的分段数据
builder.addFormDataPart("artist", artist);      // 作者
builder.addFormDataPart("title", title);        // 标题
builder.addFormDataPart("desc", desc);          // 描述
// 往建造器对象中添加图像格式的分段数据
```

```java
builder.addFormDataPart("cover",
        coverPath.substring(coverPath.lastIndexOf("/")),
        RequestBody.create(new File(coverPath),
                MediaType.parse("image/*")));
// 往建造器对象中添加音频格式的分段数据
builder.addFormDataPart("audio",
        mAudioPath.substring(mAudioPath.lastIndexOf("/")),
        RequestBody.create(new File(mAudioPath),
                MediaType.parse("audio/*")));
RequestBody body = builder.build();          // 根据建造器生成请求结构
OkHttpClient client = new OkHttpClient();    // 创建一个okhttp客户端对象
// 创建一个POST方式的请求结构
Request request = new Request.Builder().post(body)
        .url(UrlConstant.HTTP_PREFIX+"commitAudio").build();
Call call = client.newCall(request);         // 根据请求结构创建调用对象
// 加入HTTP请求队列。异步调用，并设置接口应答的回调方法
call.enqueue(new Callback() {
    @Override
    public void onFailure(Call call, IOException e) {   // 请求失败
        // 回到主线程操作界面
        runOnUiThread(() -> {
            mDialog.dismiss();   // 关闭进度对话框
        });
    }

    @Override
    public void onResponse(Call call, final Response response) throws
IOException {  // 请求成功
        String resp = response.body().string();
        CommitResponse commitResponse = new Gson().fromJson(
                resp, CommitResponse.class);
        // 回到主线程操作界面
        runOnUiThread(() -> {
            mDialog.dismiss();   // 关闭进度对话框
            if ("0".equals(commitResponse.getCode())) {
                finishUpload();   // 结束音频上传操作
            }
        });
    }
});
```

### 7.4.3 效果展示

长音频分享需要服务器配合，确保后端的 Web 服务与 Socket 服务已经开启，同时为了演示效果更逼真，笔者给 Web 服务提前准备了几条测试记录。打开长音频分享 App，发现里面已经有了若干声音栏目（这些是笔者提前准备的数据），如图 7-25 所示。

图 7-25  初始的长音频 App 首页

点击页面下方的话筒图标,跳到音频录制的初始界面,如图 7-26 所示。然后点击界面下方的红色按钮,App 立刻开始录音,如图 7-27 所示,此时界面上方的风扇图标转啊转,下面的时间计数跳啊跳,好似"大风车吱呀吱哟哟地转,这里的风景呀真好看;天好看,地好看,还有一起快乐的小伙伴"。

图 7-26  音频录制的初始界面

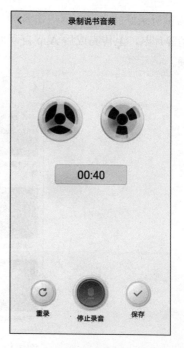

图 7-27  正在录制音频的界面

录音完毕再次点击界面下方的红色按钮,此时风扇图标停止转动,接着点击右下角的"保存"

按钮，跳到如图 7-28 所示的声音编辑页面。在编辑页面依次添加声音配图，填写声音的作者、标题、描述，填完之后的界面如图 7-29 所示。

图 7-28　初始的声音编辑页面　　　　　　图 7-29　填完之后的编辑页面

如需试听录好的声音，可点击音频控制条的播放图标，试听确认无问题后点击"上传声音"按钮，稍等片刻，上传完成后 App 自动回到首页，如图 7-30 所示，左上角出现了刚刚发布的大闹天宫音频。

图 7-30　发布了新音频的 App 首页

为了观察音频欣赏页面的弹幕效果，拿出三部测试手机分别点击大闹天宫音频，进入该音频的播放界面。三部手机各自输入评论文字并点击发送按钮，三段评论顿时浮现在声音配图上层，并且从右往左快速移去,评论弹幕效果如图 7-31 和图 7-32 所示。图 7-31 为第一部手机看到的弹幕界面,图 7-32 为第二部手机看到的弹幕界面,图 7-33 为第三部手机看到的弹幕界面。

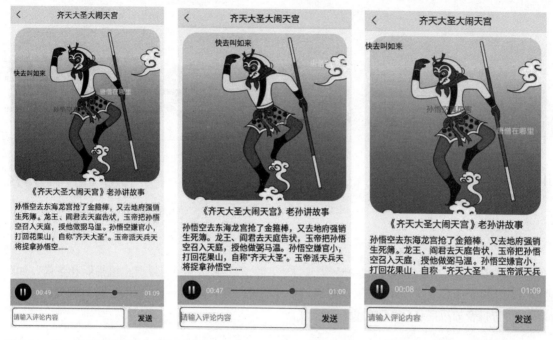

图 7-31　第一部手机看到的弹幕界面　图 7-32　第二部手机看到的弹幕界面　图 7-33　第三部手机看到的弹幕界面

上述过程为长音频分享平台的主要流程,只要嗓音动听,讲得惟妙惟肖,就不愁没有听众。

## 7.5　小　结

本章主要介绍了 App 开发用到的音频处理技术,包括音量调节(拖动条和滑动条、音频管理器、音量调节对话框)、音频录播(普通音频的录播、原始音频的录播、自定义音频控制条)、音效增强(铃声播放、声音池调度、录制 WAV 音频、录制 MP3 音频)。最后设计了一个实战项目"仿喜马拉雅的听说书",在该项目的 App 编码中综合运用了本章介绍的音频处理技术。

通过本章的学习,读者应该能够掌握以下 3 种开发技能:

(1)学会调节各类铃声的音量。
(2)学会录制、播放普通音频和原始音频。
(3)学会将原始音频数据转换为 WAV 文件和 MP3 文件。

## 7.6　动手练习

1. 通过自定义音频控制条来操纵音频的播放过程。
2. 利用开源库 LAME 录制 MP3 音频。
3. 综合运用音频处理技术实现一个长音频分享 App。

# 第 8 章

# 影像记录

本章介绍 App 开发常用的一些视频处理技术，主要包括如何使用经典相机拍照和录像，如何使用二代相机拍照和录像，如何截取视频画面和屏幕画面等。最后结合本章所学的知识演示一个实战项目"仿抖音的短视频分享"的设计与实现。

## 8.1 经典相机

本节介绍经典相机的详细用法，内容包括表面视图和纹理视图的用法及其适用场景、如何使用经典相机实现单拍和连拍、如何使用经典相机录制视频、如何自定义视频控制条以便更好地开展播控操作。

### 8.1.1 表面视图和纹理视图

Android 的绘图机制是由主线程（又称 UI 线程）在屏幕上绘图，一般情况下不允许其他线程直接在页面上绘图。这个机制在处理简单页面时没有什么问题，因为普通页面不会频繁且大面积地绘图，但是该机制在处理复杂多变的页面时会产生问题，比如时刻变化着的游戏页面、拍照或录像时不断变换着的预览页面，它们会导致主线程资源堵塞，即页面卡死的状况。

表面视图 SurfaceView 是 Android 用来解决子线程绘图的特殊视图，它拥有独立的绘图表面，即不与其宿主页面共享同一个绘图表面。由于拥有独立的绘图表面，因此表面视图的页面能够在一个独立线程中进行绘制，这个子线程称作渲染线程。因为渲染线程不占用主线程资源，所以一方面可以实现复杂而高效的页面刷新，另一方面又能及时响应用户的输入事件。由于表面视图具备以上特性，因此可用于拍照和录像的预览页面，也可用于游戏的实时页面。

因为表面视图不在主线程绘图，无论是 onDraw 方法还是 dispatchDraw 方法都无法进行绘图操作，所以表面视图必然要通过其他途径绘图，这个途径便是它的内部类——表面持有者（SurfaceHolder）。外部调用表面视图的 getHolder 方法获得 SurfaceHolder 对象，然后进行预览页面的相关绘图操作。

下面是 SurfaceHolder 的常用方法：

- lockCanvas：锁定并获取绘图表面的画布。
- unlockCanvasAndPost：解锁并刷新绘图表面的画布。
- addCallback：添加绘图表面的回调接口 SurfaceHolder.Callback。该接口有以下 3 个方法。
  - surfaceCreated：在绘图表面创建后触发，可在此打开相机。
  - surfaceChanged：在绘图表面变更后触发。
  - surfaceDestroyed：在绘图表面销毁后触发。
- removeCallback：移除绘图表面的回调接口。
- isCreating：判断绘图表面是否有效。如果在其他地方操作表面视图，就要判断当前的绘图表面是否有效。
- getSurface：获取绘图表面的对象，即预览界面。
- setFixedSize：设置预览界面的尺寸。
- setFormat：设置绘图表面的格式。绘图格式的取值说明见表 8-1。

表 8-1　绘图格式的取值说明

| PixelFormat 类的绘图格式类型 | 说　　明 |
| --- | --- |
| TRANSPAREN | 透明 |
| TRANSLUCENT | 半透明 |
| OPAQUE | 不透明 |

表面视图在一般情况下足够用了，但是它有一些限制。因为表面视图不是通过 onDraw 方法和 dispatchDraw 方法绘图，所以无法调用 View 的基本视图方法。例如，各种视图变化方法均无法奏效，包括透明度变化方法 setAlpha、平移方法 setTranslation、缩放方法 setScale、旋转方法 setRotation 等，甚至连最基础的背景图设置方法 setBackground 都失效了。

为了解决表面视图的不足之处，Android 又引入了纹理视图（TextureView）。与表面视图相比，纹理视图并没有创建一个单独的绘图表面，所以它可以像普通视图一样执行变换操作，也可以正常设置背景图片。

下面是 TextureView 的常用方法：

- lockCanvas：锁定并获取画布。
- unlockCanvasAndPost：解锁并刷新画布。
- setSurfaceTextureListener：设置表面纹理的监听器。该方法相当于 SurfaceHolder 的 addCallback 方法，用来监控表面纹理的状态变化事件。输入参数为 SurfaceTextureListener 监听器对象，监听器需重写以下 4 个方法。
  - onSurfaceTextureAvailable：在表面纹理可用时触发，可在此执行打开相机等操作。
  - onSurfaceTextureSizeChanged：在表面纹理尺寸变化时触发。
  - onSurfaceTextureDestroyed：在表面纹理销毁时触发。
  - onSurfaceTextureUpdated：在表面纹理更新时触发。
- isAvailable：判断表面纹理是否可用。
- getSurfaceTexture：获取表面纹理。

就具体应用而言，表面视图通常搭配经典相机，而纹理视图一般搭配二代相机，至于经典相机和二代相机的用法，后续的章节将详细说明。

## 8.1.2 使用经典相机拍照

眼睛是心灵的窗户，那么摄像头便是手机的窗户。主打美颜功能的拍照手机大行其道，对于手机 App 来说，至关重要的就是如何恰如其分地运用拍照功能。

在 Android 开发中，Camera 是直接操作摄像头硬件的工具类，包括后置摄像头和前置摄像头，有以下几种常用方法。

- getNumberOfCameras：获取本设备的摄像头数目。
- open：打开摄像头，默认打开后置摄像头。如果有多个摄像头，那么 open(0)表示打开后置摄像头，open(1)表示打开前置摄像头。
- getParameters：获取摄像头的拍照参数，返回 Camera.Parameters 对象。
- setParameters：设置摄像头的拍照参数。具体的拍照参数通过调用 Camera.Parameters 的下列方法进行设置。
  - ➢ setPreviewSize：设置预览页面的尺寸。
  - ➢ setPictureSize：设置保存图片的尺寸。
  - ➢ setPictureFormat：设置图片格式。一般使用 ImageFormat.JPEG 表示 JPG 格式。
  - ➢ setFocusMode：设置对焦模式。取值 Camera.Parameters.FOCUS_MODE_AUTO 只会自动对焦一次，取值 FOCUS_MODE_CONTINUOUS_PICTURE 则会连续对焦。
- setPreviewDisplay：设置预览界面的表面持有者，即 SurfaceHolder 对象。该方法必须在 SurfaceHolder.Callback 的 surfaceCreated 方法中调用。
- startPreview：开始预览。该方法必须在 setPreviewDisplay 方法之后调用。
- unlock：录像时需要对摄像头解锁，这样摄像头才能持续录像。该方法必须在 startPreview 方法之后调用。
- setDisplayOrientation：设置预览的角度。Android 的 0 度在三点钟的水平位置，而手机屏幕是垂直位置，从水平位置到垂直位置需要旋转 90 度。
- autoFocus：设置对焦事件。输入参数为自动对焦接口 AutoFocusCallback 的实例，该接口的 onAutoFocus 方法在对焦完成时触发，在此提示用户对焦完毕即可拍照。
- takePicture：开始拍照，并设置拍照相关事件。第一个参数为快门回调接口 ShutterCallback，它的 onShutter 方法在按下快门时触发，通常可在此播放拍照声音，默认为"咔嚓"一声；第二个参数的 PictureCallback 表示原始图像的回调接口，通常无须处理直接传 null；第三个参数的 PictureCallback 表示 JPG 图像的回调接口，压缩后的图像数据可在该接口中的 onPictureTaken 方法中获得。
- setZoomChangeListener：设置缩放比例变化事件。缩放变化监听器 OnZoomChangeListener 的 onZoomChange 方法在缩放比例发生变化时触发。
- setPreviewCallback：设置预览回调事件，通常在连拍时调用。预览回调接口 PreviewCallback 的 onPreviewFrame 方法在预览图像发生变化时触发。
- stopPreview：停止预览。

- lock:录像完毕对摄像头加锁。该方法在 stopPreview 方法之后调用。
- release:释放摄像头。因为摄像头不能重复打开,所以每次退出拍照时都要释放摄像头。

注意,拍照之前要在 AndroidManifest.xml 中添加相机权限,如下所示:

```
<!-- 相机 -->
<uses-permission android:name="android.permission.CAMERA" />
```

结合使用相机工具与表面视图可以实现单拍(每次只拍一张照片)与连拍(自动连续拍摄多张照片)两种拍照功能。当然,拍照之前要先打开相机,下面是初始化相机的示例代码:

(完整代码见 video\src\main\java\com\example\video\widget\CameraView.java)

```java
private Context mContext;    // 声明一个上下文对象
private Camera mCamera;      // 声明一个相机对象
private SurfaceHolder mHolder;    // 声明一个表面持有者对象
private Size mPreviewSize;   // 相机画面的尺寸
private int mCameraType = CameraInfo.CAMERA_FACING_BACK;  // 摄像头类型

// 打开相机
public void openCamera() {
    mCamera = Camera.open(mCameraType);            // 打开摄像头
    try {
        mCamera.setPreviewDisplay(mHolder);        // 设置相机的预览页面
        // 获取所有支持的摄像尺寸列表
        List<Camera.Size> sizeList =
            mCamera.getParameters().getSupportedPreviewSizes();
        for (Camera.Size size : sizeList) {
            if (size.height < 800 && 1.0*size.width/size.height==16.0/9.0) {
                mPreviewSize = new Size(size.width, size.height);
                break;
            }
        }
        // 获取相机的参数信息
        Camera.Parameters parameters = mCamera.getParameters();
        // 设置预览页面的尺寸
        parameters.setPreviewSize(mPreviewSize.getWidth(),
                        mPreviewSize.getHeight());
        // 设置图片的分辨率
        parameters.setPictureSize(mPreviewSize.getWidth(),
                        mPreviewSize.getHeight());
        parameters.setPictureFormat(ImageFormat.JPEG);  // 设置图片的格式
        // 设置对焦模式为自动对焦。前置摄像头似乎无法自动对焦
        if (mCameraType == CameraInfo.CAMERA_FACING_BACK) {
            // 连续对焦要用下面的 FOCUS_MODE_CONTINUOUS_PICTURE
            parameters.setFocusMode(
                    Camera.Parameters.FOCUS_MODE_CONTINUOUS_PICTURE);
        }
        mCamera.setParameters(parameters);         // 设置相机的参数信息
        mCamera.setDisplayOrientation(90);         // 设置相机的展示角度
```

```java
        mCamera.startPreview();                    // 开始预览
        mCamera.autoFocus(null);         // 开始自动对焦
    } catch (Exception e) {
        e.printStackTrace();
        closeCamera();                   // 遇到异常要关闭相机
    }
}
```

打开相机之后才能进行单拍或者连拍操作,其中实现单拍功能的示例代码片段如下:

```java
// 执行拍照操作。外部调用该方法完成拍照
public void takePicture() {
    // 命令相机拍摄一张照片
    mCamera.takePicture(mShutterCallback, null, mPictureCallback);
}

private String mPhotoPath;  // 照片的保存路径
// 获取照片的保存路径。外部调用该方法获得照片文件的路径
public String getPhotoPath() {
    return mPhotoPath;
}

// 定义一个快门按下的回调监听器,可在此设置类似播放"咔嚓"声之类的操作,默认"咔嚓"声
private ShutterCallback mShutterCallback = () -> Log.d(TAG, "onShutter...");

// 定义一个获得拍照结果的回调监听器,可在此保存照片
private PictureCallback mPictureCallback = new PictureCallback() {
    @Override
    public void onPictureTaken(byte[] data, Camera camera) {
        Bitmap raw = null;
        if (null != data) {
            // 原始图像数据data是字节数组,需要将其解析成位图
            raw = BitmapFactory.decodeByteArray(data, 0, data.length);
            mCamera.stopPreview();  // 停止预览
        }
        // 旋转位图
        Bitmap bitmap = BitmapUtil.getRotateBitmap(raw,
                (mCameraType == CameraInfo.CAMERA_FACING_BACK) ? 90 : -90);
        // 获取本次拍摄的照片保存路径
        mPhotoPath = String.format("%s/%s.jpg",
                mContext.getExternalFilesDir(
                        Environment.DIRECTORY_DOWNLOADS),
                DateUtil.getNowDateTime());
        // 保存图片文件
        BitmapUtil.saveImage(mPhotoPath, bitmap,
                mCameraType==CameraInfo.CAMERA_FACING_BACK);
        BitmapUtil.notifyPhotoAlbum(mContext, mPhotoPath);  // 通知相册
        mCamera.startPreview();  // 再次进入预览页面
        if (mStopListener != null) {
```

```
            mStopListener.onStop("已完成拍摄，照片保存路径为"+mPhotoPath);
        }
    }
};
```

运行并测试该 App，点击拍照图标，可观察到单拍的过程如图 8-1 和图 8-2 所示。图 8-1 为准备拍照时的预览页面，图 8-2 为拍照结束后的观赏页面。

图 8-1　准备拍照时的预览页面　　　　　图 8-2　拍照结束后的观赏页面

实现连拍功能要先调用 setPreviewCallback 方法设置预览回调接口，再实现回调接口中的 onPreviewFrame 方法，在该方法中获得并保存每张预览照片。实现连拍功能的示例代码如下：

```
private boolean isShooting = false;   // 是否正在连拍
private ArrayList<String> mShootingList = new ArrayList<>();  // 照片路径列表

// 执行连拍操作。外部调用该方法完成连拍
public void takeShooting() {
    // 设置相机的预览监听器。注意这里的 setPreviewCallback 给连拍功能使用
    mCamera.setPreviewCallback(mPreviewCallback);
    mShootingList = new ArrayList<>();
    isShooting = true;
}

// 获取连拍的照片保存路径列表。外部调用该方法获得连拍结果照片的路径列表
public ArrayList<String> getShootingList() {
    return mShootingList;
}
```

```java
// 定义一个预览页面的回调监听器。在此可捕获动态的连续照片
private PreviewCallback mPreviewCallback = new PreviewCallback() {
    @Override
    public void onPreviewFrame(byte[] data, Camera camera) {
        if (!isShooting) {
            return;
        }
        Rect rect = new Rect(0, 0, mPreviewSize.getWidth(),
                            mPreviewSize.getHeight());
        // 创建一个YUV格式的图像对象
        YuvImage yuvImg = new YuvImage(data,
                camera.getParameters().getPreviewFormat(),
                mPreviewSize.getWidth(), mPreviewSize.getHeight(), null);
        try (ByteArrayOutputStream bos = new ByteArrayOutputStream()) {
            yuvImg.compressToJpeg(rect, 80, bos);
            // 从字节数组中解析出位图数据
            Bitmap raw = BitmapFactory.decodeByteArray(
                            bos.toByteArray(), 0, bos.size());
            // 旋转位图
            Bitmap bitmap = BitmapUtil.getRotateBitmap(raw,
                (mCameraType == CameraInfo.CAMERA_FACING_BACK) ? 90 : -90);
            // 获取本次拍摄的照片保存路径
            String path = String.format("%s/%s.jpg",
                mContext.getExternalFilesDir(
                    Environment.DIRECTORY_DOWNLOADS),
                DateUtil.getNowDateTime());
            // 把位图保存为图片文件
            BitmapUtil.saveImage(path, bitmap,
                    mCameraType==CameraInfo.CAMERA_FACING_BACK);
            BitmapUtil.notifyPhotoAlbum(mContext, path); // 通知相册
            camera.startPreview();  // 再次进入预览页面
            mShootingList.add(path);
            if (mShootingList.size() > 8) {          // 每次连拍9张
                isShooting = false;
                mCamera.setPreviewCallback(null);    // 将预览监听器置空
                Toast.makeText(mContext, "已完成连拍",
                        Toast.LENGTH_SHORT).show();
            }
        } catch (Exception e) {
            e.printStackTrace();
        }
    }
};
```

重新运行并测试该App，长按拍照图标，可观察到连拍结束后的浏览页面如图8-3所示。

图 8-3　连拍结束后的浏览页面

## 8.1.3　使用经典相机录像

Android 录制视频与录音都使用媒体录制器 MediaRecorder，播放视频与播音都使用媒体播放器 MediaPlayer。MediaRecorder 和 MediaPlayer 处理音频与视频的大部分方法相同，不同的是录像与放映多出了对摄像头和表面视图的处理，以及对视频格式进行编码和解码的操作。下面分别介绍 MediaRecorder 和 MediaPlayer 针对视频的额外处理部分。

### 1. 媒体录制器 MediaRecorder

下面是 MediaRecorder 录制视频的专用方法（如果只是录音，就不需要这些方法）：

- setCamera：设置相机对象。
- setPreviewDisplay：设置预览页面。预览页面对象可通过 SurfaceHolder 对象的 getSurface 方法获得。
- setOrientationHint：设置预览的角度。跟拍照一样设置为 90，表示页面从水平方向到垂直方向旋转 90 度。
- setVideoSource：设置视频来源。一般使用 VideoSource.CAMERA 表示摄像头。
- setOutputFormat：设置媒体输出格式。媒体输出格式的取值说明见表 7-4。
- setVideoEncoder：设置视频编码器。一般使用 VideoEncoder.MPEG_4_SP 表示 MPEG4 编码。注意，该方法要在 setOutputFormat 方法之后调用，否则会报错。
- setVideoSize：设置视频的分辨率。

- **setVideoFrameRate**：设置视频每秒录制的帧数。帧数越大，视频越连贯，最终生成的视频文件也越大。
- **setVideoEncodingBitRate**：设置视频每秒录制的字节数。字节数越大，视频越清晰，设置 setVideoFrameRate 与 setVideoEncodingBitRate 中的一个即可。
- **setProfile**：设置固定的录像规范。该方法囊括了 setOutputFormat、setVideoEncoder、setAudioEncoder、setVideoSize、setVideoEncodingBitRate 等参数设置，只要设置一次 setProfile 方法，就不必再设置前面列出的几个方法。在用 Android 10 以上的手机进行录像时，推荐调用 setProfile 方法。录像规范由对应的类型获得，取值说明见表 8-2。

表 8-2　录像规范类型的取值说明

| CamcorderProfile 类的录像规范类型 | 说　　明 |
| --- | --- |
| QUALITY_QVGA | 视频分辨率为 320×240 |
| QUALITY_VGA | 视频分辨率为 640×480 |
| QUALITY_480P | 视频分辨率为 720×480 |
| QUALITY_720P | 视频分辨率为 1280×720 |
| QUALITY_1080P | 视频分辨率为 1920×1080 |
| QUALITY_2160P | 视频分辨率为 3840×2160 |

注意，录像之前要在 AndroidManifest.xml 中添加相关权限，如下所示：

```xml
<!-- 相机 -->
<uses-permission android:name="android.permission.CAMERA" />
<!-- 录音 -->
<uses-permission android:name="android.permission.RECORD_AUDIO" />
```

录像与录音相比，在界面的布局文件中增加了表面视图，代码里增加了对 SurfaceHolder、Camera 以及 MediaRecorder 录像部分的处理。其中与 MediaRecorder 有关的代码片段如下：

（完整代码见 video\src\main\java\com\example\video\widget\CameraView.java）

```java
private String mVideoPath; // 视频保存路径
private static final int MAX_RECORD_TIME = 10; // 最大录制时长，默认 15 秒
private MediaRecorder mMediaRecorder;          // 声明一个媒体录制器对象
// 获取视频的保存路径
public String getVideoPath() {
    return mVideoPath;
}

// 开始录像
public void startRecord() {
    try {
        mCamera.unlock(); // 解锁相机，即打开相机（录像需要）
        mMediaRecorder = new MediaRecorder();   // 创建一个媒体录制器
        mMediaRecorder.setCamera(mCamera);      // 设置媒体录制器的摄像头
        // 设置媒体录制器的预览页面
        mMediaRecorder.setPreviewDisplay(mHolder.getSurface());
        mMediaRecorder.setAudioSource(MediaRecorder.AudioSource.MIC);
```

```
        mMediaRecorder.setVideoSource(MediaRecorder.VideoSource.CAMERA);
        // setProfile囊括了setOutputFormat、setVideoEncoder等参数设置
        mMediaRecorder.setProfile(CamcorderProfile.get(
                        CamcorderProfile.QUALITY_720P));
        // 设置最大录制时长
        mMediaRecorder.setMaxDuration(MAX_RECORD_TIME * 1000);
        mMediaRecorder.setOnInfoListener((mr, what, extra) -> {
            // 达到最大时长或者达到文件大小限制时停止录制
            if (what == MediaRecorder.MEDIA_RECORDER_INFO_MAX_DURATION
_REACHED || what == MediaRecorder.MEDIA_RECORDER_INFO_MAX_FILESIZE_REACHED){
                stopRecord();// 停止录像
            }
        });
        // 判断是不是前置摄像头,是的话需要旋转对应的角度
        int degree = (mCameraType == CameraInfo.CAMERA_FACING_BACK) ? 90 : 270;
        mMediaRecorder.setOrientationHint(degree);
        mVideoPath = String.format("%s/%s.mp4",
            mContext.getExternalFilesDir(
                Environment.DIRECTORY_DOWNLOADS),
            DateUtil.getNowDateTime());
        mMediaRecorder.setOutputFile(mVideoPath);  // 设置输出媒体的文件路径
        mMediaRecorder.prepare();      // 媒体录制器准备就绪
        mMediaRecorder.start();        // 媒体录制器开始录像
    } catch (Exception e) {
        e.printStackTrace();
    }
}

// 停止录像
public void stopRecord() {
    try {
        mMediaRecorder.setPreviewDisplay(null);  // 预览页面置空
        mMediaRecorder.stop();         // 媒体录制器停止录像
        mMediaRecorder.release();      // 释放媒体录制器
    } catch (Exception e) {
        e.printStackTrace();
    }
    closeCamera();    // 关闭相机
    openCamera();     // 重新打开相机
}
```

### 2. 媒体播放器 MediaPlayer

下面是 MediaPlayer 播放视频的专用方法(如果只是播音,就不需要这些方法):

- setDisplay: 设置播放页面,输入参数为 SurfaceHolder 类型。
- setSurface: 设置播放表面,输入参数可通过 SurfaceHolder 对象的 getSurface 方法获得。setDisplay 与 setSurface 两个方法只需调用其中一个。
- setScreenOnWhilePlaying: 设置是否使用 SurfaceHolder 显示,即是否保持屏幕高亮,从而

持续播放视频,为 true 时只能调用 setDisplay,不能调用 setSurface。
- setVideoScalingMode:设置视频的缩放模式,默认为 MediaPlayer.VIDEO_SCALING_MODE_SCALE_TO_FIT,表示固定宽高。
- setOnVideoSizeChangedListener:设置视频缩放监听器。需要实现接口 MediaPlayer.OnVideoSizeChangedListener 的 onVideoSizeChanged 方法。

上述的播放方法用于媒体播放器与表面视图组合播放视频,不过该方式编码起来比较烦琐,故而 Android 提供了视频视图 VideoView,该控件内部整合了媒体播放器与表面视图,通过它播放视频更加方便。使用视频视图播放视频的示例代码如下:

(完整代码见 video\src\main\java\com\example\video\VideoDetailActivity.java)

```
VideoView vv_content = findViewById(R.id.vv_content);
vv_content.setVideoURI(mVideoUri); // 设置视频视图的视频路径
MediaController mc = new MediaController(this);   // 创建一个媒体控制条
vv_content.setMediaController(mc);  // 给视频视图设置相关联的媒体控制条
mc.setMediaPlayer(vv_content);       // 给媒体控制条设置相关联的视频视图
vv_content.start();                  // 视频视图开始播放
```

视频录制与播放时的截图如图 8-4 和图 8-5 所示。图 8-4 为录制视频时的画面,图 8-5 为播放视频时的画面。

图 8-4 录制视频时的画图

图 8-5 播放视频时的画图

### 8.1.4 自定义视频控制条

虽然视频视图搭配系统自带的媒体控制条 MediaController 能够实现简单的播控操作,但是媒体控制条的弊端是显而易见的,源于它只提供基本的播放控制,无法进行其他个性化的定制,比如以下功能就不支持：

- 控制条分上下两行，上面是控制按钮，下面是进度条，高度太宽了有碍观瞻。
- 按钮样式无法定制，既不能增加新按钮，也无法删除按钮。
- 进度条与播放时间的样式也不能定制。

因为媒体控制条的内部控件都是私有的，即使继承了也无法修改，所以只能自己写个全新的视频控制条 VideoController。好在上述功能只是更改控制条的样式，并未增加复杂的功能，故而视频控制条提供以下控件即可满足要求：

- 一个播放按钮，点击按钮暂停播放，再点击恢复播放。
- 一个拖动条，动态显示当前的播放进度，并允许把视频拖动到指定位置开始播放。
- 两个文本控件，一个显示视频的总时长，另一个显示视频的已播放时长。

鉴于视频播控与音频播控的原理类似，因而可对 7.2.3 节提到的 AudioController 稍加改造，使之支持视频的播放控制功能。对于视频播控来说，完备的播控功能同样至少包括三项：关联视频路径与视频控制条、控制条实时显示当前播放进度、进度条的拖动操作实时传给视频视图。

### 1. 关联视频路径与视频控制条

在视频控制条的自定义代码中，声明一个视频视图对象，并把可调用的方法提供给外部传入视频路径，示例代码如下：

（完整代码见 video\src\main\java\com\example\video\widget\VideoController.java）

```java
private VideoView mVideoView;    // 声明一个视频视图对象
private int mDuration = 0;       // 播放时长，单位为毫秒

// 准备播放指定路径的视频
public void prepare(VideoView view, Uri uri) {
    setVisibility(View.VISIBLE);
    iv_play.setEnabled(true);
    sb_progress.setEnabled(true);
    mVideoView = view;
    mVideoView.setVideoURI(uri);   // 设置视频视图的视频路径
    // 给视频视图设置播放准备监听器，准备完毕获取播放时长
    mVideoView.setOnPreparedListener(
            mp -> mDuration = mVideoView.getDuration());
    // 给视频视图设置播放完成监听器，播放完毕重置当前进度
    mVideoView.setOnCompletionListener(mp -> setCurrentTime(0, 0));
    mDuration = mVideoView.getDuration();    // 获取播放时长
    mHandler.post(mRefresh);                  // 立即启动进度刷新任务
}
```

### 2. 控制条实时显示当前播放进度

控制条自动轮询视频视图的已播放时长，并刷新播放进度条等控件，示例代码如下：

```java
// 定义一个控制条的进度刷新任务。实时刷新控制条的播放进度，每隔 0.5 秒刷新一次
private Runnable mRefresh = new Runnable() {
```

```java
    @Override
    public void run() {
        if (mVideoView.isPlaying()) { // 视频视图正在播放
            // 给视频控制条设置当前的播放位置和缓冲百分比
            setCurrentTime(mVideoView.getCurrentPosition(),
                    mVideoView.getBufferPercentage());
        }
        // 延迟500毫秒后再次启动进度刷新任务
        mHandler.postDelayed(this, 500);
    }
};

// 设置当前的播放时间, 同步VideoView的播放进度
public void setCurrentTime(int current_time, int buffer_time) {
    if (current_time == 0 || !mVideoView.isPlaying()) { // 在开头或处于暂停
        iv_play.setImageResource(R.drawable.btn_play);    // 显示播放图标
    } else { // 处于播放状态
        iv_play.setImageResource(R.drawable.btn_pause);   // 显示暂停图标
    }
    tv_current.setText(DateUtil.formatTime(current_time)); // 显示当前时间
    tv_total.setText(DateUtil.formatTime(mDuration));      //显示总时长
    if (mDuration == 0) {               // 播放时长为零
        sb_progress.setProgress(0);  // 设置拖动条的当前进度为零
    } else { // 播放时长非零
        // 设置拖动条的当前进度为播放进度
        sb_progress.setProgress((current_time == 0)
                ? 0 : (current_time * 100 / mDuration));
    }
    sb_progress.setSecondaryProgress(buffer_time);  // 显示拖动条的缓冲进度
}
```

### 3. 进度条的拖动操作实时传给视频视图

用户在界面上拖动进度条, 此时控件要将拖动进度通知播放器, 以便播放器迅速切换到指定位置重新开始, 实现通知功能的示例代码如下:

```java
// 在进度变更时触发。第三个参数为true时表示是用户拖动进度条, 为false时则表示是代码设置进度
// 如果是人为地改变进度（用户拖动进度条）, 则令视频从指定时间点开始播放
@Override
public void onProgressChanged(SeekBar seekBar, int progress, boolean fromUser) {
    if (fromUser) {
        int time = progress * mDuration / 100;  // 计算拖动后的当前时间进度
        mVideoView.seekTo(time);  // 拖动播放器的当前进度到指定位置
    }
}
```

接着在活动页面的布局文件中添加 VideoController 节点, 然后活动代码先调用视频控制条的 prepare 方法指定待播放的视频路径, 再调用 start 方法即可开始播放, 其余的视频操作都由视频控制条接管。采用视频控制条的活动代码如下:

（完整代码见 video\src\main\java\com\example\video\VideoControllerActivity.java）

```java
private VideoView vv_content;          // 声明一个视频视图对象
```

```java
    private VideoController vc_play;        // 声明一个视频控制条对象
    private int CHOOSE_CODE = 3;            // 只在相册挑选视频的请求码

    @Override
    protected void onCreate(Bundle savedInstanceState) {
        super.onCreate(savedInstanceState);
        setContentView(R.layout.activity_video_controller);
        vv_content = findViewById(R.id.vv_content);
        vc_play = findViewById(R.id.vc_play);
        findViewById(R.id.btn_open).setOnClickListener(v -> {
            Intent intent = new Intent(Intent.ACTION_GET_CONTENT);
            intent.setType("video/*");       // 类型为视频
            startActivityForResult(intent, CHOOSE_CODE);  // 打开系统视频库
        });
    }

    @Override
    protected void onActivityResult(int requestCode, int resultCode, Intent intent) {
        super.onActivityResult(requestCode, resultCode, intent);
        if (resultCode == RESULT_OK && requestCode == CHOOSE_CODE) {
            if (intent.getData() != null) {
                vc_play.prepare(vv_content, intent.getData());  // 准备播放视频
                vc_play.start();   // 开始播放
            }
        }
    }
```

运行并测试该 App，选择视频文件之后的播放结果如图 8-6 和图 8-7 所示。图 8-6 为正在播放视频时的界面，此时控制条左侧显示暂停图标；图 8-7 为暂停播放视频时的界面，此时控制条左侧显示播放图标。

图 8-6　正在播放视频时的画面　　　　图 8-7　暂停播放视频时的画面

## 8.2　二代相机

本节介绍二代相机的详细用法，内容包括二代相机的拍照流程以及如何使用二代相机实现单拍和连拍、二代相机的组件架构以及如何使用二代相机录制视频、如何使用新型播放器 ExoPlayer 播放各类视频（网络视频和带字幕视频）。

## 8.2.1 使用二代相机拍照

尽管经典相机 Camera 能够完成大多数的拍照任务，但是它存在功能比较单一、灵活性差、不是线程安全等缺点，为此 Android 又推出了二代相机 Camera2，按照官方文档说明，Camera2 支持以下 5 个新特性：

（1）支持每秒 30 帧的全高清连拍。
（2）支持在每帧之间使用不同的设置。
（3）支持原生格式的图像输出。
（4）支持零延迟快门和电影速拍。
（5）支持相机在其他方面的手动控制，比如设置噪声消除的级别。

Camera2 重新设计了拍照流程，它的工作流程如图 8-8 所示。

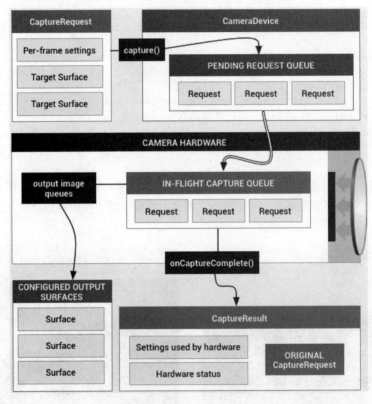

图 8-8 Camera2 的工作流程

Camera2 在架构上也做了大幅改造，原先的 Camera 类被拆分为多个管理类，主要有相机管理器 CameraManager、相机设备 CameraDevice、相机拍照会话 CameraCaptureSession、图像读取器 ImageReader，分别介绍如下。

### 1. 相机管理器 CameraManager

相机管理器用于获取可用摄像头、打开摄像头等，其对象从系统服务 CAMERA_SERVICE 获取。它的常用方法分别说明如下：

- getCameraIdList：获取相机列表，通常返回两条记录，一条是后置摄像头，另一条是前置摄像头。
- getCameraCharacteristics：获取相机的参数信息，包括相机的支持级别、照片的尺寸等。
- openCamera：打开指定摄像头，第一个参数为指定摄像头的 id，第二个参数为设备状态监听器，该监听器需实现接口 CameraDevice.StateCallback 的 onOpened 方法（方法内部再调用 CameraDevice 对象的 createCaptureRequest 方法）。
- setTorchMode：在不打开摄像头的情况下开启或关闭闪光灯，为 true 表示开启闪光灯，为 false 表示关闭闪光灯。

### 2. 相机设备 CameraDevice

相机设备用于创建拍照请求、添加预览页面、创建拍照会话等。它的常用方法分别说明如下：

- createCaptureRequest：创建拍照请求，第二个参数为会话状态的监听器，该监听器需实现会话状态回调接口 CameraCaptureSession.StateCallback 的 onConfigured 方法（方法内部再调用 CameraCaptureSession 对象的 setRepeatingRequest 方法，将预览照片输出到屏幕）。createCaptureRequest 方法返回一个 CaptureRequest 的预览对象。
- close：关闭相机。

### 3. 相机拍照会话 CameraCaptureSession

相机拍照会话用于设置单拍会话（每次只拍一张照片）、连拍会话（自动连续拍摄多张照片）等。它的常用方法分别说明如下：

- getDevice：获得该会话的相机设备对象。
- capture：拍照并输出到指定目标。当输出目标为 CaptureRequest 对象时，表示在屏幕上显示；当输出目标为 ImageReader 对象时，表示要保存照片。
- setRepeatingRequest：设置连拍请求并输出到指定目标。当输出目标为 CaptureRequest 对象时，表示在屏幕上显示；当输出目标为 ImageReader 对象时，表示要保存照片。
- stopRepeating：停止连拍。

### 4. 图像读取器 ImageReader

图像读取器用于获取并保存照片信息，一旦有图像数据生成，就立刻触发 onImageAvailable 方法。它的常用方法分别说明如下：

- getSurface：获取图像读取器的表面对象。
- setOnImageAvailableListener：设置图像数据的可用监听器。该监听器需实现接口 ImageReader.OnImageAvailableListener 的 onImageAvailable 方法。

这几个相机类之间的调用流程比原来的 Camera 类要复杂许多，大致的处理流程为：TextureView → SurfaceTextureListener → CameraManager → StateCallback → CameraDevice → CaptureRequest.Builder → CameraCaptureSession → ImageReader → OnImageAvailableListener → Bitmap。下面详细介绍使用二代相机拍照的编码步骤。

首先从系统服务中获取相机管理器对象,并开启指定的摄像头,打开相机的示例代码如下:
(完整代码见 video\src\main\java\com\example\video\widget\Camera2View.java)

```java
private Handler mHandler;    // 声明一个处理器对象
private CaptureRequest.Builder mPreviewBuilder;    // 声明一个拍照请求构建器对象
private CameraCaptureSession mCameraSession;    // 声明一个相机拍照会话对象
private CameraDevice mCameraDevice;    // 声明一个相机设备对象
private ImageReader mImageReader;    // 声明一个图像读取器对象
private Size mPreviewSize;    // 预览画面的尺寸
private int mCameraType = CameraCharacteristics.LENS_FACING_BACK;// 相机类型

// 打开相机
public void openCamera() {
    // 从系统服务中获取相机管理器
    CameraManager cm = (CameraManager)
            mContext.getSystemService(Context.CAMERA_SERVICE);
    try {
        String[] cameraIdArray = cm.getCameraIdList();    // 获取摄像头数组
        String cameraId = cameraIdArray[0];    // [0]为后置摄像头,[1]为前置摄像头
        // 获取可用相机设备列表
        CameraCharacteristics cc = cm.getCameraCharacteristics(cameraId);
        StreamConfigurationMap map = cc.get(
                CameraCharacteristics.SCALER_STREAM_CONFIGURATION_MAP);
        Size largest = Collections.max(
                Arrays.asList(map.getOutputSizes(ImageFormat.JPEG)),
                (lhs, rhs) -> Long.signum(lhs.getWidth() * lhs.getHeight()
                                        - rhs.getHeight() * rhs.getWidth()));
        // 获取预览画面的尺寸
        mPreviewSize = map.getOutputSizes(SurfaceTexture.class)[0];
        for (Size size : map.getOutputSizes(SurfaceTexture.class)) {
            if (size.getHeight() < 800 &&
                    1.0*size.getWidth()/size.getHeight()==16.0/9.0) {
                mPreviewSize = size;
                break;
            }
        }
        // 创建一个 JPEG 格式的图像读取器
        mImageReader = ImageReader.newInstance(largest.getWidth(),
                        largest.getHeight(), ImageFormat.JPEG, 2);
        // 设置图像可用监听器,一旦捕捉到图像数据就触发 onImageAvailable 方法
        mImageReader.setOnImageAvailableListener(mImageListener, mHandler);
        cm.openCamera(cameraId, mDeviceCallback, mHandler);    // 开启摄像头
    } catch (CameraAccessException e) {
        e.printStackTrace();
    }
}
```

注意开启摄像头的 openCamera 方法,它的第二个参数为相机就绪后的回调实例,该实例的定义代码如下所示:

```java
// 相机准备就绪后开启捕捉影像的会话
private CameraDevice.StateCallback mDeviceCallback = new
CameraDevice.StateCallback() {
    @Override
    public void onOpened(CameraDevice cameraDevice) {
```

```java
        mCameraDevice = cameraDevice;
        createPreviewSession();        // 创建相机预览会话
    }

    @Override
    public void onDisconnected(CameraDevice cameraDevice) {
        cameraDevice.close();          // 关闭相机设备
        mCameraDevice = null;
    }

    @Override
    public void onError(CameraDevice cameraDevice, int error) {
        cameraDevice.close();          // 关闭相机设备
        mCameraDevice = null;
    }
};
```

从以上代码可见，相机准备就绪后会触发回调实例的 onOpened 方法，在该方法中要创建相机预览会话，创建会话的示例代码如下：

```java
// 创建相机预览会话
private void createPreviewSession() {
    // 获取纹理视图的表面纹理
    SurfaceTexture texture = getSurfaceTexture();
    // 设置表面纹理的默认缓存尺寸
    texture.setDefaultBufferSize(mPreviewSize.getWidth(),
                    mPreviewSize.getHeight());
    Surface surface = new Surface(texture);    // 创建一个该表面纹理的表面对象
    try {
        // 创建相机设备的预览捕捉请求
        mPreviewBuilder = mCameraDevice.createCaptureRequest(
                CameraDevice.TEMPLATE_PREVIEW);
        mPreviewBuilder.addTarget(surface);        // 把纹理视图添加到预览目标
        // FLASH_MODE_OFF 表示关闭闪光灯，FLASH_MODE_TORCH 表示开启闪光灯
        mPreviewBuilder.set(CaptureRequest.FLASH_MODE,
                CaptureRequest.FLASH_MODE_OFF);
        int rotateDegree =
            mCameraType==CameraCharacteristics.LENS_FACING_BACK ? 90 : 270;
        // 设置照片的方向
        mPreviewBuilder.set(CaptureRequest.JPEG_ORIENTATION, rotateDegree);
        // 创建一个相机捕捉会话。此时预览画面既显示在纹理视图，也输出到图像阅读器
        mCameraDevice.createCaptureSession(Arrays.asList(surface,
                mImageReader.getSurface()), mSessionCallback, mHandler);
    } catch (CameraAccessException e) {
        e.printStackTrace();
    }
}
```

注意创建捕捉会话的 createCaptureSession 方法，它的第二个参数为图像就绪后的回调实例，该实例的定义代码例子如下所示：

```java
// 图像配置就绪后，将预览画面呈现到手机屏幕上
private CameraCaptureSession.StateCallback mSessionCallback = new
                CameraCaptureSession.StateCallback() {
    @Override
    public void onConfigured(CameraCaptureSession session) {
        try {
            mCameraSession = session;
```

```java
        // 设置连拍请求。此时预览画面只会发给手机屏幕
        mCameraSession.setRepeatingRequest(mPreviewBuilder.build(),
                                null, mHandler);
    } catch (CameraAccessException e) {
        e.printStackTrace();
    }
}

@Override
public void onConfigureFailed(CameraCaptureSession session) {}
};
```

再看 createCaptureSession 方法的第一个参数,这是个表面列表对象,既包含纹理视图的表面实例(将画面显示到屏幕上),也包含图像读取器的表面实例(将画面输出给读取器)。其中读取器的画面输出操作由 setOnImageAvailableListener 方法的监听器参数决定,下面是定义图像可用监听器的示例代码:

```java
// 一旦有图像数据生成,立刻触发 onImageAvailable 事件
private OnImageAvailableListener mImageListener = new
OnImageAvailableListener() {
    @Override
    public void onImageAvailable(ImageReader imageReader) {
        Image image = imageReader.acquireNextImage(); // 获得下一张图像缓存
        // 获取本次拍摄的照片保存路径
        String path = String.format("%s/%s.jpg",
            mContext.getExternalFilesDir(
                Environment.DIRECTORY_DOWNLOADS),
            DateUtil.getNowDateTime());
        // 保存照片文件
        BitmapUtil.saveImage(path, image.getPlanes()[0].getBuffer(), true);
        image.close(); // 关闭图像缓存
        BitmapUtil.notifyPhotoAlbum(mContext, path); // 通知相册来了张新照片
    }
};
```

从以上代码得知,拍照画面传给图像读取器时会触发监听器的 onImageAvailable 方法,在该方法中即可将图像保存为图片文件(即存储照片的文件)。调用拍照会话对象的 capture 方法方可执行真正的拍照操作,进而引发图像可用监听器的 onImageAvailable 事件。下面是单拍部分的示例代码:

```java
private Handler mHandler; // 声明一个处理器对象
private CaptureRequest.Builder mPreviewBuilder; // 声明一个拍照请求构建器对象
private CameraCaptureSession mCameraSession;    // 声明一个相机拍照会话对象
private CameraDevice mCameraDevice;    // 声明一个相机设备对象
private ImageReader mImageReader;      // 声明一个图像读取器对象
private int mTakeType = TYPE_SINGLE;   // 拍摄类型,0 为单拍,1 为连拍
private int mCameraType = CameraCharacteristics.LENS_FACING_BACK;// 相机类型

// 执行拍照操作
public void takePicture() {
    mTakeType = TYPE_SINGLE;
    try {
        // 创建相机设备的预览捕捉请求
        CaptureRequest.Builder builder = mCameraDevice.createCaptureRequest(
                        CameraDevice.TEMPLATE_PREVIEW);
        // 把图像读取器添加到预览目标
        builder.addTarget(mImageReader.getSurface());
        // FLASH_MODE_OFF 表示关闭闪光灯,FLASH_MODE_TORCH 表示开启闪光灯
```

```
            builder.set(CaptureRequest.FLASH_MODE,
                    CaptureRequest.FLASH_MODE_OFF);
            // 设置照片的方向
            int degree = (mCameraType == CameraCharacteristics.LENS_FACING_BACK)
                            ? 90 : 270;
            builder.set(CaptureRequest.JPEG_ORIENTATION, degree);
            // 拍照会话开始捕捉照片
            mCameraSession.capture(builder.build(), null, mHandler);
        } catch (CameraAccessException e) {
            e.printStackTrace();
        }
    }
```

运行并测试该 App，点击拍照图标，可观察到单拍前后的结果如图 8-9 和图 8-10 所示。图 8-9 为准备拍照时的预览画面，图 8-10 为拍照结束后的观赏画面。

图 8-9　准备拍照时的预览画面　　　　图 8-10　拍照结束后的观赏界面

使用二代相机实现连拍功能的话，要调用 setRepeatingRequest 方法设置连拍请求，并重写 onImageAvailable 方法保存每帧照片，然后延迟一段时间后停止连拍。连拍部分的示例代码如下：

```
private long mLastTime = 0;  // 上次拍摄时间
private ArrayList<String> mShootingList = new ArrayList<>();  // 照片路径列表
// 获取连拍的照片保存路径列表
public ArrayList<String> getShootingList() {
    return mShootingList;
}

// 开始连拍
public void startShooting(int duration) {
    mTakeType = TYPE_SHOOTING;
    mShootingList = new ArrayList<>();
    try {
        mCameraSession.stopRepeating();  // 停止连拍
        // 把图像读取器添加到预览目标
```

```
            mPreviewBuilder.addTarget(mImageReader.getSurface());
            // 设置连拍请求,此时预览画面会同时发给手机屏幕和图像读取器
            mCameraSession.setRepeatingRequest(mPreviewBuilder.build(),
                                                    null, mHandler);
            // duration 小于等于 0 时表示持续连拍,外部要调用 stopShooting 方法结束连拍
            if (duration > 0) {
                // 延迟若干秒后启动拍摄停止任务
                mHandler.postDelayed(() -> stopShooting(), duration);
            }
        } catch (CameraAccessException e) {
            e.printStackTrace();
        }
    }

    // 停止连拍
    public void stopShooting() {
        try {
            mCameraSession.stopRepeating();  // 停止连拍
            // 移除图像读取器的预览目标
            mPreviewBuilder.removeTarget(mImageReader.getSurface());
            // 设置连拍请求。此时预览画面只会发给手机屏幕
            mCameraSession.setRepeatingRequest(mPreviewBuilder.build(),
                                                    null, mHandler);
        } catch (CameraAccessException e) {
            e.printStackTrace();
        }
    }
```

重新运行并测试该 App,长按拍照图标,可观察到连拍结束后的浏览画面如图 8-11 所示。

图 8-11　连拍结束后的浏览画面

### 8.2.2　使用二代相机录像

如同使用经典相机录像那样,使用二代相机也得借助媒体录制器。对于二代相机来说,录像

功能与拍照功能的区别在于拍摄流程末尾,原本拍照功能会把画面输出给图像读取器,而录像功能要把画面输出给媒体录制器。它们在 Camera2 组件架构中所处的位置如图 8-12 所示。

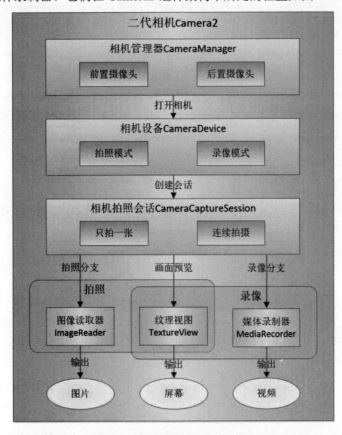

图 8-12　拍照与录像功能在 Camera2 架构中的位置

具体而言,拍照与录像这两个功能的输出操作包括下列三个不同点:

(1)调用相机设备的 createCaptureRequest 方法时,录像的请求参数填 TEMPLATE_RECORD,拍照的请求参数填 TEMPLATE_PREVIEW。

(2)通过媒体录制器的 getSurface 方法得到表面对象后要调用捕捉请求的 addTarget 方法,把媒体录制器添加到预览目标。

(3)调用相机设备的 createCaptureSession 方法时,输入参数的表面列表中原来图像读取器的表面对象要换成媒体录制器的表面对象。

通过代码实现以上三点的话,改造后的代码片段如下所示:

```
SurfaceTexture texture = getSurfaceTexture();  // 获得纹理视图的表面纹理
texture.setDefaultBufferSize(mPreviewSize.getWidth(),
                    mPreviewSize.getHeight());
// 创建相机设备的录像捕捉请求
mPreviewBuilder = mCameraDevice.createCaptureRequest(
                    CameraDevice.TEMPLATE_RECORD);
Surface previewSurface = new Surface(texture);  // 根据表面纹理创建表面对象
```

```
        mPreviewBuilder.addTarget(previewSurface);    // 把纹理视图添加到预览目标
        // 获取媒体录制器的表面对象
        Surface recorderSurface = mMediaRecorder.getSurface();
        mPreviewBuilder.addTarget(recorderSurface);    // 把媒体录制器添加到预览目标
        // 创建一个相机捕捉会话。此时预览画面既显示在纹理视图，也输出到媒体录制器
        mCameraDevice.createCaptureSession(Arrays.asList(previewSurface,
                      recorderSurface), mSessionCallback, null);
```

录像功能包含开始录像和停止录像两个操作，并且媒体录制器也有必不可少的初始化以及控制方法，补充详细的录制操作之后，完整的录像示例代码如下：

（完整代码见 video\src\main\java\com\example\video\widget\Camera2View.java）

```java
    private String mVideoPath;                // 视频保存路径
    private int MAX_RECORD_TIME = 15;         // 最大录制时长，默认 15 秒
    private boolean IS_REOPEN = true;         // 是否重新打开相机
    private MediaRecorder mMediaRecorder;     // 声明一个媒体录制器对象
    // 获取视频的保存路径
    public String getVideoPath() {
        return mVideoPath;
    }

    // 开始录像
    public void startRecord(int max_record_time, boolean is_reopen) {
        MAX_RECORD_TIME = max_record_time;
        IS_REOPEN = is_reopen;
        try {
            mMediaRecorder = new MediaRecorder();    // 创建一个媒体录制器
            mMediaRecorder.setAudioSource(MediaRecorder.AudioSource.MIC);
            mMediaRecorder.setVideoSource(MediaRecorder.VideoSource.SURFACE);
            // setProfile 囊括了 setOutputFormat、setVideoEncoder 等方法
            mMediaRecorder.setProfile(CamcorderProfile.get(
                            CamcorderProfile.QUALITY_720P));
            // 设置最大录制时长
            mMediaRecorder.setMaxDuration(MAX_RECORD_TIME * 1000);
            mMediaRecorder.setOnInfoListener((mr, what, extra) -> {
                //达到最大时长或者达到文件大小限制时停止录制
                if (what ==
MediaRecorder.MEDIA_RECORDER_INFO_MAX_DURATION_REACHED || what ==
MediaRecorder.MEDIA_RECORDER_INFO_MAX_FILESIZE_REACHED){
                    stopRecord();    // 停止录像
                }
            });
            // 无论前置摄像头还是后置摄像头都要旋转对应的角度
            int degree = (mCameraType == CameraCharacteristics.LENS_FACING_BACK)
                            ? 90 : 270;
            mMediaRecorder.setOrientationHint(degree);    // 设置输出视频的播放方向
            mVideoPath = String.format("%s/%s.mp4",
                    mContext.getExternalFilesDir(
                            Environment.DIRECTORY_DOWNLOADS),
                    DateUtil.getNowDateTime());
```

```java
            mMediaRecorder.setOutputFile(mVideoPath);    // 设置输出媒体的文件路径
            mMediaRecorder.prepare();                    // 媒体录制器准备就绪
            SurfaceTexture texture = getSurfaceTexture();  // 获得纹理视图的表面纹理
            texture.setDefaultBufferSize(mPreviewSize.getWidth(),
                            mPreviewSize.getHeight());
            // 创建相机设备的录像捕捉请求
            mPreviewBuilder = mCameraDevice.createCaptureRequest(
                            CameraDevice.TEMPLATE_RECORD);
            // 根据表面纹理创建表面对象
            Surface previewSurface = new Surface(texture);
            mPreviewBuilder.addTarget(previewSurface);   // 把纹理视图添加到预览目标
            // 获取媒体录制器的表面对象
            Surface recorderSurface = mMediaRecorder.getSurface();
            // 把媒体录制器添加到预览目标
            mPreviewBuilder.addTarget(recorderSurface);
            // 创建一个相机捕捉会话。此时预览画面既显示在纹理视图，也输出到媒体录制器
            mCameraDevice.createCaptureSession(Arrays.asList(previewSurface,
                    recorderSurface), mSessionCallback, null);
            mMediaRecorder.start();   // 媒体录制器开始录像
        } catch (Exception e) {
            e.printStackTrace();
        }
    }

    // 停止录像
    public void stopRecord() {
        try {
            mMediaRecorder.stop();           // 媒体录制器停止录像
            mMediaRecorder.release();        // 释放媒体录制器
        } catch (Exception e) {
            e.printStackTrace();
        }
        closeCamera();          // 关闭相机
        if (IS_REOPEN) {
            openCamera();       // 重新打开相机
        }
        if (mStopListener != null) {
            mStopListener.onStop("录制完成的视频路径为"+mVideoPath);
        }
    }
```

然后在录像界面对应的布局文件中添加控件 Camera2View，通过按钮控制录像的开始和停止操作，并由计时器显示已录制时长，其中与录像有关的活动代码如下：

（完整代码见 video\src\main\java\com\example\video\Camera2RecordActivity.java）

```java
private Camera2View c2v_preview;    // 声明一个二代相机视图对象
private Chronometer chr_cost;       // 声明一个计时器对象
private ImageView iv_record;        // 声明一个图像视图对象
private boolean isRecording = false;  // 是否正在录像

// 处理录像操作
```

```
private void dealRecord() {
    if (!isRecording) {
        iv_record.setImageResource(R.drawable.record_stop);
        c2v_preview.startRecord(10, true);    // 开始录像
        chr_cost.setVisibility(View.VISIBLE);
        chr_cost.setBase(SystemClock.elapsedRealtime());   // 设置基准时间
        chr_cost.start();                       // 开始计时
        isRecording = !isRecording;
    } else {
        iv_record.setEnabled(false);
        c2v_preview.stopRecord();               // 停止录像
    }
}
```

运行并测试该 App，初始界面如图 8-13 所示，此时除了预览画面外，界面下方还显示出录制按钮。点击录制按钮即可开始录像，正在录制视频的过程界面如图 8-14 所示，此时录制按钮换成了暂停图标，其上方也跳动着已录制时长的数字。

图 8-13　准备录制视频时的初始界面　　　　图 8-14　正在录制视频的过程界面

稍等几秒再点击暂停图标，或者等待时间超过默认的 15 秒，手机都会结束视频的录制，之后点击"观看视频"按钮即可切换到观看界面开始观看播放的视频。

### 8.2.3　新型播放器 ExoPlayer

尽管录制视频用的相机工具从经典相机演进到了二代相机，然而播放视频仍是老控件 MediaPlayer 以及封装了 MediaPlayer 的视频视图，这个 MediaPlayer 用于播放本地的小视频还可以，如果用它播放网络视频就存在下列问题了：

（1）MediaPlayer 不支持一边下载一边播放，必须等视频全部下载完才开始播放。

（2）MediaPlayer 不支持视频直播协议，包括 MPEG 标准的自适应流（Dynamic Adaptive Streaming over HTTP，DASH）、苹果公司的直播流（HTTP Live Streaming，HLS）、微软公司的平滑流（Smooth Streaming）等。

（3）未加密的视频容易被盗版，如果加密了，MediaPlayer 反而无法播放加密视频。

为此 Android 在新一代的 Jetpack 库中推出了新型播放器 ExoPlayer，它的音视频内核依赖于原生的 MediaCodec 接口，不但能够播放 MediaPlayer 所支持的任意格式的视频，而且具备以下几点优异特性：

（1）对于网络视频，允许一边下载一边播放。

（2）支持三大视频直播协议，包括自适应流（DASH）、直播流（HLS）、平滑流（Smooth Streaming）。

（3）支持播放采取 Widevine 技术加密的网络视频。

（4）只要提供了对应的字幕文件（srt 格式），就支持在播放视频时同步显示字幕。

（5）支持合并、串联、循环等多种播放方式。

ExoPlayer 居然能够做这么多事情，简直比 MediaPlayer 省心多了。当然，因为 ExoPlayer 来自 Jetpack 库，所以使用之前要先修改 build.gradle，添加下面一行依赖配置：

```
implementation 'com.google.android.exoplayer:exoplayer:2.13.2'
```

ExoPlayer 的播放界面采用播放器视图 PlayerView，它的自定义属性分别说明如下：

- fastforward_increment：每次快进的时长，单位为毫秒。
- rewind_increment：每次倒带的时长，单位为毫秒。
- show_buffering：缓冲进度的显示模式，值为 never 时表示从不显示，值为 when_playing 时表示播放时才显示，值为 always 时表示一直显示。
- show_timeout：控制栏的消失间隔，单位为毫秒。
- use_controller：是否显示控制栏，值为 true 时表示显示控制栏，值为 false 时表示不显示控制栏。

下面是在布局文件中添加 PlayerView 节点的配置：

（完整代码见 video\src\main\res\layout\activity_exo_player.xml）

```xml
<com.google.android.exoplayer2.ui.PlayerView
    android:id="@+id/pv_content"
    android:layout_width="match_parent"
    android:layout_height="wrap_content"
    app:fastforward_increment="30000"
    app:rewind_increment="30000"
    app:show_buffering="always"
    app:show_timeout="5000"
    app:use_controller="true" />
```

回到活动页面的代码，再调用播放器视图的 setPlayer 方法，设置已经创建好的播放器对象，

然后才能让播放器进行播控操作。设置播放器的代码模板如下所示:

```
// 创建一个新型播放器对象
SimpleExoPlayer player = new SimpleExoPlayer.Builder(this).build();
PlayerView pv_content = findViewById(R.id.pv_content);
pv_content.setPlayer(player);  // 设置播放器视图的播放器对象
```

以上代码把 PlayerView 与 ExoPlayer 关联起来,后续的视频播放过程分成以下几个步骤:

**步骤 01** 创建指定视频格式的工厂对象。如果待播放视频来自网络,则使用 DefaultHttpDataSourceFactory 类构建格式工厂;如果待播放视频来自本地,则使用 DefaultDataSourceFactory 类构建格式工厂。

**步骤 02** 创建指定 URI 地址的媒体对象 MediaItem。

**步骤 03** 基于格式工厂和媒体对象创建媒体来源 MediaSource。

**步骤 04** 设置播放器对象的媒体来源以及其他的播控操作。

其中第 4 步的操作都与 ExoPlayer 有关,它的常见方法分别说明如下:

- setMediaSource: 设置播放器的媒体来源。
- addListener: 给播放器添加事件监听器。需要重写监听器接口 Player.EventListener 的 onPlaybackStateChanged 方法,根据状态参数判断事件类型(取值说明见表 8-3)。

表 8-3 播放状态的取值说明

| Player 类的播放状态 | 说 明 |
| --- | --- |
| STATE_BUFFERING | 视频正在缓冲 |
| STATE_READY | 视频准备就绪 |
| STATE_ENDED | 视频播放完毕 |

- prepare: 播放器准备就绪。
- play: 播放器开始播放。
- seekTo: 拖动当前进度到指定位置。
- isPlaying: 判断播放器是否正在播放。
- getCurrentPosition: 获得播放器当前的播放位置。
- pause: 播放器暂停播放。
- stop: 播放器停止播放。
- release: 释放播放器资源。

接下来把网络视频与本地视频的播放代码整合到一起,从工厂构建到开始播放的示例代码如下:

(完整代码见 video\src\main\java\com\example\video\ExoPlayerActivity.java)

```
private SimpleExoPlayer mPlayer;  // 声明一个新型播放器对象

// 播放视频
private void playVideo(Uri uri) {
    DataSource.Factory factory;
```

```java
    // 创建指定视频格式的工厂对象
    if (uri.toString().startsWith("http")) {    // HTTP在线视频
        factory = new DefaultHttpDataSourceFactory(
                Util.getUserAgent(this, getString(R.string.app_name)),
                new DefaultBandwidthMeter.Builder(this).build());
    } else {    // 本地存储卡视频
        factory = new DefaultDataSourceFactory(this);
    }
    // 创建指定地址的媒体对象
    MediaItem videoItem = new MediaItem.Builder().setUri(uri).build();
    // 基于工厂对象和媒体对象创建媒体来源
    MediaSource videoSource = new ProgressiveMediaSource.Factory(factory)
            .createMediaSource(videoItem);
    mPlayer.setMediaSource(videoSource);          // 设置播放器的媒体来源
    // 给播放器添加事件监听器
    mPlayer.addListener(new Player.EventListener() {
        @Override
        public void onPlaybackStateChanged(int state) {
            if (state == Player.STATE_BUFFERING) {         // 视频正在缓冲
            } else if (state == Player.STATE_READY) {      // 视频准备就绪
            } else if (state == Player.STATE_ENDED) {      // 视频播放完毕
            }
        }
    });
    mPlayer.prepare();   // 播放器准备就绪
    mPlayer.play();      // 播放器开始播放
}
```

再举个播放带字幕的视频例子，此时除了构建视频文件的媒体来源，还需要构建字幕文件的媒体来源（字幕文件为 srt 格式），然后合并视频的媒体来源与字幕来源得到最终的媒体来源。包含字幕处理的播放代码如下：

```java
// 播放带字幕的视频
private void playVideoWithSubtitle(Uri videoUri, Uri subtitleUri) {
    // 创建HTTP在线视频的工厂对象
    DataSource.Factory factory = new DefaultHttpDataSourceFactory(
            Util.getUserAgent(this, getString(R.string.app_name)),
            new DefaultBandwidthMeter.Builder(this).build());
    // 创建指定地址的媒体对象
    MediaItem videoItem = new MediaItem.Builder().setUri(videoUri).build();
    // 基于工厂对象和媒体对象创建媒体来源
    MediaSource videoSource = new ProgressiveMediaSource.Factory(factory)
            .createMediaSource(videoItem);
    // 创建指定地址的字幕对象。ExoPlayer只支持srt字幕，不支持ass字幕
    MediaItem.Subtitle subtitleItem = new MediaItem.Subtitle(subtitleUri,
            MimeTypes.APPLICATION_SUBRIP, null, Format.NO_VALUE);
    // 基于工厂对象和字幕对象创建字幕来源
    MediaSource subtitleSource =
            new SingleSampleMediaSource.Factory(factory)
```

```
                .createMediaSource(subtitleItem, C.TIME_UNSET);
        // 合并媒体来源与字幕来源
        MergingMediaSource mergingSource = new MergingMediaSource(
                        videoSource, subtitleSource);
        mPlayer.setMediaSource(mergingSource); // 设置播放器的媒体来源
        mPlayer.prepare();    // 播放器准备就绪
        mPlayer.play();       // 播放器开始播放
}
```

运行并测试该 App，可观察到 ExoPlayer 的播放效果如图 8-15 和图 8-16 所示。图 8-15 为网络视频的播放界面，图 8-16 为带字幕视频的播放界面。

图 8-15 网络视频的播放界面

图 8-16 带字幕视频的播放界面

## 8.3 画面截取

本节介绍截取各类画面的技术手段，内容包括如何通过媒体检索工具截取视频画面、自定义悬浮窗的实现过程以及如何利用悬浮窗实时跟踪股指涨跌、怎样结合媒体投影管理器与悬浮窗技术对屏幕截图。

### 8.3.1 截取视频的某帧

不管是系统相册还是视频网站，在某个视频尚未播放的时候都会显示一张预览图片，该图片通常是视频的某个画面。Android 从视频中截取某帧画面，用到了媒体检索工具 MediaMetadataRetriever，它的常见方法分别说明如下：

- setDataSource：将指定 URI 设置为媒体数据源。
- extractMetadata：获得视频的播放时长。
- getFrameAtIndex：获取指定索引的帧图。
- getFrameAtTime：获取指定时间的帧图，时间单位为微秒。
- release：释放媒体资源。

下面是利用 MediaMetadataRetriever 从视频截取某帧位图的示例代码：
（完整代码见 video\src\main\java\com\example\video\util\MediaUtil.java）

```
// 获取视频文件中的某帧图片，pos 为毫秒时间
public static Bitmap getOneFrame(Context ctx, Uri uri, int pos) {
```

```
            MediaMetadataRetriever retriever = new MediaMetadataRetriever();
            retriever.setDataSource(ctx, uri);    // 将指定URI设置为媒体数据源
            // 获取并返回指定时间的帧图,注意getFrameAtTime方法的时间单位是微秒
            return retriever.getFrameAtTime(pos * 1000);
        }
```

若要从视频中截取一串时间相邻的画面,则可依据相邻时间点调用 **getFrameAtTime** 方法,依次获得每帧位图再保存到存储卡。连续截取视频画面的示例代码如下:

```
        // 获取视频文件中的图片帧列表。beginPos为毫秒时间,count为待获取的帧数量
        public static List<String> getFrameList(Context ctx, Uri uri, int beginPos,
int count) {
            String videoPath = uri.toString();
            String videoName = videoPath.substring(videoPath.lastIndexOf("/")+1);
            if (videoName.contains(".")) {
                videoName = videoName.substring(0, videoName.lastIndexOf("."));
            }
            List<String> pathList = new ArrayList<>();
            MediaMetadataRetriever retriever = new MediaMetadataRetriever();
            retriever.setDataSource(ctx, uri);    // 将指定URI设置为媒体数据源
            // 获得视频的播放时长
            String duration = retriever.extractMetadata(
                            MediaMetadataRetriever.METADATA_KEY_DURATION);
            int dura_int = Integer.parseInt(duration)/1000;
            // 最多只取前多少帧
            for (int i=0; i<dura_int-beginPos/1000 && i<count; i++) {
                String path = String.format("%s/%s_%d.jpg",
                        ctx.getExternalFilesDir(Environment.DIRECTORY_DOWNLOADS),
                        videoName, i);
                if (beginPos!=0 || !new File(path).exists()) {
                    // 获取指定时间的帧图,注意getFrameAtTime方法的时间单位是微秒
                    Bitmap frame = retriever.getFrameAtTime(
                                    beginPos*1000 + i*1000*1000);
                    int ratio = frame.getWidth()/500+1;
                    Bitmap small = BitmapUtil.getScaleBitmap(frame, 1.0/ratio);
                    BitmapUtil.saveImage(path, small);    // 把位图保存为图像文件
                }
                pathList.add(path);
            }
            return pathList;
        }
```

运行并测试该App,打开视频文件播放一阵后,点击"截取当前帧"按钮,可观察到截取结果如图8-17所示。再点击"截取后九帧"按钮,随后会跳到各帧画面的列表页,成功截取到视频画面,如图8-18所示。

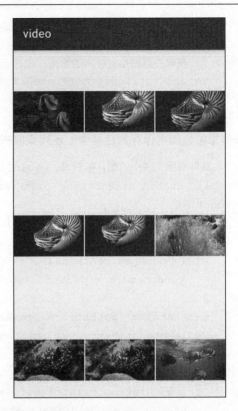

图 8-17　截取当前帧的结果　　　　　　图 8-18　截取后九帧的结果

### 8.3.2　自定义悬浮窗

每个活动页面都是一个窗口，许多窗口对象需要一个管家来打理，这个管家被称作窗口管理器（WindowManager）。在手机屏幕上新增或删除页面窗口都可以归结为 WindowManager 的操作，下面是该管理类的常用方法：

- getDefaultDisplay：获取默认的显示屏信息。通常可用该方法获取屏幕分辨率。
- addView：往窗口添加视图，第二个输入参数为 WindowManager.LayoutParams 对象。
- updateViewLayout：更新指定视图的布局参数，第二个输入参数为 WindowManager.LayoutParams 对象。
- removeView：从窗口移除指定视图。

下面是窗口布局参数 WindowManager.LayoutParams 的常用属性：

- alpha：窗口的透明度，取值为 0.0 到 1.0（0.0 表示全透明，1.0 表示不透明）。
- gravity：内部视图的对齐方式。取值说明同 View 类的 setGravity 方法。
- x 和 y：分别表示窗口左上角的横坐标和纵坐标。
- width 和 height：分别表示窗口的宽度和高度。
- format：窗口的像素点格式。取值见 PixelFormat 类中的常量定义，一般取值 PixelFormat.RGBA_8888。
- type：窗口的显示类型，常用的显示类型的取值说明见表 8-4。

表 8-4 窗口显示类型的取值说明

| WindowManager 类的窗口显示类型 | 说 明 |
|---|---|
| TYPE_APPLICATION_OVERLAY | 悬浮窗（覆盖于应用之上） |
| TYPE_SYSTEM_ALERT | 系统警告提示，该类型从 Android 8 开始被废弃 |
| TYPE_SYSTEM_ERROR | 系统错误提示 |
| TYPE_SYSTEM_OVERLAY | 页面顶层提示 |
| TYPE_SYSTEM_DIALOG | 系统对话框 |
| TYPE_STATUS_BAR | 状态栏 |
| TYPE_TOAST | 短暂提示 |

- flags：窗口的行为准则，对于悬浮窗来说，一般设置为 FLAG_NOT_FOCUSABLE。常用的窗口标志位的取值说明见表 8-5。

表 8-5 窗口标志位的取值说明

| WindowManager 类的窗口标志位 | 说 明 |
|---|---|
| FLAG_NOT_FOCUSABLE | 不能抢占焦点，即不接受任何按键或按钮事件 |
| FLAG_NOT_TOUCHABLE | 不接受触摸屏事件。悬浮窗一般不设置该标志，因为一旦设置该标志就将无法拖动 |
| FLAG_NOT_TOUCH_MODAL | 当窗口允许获得焦点时（没有设置 FLAG_NOT_FOCUSALBE 标志），仍然将窗口之外的按键事件发送给后面的窗口处理，否则它将独占所有的按键事件，而不管它们是不是发生在窗口范围之内 |
| FLAG_LAYOUT_IN_SCREEN | 允许窗口占满整个屏幕 |
| FLAG_LAYOUT_NO_LIMITS | 允许窗口扩展到屏幕之外 |
| FLAG_WATCH_OUTSIDE_TOUCH | 设置了 FLAG_NOT_TOUCH_MODAL 标志后，当按键动作发生在窗口之外时，将接收到一个 MotionEvent.ACTION_OUTSIDE 事件 |

自定义的悬浮窗有点类似对话框，它们都是独立于活动页面的窗口，但是悬浮窗又有一些与众不同的特性，例如：

（1）悬浮窗允许拖动，对话框不允许拖动。
（2）悬浮窗不妨碍用户触摸窗外的区域，对话框不让用户操作窗外的控件。
（3）悬浮窗独立于活动页面，当页面退出后，悬浮窗仍停留在屏幕上；对话框与活动页面是共存关系，一旦退出页面那么对话框就消失了。

基于悬浮窗的以上特性，若要实现窗口的悬浮效果，就不能仅仅调用 WindowManager 的 addView 方法，而要做一系列的自定义处理，具体步骤说明如下：

步骤 01 在 AndroidManifest.xml 中声明系统窗口权限，即增加下面这行权限配置：

```
<!-- 悬浮窗 -->
<uses-permission android:name="android.permission.SYSTEM_ALERT_WINDOW" />
```

步骤 02 自定义的悬浮窗控件需要设置触摸监听器，根据用户的手势动作相应调整窗口位置，以实现悬浮窗的拖动功能。

**步骤03** 合理设置悬浮窗的窗口参数,主要是把窗口参数的显示类型设置为 TYPE_APPLICATION_OVERLAY。另外,还要设置标志位为 FLAG_NOT_FOCUSABLE。

**步骤04** 在构造悬浮窗实例时,要传入应用实例 Application 的上下文对象,这是为了保证即使退出活动页面,也不会关闭悬浮窗。因为应用对象在 App 运行过程中始终存在,而活动对象只在打开页面时有效;一旦退出页面,那么活动对象的上下文就会立刻被回收(这导致依赖于该上下文的悬浮窗也一块被回收了)。

下面是一个悬浮窗控件的自定义代码片段:

(完整代码见 video\src\main\java\com\example\video\widget\FloatWindow.java)

```java
private Context mContext;    // 声明一个上下文对象
private WindowManager wm;    // 声明一个窗口管理器对象
private static WindowManager.LayoutParams wmParams;    // 悬浮窗的布局参数
public View mContentView;    // 声明一个内容视图对象
private float mScreenX, mScreenY;    // 触摸点在屏幕上的横纵坐标
private float mLastX, mLastY;    // 上次触摸点的横纵坐标
private float mDownX, mDownY;    // 按下点的横纵坐标
private boolean isShowing = false;    // 是否正在显示

public FloatWindow(Context context) {
    super(context);
    // 从系统服务中获取窗口管理器,后续将通过该管理器添加悬浮窗
    wm = (WindowManager)
                context.getSystemService(Context.WINDOW_SERVICE);
    if (wmParams == null) {
        wmParams = new WindowManager.LayoutParams();
    }
    mContext = context;
}

// 设置悬浮窗的内容布局
public void setLayout(int layoutId) {
    // 从指定资源编号的布局文件中获取内容视图对象
    mContentView = LayoutInflater.from(mContext).inflate(
                                    layoutId, null);
    // 接管悬浮窗的触摸事件,使之既可随手势拖动又可处理点击动作
    mContentView.setOnTouchListener((v, event) -> {
        mScreenX = event.getRawX();
        mScreenY = event.getRawY();
        if (event.getAction() == MotionEvent.ACTION_DOWN) {    // 手指按下
            mDownX = mScreenX;
            mDownY = mScreenY;
        } else if (event.getAction() == MotionEvent.ACTION_MOVE) {    // 移动
            updateViewPosition();    // 更新视图的位置
        } else if (event.getAction() == MotionEvent.ACTION_UP) {    // 手指松开
            updateViewPosition();    // 更新视图的位置
            if (Math.abs(mScreenX-mDownX)<3 && Math.abs(mScreenY-mDownY)<3) {
                if (mListener != null) {    // 响应悬浮窗的点击事件
                    mListener.onFloatClick(v);
                }
            }
```

```java
            }
            mLastX = mScreenX;
            mLastY = mScreenY;
            return true;
        });
    }

    // 更新悬浮窗的视图位置
    private void updateViewPosition() {
        // 此处不能直接转为整数类型,因为小数部分会被截掉,重复多次后就会造成偏移越来越大
        wmParams.x = Math.round(wmParams.x + mScreenX - mLastX);
        wmParams.y = Math.round(wmParams.y + mScreenY - mLastY);
        wm.updateViewLayout(mContentView, wmParams);   // 更新内容视图的布局参数
    }

    // 显示悬浮窗
    public void show(int gravity) {
        if (mContentView != null) {
            if (Build.VERSION.SDK_INT < Build.VERSION_CODES.O) {
                // 注意 TYPE_SYSTEM_ALERT 从 Android 8.0 开始被舍弃了
                wmParams.type = WindowManager.LayoutParams.TYPE_SYSTEM_ALERT;
            } else {   // 从 Android 8.0 开始悬浮窗要使用 TYPE_APPLICATION_OVERLAY
                wmParams.type =
                        WindowManager.LayoutParams.TYPE_APPLICATION_OVERLAY;
            }
            wmParams.format = PixelFormat.RGBA_8888;
            wmParams.flags = WindowManager.LayoutParams.FLAG_NOT_FOCUSABLE;
            wmParams.alpha = 1.0f;          // 1.0 为完全不透明, 0.0 为完全透明
            wmParams.gravity = gravity;  // 指定悬浮窗的对齐方式
            wmParams.x = 0;
            wmParams.y = 0;
            // 设置悬浮窗的宽度和高度为自适应
            wmParams.width = WindowManager.LayoutParams.WRAP_CONTENT;
            wmParams.height = WindowManager.LayoutParams.WRAP_CONTENT;
            // 添加自定义的窗口布局,然后屏幕上就能看到悬浮窗了
            wm.addView(mContentView, wmParams);
            isShowing = true;
        }
    }

    // 关闭悬浮窗
    public void close() {
        if (mContentView != null) {
            wm.removeView(mContentView);      // 移除自定义的窗口布局
            isShowing = false;
        }
    }

    private FloatClickListener mListener;  // 声明一个悬浮窗的点击监听器对象
    // 设置悬浮窗的点击监听器
    public void setOnFloatListener(FloatClickListener listener) {
        mListener = listener;
    }

    // 定义一个悬浮窗的点击监听器接口,用于触发点击动作
```

```java
public interface FloatClickListener {
    void onFloatClick(View v);
}
```

悬浮窗显示的内容时刻变化着，毕竟一个内容不变的悬浮窗对用户来说没有什么用处。具体的应用例子很多，例如时钟、天气、实时流量、股市指数等。对于悬浮窗来说，要想实时刷新窗体内容，需通过服务（Service）来实现，所以动态悬浮窗要在服务中创建和更新，活动页面只负责启动和停止服务。若要采用悬浮窗动态显示股市指数，可调用财经网站的实时指数查询接口，比如新浪财经与腾讯财经均提供了上证指数与深圳成指的查询服务。下面是实时刷新股指悬浮窗的服务代码片段：

（完整代码见 video\src\main\java\com\example\video\service\StockService.java）

```java
private FloatWindow mFloatWindow;    // 声明一个悬浮窗对象
private TextView tv_sh_stock, tv_sz_stock;  // 声明一个文本视图对象
public static int OPEN = 0;          // 打开悬浮窗
public static int CLOSE = 1;         // 关闭悬浮窗

@Override
public void onCreate() {
    super.onCreate();
    if (mFloatWindow == null) {
        // 创建一个新的悬浮窗
        mFloatWindow = new FloatWindow(MainApplication.getInstance());
        // 设置悬浮窗的布局内容
        mFloatWindow.setLayout(R.layout.float_stock);
        // 从布局文件中获取显示上证综指的文本视图
        tv_sh_stock = mFloatWindow.mContentView
                .findViewById(R.id.tv_sh_stock);
        // 从布局文件中获取显示深圳成指的文本视图
        tv_sz_stock = mFloatWindow.mContentView
                .findViewById(R.id.tv_sz_stock);
    }
    mHandler.post(mRefresh);     // 立即启动股指刷新任务
}

@Override
public int onStartCommand(Intent intent, int flags, int startId) {
    if (intent != null) {
        int type = intent.getIntExtra("type", OPEN);  // 从意图解包获得操作类型
        if (type == OPEN) {      // 打开
            if (mFloatWindow != null && !mFloatWindow.isShow()) {
                tv_sh_stock.setText("正在努力加载股指信息");
                mFloatWindow.show(Gravity.LEFT | Gravity.TOP);  // 显示悬浮窗
            }
        } else if (type == CLOSE) {    // 关闭
            if (mFloatWindow != null && mFloatWindow.isShow()) {
                mFloatWindow.close();  // 关闭悬浮窗
            }
            stopSelf();   // 停止自身服务
        }
    }
    return super.onStartCommand(intent, flags, startId);
}
```

运行并测试该 App，可观察到股指悬浮窗的显示效果如图 8-19 和图 8-20 所示。其中，图 8-19 为股指悬浮窗的初始画面，图 8-20 为稍后回到桌面时的悬浮窗画面，可见股市指数在不断变化。

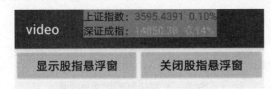

图 8-19　股指悬浮窗的初始画面

图 8-20　稍后回到桌面时的悬浮窗画面

### 8.3.3　对屏幕画面截图

悬浮窗总是浮在其他页面（包括桌面）之上，这个特性非常适用于屏幕捕捉的场合，比如截图和录屏。屏幕捕捉的功能由媒体投影管理器 MediaProjectionManager 实现，该管理器的对象从系统服务 MEDIA_PROJECTION_SERVICE 中获得。对于具体的屏幕捕捉操作，还要调用媒体投影管理器对象的 getMediaProjection 方法，从而获取 MediaProjection 媒体投影对象。MediaProjection 主要有两个方法，说明如下：

- createVirtualDisplay：创建虚拟显示层。可分别指定它的名称、宽高、密度、标志、渲染表面等。其中，标志参数通常取值 DisplayManager.VIRTUAL_DISPLAY_FLAG_AUTO_MIRROR，渲染表面则按照截图和录屏两种方式分别取值。
- stop：停止投影。

捕捉屏幕之时，需要创建一个虚拟显示对象作为投影预览层，它就是 createVirtualDisplay 方法返回的 VirtualDisplay 对象，createVirtualDisplay 方法的第六个输入参数为 Surface 类型，截屏与录屏需要分别传入对应的表面对象。如果当前为截屏操作，则调用 ImageReader 对象的 getSurface 方法获得渲染表面；如果当前为录屏操作，则调用 MediaCodec 对象的 createInputSurface 方法获得渲染表面。

从 Android 10 开始，屏幕捕捉（媒体投影操作）必须在前台服务中执行，为此修改 AndroidManifest.xml，增加以下的悬浮窗权限和前台服务权限的相关配置：

```
<!-- 悬浮窗 -->
<uses-permission android:name="android.permission.SYSTEM_ALERT_WINDOW" />
<!-- 允许前台服务（Android 9.0之后需要） -->
<uses-permission android:name="android.permission.FOREGROUND_SERVICE" />
```

还要给截屏服务添加值为 mediaProjection 的 foregroundServiceType 属性，修改后的服务配置示例如下：

```
<service android:name=".service.CaptureService"
    android:foregroundServiceType="mediaProjection" />
```

在活动代码中启动截屏服务时需要增加三个分支的判断：

（1）如果是首次截屏，则需弹出授权截图的对话框，请用户同意截屏操作。用户同意截屏的话，还要判断是否开启了悬浮窗权限，如果尚未开启就要跳到悬浮窗权限的设置页面，等待用户手工开启权限。

（2）如果不是首次截屏，且系统版本为 Android 9 或更低版本，就调用 startService 方法按照普通方式启动后台的截屏服务。

（3）如果不是首次截屏，且系统版本为 Android 10 或更高版本，就调用 startForegroundService 方法启动前台的截图服务。

包含上述分支判断的活动代码如下：

（完整代码见 video\src\main\java\com\example\video\ScreenCaptureActivity.java）

```java
private MediaProjectionManager mMpMgr;          // 声明一个媒体投影管理器对象
private int REQUEST_PROJECTION = 100;           // 媒体投影授权的请求代码
private Intent mResultIntent = null;            // 结果意图
private int mResultCode = 0;                    // 结果代码

// 初始化媒体投影
private void initMediaProjection() {
    // 从系统服务中获取媒体投影管理器
    mMpMgr = (MediaProjectionManager)
            getSystemService(Context.MEDIA_PROJECTION_SERVICE);
    // 从全局变量中获取结果意图
    mResultIntent = MainApplication.getInstance().getResultIntent();
    // 从全局变量中获取结果代码
    mResultCode = MainApplication.getInstance().getResultCode();
}

// 启动截图服务
private void startCaptureService() {
    if (mResultIntent != null && mResultCode != 0) {  // 不是首次截图或录屏
        if (Build.VERSION.SDK_INT < Build.VERSION_CODES.Q) {
            startService(new Intent(this, CaptureService.class));  // 启动服务
        } else {
            // 启动前台的截图服务（从 Android 10 开始，媒体投影操作必须在前台服务中运行）
            startForegroundService(new Intent(this, CaptureService.class));
        }
    } else {  // 是首次截图或录屏
        // 弹出授权截图的对话框
        startActivityForResult(mMpMgr.createScreenCaptureIntent(),
                                REQUEST_PROJECTION);
    }
}

// 从授权截图的对话框返回时触发
protected void onActivityResult(int requestCode, int resultCode, Intent data)
{
    super.onActivityResult(requestCode, resultCode, data);
    if (requestCode==REQUEST_PROJECTION && resultCode==RESULT_OK) {
        if (!AuthorityUtil.checkOp(this, 24)) {  // 未开启悬浮窗权限
            // 跳到悬浮窗权限的设置页面
            AuthorityUtil.requestAlertWindowPermission(this);
        } else {  // 已开启悬浮窗的权限
            mResultCode = resultCode;
            mResultIntent = data;
            // 下面把结果代码、结果意图等信息保存到全局变量中
            MainApplication.getInstance().setResultCode(resultCode);
            MainApplication.getInstance().setResultIntent(data);
            MainApplication.getInstance().setMpMgr(mMpMgr);
```

```
            startCaptureService(); // 启动截图服务
        }
    }
}
```

注意，截屏服务要判断系统版本，如果是 Android 10 或更高版本，就要调用 startForeground 方法，把截屏服务推送到前台的通知栏。接着按照下列步骤执行截屏操作：

**步骤 01** 调用媒体投影管理器的 getMediaProjection 方法，获取一个新的媒体投影对象。

**步骤 02** 调用媒体投影对象的 createVirtualDisplay 方法，根据屏幕宽高与图像读取器的表面对象创建一个虚拟显示层。

**步骤 03** 调用图像读取器的 acquireLatestImage 方法，获得最近的一个 Image 对象，并将其转成位图对象，再保存为图片文件。

据此编写的截屏服务的示例代码如下：

（完整代码见 video\src\main\java\com\example\video\service\CaptureService.java）

```
private MediaProjectionManager mMpMgr;     // 声明一个媒体投影管理器对象
private MediaProjection mMP;                // 声明一个媒体投影对象
private ImageReader mImageReader;           // 声明一个图像读取器对象
private String mImagePath;                  // 文件路径
// 屏幕宽度，屏幕高度，每英寸的像素数
private int mScreenWidth, mScreenHeight, mScreenDensity;
private VirtualDisplay mVirtualDisplay;     // 声明一个虚拟显示层对象
private FloatWindow mFloatWindow;           // 声明一个悬浮窗对象
private MainApplication mApp;               // App 的应用单例

@Override
public void onCreate() {
    super.onCreate();
    mApp = MainApplication.getInstance();
    mMpMgr = mApp.getMpMgr();  // 从全局变量中获取媒体投影管理器
    mScreenWidth = Utils.getScreenWidth(this);      // 获得屏幕的宽度
    mScreenHeight = Utils.getScreenHeight(this);    // 获得屏幕的高度
    // 获得屏幕每英寸中的像素数
    mScreenDensity = Utils.getScreenDensityDpi(this);
    // 根据屏幕宽高创建一个新的图像读取器
    mImageReader = ImageReader.newInstance(mScreenWidth, mScreenHeight,
                    PixelFormat.RGBA_8888, 2);
    if (mFloatWindow == null) {
        mFloatWindow = new FloatWindow(mApp);              // 创建一个新的悬浮窗
        mFloatWindow.setLayout(R.layout.float_capture); // 设置悬浮窗的布局内容
    }
    mFloatWindow.setOnFloatListener(v -> {
        mHandler.post(mStartVirtual);                    // 准备屏幕
        mHandler.postDelayed(mCapture, 500);             // 延迟 500 毫秒后截屏
        mHandler.postDelayed(mStopVirtual, 1000);        // 延迟 1000 毫秒后释放屏幕
    }); // 设置悬浮窗的点击监听器
}

@Override
public int onStartCommand(Intent intent, int flags, int startId) {
    if (mFloatWindow != null && !mFloatWindow.isShow()) {
```

```java
            mFloatWindow.show(Gravity.LEFT | Gravity.TOP);  // 显示悬浮窗
        }
        if (Build.VERSION.SDK_INT >= Build.VERSION_CODES.Q) {
            bindForegroundService();  // 绑定前台服务
        }
        return super.onStartCommand(intent, flags, startId);
    }

    // 绑定前台服务。要先创建通知信道，创建代码见 MainApplication.java
    private void bindForegroundService() {
        // 创建一个通知消息的建造器
        Notification.Builder builder = new Notification.Builder(this);
        if (Build.VERSION.SDK_INT >= Build.VERSION_CODES.O) {
            // Android 8.0 开始必须给每个通知分配对应的信道
            builder = new Notification.Builder(this,
                            getString(R.string.app_name));
        }
        builder.setAutoCancel(false)      // 点击通知栏后是否自动清除该通知
                .setSmallIcon(R.mipmap.ic_launcher)  // 设置应用名称左边的小图标
                .setContentTitle(getString(R.string.app_name))  // 设置标题文本
                .setContentText("截屏服务");            // 设置通知栏里面的文本内容
        Notification notify = builder.build();  // 根据通知建造器构建一个通知对象
        startForeground(1, notify);       // 把服务推送到前台的通知栏
    }

    private Handler mHandler = new Handler();  // 创建一个处理器对象
    // 定义一个屏幕准备任务
    private Runnable mStartVirtual = () -> {
        // 截图过程中先隐藏悬浮窗
        mFloatWindow.mContentView.setVisibility(View.INVISIBLE);
        if (mMP == null) {
            // 根据结果代码和结果意图从媒体投影管理器中获取一个媒体投影对象
            mMP = mMpMgr.getMediaProjection(mApp.getResultCode(),
                            mApp.getResultIntent());
        }
        // 根据屏幕宽高创建一个虚拟显示层
        mVirtualDisplay = mMP.createVirtualDisplay("capture_screen",
                mScreenWidth, mScreenHeight,
                mScreenDensity, DisplayManager.VIRTUAL_DISPLAY_FLAG_AUTO_MIRROR,
                mImageReader.getSurface(), null, null);
    };

    // 定义一个屏幕截取任务
    private Runnable mCapture = () -> {
        // 生成截图文件的保存路径
        mImagePath = String.format("%s/%s.png",
                getExternalFilesDir(Environment.DIRECTORY_DOWNLOADS),
                DateUtil.getNowDateTime());
        // 从图像读取器中获取最近的一个 Image 对象
        Image image = mImageReader.acquireLatestImage();
        Bitmap bitmap = BitmapUtil.getBitmap(image);  // 把 Image 对象转换成位图对象
        BitmapUtil.saveImage(mImagePath, bitmap);       // 把位图对象保存为图片文件
        BitmapUtil.notifyPhotoAlbum(this, mImagePath); // 通知相册来了张新图片
    };
```

```
// 定义一个屏幕释放任务
private Runnable mStopVirtual = () -> {
    // 完成截图后再恢复悬浮窗
    mFloatWindow.mContentView.setVisibility(View.VISIBLE);
    if (mVirtualDisplay != null) {
        mVirtualDisplay.release();  // 释放虚拟显示层资源
        mVirtualDisplay = null;
    }
    showThumbnail();  // 显示缩略图窗口
};
```

运行并测试该 App，打开截屏服务的悬浮窗（一个红色的相机图标），点击屏幕左上角的相机图标开始截屏，稍等片刻会在屏幕右下角显示出结果小窗，说明成功将此时的屏幕画面保存为图片，如图 8-21 所示。

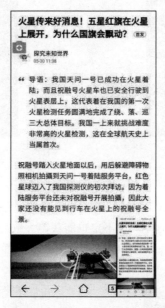

图 8-21　截屏完成时的画面

## 8.4　实战项目：仿抖音的短视频分享

与传统的影视行业相比，诞生于移动互联网时代的短视频是一个全新行业，它制作方便又容易传播，一出现就成为大街小巷的时髦潮流。各行各业的人们均可通过短视频展示自己，短小精悍的视频片段原来能够容纳如此丰富的内蕴。许多人依靠短视频获得大量关注，乃至成为谋生手段。这些都离不开短视频分享平台的推波助澜，尤其是抖音和快手，它们的使用频率甚至超过了老牌 App。其中，抖音的国际版 TikTok 更是风靡全球，它鼓励国外年轻人勇敢表现自我，成为中国企业的出海标杆。本节的实战项目就来谈谈如何设计并实现手机上的短视频分享 App。

### 8.4.1　需求描述

快手一开始聚集着大批来自三四线城市的铁哥们，形成了老铁文化；后起之秀抖音为了打开局面，屡次赞助热门综艺节目，并招揽一批能歌善舞的小姐妹为其站台，迅速在一二线城市流行开来。二者可谓各有千秋，这边快手老铁上演英雄救美（见图 8-22），那边抖音小姐姐表演劲歌热舞（见图 8-23），令人目不暇接。

图 8-22　快手老铁英雄救美

图 8-23　抖音小姐姐劲歌热舞

短视频 App 并无固定的栏目分类，而是不断上滑观看新的短视频，用户看得久了，新视频倒也不是随机来的，而是系统后台根据用户过往的浏览记录，分析之后推荐更符合用户喜好的短视频。当然，用户录好短视频在平台上分享后，说不定也能获得大量粉丝关注。点击抖音首页下方的加号按钮，打开短视频的初始录制界面，如图 8-24 所示。点击界面下方的闪电按钮开始录像，正在录像的过程界面如图 8-25 所示。

图 8-24　短视频的初始录制界面

图 8-25　正在录像的过程界面

15 秒录像结束后，录像界面变成完成界面，如图 8-26 所示。点击右下角的"下一步"按钮，跳到短视频的信息编辑界面如图 8-27 所示。

图 8-26　录像完成时的界面　　　　　　　图 8-27　视频编辑界面

在编辑界面依次填写短视频的标题、标签、拍摄位置，再点击右上角的"选封面"按钮，打开视频封面选取界面，如图 8-28 所示。从视频各帧画面中选择心仪的封面，点击右上角的"保存"按钮回到编辑界面。此时填好信息也选好封面的编辑界面如图 8-29 所示，然后点击右下角的"发布"按钮即可将短视频分享给大家。

图 8-28　视频封面的选取界面　　　　　　图 8-29　填好信息的编辑界面

总之，短视频分享平台需要满足两种角色的使用：一种是作为内容创作者发布自己的视频，另一种是作为用户欣赏平台上的已有视频。

### 8.4.2 功能分析

短视频分享与传统的图文界面大相径庭，因为单个短视频就已经填满整块屏幕，势必要求采取专门的方式浏览短视频。从用户界面到后台服务，短视频分享主要集成了如下 App 技术：

（1）二代翻页视图：短视频 App 的浏览界面，通过向上滑动拉出新视频，用到了垂直方向的二代翻页视图 ViewPager2。

（2）下拉刷新控件：短视频 App 的首页，下拉手势会触发刷新动作，从而获取最新发布的视频，用到了下拉刷新布局 SwipeRefreshLayout。

（3）新型播放器：尽管视频视图也能播放网络视频，但是网络响应偏慢，而新型播放器 ExoPlayer 能够快速响应，避免让用户等待太久。

（4）相机视图：录制短视频需要自定义相机视图。与来自传统相机的 CameraView 相比，二代相机视图 Camera2View 具有更好的性能。

（5）媒体检索工具：从视频中截取某帧作为视频封面，用到了媒体检索工具 MediaMetadataRetriever。

（6）循环视图：备选的视频各帧画面从左往右依次排开，用到了基于水平方向线性布局管理器的循环视图 RecyclerView。

（7）网络通信框架：上传视频信息与获取视频列表均需与后端交互，可采用第 6 章介绍的 okhttp 简化 HTTP 通信操作。

（8）移动数据格式 JSON：从服务器获取视频列表，需要通过 JSON 结构传递列表数据。

下面简单介绍一下随书源码 video 模块中与短视频分享有关的主要代码模块之间的关系：

（1）ShortViewActivity.java：短视频分享的浏览首页。

（2）VideoFragment.java：每个短视频的碎片页。

（3）ShortTakeActivity.java：视频录制页面。

（4）ShortEditActivity.java：视频信息的编辑页面。

（5）ShortCoverActivity.java：视频封面的挑选页面。

（6）VideoLoadTask.java：视频列表的加载任务。

此外，短视频分享还需要与之配合的 HTTP 服务器，其源码来自于后端的 HttpServer 模块，说明如下：

（1）CommitVideo.java：视频信息的上传服务。

（2）QueryVideo.java：视频列表的查询服务。

接下来对短视频分享编码中的部分疑难点进行补充说明：

（1）录像时的弧度动画。这个弧度动画不光要刷新每一时刻的圆弧进度，还要像秒表那样实时展现秒数。显示弧度动画倒是容易，展现带小数的秒表有点麻烦，此时要自定义从 Animation 派生而来的弧度动画，并重写 applyTransformation 方法，该方法的 interpolatedTime 参数取值范围为

0.0 到 1.0，据此可计算当前已流逝的时间。下面是播放自定义弧度动画的示例代码：

（完整代码见 video\src\main\java\com\example\video\ShortTakeActivity.java）

```java
private int MAX_RECORD_TIME = 15;    // 最大录制时长，默认 15 秒
private ArcView av_progress;         // 声明一个圆弧视图对象

// 播放录像动画
private void startRecordAnim() {
    tv_cost.setVisibility(View.VISIBLE);
    av_progress.setVisibility(View.VISIBLE);
    // 定义一个圆弧渐进动画
    Animation animation = new Animation() {
        private String costDesc="";                  // 耗时描述
        @Override
        protected void applyTransformation(float interpolatedTime,
                    Transformation t) {
            String cost = String.format("%.1f秒",
                    MAX_RECORD_TIME*interpolatedTime);
            if (!costDesc.equals(cost)) {       // 秒数发生变化
                costDesc = cost;
                tv_cost.setText(costDesc);
                // 设置圆弧的角度
                av_progress.setAngle((int) (360*interpolatedTime));
            }
        }
    };
    animation.setDuration(MAX_RECORD_TIME*1000);     // 设置动画的持续时间
    tv_cost.startAnimation(animation);               // 开始播放动画
}
```

（2）高亮选中某帧视频画面。挑选视频封面时，选中的帧画面高亮显示，其余画面变暗显示。为了实现某个列表项的高亮显示效果，可给该项四周加上红框，使之变得更醒目。同时，为了提高系统效率，每次高亮显示变更理应只影响两个列表项，被选中的列表项高亮显示，取消选中的列表项恢复原状，为此要调用两次 notifyItemChanged 方法，前一次调用让取消的列表项恢复原状，后一次调用让新选中的列表项高亮显示。下面是选中某帧画面时渲染列表项的示例代码：

（完整代码见 video\src\main\java\com\example\video\adapter\CoverRecyclerAdapter.java）

```java
private int mSelectedPos = 0;  // 选中的图片编号

@Override
public void onBindViewHolder(ViewHolder vh, final int position) {
    ItemHolder holder = (ItemHolder) vh;
    // 设置图像视图的路径对象
    holder.iv_cover.setImageURI(Uri.parse(mPathList.get(position)));
    holder.rl_cover.setOnClickListener(v -> {
        mListener.onItemClick(position);
        notifyItemChanged(mSelectedPos);      // 通知该位置的列表项发生变更
        mSelectedPos = position;
        notifyItemChanged(mSelectedPos);      // 通知该位置的列表项发生变更
```

```java
        });
        if (position == mSelectedPos) {        // 被选中的图片添加高亮红框
            holder.v_box.setVisibility(View.VISIBLE);
        } else {    // 未选中的图片取消高亮红框
            holder.v_box.setVisibility(View.GONE);
        }
    }
}
```

(3) 视频信息的发布操作。待发布的视频信息格式多样,既有拍摄日期、拍摄地点、视频标签、视频描述等文本内容,又有封面文件的图像数据、MP4 文件的视频数据,这要求分段组装请求结构,再统一发给后端的 Web 服务。下面是 HTTP 调用的发布视频信息的示例代码:

(完整代码见 video\src\main\java\com\example\video\ShortEditActivity.java)

```java
// 弹出进度对话框
mDialog = ProgressDialog.show(this, "请稍候", "正在发布视频信息......");
String coverPath = String.format("%s/%s.jpg",
        getExternalFilesDir(Environment.DIRECTORY_DOWNLOADS).toString(),
        DateUtil.getNowDateTime());
BitmapUtil.saveImage(coverPath, mCoverBitmap);    // 把位图保存为图片文件
// 下面把视频信息(包含封面)提交给 HTTP 服务端
MultipartBody.Builder builder = new MultipartBody.Builder();
// 往建造器对象中添加文本格式的分段数据
builder.addFormDataPart("date", date);              // 拍摄日期
builder.addFormDataPart("address", address);        // 拍摄地址
builder.addFormDataPart("label", label);            // 视频标签
builder.addFormDataPart("desc", desc);              // 视频描述
// 往建造器对象中添加图像格式的分段数据
builder.addFormDataPart("cover",
        coverPath.substring(coverPath.lastIndexOf("/")),
        RequestBody.create(new File(coverPath),
                MediaType.parse("image/*")));
// 往建造器对象中添加视频格式的分段数据
builder.addFormDataPart("video",
        mVideoPath.substring(mVideoPath.lastIndexOf("/")),
        RequestBody.create(new File(mVideoPath),
                MediaType.parse("video/*")));
RequestBody body = builder.build();          // 根据建造器生成请求结构
OkHttpClient client = new OkHttpClient();    // 创建一个 okhttp 客户端对象
// 创建一个 POST 方式的请求结构
Request request = new Request.Builder().post(body)
        .url(UrlConstant.HTTP_PREFIX+"commitVideo").build();
Call call = client.newCall(request);         // 根据请求结构创建调用对象
// 加入 HTTP 请求队列。异步调用,并设置接口应答的回调方法
call.enqueue(new Callback() {
    @Override
    public void onFailure(Call call, IOException e) {    // 请求失败
        // 回到主线程操作界面
        runOnUiThread(() -> {
            mDialog.dismiss();    // 关闭进度对话框
        });
    }
```

```
    @Override
    public void onResponse(Call call, final Response response) throws
IOException {  // 请求成功
        String resp = response.body().string();
        CommitResponse commitResponse = new Gson().fromJson(
                        resp, CommitResponse.class);
        // 回到主线程操作界面
        runOnUiThread(() -> {
            mDialog.dismiss();    // 关闭进度对话框
            if ("0".equals(commitResponse.getCode())) {
                finishPublish();  // 结束视频发布操作
            }
        });
    }
});
```

### 8.4.3 效果展示

短视频分享同样需要服务器配合,确保后端的 Web 服务已经开启,同时为了演示效果更逼真,笔者提前准备了几条短视频测试记录。打开短视频分享 App,发现首页正在播放某段短视频,如图 8-30 所示。点击页面下方的加号图标,跳到视频录制的初始界面,如图 8-31 所示。

图 8-30　正在播放的短视频首页

图 8-31　视频录制的初始界面

调整好角度后固定手机,点击界面下方的闪电按钮,App 立刻开始录像,如图 8-32 所示。此时闪电按钮外圈的进度圆弧按顺时针方向转动,已录制时长也随之跳跃,直至到达设定的 15 秒时长,变成完成界面,如图 8-33 所示。

图 8-32　正在录制视频时的界面　　　　　图 8-33　录制完成后的界面

点击右下角的"下一步"按钮,跳到如图 8-34 所示的视频编辑页面。点击编辑页面右上角的"选封面"按钮,打开封面选取的页面,如图 8-35 所示。

图 8-34　视频编辑页面　　　　　　　图 8-35　选取封面的页面

选好封面后点击下方的"保存"按钮,回到编辑页面,接着选择短视频的拍摄日期,并填写**拍摄地点、视频标签、视频描述**,填完之后的页面如图 8-36 所示。检查无误再点击右下角的"发布"按钮,稍等片刻即可发布成功,App 自动回到首页,如图 8-37 所示,可见改为播放刚刚发布的短视频了,并且拍摄地点和视频描述都一并显示出来。手指在屏幕上下拉刷新,可获取最新发布的短视频;向上滑动屏幕,可拉出下一个短视频。

图 8-36　填完信息后的页面

图 8-37　发布新视频后的首页

至此,作为创作者的发布流程以及作为用户的浏览操作都得以验证。独乐乐不如众乐乐,好看的短视频多多益善,世间的美好就是要共同欣赏。

## 8.5　小　　结

本章主要介绍了 App 开发用到的视频处理技术,包括经典相机(表面视图和纹理视图、使用经典相机拍照、使用经典相机录像、自定义视频控制条)、二代相机(使用二代相机拍照、使用二代相机录像、新型播放器 ExoPlayer)、画面截取(截取视频的某帧、自定义悬浮窗、对屏幕画面截图)。最后设计了一个实战项目 "仿抖音的短视频分享",在该项目的 App 编码中综合运用了本章介绍的视频处理技术。

通过本章的学习,读者应该能够掌握以下 3 种开发技能:

(1)学会使用经典相机拍照和录像。

(2)学会使用二代相机拍照和录像。

(3)学会截取视频画面和屏幕画面。

## 8.6　动手练习

1. 通过自定义视频控制条来操控视频的播放过程。
2. 利用悬浮窗技术实现桌面上实时显示股指的小窗。
3. 综合运用视频处理技术实现一个短视频分享 App。

# 第 9 章

# 定位导航

本章介绍 App 开发常用的一些定位导航技术，主要包括如何利用定位功能获取手机的位置信息，如何通过扩展定位手段获取更丰富的定位数据，如何借助腾讯地图实现地图展示与路线规划等导航功能。最后结合本章所学的知识演示一个实战项目"仿微信的附近的人"的设计与实现。

## 9.1 基础定位

本节介绍 App 对基础定位功能的用法，内容包括几种定位方式及其对应的功能开关、如何通过三种定位工具获取当前的位置信息、如何借助天地图的开放接口查询指定经纬度对应的详细地址。
注：天地图是中国国家测绘地理信息局建设的地理信息综合服务网站。

### 9.1.1 开启定位功能

不管近在眼前还是远在天边，在茫茫人海中总能找到你的绿野仙踪。如此神奇的特异功能，随着科技的发展，终于由定位导航技术实现了。定位功能的使用相当广泛，许多 App 都需要通过定位找到用户所在的城市，然后切换到对应的城市频道。根据不同的定位方式，手机定位又分为卫星定位和网络定位两大类。

卫星定位服务由几个全球卫星导航系统提供，主要包括美国的 GPS、俄罗斯的格洛纳斯、中国的北斗和欧洲的伽利略。卫星定位的原理是根据多颗卫星与手机芯片的通信结果得到手机与卫星距离，然后计算手机当前所处的经度、纬度以及海拔高度，具体场景如图 9-1 所示。使用卫星定位前，需要开启手机的定位功能（也叫位置功能），并且最好在室外使用，因为室内不容易收到卫星的通信信号。

网络定位有基站定位与 WiFi 定位两个子类。在手机上插上运营商提供的 SIM 卡后，这个 SIM 卡会搜索周围的基站信号并接入通信服务。手机基站俗称铁塔，每个铁塔都有对应的编号、位置信息、信号覆盖区域。基站定位的原理是监测 SIM 卡能搜索到周围有哪些基站，手机就处于这些基站信号覆盖的重叠区域，再根据每个基站的位置信息算出手机的大致方位，具体场景如图 9-2 所示。

使用基站定位前，需要开启手机的数据连接功能（也叫移动数据）。

图9-1　卫星定位的应用场景

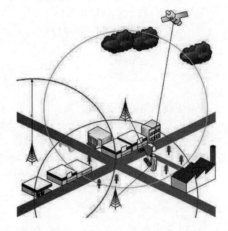

图9-2　基站定位的应用场景

WiFi 定位的原理是将手机接入某个公共热点网络，比如首都机场的 WiFi，提供 WiFi 热点的路由器有自身的 MAC 地址与电信宽带的网络 IP，通过查询 WiFi 路由器的位置便可得知接入该 WiFi 的手机大致位置。使用 WiFi 定位前，需要开启手机的 WLAN 功能。

无论是基站定位还是 WiFi 定位，手机自身只能获取基站与 WiFi 路由器的信息，无法直接得到手机的位置信息。要想获得具体的方位，必须先把基站或 WiFi 路由器的信息传给位置服务提供商（比如高德地图或百度地图），位置服务器存储了每个基站和 WiFi 路由器的编号、MAC 地址、实际位置，从这个庞大的网络数据库找到具体基站或 WiFi 路由器的详细位置再返回给手机 App。因为需要后端的网络参与计算手机的位置信息，所以基站定位和 WiFi 定位统称为网络定位。

无论是卫星定位还是基站、WiFi 定位都要开启对应的手机功能，所以首先得获取这些功能的开关状态，然后根据需求开启或关闭对应的功能。下面是获取定位、数据连接、WLAN 功能开关状态的判定代码：

（完整代码见 location\src\main\java\com\example\location\util\SwitchUtil.java）

```java
// 获取定位功能的开关状态
public static boolean getLocationStatus(Context ctx) {
    // 从系统服务中获取定位管理器
    LocationManager lm = (LocationManager)
            ctx.getSystemService(Context.LOCATION_SERVICE);
    return lm.isProviderEnabled(LocationManager.GPS_PROVIDER);
}

// 获取数据连接的开关状态
public static boolean getMobileDataStatus(Context ctx) {
    // 从系统服务中获取电话管理器
    TelephonyManager tm = (TelephonyManager)
            ctx.getSystemService(Context.TELEPHONY_SERVICE);
    boolean isOpen = false;
    try {
        String methodName = "getDataEnabled"; // 这是隐藏方法，需要通过反射调用
        Method method = tm.getClass().getMethod(methodName);
```

```
            isOpen = (Boolean) method.invoke(tm);
            Log.d(TAG, "getMobileDataStatus isOpen="+isOpen);
        } catch (Exception e) {
            e.printStackTrace();
        }
        return isOpen;
    }

    // 获取无线网络的开关状态
    public static boolean getWlanStatus(Context ctx) {
        // 从系统服务中获取无线网络管理器
        WifiManager wm = (WifiManager)
                ctx.getSystemService(Context.WIFI_SERVICE);
        return wm.isWifiEnabled();
    }
```

通过代码难以直接开关这些功能,特别是从 Android 10 开始,普通应用不能直接开关 WLAN。如此一来,只能让 App 跳到对应的系统设置界面,由用户手动开启定位、数据连接以及 WLAN 功能。其中,跳转并打开系统定位设置界面的示例代码如下:

```
// 跳转到系统的定位设置页面
startActivity(new Intent(Settings.ACTION_LOCATION_SOURCE_SETTINGS));
```

跳转并打开移动网络设置界面的示例代码如下:

```
// 跳转到系统的移动网络设置页面
startActivity(new Intent(Settings.ACTION_DATA_ROAMING_SETTINGS));
```

跳转并打开系统 WLAN 设置界面的示例代码如下:

```
// 跳转到系统的 WLAN 设置页面
startActivity(new Intent(Settings.ACTION_WIFI_SETTINGS));
```

操作以上功能开关之前还需在 AndroidManifest.xml 中补充对应的权限信息,具体的权限配置如下:

```
<!-- 定位 -->
<uses-permission android:name="android.permission.ACCESS_FINE_LOCATION" />
<uses-permission android:name="android.permission.ACCESS_COARSE_LOCATION" />
<!-- 查看网络状态 -->
<uses-permission android:name="android.permission.ACCESS_NETWORK_STATE" />
<uses-permission android:name="android.permission.ACCESS_WIFI_STATE" />
<uses-permission android:name="android.permission.CHANGE_WIFI_STATE" />
<!-- 查看手机状态 -->
<uses-permission android:name="android.permission.READ_PHONE_STATE" />
```

### 9.1.2 获取定位信息

开启定位相关功能只是将定位的前提条件准备好,若想获得手机当前所处的位置信息,还要依靠一系列定位工具。与定位信息有关的工具有定位条件器 Criteria、定位管理器 LocationManager、定位监听器 LocationListener。下面分别介绍这 3 个工具。

### 1. 定位条件器 Criteria

定位条件器用于设置定位的前提条件，比如精度、速度、海拔、方位等信息，它的常用参数分别说明如下：

- setAccuracy：设置定位精确度，有两个取值，其中 Criteria.ACCURACY_FINE 表示高精度、Criteria.ACCURACY_COARSE 表示低精度。
- setSpeedAccuracy：设置速度精确度（取值说明见表 9-1）。

表 9-1 速度精确度的取值说明

| Criteria 类的速度精确度 | 说 明 |
| --- | --- |
| ACCURACY_HIGH | 高精度，误差小于 100 米 |
| ACCURACY_MEDIUM | 中等精度，误差在 100 米到 500 米之间 |
| ACCURACY_LOW | 低精度，误差大于 500 米 |

- setAltitudeRequired：设置是否需要海拔信息，取值为 true 表示需要、false 表示不需要。
- setBearingRequired：设置是否需要方位信息，取值为 true 表示需要、false 表示不需要。
- setCostAllowed：设置是否允许运营商收费，取值为 true 表示允许、false 表示不允许。
- setPowerRequirement：设置对电源的需求，有 3 个取值，其中 Criteria.POWER_LOW 表示低耗电、Criteria.POWER_MEDIUM 表示中等耗电、Criteria.POWER_HIGH 表示高耗电。

### 2. 定位管理器 LocationManager

定位管理器用于获取定位信息的提供者、设置监听器，并获取最近一次的位置信息。定位管理器的对象从系统服务 LOCATION_SERVICE 获取，它的常用方法分别说明如下：

- getBestProvider：获取最佳的定位提供者。第一个输入参数为定位条件器 Criteria 的实例，第二个输入参数取值为 true（只要可用的）。定位提供者的取值说明见表 9-2。

表 9-2 定位提供者的取值说明

| 定位提供者的名称 | 说 明 | 定位相关功能的开启状态 |
| --- | --- | --- |
| gps | 卫星定位 | 开启定位功能 |
| network | 网络定位 | 开启数据连接或 WLAN 功能 |
| passive | 无法定位 | 未开启定位相关功能 |

- isProviderEnabled：判断指定的定位提供者是否可用。
- getLastKnownLocation：获取最近一次的定位地点。
- requestLocationUpdates：设置定位监听器。其中，第一个输入参数为定位提供者，第二个输入参数为位置更新的最小间隔时间，第三个输入参数为位置更新的最小距离，第四个输入参数为定位监听器的实例。
- removeUpdates：移除定位监听器。
- addGpsStatusListener：添加定位状态的监听器。该监听器需实现 GpsStatus.Listener 接口的 onGpsStatusChanged 方法。

- removeGpsStatusListener：移除定位状态的监听器。
- registerGnssStatusCallback：注册全球导航卫星系统的状态监听器。
- unregisterGnssStatusCallback：注销全球导航卫星系统的状态监听器。

### 3. 定位监听器 LocationListener

定位监听器用于监听定位信息的变化事件，例如定位提供者的开关、位置信息发生变化等。该监听器要重写以下几种方法。

- onLocationChanged：在位置地点发生变化时调用，在此可获取最新的位置信息。
- onProviderDisabled：在定位提供者被用户禁用时调用。
- onProviderEnabled：在定位提供者被用户开启时调用。
- onStatusChanged：在定位提供者的状态变化时调用。定位提供者的状态取值见表 9-3。

表 9-3  定位提供者的状态取值说明

| LocationProvider 类的状态类型 | 说　　明 |
| --- | --- |
| OUT_OF_SERVICE | 在服务范围外 |
| TEMPORARILY_UNAVAILABLE | 暂时不可用 |
| AVAILABLE | 可用状态 |

联合使用以上三种定位工具方能成功定位，当然 App 在定位之前需先申请相关权限，并确保手机的定位功能已经打开。另外注意，如果是在后台服务中定位，那么从 Android 10 开始必须增加申请新权限 ACCESS_BACKGROUND_LOCATION，此时必要的权限配置如下：

```
<!-- 定位 -->
<uses-permission android:name="android.permission.ACCESS_FINE_LOCATION" />
<uses-permission android:name="android.permission.ACCESS_COARSE_LOCATION" />
<!-- 后台定位（Android 10 新增权限） -->
<uses-permission
      android:name="android.permission.ACCESS_BACKGROUND_LOCATION" />
```

获取手机位置信息的示例代码如下：

（完整代码见 location\src\main\java\com\example\location\LocationBeginActivity.java）

```java
public class LocationBeginActivity extends AppCompatActivity {
    private Map<String,String> providerMap = new HashMap<>();
    private TextView tv_location;              // 声明一个文本视图对象
    private String mLocationDesc = "";         // 定位说明
    private LocationManager mLocationMgr;      // 声明一个定位管理器对象
    private Handler mHandler = new Handler(Looper.myLooper());   // 处理器对象
    private boolean isLocationEnable = false;  // 定位服务是否可用

    @Override
    protected void onCreate(Bundle savedInstanceState) {
        super.onCreate(savedInstanceState);
        setContentView(R.layout.activity_location_begin);
        providerMap.put("gps", "卫星定位");
```

```java
        providerMap.put("network", "网络定位");
        tv_location = findViewById(R.id.tv_location);
        SwitchUtil.checkLocationIsOpen(this, "需要打开定位功能才能查看定位信息");
    }

    @Override
    protected void onResume() {
        super.onResume();
        mHandler.removeCallbacks(mRefresh);          // 移除定位刷新任务
        initLocation();                              // 初始化定位服务
        mHandler.postDelayed(mRefresh, 100);         // 延迟100毫秒启动定位刷新任务
    }

    // 初始化定位服务
    private void initLocation() {
        // 从系统服务中获取定位管理器
        mLocationMgr = (LocationManager)
            getSystemService(Context.LOCATION_SERVICE);
        Criteria criteria = new Criteria();            // 创建一个定位准则对象
        criteria.setAccuracy(Criteria.ACCURACY_FINE);  // 设置定位精确度
        criteria.setAltitudeRequired(true);            // 设置是否需要海拔信息
        criteria.setBearingRequired(true);             // 设置是否需要方位信息
        criteria.setCostAllowed(true);                 // 设置是否允许运营商收费
        criteria.setPowerRequirement(Criteria.POWER_LOW); // 设置对电源的需求
        // 获取定位管理器的最佳定位提供者
        String bestProvider = mLocationMgr.getBestProvider(criteria, true);
        if (mLocationMgr.isProviderEnabled(bestProvider)) {  // 定位提供者可用
            tv_location.setText("正在获取" + providerMap.get(bestProvider)
                                + "对象");
            mLocationDesc = String.format("定位类型为%s",
                            providerMap.get(bestProvider));
            beginLocation(bestProvider);  // 开始定位
            isLocationEnable = true;
        } else {  // 定位提供者暂不可用
            tv_location.setText(providerMap.get(bestProvider) + "不可用");
            isLocationEnable = false;
        }
    }

    // 设置定位结果信息
    private void showLocation(Location location) {
        if (location != null) {
            String desc = String.format("%s\n定位信息如下: " +
                    "\n\t定位时间为%s, " + "\n\t经度为%f, 纬度为%f, " +
                    "\n\t高度为%d米, 精度为%d米。",
                mLocationDesc, DateUtil.formatDate(location.getTime()),
                location.getLongitude(), location.getLatitude(),
                Math.round(location.getAltitude()),
                Math.round(location.getAccuracy()));
            tv_location.setText(desc);
```

```java
        } else {
            tv_location.setText(mLocationDesc + "\n暂未获取到定位对象");
        }
    }

    // 开始定位
    private void beginLocation(String method) {
        // 检查当前设备是否开启定位功能
        if (ActivityCompat.checkSelfPermission(this,
                Manifest.permission.ACCESS_FINE_LOCATION) !=
                PackageManager.PERMISSION_GRANTED) {
            Toast.makeText(this, "请授予定位权限并开启定位功能",
                    Toast.LENGTH_SHORT).show();
            return;
        }
        // 设置定位管理器的位置变更监听器
        mLocationMgr.requestLocationUpdates(method, 300, 0,
                mLocationListener);
        // 获取最后一次成功定位的位置信息
        Location location = mLocationMgr.getLastKnownLocation(method);
        showLocation(location);       // 显示定位结果信息
    }

    // 定义一个位置变更监听器
    private LocationListener mLocationListener = new LocationListener() {
        @Override
        public void onLocationChanged(Location location) {
            showLocation(location);   // 显示定位结果信息
        }

        /* 这里省略其他没用到的接口方法 */
    };

    // 定义一个刷新任务，若无法定位则每隔一秒就尝试一次定位操作
    private Runnable mRefresh = new Runnable() {
        @Override
        public void run() {
            if (!isLocationEnable) {
                initLocation();  // 初始化定位服务
                mHandler.postDelayed(this, 1000);
            }
        }
    };

    @Override
    protected void onDestroy() {
        super.onDestroy();
        mLocationMgr.removeUpdates(mLocationListener);  // 移除位置变更监听器
    }
}
```

运行并测试该 App，可观察到位置信息的获取结果如图 9-3 所示，表明当前定位类型是卫星定位，定位结果是东经 119 度、北纬 26 度，海拔高度为 76 米，定位精度为 17 米。

图 9-3 某设备获取的定位信息

### 9.1.3 根据经纬度查找详细地址

上一小节使用定位管理器获取了手机的位置信息，包括经度、纬度、高度等，不过用户更关心具体的地址描述，而非看不懂的经纬度。现在我们利用天地图的开放接口，通过 HTTP 通信框架传入经纬度的数值，然后对方返回 JSON 格式的地址信息字符串，通过解析 JSON 串得到具体的地址描述。

因为不能在主线程中访问网络，所以要开启分线程结合 okhttp 实现地址的异步获取。获取地址信息的任务线程的示例代码如下：

（完整代码见 location\src\main\java\com\example\location\task\GetAddressTask.java）

```java
// 根据经纬度获取详细地址的线程
public class GetAddressTask extends Thread {
    private String mQueryUrl =
"https://api.tianditu.gov.cn/geocoder?postStr={'lon':%f,'lat':%f,'ver':1}&type=geocode&tk=253b3bd69713d4bdfdc116255f379841";
    private Activity mAct;                    // 声明一个活动实例
    private OnAddressListener mListener;      // 声明一个获取地址的监听器对象
    private Location mLocation;               // 声明一个定位对象

    public GetAddressTask(Activity act, Location location, OnAddressListener listener) {
        mAct = act;
        mListener = listener;
        mLocation = location;
    }

    @Override
    public void run() {
        String url = String.format(mQueryUrl, mLocation.getLongitude(),
                        mLocation.getLatitude());
        OkHttpClient client = new OkHttpClient();  // 创建一个okhttp客户端对象
        // 创建一个GET方式的请求结构
        Request request = new Request.Builder().url(url).build();
        Call call = client.newCall(request);  // 根据请求结构创建调用对象
        // 加入HTTP请求队列。异步调用，并设置接口应答的回调方法
        call.enqueue(new Callback() {
            @Override
```

```java
            public void onFailure(Call call, IOException e) {  // 请求失败
                // 回到主线程操作界面
                mAct.runOnUiThread(() -> Toast.makeText(mAct,
                    "查询详细地址出错："+e.getMessage(),
                        Toast.LENGTH_SHORT).show());
            }

            @Override
            public void onResponse(Call call, final Response response) throws IOException {  // 成功
                String resp = response.body().string();
                // 下面从 JSON 串中逐级解析 formatted_address 字段以获得详细地址描述
                try {
                    JSONObject obj = new JSONObject(resp);
                    JSONObject result = obj.getJSONObject("result");
                    String address = result.getString("formatted_address");
                    // 回到主线程操作界面
                    mAct.runOnUiThread(
                        () -> mListener.onFindAddress(address));
                } catch (JSONException e) {
                    e.printStackTrace();
                }
            }
        });
    }

    // 定义一个查询详细地址的监听器接口
    public interface OnAddressListener {
        void onFindAddress(String address);
    }
}
```

接着在原来的活动代码中创建并启动该任务线程，即可在页面上添加详细的地址信息。启动任务线程的示例代码如下：

（完整代码见 location\src\main\java\com\example\location\LocationAddressActivity.java）

```java
// 创建一个根据经纬度查询详细地址的任务
GetAddressTask task = new GetAddressTask(this, location, address -> {
    String desc = String.format("%s\n 定位信息如下：" +
            "\n\t 定位时间为%s," + "\n\t 经度为%f，纬度为%f," +
            "\n\t 高度为%d 米，精度为%d 米," +
            "\n\t 详细地址为%s。",
        mLocationDesc, DateUtil.formatDate(location.getTime()),
        location.getLongitude(), location.getLatitude(),
        Math.round(location.getAltitude()),
        Math.round(location.getAccuracy()),
        address);
    tv_location.setText(desc);
});
task.start();  // 启动地址查询任务
```

运行并测试该 App，可观察到地址信息的获取结果如图 9-4 所示。此时除了原来的经纬度数据外，还多了一个文字描述的详细地址，从省、市、区一直到具体的街道和门牌号。如此一来，定位功能的实用性就大大增强了。

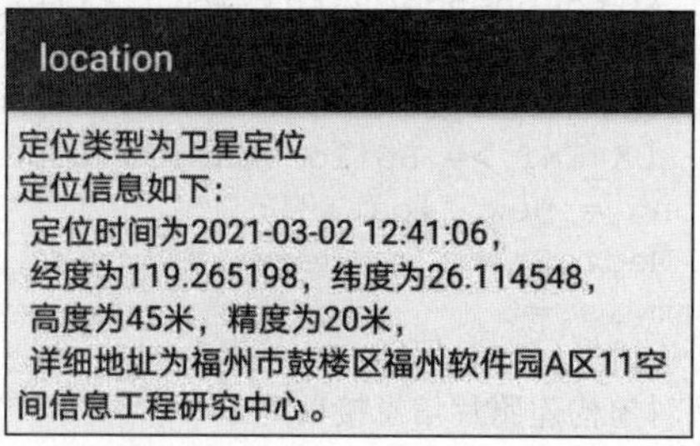

图 9-4　某设备获取的详细地址

## 9.2　扩展定位

本节介绍 App 在基础定位之外的扩展定位用法，内容包括如何从照片获取拍摄当时的位置信息、四大全球卫星导航系统的发展历程以及如何通过手机寻找天上的导航卫星、室内 WiFi 定位的原理和室内 WiFi 定位的三个步骤。

### 9.2.1　获取照片里的位置信息

手机拍摄的照片除了保存当时的影像，还包括画面以外的环境信息，诸如时间、地点、镜头参数等。这些额外信息由照片接口工具 ExifInterface 管理，只要获得图片文件（即存储照片的文件）的输入流对象，即可根据输入流构建照片信息接口，进而获取详细的照片参数。ExifInterface 的常用方法分别说明如下：

- getLatLong：获取照片拍摄时的经纬度。
- getAltitude：获取照片拍摄时的海拔高度。
- getAttribute：获取指定名称的属性值。例如属性名称为 TAG_DATETIME 时，表示期望得到拍摄时间。

不过 Android 从 9.0 开始才支持获取照片的位置信息，并且增加了新的媒体位置权限 ACCESS_MEDIA_LOCATION。当然，若想访问存储卡的图片文件，还得给 App 赋予存储卡读写权限，为此修改 AndroidManifest.xml，增加下面的访问存储卡以及获取媒体位置权限：

```
<!-- 存储卡读写 -->
<uses-permission android:name="android.permission.WRITE_EXTERNAL_STORAGE" />
<uses-permission android:name="android.permission.READ_EXTERNAL_STORAGE" />
<!-- 获取媒体位置（Android 10 新增权限） -->
<uses-permission android:name="android.permission.ACCESS_MEDIA_LOCATION" />
```

之后在代码中通过图片文件的 URI 路径即可读取包括经纬度在内的照片参数信息，实现读取功能的示例代码如下：

（完整代码见 location\src\main\java\com\example\location\util\ExifUtil.java）

```java
// 获取指定照片的位置信息。需要声明权限 ACCESS_MEDIA_LOCATION，并在代码中动态授权
public static String getLocationFromImage(Context ctx, String imageId) {
    Uri imageUri = Uri.withAppendedPath(Media.EXTERNAL_CONTENT_URI,
                    imageId);
    String location = "未获得经纬度信息";
    if (Build.VERSION.SDK_INT >= Build.VERSION_CODES.Q) {
        float[] lati_long = new float[2];
        Uri photoUri = MediaStore.setRequireOriginal(imageUri);
        try (InputStream is =
                ctx.getContentResolver().openInputStream(photoUri)) {
            // 根据输入流对象构建照片信息接口
            ExifInterface = new ExifInterface(is);
            // 从照片信息接口获取拍摄时所处的经纬度
            boolean isSuccess = exifInterface.getLatLong(lati_long);
            if (isSuccess) {
                // 从照片信息接口获取拍摄时所处的海拔高度
                double altitude = Math.abs(exifInterface.getAltitude(0.0));
                // 从照片信息接口获取拍摄时间
                String datetime = exifInterface.getAttribute(
                        ExifInterface.TAG_DATETIME);
                location = String.format("北纬%f\n东经%f\n海拔%.2f米\n拍摄时间
为%s", lati_long[0], lati_long[1], altitude, datetime);
            }
        } catch (Exception e) {
            e.printStackTrace();
        }
    }
    return location;
}
```

上面的代码中使用图片编号来拼接图片文件的 URI 路径，这个图片编号从何而来？原来通过媒体库 MediaStore 可以访问系统相册，从媒体库中查询图片记录，返回的 id 字段就是上述的图片编号。比如以下代码从媒体库挑选六张图片，并根据图片编号获取照片参数：

（完整代码见 location\src\main\java\com\example\location\ImageLocationActivity.java）

```java
private List<ImageInfo> mImageList = new ArrayList<>(); // 图片列表
// 相册的 URI
private Uri mImageUri = MediaStore.Images.Media.EXTERNAL_CONTENT_URI;
private String[] mImageColumn = new String[]{  // 媒体库的字段名称数组
        MediaStore.Images.Media._ID,      // 编号
        MediaStore.Images.Media.TITLE,    // 标题
        MediaStore.Images.Media.SIZE,     // 文件大小
        MediaStore.Images.Media.DATA};    // 文件路径

// 加载图片列表
private void loadImageList() {
    mImageList.clear();  // 清空图片列表
    // 查询相册媒体库，并返回结果集的游标。"_size asc"表示按照文件大小升序排列
    Cursor cursor = getContentResolver().query(mImageUri, mImageColumn,
                    null, null, "_size desc");
```

```java
        if (cursor != null) {
            // 下面遍历结果集,并逐个添加到图片列表。简单起见只挑选前六张图片
            for (int i=0; i<6 && cursor.moveToNext(); i++) {
                ImageInfo image = new ImageInfo();   // 创建一个图片信息对象
                image.setId(cursor.getLong(0));        // 设置图片编号
                image.setName(cursor.getString(1));    // 设置图片名称
                image.setSize(cursor.getLong(2));      // 设置图片的文件大小
                image.setPath(cursor.getString(3));    // 设置图片的文件路径
                // 检查该路径是否合法
                if (!FileUtil.checkFileUri(this, image.getPath())) {
                    i--;
                    continue; // 路径非法则再来一次
                }
                // 从指定路径解码得到位图对象
                Bitmap bitmap = BitmapFactory.decodeFile(image.getPath());
                // 给图像视图设置自动缩放的位图对象
                image.setBitmap(BitmapUtil.getAutoZoomImage(bitmap));
                mImageList.add(image);   // 添加至图片列表
            }
            cursor.close();   // 关闭数据库游标
        }
        runOnUiThread(() -> showImageGrid());   // 显示图像网格
    }

    // 显示图像网格
    private void showImageGrid() {
        for (int i=0; i<mImageList.size(); i++) {
            final ImageInfo image = mImageList.get(i);
            LinearLayout ll_grid = new LinearLayout(this);   // 创建一个线性布局视图
            ll_grid.setLayoutParams(new
                    LinearLayout.LayoutParams(Utils.getScreenWidth(this)/3,
                    ViewGroup.LayoutParams.WRAP_CONTENT));   // 设置布局参数
            View view = LayoutInflater.from(this).inflate(
                            R.layout.item_location, null);
            ImageView iv_photo = view.findViewById(R.id.iv_photo);
            iv_photo.setImageBitmap(image.getBitmap());   // 设置图像视图的位图对象
            TextView tv_latlng = view.findViewById(R.id.tv_latlng);
            // 获取指定图片的位置信息
            String location = ExifUtil.getLocationFromImage(this,
                            image.getId()+"");
            tv_latlng.setText(location);       // 设置文本视图的文字内容
            ll_grid.addView(view);             // 把视图对象添加至线性布局
            gl_appendix.addView(ll_grid);      // 把线性布局添加至网格布局
        }
    }
```

运行并测试该 App,可观察到媒体库来源的照片列表(见图 9-5)。可见正常获得照片的经纬度、海拔高度、拍摄时间等信息。

图 9-5 媒体库来源的照片列表

媒体库里的图片尚可得到图片编号，若是要求用户自己到系统相册中选照片，实现跳转的示例代码如下：

（完整代码见 location\src\main\java\com\example\location\ImageChooseActivity.java）

```
// 创建一个内容获取操作的意图（准备跳转到系统相册）
Intent albumIntent = new Intent(Intent.ACTION_GET_CONTENT);
albumIntent.putExtra(Intent.EXTRA_ALLOW_MULTIPLE, true);    // 是否允许多选
albumIntent.setType("image/*");   // 类型为图像
startActivityForResult(albumIntent, CHOOSE_CODE);           // 打开系统相册
```

等到选好照片回来，触发 onActivityResult 方法只能得到照片的 URI 路径，图片编号呢？ExifInterface 无法识别此处的照片 URI，这可如何是好？其实照片 URI 把图片编号藏在了末尾，URI 路径末尾的那串数字便是该照片的图片编号。截取图片编号后再获取位置信息的示例代码如下：

```
// 从图片 URI 中获取位置信息
public static String getLocationFromImage(Context ctx, Uri uri) {
    String path = uri.toString();
    String imageId;
    if (path.contains("%3A")) {   // %3A 为斜杠 "/" 的转义符
        imageId = path.substring(path.lastIndexOf("%3A")+3);
    } else {
        imageId = path.substring(path.lastIndexOf("/")+1);
    }
    return getLocationFromImage(ctx, imageId);
}
```

接着回到活动页面代码，采用下述代码显示照片的参数信息：

```
// 显示图片的位置信息
private void showImageLocation(Uri uri) {
    //content://***/document/image%3A208421 末尾数字是图片编号
    String location = ExifUtil.getLocationFromImage(this, uri);
    tv_location.setText("照片信息: "+location.replace("\n", ", "));
}
```

运行并测试该 App，到系统相册中选择一张照片，返回之后的页面如图 9-6 所示，可见此时成功获得照片的详细参数。

图 9-6　系统相册来源的照片信息

## 9.2.2　全球卫星导航系统

卫星导航是高科技的航天技术，同一星座的导航卫星组成一个全球卫星导航系统（Global Navigation Satellite System，GNSS），目前联合国认可的全球卫星导航系统有 4 个，分别是美国的 GPS、俄罗斯的格洛纳斯、中国的北斗和欧洲的伽利略，分别简述如下。

（1）美国的 GPS（Global Positioning System，全球定位系统）：于 1964 年投入使用，并在 1993 年包含 24 颗卫星的 GPS 系统完成组网。

（2）俄罗斯的格洛纳斯（GLONASS）：俄语对全球卫星导航系统 Global Navigation Satellite System 的简称，于 2007 年开始运营，并在 2011 年完成 24 颗卫星的组网。

（3）中国的北斗（BeiDou Navigation Satellite System，BDS）：中国自行研制的全球卫星导航系统，是继美国 GPS、俄罗斯格洛纳斯之后第 3 个成熟的卫星导航系统。北斗在 2007 年开始提供定位服务，2012 年完成 16 颗卫星的亚太地区组网，2017 年开始发射第三代导航卫星，2020 年北斗三号完成全球组网，并向全球用户提供定位服务。

（4）欧洲的伽利略卫星导航系统（Galileo Satellite Navigation System）：由欧盟研制和建立的全球卫星导航定位系统，于 2013 年完成 4 颗卫星的初步组网，至 2016 年底才开始提供区域定位服务，计划于 2024 年发射新一代的导航卫星。

除了上述四大全球定位系统，还有几个区域定位系统，包括日本的 QZSS 准天顶卫星系统、印度区域导航卫星系统 IRNSS 等。目前，智能手机基本都内置 GPS 的导航芯片，千元以上的智能手机大多同时内置格洛纳斯与北斗的导航芯片。

要想获取天上的卫星信息,在 Android 7.0 之前得调用定位管理器对象的 addGpsStatusListener 方法添加定位状态监听器,但该方式只支持 GPS、格洛纳斯、北斗三种卫星系统;在 Android 7.0(含)之后得调用定位管理器对象的 registerGnssStatusCallback 方法注册导航状态监听器(除了传统的三种卫星,还支持伽利略卫星系统)。

对于 addGpsStatusListener 方法来说,它的回调监听器需实现 GpsStatus.Listener 接口的 onGpsStatusChanged 方法,如果发生了卫星状态报告事件(GPS_EVENT_SATELLITE_STATUS),就调用定位管理器对象的 getGpsStatus 方法获得当前的定位状态信息 GpsStatus,再调用 GpsStatus 对象的 getSatellites 方法获得本次监测到的卫星列表。卫星列表是一个 GpsSatellite 队列,详细的卫星信息可通过 GpsSatellite 对象的以下方法获得:

- getPrn: 获取卫星的伪随机码,可以认为是卫星的编号。
- getAzimuth: 获取卫星的方位角。
- getElevation: 获取卫星的仰角。
- getSnr: 获取卫星的信噪比,即信号强弱。
- hasAlmanac: 判断卫星是否有年历表。
- hasEphemeris: 判断卫星是否有星历表。
- usedInFix: 判断卫星是否被用于近期的 GPS 修正计算。

在这些信息中,对确定卫星位置有用的主要有 3 个,分别是卫星编号(用于确定卫星的国籍)、卫星方位角(用于确定卫星的方向)和卫星仰角(用于确定卫星的远近距离)。

对于 registerGnssStatusCallback 方法来说,它的回调监听器需实现 GnssStatus.Callback 接口的 onSatelliteStatusChanged 方法,从输入参数 GnssStatus 对象的下列方法中获取卫星详情。

- getSatelliteCount: 获取卫星的数量。
- getCn0DbHz: 获取卫星的信号。
- getAzimuthDegrees: 获取卫星的方位角。
- getElevationDegrees: 获取卫星的仰角。
- getConstellationType: 获取卫星的星座类型(对照关系见表 9-4)。

表 9-4 卫星编号与定位系统的对照关系

| 导航卫星的星座类型 | 归属的定位系统 |
| --- | --- |
| CONSTELLATION_UNKNOWN | 未知 |
| CONSTELLATION_GPS | 美国的 GPS |
| CONSTELLATION_SBAS | 美国的星基增强 |
| CONSTELLATION_GLONASS | 俄罗斯的格洛纳斯 |
| CONSTELLATION_QZSS | 日本的天顶 |
| CONSTELLATION_BEIDOU | 中国的北斗 |
| CONSTELLATION_GALILEO | 欧洲的伽利略 |
| CONSTELLATION_IRNSS | 印度的区域导航 |

随着现代科技的发展，人们已经不能满足于自古以来就有的日月星辰，而是要把现在的科技成果展示出来。既然导航卫星能够发现手机的位置，反过来手机也能发现导航卫星的方位，倘若把手机监测到的卫星标记在罗盘上，这就可以形成当代的卫星浑天仪，岂不妙哉？Android 7.0 之后的系统可通过下面的监听器代码获取导航卫星信息：

（完整代码见 location\src\main\java\com\example\location\SatelliteSphereActivity.java）

```java
private Map<Integer, Satellite> mapSatellite = new HashMap<>();// 卫星对照表
private String[] mSystemArray = new String[] {"UNKNOWN", "GPS", "SBAS",
        "GLONASS", "QZSS", "BEIDOU", "GALILEO", "IRNSS"};
// 定义一个 GNSS 状态监听器
private GnssStatus.Callback mGnssStatusListener = new GnssStatus.Callback()
{
    @Override
    public void onStarted() {}

    @Override
    public void onStopped() {}

    @Override
    public void onFirstFix(int ttffMillis) {}

    // 在卫星导航系统的状态变更时触发
    @Override
    public void onSatelliteStatusChanged(GnssStatus status) {
        mapSatellite.clear();
        for (int i=0; i<status.getSatelliteCount(); i++) {
            Satellite item = new Satellite();      // 创建一个卫星信息对象
            item.signal = status.getCn0DbHz(i);  // 获取卫星的信号
            item.elevation = status.getElevationDegrees(i);  // 获取卫星的仰角
            item.azimuth = status.getAzimuthDegrees(i);  // 获取卫星的方位角
            item.time = DateUtil.getNowDateTime();       // 获取当前时间
            int systemType = status.getConstellationType(i); // 获取卫星的类型
            item.name = mSystemArray[systemType];
            mapSatellite.put(i, item);
        }
        cv_satellite.setSatelliteMap(mapSatellite);   // 设置卫星浑天仪
    }
};
```

利用上述代码得到的卫星数据，能够获知当前设备集成了哪些卫星系统，把手机发现的定位卫星描绘到罗盘视图，简直就是活生生的卫星浑天仪了。一部几年前生产的低端手机支持的定位卫星如图 9-7 所示，只集成了 GPS 和格洛纳斯的导航芯片；一部比较新的中端手机支持的定位卫星如图 9-8 所示，集成了 GPS、格洛纳斯、北斗、伽利略这四大卫星系统的导航芯片。

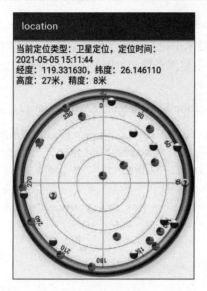 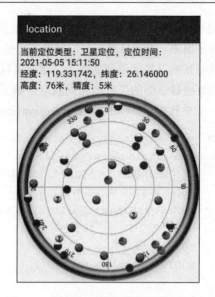

图 9-7　只支持两种导航系统的卫星浑天仪　　　图 9-8　支持四大导航系统的卫星浑天仪

如果一部手机只支持 GPS，那么定位响应就会很慢，定位精度一般在 10 米左右，而且定位高度很不准确，误差相当大。一旦有北斗与格洛纳斯参与定位，即使在室内也能很快响应，精度一般能提升至 5 米，并且高度数值准确了许多，特别适合亚太地区的定位需求。

在图 9-8 所示的卫星分布中，一共找到 11 颗 GPS 卫星、7 颗格洛纳斯卫星、15 颗北斗卫星、8 颗伽利略卫星，快快拿出手机试试卫星浑天仪，看看在你头上的天空中有几颗定位卫星。

### 9.2.3　室内 WiFi 定位

无论是卫星定位还是基站定位，均基于三维空间的三点定位原理，在某些情况下力有不逮。比如卫星定位要求没有障碍物遮挡，所以它在户外比较精准，在室内信号就差一些；而基站定位依赖于运营商的通信服务，如果身处基站信号尚未覆盖的偏僻空间，就无法使用基站定位。此外，卫星和基站的定位精度一般达到米级就不错了，并且垂直方向的海拔高度还不如水平方向精准。总体而言，传统的两种定位方式更适用于户外，并且主要用于获取平面上的经纬度位置。那么有没有一种适用于室内同时兼顾垂直距离的定位方式呢？特别是高楼大厦这种人群密集的场所,定位精度要求达到厘米级，还要区分楼上楼下的海拔高度。为此，业界先后推出了蓝牙定位、WiFi 定位等技术。其中，室内 WiFi 定位纳入了 IEEE 的 802.11 标准，名叫 WLAN RTT（IEEE 802.11mc）。RTT 是 Round-Trip-Time 的缩写，即往返时间，可以用于计算网络两端的距离。

WiFi 定位用到了 WiFi 路由器，接下来从 WiFi 管理器开始分三个方面逐步介绍 WiFi 定位的相关技术。

#### 1. 检查是否连接无线网络

上网方式主要有两种，即数据连接和 WiFi。不过连接管理器 ConnectivityManager 只能笼统地判断能否上网，并不能获知 WiFi 连接的详细信息。在当前网络类型是 WiFi 时，要想得知 WiFi 上网的具体信息，还需另外通过无线网络管理器 WifiManager 获取。

WifiManager 的对象从系统服务 Context.WIFI_SERVICE 中获取。下面是 WifiManager 的常用方法：

- isWifiEnabled：判断 WLAN 功能是否开启。
- setWifiEnabled：开启或关闭 WLAN 功能。
- getWifiState：获取当前的 WiFi 连接状态（取值说明见表 9-5）。

表9-5　WiFi连接状态的取值说明

| WifiManager 类的连接状态 | 说　　明 |
| --- | --- |
| WIFI_STATE_DISABLED | 已断开 WiFi |
| WIFI_STATE_DISABLING | 正在断开 WiFi |
| WIFI_STATE_ENABLED | 已连上 WiFi |
| WIFI_STATE_ENABLING | 正在连接 WiFi |
| WIFI_STATE_UNKNOWN | 连接状态未知 |

- getConnectionInfo：获取当前 WiFi 的连接信息。该方法返回一个 WifiInfo 对象，通过该对象的各个方法可获得更具体的 WiFi 设备信息。下面是信息获取方法：
  - getSSID：WiFi 路由器 MAC。
  - getRssi：WiFi 信号强度。
  - getLinkSpeed：连接速率。
  - getNetworkId：WiFi 的网络编号。
  - getIpAddress：手机的 IP 地址，整数，需转换为常见的 IPv4 地址。
  - getMacAddress：手机的 MAC 地址。
- startScan：开始扫描周围的 WiFi 信息。
- getScanResults：获取 WiFi 的扫描结果。
- calculateSignalLevel：根据信号强度计算信号等级。
- getConfiguredNetworks：获取已配置的网络信息。
- addNetwork：添加指定的 WiFi 连接。
- enableNetwork：启用指定的 WiFi 连接。第二个输入参数表示是否同时禁用其他 WiFi。
- disableNetwork：禁用指定的 WiFi 连接。
- disconnect：断开当前的 WiFi 连接。

查看网络连接与室内定位需要申请相关权限，打开 AndroidManifest.xml 补充下列权限配置：

```
<!-- 室内 WiFi 定位需要以下权限 -->
<!-- 定位 -->
<uses-permission android:name="android.permission.ACCESS_FINE_LOCATION" />
<uses-permission android:name="android.permission.ACCESS_COARSE_LOCATION" />
<!-- WiFi 权限 -->
<uses-permission android:name="android.permission.ACCESS_WIFI_STATE" />
<uses-permission android:name="android.permission.CHANGE_WIFI_STATE" />
<!-- 获取网络状态 -->
<uses-permission android:name="android.permission.ACCESS_NETWORK_STATE" />
```

```xml
<!-- 需要 RTT 功能 -->
<uses-feature android:name="android.hardware.wifi.rtt" />
```

接着在代码中先后获取电话管理器 TelephonyManager 和连接管理器 ConnectivityManager，并判断当前的网络类型，如果连上了 WiFi 网络，就从 WiFi 管理器得到详细的无线网络信息。查看 WiFi 信息的示例代码如下：

（完整代码见 location\src\main\java\com\example\location\WifiInfoActivity.java）

```java
String desc = "";
// 从系统服务中获取电话管理器
TelephonyManager tm = (TelephonyManager)
        getSystemService(Context.TELEPHONY_SERVICE);
// 从系统服务中获取连接管理器
ConnectivityManager cm = (ConnectivityManager) getSystemService(
        Context.CONNECTIVITY_SERVICE);
// 通过连接管理器获得可用的网络信息
NetworkInfo info = cm.getActiveNetworkInfo();
// 有网络连接
if (info != null && info.getState() == NetworkInfo.State.CONNECTED) {
    // WiFi 网络（无线热点）
    if (info.getType() == ConnectivityManager.TYPE_WIFI) {
        // 从系统服务中获取无线网络管理器
        WifiManager wm = (WifiManager)
            getApplicationContext().getSystemService(Context.WIFI_SERVICE);
        int state = wm.getWifiState();                     // 获得无线网络的状态
        WifiInfo wifiInfo = wm.getConnectionInfo(); // 获得无线网络信息
        String SSID = wifiInfo.getSSID();                   // 获得路由器的 MAC 地址
        if (TextUtils.isEmpty(SSID) || SSID.contains("unknown")) {
            desc = "\n当前联网的网络类型是 WiFi，但未成功连接已知的 WiFi 信号";
        } else {
            desc = String.format("当前联网的网络类型是 WiFi，状态是%s。\nWiFi 名称是：%s\n路由器 MAC 是：%s\nWiFi 信号强度是：%d\n连接速率是：%s\n手机的 IP 地址是：%s\n手机的 MAC 地址是：%s\n网络编号是：%s\n",
                    mWifiStateArray[state], SSID, wifiInfo.getBSSID(),
                    wifiInfo.getRssi(), wifiInfo.getLinkSpeed(),
                    IPv4Util.intToIp(wifiInfo.getIpAddress()),
                    wifiInfo.getMacAddress(), wifiInfo.getNetworkId());
        }
    // 移动网络（数据连接）
    } else if (info.getType() == ConnectivityManager.TYPE_MOBILE) {
        int net_type = info.getSubtype();
        desc = String.format("\n当前联网的网络类型是%s %s",
                NetUtil.getNetworkTypeName(tm, net_type),
                NetUtil.getClassName(tm, net_type));
    } else {
        desc = String.format("\n当前联网的网络类型是%d", info.getType());
    }
} else {  // 无网络连接
    desc = "\n当前无上网连接";
}
```

运行并测试该 App，打开手机的 WLAN 功能，可观察到网络连接信息如图 9-9 所示。

图 9-9　手机的 WiFi 连接信息

### 2. 扫描周围的无线网络

扫描周边 WiFi 主要用到 WiFi 管理器的 startScan 和 getScanResults 两个方法：startScan 方法表示开始扫描周围 WiFi 网络，getScanResults 方法表示获取 WiFi 扫描的结果列表。getScanResults 方法不能紧跟着 startScan 方法，因为 WiFi 扫描动作是异步进行的，必须等待收到扫描结束的广播，然后在广播接收器中才能获取扫描结果。

虽然扫描发现的每个 WiFi 路由器均允许连接，但是并非所有路由器都具备 RTT 功能，只有符合 802.11 标准才能用于室内 WiFi 定位。注意，扫描结果为 ScanResult 类型，是否符合 802.11 标准由其对象的 is80211mcResponder 方法决定，只有返回 true 的路由器才具备 RTT 功能。下面是扫描周边 WiFi 并判断 RTT 标志的广播接收器的示例代码：

（完整代码见 location\src\main\java\com\example\location\WifiScanActivity.java）

```java
// 定义一个扫描周边 WiFi 的广播接收器
private class WifiScanReceiver extends BroadcastReceiver {
    @Override
    public void onReceive(Context context, Intent intent) {
        // 获取 WiFi 扫描的结果列表
        List<ScanResult> scanList = mWifiManager.getScanResults();
        if (scanList != null) {
            // 查找符合 802.11 标准的 WiFi 路由器集合
            Map<String, ScanResult> m80211mcMap =
                    find80211mcResults(scanList);
            runOnUiThread(() -> showScanResult(scanList, m80211mcMap));
        }
    }
}

// 查找符合 802.11 标准的 WiFi 路由器集合
private Map<String, ScanResult> find80211mcResults(List<ScanResult> originList) {
    Map<String, ScanResult> resultMap = new HashMap<>();
    for (ScanResult scanResult : originList) { // 遍历扫描发现的 WiFi 列表
        if (scanResult.is80211mcResponder()) { // 符合 802.11 标准
            resultMap.put(scanResult.BSSID, scanResult); // BSSID 表示 MAC 地址
        }
    }
    return resultMap;
}

// 显示过滤后的 WiFi 扫描结果
```

```
private void showScanResult(List<ScanResult> list, Map<String, ScanResult>
map) {
    tv_result.setText(String.format("找到%d 个 WiFi 热点，其中有%d 个支持 RTT。",
                      list.size(), map.size()));
    lv_scan.setAdapter(new ScanListAdapter(this, list, map));
}
```

在使用上面的接收器之前，要先注册 WiFi 扫描的广播接收器，示例代码如下：

```
// 声明一个 WiFi 扫描接收器对象
WifiScanReceiver mWifiScanReceiver = new WifiScanReceiver();
IntentFilter filter = new
        IntentFilter(WifiManager.SCAN_RESULTS_AVAILABLE_ACTION);
registerReceiver(mWifiScanReceiver, filter);   // 注册 WiFi 扫描的广播接收器
```

运行并测试该 App，确保手机打开了 WLAN 功能，再点击扫描按钮，稍等片刻即可观察到结果列表如图 9-10 所示。

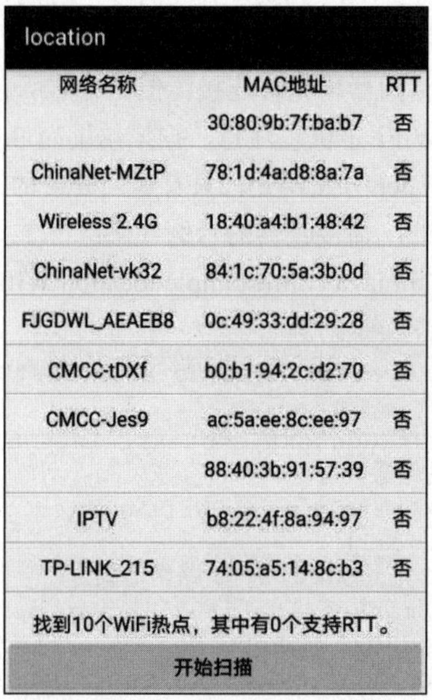

图 9-10　手机发现的周围 WiFi

### 3. 计算 WiFi 路由器的往返时延

室内 WiFi 定位不仅要求路由器具备 RTT 功能，还要求手机支持室内 WiFi 定位。这项技术比较新，目前看来只有 2019 年以后的中高端骁龙芯片支持室内 WiFi 功能。若想查看当前设备是否支持室内 WiFi 定位，则可通过以下代码去验证：

```
if (getPackageManager().hasSystemFeature(PackageManager.FEATURE_WIFI_RTT))
{
    tv_result.setText("当前设备支持室内 WiFi 定位");
} else {
    tv_result.setText("当前设备不支持室内 WiFi 定位");
}
```

检查设备的确支持室内 WiFi 定位功能之后,再通过 WifiRttManager 对目标路由器测距。WifiRttManager 主要有两个方法,说明如下:

- isAvailable:判断室内 WiFi 定位功能能否正常使用。
- startRanging:开始对目标路由器测距。第三个输入参数表示测距结果回调,回调接口需要重写 onRangingFailure(测距失败)和 onRangingResults(测距成功)两个方法。其中,onRangingResults 方法的输入参数类型为 List<RangingResult>。RangingResult 类提供的测距结果的查询方法如下:
  - ➢ getMacAddress:获取路由器的 MAC 地址。
  - ➢ getDistanceMm:获取当前设备与路由器之间的距离(单位为毫米)。
  - ➢ getDistanceStdDevMm:获取测量偏差(单位为毫米)。
  - ➢ getRangingTimestampMillis:获取测量耗时(单位为毫秒)。
  - ➢ getRssi:获取路由器的信号。

下面是对目标路由器测距的示例代码:

(完整代码见 location\src\main\java\com\example\location\WifiRttActivity.java)

```java
// 测量与 RTT 节点之间的距离
private void rangingRtt(ScanResult scanResult) {
    // 从系统服务中获取 RTT 管理器
    WifiRttManager rttManager = (WifiRttManager)
            getSystemService(Context.WIFI_RTT_RANGING_SERVICE);
    RangingRequest.Builder builder = new RangingRequest.Builder();
    builder.addAccessPoint(scanResult);  // 添加测距入口,参数为 ScanResult 类型
    RangingRequest request = builder.build();
    // 开始测量当前设备与指定 RTT 节点(路由器)之间的距离
    rttManager.startRanging(request, getMainExecutor(),
            new RangingResultCallback() {
        @Override
        public void onRangingFailure(int code) {}

        // 测距成功时触发
        @Override
        public void onRangingResults(List<RangingResult> results) {
            for (RangingResult result : results) {
                if (result.getStatus() == RangingResult.STATUS_SUCCESS &&
scanResult.BSSID.equals(result.getMacAddress().toString())) {
                    result.getDistanceMm();   // 获取当前设备与路由器的距离(单位为毫米)
                    result.getDistanceStdDevMm();      // 获取测量偏差(单位为毫米)
                    result.getRangingTimestampMillis();// 获取测量耗时(单位为毫秒)
                    result.getRssi();         // 获取路由器的信号
                }
            }
        }
    });
}
```

对单个路由器测距仅是室内 WiFi 定位的第一步,接着还要对至少两个 RTT 节点测距,从而

满足三点定位的最低要求。三个路由器事先固定放置，App 根据这三个已经确定位置的路由器以及它们与当前手机的相对距离即可通过三点定位算法求得手机的实际方位。

## 9.3 地图导航

地图是人们日常生活中不可或缺的工具，手机 App 与地图有关的功能也很常见，比如定位自己在哪条街道什么位置、查找周边有哪些好吃好玩的地方、如何规划去某地的步行路线或行车路线等。由于地图功能与所在国家密切相关，因此 Android 并未内置地图功能，App 需要接入第三方地图开发包才能实现相关功能，本节以腾讯地图为例描述地图导航的相关细节。

### 9.3.1 集成腾讯地图

国内的手机地图厂商主要有三家，分别是阿里系的高德地图、百度旗下的百度地图、腾讯旗下的腾讯地图等，这三家组成地图服务提供商的第一梯队，合计市场份额达到 80%左右，具体的手机地图市场份额占比如图 9-11 所示。

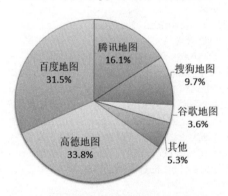

图 9-11　手机地图产品的市场份额

三家地图提供的服务各有千秋，之所以选用腾讯地图来讲解，是因为它的集成过程相对简单，无须通过 App 的签名鉴权。腾讯地图开放平台的网址是 https://lbs.qq.com/，开发者登录该网站，单击网页右上角的控制台链接，在打开的管理页面中创建应用并绑定 App 包名，创建完毕会在应用管理的列表页看到如图 9-12 所示的应用记录。

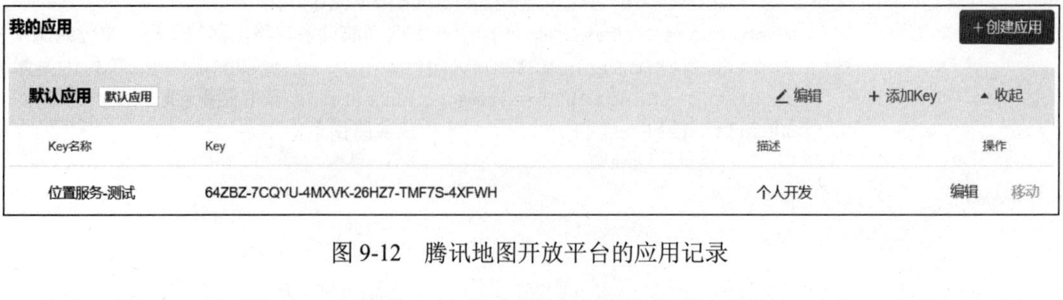

图 9-12　腾讯地图开放平台的应用记录

注意，图 9-12 所示的 Key 字段是 App 集成腾讯地图的密钥（把它记下来，后面会用到）。下面以简单的定位功能为例，说明 App 工程集成腾讯地图的详细步骤。首先打开 App 模块的

build.gradle,补充如下的依赖配置(引入腾讯地图的相关组件):

```
// 腾讯定位
implementation
    'com.tencent.map.geolocation:TencentLocationSdk-openplatform:7.2.8'
// 腾讯地图
implementation 'com.tencent.map:tencent-map-vector-sdk:4.3.9.9'
// 地图组件库
implementation 'com.tencent.map:sdk-utilities:1.0.6'
```

接着打开 AndroidManifest.xml,添加以下权限申请配置:

```
<!-- 访问网络获取地图服务 -->
<uses-permission android:name="android.permission.INTERNET" />
<!-- 检查网络可用性 -->
<uses-permission android:name="android.permission.ACCESS_NETWORK_STATE" />
<!-- 访问 WiFi 状态 -->
<uses-permission android:name="android.permission.ACCESS_WIFI_STATE" />
<!-- 需要外部存储写权限用于保存地图缓存 -->
<uses-permission android:name="android.permission.WRITE_EXTERNAL_STORAGE" />
<!-- 获取 device id 辨别设备 -->
<uses-permission android:name="android.permission.READ_PHONE_STATE" />
```

因为腾讯地图会通过 HTTP 接口访问网络,所以要修改 application 节点,增加如下一行属性配置(允许 Android 9 之后访问明文网络):

```
android:usesCleartextTraffic="true"
```

同时在 application 节点下面添加名为 TencentMapSDK 的元数据配置,其值为之前在腾讯地图开放平台上创建应用得到的 Key 密钥。元数据配置示例如下:

```
<meta-data android:name="TencentMapSDK"
    android:value="64ZBZ-7CQYU-4MXVK-26HZ7-TMF7S-4XFWH" />
```

然后打开活动页面的 Java 代码,声明一个腾讯定位管理器对象 TencentLocationManager,该管理器的用法与系统自带的定位管理器的用法相同,比如 requestLocationUpdates 方法表示开始定位监听,removeUpdates 方法表示移除定位监听。这两个方法的监听器参数来自腾讯定位监听器 TencentLocationListener,该监听器借鉴了系统自带的定位监听器,定位结果同样在 onLocationChanged 方法中返回,状态变更同样在 onStatusChanged 方法中回调。不同之处在于,腾讯定位对象 TencentLocation 除了获取经纬度之外还能直接获得当前位置的城市、街道等地址详情。下面是使用腾讯地图集成定位功能的示例代码:

(完整代码见 location\src\main\java\com\example\location\MapLocationActivity.java)

```java
public class MapLocationActivity extends AppCompatActivity implements
TencentLocationListener {
    private TencentLocationManager mLocationManager; // 声明腾讯定位管理器对象
    private TextView tv_location; // 声明一个文本视图对象

    @Override
    protected void onCreate(Bundle savedInstanceState) {
        super.onCreate(savedInstanceState);
```

```java
        setContentView(R.layout.activity_map_location);
        tv_location = findViewById(R.id.tv_location);
        initLocation(); // 初始化定位服务
    }

    // 初始化定位服务
    private void initLocation() {
        mLocationManager = TencentLocationManager.getInstance(this);
        // 创建腾讯定位请求对象
        TencentLocationRequest request = TencentLocationRequest.create();
        request.setInterval(30000).setAllowGPS(true);
        request.setRequestLevel(
                TencentLocationRequest.REQUEST_LEVEL_ADMIN_AREA);
        // 开始定位监听
        int error = mLocationManager.requestLocationUpdates(request, this);
    }

    @Override
    public void onLocationChanged(TencentLocation location, int resultCode,
String resultDesc) {
        // 定位成功
        if (resultCode == TencentLocation.ERROR_OK && location != null) {
            String desc = String.format("您当前的位置信息如下：\n定位时间：%s\n" +
                    "纬度：%f\n经度：%f\n省份：%s\n城市：%s\n" +
                    "区域：%s\n街道：%s\n门牌号：%s\n详细地址：%s",
                DateUtil.formatDate(location.getTime()),
                location.getLatitude(), location.getLongitude(),
                location.getProvince(), location.getCity(),
                location.getDistrict(), location.getStreet(),
                location.getStreetNo(), location.getAddress());
            tv_location.setText(desc);
        }
    }

    @Override
    public void onStatusUpdate(String s, int i, String s1) {}

    @Override
    protected void onDestroy() {
        super.onDestroy();
        mLocationManager.removeUpdates(this); // 移除定位监听
    }
}
```

运行并测试该 App，可观察到腾讯地图的定位结果如图 9-13 所示（得到了详细的位置信息）。

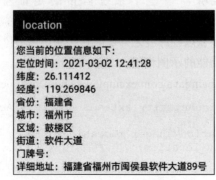

图 9-13　腾讯地图的定位结果

## 9.3.2 显示地图面板

上一小节介绍了腾讯地图的定位功能，成功定位之后才能切换到用户所在地的地图，这个地图的展示用到了腾讯地图的 MapView 控件。在布局文件中引入地图视图的话，只需添加如下所示的 MapView 节点：

（完整代码见 location\src\main\res\layout\activity_map_basic.xml）

```xml
<com.tencent.tencentmap.mapsdk.maps.MapView
    android:id="@+id/mapView"
    android:layout_width="match_parent"
    android:layout_height="0dp"
    android:layout_weight="1" />
```

注意，MapView 控件拥有完整的生命周期，提供了 onStart、onStop、onPause、onResume、onDestroy 等周期方法，为此需要重写活动代码的生命周期方法，补充调用 MapView 控件对应的周期方法。MapView 还提供了 getMap 方法，可获取腾讯地图对象 TencentMap，再通过地图对象的下列方法操作地图：

- setMapType：设置地图类型。例如，MAP_TYPE_NORMAL 表示普通地图，MAP_TYPE_SATELLITE 表示卫星地图。
- setTrafficEnabled：设置是否显示交通拥堵状况。一旦开启了这个开关，道路就会通过不同颜色区分拥堵状况，比如绿线表示畅通无阻，橙线表示通行缓慢，红线表示严重堵塞。
- moveCamera：把相机视角移动到指定地点。
- animateCamera：动态调整相机视角。
- addMarker：往地图上添加标记（含图标、文字等）。
- addPolyline：往地图上添加一组连线。
- addPolygon：往地图上添加多边形。
- clearAllOverlays：清除所有覆盖物，包括标记、连线、多边形等覆盖物。
- setOnMapClickListener：设置地图的点击监听器，类型为 OnMapClickListener。点击地图会触发该监听器的 onMapClick 方法。
- setOnMarkerClickListener：设置地图标记的点击监听器，类型为 OnMarkerClickListener。点击地图标记会触发该监听器的 onMarkerClick 方法。
- setOnMarkerDragListener：设置地图标记的拖动监听器，类型为 OnMarkerDragListener。拖动地图标记会触发该监听器的三个方法：onMarkerDragStart、onMarkerDrag、onMarkerDragEnd。
- setOnCameraChangeListener：设置相机视角的变更监听器，类型为 OnCameraChangeListener。变更相机视角会触发该监听器的 onCameraChange 和 onCameraChangeFinished 方法。

下面演示如何快速切换到用户当地的城市地图。首先通过腾讯定位管理器开始定位监听，待收到定位结果之后再构建用户位置的经纬度对象，然后调用地图对象的 moveCamera 方法，将相机视角移动到指定地点，从而实现地图切换功能。为了方便使用，通常还要在地图上标出用户所在的位置，比如添加圆点图标表示用户位于此处。定位监听与地图切换的示例代码如下：

（完整代码见 location\src\main\java\com\example\location\MapBasicActivity.java）

```java
private TencentLocationManager mLocationManager;    // 声明一个腾讯定位管理器对象
private MapView mMapView;                           // 声明一个地图视图对象
private TencentMap mTencentMap;                     // 声明一个腾讯地图对象
private boolean isFirstLoc = true;                  // 是否首次定位

// 初始化定位服务
private void initLocation() {
    mMapView = findViewById(R.id.mapView);
    mTencentMap = mMapView.getMap();     // 获取腾讯地图对象
    mLocationManager = TencentLocationManager.getInstance(this);
    // 创建腾讯定位请求对象
    TencentLocationRequest request = TencentLocationRequest.create();
    request.setInterval(30000).setAllowGPS(true);
    request.setRequestLevel(
            TencentLocationRequest.REQUEST_LEVEL_ADMIN_AREA);
    mLocationManager.requestLocationUpdates(request, this);    // 开始定位监听
}

@Override
public void onLocationChanged(TencentLocation location, int resultCode,
        String resultDesc) {
    if (resultCode == TencentLocation.ERROR_OK) {    // 定位成功
        if (location != null && isFirstLoc) {        // 首次定位
            isFirstLoc = false;
            // 创建一个经纬度对象
            LatLng latLng = new LatLng(location.getLatitude(),
                            location.getLongitude());
            CameraUpdate update = CameraUpdateFactory.newLatLngZoom(
                            latLng, 12);
            mTencentMap.moveCamera(update);          // 把相机视角移动到指定地点
            // 从指定图片中获取位图描述
            BitmapDescriptor bitmapDesc = BitmapDescriptorFactory
                    .fromResource(R.drawable.icon_locate);
            MarkerOptions ooMarker =
                new MarkerOptions(latLng).draggable(false)    // 不可拖动
                    .visible(true).icon(bitmapDesc).snippet("这是您的当前位置");
            mTencentMap.addMarker(ooMarker);         // 往地图上添加标记
        }
    }
}
```

运行并测试该 App，可观察到普通地图的面板如图 9-14 所示，卫星地图的面板如图 9-15 所示。

图 9-14 普通地图的面板

图 9-15 卫星地图的面板

### 9.3.3 获取地点信息

地图服务的一个重要应用是搜索指定地点，根据某个关键词找到目标场所的具体位置，然后按图索骥才知道是什么地方。地图应用中有一个常见术语 POI（Point of Interest，兴趣点），一个 POI 可以是一栋大厦、一个商铺、一个公园等。地图提供商把这些 POI 及其位置信息存储到后台数据库，用户在 App 中搜索地点关键词其实就是检索数据库中的 POI 信息。

腾讯地图用来搜索 POI 地点的工具是 TencentSearch，通过它查询 POI 主要分为下列 4 个步骤：

**步骤 01** 创建一个腾讯搜索对象 TencentSearch。

**步骤 02** 区分条件构建搜索类型，比如在指定城市搜索的话，要构建搜索类型为 SearchParam.Region；在当前位置周边搜索的话，要构建搜索类型为 SearchParam.Nearby。

**步骤 03** 按照搜索类型和关键词构建搜索参数 SearchParam，并设置搜索结果的分页大小和检索页码。

**步骤 04** 调用腾讯搜索对象的 search 方法，根据搜索参数查找符合条件的地点列表。然后重写响应监听器的 onSuccess 方法，得到搜索结果对象 SearchResultObject，再将结果返回的地点列表标注在地图界面。

以搜索关键词"公园"为例，使用腾讯地图查找附近公园的示例代码如下：
（完整代码见 location\src\main\java\com\example\location\MapSearchActivity.java）

```
private TencentSearch mTencentSearch;    // 声明一个腾讯搜索对象
private int mLoadIndex = 1;              // 搜索结果的第几页

// 初始化搜索服务
```

```java
private void initSearch() {
    // 创建一个腾讯搜索对象
    mTencentSearch = new TencentSearch(this);
    findViewById(R.id.btn_search).setOnClickListener(v -> searchPoi());
    findViewById(R.id.btn_next_data).setOnClickListener(v -> {
        mLoadIndex++;
        mTencentMap.clearAllOverlays();  // 清除所有覆盖物
        searchPoi();   // 搜索指定的地点列表
    });
}

// 搜索指定的地点列表
public void searchPoi() {
    String keyword = et_searchkey.getText().toString();
    String value = et_city.getText().toString();
    SearchParam searchParam = new SearchParam();
    if (mSearchMethod == SEARCH_CITY) {        // 城市搜索
        SearchParam.Region region = new SearchParam
                .Region(value)                 // 设置搜索城市
                .autoExtend(false);            // 设置搜索范围不扩大
        searchParam = new SearchParam(keyword, region); // 构建地点检索
    } else if (mSearchMethod == SEARCH_NEARBY) {       // 周边搜索
        int radius = Integer.parseInt(value);
        SearchParam.Nearby nearby = new SearchParam
                .Nearby(mLatLng, radius).autoExtend(false);   // 不扩大搜索范围
        searchParam = new SearchParam(keyword, nearby);       // 构建地点检索
    }
    searchParam.pageSize(10);                  // 每页大小
    searchParam.pageIndex(mLoadIndex);         // 第几页
    // 根据搜索参数查找符合条件的地点列表
    mTencentSearch.search(searchParam,
        new HttpResponseListener<BaseObject>() {
        @Override
        public void onFailure(int arg0, String arg2, Throwable arg3) {
            Toast.makeText(getApplicationContext(), arg2,
                    Toast.LENGTH_LONG).show();
        }

        @Override
        public void onSuccess(int arg0, BaseObject arg1) {
            if (arg1 == null) {
                return;
            }
            SearchResultObject obj = (SearchResultObject) arg1;
            if(obj.data==null || obj.data.size()==0){
                return;
            }
            // 将地图中心坐标移动到检索到的第一个地点
            CameraUpdate update = CameraUpdateFactory.newLatLngZoom(
                    obj.data.get(0).latLng, 12);
            mTencentMap.moveCamera(update);  // 把相机视角移动到指定地点
            // 将其他检索到的地点在地图上用 marker 标出来
            for (SearchResultObject.SearchResultData data : obj.data){
                // 往地图上添加标记
                mTencentMap.addMarker(new MarkerOptions(data.latLng
```

```
                    .title(data.title).snippet(data.address));
            }
        }
    });
}
```

运行并测试该 App，可观察到关键词"公园"的搜索结果如图 9-16 和图 9-17 所示。图 9-16 为在城市搜索的结果，图 9-17 为在周边搜索的结果。

图 9-16　在城市搜索的结果

图 9-17　在周边搜索的结果

## 9.3.4　规划导航路线

上一小节讲到怎样查找目标场所，可是找到以后又该如何过去呢？城市道路四通八达，连道路类型都有许多，例如步行道、单行道、主干道、高架桥、隧道等，有的不能步行，有的不能驾车，倘若冒冒失失开车过去，结果发现此路不通，岂不是绕了弯路？故而地图提供商推出了导航服务，只要给出起点和终点，并设定行进方式（步行、骑行还是驾驶等），导航服务就能在地图上描出行进路线，从而指引用户沿着该路线出发前进。

腾讯地图导航功能的使用过程主要分成下列两个步骤：

**步骤 01**　区分条件构建出行参数，比如准备步行的话，要构建步行参数 WalkingParam，并指定起点和终点；准备驾车的话，要构建驾驶参数 DrivingParam，此时除了指定起点和终点，还需设置行车导航的精度，以及允许驾驶的道路类型。腾讯地图的道路类型取值说明见表 9-6。

表 9-6　道路类型的取值说明

| 腾讯地图的道路类型 | 说　明 |
| --- | --- |
| DEF | 默认，不考虑起点的道路类型 |
| ABOVE_BRIDGE | 桥上 |
| BELOW_BRIDGE | 桥下 |
| ON_MAIN_ROAD | 主路 |
| ON_MAIN_ROAD_BELOW_BRIDGE | 桥下主路 |
| ON_SIDE_ROAD | 辅路 |
| ON_SIDE_ROAD_BELOW_BRIDGE | 桥下辅路 |

**步骤02** 创建一个腾讯搜索对象，再调用搜索对象的 getRoutePlan 方法，根据出行参数规划导航路线。然后重写响应监听器的 onSuccess 方法，得到导航结果对象，再将导航路线通过 addPolyline 方法在电子地图上连接起来。

下面是利用腾讯地图规划步行路线和行车路线的示例代码：

（完整代码见 location\src\main\java\com\example\location\MapNavigationActivity.java）

```java
private List<LatLng> mPosList = new ArrayList<>();      // 起点和终点
private List<LatLng> mRouteList = new ArrayList<>();    // 导航路线列表

// 显示导航路线
private void showRoute() {
    if (mPosList.size() >= 2) {
        mRouteList.clear();
        LatLng beginPos = mPosList.get(0);   // 获取起点
        LatLng endPos = mPosList.get(mPosList.size()-1);        // 获取终点
        mTencentMap.clearAllOverlays();      // 清除所有覆盖物
        showPosMarker(beginPos, R.drawable.icon_geo, "起点");   // 显示位置标记
        showPosMarker(endPos, R.drawable.icon_geo, "终点");     // 显示位置标记
        if (rg_type.getCheckedRadioButtonId() == R.id.rb_walk) {
            getWalkingRoute(beginPos, endPos);   // 规划步行导航
        } else {
            getDrivingRoute(beginPos, endPos);   // 规划行车导航
        }
    }
}

// 显示位置标记
private void showPosMarker(LatLng latLng, int imageId, String desc) {
    // 从指定图片中获取位图描述
    BitmapDescriptor bitmapDesc =
            BitmapDescriptorFactory.fromResource(imageId);
    MarkerOptions ooMarker =
            new MarkerOptions(latLng).draggable(false)   // 不可拖动
                .visible(true).icon(bitmapDesc).snippet(desc);
    mTencentMap.addMarker(ooMarker);   // 往地图上添加标记
}

// 规划步行导航
private void getWalkingRoute(LatLng beginPos, LatLng endPos) {
    WalkingParam walkingParam = new WalkingParam();
```

```java
        walkingParam.from(beginPos);        // 指定步行的起点
        walkingParam.to(endPos);            // 指定步行的终点
        // 创建一个腾讯搜索对象
        TencentSearch tencentSearch =
                new TencentSearch(getApplicationContext());
        // 根据步行参数规划导航路线
        tencentSearch.getRoutePlan(walkingParam,
                new HttpResponseListener<WalkingResultObject>() {
            @Override
            public void onSuccess(int statusCode, WalkingResultObject object) {
                for (WalkingResultObject.Route result : object.result.routes) {
                    mRouteList.addAll(result.polyline);
                    // 往地图上添加一组连线
                    mTencentMap.addPolyline(
                            new PolylineOptions().addAll(mRouteList)
                                    .color(0x880000ff).width(20));
                }
            }

            @Override
            public void onFailure(int statusCode, String responseString, Throwable throwable) {}
        });
    }

    // 规划行车导航
    private void getDrivingRoute(LatLng beginPos, LatLng endPos) {
        // 创建导航参数
        DrivingParam drivingParam = new DrivingParam(beginPos, endPos);
        // 指定道路类型为主路
        drivingParam.roadType(DrivingParam.RoadType.ON_MAIN_ROAD);
        drivingParam.heading(90);       // 起点位置的车头方向
        drivingParam.accuracy(5);       // 行车导航的精度，单位米
        // 创建一个腾讯搜索对象
        TencentSearch tencentSearch = new TencentSearch(this);
        // 根据行车参数规划导航路线
        tencentSearch.getRoutePlan(drivingParam,
                new HttpResponseListener<DrivingResultObject>() {
            @Override
            public void onSuccess(int statusCode, DrivingResultObject object) {
                for (DrivingResultObject.Route route : object.result.routes) {
                    mRouteList.addAll(route.polyline);
                    // 往地图上添加一组连线
                    mTencentMap.addPolyline(
                            new PolylineOptions().addAll(mRouteList)
                                    .color(0x880000ff).width(20));
                }
            }

            @Override
            public void onFailure(int statusCode, String responseString, Throwable throwable) {}
        });
    }
```

运行并测试该 App，可观察到路线导航结果如图 9-18 和图 9-19 所示。图 9-18 描绘了步行路线的导航结果，图 9-19 描绘了行车路线的导航结果。

图 9-18　步行路线的导航结果　　　　图 9-19　行车路线的导航结果

倘若用户通过打车 App 叫到快车，上车以后 App 把小车行驶路线实时标在地图上，用户会看到小车图标沿着道路前进，还会随着行驶方向调转车头。借助于腾讯地图的行驶动画，也能模拟打车 App 的小车动态出行效果，行驶动画的示例代码如下：

```
private Marker mMarker;   // 声明一个小车标记
// 播放行驶过程动画
private void playDriveAnim() {
    if (mPosList.size() < 2) {
        return;
    }
    if (mMarker != null) {
        mMarker.remove();    // 移除地图标记
    }
    // 从指定图片中获取位图描述
    BitmapDescriptor bitmapDesc =
            BitmapDescriptorFactory.fromResource(R.drawable.car);
    MarkerOptions ooMarker = new MarkerOptions(mRouteList.get(0))
            .anchor(0.5f, 0.5f).icon(bitmapDesc).flat(true).clockwise(false);
    mMarker = mTencentMap.addMarker(ooMarker);   // 往地图上添加标记
    LatLng[] routeArray = mRouteList.toArray(new LatLng[mRouteList.size()]);
    // 创建平移动画
    MarkerTranslateAnimator anim = new MarkerTranslateAnimator(mMarker,
                            50*1000, routeArray, true);
    // 动态调整相机视角
    mTencentMap.animateCamera(CameraUpdateFactory.newLatLngBounds(
            LatLngBounds.builder().include(mRouteList).build(), 50));
    anim.startAnimation();    // 开始播放动画
}
```

重新运行并测试该 App，选定起点和终点后生成行车路线，再点击"出发"按钮，此时只见一辆小车从路线起点出发，沿着导航路线缓缓开向终点，一路上的行驶效果如图 9-20～图 9-22 所示。图 9-20 为小车刚出发时的地图画面，图 9-21 为小车在半路上的地图画面，图 9-22 为小车快抵达终点的地图画面。

图 9-20　小车刚出发时的画面　　图 9-21　小车在半路上的画面　　图 9-22　小车快抵达终点的画面

## 9.4　实战项目：仿微信的附近的人

艺术家常说"距离产生美"，其实距离近才是优势，谁不希望自己的工作事少钱多离家近呢？不仅是工作，像租房买房、恋爱交友，大家都希望找个近点的，比如 58、赶集主打同城交易，微信、陌陌主打同城交友。正因为位置信息如此重要，所以手机早早支持定位功能，并推进卫星定位、基站定位、WiFi 定位等。通过分享自己的位置，人们可以迅速找到附近志同道合的朋友，从而在传统社交之外开辟了新领域——周边社交。本章末尾的实战项目就来谈谈如何设计并实现手机上的位置分享 App。

### 9.4.1　需求描述

虽然微信和陌陌同为社交 App，但是微信传统上属于熟人社交，而陌陌专注于陌生人社交。别看微信如今是社交霸主，当初可有不少巨头想割据一方，例如小米的米聊、阿里的来往、网易的易信，都曾经喧嚣了一阵，后来才被微信逐个打败。唯有陌陌依靠周边的陌生人社交闯出一片天地，毕竟相对于大家早已认识的熟人们，陌生人也是大家感兴趣的搭讪对象。

为联系方便，陌生人社交着重于周边人群，譬如陌陌就有个栏目名叫"附近的人"，如图 9-23 所示。点击右上角的漏斗图标，界面下方弹出如图 9-24 所示的筛选对话框，支持选择性别、年龄、星座、是否会员等条件，可以让用户更精准地找到目标对象。

 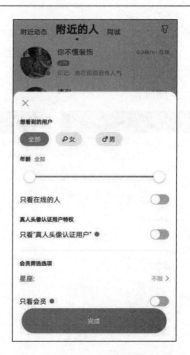

图 9-23　陌陌"附近的人"栏目　　　　图 9-24　陌陌的筛选对话框

后来微信在"发现"频道也推出了"附近的人",意图在陌生人社交领域攻城略地。微信的"附近的人"列表界面如图 9-25 所示,同样标出了周围人们的头像、距离和签名。点击右上角的三点图标,界面下方弹出如图 9-26 所示的筛选对话框,可以支持选择性别、主动打招呼的人。

图 9-25　微信"附近的人"栏目　　　　图 9-26　微信的筛选对话框

因为顾及隐私,无论陌陌还是微信都只给出周围人与用户的距离,并未点明他们的具体位置。

这种情况限制了周边社交的应用场景，因为不知道对方在哪。现实生活中，除了交友聊天，还存在下列的周边互动场景：

（1）个人有闲置物品，扔了可惜，想送给有需要的乡里乡亲。
（2）家里水电坏了，想临时找个附近的水电工上门修理。
（3）孩子长大了，看看周边有没有美术老师练习绘画、音乐老师练习钢琴之类的。

考虑到以上场景均需知晓对方的位置方便上门服务，有必要给"附近的人"增加地图导航功能，不仅在地图上标出周围人群的所在地，还需提供导航服务以便用户出行，如此方能引入更多的应用场合。

## 9.4.2 功能分析

附近的人之所以有卖点，关键是因为网络上的你我他分享了自己的位置信息，从而方便了人与人之间的联系。从用户界面到后台服务，位置分享主要集成了如下 App 技术：

- 详情对话框：人员详情既包括头像图片，也包括昵称、性别、爱好、地址等文字描述，需要自定义详情对话框控件 PersonDialog。
- 地图定位：不管是获取自己的位置，还是在地图上标注他人位置，都用到了地图服务的定位功能。
- 地图导航：从当前位置驱车前往对方所在地，需要地图服务提供导航路线以便出行。
- 网络通信框架：上传人员信息与获取人员列表均需与后端交互，可采用第 6 章介绍的 okhttp 简化 HTTP 通信操作。
- 图片加载框架：人员头像来自 Web 服务，建议利用 Glide 框架加载网络图片，同时 Glide 也支持对图片进行圆形剪裁。
- 移动数据格式 JSON：从服务器获取人员列表，需要通过 JSON 结构传递列表数据。

下面简单介绍一下随书源码 location 模块中与位置分享有关的主要代码模块之间的关系：

- ChooseLocationActivity.java：选择自身位置的地图界面。
- InfoEditActivity.java：个人信息的编辑页面。
- NearbyActivity.java：显示附近人员的地图界面。
- NearbyLoadTask.java：附近人员列表的加载任务。
- PersonDialog.java：人员详情对话框，支持打对方电话、去对方那里等功能。

此外，位置分享还需要与之配合的 HTTP 服务器，其源码来自后端的 HttpServer 模块，说明如下：

- JoinNearby.java：参加附近人员。
- QueryNearby.java：查询附近人员。

接下来对位置分享编码中的部分疑难点进行补充说明：

（1）监听地图标记的拖动事件。在地图上确定某个地点时，多数情况监听地图点击事件就好了，但是点击动作并不十分精确，因为一个指尖按下去，触摸中心点误差两三毫米是正常的，然而屏幕上的些许误差对应实际距离的偏差可能高达数百米。为了更精准地确定某点位置,最好是缓慢地拖动它直至拖到目标位置,此时就要监听地图标记的拖动事件。

调用腾讯地图对象的 setOnMarkerDragListener 方法即可设置地图标记的拖动监听器,该监听器要求实现接口 TencentMap.OnMarkerDragListener,待重写的接口方法如下所示:

- onMarkerDragStart:在开始拖动时触发。
- onMarkerDrag:在拖动过程中触发。
- onMarkerDragEnd:在结束拖动时触发。

一般而言,只需在标记拖动结束时处理位置变更操作,于是重写 onMarkerDragEnd 方法,在该方法中触发选定位置的地图点击事件,然后挪动相机视角、重绘地图标记等。相应的拖动事件及其后续处理的示例代码如下:

(完整代码见 location\src\main\java\com\example\location\ChooseLocationActivity.java)

```java
private LatLng mMyPos;      // 当前的经纬度
private String mAddress;    // 详细地址

@Override
public void onMarkerDragEnd(Marker marker) {
    onMapClick(marker.getPosition());   // 触发该位置的地图点击事件
}

@Override
public void onMapClick(LatLng latLng) {
    mTencentMap.clearAllOverlays();     // 清除所有覆盖物
    mMyPos = latLng;
    // 创建一个腾讯搜索对象
    TencentSearch tencentSearch = new TencentSearch(this);
    Geo2AddressParam param = new Geo2AddressParam(mMyPos);
    // 根据经纬度查询地图上的详细地址
    tencentSearch.geo2address(param, new HttpResponseListener() {
        @Override
        public void onSuccess(int i, Object o) {
            Geo2AddressResultObject result = (Geo2AddressResultObject) o;
            String address = String.format("%s (%s) ",
                    result.result.address,
                    result.result.formatted_addresses.recommend);
            moveLocation(mMyPos, address);   // 将地图移动到当前位置
        }

        @Override
        public void onFailure(int i, String s, Throwable throwable) {}
    });
}

// 将地图移动到当前位置
private void moveLocation(LatLng latLng, String address) {
    mMyPos = latLng;
    mAddress = address;
    CameraUpdate update = CameraUpdateFactory.newLatLngZoom(latLng, mZoom);
    mTencentMap.moveCamera(update);    // 把相机视角移动到指定地点
    // 从指定视图中获取位图描述
```

```
        BitmapDescriptor bitmapDesc = BitmapDescriptorFactory
                .fromView(getMarkerView(mAddress));
        MarkerOptions marker = new MarkerOptions(latLng).draggable(true) // 可以拖动
                .visible(true).icon(bitmapDesc).snippet("这是您的当前位置");
        mTencentMap.addMarker(marker);   // 往地图上添加标记
    }

    // 获取标记视图
    private View getMarkerView(String address) {
        View view = getLayoutInflater().inflate(R.layout.marker_me, null);
        TextView tv_address = view.findViewById(R.id.tv_address);
        tv_address.setText(address);
        return view;
    }
```

（2）在地图上显示人员标记。在地图上的附近人员列表中，每个人的标记都包括昵称和头像，可是头像图片来自网络，标记依赖的位图描述工具 BitmapDescriptor 并不支持异步渲染，只能在获得网络图片数据后才能构建人员标记。为此重写 Glide 框架的 into 方法，确保获取头像图片的 Drawable 对象之后再往地图上添加完整的人员标记。异步添加人员标记的示例代码如下：

（完整代码见 location\src\main\java\com\example\location\NearbyActivity.java）

```
    // 显示附近人员的标记
    private void addNearbyMarker(PersonInfo person) {
        // 因为位图描述只能在获得图片数据后生成，所以必须等待图片加载完成再添加标记
        Glide.with(this).load(UrlConstant.HTTP_PREFIX+person.getFace())
                .circleCrop().into(new CustomTarget<Drawable>() {

            @Override
            public void onResourceReady(Drawable resource, Transition<? super Drawable> transition) {
                LatLng latLng = new LatLng(person.getLatitude(),
                                    person.getLongitude());
                // 从指定视图中获取位图描述
                BitmapDescriptor bitmapDesc = BitmapDescriptorFactory
                        .fromView(getMarkerView(person, resource));
                MarkerOptions marker =
                    new MarkerOptions(latLng).draggable(false)  // 不可拖动
                        .visible(true).icon(bitmapDesc).tag(person);
                mTencentMap.addMarker(marker);   // 往地图上添加标记
            }

            @Override
            public void onLoadCleared(Drawable placeholder) {}
        });
    }
```

（3）个人信息的保存操作。待保存的个人信息格式多样，既有昵称、性别、爱好、地点、发布信息等文本内容，又有个人头像的图像数据，这要求分段组装请求结构再统一发给后端的 Web 服务。下面是 HTTP 调用的保存个人信息的示例代码：

（完整代码见 location\src\main\java\com\example\location\InfoEditActivity.java）

```
    // 弹出进度对话框
    mDialog = ProgressDialog.show(this, "请稍候", "正在保存位置信息......");
```

```java
// 下面把用户信息（包含头像）提交给 HTTP 服务端
MultipartBody.Builder builder = new MultipartBody.Builder();
// 往建造器对象上添加文本格式的分段数据
builder.addFormDataPart("name", name);              // 昵称
builder.addFormDataPart("sex", isMale?"0":"1");     // 性别
builder.addFormDataPart("phone", phone);            // 手机号
builder.addFormDataPart("love", loveArray[mLoveType]);   // 爱好
builder.addFormDataPart("info", info);              // 发布信息
builder.addFormDataPart("address", mAddress);       // 地址
builder.addFormDataPart("latitude", mLatitude+"");  // 纬度
builder.addFormDataPart("longitude", mLongitude+""); // 经度
// 往建造器对象上添加图像格式的分段数据
builder.addFormDataPart("image", path.substring(path.lastIndexOf("/")),
        RequestBody.create(new File(path), MediaType.parse("image/*")));
RequestBody body = builder.build();          // 根据建造器生成请求结构
OkHttpClient client = new OkHttpClient();    // 创建一个 okhttp 客户端对象
// 创建一个 POST 方式的请求结构
Request request = new Request.Builder().post(body)
        .url(UrlConstant.HTTP_PREFIX+"joinNearby").build();
Call call = client.newCall(request);         // 根据请求结构创建调用对象
// 加入 HTTP 请求队列。异步调用，并设置接口应答的回调方法
call.enqueue(new Callback() {
    @Override
    public void onFailure(Call call, IOException e) {  // 请求失败
        // 回到主线程操作界面
        runOnUiThread(() -> {
            mDialog.dismiss();  // 关闭进度对话框
        });
    }

    @Override
    public void onResponse(Call call, final Response response) throws IOException {  // 请求成功
        String resp = response.body().string();
        JoinResponse joinResponse = new Gson().fromJson(
                            resp, JoinResponse.class);
        // 回到主线程操作界面
        runOnUiThread(() -> {
            mDialog.dismiss();    // 关闭进度对话框
            if ("0".equals(joinResponse.getCode())) {
                finishSave();     // 结束信息保存操作
            }
        });
    }
});
```

### 9.4.3 效果展示

位置分享需要服务器配合，确保后端的 Web 服务已经开启，再打开"附近的人" App。一开始要先确定自己所在的位置，在地图上拖动定位标记至居住地，如图 9-27 所示。

第 9 章 定位导航 | 353

图 9-27 先确定自己的位置

接着点击界面下方的"下一步"按钮,跳到个人信息编辑页面,如图 9-28 所示。依次填写或选择昵称、性别、手机、爱好、要发布的信息,并到系统相册选取头像,填好的编辑页面如图 9-29 所示。

图 9-28 个人信息编辑页面

图 9-29 填好了的编辑页面

点击编辑页面下方的"确定"按钮,回到地图界面发现该地点上方多出了自己的昵称和头像,点击头像弹出详情对话框,如图 9-30 所示。

多准备几部手机分别选好所在位置、填好个人信息,并提交服务器,然后重新打开"附近的人"App,看到地图界面出现五个人的昵称和头像,如图 9-31 所示。在界面上方选择过滤条件,比如"只看男生",地图上就只显示男生标记,如图 9-32 所示。

图 9-30　人员详情对话框　　　　图 9-31　找到周围的人们　　　　图 9-32　选择了只看男生

点击邓姐头像,弹出她的详情对话框,如图 9-33 所示。点击对话框右下角的"去她那里"按钮,回到主界面,发现地图标出了导航路线,如图 9-34 所示。

图 9-33　邓姐的详情对话框　　　　　　　图 9-34　去邓姐那的导航路线

继续点击张哥头像，弹出他的详情对话框，如图 9-35 所示。点击对话框右下角的"去他那里"按钮，回到主界面，发现地图标出了导航路线，如图 9-36 所示。

图 9-35　张哥的详情对话框

图 9-36　去张哥那的导航路线

引入地图功能之后，"附近的人"变得更加好用了，特别适合有来往需求的人。

## 9.5　小　结

本章主要介绍了 App 开发用到的定位导航技术，包括基础定位（开启定位功能、获取定位信息、根据经纬度查找详细地址）、扩展定位（获取照片里的位置信息、全球卫星导航系统、室内 WiFi 定位）、地图导航（集成腾讯地图、显示地图面板、获取地点信息、规划导航路线）。最后设计了一个实战项目"仿微信的附近的人"，在该项目的 App 编码中综合运用了本章介绍的定位导航技术。通过本章的学习，读者应该能够掌握以下 3 种开发技能：

（1）学会获取手机的基本位置信息。
（2）学会获取额外的扩展定位数据。
（3）学会给 App 集成地图 SDK，并实现路线导航功能。

## 9.6　动手练习

1. 利用定位功能获取当前的经纬度，并通过天地图接口根据经纬度获取详细地址。
2. 查找天上的导航卫星，并据此绘制卫星浑天仪。
3. 综合运用定位导航技术实现一个附近交友 App。

# 第 10 章

# 物联网

本章介绍 App 开发常用的一些物联网技术，主要包括各类传感器的功能及其具体应用，如何利用传统蓝牙实现移动设备的配对、连接以及数据传输，如何利用低功耗蓝牙区分主从设备，并通过低功耗蓝牙实现主从设备的快速连接和数据交互。最后结合本章所学的知识演示一个实战项目"自动驾驶的智能小车"的设计与实现。

## 10.1 传感器

本节介绍常见传感器的用法及其相关应用场景，首先列举 Android 目前支持的传感器种类，然后对常用传感器分别进行说明，包括加速度传感器的用法和摇一摇的实现、磁场传感器的用法和指南针的实现，以及计步器、感光器、陀螺仪等其他传感器的基本用法。

### 10.1.1 传感器的种类

传感器是一系列感应器的总称，是各种设备用来感知周围环境和运动信息的工具。因为具体的感应信息依赖于相关硬件，所以虽然 Android 定义了众多感应器，但是并非每部手机都能支持这么多感应器，千元以下的低端手机往往只支持加速度等少数感应器。

传感器一般通过硬件监听环境信息的改变，有时会结合软件监听用户的运动信息。Android 11 支持的主要传感器类型见表 10-1。

表 10-1 传感器类型的取值说明

| 编号 | Sensor 类的传感器类型 | 传感器名称 | 说明 |
| --- | --- | --- | --- |
| 1 | TYPE_ACCELEROMETER | 加速度 | 常用于摇一摇功能 |
| 2 | TYPE_MAGNETIC_FIELD | 磁场 | |
| 3 | TYPE_ORIENTATION | 方向 | 已弃用，取而代之的是 getOrientation 方法 |

(续表)

| 编号 | Sensor 类的传感器类型 | 传感器名称 | 说　明 |
|---|---|---|---|
| 4 | TYPE_GYROSCOPE | 陀螺仪 | 用来感应手机的旋转和倾斜 |
| 5 | TYPE_LIGHT | 光线 | 用来感应手机正面的光线强弱 |
| 6 | TYPE_PRESSURE | 压力 | 用来感应气压 |
| 7 | TYPE_TEMPERATURE | 温度 | 已弃用，取而代之的是类型 13 |
| 8 | TYPE_PROXIMITY | 距离 | |
| 9 | TYPE_GRAVITY | 重力 | |
| 10 | TYPE_LINEAR_ACCELERATION | 线性加速度 | |
| 11 | TYPE_ROTATION_VECTOR | 旋转矢量 | |
| 12 | TYPE_RELATIVE_HUMIDITY | 相对湿度 | |
| 13 | TYPE_AMBIENT_TEMPERATURE | 环境温度 | |
| 14 | TYPE_MAGNETIC_FIELD_UNCALIBRATED | 无标定磁场 | |
| 15 | TYPE_GAME_ROTATION_VECTOR | 无标定旋转矢量 | |
| 16 | TYPE_GYROSCOPE_UNCALIBRATED | 未校准陀螺仪 | |
| 17 | TYPE_SIGNIFICANT_MOTION | 特殊动作 | |
| 18 | TYPE_STEP_DETECTOR | 步行检测 | 用户每走一步就触发一次事件 |
| 19 | TYPE_STEP_COUNTER | 步行计数 | 记录激活后的步伐数 |
| 20 | TYPE_GEOMAGNETIC_ROTATION_VECTOR | 地磁旋转矢量 | |
| 21 | TYPE_HEART_RATE | 心跳速率 | 可穿戴设备使用，如手环 |
| 22 | TYPE_TILT_DETECTOR | 倾斜检测 | |
| 23 | TYPE_WAKE_GESTURE | 唤醒手势 | |
| 24 | TYPE_GLANCE_GESTURE | 掠过手势 | |
| 28 | TYPE_POSE_6DOF | 六自由度姿态 | |
| 29 | TYPE_STATIONARY_DETECT | 静止检测 | |
| 30 | TYPE_MOTION_DETECT | 运动检测 | |
| 31 | TYPE_HEART_BEAT | 心跳检测 | |

　　Android 提供了传感管理器 SensorManager 统一管理各类传感器，其对象从系统服务 SENSOR_SERVICE 中获取。若要查看当前设备支持的传感器种类，可通过传感管理器对象的 getSensorList 方法获得，该方法返回了一个 Sensor 列表。遍历 Sensor 列表中的每个元素得到感应器对象 Sensor，再调用 Sensor 对象的 getType 方法可获取该传感器的类型，调用 Sensor 对象的 getName 方法可获取该传感器的名称。查看传感器信息的示例代码如下：

　　（完整代码见 iot\src\main\java\com\example\iot\SensorActivity.java）

```
// 显示手机自带的传感器信息
private void showSensorInfo() {
    // 从系统服务中获取传感管理器对象
    SensorManager mSensorMgr = (SensorManager)
        getSystemService(Context.SENSOR_SERVICE);
```

```
// 获取当前设备支持的传感器列表
List<Sensor> sensorList = mSensorMgr.getSensorList(Sensor.TYPE_ALL);
String show_content = "当前支持的传感器包括: \n";
for (Sensor sensor : sensorList) {
    if (sensor.getType() >= mSensorType.length) {
        continue;
    }
    mapSensor.put(sensor.getType(), sensor.getName());
}
for (Map.Entry<Integer, String> map : mapSensor.entrySet()) {
    int type = map.getKey();
    String name = map.getValue();
    String content = String.format("%d %s: %s\n", type,
                    mSensorType[type - 1], name);
    show_content += content;
}
tv_sensor.setText(show_content);
```

图 10-1 所示为某品牌手机支持的传感器列表，其中包含 Android 定义的大部分传感器。

图 10-1　某品牌手机上支持的传感器列表

## 10.1.2　摇一摇——加速度传感器

加速度传感器是最常见的感应器，大部分智能手机都内置了加速度传感器。它运用最广泛的功能是微信的摇一摇，用户通过摇晃手机寻找周围的人，类似的应用还有摇骰子、玩游戏等。

下面以摇一摇的实现过程为例演示传感器应用的开发步骤。

**步骤01**　声明一个 SensorManager 对象，该对象从系统服务 SENSOR_SERVICE 中获取。

**步骤02**　重写活动页面的 onResume 方法，在该方法中注册传感器监听事件，并指定待监听的传感器类型。例如，摇一摇功能要注册加速度传感监听器，示例代码如下：

```
@Override
protected void onResume() {
```

```
        super.onResume();
        // 给加速度传感器注册传感监听器
        mSensorMgr.registerListener(this,
            mSensorMgr.getDefaultSensor(Sensor.TYPE_ACCELEROMETER),
            SensorManager.SENSOR_DELAY_NORMAL);
    }
```

**步骤 03** 重写活动页面的 onPause 方法，在该方法中注销传感监听器，示例代码如下：

```
@Override
protected void onPause() {
    super.onPause();
    mSensorMgr.unregisterListener(this);    // 注销当前活动的传感监听器
}
```

**步骤 04** 编写一个传感器事件监听器，该监听器继承自 SensorEventListener，同时需实现 onSensorChanged 和 onAccuracyChanged 两个方法。其中，前一个方法在感应信息变化时触发，业务逻辑都在这边处理；后一个方法在精度改变时触发，一般无须处理。

下面是使用加速度传感器实现摇一摇功能的示例代码：

（完整代码见 iot\src\main\java\com\example\iot\AccelerationActivity.java）

```
public class AccelerationActivity extends AppCompatActivity implements SensorEventListener {
    private TextView tv_shake;              // 声明一个文本视图对象
    private SensorManager mSensorMgr;       // 声明一个传感管理器对象
    private Vibrator mVibrator;             // 声明一个震动器对象

    @Override
    protected void onCreate(Bundle savedInstanceState) {
        super.onCreate(savedInstanceState);
        setContentView(R.layout.activity_acceleration);
        tv_shake = findViewById(R.id.tv_shake);
        // 从系统服务中获取传感管理器对象
        mSensorMgr = (SensorManager)
            getSystemService(Context.SENSOR_SERVICE);
        // 从系统服务中获取震动器对象
        mVibrator = (Vibrator) getSystemService(Context.VIBRATOR_SERVICE);
    }

    @Override
    protected void onPause() {
        super.onPause();
        mSensorMgr.unregisterListener(this);    // 注销当前活动的传感监听器
    }

    @Override
    protected void onResume() {
        super.onResume();
        // 给加速度传感器注册传感监听器
        mSensorMgr.registerListener(this,
```

```
                    mSensorMgr.getDefaultSensor(Sensor.TYPE_ACCELEROMETER),
                    SensorManager.SENSOR_DELAY_NORMAL);
        }

        @Override
        public void onSensorChanged(SensorEvent event) {
            // 加速度变更事件
            if (event.sensor.getType() == Sensor.TYPE_ACCELEROMETER) {
                // values[0]:X 轴, values[1]: Y 轴, values[2]: Z 轴
                float[] values = event.values;
                if ((Math.abs(values[0]) > 15 || Math.abs(values[1]) > 15
                        || Math.abs(values[2]) > 15)) {
                    tv_shake.setText(DateUtil.getNowFullDateTime()
                            + " 我看到你摇一摇啦");
                    mVibrator.vibrate(500);    // 系统检测到摇一摇事件后,震动手机提示用户
                }
            }
        }

        // 当传感器精度改变时回调该方法,一般无须处理
        @Override
        public void onAccuracyChanged(Sensor sensor, int accuracy) {}
    }
```

这个例子很简单,一旦监测到手机的摇动幅度超过阈值,就在屏幕上打印摇一摇的结果文字,具体效果如图 10-2 所示。

图 10-2 加速度传感器实现简单摇一摇

### 10.1.3 指南针——磁场传感器

顾名思义,指南针只要找到朝南的方向就好了,可是在 App 中并非使用一个方向传感器这么简单,事实上单独的方向传感器已经弃用,取而代之的是联合使用加速度传感器和磁场传感器,通过传感管理器的 getRotationMatrix 方法与 getOrientation 方法计算方向角度。

下面是结合加速度传感器与磁场传感器实现指南针功能的示例代码片段:

(完整代码见 iot\src\main\java\com\example\iot\DirectionActivity.java)

```
    private CompassView cv_sourth;          // 声明一个罗盘视图对象
    private float[] mAcceValues;            // 加速度变更值的数组
    private float[] mMagnValues;            // 磁场强度变更值的数组

    @Override
    protected void onResume() {
        super.onResume();
        int suitable = 0;
```

```java
        // 获取当前设备支持的传感器列表
        List<Sensor> sensorList = mSensorMgr.getSensorList(Sensor.TYPE_ALL);
        for (Sensor sensor : sensorList) {
            if (sensor.getType() == Sensor.TYPE_ACCELEROMETER) { // 加速度传感器
                suitable += 1;    // 找到加速度传感器
            } else if (sensor.getType() == Sensor.TYPE_MAGNETIC_FIELD) {
                suitable += 10;   // 找到磁场传感器
            }
        }
        if (suitable / 10 > 0 && suitable % 10 > 0) {
            // 给加速度传感器注册传感监听器
            mSensorMgr.registerListener(this,
                    mSensorMgr.getDefaultSensor(Sensor.TYPE_ACCELEROMETER),
                    SensorManager.SENSOR_DELAY_NORMAL);
            // 给磁场传感器注册传感监听器
            mSensorMgr.registerListener(this,
                    mSensorMgr.getDefaultSensor(Sensor.TYPE_MAGNETIC_FIELD),
                    SensorManager.SENSOR_DELAY_NORMAL);
        } else {
            cv_sourth.setVisibility(View.GONE);
            tv_direction.setText("设备不支持指南针，请检查是否存在加速度和磁场传感器");
        }
    }

    @Override
    public void onSensorChanged(SensorEvent event) {
        if (event.sensor.getType() == Sensor.TYPE_ACCELEROMETER) {
            mAcceValues = event.values;  // 加速度变更事件
        } else if (event.sensor.getType() == Sensor.TYPE_MAGNETIC_FIELD) {
            mMagnValues = event.values;  // 磁场强度变更事件
        }
        if (mAcceValues != null && mMagnValues != null) {
            calculateOrientation();  // 加速度和磁场强度两个都有了，才能计算磁极的方向
        }
    }

    // 计算指南针的方向
    private void calculateOrientation() {
        float[] values = new float[3];
        float[] R = new float[9];
        SensorManager.getRotationMatrix(R, null, mAcceValues, mMagnValues);
        SensorManager.getOrientation(R, values);
        values[0] = (float) Math.toDegrees(values[0]);  // 计算手机上部与正北的夹角
        cv_sourth.setDirection((int) values[0]);  // 设置罗盘视图中的指南针方向
        if (values[0] >= -10 && values[0] < 10) {
            tv_direction.setText("手机上部方向是正北");
        } else if (values[0] >= 10 && values[0] < 80) {
            tv_direction.setText("手机上部方向是东北");
        } else if (values[0] >= 80 && values[0] <= 100) {
            tv_direction.setText("手机上部方向是正东");
```

```
        } else if (values[0] >= 100 && values[0] < 170) {
            tv_direction.setText("手机上部方向是东南");
        } else if ((values[0] >= 170 && values[0] <= 180)
                || (values[0]) >= -180 && values[0] < -170) {
            tv_direction.setText("手机上部方向是正南");
        } else if (values[0] >= -170 && values[0] < -100) {
            tv_direction.setText("手机上部方向是西南");
        } else if (values[0] >= -100 && values[0] < -80) {
            tv_direction.setText("手机上部方向是正西");
        } else if (values[0] >= -80 && values[0] < -10) {
            tv_direction.setText("手机上部方向是西北");
        }
    }
```

上述代码计算得到的只是手机上部与正北方向的夹角,要想在手机上模拟指南针的效果,需自己编写一个罗盘视图,然后在罗盘上绘制正南方向的指针。罗盘视图的指南针效果如图 10-3 和图 10-4 所示。图 10-3 为手机上部对准正南方向的显示结果,此时指南针恰好位于朝上的方向;转动手机使上部对准正东方向,此时指南针转到屏幕右边,如图 10-4 所示。

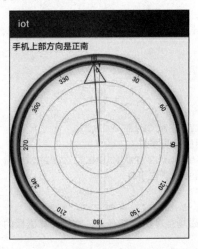
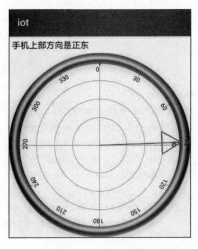

图 10-3　手机上部对准正南方向时的指南针　　　图 10-4　手机上部对准正东方向时的指南针

### 10.1.4　计步器、感光器和陀螺仪

其他传感器各有千秋,合理使用能够产生许多趣味应用。下面分别介绍几款用途较广的例子,包括计步器、感光器、陀螺仪等。

#### 1. 计步器

计步器的原理是监测手机的前后摆动,以此模拟行人的步伐节奏。Android 与计步器有关的传感器有两个:一个是步行检测器(TYPE_STEP_DETECTOR),另一个是步行计数器(TYPE_STEP_COUNTER)。其中,步行检测器的返回数值为 1 时表示当前监测到一个步伐;步行计数器的返回数值是累加后的数值,表示本次开机激活后的总步伐数。

从 Android 10 开始,使用计步器前要申请健身运动权限,也就是修改 AndroidManifest.xml,补充下面的权限配置:

```xml
<!--Android 10之后，计步器需要健身运动权限 -->
<uses-permission android:name="android.permission.ACTIVITY_RECOGNITION" />
```

下面是使用两种计步器分别获取步伐数量的示例代码片段：

（完整代码见 iot\src\main\java\com\example\iot\StepActivity.java）

```java
@Override
public void onSensorChanged(SensorEvent event) {
    if (event.sensor.getType() == Sensor.TYPE_STEP_DETECTOR) {
        if (event.values[0] == 1.0f) {
            mStepDetector++;  // 步行检测事件
        }
    } else if (event.sensor.getType() == Sensor.TYPE_STEP_COUNTER) {
        mStepCounter = (int) event.values[0];  // 计步器事件
    }
    String desc = String.format("设备检测到您当前走了%d步，总计数为%d步",
            mStepDetector, mStepCounter);
    tv_step.setText(desc);
}
```

两种计步器的计数结果如图10-5所示，可见计步器的总计数是累加值。

图10-5　计步器的计数结果

### 2. 感光器

感光器也叫光线传感器，位于手机正面的顶部或底部，常常跟前置摄像头聚在一块。对于有的手机来说，一旦遮住前置摄像头，感光器监测到的光线强度立马就会降低。在实际开发中，光线传感器往往用于感应手机正面的光线强弱，从而自动调节屏幕亮度。

使用光线传感器监测光线强度的示例代码片段如下：

（完整代码见 iot\src\main\java\com\example\iot\LightActivity.java）

```java
@Override
public void onSensorChanged(SensorEvent event) {
    if (event.sensor.getType() == Sensor.TYPE_LIGHT) {  // 光线强度变更事件
        float light_strength = event.values[0];
        tv_light.setText(DateUtil.getNowTime() + " 当前光线强度为"
                + light_strength);
    }
}
```

光线传感器的感应结果如图10-6和图10-7所示。图10-6为感光器未遮挡时的显示画面，图10-7为感光器被遮挡时的界面，可见光线强度的数值每时每刻都在变化。

图 10-6　感光器未遮挡时的显示结果

图 10-7　感光器被遮挡时的显示结果

### 3. 陀螺仪

陀螺仪是测量平衡的仪器，它的测量结果为当前位置与上次位置之间的倾斜角度，这个角度为三维空间的夹角，因而其数值由 x、y、z 三个坐标轴上的角度偏移组成。由于陀螺仪具备三维角度的动态测量功能，因此它又被称作角速度传感器。前面介绍的加速度传感器只能检测线性距离的大小，而陀螺仪能够检测旋转角度的大小，所以利用陀螺仪可以还原三维物体的转动行为。

下面是使用陀螺仪监测转动角度的示例代码片段：

（完整代码见 iot\src\main\java\com\example\iot\GyroscopeActivity.java）

```java
private float mTimestamp;                    // 记录上次的时间戳
private float mAngle[] = new float[3];       // 记录 xyz 三个方向上的旋转角度

@Override
public void onSensorChanged(SensorEvent event) {
    // 陀螺仪角度变更事件
    if (event.sensor.getType() == Sensor.TYPE_GYROSCOPE) {
        if (mTimestamp != 0) {
            final float dT = (event.timestamp - mTimestamp) * NS2S;
            mAngle[0] += event.values[0] * dT;
            mAngle[1] += event.values[1] * dT;
            mAngle[2] += event.values[2] * dT;
            // x 轴的旋转角度，手机平放桌上，然后绕侧边转动
            float angleX = (float) Math.toDegrees(mAngle[0]);
            // y 轴的旋转角度，手机平放桌上，然后绕底边转动
            float angleY = (float) Math.toDegrees(mAngle[1]);
            // z 轴的旋转角度，手机平放桌上，然后水平旋转
            float angleZ = (float) Math.toDegrees(mAngle[2]);
            String desc = String.format("%s 陀螺仪检测到当前位置为：\n" +
                    "x 轴方向的转动角度为%.6f，\n" +
                    "y 轴方向的转动角度为%.6f，\n" +
                    "z 轴方向的转动角度为%.6f。",
                DateUtil.getNowTime(), angleX, angleY, angleZ);
            tv_gyroscope.setText(desc);
        }
        mTimestamp = event.timestamp;
    }
}
```

沿着不同方向转动手机，陀螺仪的感应结果如图 10-8～图 10-10 所示。图 10-8 为手机绕侧边转动的截图，可见此时 x 轴方向的旋转角度较大；图 10-9 为手机绕底边转动的截图，可见此时 y 轴方向的旋转角度较大；图 10-10 为手机绕垂直线水平旋转的截图，可见此时 z 轴方向的旋转角度较大。

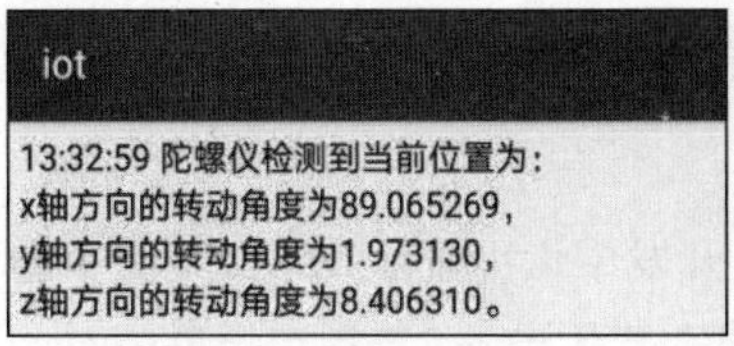

图 10-8　x 轴的角度感应 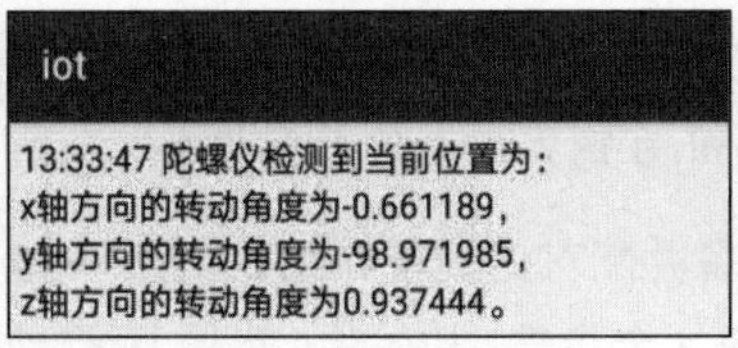　　　图 10-9　y 轴的角度感应 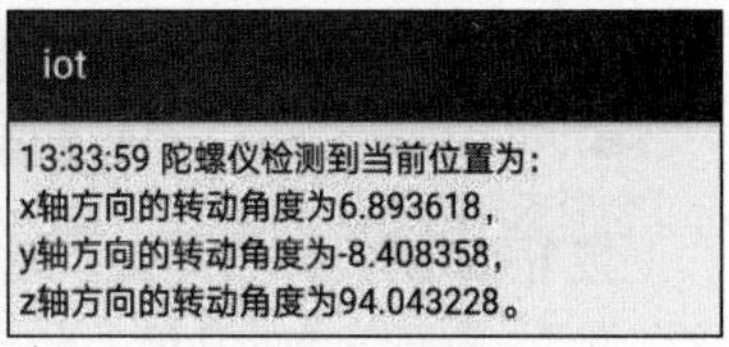　　　图 10-10　z 轴的角度感应

## 10.2　传统蓝牙

本节介绍传统蓝牙技术在 App 开发中的详细用法，内容包括如何发现周围的蓝牙设备并与之创建配对、如何通过 A2DP 技术把手机音频传给蓝牙音箱播放、如何在两部已经配对好的蓝牙手机之间建立连接并传输简单数据。

### 10.2.1　蓝牙设备配对

蓝牙是一种短距离无线通信技术，由爱立信公司于 1994 年创制。爱立信原本只是想用其替代连接电信设备的数据线，孰料后来发现它也能用于移动设备之间的数据传输，之后蓝牙技术在手机上获得了长足发展。

因为手机内部一般同时集成了 2G/3G/4G/5G、WiFi 和蓝牙，所以蓝牙功能已经是智能手机的标配。若想进行蓝牙方面的开发，则需在 App 工程的 AndroidManifest.xml 中补充下面的权限配置：

```
<!-- 蓝牙 -->
<uses-permission android:name="android.permission.BLUETOOTH_ADMIN" />
<uses-permission android:name="android.permission.BLUETOOTH" />
<!-- 如果 Android 6.0 蓝牙搜索不到设备，需要补充下面两个权限 -->
<uses-permission android:name="android.permission.ACCESS_FINE_LOCATION" />
<uses-permission android:name="android.permission.ACCESS_COARSE_LOCATION" />
```

Android 的蓝牙模块管理工具名叫 BluetoothAdapter，虽然通常把 BluetoothAdapter 翻译为"蓝牙适配器"，其实它干的是管理器的活。下面是 BluetoothAdapter 类常用的方法：

- getDefaultAdapter：获取默认的蓝牙适配器。该方法为静态方法。
- getState：获取蓝牙的开关状态。STATE_ON 表示已开启，STATE_TURNING_ON 表示正在开启，STATE_OFF 表示已关闭，STATE_TURNING_OFF 表示正在关闭。
- enable：打开蓝牙功能。因为该方法在打开蓝牙时不会弹出提示，所以一般不这么调用。更常见的做法是弹出对话框，提示用户是否允许外部发现本设备。因为只有让外部设备发现本设备才能够进行后续的配对与连接操作。
- disable：禁用蓝牙功能。
- isEnabled：判断蓝牙功能是否启用，返回 true 表示已启用，返回 false 表示未启用。
- getBondedDevices：获取已配对的设备集合。该方法返回的是已绑定设备的历史记录，而非当前能够连接的设备。
- getRemoteDevice：根据设备地址获取远程的设备对象。
- startDiscovery：开始搜索周围的蓝牙设备。

- cancelDiscovery: 取消搜索周围的蓝牙设备。
- isDiscovering: 判断是否正在搜索周围的蓝牙设备。

接下来通过一个检测蓝牙设备并配对的例子介绍如何在 App 开发中运用蓝牙技术。不要小看这个例子,简简单单的功能要分成 4 个步骤:初始化、启用蓝牙、搜索蓝牙设备、与指定设备配对,详细说明如下。

### 1. 初始化蓝牙适配器

对于传统的蓝牙连接来说,调用 getDefaultAdapter 方法获取默认的蓝牙适配器即可。初始化蓝牙适配器的示例代码如下:

```
private BluetoothAdapter mBluetooth;  // 声明一个蓝牙适配器对象

// 初始化蓝牙适配器
private void initBluetooth() {
    // 获取系统默认的蓝牙适配器
    mBluetooth = BluetoothAdapter.getDefaultAdapter();
}
```

### 2. 启用蓝牙功能

虽然 BluetoothAdapter 提供了 enable 方法以启用蓝牙功能,但是该方法并不允许外部发现本设备,所以等于没用。实际开发中要弹窗提示用户是否允许其他设备检测到自身。另外,从 Android 10.0 开始,只有已打开蓝牙功能时才会弹出提示窗。弹窗代码如下所示:

```
// Android 10.0 要在已打开蓝牙功能时才会弹出下面的选择窗
if (BluetoothUtil.getBlueToothStatus()) {  // 已经打开蓝牙
    // 弹出是否允许扫描蓝牙设备的选择对话框
    Intent intent = new
            Intent(BluetoothAdapter.ACTION_REQUEST_DISCOVERABLE);
    startActivityForResult(intent, mOpenCode);
}
```

启用蓝牙功能的确认对话框如图 10-11 所示。

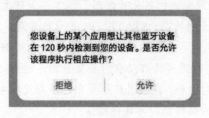

图 10-11 蓝牙权限的选择对话框

由于图 10-11 的提示弹窗上可选择"允许"还是"拒绝",因此代码中要重写 onActivityResult 方法,在该方法中判断蓝牙功能的启用结果。下面是判断蓝牙是否启用的代码:

```
private int mOpenCode = 1;  // 是否允许扫描蓝牙设备的选择对话框返回结果代码

@Override
```

```
protected void onActivityResult(int requestCode, int resultCode, Intent
intent) {
    super.onActivityResult(requestCode, resultCode, intent);
    if (requestCode == mOpenCode) {  // 来自允许蓝牙扫描的对话框
        // 延迟50毫秒后启动蓝牙设备的刷新任务
        mHandler.postDelayed(mRefresh, 50);
        if (resultCode == RESULT_OK) {
            Toast.makeText(this, "允许本地蓝牙被附近的其他蓝牙设备发现",
                    Toast.LENGTH_SHORT).show();
        } else if (resultCode == RESULT_CANCELED) {
            Toast.makeText(this, "不允许蓝牙被附近的其他蓝牙设备发现",
                    Toast.LENGTH_SHORT).show();
        }
    }
}
```

### 3. 搜索周围的蓝牙设备

蓝牙功能打开之后才能调用 startDiscovery 方法搜索周围的蓝牙设备。不过搜索操作是一个异步的过程，startDiscovery 方法并不直接返回搜索发现的设备结果，而是通过广播 BluetoothDevice.ACTION_FOUND 返回新发现的蓝牙设备。所以页面代码需要注册一个蓝牙搜索结果的广播接收器，在接收器中解析蓝牙设备信息，再把新设备添加到蓝牙设备列表。

下面是蓝牙搜索接收器的注册、注销以及内部逻辑处理的示例代码：

（完整代码见 iot\src\main\java\com\example\iot\BluetoothPairActivity.java）

```
// 定义一个刷新任务，每隔两秒刷新扫描到的蓝牙设备
private Runnable mRefresh = new Runnable() {
    @Override
    public void run() {
        beginDiscovery();  // 开始扫描周围的蓝牙设备
        // 延迟30秒后再次启动蓝牙设备的刷新任务
        mHandler.postDelayed(this, 30*1000);
    }
};

// 开始扫描周围的蓝牙设备
private void beginDiscovery() {
    // 如果当前不是正在搜索，则开始新的搜索任务
    if (!mBluetooth.isDiscovering()) {
        initBlueDevice();  // 初始化蓝牙设备列表
        tv_discovery.setText("正在搜索蓝牙设备");
        mBluetooth.startDiscovery();  // 开始扫描周围的蓝牙设备
    }
}

// 取消蓝牙设备的搜索
```

```java
private void cancelDiscovery() {
    mHandler.removeCallbacks(mRefresh);
    tv_discovery.setText("取消搜索蓝牙设备");
    // 当前正在搜索，则取消搜索任务
    if (mBluetooth.isDiscovering()) {
        mBluetooth.cancelDiscovery();  // 取消扫描周围的蓝牙设备
    }
}

@Override
protected void onStart() {
    super.onStart();
    mHandler.postDelayed(mRefresh, 50);
    // 需要过滤多个动作，则调用 IntentFilter 对象的 addAction 添加新动作
    IntentFilter discoveryFilter = new IntentFilter();
    discoveryFilter.addAction(BluetoothDevice.ACTION_FOUND);
    discoveryFilter.addAction(BluetoothAdapter.ACTION_DISCOVERY_FINISHED);
    // 注册蓝牙设备搜索的广播接收器
    registerReceiver(discoveryReceiver, discoveryFilter);
}

@Override
protected void onStop() {
    super.onStop();
    cancelDiscovery();  // 取消蓝牙设备的搜索
    unregisterReceiver(discoveryReceiver);  // 注销蓝牙设备搜索的广播接收器
}

// 蓝牙设备的搜索结果通过广播返回
private BroadcastReceiver discoveryReceiver = new BroadcastReceiver() {
    @Override
    public void onReceive(Context context, Intent intent) {
        String action = intent.getAction();
        // 获得已经搜索到的蓝牙设备
        if (action.equals(BluetoothDevice.ACTION_FOUND)) {  // 发现新的蓝牙设备
            BluetoothDevice device =
                intent.getParcelableExtra(BluetoothDevice.EXTRA_DEVICE);
            // 将发现的蓝牙设备加入设备列表
            refreshDevice(device, device.getBondState());
        }
    }
};
```

搜索到的蓝牙设备可能会有多个，每发现一个新设备都会收到一次发现广播，这样设备列表是动态刷新的。搜索完成的蓝牙设备列表如图 10-12 和图 10-13 所示，其中图 10-12 为 A 手机发现的蓝牙设备列表，图 10-13 为 B 手机发现的蓝牙设备列表。

图 10-12　A 手机的蓝牙设备列表　　　　图 10-13　B 手机的蓝牙设备列表

### 4. 与指定的蓝牙设备配对

新发现的设备状态是"未绑定",这意味着当前手机尚不能跟对方设备进行数据交互。只有新设备是"已绑定"状态,才能与当前手机传输数据。蓝牙设备的"未绑定"与"已绑定"区别在于这两台设备之间是否成功配对,而配对操作由 BluetoothDevice 类管理。下面是 BluetoothDevice 类的常用方法:

- getName: 获取设备的名称。
- getAddress: 获取设备的 MAC 地址。
- getBondState: 获取设备的绑定状态。蓝牙设备绑定状态的取值说明见表 10-2。

表 10-2　蓝牙设备绑定状态的取值说明

| BluetoothDevice 类的绑定状态 | 说　明 |
| --- | --- |
| BOND_NONE | 未绑定(未配对) |
| BOND_BONDING | 正在绑定(正在配对) |
| BOND_BONDED | 已绑定(已配对) |

- createBond: 建立该设备的配对信息。该方法为隐藏方法,需要通过反射调用。
- removeBond: 移除该设备的配对信息。该方法为隐藏方法,需要通过反射调用。

从上面的方法说明可以看出,搜索获得新设备后即可调用设备对象的 createBond 方法建立配对。配对成功与否的结果不是立即返回的,因为系统会弹出配对确认框供用户选择,如图 10-14 和图 10-15 所示。图 10-14 是 A 手机上的配对弹窗,图 10-15 是 B 手机上的配对弹窗。

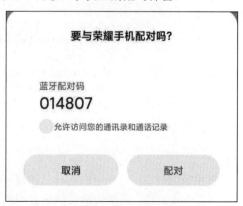

图 10-14　A 手机上的蓝牙配对弹窗　　　　图 10-15　B 手机上的蓝牙配对弹窗

只有用户在两部手机都选择了"配对"按钮才算是双方正式搭配好了。由于配对请求需要在界面上手工确认,因此配对结果只能通过异步机制返回,此处的结果返回仍然采取广播形式,即系统会发出广播 BluetoothDevice.ACTION_BOND_STATE_CHANGED。故而前面第三步的广播接收器得增加过滤配对状态的变更动作,接收器内部也要补充更新蓝牙设备的配对状态。修改后的广播接收器相关代码片段如下所示:

```java
@Override
protected void onStart() {
    super.onStart();
    // 需要过滤多个动作,则调用 IntentFilter 对象的 addAction 添加新动作
    IntentFilter discoveryFilter = new IntentFilter();
    discoveryFilter.addAction(BluetoothDevice.ACTION_FOUND);
    discoveryFilter.addAction(BluetoothDevice.ACTION_BOND_STATE_CHANGED);
    // 注册蓝牙设备搜索的广播接收器
    registerReceiver(discoveryReceiver, discoveryFilter);
}

// 蓝牙设备的搜索结果通过广播返回
private BroadcastReceiver discoveryReceiver = new BroadcastReceiver() {
    @Override
    public void onReceive(Context context, Intent intent) {
        String action = intent.getAction();
        // 获得已经搜索到的蓝牙设备
        if (action.equals(BluetoothDevice.ACTION_FOUND)) {  // 发现新的蓝牙设备
            BluetoothDevice device =
                intent.getParcelableExtra(BluetoothDevice.EXTRA_DEVICE);
            // 将发现的蓝牙设备加入设备列表
            refreshDevice(device, device.getBondState());
        } else if (action.equals(BluetoothDevice.ACTION_BOND_STATE_CHANGED))
        {   // 状态变更
            BluetoothDevice device =
                intent.getParcelableExtra(BluetoothDevice.EXTRA_DEVICE);
            if (device.getBondState() == BluetoothDevice.BOND_BONDING) {
                tv_discovery.setText("正在配对" + device.getName());
            } else if (device.getBondState() == BluetoothDevice.BOND_BONDED)
            {
                tv_discovery.setText("完成配对" + device.getName());
                mHandler.postDelayed(mRefresh, 50);
            } else if (device.getBondState() == BluetoothDevice.BOND_NONE) {
                tv_discovery.setText("取消配对" + device.getName());
                refreshDevice(device, device.getBondState());  // 刷新设备列表
            }
        }
    }
};
```

两部手机配对完毕,分别刷新自己的设备列表页面,将对方设备的配对状态改为"已绑定",然后就可以完成对话。更新状态后的设备列表如图 10-16 和图 10-17 所示。图 10-16 为 A 手机的设备列表,图 10-17 为 B 手机的设备列表。

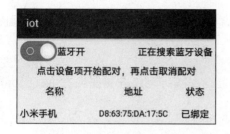

图 10-16　A 手机的设备列表

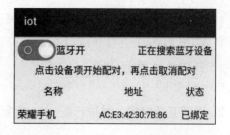

图 10-17　B 手机的设备列表

## 10.2.2　蓝牙音频传输

平常用户收听手机音乐,要么由手机话筒播放,要么插上耳机播放。然而手机话筒的音量小,而且音色也差;至于耳机还得塞进耳朵,长期损害听力不说,拖着一根音频线也多有不便,于是 A2DP 技术应运而生,A2DP 的全称是"Advanced Audio Distribution Profile",意思是蓝牙音频传输模型协定,即利用蓝牙技术播放音频。播放音频的介质既可以是蓝牙耳机也可以是蓝牙音箱,不过消费者更青睐于使用蓝牙音箱播放音乐。

通过蓝牙技术连接音箱,进而把手机上的音乐同步到音箱上播放,具体的编码过程主要有以下 3 个步骤。

### 1. 定义并设置 A2DP 的蓝牙代理

像音乐播放这种持续进行的动作都要放到后台服务中处理,以免影响用户在界面上的交互,故而 A2DP 采取类似服务的绑定与解绑方式工作,也需开发者定义一个蓝牙代理的服务监听器,该监听器通过 onServiceConnected 方法表达已连接状态,通过 onServiceDisconnected 方法表达已断开状态。下面是定义蓝牙代理服务监听器的示例代码:

(完整代码见 iot\src\main\java\com\example\iot\BluetoothA2dpActivity.java)

```
private BluetoothA2dp bluetoothA2dp; // 声明一个蓝牙音频传输对象
// 定义一个 A2DP 的服务监听器,类似于 Service 的绑定方式启停,
// 也有 onServiceConnected 和 onServiceDisconnected 两个接口方法
private BluetoothProfile.ServiceListener serviceListener =
        new BluetoothProfile.ServiceListener() {
    // 在服务断开连接时触发
    @Override
    public void onServiceDisconnected(int profile) {
        if (profile == BluetoothProfile.A2DP) {
            bluetoothA2dp = null; // A2DP 已连接,则释放 A2DP 的蓝牙代理
        }
    }

    // 在服务建立连接时触发
    @Override
    public void onServiceConnected(int profile, final BluetoothProfile proxy)
    {
        if (profile == BluetoothProfile.A2DP) {
            // A2DP 已连接,则设置 A2DP 的蓝牙代理
            bluetoothA2dp = (BluetoothA2dp) proxy;
        }
    }
};
```

接着给蓝牙对象设置服务监听器，这样手机蓝牙才能及时获取 A2DP 代理。设置服务监听器并获取 A2DP 代理的示例代码如下：

```
// 获取 A2DP 的蓝牙代理
mBluetooth.getProfileProxy(this, serviceListener, BluetoothProfile.A2DP);
```

### 2. 发现蓝牙音箱，并进行配对和连接

搜索并发现周围的蓝牙设备，该功能对应的代码已经在前面的 10.2.1 节做了详细介绍，此处不再赘述。找到蓝牙音箱之后，还得用手机主动与它连接。按照上一小节的做法，接下来要通过 BluetoothDevice 类进行配对和取消配对操作，但那是针对普通蓝牙设备而言的。对于遵循 A2DP 标准的蓝牙耳机和蓝牙音箱来说，需使用 BluetoothA2dp 工具完成播音设备的连接与断开连接操作。下面是 BluetoothA2dp 类的常用方法：

- setPriority：设置 A2DP 设备的优先级，需要设置成 100，表示优先用蓝牙设备播放音乐，而不是用手机自带的扬声器播放。该方法为隐藏方法，需要通过反射调用。
- connect：连接 A2DP 设备，连接成功之后，音乐即可在该蓝牙设备上播放。该方法为隐藏方法，需要通过反射调用。
- disconnect：断开 A2DP 设备，此时倘若音乐仍在演奏，则由手机的扬声器播放。该方法为隐藏方法，需要通过反射调用。

注意，从 Android 10 开始，上述隐藏的 connect 方法被注解"@UnsupportedAppUsage"所修饰，导致即使绕开限制也无法正常调用该方法，因而 A2DP 代码实际只能用到 Android 9。

### 3. 定义 A2DP 的广播接收器，并注册相关广播事件

BluetoothA2DP 类的 connect 方法和 BluetoothDevice 类的 createBond 方法一样都会弹出配对确认框，只有用户点击对话框上的"配对"按钮才算与蓝牙音箱连接成功。由于需要等待用户确认，因此确认结果也采取广播方式返回。普通设备的配对结果对应的广播事件是 BluetoothDevice.ACTION_BOND_STATE_CHANGED，蓝牙音箱的连接结果所对应的广播事件是 BluetoothA2dp.ACTION_CONNECTION_STATE_CHANGED。对于 A2DP 设备来说，除了连接状态变更广播（含已连接和已断开），另有 A2DP 播放状态的变更广播（含正在播放和停止播放），可在接收到具体广播时进行相应的业务处理。

下面是定义与注册 A2DP 广播接收器的示例代码：

```
@Override
protected void onStart() {
    super.onStart();
    // 获取 A2DP 的蓝牙代理
    mBluetooth.getProfileProxy(this, serviceListener,
                    BluetoothProfile.A2DP);
    IntentFilter a2dpFilter = new IntentFilter();  // 创建一个意图过滤器
    // 指定 A2DP 的连接状态变更广播
    a2dpFilter.addAction(BluetoothA2dp.ACTION_CONNECTION_STATE_CHANGED);
    // 指定 A2DP 的播放状态变更广播
    a2dpFilter.addAction(BluetoothA2dp.ACTION_PLAYING_STATE_CHANGED);
    registerReceiver(a2dpReceiver, a2dpFilter);  // 注册 A2DP 连接的广播接收器
}
```

```
// 定义一个 A2DP 连接的广播接收器
private BroadcastReceiver a2dpReceiver = new BroadcastReceiver() {
    @Override
    public void onReceive(Context context, Intent intent) {
        switch (intent.getAction()) {
            // 侦听到 A2DP 的连接状态变更广播
            case BluetoothA2dp.ACTION_CONNECTION_STATE_CHANGED:
                BluetoothDevice device = mBluetooth.getRemoteDevice(mAddress);
                int connectState =
                    intent.getIntExtra(BluetoothA2dp.EXTRA_STATE,
                        BluetoothA2dp.STATE_DISCONNECTED);
                if (connectState == BluetoothA2dp.STATE_CONNECTED) {
                    // 收到连接上的广播，则更新设备状态为已连接
                    refreshDevice(device, BlueListAdapter.CONNECTED);
                    ap_music.initFromRaw(mContext, R.raw.mountain_and_water);
                    Toast.makeText(mContext, "已连上蓝牙音箱。快来播放音乐试试",
                        Toast.LENGTH_SHORT).show();
                } else if (connectState == BluetoothA2dp.STATE_DISCONNECTED) {
                    // 收到断开连接的广播，则更新设备状态为已断开
                    refreshDevice(device, BluetoothDevice.BOND_NONE);
                    Toast.makeText(mContext, "已断开蓝牙音箱",
                        Toast.LENGTH_SHORT).show();
                }
                break;
            // 侦听到 A2DP 的播放状态变更广播
            case BluetoothA2dp.ACTION_PLAYING_STATE_CHANGED:
                int playState = intent.getIntExtra(BluetoothA2dp.EXTRA_STATE,
                    BluetoothA2dp.STATE_NOT_PLAYING);
                if (playState == BluetoothA2dp.STATE_PLAYING) {
                    Toast.makeText(mContext, "蓝牙音箱正在播放",
                        Toast.LENGTH_SHORT).show();
                } else if (playState == BluetoothA2dp.STATE_NOT_PLAYING) {
                    Toast.makeText(mContext, "蓝牙音箱停止播放",
                        Toast.LENGTH_SHORT).show();
                }
                break;
        }
    }
};
```

这里的 A2DP 项目采用小米的方盒音箱来演示，用手机打开蓝牙功能，搜寻到的蓝牙设备列表如图 10-18 所示，其中名叫"XMFHZ02"的就是小米方盒音箱。

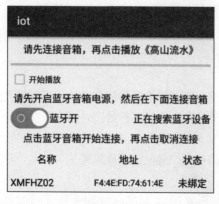

图 10-18　搜索蓝牙设备发现蓝牙音箱

点击设备列表中的小米音箱，触发代码调用 BluetoothA2dp 对象的 connect 方法（通过反射调用），此时界面弹出配对确认对话框，如图 10-19 所示。点击弹窗右下角的"配对"按钮，系统通过广播返回已连接成功的结果，于是更新设备列表的音箱状态为"已连接"，更新状态后的列表界面如图 10-20 所示。

图 10-19　蓝牙音箱的配对确认框　　　　图 10-20　已经连上蓝牙音箱

演示界面在下方集成了古筝曲《高山流水》的播放控制条，连上了蓝牙音箱后，点击"播放"按钮，美妙的古韵余音便缓缓地从音箱中流淌出来了。因为音乐播放的旋律无法直接通过图文表达，所以聊且奉上古筝曲的播放进度界面，如图 10-21 和图 10-22 所示。图 10-21 为音乐开始播放不久的进度，图 10-22 为音乐暂停播放时的进度。

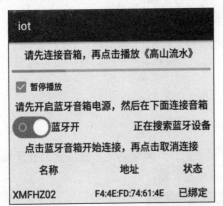

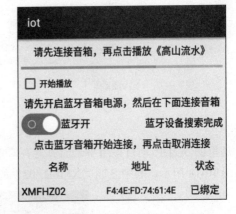

图 10-21　音乐开始播放不久的进度　　　　图 10-22　音乐暂停播放时的进度

### 10.2.3　点对点蓝牙通信

无论 WiFi 还是 4G/5G 网络，建立网络连接后都会访问互联网资源，并不能直接访问局域网资源。比如两个人在一起，甲要把手机上的视频传给乙，通常情况是打开微信，通过微信传文件给对方。不过上传视频很耗流量，如果现场没有可用的 WiFi，手机的数据流量又不足，就只能干瞪眼了。为解决这种邻近传输文件的问题，蓝牙技术应运而生。它是一种无线技术标准，可实现设备之间的短距离数据交换。

Android 为蓝牙技术提供了 4 个工具类，分别是蓝牙适配器 BluetoothAdapter、蓝牙设备 BluetoothDevice、蓝牙服务端套接字 BluetoothServerSocket 和蓝牙客户端套接字 BluetoothSocket。

(1)蓝牙适配器 BuletoothAdapter

BuletoothAdapter 的常用方法在 10.2.1 节已经介绍了一部分。下面补充为剩余的几个常见方法：

- setName：设置本机的蓝牙名称。
- getName：获取本机的蓝牙名称。
- getAddress：获取本机的蓝牙地址。
- getState：获取本地蓝牙适配器的状态。值为 BluetoothAdapter.STATE_ON 时表示蓝牙可用。
- listenUsingRfcommWithServiceRecord：根据名称和 UUID 创建并返回 BluetoothServerSocket。
- listenUsingRfcommOn：根据信道编号创建并返回 BluetoothServerSocket。

(2)蓝牙设备 BluetoothDevice

BluetoothDevice 用于指代某个蓝牙设备，通常表示对方设备，相对应的，BluetoothAdapter 用于管理本机的蓝牙设备。下面是 BluetoothDevice 的常用方法说：

- getName：获得该设备的名称。
- getAddress：获得该设备的地址。
- getBondState：获得该设备的绑定状态。
- createBond：创建配对请求。配对结果通过广播返回。
- createRfcommSocketToServiceRecord：根据 UUID 创建并返回一个 BluetoothSocket。
- createRfcommSocket：根据信道编号创建并返回一个 BluetoothSocket。

(3)蓝牙服务端套接字 BluetoothServerSocket

BluetoothServerSocket 是蓝牙服务端的 Socket（套接字），用来接收蓝牙客户端的 Socket 连接请求。下面是它的常用方法：

- accept：监听外部的蓝牙连接请求。一旦有请求接入，就返回一个 BluetoothSocket 对象。
- close：关闭服务端的蓝牙监听。

(4)蓝牙客户端套接字 BluetoothSocket

BluetoothSocket 是蓝牙客户端的 Socket，用于与对方设备进行数据通信。下面是它的常用方法：

- connect：建立蓝牙的 Socket 连接。
- close：关闭蓝牙的 Socket 连接。
- getInptuStream：获取 Socket 连接的输入流对象。
- getOutputStream：获取 Socket 连接的输出流对象。
- getRemoteDevice：获取远程设备信息，即与本设备建立 Socket 连接的远程蓝牙设备。

接下来演示使用蓝牙建立连接、发送消息的完整流程，有了直观印象才能进一步理解蓝牙开发的具体过程。完整流程主要分为以下 4 个步骤：

(1)开启蓝牙功能

准备两部手机，各自安装蓝牙演示 App。首先打开演示 App 的蓝牙页面，一开始两部手机的蓝牙功能均为关闭状态，然后分别点击两部手机左上角的开关按钮，准备开启手机的蓝牙功能。两部手机都会弹出一个确认对话框,如图 10-23 所示,提醒用户是否允许其他蓝牙设备检测到本手机。

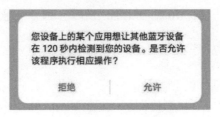

图 10-23　蓝牙权限的选择对话框

点击"允许"按钮确认开启蓝牙功能。稍等一会儿,两部手机分别检测到了对方设备,并在界面上显示对方设备名称,且状态为"未绑定"。此时 A 手机的检测界面如图 10-24 所示,B 手机的检测界面如图 10-25 所示。

图 10-24　A 手机发现对方

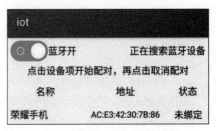

图 10-25　B 手机发现对方

(2)确认配对并完成绑定

在任意一部手机上点击对方的设备名称,表示发起配对请求。此时两部手机都会弹出一个确认对话框,提示用户是否将本机与对方设备进行配对。此时,A 手机的配对弹窗如图 10-26 所示;B 手机的配对弹窗如图 10-27 所示。

图 10-26　A 手机的配对弹窗

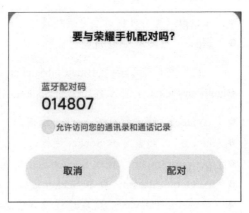

图 10-27　B 手机的配对弹窗

两边分别点击"配对"按钮,确认与对方配对。配对完成后,检测界面将设备状态改为"已绑定"。此时,A 手机的检测界面如图 10-28 所示,B 手机的检测界面如图 10-29 所示。

图 10-28 A 手机完成配对

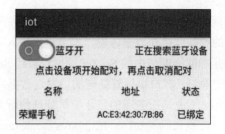
图 10-29 B 手机完成配对

（3）建立蓝牙连接

在任意一部手机上点击已绑定的设备记录，表示发起连接请求。具体而言，首先是客户端的 BluetoothSocket 调用 connect 方法，然后服务端 BluetoothServerSocket 的 accept 方法接收连接请求，于是双方成功建立连接。有的手机可能会弹窗提示"应用***想与***设备进行通信"，点击弹窗的"确定"按钮即可放行。建立蓝牙连接后，设备记录右边的状态值改为"已连接"。此时，A 手机的检测界面如图 10-30 所示，B 手机的检测界面如图 10-31 所示。

图 10-30 A 手机与对方建立连接

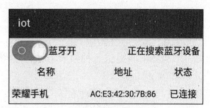
图 10-31 B 手机与对方建立连接

（4）通过蓝牙发送消息

在 A 手机上点击已连接的设备记录，表示想要发送消息。于是 A 手机弹出文字输入对话框，提示用户输入待发送的消息文本，文字输入框如图 10-32 所示。点击"确定"按钮发送消息，然后 B 手机接收到 A 手机发来的消息，就把该消息文本通过弹窗显示出来，B 手机的消息弹窗如图 10-33 所示。

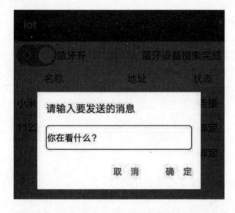
图 10-32 A 手机准备向对方发送消息

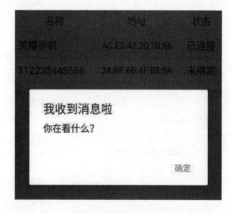
图 10-33 B 手机收到对方发来的消息

至此，一个完整的蓝牙应用过程全部呈现出来。上面的流程仅实现了简单的字符串传输，真实场景更需要文件传输。当然，使用输入输出流操作文件也不是什么难事。

两部手机之间通过蓝牙分享数据也要先进行搜索与配对操作（见 10.2.1 节），然后才能开展后续的设备连接和数据传输，本节直接进入双方设备连接和数据传输的环节。

正如网络通信中的 Socket 通信，蓝牙 Socket 同样存在服务端与客户端的概念，服务端负责侦听指定端口，客户端只管往该端口发送数据。因此，作为服务端的手机要先开启蓝牙侦听线程，守株待兔。下面是服务端的蓝牙手机处理侦听事务的示例代码：

（完整代码见 iot\src\main\java\com\example\iot\task\BlueAcceptTask.java）

```java
public class BlueAcceptTask extends Thread {
    private static final String NAME_SECURE = "BluetoothChatSecure";
    private static final String NAME_INSECURE = "BluetoothChatInsecure";
    private static BluetoothServerSocket mServerSocket;  // 蓝牙服务端套接字
    private Activity mAct;                          // 声明一个活动实例
    private BlueAcceptListener mListener;           // 声明一个蓝牙侦听的监听器对象

    public BlueAcceptTask(Activity act, boolean secure, BlueAcceptListener listener) {
        mAct = act;
        mListener = listener;
        BluetoothAdapter adapter = BluetoothAdapter.getDefaultAdapter();
        // 下面提供三种侦听方法，使得在不同情况下都能获得服务端的 Socket 对象
        try {
            if (mServerSocket != null) {
                mServerSocket.close();
            }
            if (secure) {    // 安全连接
                mServerSocket = adapter.listenUsingRfcommWithServiceRecord(
                        NAME_SECURE, BluetoothConnector.uuid);
            } else {         // 不安全连接
                mServerSocket =
                    adapter.listenUsingInsecureRfcommWithServiceRecord(
                        NAME_INSECURE, BluetoothConnector.uuid);
            }
        } catch (Exception e) {  // 遇到异常则尝试第三种侦听方式
            e.printStackTrace();
            mServerSocket = BluetoothUtil.listenServer(adapter);
        }
    }

    @Override
    public void run() {
        while (true) {
            try {
                // 若 accept 方法有返回，则表示某台设备过来打招呼了
                BluetoothSocket socket = mServerSocket.accept();
                if (socket != null) {  // 若 socket 非空，则表示"名花有主"了
                    mAct.runOnUiThread(() -> mListener.onBlueAccept(socket));
                    break;
                }
            } catch (Exception e) {
```

```
                e.printStackTrace();
                try {
                    Thread.sleep(1000);
                } catch (InterruptedException ex) {
                    ex.printStackTrace();
                }
            }
        }
    }

    // 定义一个蓝牙侦听的监听器接口，在获得响应之后回调 onBlueAccept 方法
    public interface BlueAcceptListener {
        void onBlueAccept(BluetoothSocket socket);
    }
}
```

上面的服务端已经准备就绪，此刻轮到客户端磨刀霍霍了。首先客户端要与服务端建立连接并打通信道，核心是调用对方设备对象的 createRfcommSocket 相关方法，从而获得该设备的蓝牙 Socket 实例。建立蓝牙连接的示例代码如下：

（完整代码见 iot\src\main\java\com\example\iot\task\BlueConnectTask.java）

```
public class BlueConnectTask extends Thread {
    private Activity mAct;                    // 声明一个活动实例
    private BlueConnectListener mListener;    // 声明一个蓝牙连接的监听器对象
    private BluetoothDevice mDevice;          // 声明一个蓝牙设备对象

    public BlueConnectTask(Activity act, BluetoothDevice device,
BlueConnectListener listener) {
        mAct = act;
        mListener = listener;
        mDevice = device;
    }

    @Override
    public void run() {
        // 创建一个对方设备的蓝牙连接器，第一个输入参数为对方的蓝牙设备对象
        BluetoothConnector connector = new BluetoothConnector(mDevice, true,
                BluetoothAdapter.getDefaultAdapter(), null);
        // 蓝牙连接需要完整的权限，有些机型弹窗提示"***想进行通信"，这就不行，日志会报错：
        // read failed, socket might closed or timeout, read ret: -1
        try {
            // 开始连接，并返回对方设备的蓝牙套接字对象 BluetoothSocket
            BluetoothSocket socket =
                    connector.connect().getUnderlyingSocket();
            mAct.runOnUiThread(() -> mListener.onBlueConnect(socket));
        } catch (Exception e) {
            e.printStackTrace();
        }
    }
```

```
// 定义一个蓝牙连接的监听器接口,用于在成功连接之后调用 onBlueConnect 方法
public interface BlueConnectListener {
    void onBlueConnect(BluetoothSocket socket);
}
```

双方建立连接之后,客户端拿到了蓝牙 Socket 实例,于是调用 getOutputStream 方法获得输出流对象,然后即可进行数据交互。客户端发送信息的代码如下所示:

(完整代码见 iot\src\main\java\com\example\iot\util\BluetoothUtil.java)

```
// 向对方设备发送信息
public static void writeOutputStream(BluetoothSocket socket, String message)
{
    try {
        OutputStream os = socket.getOutputStream();  // 获得输出流对象
        os.write(message.getBytes());   // 往输出流写入字节形式的数据
    } catch (Exception e) {
        e.printStackTrace();
    }
}
```

服务端当然也没闲着,早在双方建立连接之时便早早开启了消息接收线程,随时准备倾听客户端的呼声。该线程内部调用蓝牙 Socket 实例的 getInputStream 方法获得输入流对象,接着从输入流读取数据并送给主线程处理。详细的接收线程处理代码如下:

(完整代码见 iot\src\main\java\com\example\iot\task\BlueReceiveTask.java)

```
// 服务端开启的数据接收线程
public class BlueReceiveTask extends Thread {
    private Activity mAct;                          // 声明一个活动实例
    private BlueReceiveListener mListener;          // 声明一个蓝牙接收的监听器对象
    private BluetoothSocket mSocket;                // 声明一个蓝牙套接字对象

    public BlueReceiveTask(Activity act, BluetoothSocket socket,
BlueReceiveListener listener) {
        mAct = act;
        mListener = listener;
        mSocket = socket;
    }

    @Override
    public void run() {
        byte[] buffer = new byte[1024];
        int bytes;
        while (true) {
            try {
                // 从蓝牙 Socket 获得输入流,并从中读取输入数据
                bytes = mSocket.getInputStream().read(buffer);
                // 把字节数据转换为字符串
                String message = new String(buffer, 0, bytes);
                // 将读到的数据通过处理程序送回给 UI 主线程处理
```

```
                mAct.runOnUiThread(() -> mListener.onBlueReceive(message));
            } catch (Exception e) {
                e.printStackTrace();
                break;
            }
        }
    }

    // 定义一个蓝牙接收的监听器接口,在获得响应之后回调 onBlueAccept 方法
    public interface BlueReceiveListener {
        void onBlueReceive(String message);
    }
}
```

此时回到蓝牙主页面,得到消息接收线程传来的数据,把字节形式的数据转换为原始字符串,这样便可在另一部手机上看到发出来的消息。下面是主线程收到消息后的操作代码:

(完整代码见 iot\src\main\java\com\example\iot\BluetoothTransActivity.java)

```
// 启动蓝牙消息的接收任务
private void startReceiveTask(BluetoothSocket socket) {
    tv_discovery.setText("连接成功");
    mBlueSocket = socket;
    refreshDevice(mBlueSocket.getRemoteDevice(),
BlueListAdapter.CONNECTED);
    // 创建一个蓝牙消息的接收线程
    BlueReceiveTask receiveTask =
            new BlueReceiveTask(this, mBlueSocket, message -> {
        if (!TextUtils.isEmpty(message)) {
            // 弹出收到消息的提醒对话框
            AlertDialog.Builder builder = new AlertDialog.Builder(this);
            builder.setTitle("我收到消息啦").setMessage(message);
            builder.setPositiveButton("确定", null);
            builder.create().show();
        }
    });
    receiveTask.start();
}
```

## 10.3 低功耗蓝牙

本节介绍低功耗蓝牙技术在 App 开发中的详细用法,内容包括:蓝牙发展史和 GATT 规范以及如何扫描周边的 BLE 设备;如何让手机发送 BLE 广播,使之变为 BLE 服务端被人发现;GATT 服务端与客户端的通信流程,以及如何通过主从设备实现简单的聊天应用。

### 10.3.1 扫描 BLE 设备

传统蓝牙虽然历史悠久,但是它的缺陷也很明显,包括但不限于下列几点:

(1) 需要两部设备配对之后才能继续连接,而且连接速度也慢。

（2）连接之后就一直保持传输链路，很消耗电能。

（3）数据传输的有效距离不到 10 米，导致使用场景受限。

为解决传统蓝牙的上述痛点，蓝牙技术联盟制定了低功耗蓝牙技术，并于 2012 年纳入蓝牙 4.0 规范。低功耗蓝牙又称蓝牙低能耗（Bluetooth Low Energy，BLE），与之相对应的，蓝牙 4.0 之前的蓝牙技术被称作经典蓝牙，也称传统蓝牙。因为 BLE 采取非常快速的连接方式，所以平时处于"非连接"状态，此时链路两端仅是知晓对方，只有在必要时才开启链路，完成传输后会尽快关闭链路。BLE 技术与之前版本的蓝牙标准相比，主要有三个方面的改进：更省电、连接速度更快、传输距离更远。更详尽的蓝牙技术发展历程如图 10-34 所示。

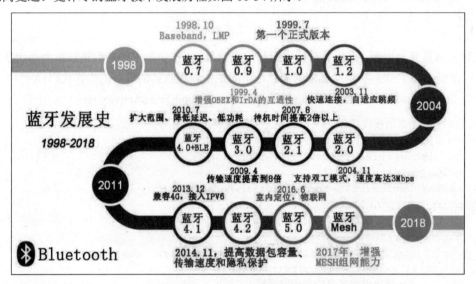

图 10-34　蓝牙技术发展历程

低功耗蓝牙不同于传统蓝牙，它规定所有 BLE 设备遵循统一的通用属性规范（Generic Attribute Profile，GATT），基于该规范制定了 BLE 通信的基本守则。为了理清 BLE 设备之间的交互过程，有必要解释一下相关术语：

- BLE 从机，又称服务端，它接受 GATT 指令，并根据指令调整自身行为，例如蓝牙灯泡、蓝牙锁、蓝牙小车等。
- BLE 主机，又称客户端，它向服务端发送 GATT 指令，令其遵照指令行事，例如操控蓝牙小车的手机等。
- 特征值（characteristic），BLE 通过参数来传输数据，服务端定好一个参数，然后客户端对该参数进行读、写、通知等操作，这种参数被称作特征值。
- 服务（service），一个特征值往往不够用，比如这个特征值专用于灯光亮度，那个特征值专用于灯光颜色，存在多个特征值的话可能还会对它们分类，分好的种类配一个 UUID（Universally Unique Identifier，通用唯一识别码）就被称作服务。一个设备可拥有多个服务，每个服务也可包含多个特征值，每个特征值又存在多种属性（properties），例如长度（size）、权限（permission）、值（value）、描述符（descriptor）等。

把上述术语关联起来，形成 GATT 规范的内容框架，如图 10-35 所示。

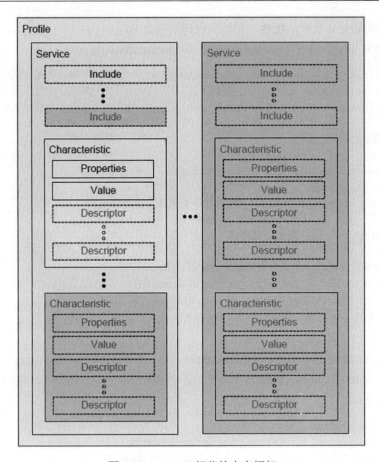

图 10-35　GATT 规范的内容框架

了解了 BLE 技术的基本概念，再来动手尝试 App 的 BLE 编程。由于 BLE 集成于蓝牙 4.0，因此 AndroidManifest.xml 同样要声明蓝牙的相关权限，此外还要通过 uses-feature 声明仅在支持 BLE 的设备上运行，权限声明的配置如下所示：

```
<!-- 蓝牙 -->
<uses-permission android:name="android.permission.BLUETOOTH_ADMIN" />
<uses-permission android:name="android.permission.BLUETOOTH" />
<uses-permission android:name="android.permission.BLUETOOTH_PRIVILEGED"
    tools:ignore="ProtectedPermissions" />
<!-- 仅在支持 BLE（蓝牙 4.0）的设备上运行 -->
<uses-feature
    android:name="android.hardware.bluetooth_le"
    android:required="true" />
<!-- 如果 Android 6.0 蓝牙搜索不到设备，就需要补充下面两个权限 -->
<uses-permission android:name="android.permission.ACCESS_FINE_LOCATION" />
<uses-permission android:name="android.permission.ACCESS_COARSE_LOCATION"
/>
```

现在绝大多数智能手机都支持 BLE，这些手机既能充当 BLE 从机（服务端），又可以充当 BLE 主机（客户端）。把手机当作客户端使用的话，就得主动扫描周围有哪些服务端设备。当然，

在扫描开始前要先初始化蓝牙适配器,初始化代码示例如下:

(完整代码见 iot\src\main\java\com\example\iot\BleScanActivity.java)

```
private BluetoothAdapter mBluetoothAdapter;      // 声明一个蓝牙适配器对象
private BluetoothDevice mRemoteDevice;           // 声明一个蓝牙设备对象
private BluetoothGatt mBluetoothGatt;            // 声明一个蓝牙 GATT 客户端对象

// 初始化蓝牙适配器
private void initBluetooth() {
    if (!getPackageManager().hasSystemFeature(
        PackageManager.FEATURE_BLUETOOTH_LE)) {
        Toast.makeText(this, "当前设备不支持低功耗蓝牙",
            Toast.LENGTH_SHORT).show();
        finish();   // 关闭当前页面
    }
    // 获取蓝牙管理器,并从中得到蓝牙适配器
    BluetoothManager bm = (BluetoothManager)
        getSystemService(Context.BLUETOOTH_SERVICE);
    mBluetoothAdapter = bm.getAdapter();   // 获取蓝牙适配器
}
```

接着调用蓝牙适配器的 getBluetoothLeScanner 方法,获得 BluetoothLeScanner 扫描器对象。这个扫描器主要有 startScan 和 stopScan 两个方法,其中 startScan 方法表示开始扫描 BLE 设备,调用它的示例代码如下:

```
// 获取 BLE 设备扫描器
BluetoothLeScanner scanner = mBluetoothAdapter.getBluetoothLeScanner();
scanner.startScan(mScanCallback);   // 开始扫描 BLE 设备
```

stopScan 方法表示停止扫描 BLE 设备,调用它的示例代码如下:

```
// 获取 BLE 设备扫描器
BluetoothLeScanner scanner = mBluetoothAdapter.getBluetoothLeScanner();
scanner.stopScan(mScanCallback);   // 停止扫描 BLE 设备
```

无论 startScan 方法还是 stopScan 方法,它们都需要传入回调对象的参数,如同监听器那样,一旦收到扫描结果,就触发回调对象的指定方法。下面是扫描回调对象的示例代码:

(完整代码见 iot\src\main\java\com\example\iot\BleScanActivity.java)

```
// 创建一个扫描回调对象
private ScanCallback mScanCallback = new ScanCallback() {
    @Override
    public void onScanResult(int callbackType, ScanResult result) {
        super.onScanResult(callbackType, result);
    }
    // 这里把找到的蓝牙设备 result.getDevice()添加到设备映射表和设备列表中
    }

    @Override
    public void onBatchScanResults(List<ScanResult> results) {
        super.onBatchScanResults(results);
```

```java
    }

    @Override
    public void onScanFailed(int errorCode) {
        super.onScanFailed(errorCode);
    }
};
```

以上的扫描回调代码表明,收到扫描结果会触发 onScanResult 方法,其参数为 ScanResult 类型,调用它的 getDevice 方法即可获得 BLE 服务端的设备对象。也可调用蓝牙适配器的 getRemoteDevice 方法,根据对方的 MAC 地址得到它的设备对象。之后再调用设备对象的 connectGatt 方法,连接 GATT 服务器并获得客户端的 GATT 对象,示例代码如下:

```java
// 根据设备地址获得远端的蓝牙设备对象
mRemoteDevice = mBluetoothAdapter.getRemoteDevice(item.address);
// 连接 GATT 服务器
mBluetoothGatt = mRemoteDevice.connectGatt(this, false, mGattCallback);
```

注意,connectGatt 方法的第三个输入参数为 BluetoothGattCallback 类型,表示这里要传入事先定义的 GATT 回调对象。下面是定义一个 GATT 回调对象的示例代码:

```java
// 创建一个 GATT 客户端回调对象
private BluetoothGattCallback mGattCallback = new BluetoothGattCallback() {
    // BLE 连接的状态发生变化时回调
    @Override
    public void onConnectionStateChange(BluetoothGatt gatt, int status, int newState) {
        super.onConnectionStateChange(gatt, status, newState);
        if (newState == BluetoothProfile.STATE_CONNECTED) {   // 连接成功
            gatt.discoverServices();         // 开始查找 BLE 服务
            // 这里补充连接成功的逻辑代码,比如把找到的设备显示在界面上等
        } else if (newState == BluetoothProfile.STATE_DISCONNECTED) {// 断开
            mBluetoothGatt.close();          // 关闭 GATT 客户端
        }
    }

    // 发现 BLE 服务端的服务列表及其特征值时回调
    @Override
    public void onServicesDiscovered(final BluetoothGatt gatt, int status) {
        super.onServicesDiscovered(gatt, status);
        if (status == BluetoothGatt.GATT_SUCCESS) {
            List<BluetoothGattService> gattServiceList =
                    mBluetoothGatt.getServices();
            for (BluetoothGattService gattService : gattServiceList) {
                List<BluetoothGattCharacteristic> charaList =
                        gattService.getCharacteristics();
                for (BluetoothGattCharacteristic chara : charaList) {
                    int charaProp = chara.getProperties();   // 获取该特征的属性
                    // 这里通过属性值判断当前是什么类型的特征
                }
            }
        }
    }
}
```

```java
        // 收到BLE服务端的数据变更时回调
        @Override
        public void onCharacteristicChanged(BluetoothGatt gatt,
BluetoothGattCharacteristic chara) {
            super.onCharacteristicChanged(gatt, chara);
            // 把服务端返回的数据转成字符串
            String message = new String(chara.getValue());
        }

        // 收到BLE服务端的数据写入时回调
        @Override
        public void onCharacteristicWrite(BluetoothGatt gatt,
BluetoothGattCharacteristic chara, int status) {
            super.onCharacteristicWrite(gatt, chara, status);
            if (status == BluetoothGatt.GATT_SUCCESS) {}
        }
    };
```

虽然 BluetoothGattCallback 接口定义了许多方法，但是简单应用只需下列4个方法：

- onConnectionStateChange：BLE 连接的状态发生变化时回调。如果连接成功，就调用 GATT 对象的 discoverServices 方法查找 BLE 服务；如果连接失败，就调用 GATT 对象的 close 方法关闭连接。
- onServicesDiscovered：发现 BLE 服务端的服务列表及其特征值时回调。如果执行成功，就调用 GATT 对象的 getServices 方法，获取 GATT 规范的服务列表，并遍历每个服务的特征值，分析服务端都提供了哪些服务与客户端交互。注意，必须事先在 onConnectionStateChange 中调用 GATT 对象的 discoverServices 方法，接着才会触发这里的 onServicesDiscovered 方法。特征值类型的取值说明见表 10-3。

表 10-3 特征值类型的取值说明

| BluetoothGattCharacteristic 类的特征值 | 说　明 |
| --- | --- |
| PROPERTY_READ | 可读 |
| PROPERTY_WRITE | 可写，且需要应答。这个写操作是双向的，相当于等待反馈的写请求 |
| PROPERTY_WRITE_NO_RESPONSE | 可写，且无须应答。这个写操作是单向的，相当于写命令 |
| PROPERTY_NOTIFY | 支持通知 |
| PROPERTY_INDICATE | 支持指示 |

- onCharacteristicChanged：收到 BLE 服务端的数据变更时回调。该方法会收到服务端送来的消息。
- onCharacteristicWrite：收到 BLE 服务端的数据写入时回调。如果执行成功，就表示服务端已经收到客户端发给它的消息。

若想在界面上显示扫描发现的设备，则可重写 onConnectionStateChange 方法，在连接成功的过程中将新设备添加至列表。补充界面列表的刷新代码之后，先打开手机的蓝牙功能，再运行并测试该 App，可观察到扫描周围的 BLE 设备得到的结果，如图 10-36 所示。

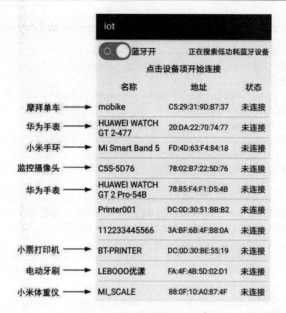

图 10-36　某商场的 BLE 扫描结果

真是不看不知道，一看不得了，原来智能手表、运动手环、共享单车、电动牙刷、体重仪、打印机、监控摄像头等都采用了 BLE 功能。

## 10.3.2　发送 BLE 广播

上一小节讲到手机可以扫描发现周围的 BLE 设备，其实手机自身也能变成 BLE 设备让别人发现。不过仅仅开启蓝牙功能尚不足以使其变身，还得让手机向外发送 BLE 广播。在发送 BLE 广播之前要初始化蓝牙适配器，示例代码如下：

```
private BluetoothManager mBluetoothManager;        // 声明一个蓝牙管理器对象
private BluetoothAdapter mBluetoothAdapter;        // 声明一个蓝牙适配器对象
private BluetoothGattServer mGattServer;           // 声明一个蓝牙 GATT 服务器对象

// 初始化蓝牙适配器
private void initBluetooth() {
   if (!getPackageManager().hasSystemFeature(
      PackageManager.FEATURE_BLUETOOTH_LE)) {
      Toast.makeText(this, "当前设备不支持低功耗蓝牙",
         Toast.LENGTH_SHORT).show();
      finish();  // 关闭当前页面
   }
   // 获取蓝牙管理器，并从中得到蓝牙适配器
   mBluetoothManager =(BluetoothManager)
      getSystemService(Context.BLUETOOTH_SERVICE);
   mBluetoothAdapter = mBluetoothManager.getAdapter();  // 获取蓝牙适配器
}
```

接着调用蓝牙适配器的 getBluetoothLeAdvertiser 方法，获得 BluetoothLeAdvertiser 广播器对象。这个广播器主要有 startAdvertising 和 stopAdvertising 两个方法。其中，startAdvertising 方法表示开始发送 BLE 广播，调用它的示例代码如下：

（完整代码见 iot\src\main\java\com\example\iot\BleAdvertiseActivity.java）

```java
// 开始低功耗蓝牙广播
private void startAdvertise(String ble_name) {
    // 设置广播参数
    AdvertiseSettings settings = new AdvertiseSettings.Builder()
            .setConnectable(true)       // 是否允许连接
            .setTimeout(0)              // 设置超时时间
            .setTxPowerLevel(AdvertiseSettings.ADVERTISE_TX_POWER_HIGH)
            .setAdvertiseMode(AdvertiseSettings.ADVERTISE_MODE_LOW_LATENCY)
            .build();
    // 设置广播内容
    AdvertiseData advertiseData = new AdvertiseData.Builder()
            .setIncludeDeviceName(true)       // 是否把设备名称广播出去
            .setIncludeTxPowerLevel(true)     // 是否把功率电平广播出去
            .build();
    mBluetoothAdapter.setName(ble_name);      // 设置 BLE 服务端的名称
    // 获取 BLE 广播器
    BluetoothLeAdvertiser advertiser =
            mBluetoothAdapter.getBluetoothLeAdvertiser();
    // BLE 服务端开始广播，好让别人发现自己
    advertiser.startAdvertising(settings, advertiseData,
            mAdvertiseCallback);
}
```

stopAdvertising 方法表示停止发送 BLE 广播，调用它的示例代码如下：

```java
// 获取 BLE 广播器
BluetoothLeAdvertiser advertiser =
        mBluetoothAdapter.getBluetoothLeAdvertiser();
if (advertiser != null) {
    advertiser.stopAdvertising(mAdvertiseCallback);   // 停止低功耗蓝牙广播
}
```

无论是 startAdvertising 方法还是 stopAdvertising 方法，它们都需要传入回调对象的参数，如同监听器一样，一旦成功发送广播，就触发回调对象的指定方法。下面是定义一个广播回调对象的示例代码：

```java
// 创建一个低功耗蓝牙广播回调对象
private AdvertiseCallback mAdvertiseCallback = new AdvertiseCallback() {
    @Override
    public void onStartSuccess(AdvertiseSettings settings) {
        addService();   // 添加读写服务 UUID、特征值等
        String desc = String.format("BLE 服务端"%s"正在对外广播",
                et_name.getText().toString());
        tv_hint.setText(desc);
    }

    @Override
    public void onStartFailure(int errorCode) {
        tv_hint.setText("低功耗蓝牙广播失败，错误代码为"+errorCode);
    }
};
```

以上的广播回调代码表明，成功发送广播会触发 onStartSuccess 方法，在该方法中要给 BLE

服务端添加服务及其特征值,并开启 GATT 服务器等待客户端连接。添加服务的示例代码如下:

```
// 添加读写服务 UUID、特征值等
private void addService() {
    BluetoothGattService gattService = new BluetoothGattService(
            BleConstant.UUID_SERVER,
            BluetoothGattService.SERVICE_TYPE_PRIMARY);
    // 只读的特征值
    BluetoothGattCharacteristic charaRead = new BluetoothGattCharacteristic(
            BleConstant.UUID_CHAR_READ,
            BluetoothGattCharacteristic.PROPERTY_READ |
            BluetoothGattCharacteristic.PROPERTY_NOTIFY,
            BluetoothGattCharacteristic.PERMISSION_READ);
    // 只写的特征值
    BluetoothGattCharacteristic charaWrite =
        new BluetoothGattCharacteristic(
            BleConstant.UUID_CHAR_WRITE,
            BluetoothGattCharacteristic.PROPERTY_WRITE |
            BluetoothGattCharacteristic.PROPERTY_NOTIFY,
            BluetoothGattCharacteristic.PERMISSION_WRITE);
    gattService.addCharacteristic(charaRead);    // 将特征值添加到服务中
    gattService.addCharacteristic(charaWrite);   // 将特征值添加到服务中
    // 开启 GATT 服务器等待客户端连接
    mGattServer = mBluetoothManager.openGattServer(this, mGattCallback);
    mGattServer.addService(gattService);         // 向 GATT 服务器添加指定服务
}
```

注意,openGattServer 方法的第二个输入参数为 BluetoothGattServerCallback 类型,表示这里要传入事先定义的 GATT 服务器回调对象。下面是一个 GATT 服务器回调对象的示例代码:

```
// 创建一个 GATT 服务器回调对象
private BluetoothGattServerCallback mGattCallback =
        new BluetoothGattServerCallback() {
    // BLE 连接的状态发生变化时回调
    @Override
    public void onConnectionStateChange(BluetoothDevice device, int status,
int newState) {
        super.onConnectionStateChange(device, status, newState);
        if (newState == BluetoothProfile.STATE_CONNECTED) {
            runOnUiThread(() -> {
                String desc = String.format("%s\n 已连接 BLE 客户端,名称为%s,MAC
地址为%s", tv_hint.getText().toString(), device.getName(), device.getAddress());
                tv_hint.setText(desc);
            });
        }
    }

    // 收到 BLE 客户端写入请求时回调
    @Override
    public void onCharacteristicWriteRequest(BluetoothDevice device, int
requestId, BluetoothGattCharacteristic chara, boolean preparedWrite, boolean
responseNeeded, int offset, byte[] value) {
        super.onCharacteristicWriteRequest(device, requestId, chara,
```

```
preparedWrite, responseNeeded, offset, value);
        String message = new String(value);   // 把客户端发来的数据转成字符串
    }
};
```

BluetoothGattServerCallback 接口定义了许多方法,不过简单应用只需下列两个方法:

- onConnectionStateChange:BLE 连接的状态发生变化时回调。此时如果已经连接,就从输入参数获取客户端的设备对象,并处理后续的连接逻辑。
- onCharacteristicWriteRequest:收到 BLE 客户端写入请求时回调。该方法会收到客户端发来的消息。

分别在两部手机上安装测试 App,一部手机充当 BLE 服务端,另一部手机充当 BLE 客户端。在服务端手机上点击开始广播按钮,此时正在广播的服务端界面如图 10-37 所示;接着让客户端手机进入扫描页面,可以找到正在广播的 BLE 服务端,如图 10-38 所示。

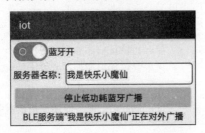

图 10-37　服务端手机正在对外广播

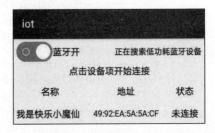

图 10-38　客户端扫描发现 BLE 服务端

### 10.3.3　通过主从 BLE 实现聊天应用

上一小节讲到手机通过向外发送 BLE 广播成为 BLE 服务端,进而被另一部手机在扫描 BLE 设备时发现,那么两部手机之间又该如何通信呢?这里牵涉到 GATT 服务端与 GATT 客户端的交互,首当其冲的是 BluetoothGattServer 和 BluetoothGatt 两个类,其中前者充当 GATT 服务端的角色,后者充当 GATT 客户端的角色。为了夯实 BLE 技术基础,有必要熟悉一下这两个 GATT 工具的用法。

首先看 BluetoothGattServer,它的对象是怎么得到的呢?原来调用蓝牙管理器对象的 openGattServer 方法会开启 GATT 服务器并返回 BluetoothGattServer 类型的服务端对象,之后可通过服务端对象进行 GATT 相关操作。BluetoothGattServer 的常用方法如下:

- addService:向 GATT 服务器添加指定服务。
- sendResponse:向 GATT 客户端发送应答,告诉它成功收到了要写入的数据。
- notifyCharacteristicChanged:向 GATT 客户端发送本地特征值已更新的通知。
- close:关闭 GATT 服务器。

其次看 BluetoothGatt,之前在 10.3.1 节提到,调用蓝牙设备对象的 connectGatt 方法会连接 GATT 服务器并返回 BluetoothGatt 类型的客户端对象,之后可通过客户端对象与服务端进行通信。BluetoothGatt 的常用方法如下:

- discoverServices:开始查找 GATT 服务器提供的服务,查找成功会触发

onServicesDiscovered 方法。
- getServices：获取 GATT 服务器提供的服务列表。
- writeCharacteristic：往 GATT 服务器写入特征值。
- setCharacteristicNotification：开启或关闭特征值的通知（第二个输入参数为 true 表示开启）。开启之后才能收到服务器的特征值更新通知。
- disconnect：断开 GATT 连接。
- close：关闭 GATT 客户端。

接下来详细分析 GATT 服务端与客户端的通信流程，主要包括三个方面：建立 GATT 连接、客户端向服务端发消息、服务端向客户端发消息。

### 1. 建立 GATT 连接

首先需要打开服务器，然后客户端才能连上服务器。在 GATT 规范中，所有特征值都被封装在服务中，有了服务之后才允许读写特征值，故而 GATT 服务端的 addService 方法在先，GATT 客户端的 discoverServices 方法在后。GATT 服务端与客户端的连接过程如图 10-39 所示。

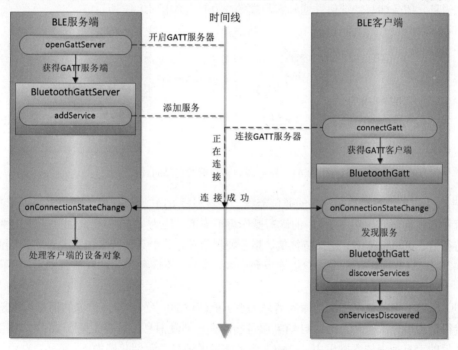

图 10-39　GATT 服务端与客户端的连接过程

### 2. 客户端向服务端发消息

GATT 客户端调用 writeCharacteristic 方法，会往 GATT 服务器写入特征值。服务器收到请求后，需调用 GATT 服务端的 sendResponse 方法向 GATT 客户端发送应答，告诉它成功收到了要写入的数据。此时客户端触发 onCharacteristicWrite 方法，表示收到了服务端的写入应答。客户端写入与服务端应答的交互过程如图 10-40 所示。

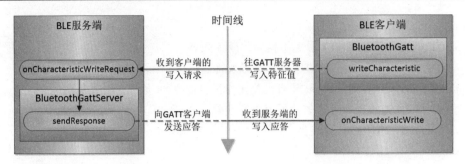

图 10-40　客户端向服务端发消息的过程

### 3. 服务端向客户端发消息

服务端向客户端发消息，客户端理应无条件收到才是，但是 GATT 规范偏偏规定了通知开关，只有客户端开启了通知才会收到服务端的消息；一旦客户端关闭了通知，那么服务端干什么它都漠不关心了。GATT 客户端开启了通知后，GATT 服务端调用 notifyCharacteristicChanged 方法向客户端发送特征值变更通知，然后触发客户端的 onCharacteristicChanged 方法，客户端再在该方法中处理收到的消息。服务端写特征值并通知客户端的交互过程如图 10-41 所示。

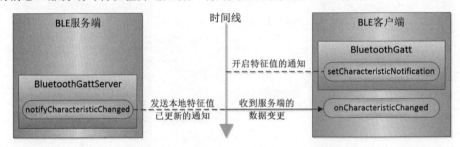

图 10-41　服务端向客户端发消息的过程

搞清楚 GATT 服务端与客户端的通信流程，接着书写 BLE 通信代码便好办多了，无非是按部就班照流程套模板而已。然而 BLE 的读写操作可不简单，因为 GATT 规范划分了好几种特征值，有只读特征值、可写特征值、通知特征值、指示特征值等，其中只读特征值只允许客户端读、不允许客户端写，可写特征值既允许客户端读也允许客户端写，不同种类的特征值分别适用不同的业务场景。

另外，GATT 规范要求每次传输的消息大小不能超过 20 字节，若待传输的消息长度超过了 20 字节，就得切片后分次传输。比如 GATT 服务端向客户端发消息，需要先按照 20 字节将消息切片再将切片后的消息列表依次发出去。GATT 服务端发送消息的示例代码如下：

（完整代码见 iot\src\main\java\com\example\iot\BleServerActivity.java）

```
// 发送聊天消息
private void sendMesssage() {
    String message = et_input.getText().toString();
    if (TextUtils.isEmpty(message)) {
        Toast.makeText(this, "请先输入聊天消息", Toast.LENGTH_SHORT).show();
        return;
    }
    et_input.setText("");
```

```
        List<String> msgList = ChatUtil.splitString(message, 20); // 20字节切片
        for (String msg : msgList) {
            mReadChara.setValue(msg.getBytes()); // 设置写特征值
            // 发送本地特征值已更新的通知
            mGattServer.notifyCharacteristicChanged(
                        mRemoteDevice, mReadChara, false);
        }
        appendChatMsg(message, true); // 往聊天窗口添加聊天消息
    }
```

至于接收消息，不存在消息过长的问题，无论收到什么消息都原样接收处理。下面是 GATT 服务端接收客户端消息的示例代码：

```
// 收到 BLE 客户端写入请求时回调
@Override
public void onCharacteristicWriteRequest(BluetoothDevice device, int
requestId, BluetoothGattCharacteristic chara, boolean preparedWrite, boolean
responseNeeded, int offset, byte[] value) {
    super.onCharacteristicWriteRequest(device, requestId, chara,
preparedWrite, responseNeeded, offset, value);
    String message = new String(value); // 把客户端发来的数据转成字符串
    // 向 GATT 客户端发送应答，告诉它成功收到了要写入的数据
    mGattServer.sendResponse(device, requestId, BluetoothGatt.GATT_SUCCESS,
                        offset, chara.getValue());
    runOnUiThread(() -> appendChatMsg(message, false)); // 往聊天窗口添加消息
}
```

GATT 客户端不仅要将消息切片，还不能一股脑地连续发送切片消息。因为服务端接收消息需要时间，如果一下子涌来多条消息，那么前面的消息会被后面的消息覆盖，导致服务端只能处理最后一条消息。正确的做法是，每次发送切片消息之前先检查上次的消息是否被服务端成功接收。只有服务端已经收到上一条消息，客户端才能发送下一条消息，否则就得继续等待直至服务端确认收到上次消息。按照以上逻辑编写 GATT 客户端的消息发送代码，示例如下：

（完整代码见 iot\src\main\java\com\example\iot\BleClientActivity.java）

```
private boolean isLastSuccess = true;     // 上一条消息是否发送成功
// 发送聊天消息
private void sendMesssage() {
    String message = et_input.getText().toString();
    if (TextUtils.isEmpty(message)) {
        Toast.makeText(this, "请先输入聊天消息", Toast.LENGTH_SHORT).show();
        return;
    }
    et_input.setText("");
    new MessageThread(message).start();      // 启动消息发送线程
    appendChatMsg(message, true);            // 往聊天窗口添加聊天消息
}

// 定义一个消息发送线程
private class MessageThread extends Thread {
    private List<String> msgList;            // 消息列表
```

```java
    public MessageThread(String message) {
        msgList = ChatUtil.splitString(message, 20);
    }

    @Override
    public void run() {
        // 获取写的特征值
        BluetoothGattCharacteristic chara =
            mBluetoothGatt.getService(BleConstant.UUID_SERVER)
                .getCharacteristic(BleConstant.UUID_CHAR_WRITE);
        for (int i=0; i<msgList.size(); i++) {
            if (isLastSuccess) {   // 需要等到上一条回调成功之后才能发送下一条消息
                isLastSuccess = false;
                chara.setValue(msgList.get(i).getBytes());   // 设置写特征值
                // 往 GATT 服务器写入特征值
                mBluetoothGatt.writeCharacteristic(chara);
            } else {
                i--;
            }
            try {
                sleep(300);           // 休眠 300 毫秒，等待上一条的回调通知
            } catch (InterruptedException e) {
                e.printStackTrace();
            }
        }
    }
}
```

客户端上次发送的消息成功接收与否要在 onCharacteristicWrite 方法中校验，该方法判断如果是成功状态，则表示服务端的确收到了客户端消息，此时再更改成功与否的标志位。GATT 客户端的写入回调方法的示例代码如下：

```java
// 收到 BLE 服务端的数据写入时回调
@Override
public void onCharacteristicWrite(BluetoothGatt gatt,
BluetoothGattCharacteristic chara, int status) {
    super.onCharacteristicWrite(gatt, chara, status);
    if (status == BluetoothGatt.GATT_SUCCESS) {
        isLastSuccess = true;
    }
}
```

接收消息不存在前述的繁文缛节，直接在 onCharacteristicChanged 方法中处理收到的消息即可。下面是 GAT 客户端接收服务端消息的示例代码：

```java
// 收到 BLE 服务端的数据变更时回调
@Override
public void onCharacteristicChanged(BluetoothGatt gatt,
BluetoothGattCharacteristic chara) {
    super.onCharacteristicChanged(gatt, chara);
```

```
String message = new String(chara.getValue());  // 把返回的数据转成字符串
runOnUiThread(() ->appendChatMsg(message, false));  // 往聊天窗口添加消息
}
```

为了方便演示，这里利用 BLE 技术做了一个简易聊天 App，两部手机分别充当 BLE 主机和 BLE 从机，然后它们借助 GATT 的通信机制传递消息。先在一部手机上运行测试 App，输入昵称（见图 10-42），接着点击"确定"按钮进入广播页面，如图 10-43 所示。

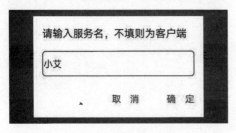
图 10-42　BLE 服务端填写昵称

图 10-43　BLE 服务端开始广播

再在另一部手机上运行测试 App，扫描发现正在广播的 BLE 服务端，如图 10-44 所示。

图 10-44　BLE 客户端扫描发现 BLE 服务端

在客户端界面上点击找到的服务器名称，表示与 BLE 服务端建立连接，一会儿连接成功切换到聊天页面，如图 10-45 所示。同时 BLE 服务端也切换到聊天页面，如图 10-46 所示，说明它知晓连上了某个客户端。

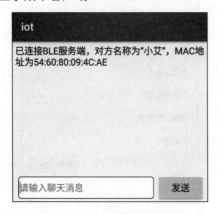
图 10-45　BLE 客户端的聊天界面 1

图 10-46　BLE 服务端的聊天界面 1

在 BLE 客户端上先输入几个文字，并点击"发送"按钮；接着在 BLE 服务端上输入几个文字，并点击"发送"按钮。此时客户端的聊天界面如图 10-47 所示，服务端的聊天界面如图 10-48 所示，可见双方的消息都成功发出去了。

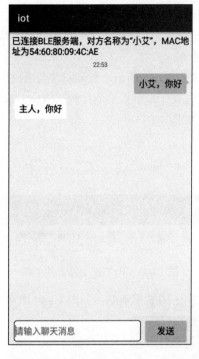
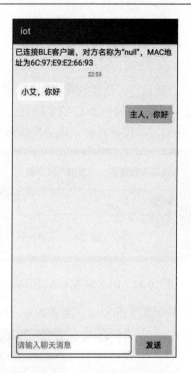

图 10-47　BLE 客户端的聊天界面 2　　　　图 10-48　BLE 服务端的聊天界面 2

然后在 BLE 客户端多输入一些文字，并点击"发送"按钮，如图 10-49 所示。由于文字长度超过 20 字节，必须拆分后分批发送，因此 BLE 服务端收到多条消息，如图 10-50 所示。

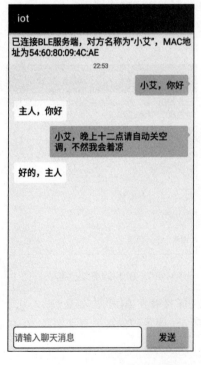
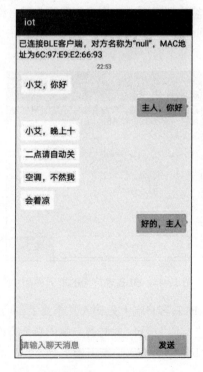

图 10-49　BLE 客户端的聊天界面 3　　　　图 10-50　BLE 服务端的聊天界面 3

至此初步实现了 BLE 主从手机之间的通信,其他 BLE 设备的交互操作与之大抵相似。

# 10.4 实战项目:自动驾驶的智能小车

当今社会正在步入一个万物互联的时代,它的技术基石主要来自 5G、物联网和人工智能。三者融合产生了许多新产品,其中最璀璨的当数自动驾驶的电动车。它汇聚了最新科技与工程实践的成果,引得各大巨头(华为、小米、百度、阿里、腾讯)纷纷入场造车。这些科技巨头如此热衷造车的一个重要原因是智能车与移动互联密切相关,智能电动车与传统汽油车之间犹如智能手机与功能手机的区别,这是一个具有颠覆性的革命技术。本节的实战项目就来谈谈如何设计并实现手机上的智能小车 App。

## 10.4.1 需求描述

车由来已久,从古代依靠畜力的马车、牛车到近代以化石燃料为动力的蒸汽火车、内燃汽车,它走过了数千年的历史。在种类繁多的车家族中,最具技术含量的是在外星球上漫步的太空车,比如图 10-51 所示的玉兔号月球车、如图 10-52 所示的祝融号火星车。

小小的太空车凝聚了数代航天人的心血结晶,更离不开整个国家对计算机等先进科技的大力扶持。几十年前,改革开放总设计师说过,"计算机普及要从娃娃抓起"。近些年,人工智能真的从娃娃开始抓起,乃至芯片、电子等教育也都从娃娃开始。如今人工智能课程走进小学,连幼儿园都开设了电子百拼,新一代的少儿都这么努力了,大学生们更要力争上游。不管是电动车还是太空车,都离不开智能二字,即使没有司机操纵,智能车依然照常行驶。大学生可以从单片机小车(模型如图 10-53 所示)着手,逐步掌握智能小车的相关技术。

图 10-51 玉兔号月球车

图 10-52 祝融号火星车

图 10-53 单片机智能小车模型

为了实现自动行驶,小车模型必须具备下列功能:

- 自动在符合要求的道路上行驶。
- 遇到障碍物时,要能主动避让,防止碰撞。
- 服从命令听指挥,能够接收外部指令改变行驶状态。

## 10.4.2 功能分析

小小的蜗牛能够延续至今,靠的是数亿年进化而来的趋利避害本能。蜗牛的躯体可以分解为几个主要模块,如图 10-54 所示。小车也是这样,关键部件也就是那么几个。

图 10-54 蜗牛躯体的模块划分

按照图 10-54 的划分，蜗牛躯体主要由下列五个部分（模块）组成：

- 蜗牛头部的下触角。每当蜗牛要出行时，就通过下触角左探探右探探，确认哪里比较湿润比较好走才爬过去。这对下触角对应小车的循迹模块。
- 蜗牛头部的上触角。蜗牛在爬行的时候，两根上触角伸得长长的，如果碰到了什么障碍物，不仅触角缩回来，蜗牛也会扭头避开障碍。这对上触角对应小车的避障模块。
- 蜗牛下身的腹足。依靠腹足的蠕动，蜗牛才能缓缓爬行。腹足对应小车的行驶模块，也就是车轮。
- 蜗牛上身的壳。蜗牛背着重重的壳一步一步往上爬，这个壳就是它的家，它的躯体都从壳里面伸出来。蜗牛壳对应小车的运载模块，也就是车厢。
- 蜗牛身上的中枢神经。神经指挥躯体要不要走、往哪里走，这个神经可能受外部信号影响，比如电击。按照外部影响衡量的话，中枢神经对应小车的遥控模块。

在五个模块中，与智能相关的有三个：循迹模块、避障模块、遥控模块。据此可选择符合要求的智能小车型号，笔者选择的是 51 单片机小车，淘宝有售。该小车具备舵机、循迹模块、避障模块、电机驱动、定向轮、万向轮、遥控模块等部件，其中避障模块可选红外避障与超声波避障两种，遥控模块可选蓝牙遥控与红外遥控两种，方便开发者组装调试。为结合手机 App 演示，笔者选择了"红外循迹+红外避障+蓝牙遥控"套餐组合，三种主要模块的功能说明如下：

（1）红外循迹模块

该模块通过检测小车下方的路面颜色决定行进路线，检测方案采用红外反射传感器，检查路面对红外线的反射率是否在目标阈值之内，反射距离范围为 2 毫米到 30 毫米。

车头下方固定吊着循迹模块，其传感器的二极管不断朝路面发射红外线：当红外线没有反射回来或者反射回来的强度不够大时，表示小车没在行进路线上，此时红外接收管被关断，模块的输出端为高电平，且指示灯熄灭；当反射回来的红外线强度足够大时，表示小车正在行进路线上，此时红外接收管被接通，模块的输出端为低电平，且指示灯点亮。

（2）红外避障模块

该模块与红外循迹的原理类似，通过检测小车前方是否有障碍物决定是否需要改变路线以躲避障碍。检测方案同样采用红外反射传感器，检查前方对红外线的反射率是否在目标阈值之内，反射距离范围为 2 厘米到 30 厘米。

小车的车头部位，左边和右边各放置一个避障模块，每个模块都具备一对红外线发射与接收管。发射管向前方发射红外线,当检测方向遇到障碍物(反射面)时,红外线反射回来被接收管接收;经过比较器电路处理之后,如果发现障碍物距离过近,则亮起指示灯;同时信号输出接口反馈数字信号,由小车的控制中心决定是绕开还是停车。

(3)蓝牙遥控模块

小车连接遥控模块之后,操纵者使用手机向小车发送蓝牙信号,小车接到蓝牙信号后,依据指令调整行驶状态。比如操纵者在手机上按下鸣笛键,小车就要发出嘀嘀的声音;操纵者点击上、下、左、右等方向键,小车就得对应前进、倒车、左拐、右拐等。

虽然智能小车的卖家提供了相关资料,但是并未提供手机 App 的完整源码,只给了微信小程序名称,通过小程序遥控小车,而非通过 App 遥控小车。怎么办呢?笔者想到了蓝牙协议分析仪,因为不管是小程序还是 App,最终发出的蓝牙指令都是一样的,所以只要能抓到小程序发给小车的 BLE 指令,那么通过 App 发出相同指令就能遥控小车。在淘宝上就找到这样的蓝牙协议分析仪——NRF52832 模块,它支持蓝牙 5.0 的协议分析,该模块可插在计算机的 USB 接口上,通过给 Wireshark 安装 Sniffer 插件即可抓取两部 BLE 设备之间的通信包。

蓝牙分析仪的相关软件安装完毕,还要注意安装它的 USB 驱动,如果发现分析仪插在计算机 USB 口上不会闪灯,就表示系统未发现该硬件,此时要先给计算机安装驱动精灵,再把分析仪插入 USB 口,等待驱动精灵发现该硬件并自动为其安装驱动后即可看见分析仪闪灯。

按照分析仪的使用说明书打开两台 BLE 设备并建立连接,再启动 Wireshark 抓包,按照 10.3.3 节的说明从一部手机向另一部手机发送字符串"12345",此时在 Wireshark 的抓包列表中会发现一条"Send Write Request"记录,如图 10-55 所示。

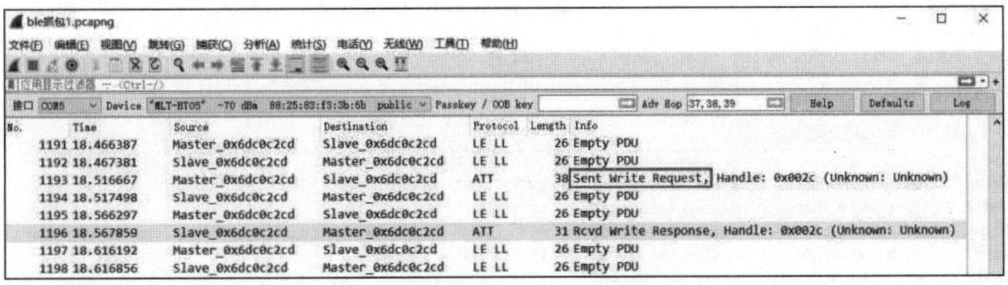

图 10-55　Wireshark 的抓包列表页

双击该记录打开抓包详情页面,如图 10-56 所示。其中,写入的数据为十六进制的 ASCII 码串"3132333435",也就是 0x31 0x32 0x33 0x34 0x35。查阅 ASCII 码对照表,就会发现这五个码值正对应字符串"12345",也就是说 Wireshark 成功抓到了空气中的 BLE 指令 12345。

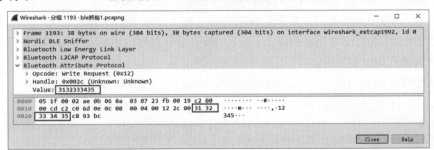

图 10-56　Wireshark 的抓包详情页

打开单片机小车的控制小程序,利用蓝牙协议分析仪抓取小程序发给小车的蓝牙指令,抓取后的指令结果说明见表 10-4。

表 10-4 单片机小车的蓝牙指令说明

| 指 令 值 | 指 令 作 用 |
| --- | --- |
| 0x08 | 开始鸣笛 |
| 0x09 | 停止鸣笛 |
| 0x51~0x150 | 调整左电机的功率大小,功率范围为 1~100 |
| 0x151~0x250 | 调整右电机的功率大小,功率范围为 1~100 |
| 0x02 | 前进 |
| 0x03 | 后退 |
| 0x04 | 左拐 |
| 0x05 | 右拐 |
| 0x01 | 停止上、下、左、右运动 |

下面简单介绍一下随书源码 iot 模块中与智能小车有关的主要代码模块之间的关系:

- ScanCarActivity.java:扫描并发现周围 BLE 设备。
- SmartCarActivity.java:智能小车的连接和操纵界面。

接下来对蓝牙遥控编码的疑难点进行补充说明。首先,使用 Wireshark 对单片机小车抓包时,发现数据包类型为 "Send Write Command",而非之前的 "Send Write Request",如图 10-57 所示。

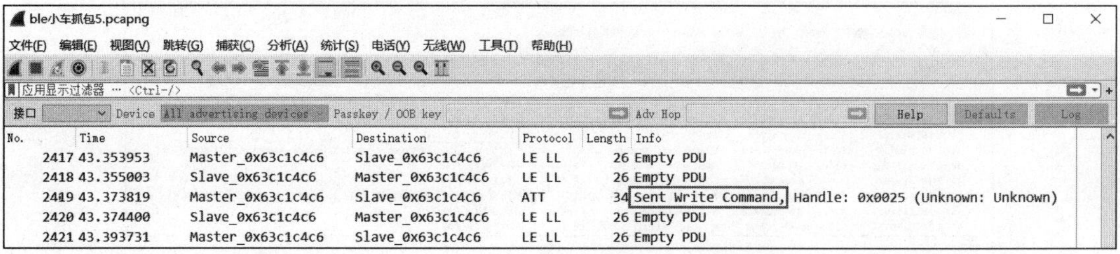

图 10-57 Wireshark 对单片机小车抓包

原来 Send Write Request 对应的特征值为 PROPERTY_WRITE,而 Send Write Command 对应的特征值为 PROPERTY_WRITE_NO_RESPONSE,这意味着调用 writeCharacteristic 方法往小车写入指令时必须向特征值 PROPERTY_WRITE_NO_RESPONSE 写入才行。

其次,为了方便观察小车遥控情况,每次鸣笛只发声 200 毫秒就停止,上、下、左、右四个方向的运动每次也只持续 200 毫秒就停止。注意,要开启分线程向小车发送指令。编写单片机小车的 BLE 指令发送代码,如下所示。

(完整代码见 iot\src\main\java\com\example\iot\SmartCarActivity.java)

```
private boolean isRunning = false;      // 小车是否正在工作
private UUID write_UUID_chara;          // 写的特征编号
private UUID write_UUID_service;        // 写的服务编号

// 向智能小车发送指令
```

```
private void sendCommand(int command) {
    if (isRunning) {
        return;
    }
    if (command>=0x02 && command<=0x05) {  // 上下左右运动
        isRunning = true;
        new Thread(() -> writeCommand((byte) command)).start();
        mHandler.postDelayed(() -> {
            isRunning = false;
            sendCommand(0x01);     // 发送停止运动的指令
        }, 200);                   // 延迟 200 毫秒后停止运动
    } else if (command == 0x08) {  // 鸣笛
        isRunning = true;
        new Thread(() -> writeCommand((byte) command)).start();
        mHandler.postDelayed(() -> {
            isRunning = false;
            sendCommand(0x09);     // 发送停止鸣笛的指令
        }, 200);                   // 延迟 200 毫秒后停止鸣笛
    } else {   // 调整电机功率、停止鸣笛、停止运动
        new Thread(() -> writeCommand((byte) command)).start();
    }
}

// 往 GATT 服务端的写特征值写入指令
private void writeCommand(byte command) {
    // 获取写的特征值
    BluetoothGattCharacteristic chara =
        mBluetoothGatt.getService(write_UUID_service)
            .getCharacteristic(write_UUID_chara);
    chara.setValue(new byte[]{command});            // 设置写特征值
    mBluetoothGatt.writeCharacteristic(chara);  // 往 GATT 服务器写入特征值
}
```

### 10.4.3 效果展示

依据 51 单片机智能小车的安装说明书将各部件组装完毕的小车效果如图 10-58 所示。建议选用南孚电池作为小车动力，因为其他品牌的电池电压不稳，无法切到蓝牙模式。

图 10-58 安装好的单片机智能小车

将小车切换到蓝牙模式，再打开手机上的小车遥控 App，扫描发现名叫"MLT-BT05"的 BLE 设备如图 10-59 所示。这正是蓝牙小车发出的信号，点击设备名称进入连接界面，如图 10-60 所示。

图 10-59　扫描发现蓝牙小车

图 10-60　蓝牙连接的初始界面

点击"连接"按钮开始连接蓝牙小车，成功连上后，界面上显示出小车的操纵控件，如图 10-61 所示。先滑动两根拖动条，把左、右电机的马达调到最大，如图 10-62 所示。

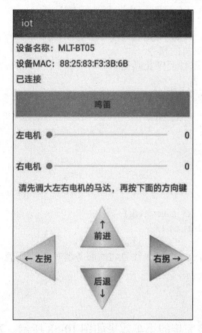
图 10-61　成功连接蓝牙小车

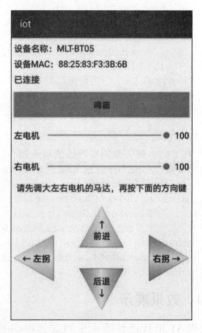
图 10-62　调大左、右电机的马达

接着点击"鸣笛"按钮，听到小车发出"滴——"的声音。点击"前进"按钮，看到小车前行了一段距离，如图 10-63 所示；点击"后退"按钮，看到小车倒退了一段距离，如图 10-64 所示。

图 10-63　智能小车前行

图 10-64　智能小车后退

继续点击"左拐"按钮，看到小车向左拐去，如图 10-65 所示；点击"右拐"按钮，看到小车向右拐去，如图 10-66 所示。

图 10-65　智能小车左拐

图 10-66　智能小车右拐

至此，智能小车的遥控功能全部实现了，尽管它跟真正的智能电动车还差十万八千里，但不积跬步无以至千里，这个单片机小车算是长征道路上的第一步。把硬件和软件结合起来，方能产生更实在的价值，比如共享单车就是通过蓝牙技术开关车锁的。

## 10.5　小　结

本章主要介绍了 App 开发用到的物联网技术，包括传感器（传感器的种类、摇一摇——加速度传感器、指南针——磁场传感器、计步器感光器和陀螺仪）、传统蓝牙（蓝牙设备配对、蓝牙音频传输、点对点蓝牙通信）、低功耗蓝牙（扫描 BLE 设备、发送 BLE 广播、通过主从 BLE 实现聊天应用）。最后设计了一个实战项目"自动驾驶的智能小车"，在该项目的 App 编码中综合运用了本章介绍的物联网技术。

通过本章的学习，读者应该能够掌握以下 3 种开发技能：

（1）学会几种常见传感器的简单用法。
（2）学会使用传统蓝牙技术进行数据交互。
（3）学会使用低功耗蓝牙技术进行指令交互。

## 10.6　动手练习

1. 利用加速度传感器实现一个摇骰子游戏，比如源自郑成功的博饼游戏，中奖规则如下：

（1）摇到一个红四，得到一秀，表示高中秀才。
（2）摇到两个红四，得到二举，表示高中举人。
（3）摇到三个红四，得到三红，表示高中贡士。
（4）摇到四个相同的点数（四个红四除外），得到四进，表示高中进士。
（5）摇到四个红四，得到状元，表示高中状元。
（6）摇到四个红四加两个红一，得到状元插金花，为最优秀的状元。

2. 使用传统蓝牙技术在两部手机之间传输数据。
3. 综合运用物联网技术实现一个智能小车 App。

# 第 11 章

# 智能语音

本章介绍 App 开发常用的一些语音处理技术,主要包括如何使用系统自带的语音引擎实现语音合成与语音识别功能,如何利用 Pinyin4j 将中文转换为拼音,如何通过第三方语音平台(例如云知声)的开放接口在线合成语音与在线识别语音,如何基于机器学习的训练模型完成英文单词的语音指令推断。最后结合本章所学的知识演示一个实战项目"你问我答之小小机器人"的设计与实现。

## 11.1 原生语音处理

本节介绍 Android 自带的几种语音处理方式,内容包括 TTS 的来由和语音引擎的常用功能、如何利用系统集成的语音引擎将文字转换成语音、如何通过系统集成的语音引擎识别用户的说话内容。

### 11.1.1 系统自带的语音引擎

语音播报的本质是将书面文字转换成自然语言的音频流,这个转换操作被称作语音合成,又称 TTS(TextToSpeech,从文本到语音)。在转换过程中,为了避免机械合成的呆板和停顿感,语音合成技术还得对语音流进行平滑处理,以确保输出的语音音律流畅、自然。

因为 Android 来自国外,所以它自带的语音引擎只支持英、法、德等西方语言,不支持中文。不过国产手机大都魔改了 Android 底层,它们在出厂前已经集成了中文的语音引擎,譬如图 11-1 所示的某款手机内置了度秘语音引擎、图 11-2 所示的某款手机内置了讯飞语音引擎。

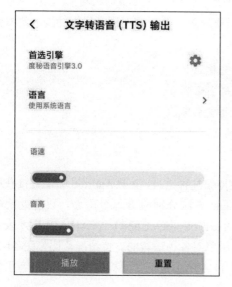

图 11-1　某款手机内置了度秘语音引擎

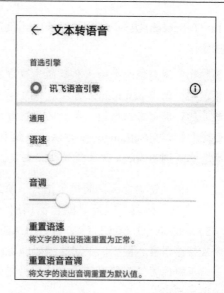

图 11-2　某款手机内置了讯飞语音引擎

不管是 Android 原生的西文引擎还是手机厂商集成的中文引擎，都支持通过系统提供的 API 处理语音。其中的语音合成工具是 TextToSpeech，常用的方法如下：

- 构造方法：第二个输入参数为语音监听器 OnInitListener（需重写监听器的 onInit 方法）。
- setLanguage：设置引擎语言，其中英语为 Locale.ENGLISH、法语为 Locale.FRENCH、德语为 Locale.GERMAN、意大利语为 Locale.ITALIAN、中文普通话为 Locale.CHINA。该方法的返回参数有 4 个取值，具体说明见表 11-1。

表11-1　setLanguage方法的返回值说明

| setLanguage 方法的返回值 | 说　　明 |
| --- | --- |
| LANG_COUNTRY_AVAILABLE | 该国的语言可用 |
| LANG_AVAILABLE | 语言可用 |
| LANG_MISSING_DATA | 缺少数据 |
| LANG_NOT_SUPPORTED | 暂不支持 |

- setSpeechRate：设置语速，1.0 为正常语速，0.5 为慢一半的语速，2.0 为快一倍的语速。
- setPitch：设置音调，1.0 为正常音调，低于 1.0 的为低音，高于 1.0 的为高音。
- speak：开始朗读指定文本。
- synthesizeToFile：把指定文本的朗读语音输出到文件。
- stop：停止朗读。
- shutdown：关闭语音引擎。
- isSpeaking：判断是否正在朗读。
- getLanguage：获取当前的语言。
- getCurrentEngine：获取当前的语音引擎。
- getEngines：获取系统支持的所有语音引擎。

TextToSpeech 类的方法不多，可是用起来颇费一番周折，要想实现语音播报功能，要按照以下步骤操作：

**步骤 01** 调用带两个输入参数的构造方法进行初始化。
**步骤 02** 调用 getEngines 方法获得系统支持的语音引擎列表。
**步骤 03** 调用带三个输入参数的构造方法初始化指定引擎。
**步骤 04** 调用 setLanguage 方法设置该引擎支持的语言。
**步骤 05** 调用 speak 方法开始朗读文本。

这里面的关键是怎么判断每个语音引擎到底都支持哪几种语言，由于 Android 无法直接获取某引擎支持的语言列表，因此只能轮流调用 setLanguage 方法分别检查每个语言，只有返回值为 TextToSpeech.LANG_COUNTRY_AVAILABLE 或者 TextToSpeech.LANG_AVAILABLE 才表示当前引擎支持该语言。根据以上思路编码即可获得指定引擎对各种语言的支持情况，比如图 11-3 所示是某款手机内置的度秘引擎所支持的语言列表、图 11-4 所示是某款手机内置的讯飞语音引擎所支持的语言列表。

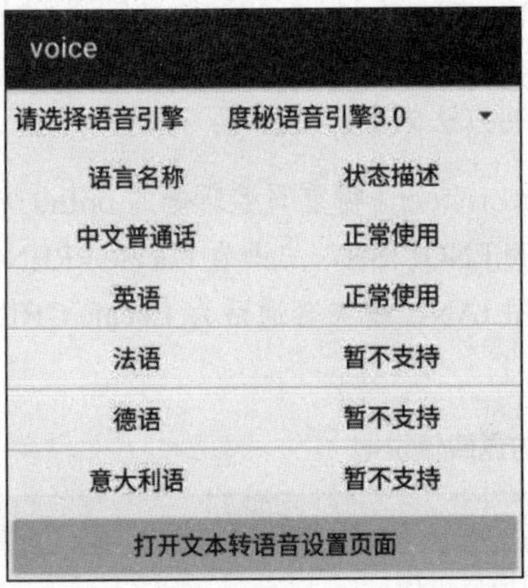

图 11-3　度秘语音引擎支持的语言列表 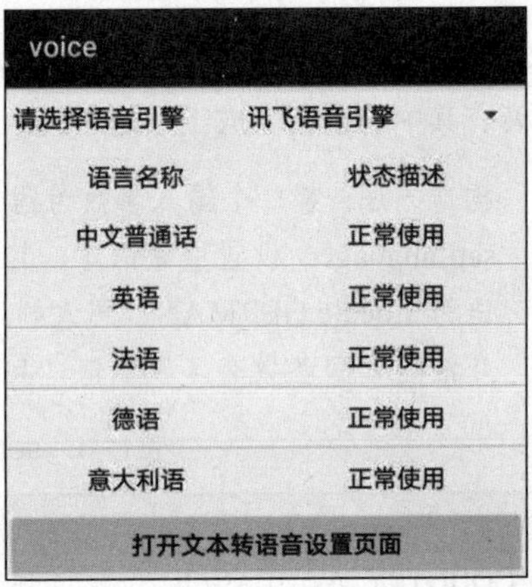　　　　图 11-4　讯飞语音引擎支持的语言列表

## 11.1.2　文字转语音

既然明确了一个引擎能够支持哪些语言，接下来就可以大胆设置朗读的语言了。当然，设置好了语言，还得提供对应的文字才行，否则用英语去朗读一段中文或者用中文普通话去朗读一段英文，其结果无异于鸡同鸭讲。下面是一个语音播报页面的完整代码：

（完整代码见 voice\src\main\java\com\example\voice\SpeechComposeActivity.java）

```
public class SpeechComposeActivity extends AppCompatActivity {
    private TextToSpeech mSpeech;       // 声明一个文字转语音对象
    private EditText et_tts;            // 声明一个编辑框对象
    private List<TextToSpeech.EngineInfo> mEngineList; // 语音引擎列表

    @Override
    protected void onCreate(Bundle savedInstanceState) {
        super.onCreate(savedInstanceState);
        setContentView(R.layout.activity_speech_compose);
```

```java
        et_tts = findViewById(R.id.et_tts);
        findViewById(R.id.btn_read).setOnClickListener(v -> {
            String content = et_tts.getText().toString();
            // 开始朗读指定文本
            int result = mSpeech.speak(content, TextToSpeech.QUEUE_FLUSH,
                        null, null);
            String desc = String.format("朗读%s",
                    result==TextToSpeech.SUCCESS?"成功":"失败");
            Toast.makeText(this, desc, Toast.LENGTH_SHORT).show();
        });
        // 创建一个文字转语音对象,初始化结果在监听器的 onInit 方法中返回
        mSpeech = new TextToSpeech(this, mListener);
    }

    // 创建一个文字转语音的初始化监听器实例
    private TextToSpeech.OnInitListener mListener = status -> {
        if (status == TextToSpeech.SUCCESS) {    // 初始化成功
            if (mEngineList == null) {           // 首次初始化
                mEngineList = mSpeech.getEngines();  // 获取系统支持的所有语音引擎
                initEngineSpinner();   // 初始化语音引擎下拉框
            }
            initLanguageSpinner();    // 初始化语言下拉框
        }
    };

    // 初始化语音引擎下拉框
    private void initEngineSpinner() {
        String[] engineArray = new String[mEngineList.size()];
        for(int i=0; i<mEngineList.size(); i++) {
            engineArray[i] = mEngineList.get(i).label;
        }
        ArrayAdapter<String> engineAdapter = new ArrayAdapter<>(this,
                R.layout.item_select, engineArray);
        Spinner sp_engine = findViewById(R.id.sp_engine);
        sp_engine.setPrompt("请选择语音引擎");
        sp_engine.setAdapter(engineAdapter);
        sp_engine.setOnItemSelectedListener(new EngineSelectedListener());
        sp_engine.setSelection(0);
    }

    private class EngineSelectedListener implements OnItemSelectedListener {
        public void onItemSelected(AdapterView<?> arg0, View arg1, int arg2,
long arg3) {
            recycleSpeech();   // 回收文字转语音对象
            // 创建指定语音引擎的文字转语音对象
            mSpeech = new TextToSpeech(SpeechComposeActivity.this, mListener,
                    mEngineList.get(arg2).name);
        }

        public void onNothingSelected(AdapterView<?> arg0) {}
```

```java
    }

    // 回收文字转语音对象
    private void recycleSpeech() {
        if (mSpeech != null) {
            mSpeech.stop();         // 停止文字转语音
            mSpeech.shutdown();     // 关闭文字转语音
            mSpeech = null;
        }
    }

    private String[] mLanguageArray = {"中文普通话", "英语",
                    "法语", "德语", "意大利语"};
    private Locale[] mLocaleArray = { Locale.CHINA, Locale.ENGLISH,
                    Locale.FRENCH, Locale.GERMAN, Locale.ITALIAN };
    private String[] mValidLanguageArray;    // 当前引擎支持的语言名称数组
    private Locale[] mValidLocaleArray;      // 当前引擎支持的语言类型数组
    private String mTextCN = "离离原上草,一岁一枯荣。野火烧不尽,春风吹又生。";
    private String mTextEN = "Hello World. Nice to meet you. This is a TTS demo.";

    // 初始化语言下拉框
    private void initLanguageSpinner() {
        List<Language> languageList = new ArrayList<>();
        // 下面遍历语言数组,从中挑选出当前引擎所支持的语言列表
        for (int i=0; i<mLanguageArray.length; i++) {
            // 设置朗读语言。通过检查方法的返回值,判断引擎是否支持该语言
            int result = mSpeech.setLanguage(mLocaleArray[i]);
            if (result != TextToSpeech.LANG_MISSING_DATA
                    && result != TextToSpeech.LANG_NOT_SUPPORTED) { // 语言可用
                languageList.add(new Language(
                            mLanguageArray[i], mLocaleArray[i]));
            }
        }
        mValidLanguageArray = new String[languageList.size()];
        mValidLocaleArray = new Locale[languageList.size()];
        for(int i=0; i<languageList.size(); i++) {
            mValidLanguageArray[i] = languageList.get(i).name;
            mValidLocaleArray[i] = languageList.get(i).locale;
        }
        // 下面初始化语言下拉框
        ArrayAdapter<String> languageAdapter = new ArrayAdapter<>(this,
                R.layout.item_select, mValidLanguageArray);
        Spinner sp_language = findViewById(R.id.sp_language);
        sp_language.setPrompt("请选择朗读语言");
        sp_language.setAdapter(languageAdapter);
        sp_language.setOnItemSelectedListener(
                new LanguageSelectedListener());
        sp_language.setSelection(0);
    }
```

```
    private class LanguageSelectedListener implements OnItemSelectedListener
    {
        public void onItemSelected(AdapterView<?> arg0, View arg1, int arg2,
long arg3) {
            if (mValidLocaleArray[arg2]==Locale.CHINA) {        // 中文
                et_tts.setText(mTextCN);
            } else {    // 其他语言
                et_tts.setText(mTextEN);
            }
            mSpeech.setLanguage(mValidLocaleArray[arg2]);        // 设置朗读语言
        }

        public void onNothingSelected(AdapterView<?> arg0) {}
    }
}
```

语音朗读的界面如图 11-5 和图 11-6 所示。图 11-5 为正在朗诵英文时的界面，图 11-6 为正在朗诵中文时的界面。

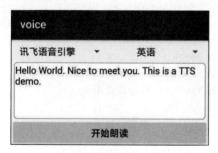

图 11-5　正在朗诵英文时的界面

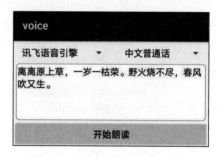

图 11-6　正在朗诵中文时的界面

## 11.1.3　原生的语音识别

既然安卓手机允许系统集成语音合成引擎，那么它也允许集成语音识别引擎，而且 Android 也内置了语音识别器 SpeechRecognizer。该工具的常用方法如下：

- isRecognitionAvailable：检查系统是否支持原生的语音识别。
- createSpeechRecognizer：创建原生的语音识别器对象。
- setRecognitionListener：设置语音识别监听器。
- startListening：开始语音识别，识别结果在监听器 RecognitionListener 中返回。
- stopListening：停止语音识别。
- cancel：取消语音识别。
- destroy：销毁语音识别器。

使用系统的语音识别器之前，需先判断当前手机是否支持原生的语音识别，只有支持的情况下才能正常使用 SpeechRecognizer。下面是借助 SpeechRecognizer 识别用户说话语音的示例代码：

（完整代码见 voice\src\main\java\com\example\voice\SpeechRecognizeActivity.java）

```
private SpeechRecognizer mRecognizer;            // 声明一个语音识别对象
private boolean isRecognizing = false;           // 是否正在识别
```

```
// 初始化语音识别
private void initRecognize() {
    String serviceComponent = Settings.Secure.getString(
            getContentResolver(), "voice_recognition_service");
    // 获得系统内置的语音识别服务
    ComponentName component =
            ComponentName.unflattenFromString(serviceComponent);
    tv_result.setText("原生的语音识别服务采用"+component.getPackageName()
            +"里的服务"+component.getClassName());
    // 创建原生的语音识别器对象
    mRecognizer = SpeechRecognizer.createSpeechRecognizer(this);
    mRecognizer.setRecognitionListener(this);  // 设置语音识别监听器
    btn_recognize.setOnClickListener(v -> {
        if (!isRecognizing) {  // 未在识别
            Intent intent =
                    new Intent(RecognizerIntent.ACTION_RECOGNIZE_SPEECH);
            intent.putExtra(RecognizerIntent.EXTRA_PARTIAL_RESULTS, true);
            intent.putExtra(RecognizerIntent.EXTRA_LANGUAGE, Locale.CHINA);
            intent.putExtra(RecognizerIntent.EXTRA_LANGUAGE_MODEL,
                    RecognizerIntent.LANGUAGE_MODEL_FREE_FORM);
            intent.putExtra(RecognizerIntent.EXTRA_MAX_RESULTS, 5);
            mRecognizer.startListening(intent);  // 开始语音识别
        } else {  // 正在识别
            mRecognizer.stopListening();         // 停止语音识别
        }
        isRecognizing = !isRecognizing;
        btn_recognize.setText(isRecognizing?"停止识别":"开始识别");
    });
}
```

识别结果监听器 RecognitionListener 提供了许多回调方法，其中 onResults 方法可获得识别后的文本信息。然而每个引擎对文本结果的包装结构不尽相同，比如百度语音返回 JSON 格式的字符串，而讯飞语音返回字符串列表，为此要分别尝试几种格式的文本识别。下面的解析代码涵盖了百度语音和讯飞语音的结果识别：

```
@Override
public void onResults(Bundle results) {
    String desc = "";
    String key = SpeechRecognizer.RESULTS_RECOGNITION;
    try {  // 百度语音分支
        String result = results.getString(key);
        JSONObject object = new JSONObject(result);
        String recognizeResult = object.getString("recognizeResult");
        JSONArray recognizeArray = new JSONArray(recognizeResult);
        for (int i=0; i<recognizeArray.length(); i++) {
            JSONObject item = (JSONObject) recognizeArray.get(i);
            String se_query = item.getString("se_query");
```

```
            desc = desc + "\n" + se_query;
        }
    } catch (Exception e) {  // 讯飞语音分支
        e.printStackTrace();
        List<String> resultList = results.getStringArrayList(key);
        for (String str : resultList) {
            desc = desc + "\n" + str;
        }
    }
    tv_result.setText("识别到的文字为："+desc);
}
```

运行并测试该 App，点击"开始识别"按钮后，对着手机念一首唐诗，可观察到语音识别结果如图 11-7 所示，可见正常识别了朗读内容。

图 11-7　正在识别语音的界面

## 11.2　在线语音处理

本节介绍第三方平台在线处理语音的几种方式，内容包括：中文排序的起因，使用开源库 Pinyin4j 将中文转换为拼音；如何通过云知声接口把文字在线合成语音；如何通过云知声接口把语音在线识别为文本内容。

### 11.2.1　中文转拼音

若想对一串数字排序，可以比较它们的数值大小；若想对英文单词排序，可以比较它们首字母的 ASCII 码大小；若想对中文词语排序，比如北京、上海、广州这些城市名称，那该采取什么样的比较规则呢？在中文文化圈中，通常有下列排序方式：

（1）根据词语首个文字的笔画多少排序，比如对一群人名排序，通常按照姓氏笔画数量从少到多排序。

（2）根据词语首个文字的拼音先后排序，把词语的第一个文字的拼音列出来，再按照拼音字母从 A 到 Z 的顺序排列，比如新华字典对收录汉字的编排。

关于以上两种排序方式，在中文互联网的长期实践中更常见的是第二种依据首字拼音排序。譬如图 11-8 所示的 12306 售票网站，选择出发地和目的地城市之时，待选择的城市列表就是按照城市名称首字的拼音排序。

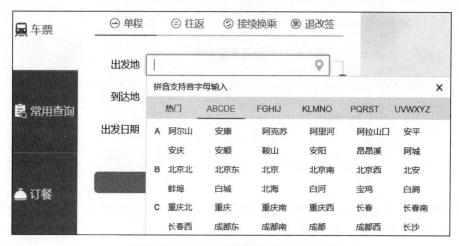

图 11-8　12306 网站选择出发地城市

计算机只知道每个中文字符的 ASCII 码大小,并不知晓每个中文字符的拼音是什么,遑论多音字的取舍与否。为了解决从中文到拼音的转换问题,开源库 Pinyin4j 横空出世,它支持把一段中文转为对应的拼音字母,从而将中文的比较规则变成对拉丁字母的排序。

由于 Pinyin4j 是第三方开源库,因此使用前要修改 build.gradle,添加如下一行依赖配置:

```
implementation 'com.belerweb:pinyin4j:2.5.1'
```

接着在代码中调用转换工具 PinyinHelper 的 toHanyuPinyinStringArray 方法,即可将中文字符转成拼音字母串。因为中文普通话拥有五种声调(阴平、阳平、上声、去声、轻声),而 Pinyin4j 采用数字 1 到数字 5 表示这些声调,所以转换时还可选择是否保留声调数字。中文声调与数字的对应关系见表 11-2。

表 11-2　中文声调与数字的对应关系

| 声调名称 | 声调符号 | Pinyin4j 的声调数字 |
| --- | --- | --- |
| 阴平 | ā | 1 |
| 阳平 | á | 2 |
| 上声 | ǎ | 3 |
| 去声 | à | 4 |
| 轻声 | a | 5 |

下面的方法代码可把中文字符串转成拼音字母串,该方法支持是否保留声调数字:

(完整代码见 voice\src\main\java\com\example\voice\util\PinyinUtil.java)

```java
// 把中文字符串转为拼音字母串
public static String getHanziPinYin(String hanzi, boolean isRetainTone) {
    String result = null;
    if(null != hanzi && !"".equals(hanzi)) {
        char[] charArray = hanzi.toCharArray();
        StringBuffer sb = new StringBuffer();
        for (char ch : charArray) {
            // 逐个中文转成拼音
            String[] stringArray = PinyinHelper.toHanyuPinyinStringArray(ch);
```

```
            if(null != stringArray) {
                if (isRetainTone) {      // 保留声调数字
                    sb.append(stringArray[0]);
                } else {                 // 不保留声调数字，则去掉声调数字
                    sb.append(stringArray[0].replaceAll("\\d", ""));
                }
            }
        }
        if(sb.length() > 0) {
            result = sb.toString();
        }
    }
    return result;
}
```

然后在活动代码中调用上面的 getHanziPinYin 方法，就能将一段中文即刻转为拼音，活动代码如下：

（完整代码见 voice\src\main\java\com\example\voice\PinyinActivity.java）

```java
public class PinyinActivity extends AppCompatActivity {
    private EditText et_hanzi;        // 声明一个编辑框对象
    private CheckBox ck_tone;         // 声明一个复选框对象
    private TextView tv_pinyin;       // 声明一个文本视图对象

    @Override
    protected void onCreate(Bundle savedInstanceState) {
        super.onCreate(savedInstanceState);
        setContentView(R.layout.activity_pinyin);
        et_hanzi = findViewById(R.id.et_hanzi);
        ck_tone = findViewById(R.id.ck_tone);
        tv_pinyin = findViewById(R.id.tv_pinyin);
        findViewById(R.id.btn_convert).setOnClickListener(
                v -> showPinyin());
        ck_tone.setOnCheckedChangeListener(
                (buttonView, isChecked) -> showPinyin());
    }

    // 显示转换后的中文拼音
    private void showPinyin() {
        String hanzi = et_hanzi.getText().toString();
        if (TextUtils.isEmpty(hanzi)) {
            Toast.makeText(this, "请先输入待转换的中文",
                    Toast.LENGTH_SHORT).show();
            return;
        }
        // 把中文字符串转为拼音字母串
        String pinyin = PinyinUtil.getHanziPinYin(hanzi,
                            ck_tone.isChecked());
        tv_pinyin.setText(pinyin);
    }
}
```

运行并测试该 App，可观察到中文→拼音的转换结果如图 11-9 和图 11-10 所示。图 11-9 的转换结果保留了声调数字，图 11-10 的转换结果去掉了声调数字。

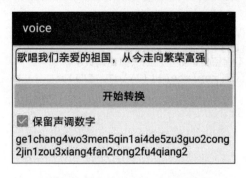

图 11-9　转换结果保留了声调数字

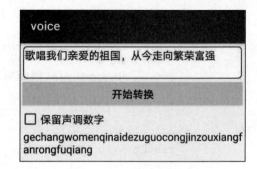

图 11-10　转换结果去掉了声调数字

### 11.2.2　在线语音合成

虽然国产智能机大多集成了中文语音引擎，但是系统自带的语音工具无法满足商用要求，无论是 TextToSpeech 还是 SpeechRecognizer，它们的功能都很单一，既不能指定音量、语速、音色，也无法设置音频格式与采样率等参数，甚至不同引擎识别的文本结果格式还不一致。为了更加个性化地定制语音功能，势必要求引入第三方平台的语音引擎，依靠第三方引擎提供的开发包统一支撑语音的交互操作。

由于语音交互属于人工智能的一大热门方向，因此各路资本纷纷参与进来，使得国内的语音技术欣欣向荣。目前中文语音引擎厂商为数不少，第一梯队有讯飞、百度、腾讯三家，第二梯队有云知声、思必驰、捷通华声等，外加一众的研究所和高校团队。不过商用的语音引擎基本需要购买，部分厂商产品的集成过程也复杂，考虑到初学者的学习成本，笔者选定了云知声来讲解在线语音技术。该引擎不但对新手免费，而且语音处理采用公开的 WebSocket 接口，无须引入额外的语音 SDK。

云知声的网址是 https://www.unisound.com/，在网页右上角找到 AI 开放平台，单击打开后注册新用户，接着进入控制台创建应用，创建完毕会看到如图 11-11 所示的应用申请记录。

| 序号 | 应用名称 | AppKey | AppSecret | 创建时间 |
| --- | --- | --- | --- | --- |
| 1 | 语音测试111 | ckh4c3iqaviwpswwlssml5khb2lqv7iw7jatfaqw | ************************************ | 2021-01-24 14:57:37 |

图 11-11　云知声开放平台的应用申请记录

图 11-11 所示的 AppKey 和 AppSecret 是该应用的专属密钥和密码，记下这两个字符串，后面会用到它们。

云知声采取 WebSocket 接口交互，故而不管是语音合成还是语音识别，均需定义 WebSocket 客户端的处理任务。有关 WebSocket 的详细介绍参见 6.3.3 节，这里不再赘述。以在线语音合成为例，云知声使用 JSON 串封装报文，合成后的音频数据通过字节数组传回，具体的合成过程分为如下几个步骤。

**1. 定义 WebSocket 客户端的语音合成任务**

首先编写 WebSocket 客户端的语音合成任务代码，该任务待实现的功能点说明如下：

（1）在请求报文中填写原始文本、音频格式、采样率等合成参数，再把 JSON 串传给 WebSocket 服务器。

（2）服务器分批返回字节数组形式的音频流，客户端需要将这些音频数据依次追加到存储卡的音频文件。

（3）在合成过程中，服务器还会数次返回 JSON 格式的应答报文。应答报文可能不止一个，只有报文中的 end 字段为 true 时才表示合成结束。

根据上述的语音合成步骤，编写对应的 WebSocket 客户端任务，详细的语音合成的示例代码如下：

（完整代码见 voice\src\main\java\com\example\voice\task\TtsClientEndpoint.java）

```java
@ClientEndpoint
public class TtsClientEndpoint {
    private Activity mAct;         // 声明一个活动实例
    private String mFileName;      // 语音文件名称
    private VoiceListener mListener;  // 语音监听器
    private String mText;          // 待转换的文本
    private long mStartTime;       // 语音合成的开始时间

    public TtsClientEndpoint(Activity act, String fileName, String text,
VoiceListener listener) {
        mAct = act;
        mFileName = fileName;
        mText = text;
        mListener = listener;
    }

    @OnOpen
    public void onOpen(Session session) {
        mStartTime = System.currentTimeMillis();
        try {
            // 组装语音合成的 json 报文
            JSONObject frame = new JSONObject();
            frame.put("format", "mp3");        // 音频格式，支持 mp3 和 pcm
            frame.put("sample", "16000");      // 采样率（单位 Hz）
            frame.put("vcn", "kiyo-plus");     // 发音人，kiyo-plus 为可爱女生
            frame.put("speed", 30);            // 语速
            frame.put("volume", 50);           // 音量
            frame.put("pitch", 50);            // 音高
            frame.put("bright", 50);           // 亮度
            frame.put("text", mText);          // 需要合成的文本
            frame.put("user_id", "unisound-home"); // 用户标识
            // 发送语音合成请求
            session.getBasicRemote().sendText(frame.toString());
        } catch (Exception e) {
            e.printStackTrace();
        }
    }

    @OnMessage
    public void onMessgae(Session session, byte[] data) {
        mStartTime = System.currentTimeMillis();
```

```
            FileUtil.appendBytesToFile(mFileName, data); // 把音频数据追加至文件
        }
        @OnMessage
        public void processMessage(Session session, String message) {
            try {
                JSONObject jsonObject = new JSONObject(message);
                boolean end = jsonObject.getBoolean("end");   // 是否结束合成
                int code = jsonObject.getInt("code");         // 处理结果
                String msg = jsonObject.getString("msg");     // 结果说明
                if (code != 0) {
                    return;
                }
                mAct.runOnUiThread(() -> mListener.voiceDealEnd(
                                end, msg, mFileName));
                if (end) {
                    session.close();  // 关闭连接会话
                }
            } catch (Exception e) {
                e.printStackTrace();
            }
        }
    }
```

### 2. 把语音任务关联到 WebSocket 服务器

按照 WebSocket 的接口调用方式先获取 WebSocket 容器，再连接 WebSocket 服务器，并关联语音处理任务。注意，此时要拼接完整的 URL 访问地址，其中包含之前在云知声开放平台申请的 AppKey 和 AppSecret。下面是启动语音处理任务的 WebSocket 示例代码：

（完整代码见 voice\src\main\java\com\example\voice\util\SoundUtil.java）

```
// 启动语音处理任务（语音识别或者语音合成）
public static void startSoundTask(String url, Object task) {
    long time = System.currentTimeMillis();
    StringBuilder paramBuilder = new StringBuilder();
    // 填写该应用在开放平台上申请的密钥和密码
    paramBuilder.append(SoundConstant.APP_KEY).append(time).
            append(SoundConstant.APP_SECRET);
    String sign = getSHA256Digest(paramBuilder.toString());
    StringBuilder param = new StringBuilder();
    param.append("appkey=").append(SoundConstant.APP_KEY).append("&")
            .append("time=").append(time).append("&")
            .append("sign=").append(sign);
    String fullUrl = url + param.toString();
    // 获取 WebSocket 容器
    WebSocketContainer container =
            ContainerProvider.getWebSocketContainer();
    try {
        URI uri = new URI(fullUrl);  // 创建一个 URI 对象
        // 连接 WebSocket 服务器，并关联语音处理任务获得连接会话
        Session session = container.connectToServer(task, uri);
        // 设置文本消息的最大缓存大小
        session.setMaxTextMessageBufferSize(1024 * 1024 * 10);
        // 设置二进制消息的最大缓存大小
```

```
            session.setMaxBinaryMessageBufferSize(1024 * 1024 * 10);
        } catch (Exception e) {
            e.printStackTrace();
        }
    }
```

### 3. 创建并启动语音合成任务

回到测试页面的活动代码，先创建 WebSocket 客户端的语音合成任务，再通过 WebSocket 容器启动语音合成任务，串联之后的在线合成语音的示例代码如下：

（完整代码见 voice\src\main\java\com\example\voice\VoiceComposeActivity.java）

```
private String mComposeFilePath;    // 合成语音的文件路径

// 在线合成语音
private void onlineCompose(String text) {
    mComposeFilePath = String.format("%s/%s.mp3",
            getExternalFilesDir(Environment.DIRECTORY_DOWNLOADS),
            DateUtil.getNowDateTime());
    // 创建语音合成任务，并指定语音监听器
    TtsClientEndpoint task = new TtsClientEndpoint(this, mComposeFilePath,
text, arg -> {
        if (Boolean.TRUE.equals(arg[0])) {
            Toast.makeText(this, "语音合成结束", Toast.LENGTH_SHORT).show();
            tv_result.setText("音频文件位于"+arg[2]);
            tv_option.setVisibility(View.VISIBLE);
        }
    });
    SoundUtil.startSoundTask(SoundConstant.URL_TTS, task); // 启动语音合成任务
}
```

运行并测试该 App，输入一段文字后点击"开始合成语音"按钮，可观察到语音合成结果如图 11-12 和图 11-13 所示。图 11-12 为在线合成语音之前的界面，图 11-13 为在线合成语音之后的界面，点击右上角的"开始播放语音"按钮就能聆听合成好的音频了。

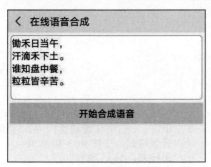

图 11-12　在线合成语音之前的界面

图 11-13　在线合成语音之后的界面

## 11.2.3　在线语音识别

云知声的语音识别同样采用 WebSocket 接口，待识别的音频流支持 MP3 和 PCM 两种格式，其中有关 PCM 音频的详细介绍参见第 7.2.2 节。对于在线语音识别来说，云知声使用 JSON 串封装报文，待识别的音频数据以二进制形式发给服务器，具体的识别过程分为如下几个步骤。

**1. 定义 WebSocket 客户端的语音识别任务**

首先编写 WebSocket 客户端的语音识别任务代码，该任务待实现的功能点说明如下：

（1）在请求报文中填写朗读领域、音频格式、采样率等识别参数，再把 JSON 串传给 WebSocket 服务器。

（2）把字节数组格式的原始音频通过 sendBinary 方法分批发给服务器。

（3）等到所有音频数据发送完毕，再向服务器发一个结束识别的报文，也就是 type 字段为 end 的 JSON 串。

（4）在识别过程中，服务器还会数次返回 JSON 格式的应答报文。应答报文可能不止一个，只有报文中的 end 字段为 true 时才表示识别结束。

根据上述的语音识别步骤编写对应的 WebSocket 客户端任务，语音识别的示例代码如下：

（完整代码见 voice\src\main\java\com\example\voice\task\AsrClientEndpoint.java）

```java
@ClientEndpoint
public class AsrClientEndpoint {
    private Activity mAct;            // 声明一个活动实例
    private String mFileName;         // 语音文件名称
    private VoiceListener mListener;  // 语音监听器
    private Session mSession;         // 连接会话

    public AsrClientEndpoint(Activity act, String fileName, VoiceListener listener) {
        mAct = act;
        mFileName = fileName;
        mListener = listener;
    }

    @OnOpen
    public void onOpen(final Session session) {
        mSession = session;
        try {
            // 组装请求开始的 JSON 报文
            JSONObject frame = new JSONObject();
            frame.put("type", "start");
            JSONObject data = new JSONObject();
            frame.put("data", data);
            data.put("domain", "general");        // 领域：general(通用)，law(司法)
            data.put("lang", "cn");               // 语言：cn(中文普通话)，en(英语)
            data.put("format", "mp3");            // 音频格式，支持 MP3 和 PCM
            data.put("sample", "16k");            // 采样率，16k、8k
            data.put("variable", "true");         // 是否可变结果
            data.put("punctuation", "true");      // 是否开启标点
            data.put("post_proc", "true");        // 是否开启数字转换
            data.put("acoustic_setting", "near"); // 音响：near(近讲)，far(远讲)
            data.put("server_vad", "false");      // 智能断句
            data.put("max_start_silence", "1000"); // 智能断句前静音
            data.put("max_end_silence", "500");    // 智能断句尾静音
            // 发送开始请求
            session.getBasicRemote().sendText(frame.toString());
        } catch (Exception e) {
```

```java
            e.printStackTrace();
        }
        // 文件名非空，表示从音频文件中识别文本
        if (!TextUtils.isEmpty(mFileName)) {
            new Thread(() -> sendAudioData(session)).start();
        }
    }

    // 发送音频文件的语音数据
    private void sendAudioData(final Session session) {
        try (InputStream is = new FileInputStream(mFileName)) {
            byte[] audioData = new byte[9600];
            int length = 0;
            while ((length = is.read(audioData)) != -1) {
                ByteBuffer buffer = ByteBuffer.wrap(audioData, 0, length);
                session.getAsyncRemote().sendBinary(buffer);
                Thread.sleep(200);   // 模拟采集音频休眠
            }
        } catch (Exception e) {
            e.printStackTrace();
        }
        stopAsr();    // 停止语音识别
    }

    // 发送实时语音数据
    public synchronized void sendRealtimeAudio(int seq, byte[] data, int length) {
        if (mSession!=null && mSession.isOpen()) {
            ByteBuffer buffer = ByteBuffer.wrap(data, 0, length);
            mSession.getAsyncRemote().sendBinary(buffer);
        }
    }

    // 停止语音识别
    public void stopAsr() {
        try {
            // 组装请求结束的 JSON 报文
            JSONObject frame = new JSONObject();
            frame.put("type", "end");
            if (mSession!=null && mSession.isOpen()) {
                // 发送结束请求
                mSession.getBasicRemote().sendText(frame.toString());
            }
        } catch (Exception e) {
            e.printStackTrace();
        }
    }

    @OnMessage
    public void processMessage(Session session, String message) {
        try {
            JSONObject jsonObject = new JSONObject(message);
            boolean end = jsonObject.getBoolean("end");    // 是否结束识别
            int code = jsonObject.getInt("code");          // 处理结果
            String msg = jsonObject.getString("msg");      // 结果说明
```

```java
            if (code != 0) {
                return;
            }
            String text = jsonObject.getString("text");
            mAct.runOnUiThread(() -> mListener.voiceDealEnd(end, msg, text));
            if (end) {
                session.close();      // 关闭连接会话
            }
        } catch (Exception e) {
            e.printStackTrace();
        }
    }
}
```

### 2. 定义 PCM 音频的实时录制线程

在线识别的音频源既可能是音频文件,也可能是实时录制的 PCM 音频。在实时录音的情况下,还需自定义专门的录音线程,每录制一段 PCM 数据就发给 WebSocket 服务器。下面是实时录音线程的示例代码:

(完整代码见 voice\src\main\java\com\example\voice\task\VoiceRecognizeTask.java)

```java
public class VoiceRecognizeTask extends Thread {
    private int mFrequence = 16000;           // 音频的采样频率,单位赫兹
    private int mChannel = AudioFormat.CHANNEL_IN_MONO;    // 音频的声道类型
    private int mFormat = AudioFormat.ENCODING_PCM_16BIT;  // 音频的编码格式
    private boolean isCancel = false;         // 是否取消录音
    private AsrClientEndpoint mAsrTask;       // 语音识别任务

    public VoiceRecognizeTask(Activity act, AsrClientEndpoint asrTask) {
        mAsrTask = asrTask;
    }

    @Override
    public void run() {
        // 根据定义好的几个配置来获取合适的缓冲大小
        int bufferSize = AudioRecord.getMinBufferSize(
                        mFrequence, mChannel, mFormat);
        bufferSize = Math.max(bufferSize, 9600);
        byte[] buffer = new byte[bufferSize];   // 创建缓冲区
        // 根据音频配置和缓冲区构建原始音频录制实例
        AudioRecord record = new AudioRecord(MediaRecorder.AudioSource.MIC,
                mFrequence, mChannel, mFormat, bufferSize);
        // 设置需要通知的时间周期为 1 秒
        record.setPositionNotificationPeriod(1000);
        record.startRecording();          // 开始录制原始音频
        int i=0;
        // 没有取消录制,则持续读取缓冲区
        while (!isCancel) {
            int bufferReadResult = record.read(buffer, 0, buffer.length);
            mAsrTask.sendRealtimeAudio(i++, buffer, bufferReadResult);
        }
        record.stop();                    // 停止原始音频录制
    }
```

```
    // 取消实时录音
    public void cancel() {
        isCancel = true;
        mAsrTask.stopAsr();            // 停止语音识别
    }
}
```

### 3. 创建并启动语音识别任务

回到测试页面的活动代码，先创建 WebSocket 客户端的语音识别任务，再通过 WebSocket 容器启动语音识别任务。串联之后的在线识别语音的示例代码如下：

（完整代码见 voice\src\main\java\com\example\voice\VoiceRecognizeActivity.java）

```
private VoiceRecognizeTask mRecognizeTask;    // 声明一个原始音频识别线程对象

// 在线识别音频文件（文件路径为空的话，表示识别实时语音）
private void onlineRecognize(String filePath) {
    // 创建语音识别任务，并指定语音监听器
    AsrClientEndpoint asrTask = new AsrClientEndpoint(this, filePath,
            arg -> {
        tv_recognize_text.setText(arg[2].toString());
        if (Boolean.TRUE.equals(arg[0])) {
            Toast.makeText(this, "语音识别结束", Toast.LENGTH_SHORT).show();
        }
    });
    // 启动语音识别任务
    SoundUtil.startSoundTask(SoundConstant.URL_ASR, asrTask);
    if (TextUtils.isEmpty(filePath)) {    // 文件路径为空，表示识别实时语音
        // 创建一个原始音频识别线程
        mRecognizeTask = new VoiceRecognizeTask(this, asrTask);
        mRecognizeTask.start();            // 启动原始音频识别线程
    }
}
```

运行并测试该 App，点击"开始实时识别"按钮后开始说话，可观察到语音识别结果如图 11-14 和图 11-15 所示。图 11-14 为在线识别实时语音时的界面，图 11-15 为在线识别音频文件（来自于本书源码 voice 模块的 src\main\assets\sample\spring.pcm）时的界面。

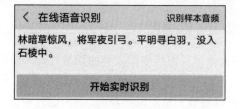

图 11-14　在线识别实时语音时的界面

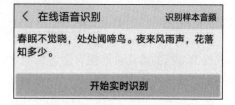

图 11-15　在线识别音频文件时的界面

## 11.3　基于机器学习的语音推断

本节介绍机器学习在语音领域的具体应用，内容包括：人工智能与机器学习的相关概念，机

器学习框架 TensorFlow 的层次结构；TensorFlow 的简化版——TensorFlow Lite，以及它在移动设备上的工作步骤；TensorFlow Lite 在 Android 上的一个具体应用，如何从说话语音中识别英文单词指令。

### 11.3.1 TensorFlow 简介

人工智能（Artificial Intelligence，AI）是当今科技发展的热门方向，它期望了解人类智能的产生原理和成长实质，进而采取神经网络模拟人类大脑的运作过程，使得机器初步具备人类的感官，包括视觉（图像识别）、听觉（语音识别）、触觉（温度传感器）等，还能模仿人类的动作行为，包括说话（语音合成）、开车（自动驾驶）、下棋（AlphaGo）等。人工智能又是十分广泛的科学，它由不同的学科领域组成，包括机器学习（Machine Learning）、计算机视觉（Computer Vision）、自然语言处理（Natural Language Processing）等，其中机器学习分蘖出更多的研究方向，包括监督学习（Supervised Learning）、无监督学习（Unsupervised Learning）、深度学习（Deep Learning）等，人工智能与机器学习的分支结构如图 11-16 所示。

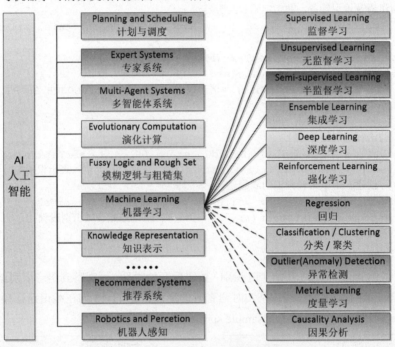

图 11-16　人工智能与机器学习的分支结构

机器学习指的是让机器拥有学习的能力，专门研究计算机怎样模拟人类的学习过程，从而获取新的知识或技能，还能重新组织已有的知识结构，使其不断提高自身的工作水准。TensorFlow 便是机器学习在技术层面的学习框架，利用学习框架可以处理大量的原始数据，并由此快速建立对应的数学模型，通过反复的数据输入训练，这些模型得以持续改善能力，最终达到符合实际应用的要求。TensorFlow 是谷歌公司推出的开源框架，并且支持 Python、Java、Go、C++等多种流行语言，经过数年的磨练逐渐成为开发者入门机器学习的首选框架。

TensorFlow 基于分层和模块化的设计思想，整个框架以 C 语言的编程接口为界，分为前端和后端两大部分，TensorFlow 的框架结构如图 11-17 所示。

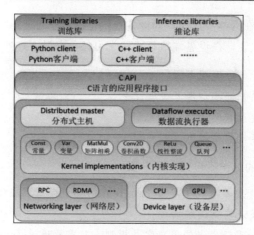

图 11-17　TensorFlow 的框架结构

对于前端来说，TensorFlow 提供了编程模型以及多语言的接口支持，例如 Python、Java、C++等，通过 C 语言的编程接口建立前后端的连接。

对于后端来说，TensorFlow 提供了运行环境，并负责计算图的执行，该部分又可分为下列 4 个层次：

（1）运行时，可分为分布式运行时和本地运行时，负责计算图的接收、构造、编排等。
（2）计算层，提供各 op 算子的内核实现，例如 Conv2D、ReLu 等。
（3）通信层，用来实现组件间数据通信，通信方式包括 GRPC 和 RDMA 两种。
（4）设备层，提供多种异构设备的支持，例如 CPU、GPU、TPU、FPGA 等。

时至今日，TensorFlow 的研究成果已经在各行各业得到广泛运用，除了包含谷歌翻译在内的大量谷歌产品，还有荷兰的奶牛手环时刻关照奶牛健康、亚马逊热带雨林的警报系统监控树木的非法采伐等。

## 11.3.2　TensorFlow Lite

虽然 TensorFlow 是一款十分优秀的机器学习框架，但是它层次众多，不适合在单个设备上独立运行。为此谷歌公司推出了精简版 TensorFlow，也就是 TensorFlow Lite。它可在移动设备、嵌入式设备和物联网设备上运行 TensorFlow 模型，也支持在设备端执行机器学习推断，且时延较低。TensorFlow Lite 与 TensorFlow 之间的关系如图 11-18 所示。

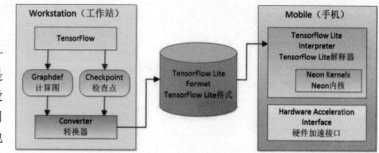

图 11-18　TensorFlow Lite 与 TensorFlow 之间的关系

TensorFlow Lite 包括下列两个主要组件：

- TensorFlow Lite 解释器：允许在设备端的不同硬件上运行优化过的模型。
- TensorFlow Lite 转换器：将 TensorFlow 模型转换为解释器使用的格式，同时通过优化提高应用性能。

TensorFlow Lite 允许在网络"边缘"的设备上执行机器学习任务，无须在设备与服务器之间来回发送数据。对开发者来说，在设备端执行机器学习任务有以下好处：

- 缩短延迟：数据无须往返服务器。
- 保护隐私：任何数据都不会离开设备。
- 减少连接：不需要互联网连接。
- 降低功耗：网络连接非常耗电。

使用 TensorFlow Lite 的工作流包括如下步骤：

**步骤01** 选择模型：开发者可以使用自己的 TensorFlow 模型、在线查找模型，或者从谷歌仓库选择一个模型直接使用或者重新训练模型。

**步骤02** 转换模型：如果开发者使用自定义模型，就需要通过 TensorFlow Lite 转换器将模型转换为 TensorFlow Lite 格式。

**步骤03** 部署到设备：利用 TensorFlow Lite 解释器（提供多种语言的 API）在设备端运行开发者的模型。

**步骤04** 优化模型：使用谷歌的模型优化工具包，缩减模型的大小并提高效率，同时最大限度地降低对准确率的影响。

TensorFlow Lite 的官方网址为 https://tensorflow.google.cn/lite/，上面有各类教程和应用指南。为了方便开发者集成该框架，谷歌提供了若干示例应用，探索经过预先训练的 TensorFlow Lite 模型，了解如何在应用中针对各种机器学习场景使用这些模型，具体应用包括图像分类、对象检测、姿势估计、语音识别、手势识别、图像分割、文本分类等，更多应用实例参见 https://tensorflow.google.cn/lite/examples，详情如图 11-19 所示。

图 11-19　TensorFlow Lite 的示例应用详情

## 11.3.3 从语音中识别指令

上一小节提到 TensorFlow Lite 给出一些示例应用给开发者参考，本节就以其中的语音识别模块为例介绍如何在 App 工程中引入 TensorFlow Lite 模型。

谷歌官方提供的语音识别代码仓库位于 https://github.com/tensorflow/examples/tree/master/lite/examples/speech_commands/android。开发者可以从该仓库下载完整源码并导入 Android Studio，也可以给自己的 App 工程手工添加 TensorFlow Lite 支持。若要手工添加，首先打开 App 模块的 build.gradle，增加如下一行依赖配置：

```
implementation 'org.tensorflow:tensorflow-lite:2.5.0'
```

接着从仓库中获取配置文件 conv_actions_labels.txt 和模型文件 conv_actions_frozen.tflite，把这两个文件放到 src\main\assets 目录下。

然后在活动代码中初始化 TensorFlow Lite，分别读取标签配置、加载模型文件，并根据模型对象与解释器选项创建 TensorFlow Lite 解释器。一切准备就绪后，即可启动录音线程与识别线程。此处的录音操作用到了 PCM 音频，有关 PCM 格式的详细说明见 7.2.2 节。下面是初始化 TensorFlow Lite 的示例代码：

（完整代码见 voice\src\main\java\com\example\voice\VoiceInferenceActivity.java）

```java
private List<String> labelList = new ArrayList<>(); // 指令标签列表
private RecognizeCommands recognizeCommands = null; // 待识别的指令
// 解释器选项
private Interpreter.Options tfLiteOptions = new Interpreter.Options();
private Interpreter tfLite;       // TensorFlow Lite 的解释器
private long costTime;            // 每次语音识别的耗时

// 初始化 TensorFlow
private void initTensorflow() {
    try (BufferedReader br = new BufferedReader(
            new InputStreamReader(getAssets().open(LABEL_FILENAME)))) {
        String line;
        while ((line = br.readLine()) != null) {
            labelList.add(line);
        }
    } catch (Exception e) {
        throw new RuntimeException("Problem reading label file!", e);
    }
    // 设置一个对象来平滑识别结果，以提高准确率
    recognizeCommands = new RecognizeCommands(
            labelList,
            AVERAGE_WINDOW_DURATION_MS,
            DETECTION_THRESHOLD,
            SUPPRESSION_MS,
            MINIMUM_COUNT,
            MINIMUM_TIME_BETWEEN_SAMPLES_MS);
    try {
        MappedByteBuffer tfLiteModel = loadModelFile(
                            getAssets(), MODEL_FILENAME);
        tfLite = new Interpreter(tfLiteModel, tfLiteOptions);
    } catch (Exception e) {
        throw new RuntimeException(e);
```

```
    }
    tfLite.resizeInput(0, new int[]{RECORDING_LENGTH, 1});
    tfLite.resizeInput(1, new int[]{1});
    startRecord();          // 开始录音
    startRecognize();       // 开始识别
}
```

这个语音识别示例 App 支持识别英文单词指令，包括 Yes、No、Up、Down、Left、Right、On、Off、Stop、Go 等，识别到的指令单词会高亮显示在 App 界面。运行并测试该 App，对着手机大声朗诵上述英文单词，可观察到语音推断结果如图 11-20 和图 11-21 所示。图 11-20 为念 Yes 之后的结果，图 11-21 为念 Right 之后的结果。TensorFlow Lite 成功识别出对应的英文指令，并且将判断语音是否标准的百分比（吻合度）也一块标示出来。

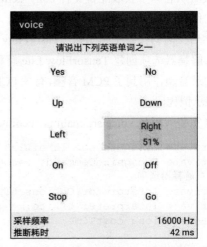

图 11-20　念 Yes 之后的结果　　　　图 11-21　念 Right 之后的结果

## 11.4　实战项目：你问我答之小小机器人

隋炀帝杨广年轻时有一个好友柳抃，可是登基后搬入皇宫，没办法大半夜把柳抃召进宫玩耍。于是他叫工匠做了个柳抃模样的木偶人，能坐能站能跪拜能趴着。杨广每次对着月光喝酒，都命人将木偶放在一旁，然后他跟木偶觥筹交错，聊得甚是开心。这个木偶人便是人类历史上最早的人形机器人，虽然诸葛亮的木牛流马更早，但那些只是牛模马样，不如杨广的木偶人高级。人形机器人不仅外形酷似人类，还得听懂人类语言、模仿人类行为。本节的实战项目就来谈谈如何设计并实现手机上的问答机器人。

### 11.4.1　需求描述

得益于科技进步与人工智能的大量应用，越来越多的行业实现了自动化、无人化、智能化。尤其是问询类的服务行业，以前在商场经常看到笑靥如花的导购员，在医院看到笑容可掬的导诊员，现在导购员和导诊员越来越少了，取而代之的是一个个智能机器人，人们向机器人提问，机器人会彬彬有礼地回答问题。图 11-22 所示是一个商场中的导购机器人，图 11-23 所示是一个在医院里的导诊机器人。

图 11-22　商场中的导购机器人

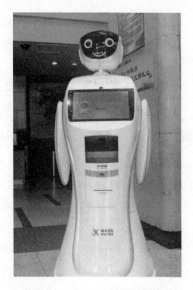

图 11-23　医院里的导诊机器人

尽管上述机器人仍旧配备了显示屏幕，但是它主要倾听人们的对话，通过分析话语中要咨询的问题再朗声播报对应的答案。换而言之，这种机器人依靠语音技术完成问询服务，连不善使用电子产品的老人和小孩都能无障碍提问。

为了实现基本的问询互动，问答机器人必须实现下列功能方可正常工作：

（1）接收人们的对话语音，并从语音中识别问题文本。

（2）对问题文本进行语义分析，判断本次提问想问什么，对应的答案又是什么。至于提问与答案的对应关系，既能由系统自动关联，也能由用户手动关联。

（3）把答案文本合成为语音数据，再播放这段答案音频。

接下来让我们一齐动手实践这个问答机器人。

## 11.4.2　功能分析

机器人较少通过控件与用户交互，主要通过语音与用户交互：用户口头向机器人提出问题，然后机器人通过语音播报答案。在一来一往的语音交互过程中，机器人集成了如下 App 技术：

- 数据库框架 Room：用户自定义的问答信息，包括提问与答案内容，要保存到数据库，以便机器人到数据库读取问答详情。
- 定位服务：机器人回答住址、籍贯、天气等问题有赖于定位服务，首先要获取当前的经纬度（参见第 9 章介绍），然后根据经纬度查询详细地址，进而获得城市天气。
- 网络通信框架：根据经纬度查询详细地址，根据城市名称获取城市代码、城市天气，这些操作都要访问相应的 Web 服务，可采用第 6 章介绍的 okhttp 简化 HTTP 通信操作。
- 原始音频录制：机器人识别语音的时候，要不停地监听原始音频（参见第 7 章），再发给第三方语音平台分析处理。
- 语音识别与语音合成：这里选用云知声作为第三方语音平台，它不但提供了语音识别与语音合成功能，而且集成比较方便。

- WebSocket 接口：云知声采用 WebSocket 协议提供语音识别与语音合成的接口服务，因此客户端要调用它的 WebSocket 接口（参见第 6 章）。
- 中文转拼音：在朗诵诗歌之前，机器人通过诗人姓名与诗歌标题确定是哪一首唐诗宋词，但语音识别的结果文本可能存在同音字，为了避免同音字造成条件匹配失败，可先将中文转成拼音，再通过拼音判断是否匹配。这里的中文转拼音用到了开源库 pinyin4j。

下面简单介绍一下随书源码 voice 模块中与机器人有关的主要代码模块之间的关系：

- RobotActivity.java：机器人的交互界面。机器人在此聆听用户的提问并回答问题。
- QuestionEditActivity.java：自定义问答的编辑页面，既支持增加新问答，也支持编辑现有问答，还能切换到问答详情的浏览页面。
- QuestionListActivity.java：自定义问答的列表页面。
- GetAddressTask.java：获取详细地址（信息来自天地图）的异步任务。
- GetCityCodeTask.java：获取城市代码（信息来自高德地图）的异步任务。
- GetWeatherTask.java：获取城市天气（信息来自高德地图）的异步任务。

接下来对机器人编码中的部分疑难点进行补充介绍，包括首次运行时加载初始问答、侦听用户的提问并作答、判断用户的提问要怎么回答。

### 1. 首次运行时加载初始问答

刚安装完的 App 其实啥都不懂，为了让它首次运行就能回答问题，势必要初始化预设的问答库。因而在进入机器人界面时，App 要立刻加载初始的问答列表，实现加载的示例代码如下：

（完整代码见 voice\src\main\java\com\example\voice\RobotActivity.java）

```java
// 系统自带的问答映射表
private Map<String, QuestionInfo> mQuestionSystemMap = new HashMap<>();
// 用户添加的问答映射表
private Map<String, QuestionInfo> mQuestionCustomMap = new HashMap<>();
private QuestionDao;  // 声明一个问答的持久化对象

// 加载所有问答
private void loadAllQuestion() {
    // 从 App 实例中获取唯一的问答持久化对象
    questionDao = MainApplication.getInstance()
                    .getQuestionDB().questionDao();
    RobotConstant.initSystemQuestion(this, questionDao);  // 初始化预设的问题
    // 加载所有问答信息
    List<QuestionInfo> questionList = questionDao.queryAllQuestion();
    for (QuestionInfo item : questionList) {
        if (item.getType() == 0) {  // 系统问答
            mQuestionSystemMap.put(item.getQuestion(), item);
        } else {  // 用户问答
            mQuestionCustomMap.put(item.getQuestion(), item);
        }
    }
}
```

以上代码调用了 initSystemQuestion 方法初始化系统设定的问题，该方法把 assets 目录下的问答文件导入到数据库，后续 App 从数据库获取问答列表即可。初始化的示例代码如下：

（完整代码见 voice\src\main\java\com\example\voice\constant\RobotConstant.java）

```
// 初始化系统设定的问题
public static void initSystemQuestion(Context ctx, QuestionDao questionDao)
{
    String templateFile = "robot/"+TEMPLATE_FILE;
    String templatePath = String.format("%s/%s",
            ctx.getExternalFilesDir(Environment.DIRECTORY_DOWNLOADS),
            templateFile);
    if (!new File(templatePath).exists()) {
        List<QuestionInfo> systemList = new ArrayList<>();
        AssetsUtil.Assets2Sd(ctx, templateFile, templatePath);
        String content = FileUtil.openText(templatePath);
        String[] lines = content.split("\\n");
        for (String line : lines) {
            String[] items = line.split(" ");
            systemList.add(new QuestionInfo(items[0], items[1], 0));
        }
        questionDao.insertQuestionList(systemList);   // 插入多条问答信息
    }
}
```

### 2. 侦听用户的提问并作答

侦听用户的提问要另外启动原始音频识别线程，先通过麦克风获得输入的原始音频数据，再将音频数据实时发给语音平台进行识别。语音识别结果是一串文本，要求持续检查已识别的文本是否为已设定的问题，若符合问题匹配条件，则借助语音平台将答案文本合成为语音，再播报合成后的答案语音。本书范例 App 能够识别的问答主要有下列三类：

（1）用户自己添加的问答，可从数据库查询得到。

（2）App 事先设定的系统问题，可通过模板串匹配判断。

（3）用户要机器人背诵的唐诗宋词，诗歌数据可在首次运行时从资料文件导入数据库。

下面是与用户进行问答互动的机器人框架代码：

（完整代码见 voice\src\main\java\com\example\voice\RobotActivity.java）

```
private VoiceRecognizeTask mRecognizeTask; // 声明一个原始音频识别线程对象
private boolean isPlaying = false;         // 是否正在播放
private long mBeginTime;                   // 语音识别的开始时间
private Timer mTimer = new Timer();        // 语音识别计时器
private TimerTask mTimerTask;              // 计时任务

// 在线识别实时语音
private void onlineRecognize() {
```

```java
        // 创建语音识别任务，并指定语音监听器
        AsrClientEndpoint asrTask = new AsrClientEndpoint(this, "",
                arg -> checkRecognize((boolean)arg[0], arg[2].toString()));
        // 启动语音识别任务
        SoundUtil.startSoundTask(SoundConstant.URL_ASR, asrTask);
        // 创建一个原始音频识别线程
        mRecognizeTask = new VoiceRecognizeTask(this, asrTask);
        mRecognizeTask.start();                // 启动原始音频识别线程
        isPlaying = false;
        findViewById(R.id.iv_robot).setOnClickListener(v -> {
            // 启动取消识别语音的线程
            new Thread(() -> mRecognizeTask.cancel()).start();
            playVoice(RobotConstant.SAMPLE_PATHS[2]);  // 播放样本音频
        });
        mBeginTime = System.currentTimeMillis();
        mTimer = new Timer();                  // 创建一个录音计时器
        // 创建一个录音计时任务
        mTimerTask = new TimerTask() {
            @Override
            public void run() {
                long now = System.currentTimeMillis();
                // 超过 10 秒则停止本次识别，重新开始识别
                if (now - mBeginTime > 10 * 1000) {
                    mTimer.cancel();           // 取消计时器
                    // 启动取消识别语音的线程
                    new Thread(() -> mRecognizeTask.cancel()).start();
                    runOnUiThread(() -> tv_answer.setText("我的回答是："
                            +RobotConstant.SYSTEM_ANSWERS[6]));
                    playVoice(RobotConstant.SAMPLE_PATHS[6]);  // 播放样本音频
                }
            }
        };
        mTimer.schedule(mTimerTask, 0, 1000);  // 每隔一秒就检查识别语音是否超时了
    }

    // 检查已识别的文本是否为已设定的问题
    private void checkRecognize(boolean isEnd, String text) {
        tv_question.setText("您的问题是："+text);
        for (Map.Entry<String, QuestionInfo> item :
                mQuestionCustomMap.entrySet()) {
            if (text.contains(item.getKey())) {  // 匹配用户添加的问题
                if (!isEnd) {       // 尚未结束识别
                    // 启动取消识别语音的线程
                    new Thread(() -> mRecognizeTask.cancel()).start();
                } else {            // 已经结束识别
                    answerCustomQuestion(item.getValue());  // 回答用户问题
                }
                return;
            }
        }
```

```java
            for (Map.Entry<String, QuestionInfo> item :
                mQuestionSystemMap.entrySet()) {
            if (text.matches(item.getKey())) { // 匹配系统自带的问题
                if (!isEnd) {        // 尚未结束识别
                    // 启动取消识别语音的线程
                    new Thread(() -> mRecognizeTask.cancel()).start();
                } else {             // 已经结束识别
                    answerSystemQuestion(text, item.getValue()); // 回答系统问题
                }
                return;
            }
        }
        /* 这里省略匹配诗歌问题与背诵诗歌的相关代码 */
}

// 回答系统问题
private void answerSystemQuestion(String question, QuestionInfo questionInfo) {
    mTimerTask.cancel();        // 取消计时任务
    String answer = questionInfo.getAnswer();
    // 启动取消识别语音的线程
    new Thread(() -> mRecognizeTask.cancel()).start();
    Object[] resultArray = RobotConstant.judgeAnswerResult(
                question, answer, mCityInfo);
    int voiceSeq = (int) resultArray[0];
    String tempText = (String) resultArray[1];
    String answerText = TextUtils.isEmpty(tempText) ?
            RobotConstant.SYSTEM_ANSWERS[voiceSeq] : tempText;
    runOnUiThread(() -> tv_answer.setText("我的回答是:"+answerText));
    String voicePath = voiceSeq==-1
                ? "" : RobotConstant.SAMPLE_PATHS[voiceSeq];
    // 启动在线合成语音的线程
    new Thread(() -> onlineCompose(answer, voiceSeq,
                answerText, voicePath)).start();
}

// 回答用户问题
private void answerCustomQuestion(QuestionInfo questionInfo) {
    mTimerTask.cancel();        // 取消计时任务
    String answer = questionInfo.getAnswer();
    // 启动取消识别语音的线程
    new Thread(() -> mRecognizeTask.cancel()).start();
    runOnUiThread(() -> tv_answer.setText("我的回答是:"+answer));
    // 启动在线合成语音的线程
    new Thread(() -> onlineCompose(""+questionInfo.getId(),
                -1, answer, "")).start();
}
```

### 3. 判断用户的提问要怎么回答

上面第二点的第二类提问通过模板串匹配系统预设的问题,再给出对应的答案文本,或者直

接返回固定的客套语音,建立这种映射关系的示例代码如下:

(完整代码见 voice\src\main\java\com\example\voice\constant\RobotConstant.java)

```java
// 判断回答的序号和内容
public static Object[] judgeAnswerResult(String question, String answer,
CityInfo cityInfo) {
    int voiceSeq = -1;
    String tempText = "";
    if (answer.contains("askWho")) {              // 问个人
        voiceSeq = 8;
    } else if (answer.contains("askName")) {      // 问名字
        voiceSeq = 9;
    } else if (answer.contains("askAge")) {       // 问年龄
        voiceSeq = 10;
    } else if (answer.contains("askDate")) {      // 问日期
        tempText = "今天是"+DateUtil.getNowDateCN();
    } else if (answer.contains("askTime")) {      // 问时间
        tempText = "现在是"+DateUtil.getNowTimeCN();
    } else if (answer.contains("askWeek")) {      // 问星期
        tempText = "今天是"+DateUtil.getNowWeekCN();
    } else if (answer.contains("askWhere")) {     // 问家乡
        if (cityInfo == null) {
            voiceSeq = 5;
        } else {
            tempText = String.format("我是%s人。",
                    cityInfo.city_name.replace("市", ""));
        }
    } else if (answer.contains("askAddress")) {   // 问地址
        if (cityInfo == null) {
            voiceSeq = 5;
        } else {
            tempText = String.format("我住在%s。", cityInfo.address);
        }
    } else if (answer.contains("askWeather")) {   // 问天气
        if (cityInfo == null || cityInfo.weather_info == null) {
            voiceSeq = 5;
        } else {
            tempText = String.format("今天天气是%s,吹%s风,风力%s级。",
                    cityInfo.weather_info.weather,
                    cityInfo.weather_info.winddirection,
                    cityInfo.weather_info.windpower);
        }
    } else if (answer.contains("askTemperature")) {// 问气温
        if (cityInfo == null || cityInfo.weather_info == null) {
            voiceSeq = 5;
        } else {
            tempText = String.format("现在气温是%s度,湿度是%s%%。",
                    cityInfo.weather_info.temperature,
                    cityInfo.weather_info.humidity);
        }
    } else if (answer.contains("makeHappy")) {    // 让它开心
        voiceSeq = 1;
    } else if (answer.contains("makeCry")) {      // 让它哭泣
```

```
            voiceSeq = 3;
        } else if (answer.contains("makeAngry")) {        // 让它愤怒
            voiceSeq = 4;
        } else if (answer.contains("sayGoodbye")) {       // 与它再见
            voiceSeq = 7;
        } else if (answer.contains("plusNumber")) {       // 整数相加
            long[] operands = NumberUtil.getOperands(question, "加");
            if (operands==null || operands.length<2) {
                voiceSeq = 6;
            } else {
                tempText = String.format("%d 加%d 等于%d。",
                        operands[0], operands[1], operands[0]+operands[1]);
            }
        } else if (answer.contains("minusNumber")) {      // 整数相减
            long[] operands = NumberUtil.getOperands(question, "减");
            if (operands==null || operands.length<2) {
                voiceSeq = 6;
            } else {
                tempText = String.format("%d 减%d 等于%d。",
                        operands[0], operands[1], operands[0]-operands[1]);
            }
        } else if (answer.contains("multiplyNumber")) {   // 整数相乘
            long[] operands = NumberUtil.getOperands(question, "乘");
            if (operands==null || operands.length<2) {
                voiceSeq = 6;
            } else {
                tempText = String.format("%d 乘以%d 等于%d。",
                        operands[0], operands[1], operands[0]*operands[1]);
            }
        } else if (answer.contains("divideNumber")) {     // 整数相除
            long[] operands = NumberUtil.getOperands(question, "除");
            if (operands==null || operands.length<2) {
                voiceSeq = 6;
            } else if (operands[1] == 0) {                // 除数为零
                tempText = "小朋友，除数不能为零喔。";
            } else {   // 除数非零
                double quotient = 1.0*operands[0]/operands[1];
                // 去掉小数字符串末尾的0
                String result = NumberUtil.removeTailZero(
                        String.format("%.6f", quotient));
                tempText = String.format("%d 除以%d 等于%s。",
                        operands[0], operands[1], result);
            }
        }
        return new Object[]{voiceSeq, tempText};
    }
```

## 11.4.3 效果展示

使用机器人前确保手机已经联网，并且开启了定位功能。为了方便观察语音问答的交互结果，机器人会把识别到的问题文本显示在界面上方，把合成后的答案文本显示在界面下方。打开机器人首页，马上听到甜美的欢迎致辞"您好，很高兴为您服务。有什么可以帮您的呢"，如图11-24 所示。先问它"你是谁"，机器人回答"我是小小机器人呀"，如图11-25 所示。

图 11-24　机器人的欢迎致辞　　　　　图 11-25　机器人的自我介绍

接着向机器人询问今天的天气，机器人到高德地图获取当前城市的天气，再回答天气情况，如图 11-26 所示。继续问机器人住在哪里，机器人说出一处地址（用户当前的所在地），如图 11-27 所示。

图 11-26　机器人回答天气情况　　　　　图 11-27　机器人回答住在哪里

接着考考机器人的算术水平，先问它一道加法题，机器人很快说出答案，如图 11-28 所示。再问它一道乘法题，机器人不假思索报出乘法结果，如图 11-29 所示。

图 11-28　机器人回答加法题

图 11-29　机器人回答乘法题

继续考机器人的诗词素养，先问它一首唐诗，机器人立刻背出来，如图 11-30 所示。再问它一首宋词，机器人也流利朗诵，如图 11-31 所示。

图 11-30　机器人背诵唐诗

图 11-31　机器人背诵宋词

除了 App 事先设定好的问题，用户还可自行添加新的问答，从而让机器人能够回答新问题。点击主界面右下角的"添加新的问答"按钮，打开问答添加页面，如图 11-32 所示。分别输入提问与答案文字，待提交的问答添加页面如图 11-33 所示。

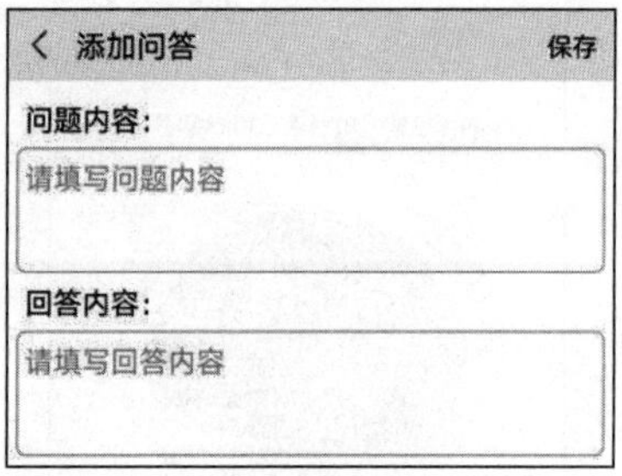

图 11-32　添加新问题的初始界面 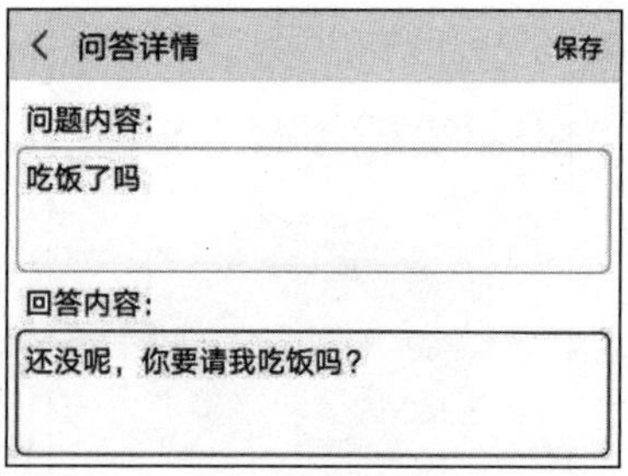　　　　　图 11-33　添加新问题的完成界面

点击右上角的"保存"按钮，回到主界面后点击左下角的"查看问答列表"按钮，打开问答列表页面，如图 11-34 所示，可见新的提问已经加到列表末尾了。点击末尾的问答项，跳到该问答的详情页，如图 11-35 所示。

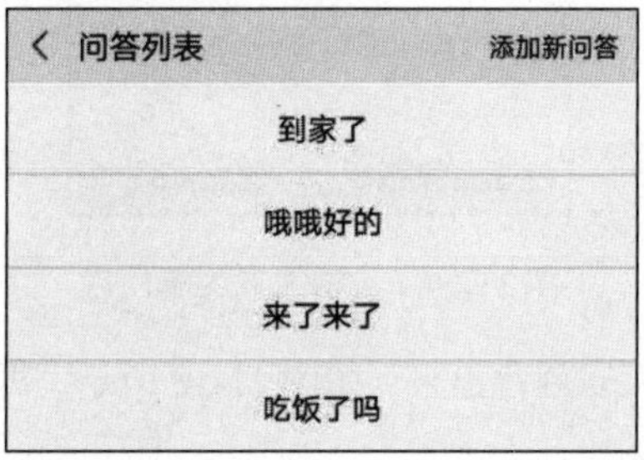

图 11-34　回答列表页 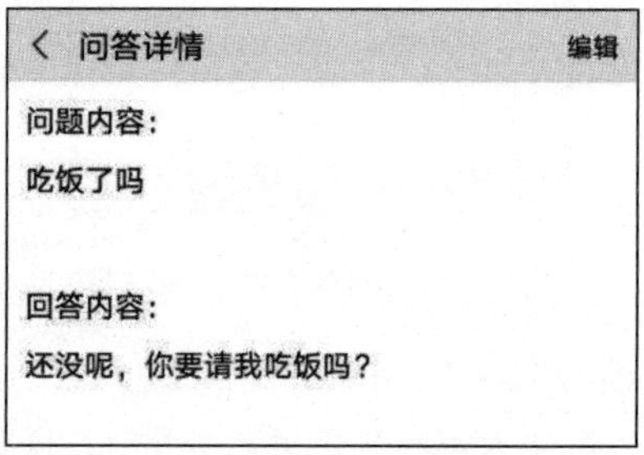　　　　　　　　　　图 11-35　问答详情页

回到机器人主界面，问候它"你吃饭了吗"，机器人在问答库里匹配到了这句话，于是立马回应设定好的答案"还没呢，你要请我吃饭吗？"，如图 11-36 所示。

图 11-36　机器人回答用户设定的问题

现在这个机器人上知天文，下晓地理，算得了加减乘除，背得了唐诗宋词，妥妥的一个儿童好玩伴。

当然，问答机器人仅仅提供参考答案，本身并未参与生活中的实际操作。若想让机器人更加智能，则可考虑集成物联网技术，使之自动向其他机器发送控制指令，比如智能语音结合蓝牙技术催生了智能音箱产品（百度的小度音箱、小米的小爱音箱、阿里的天猫精灵等）。通过向智能音箱下达口头吩咐，消费者可以让它点播歌曲，还可以了解天气预报，甚至遥控智能家居设备，如拉开窗帘、开关空调、让热水器升温等，这些都是后话了。

## 11.5 小　结

本章主要介绍了 App 开发用到的语音处理技术，包括原生语音处理（系统自带的语音引擎、文字转语音、原生的语音识别）、在线语音处理（中文转拼音、在线语音合成、在线语音识别）、基于机器学习的语音推断（TensorFlow 简介、TensorFlow Lite、从语音中识别指令）。最后设计了一个实战项目"你问我答之小小机器人"，在该项目的 App 编码中综合运用了本章介绍的语音处理技术。

通过本章的学习，读者应该能够掌握以下 3 种开发技能：

（1）学会使用系统自带的语音引擎处理语音。
（2）学会利用第三方平台的语音接口在线处理语音。
（3）学会在 App 工程中集成 TensorFlow Lite 模型进行语音识别。

## 11.6 动手练习

1. 利用开源库 Pinyin4j 将一段中文文本转成拼音字母。
2. 在 App 工程中集成 TensorFlow Lite 提供的语音识别例子。
3. 综合运用语音处理技术实现一个问答机器人 App。

# 第 12 章

# 人脸识别

本章介绍 App 开发常用的一些人脸识别技术,主要包括如何识别验证码、条形码、二维码等简单图像,如何通过人脸检测器与 OpenCV 分别识别图片中的人脸,如何利用 OpenCV 实现更丰富多样的人脸识别应用。最后结合本章所学的知识演示一个实战项目"寻人神器之智慧天眼"的设计与实现。

## 12.1 简单图像识别

本节介绍几种简单图像的识别方式,内容包括:如何从验证码图片中识别验证码数字,以具体案例分析怎样加大识别难度;二维码的由来及其结构,以及如何生成具备一定容错率的二维码图片;如何通过第三方的 zxing 库实时扫描图片,识别出图片中的条形码和二维码信息。

### 12.1.1 自动识别验证码

若问目前 IT 领域最火热的技术方向,必属人工智能,前有谷歌的 AlphaGo(阿法狗)完胜围棋世界冠军柯洁,后有微软小冰出版了诗集《阳光失了玻璃窗》,一时间沸沸扬扬,似乎人工智能(AI)无所不能,从而掀起了人民大众了解和关注人工智能的大潮。

虽然人工智能看起来仿佛刚刚兴起,但是它的相关产品早已普遍应用,在工业制造领域,有越来越多的机器人用于自动化生产;在家庭生活领域,则有智能锁、扫地机器人等助力智能家居。这些智能产品的背后离不开人工智能的几项基本技术,包括计算机视觉、自然语言处理、数据挖掘与分析等。这几项技术的应用说明如下:

(1)计算机视觉,包括图像识别、视频识别等技术,可应用于指纹识别、人脸识别、无人驾驶汽车等。

(2)自然语言处理,包括音频识别、语义分析等技术,可应用于机器翻译、语音速记、信息检索等。

（3）数据挖掘与分析，包括大数据的相关处理技术，可应用于商品推荐、天气预报、红绿灯优化等。

其实手机 App 很早就用上了相关的智能技术，以前在 12306 网站买票常常因为各种操作问题贻误下单，后来各种抢票插件应运而生，实现了帮助用户自动登录、自动选择乘车日期和起止站点、自动下单抢票。抢票插件的核心功能之一便是自动识别登录过程中的验证码图片（原本这个验证码图片是用来阻止程序自动登录的，然而抢票插件照样能够识别出图片所呈现出来的形状），这便是人工智能的一项初级应用。

验证码图片中最简单的是数字验证码（数字只有 0 到 9 十个字符，并且每个数字的形状也比较简单），本节就从数字验证码的识别着手，拨开高大上的迷雾，谈谈人工智能的初级应用。

有一张再普通不过的验证码图片，如图 12-1 所示。这张验证码图片蕴含的数字串为 8342，拿到该图片后要进行以下步骤的处理：

首先对该图片适当裁剪，先去掉外围的空白区域，再把每个数字所处的区域单独抠出来，如图 12-2 所示（四个数字被红框圈出四段图片）。

然后对每个数字方块做切割，一般是按照九宫格切为九块，分别是左上角、正上方、右上角、正左边、中央、正右边、左下角、正下方、右下角，切割后的效果如图 12-3 所示。

图 12-1　原始验证码图片

图 12-2　确定验证码位置

图 12-3　验证码数字切割为九块

之所以把数字方块切成九块，是因为每个数字的形状在不同方位各有侧重点，比如数字 3 在正左边是空白的，而数字 8 的正左边有线条；又比如数字 6 在右上角空白、在右下角有线条，而数字 9 在右上角有线条、在右下角空白。分别判断九个方位上的线条像素，即可筛选符合条件的数字，进而推断出最可能的数字字符。

一般情况下，图片中的数字颜色较深，其他区域颜色较浅，通过判断每个方格上的像素点颜色深浅就能得知该方格是否有线条经过。获取像素点的颜色深浅主要有以下几个步骤：

**步骤 01** 调用 bitmap 对象的 getPixel，获得指定 *x*、*y* 坐标像素点的颜色对象，代码如下：

```
Color color = bitmap.getPixel(x, y);
```

**步骤 02** 调用 Integer 类的 toHexString 方法，把颜色对象转换为字符串对象，代码如下：

```
String colorStr = Integer.toHexString(color);
```

**步骤 03** 第 2 步得到一个长度为 8 的字符串，其中前两位表示透明度，第 3、4 位表示红色浓度，第 5、6 位表示绿色浓度，第 7、8 位表示蓝色浓度。另外，需要把十六进制的颜色浓度值转换为十进制的浓度值。示例代码如下：

```
public static int getRed(String colorStr) {
    return Integer.parseInt(colorStr.substring(2, 4), 16);
}
```

```
public static int getGreen(String colorStr) {
    return Integer.parseInt(colorStr.substring(4, 6), 16);
}

public static int getBlue(String colorStr) {
    return Integer.parseInt(colorStr.substring(6, 8), 16);
}
```

**步骤 04** 把红、绿、蓝三色值相加，当总色值未超过某个阈值时就认为该像素点为有效数字像素，用于判定的示例代码如下：

```
String color = Integer.toHexString(bitmap.getPixel(j, k));
int colorTotal = getRed(color) + getGreen(color) + getBlue(color);
if (colorTotal <= 500) {
    // 该像素点判作有效数字像素
}
```

判断每个像素点有效与否后即可扩大到重要部位，例如左上角、左下角、右上角、右下角、顶部、中间、底部等。获取验证码数字的示例代码如下：

（完整代码见 face\src\main\java\com\example\face\util\CodeAnalyzer.java）

```
// 从验证码位图获取验证码数字
public static String getNumber(Bitmap bitmap) {
    List<Bitmap> bitmapList = splitImage(bitmap);  // 切割 4 个验证码数字图像
    StringBuilder total_num = new StringBuilder();
    int number = 0;
    for (int i = 0; i < bitmapList.size(); i++) {
        if (blankLeftBottom(bitmapList.get(i))) { // 左下空白：1、2、3、5、7、9
            if (fewBottom(bitmapList.get(i))) {       // 底部稀疏：1、7
                if (fewTop(bitmapList.get(i))) {       // 顶部稀疏
                    number = 1;
                } else {    // 顶部稠密
                    number = 7;
                }
            } else {         // 底部稠密：2、3、5、9
                if (blankLeftTop(bitmapList.get(i))) {  // 左上角空白：2、3
                    if (blankRightBottom(bitmapList.get(i))) {    // 右下角空白
                        number = 2;
                    } else {   // 右下角非空
                        number = 3;
                    }
                } else {       // 左上角非空：5、9
                    if (blankRightTop(bitmapList.get(i))) {        // 右上角空白
                        number = 5;
                    } else {   // 右上角非空
                        number = 9;
                    }
                }
            }
        } else {   // 左下角非空：0、4、6、8
            if (fewBottom(bitmapList.get(i))) {   // 底部稀疏
```

```
                number = 4;
            } else {            // 底部稠密
                if (blankCenter(bitmapList.get(i))) {        // 中间空白
                    number = 0;
                } else {        // 中间非空: 6、8
                    if (blankRightTop(bitmapList.get(i))) {  // 右上角空白
                        number = 6;
                    } else {    // 右上角非空
                        number = 8;
                    }
                }
            }
        }
        total_num.append(number);
    }
    return total_num.toString();
}
```

接下来从外部调用 getNumber 方法，即可从验证码位图识别出验证码数字。这个验证码图片可能来自本地，也可能来自网络，本书附带的服务端源码已经提供了验证码图片接口 generateCode。不管验证码来源为何，拿到以后都能转成位图对象，那么通过以下代码便能在界面上显示识别到的验证码数字：

（完整代码见 face\src\main\java\com\example\face\VerifyCodeActivity.java）

```
// 识别并显示验证码数字
private void showVerifyCode(Bitmap bitmap) {
    String number = CodeAnalyzer.getNumber(bitmap);  // 从位图获取验证码数字
    iv_code.setImageBitmap(bitmap);
    tv_code.setText("自动识别得到的验证码是："+number);
}
```

运行并测试该 App，勾选"验证码是否来自服务器"，然后分别选择字符类型和干扰类型，可观察到验证码识别结果如图 12-4～图 12-7 所示。图 12-4 为纯数字加干扰点的识别结果，此时识别成功率达到 90%；图 12-5 为纯数字加干扰线的识别结果，由于干扰线影响了像素点判断，因此导致识别成功率降到 60%；图 12-6 为字母和数字加干扰点的识别结果；图 12-7 为字母和数字加干扰线的识别结果，由于前述算法不支持字母识别，因此识别成功率大大降低。

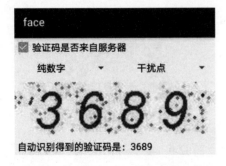

图 12-4　纯数字加干扰点的识别结果

图 12-5　纯数字加干扰线的识别结果

 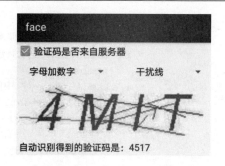

图 12-6　字母和数字加干扰点的识别结果　　　　图 12-7　字母和数字加干扰线的识别结果

通过分析上述图例发现防止验证码被破解至少包含两个手段：一要扩大干扰力度，二要增加字符种类。

### 12.1.2　生成二维码图片

图像识别的应用由来已久，比如超市售卖的商品，包装表面都有一根根粗细不一的条形码，收银员拿着扫码枪对准条形码，旁边的收银机立马自动录入该商品。不过条形码太简单了，只能表达十几位数字编码，无法表示更复杂的数据，并且那些条纹呈线性排列，难以在有限方格内扩展。

为此业界推出了二维码（又称快速响应码，Quick Response Code，简称 QR Code），它在二维方格上描出一个个黑点，从而表达更丰富的信息。假设二维码横向能够容纳 30 个黑点，纵向也能容纳 30 个黑点，总共就有 30×30=900 个点位。每个点又有"是"（显示黑点）和"否"（不显示黑点）两种状态，那么总信息数高达 2 的 900 次方，须知 2 的 30 次方就已经超过 10 亿，更不必说 2 的 900 次方了。

现在二维码早已在手机 App 中广泛使用，不管是添加好友还是支付收款，只要出示二维码让别人扫一扫，"滴"的一下便轻松操作完成了。特别是很多朋友都在运营微信公众号，小编们到处拉人涨粉，这时需要拿到公众号的二维码，让用户扫一扫即可关注。举个例子，打开微信的参考消息公众号，先点击右上角的人像按钮，再点击"纵览外国媒体每日报道精选"，看到如图 12-8 所示的公众号资料，记下此处的微信号 ckxxwx。然后打开计算机浏览器，输入拼接后的二维码网址 https://open.weixin.qq.com/qr/code?username=ckxxwx，就能看到如图 12-9 所示的公众号二维码了。

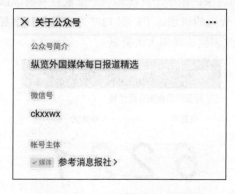 

图 12-8　参考消息的公众号资料页　　　　图 12-9　参考消息的公众号二维码

注意，二维码的左上角、右上角、左下角各有一个带黑框的黑色方块，这三个黑方块用于确定二维码的方位，因为用户可能斜着扫描，也可能倒过来扫描，通过三个角落的黑色方块便能将二维码旋转至正常方向。另外,二维码中间放着公众号的 logo 图标,并不影响扫码识别,这是因为二维码留出了一定的容错率,即使部分区域被遮盖或者被污损,扫码软件仍然能够根据剩余的大部分区域自动纠错,从而解析得到原始的编码信息。

当然,功能如此强悍的二维码可不是随随便便生成的,而要根据特定的算法将一串文本经过编码处理而形成的。若要使用 App 生成二维码,需借助谷歌开源的 zxing 库,打开模块的 build.gradle,添加如下一行依赖配置:

```
implementation 'com.google.zxing:core:3.4.1'
```

在代码中引入二维码撰写器 QRCodeWriter,并调用撰写器的 encode 方法即可生成二维码位图。注意,在编码之前要设置相关参数,包括空白边距、字符编码格式、容错率等。下面是根据原始文本生成二维码位图的示例代码:

(完整代码见 face\src\main\java\com\example\face\GenerateQrcodeActivity.java)

```
// 生成原始文本对应的二维码位图
private Bitmap createQrcodeBitmap(String content, ErrorCorrectionLevel errorRate) {
    int width = content.length()*6;        // 二维码图片的宽度
    int height = width;                     // 二维码图片的高度
    int margin = width / 20;                // 二维码图片的空白边距
    Map<EncodeHintType, Object> hints = new HashMap<>();
    hints.put(EncodeHintType.MARGIN, margin);             // 设置空白边距
    hints.put(EncodeHintType.CHARACTER_SET, "UTF-8");     // 设置字符编码格式
    hints.put(EncodeHintType.ERROR_CORRECTION, errorRate); // 设置容错率
    try {
        // 根据配置参数生成位矩阵对象
        BitMatrix bitMatrix = new QRCodeWriter().encode(content,
                BarcodeFormat.QR_CODE, width, height, hints);
        // 创建像素数组,并根据位矩阵对象为数组元素赋值——色值
        int[] pixels = new int[width * height];
        for (int y = 0; y < height; y++) {
            for (int x = 0; x < width; x++) {
                if (bitMatrix.get(x, y)) {     // 返回 true 表示黑色色块
                    pixels[y * width + x] = Color.BLACK;
                } else {                        // 返回 false 表示白色色块
                    pixels[y * width + x] = Color.WHITE;
                }
            }
        }
        // 创建位图对象,并根据像素数组设置每个像素的色值
        Bitmap bitmap = Bitmap.createBitmap(width, height,
                        Bitmap.Config.ARGB_8888);
        bitmap.setPixels(pixels, 0, width, 0, 0, width, height);
        if (bitmap.getWidth() < 300) {  // 图片太小的话要放大图片
            bitmap = BitmapUtil.getScaleBitmap(bitmap,
                        300.0/bitmap.getWidth());
        }
        return bitmap;
    } catch (Exception e) {
```

```
            e.printStackTrace();
            return null;
        }
    }
```

运行并测试该 App，输入文字后点击"生成二维码"按钮，可观察到生成二维码的结果如图 12-10 和图 12-11 所示。图 12-10 显示出容错率为 30%时的二维码，图 12-11 显示出容错率为 7%时的二维码，可见容错率越高，二维码的黑点越密集。

图 12-10　容错率为 30%时的二维码　　　　图 12-11　容错率为 7%时的二维码

### 12.1.3　扫描识别二维码

上一节提到利用 zxing 库能够生成二维码图片，同时利用 zxing 库可以扫描二维码并解析得到原始文本。此时除了给 build.gradle 添加如下一行依赖配置：

```
implementation 'com.google.zxing:core:3.4.1'
```

还需给 App 工程引入代码包 com.app.zxing，具体参见本书源码 face 模块的对应目录。

扫描二维码会用到手机摄像头，因而要给 App 添加相机权限。如果识别出二维码之时需要震动手机提示用户，还得申请震动权限。于是修改 AndroidManifest.xml，补充权限申请配置：

```
<!-- 相机 -->
<uses-permission android:name="android.permission.CAMERA" />
<!-- 震动 -->
<uses-permission android:name="android.permission.VIBRATE" />
```

接着打开活动页面的布局文件，添加如下所示的布局片段。其中，SurfaceView 控件用于预览扫码界面，ViewfinderView 控件用于显示中间的扫码方框。

（完整代码见 face\src\main\res\layout\activity_scan_qrcode.xml）

```xml
<RelativeLayout
    android:layout_width="match_parent"
    android:layout_height="0dp"
    android:layout_weight="1">

    <SurfaceView
        android:id="@+id/sv_scan"
        android:layout_width="match_parent"
        android:layout_height="match_parent"
        android:layout_gravity="center" />

    <com.app.zxing.view.ViewfinderView
        android:id="@+id/vv_finder"
        android:layout_width="wrap_content"
        android:layout_height="wrap_content" />
</RelativeLayout>
```

然后在代码中增加扫码的支撑操作，主要实现三个功能点：初始化相机并开始扫码、处理扫码结束后的提示音响、处理扫码识别到的文本信息。

### 1. 初始化相机并开始扫码

因为 com.app.zxing 包重新封装系统的相机工具，并提供了扫码专用的相机管理器 CameraManager，所以若要打开相机只需调用 CameraManager 的 openDriver 方法，关闭相机则需调用 closeDriver 方法。等 zxing 库需要的捕捉处理器 CaptureActivityHandler 以及计时器 InactivityTimer 对象初始化完毕后再打开相机，App 就会开始扫描二维码了。下面是初始化扫码操作的示例代码：

（完整代码见 face\src\main\java\com\example\face\ScanQrcodeActivity.java）

```java
private ViewfinderView vv_finder;              // 定义一个扫码视图对象
private boolean hasSurface = false;            // 是否创建了渲染表面
private CaptureActivityHandler mHandler;       // 捕捉图像的处理器
private InactivityTimer mTimer;                // 结束活动的计时器

@Override
protected void onResume() {
    super.onResume();
    mTimer = new InactivityTimer(this);
    SurfaceView sv_scan = findViewById(R.id.sv_scan);
    // 从表面视图获取表面持有者
    SurfaceHolder surfaceHolder = sv_scan.getHolder();
    if (hasSurface) {                          // 已创建渲染表面
        initCamera(surfaceHolder);             // 初始化相机
    } else {                                   // 未创建渲染表面
        surfaceHolder.addCallback(this);
    }
    initBeepSound();                           // 初始化哔哔音效
}

@Override
protected void onPause() {
    super.onPause();
    if (mHandler != null) {
```

```java
        mHandler.quitSynchronously();
        mHandler = null;
    }
    CameraManager.get().closeDriver();
}

// 初始化相机
private void initCamera(SurfaceHolder surfaceHolder) {
    try {
        CameraManager.get().openDriver(surfaceHolder);
        if (mHandler == null) {
            mHandler = new CaptureActivityHandler(this, null, null);
        }
    } catch (Exception e) {
        e.printStackTrace();
    }
}

// 在渲染表面变更时触发
@Override
public void surfaceChanged(SurfaceHolder holder, int format, int width, int height) {}

// 在渲染表面创建时触发
@Override
public void surfaceCreated(SurfaceHolder holder) {
    if (!hasSurface) {
        hasSurface = true;
        initCamera(holder);
    }
}

// 在渲染表面销毁时触发
@Override
public void surfaceDestroyed(SurfaceHolder holder) {
    hasSurface = false;
}

public ViewfinderView getViewfinderView() {
    return vv_finder;
}

public Handler getHandler() {
    return mHandler;
}

// 绘制扫码时的动态横杠
public void drawViewfinder() {
    vv_finder.drawViewfinder();
}
```

### 2. 处理扫码结束后的提示音响

通常扫码结束后手机会发出"滴"的声音,有时是"哔"的一声,提示用户已经识别出二维码内容，请及时关注 App 后续处理。这个提示音可采用媒体播放器 MediaPlayer 播放，在扫码前初始化播放器对象，待扫码完成再调用播放器的 start 方法。除了"哔"的提示音，震动提示也很常见。实现联合以上两种提醒方式的示例代码如下：

```java
private MediaPlayer mPlayer;            // 声明一个媒体播放器对象

// 初始化"哔哔"音效
private void initBeepSound() {
    if (mPlayer == null) {
        // 设置当前页面的音频流类型
        setVolumeControlStream(AudioManager.STREAM_MUSIC);
        mPlayer = new MediaPlayer();    // 创建一个媒体播放器
        // 设置媒体播放器的音频流类型
        mPlayer.setAudioStreamType(AudioManager.STREAM_MUSIC);
        // 设置媒体播放器的播放结束监听器
        mPlayer.setOnCompletionListener(player -> player.seekTo(0));
        try (AssetFileDescriptor afd = getResources()
                    .openRawResourceFd(R.raw.beep)) {
            // 设置媒体播放器的媒体数据来源
            mPlayer.setDataSource(afd.getFileDescriptor(),
                    afd.getStartOffset(), afd.getLength());
            mPlayer.setVolume(0.1f, 0.1f);   // 设置媒体播放器的左右声道音量
            mPlayer.prepare();               // 媒体播放器准备就绪
        } catch (Exception e) {
            e.printStackTrace();
            mPlayer = null;
        }
    }
}

// 震动手机并发出"哔"的一声
private void beepAndVibrate() {
    if (mPlayer != null) {
        mPlayer.start();         // 媒体播放器开始播放
    }
    // 从系统服务中获取震动器
    Vibrator vibrator = (Vibrator) getSystemService(VIBRATOR_SERVICE);
    vibrator.vibrate(200);    // 命令震动器震动若干秒
}
```

### 3. 处理扫码识别到的文本信息

扫码识别到的二维码内容其实是一个字符串，有时为 HTTP 链接，有时为其他协议的地址。总之，拿到结果字符串后，App 还得根据链接地址区分处理，要么打开新链接页面，要么完成支付操作，要么启动某个 App。倘若仅仅查看扫码结果的字符串文本，那么以下示例代码即可跳转到结果页面查看扫码结果：

```java
// 处理实时扫描获得的二维码信息
public void handleDecode(Result result, Bitmap barcode) {
    mTimer.onActivity();
    beepAndVibrate();    // 震动手机并发出"哔"的一声
    // 读取二维码分析后的结果字符串
    String resultStr = result.getText();
    if (TextUtils.isEmpty(resultStr)) {
        Toast.makeText(this, "扫码失败或者结果为空",
                    Toast.LENGTH_SHORT).show();
    } else {
```

```
            gotoResultPage(resultStr);    // 跳转到扫描结果页面
    }
}

// 跳转到扫描结果页面
private void gotoResultPage(String resultStr) {
    Intent intent = new Intent(this, ScanResultActivity.class);
    intent.putExtra("result", resultStr);
    startActivity(intent);
}
```

实际上，zxing 库除了支持扫描二维码，也支持扫描条形码。二者都是方块图像，识别结果也均为字符串。条形码的例子如图 12-12 所示，这是某个商品的条形码；二维码的例子如图 12-13 所示，这是清华大学的微信公众号二维码。

图 12-12　某个商品的条形码　　　　　　图 12-13　清华大学的公众号二维码

运行并测试该 App，可观察到实时扫描界面如图 12-14 所示，可见扫描杠在扫描框内反复移动，直至成功识别为止。

图 12-14　正在扫描二维码的预览界面

两种条码成功识别后的扫码结果如图 12-15 和图 12-16 所示。图 12-15 为条形码的扫描结果，此时显示出商品条码码的数字编号；图 12-16 为二维码的扫描结果，此时显示出公众号二维码的链接地址。

图 12-15　条形码的扫描结果 　　　　图 12-16　二维码的扫描结果

## 12.2　基于计算机视觉的人脸识别

本节介绍 Android 处理人脸识别的几种方式，内容包括：人脸识别的检验思路以及如何使用系统自带的人脸检测器识别图像中的人脸；计算机视觉的学科交叉与 OpenCV 的概念结构，以及如何为 App 工程集成 OpenCV 开发包；OpenCV 开发包的编码步骤，以及如何使用 OpenCV 识别图片中的人脸。

### 12.2.1　检测图像中的人脸

由于图像识别的目的是找出图像中蕴含的信息，因此只需扫描可能容纳信息的图像区域，无须关心剩余的图像部分。比如识别验证码图片，先界定验证码数字所处的位置，再分析这些位置的像素点以判断是哪个数字。又如扫描二维码图片，先找到三个角落的带框方格，确定了二维码所处的正方区域再检查该区域内部的黑点分布，最终解析得到二维码的文本内容。

人脸识别也是基于同样的检验思路，要想从一幅图像中找到人脸，不看头发不看脸颊不看嘴巴，只看两个眼眶与鼻梁。因为头发可长可短还可能戴帽子，脸颊会变胖变瘦还可能长胡子，嘴巴可张开可闭拢还可能涂口红，唯有眼眶与鼻梁紧贴着头骨，轻易不会改变，所以人脸识别便锁定了两个眼眶与鼻梁联结起来的 T 型区域，如图 12-17 所示。（该图见新浪科技：https://tech.sina.com.cn/i/2018-10-24/doc-ihmuuiyw6920945.shtml）

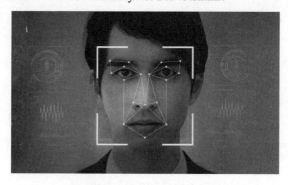

图 12-17　人脸识别的关键区域

对于简单的人脸识别操作，Android 已经提供了专门的识别工具，名叫人脸检测器 FaceDetector。人脸检测器的 findFaces 方法可在指定位图中寻找人脸，找到的人脸结果放在该方法的第二个输入参数中，参数类型为人脸数组结构 FaceDetector.Face[]，每张人脸的检测信息就放在人脸对象中。下面是人脸对象的常用方法：

- getMidPoint：获取人脸的中心点。

- eyesDistance：获取人脸中心点和眼间距离。
- confidence：获取人脸结果的信任度，取值区间为 0 到 1，一般信任度达到 0.3 即可判作人脸。
- pose：获取人脸在指定坐标轴的姿势，也就是与指定坐标轴的夹角。

利用 FaceDetector 可能发现图像中的多个人脸，为了方便观看人脸分布情况，最好在每张人脸周围画个相框。此时需要自定义人脸控件，先描绘待识别的整幅图像，再描绘各张人脸的相框，也就是基于人脸的中心点在其周围描绘正方形边框。下面是人脸控件的自定义视图的示例代码：

（完整代码见 face\src\main\java\com\example\face\widget\FaceView.java）

```java
public class FaceView extends ImageView {
    private int mMaxCount = 15;                     // 检测的最大人脸数量
    private Paint mPaint = new Paint();             // 创建人脸相框的画笔
    private Bitmap mBitmap;                         // 待处理的位图对象
    private FaceDetector.Face[] mFaceArray;         // 存放检测结果的人脸数组
    private int mFaceCount = 0;                     // 检测到的人脸数量
    private int mWidth, mHeight;                    // 视图宽度、视图高度

    public FaceView(Context context) {
        this(context, null);
    }

    public FaceView(Context context, AttributeSet attrs) {
        super(context, attrs);
        mPaint.setColor(Color.GREEN);               // 设置画笔的颜色
        mPaint.setStyle(Paint.Style.STROKE);        // 设置画笔的类型
        mPaint.setStrokeWidth(3);                   // 设置画笔的线宽
    }

    @Override
    protected void onMeasure(int widthMeasureSpec, int heightMeasureSpec) {
        super.onMeasure(widthMeasureSpec, heightMeasureSpec);
        mWidth = getMeasuredWidth();                // 获取视图的实际宽度
        mHeight = getMeasuredHeight();              // 获取视图的实际高度
    }

    @Override
    public void setImageBitmap(Bitmap bitmap) {
        mBitmap = bitmap;      //这个位图对象必须是 RGB_565 格式
        mFaceArray = new FaceDetector.Face[mMaxCount];
        FaceDetector detector = new FaceDetector(bitmap.getWidth(),
                            bitmap.getHeight(), mMaxCount);
        mFaceCount = detector.findFaces(mBitmap, mFaceArray);  // 寻找人脸
        postInvalidate();       // 立即刷新视图（线程安全方式）
    }
```

```
    @Override
    protected void onDraw(Canvas canvas) {
        if (mBitmap == null) {
            return;
        }
        float ratio = Math.min(1.0f*mWidth/mBitmap.getWidth(),
                               1.0f*mHeight/mBitmap.getHeight());
        Rect rect = new Rect(0, 0, (int) (mBitmap.getWidth()*ratio),
                             (int) (mBitmap.getHeight()*ratio));
        canvas.drawBitmap(mBitmap, null, rect, new Paint());   // 描绘原图像
        for (int i = 0; i < mFaceCount; i++) {   // 在每个人脸周围绘制相框
            FaceDetector.Face face = mFaceArray[i];
            PointF point = new PointF();
            face.getMidPoint(point);                // 获取人脸的中心点
            float distance = face.eyesDistance();   // 获取人脸中心点和眼间距离
            int faceRadius = (int) (distance*1.5);  // 计算人脸的半径
            // 绘制人脸相框
            canvas.drawRect(ratio * (point.x - faceRadius),
                    ratio * (point.y - faceRadius),
                    ratio * (point.x + faceRadius),
                    ratio * (point.y + faceRadius*1.2f), mPaint);
        }
    }
}
```

接着在活动页面的布局文件中添加 FaceView 节点，表示在界面上展示人脸视图，节点配置示例如下：

（完整代码见 face\src\main\res\layout\activity_detect_system.xml）

```
<com.example.face.widget.FaceView
    android:id="@+id/fv_face"
    android:layout_width="match_parent"
    android:layout_height="300dp"/>
```

因为人脸检测器只支持 RGB_565 格式，所以要先将图片解码为 RGB_565 格式的位图对象才能继续人脸检测操作。下面是从图片 URI 中检测人脸的示例代码：

（完整代码见 face\src\main\java\com\example\face\DetectSystemActivity.java）

```
// Android 自带的人脸检测只支持 RGB_565 格式
BitmapFactory.Options options = new BitmapFactory.Options();
options.inPreferredConfig = Bitmap.Config.RGB_565;  // 位图参数必须为 RGB_565
// 根据指定图片的 URI 获得自动缩小后的位图对象
Bitmap bitmap = BitmapUtil.getAutoZoomImage(this, uri, options);
fv_face.setImageBitmap(bitmap);   // 设置人脸视图的位图对象
```

运行并测试该 App，从系统相册中挑选某张图片，可观察到人脸识别的结果如图 12-18 所示，可见成功检测到了一张人脸。

图 12-18　人脸检测器的识别结果

### 12.2.2　OpenCV 简介及其集成

计算机视觉是一类智能化的工程领域，它研究怎样让计算机模拟人类的视觉感知，通过观察采集到的图片或者视频、处理画面信息获得三维场景结构，进而识别出有用的物体形态或行为事件。计算机视觉是一门综合性的学科，吸引着各学科的研究者参与其中，包括计算机科学、数学、物理学、统计学、信号处理和神经生理学等。计算机视觉的学科融合交叉关系如图 12-19 所示。

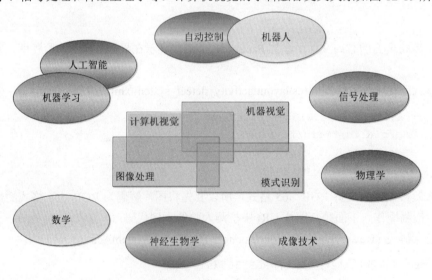

图 12-19　计算机视觉的学科融合交叉关系

计算机视觉的应用方向种类繁多，由此催生了众多的开源软件和开源库，其中最负盛名的当数 OpenCV（Open Source Computer Vision Library，开源的计算机视觉库）。OpenCV 主要由 C/C++ 编写，同时提供 C++、Python、Java 和 MATLAB 编程语言接口，并支持 Windows、Linux、Android 和 MacOS 等主流操作系统。OpenCV 是一个庞大的开源体系，组成模块包括物体识别、特征检测、相机校准、视频分析、图像拼接等，应用领域包括人脸识别、图像分割、运动跟踪、动作识别、结构分析、安全驾驶等。总而言之，OpenCV 在视觉方面包罗万象，它的概念结构如图 12-20 所示。

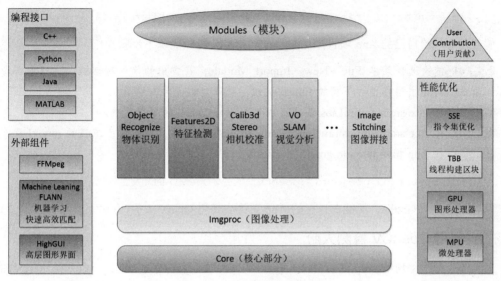

图 12-20　OpenCV 的概念结构

OpenCV 的官网地址为 https://opencv.org/，发布包下载入口为 https://opencv.org/releases/，本书采用的 OpenCV 版本为 4.4，打开入口网页后找到下载区域，如图 12-21 所示。

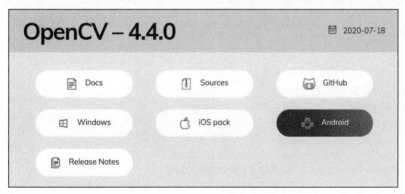

图 12-21　OpenCV 的下载页面

单击下载区域中的 Android 按钮，跳到下载页面稍等片刻，浏览器就会自动下载指定版本的 OpenCV 源码包。等待下载完成，即可开始 OpenCV 研学之旅。

解压下载好的压缩包，可以看到源码目录 OpenCV-android-sdk，进去之后发现有两个子目录，分别是 samples 和 sdk。其中，sdk 为库工程，App 使用 OpenCV 前都要引用该库工程；samples 是样例工程，下面有若干范例模块，比如 samples\face-detection 便是妇孺皆知的人脸识别。

按照官方提供的源码，集成 OpenCV 需引用完整的 sdk 模块，包括它下面的 native 目录及其众多库文件，因为 OpenCV 需要链接这些库文件生成 so 文件，然后才能给 App 调用。可是 native 目录太大了，足足有 800 多兆字节。鉴于普通开发者直接拿手机测试，无须这么庞杂的适配库，因此笔者事先将 sdk 模块编译好的 so 文件放到 face\src\main\jniLibs，同时把去掉了 native 目录的 sdk 模块改名为 opencv，然后给本章源码 face 模块的 build.gradle 添加如下一行依赖库配置，这样即可在

App 工程中调用 OpenCV 的相关方法。

```
implementation project(":opencv") // OpenCV 的开发工具包
```

倘若读者想给自己的 App 项目添加 OpenCV 支持，可按照以下步骤操作。

**步骤 01** 依次选择菜单 File→New→Import Module，在弹出的导入对话框中选择本书源码的 opencv 目录，再单击对话框右下角的 Finish 按钮，稍等片刻便导入完成。

**步骤 02** 把 face\src\main\jniLibs 整个目录复制到自己工程的对应目录。

**步骤 03** 把 face\src\main\res\raw\lbpcascade_frontalface.xml 复制到自己工程的 raw 目录。

**步骤 04** 在 App 模块的 build.gradle 里面添加如下一行依赖库配置：

```
implementation project(":opencv") // OpenCV 的开发工具包
```

最后同步一下 Gradle，就能在自己的 App 工程中使用 OpenCV 了。

### 12.2.3 利用 OpenCV 检测人脸

上一节介绍了如何给 App 工程集成 OpenCV，后面还得在代码里进行一系列初始化与加载操作，包括 OpenCV 初始化、加载 so 库、加载级联文件、创建 OpenCV 的人脸检测器等，只有这些操作都正常执行了，才能开展后续的人脸识别处理。下面是 OpenCV 初始化与相关资源加载的示例代码模板：

（完整代码见 face\src\main\java\com\example\face\DetectOpencvActivity.java）

```java
private CascadeClassifier mJavaDetector; // OpenCV 的人脸检测器

@Override
protected void onResume() {
    super.onResume();
    if (!OpenCVLoader.initDebug()) {
        OpenCVLoader.initAsync(OpenCVLoader.OPENCV_VERSION_3_0_0,
                    this, mLoaderCallback);
    } else {
        mLoaderCallback.onManagerConnected(
                    LoaderCallbackInterface.SUCCESS);
    }
}

private BaseLoaderCallback mLoaderCallback = new BaseLoaderCallback(this) {
    @Override
    public void onManagerConnected(int status) {
        if (status == LoaderCallbackInterface.SUCCESS) {
            // 在 OpenCV 初始化完成后加载 so 库
            System.loadLibrary("detection_based_tracker");
            File cascadeDir = getDir("cascade", Context.MODE_PRIVATE);
            File cascadeFile = new File(cascadeDir,
                    "lbpcascade_frontalface.xml");
            // 从应用程序资源加载级联文件
            try (InputStream is = getResources().openRawResource(
                    R.raw.lbpcascade_frontalface);
```

```
                FileOutputStream os = new FileOutputStream(cascadeFile)) {
            byte[] buffer = new byte[4096];
            int bytesRead;
            while ((bytesRead = is.read(buffer)) != -1) {
                os.write(buffer, 0, bytesRead);
            }
        } catch (Exception e) {
            e.printStackTrace();
        }
        // 根据级联文件创建 OpenCV 的人脸检测器
        mJavaDetector = new CascadeClassifier(
                cascadeFile.getAbsolutePath());
        if (mJavaDetector.empty()) {
            mJavaDetector = null;
        }
        cascadeDir.delete();
    } else {
        super.onManagerConnected(status);
    }
    }
};
```

Android 使用位图工具 Bitmap 处理图像数据，但是 OpenCV 拥有自己的矩阵容器 Mat，图像检测等处理操作都由 Mat 结构完成。为了对接 Bitmap 与 Mat 两种数据类型，OpenCV 又提供了 Utils、Imgcodecs、Imgproc 三个工具，它们的用法分别说明如下。

（1）Utils 工具用于 Bitmap 与 Mat 两种对象格式互转，主要有下列两个方法：

- bitmapToMat：把位图对象转为 Mat 结构。
- matToBitmap：把 Mat 结构转为位图对象。

（2）Imgcodecs 工具用于图片文件与 Mat 格式互转，主要有下列两个方法：

- imread：从指定路径的图片文件中读取 Mat 结构。
- imwrite：把 Mat 结构保存到指定路径的图片文件中。

（3）Imgproc 工具用于加工图像矩阵，例如转换颜色空间、添加各类部件、比较图像矩阵等。它的常见方法如下：

- cvtColor：将图像矩阵从一种颜色空间转换为另一种颜色空间，转换类型的取值说明见表 12-1。

表 12-1 转换类型的取值说明

| Imgproc 类的动作类型 | 说 明 |
| --- | --- |
| COLOR_RGB2GRAY | 全彩矩阵转灰度矩阵 |
| COLOR_RGBA2RGB | 四通道转三通道（少了灰度） |
| COLOR_YUV2RGBA_NV21 | YUV_NV12 格式（Android 的视频色彩编码）转 RGB 格式 |
| COLOR_YUV2RGB_I420 | YUV_I420 格式（将 YUV_NV12 重新适配编码）转 RGB 格式 |

- circle：在图像矩阵上画圆圈。
- polylines：在图像矩阵上画多边形。
- putText：在图像矩阵上画文本。
- rectangle：在图像矩阵上画矩形。
- compareHist：比较两个图像矩阵的直方图，并返回二者的相似程度，相似区间为 0.0～1.0，值越大表示越相似。

如果仅仅检测位图中的人脸，由 OpenCV 实现的话，就可以按照以下步骤逐次处理。

**步骤 01** 将位图对象转为 Mat 结构，再将 Mat 结构转成灰度矩阵。

**步骤 02** 调用人脸检测器的 detectMultiScale 方法，检测灰度矩阵得到人脸位置的矩形数组。

**步骤 03** 依次遍历人脸数组，分别调用 Imgproc 工具的 rectangle 方法，为 Mat 结构上的每张人脸画上相框。

**步骤 04** 把 Mat 结构转为位图对象，并显示到界面上。

综合以上的人脸识别步骤，编写 OpenCV 的人脸检测代码：

```java
// 检测位图中的人脸
private void detectFace(Bitmap orig) {
    Mat rgba = new Mat();
    Utils.bitmapToMat(orig, rgba);  // 把位图对象转为 Mat 结构
    Mat gray = new Mat();
    Imgproc.cvtColor(rgba, gray, Imgproc.COLOR_RGB2GRAY);// 全彩矩阵转灰度矩阵
    // 下面检测并显示人脸
    MatOfRect faces = new MatOfRect();
    int absoluteFaceSize = 0;
    int height = gray.rows();
    if (Math.round(height * 0.2f) > 0) {
        absoluteFaceSize = Math.round(height * 0.2f);
    }
    if (mJavaDetector != null) {      // 检测器开始识别人脸
        mJavaDetector.detectMultiScale(gray, faces, 1.1, 2, 2,
                new Size(absoluteFaceSize, absoluteFaceSize), new Size());
    }
    Rect[] faceArray = faces.toArray();
    for (Rect rect : faceArray) {    // 给找到的人脸标上相框
        Imgproc.rectangle(rgba, rect.tl(), rect.br(),
                        new Scalar(0, 255, 0, 255), 3);
    }
    Bitmap mark = Bitmap.createBitmap(orig.getWidth(), orig.getHeight(),
                        Bitmap.Config.ARGB_8888);
    Utils.matToBitmap(rgba, mark);  // 把 Mat 结构转为位图对象
    iv_face.setImageBitmap(mark);
}
```

运行并测试该 App，从系统相册中选择某张图片，观察到人脸识别结果如图 12-22 所示，可见 OpenCV 成功检测到了一张人脸。

图 12-22　OpenCV 对人脸图片的识别结果

## 12.3　人脸识别的更多应用

本节介绍人脸识别的几种高级应用，内容包括：OpenCV 如何通过摄像头实时检测人脸，以及竖屏扫描的适配办法；直方图的概念及其用途，以及 OpenCV 如何利用灰度直方图比较人脸之间的相似度；如何使用训练模型估算人脸的年龄和性别，以及如何给 OpenCV 图像标注中文。

### 12.3.1　借助摄像头实时检测人脸

与 Android 自带的人脸检测器相比，OpenCV 具备更强劲的人脸识别功能，比如它可以通过摄像头实时检测人脸。实时检测的预览控件是 JavaCameraView，它的常用方法如下：

- setCvCameraViewListener：设置 OpenCV 的相机视图监听器。监听器类型为 CvCameraViewListener2，它与表面视图监听器类似，也需重写预览界面的下列三个状态变更方法：
    - onCameraViewStarted：相机视图开始预览时回调。
    - onCameraViewStopped：相机视图停止预览时回调。
    - onCameraFrame：相机视图预览变更时回调。
- enableView：启用 OpenCV 的相机视图。一旦 OpenCV 初始化与资源加载完毕，就要调用该方法开启相机视图。
- disableView：禁用 OpenCV 的相机视图。不管因为何种原因离开预览界面都要调用该方法。

接下来把 JavaCameraView 加入 App 工程，走一遍它的详细使用过程。首先修改 AndroidManifest.xml，补充一行相机权限配置：

```
<!-- 相机 -->
<uses-permission android:name="android.permission.CAMERA" />
```

接着在活动页面的布局文件中添加 JavaCameraView 节点，添加后的节点配置如下：

（完整代码见 face\src\main\res\layout\activity_detect_realtime.xml）

```xml
<org.opencv.android.JavaCameraView
    android:id="@+id/jcv_detect"
    android:layout_width="match_parent"
    android:layout_height="0dp"
    android:layout_weight="1" />
```

然后回到活动代码，依次完成下列 4 个步骤。

**步骤 01** 从布局文件中获得相机视图对象后，调用它的 setCvCameraViewListener 方法，设置 OpenCV 的相机视图监听器，并重写监听器接口的三个方法。

**步骤 02** OpenCV 初始化与资源加载完成后，调用 enableView 方法开启相机视图。

**步骤 03** 活动类由继承 AppCompatActivity 改为继承 CameraActivity 类。OpenCV 使用摄像头必须搭配专门的 CameraActivity，并重写 getCameraViewList 方法，返回相机视图的单例列表。重写的该方法的示例代码如下：

```java
private CameraBridgeViewBase jcv_detect; // 声明一个 OpenCV 的相机视图对象

@Override
protected List<? extends CameraBridgeViewBase> getCameraViewList() {
    return Collections.singletonList(jcv_detect);
}
```

**步骤 04** 重写监听器接口的 onCameraFrame 方法时补充人脸识别等处理逻辑，也就是先检测人脸再给人脸标上相框。补充实现后的方法代码示例如下：

（完整代码见 face\src\main\java\com\example\face\DetectRealtimeActivity.java）

```java
private Mat mRgba, mGray;                          // 全彩矩阵，灰度矩阵
private CascadeClassifier mJavaDetector;           // OpenCV 的人脸检测器
private int mAbsoluteFaceSize = 0;                 // 人脸的绝对大小值

// 相机视图预览变更时回调
@Override
public Mat onCameraFrame(CameraBridgeViewBase.CvCameraViewFrame inputFrame) {
    mRgba = inputFrame.rgba();
    mGray = inputFrame.gray();
    // 适配竖屏，顺时针旋转 90 度
    Core.rotate(mRgba, mRgba, Core.ROTATE_90_CLOCKWISE);
    Core.rotate(mGray, mGray, Core.ROTATE_90_CLOCKWISE);
    if (mAbsoluteFaceSize == 0) {
        int height = mGray.rows();
        if (Math.round(height * 0.2f) > 0) {
            mAbsoluteFaceSize = Math.round(height * 0.2f);
        }
    }
    MatOfRect faces = new MatOfRect();
```

```
if (mJavaDetector != null) {  // 检测器开始识别人脸
    mJavaDetector.detectMultiScale(mGray, faces, 1.1, 2, 2,
            new Size(mAbsoluteFaceSize, mAbsoluteFaceSize), new Size());
}
Rect[] faceArray = faces.toArray();
for (Rect rect : faceArray) {  // 给找到的人脸标上相框
    Imgproc.rectangle(mRgba, rect.tl(), rect.br(), FACE_RECT_COLOR, 3);
}
Core.rotate(mRgba, mRgba, Core.ROTATE_90_COUNTERCLOCKWISE);  // 恢复原状
return mRgba;
}
```

注意，OpenCV 默认采取横屏扫描，若想改为竖屏扫描，则要修改 OpenCV 源码 CameraBridgeViewBase.java 的 deliverAndDrawFrame 方法：

（完整代码见 opencv\java\src\org\opencv\android\CameraBridgeViewBase.java）

```
// OpenCV 默认横屏扫描，这里旋转 90 度改成竖屏预览
canvas.rotate(90, 0, 0);
float scale = canvas.getWidth() / (float) mCacheBitmap.getHeight();
float scale2 = canvas.getHeight() / (float) mCacheBitmap.getWidth();
if (scale2 > scale) {
    scale = scale2;
}
if (scale != 0) {
    canvas.scale(scale, scale, 0, 0);
}
canvas.drawBitmap(mCacheBitmap, 0, -mCacheBitmap.getHeight(), null);
// 结束修改
```

完成上述改动之后，运行并测试该 App，拿起手机对准某张照片一顿扫描，可观察到 OpenCV 的实时检测预览界面如图 12-23 所示，可见成功识别到照片中的人脸。

图 12-23　OpenCV 的实时检测预览界面

## 12.3.2 比较两张人脸的相似程度

直方图（英文名 Histogram）是一种统计报告图，又称质量分布图，俗称柱形图。它由一排纵向的竖条或者竖线组成，通常横轴代表数据类型，纵轴代表数据多少。图 12-24 便是一种常见的表格统计直方图。

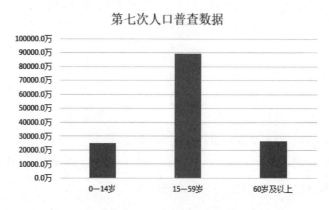

图 12-24　人口普查的直方图例子

图像直方图为图像像素的分布统计表，横坐标表示像素的色值，一般是灰度数值；纵坐标表示每种色值的百分比。鉴于图像由各个像素点构成，每个像素都有自己的灰度值，图像直方图反映了这些像素点灰度数值的分布情况，因而直方图是图像的一个重要特征。在实际工程中，图像直方图经常应用于特征提取、图像匹配等方面，它的图表样例如图 12-25 所示。

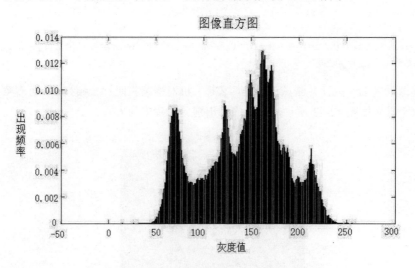

图 12-25　图像直方图中像素点灰度值的分布情况

假设有两幅图像，它们的直方图很相似，这说明两幅图的像素分布相当接近，它们很可能来自于相邻场景。相似度越高，两幅图像越可能是同样来源，这便是直方图应用于图像匹配的缘由。

OpenCV 的 Imgproc 工具有一个 compareHist 方法，可以比较两个矩阵结构的相似程度，其内部就采用直方图比较两幅图像像素点灰度值的分布情况。因为只有灰度值参与比较，所以要先将全彩矩阵转为灰度矩阵再调用 Imgproc 的 compareHist 方法加以判断。具体的相似度比较代码如下：

（完整代码见 face\src\main\java\com\example\face\util\FaceUtil.java）

```java
// 比较两个位图的相似程度
public static double matchCompare(Bitmap bitmap1, Bitmap bitmap2) {
    Mat mat1 = new Mat();
    Utils.bitmapToMat(bitmap1, mat1);    // 把位图对象转为 Mat 结构
    Imgproc.cvtColor(mat1, mat1, Imgproc.COLOR_RGB2GRAY);// 全彩矩阵转灰度矩阵
    // 把矩阵的类型转换为 Cv_32F，因为在 C++代码中会判断类型
    mat1.convertTo(mat1, CvType.CV_32F);
    Mat mat2 = new Mat();
    Utils.bitmapToMat(bitmap2, mat2);    // 把位图对象转为 Mat 结构
    Imgproc.cvtColor(mat2, mat2, Imgproc.COLOR_RGB2GRAY);// 全彩矩阵转灰度矩阵
    mat2.convertTo(mat2, CvType.CV_32F);
    // 通过直方图比较相似程度
    double similarity = Imgproc.compareHist(mat1, mat2,
                        Imgproc.CV_COMP_CORREL);
    return similarity;
}
```

注意，compareHist 方法的返回值在 0～1 之间，值越大表示越相似，一般相似度达到 0.5 就很高了。由于比较直方图的时候要求两幅图像的尺寸一致，因此事先得把两个位图调成同样宽高，然后才能调用上面的 matchCompare 方法去判断。比较两张人脸图片中人脸的相似度需要按照下列步骤处理。

**步骤01** 分别对两张图片检测人脸，得到各自的人脸矩阵数组。

**步骤02** 两张图片都找到人脸的话，再从中截取人脸矩阵并转成位图对象。

**步骤03** 调整位图尺寸，使得两幅图片的宽高保持一致，也就是把较大的位图缩放到较小位图的尺寸。

**步骤04** 把两个位图对象转为灰度矩阵，再通过直方图比较它们的相似度。

据此可编写人脸相似度的比较代码示例如下：

（完整代码见 face\src\main\java\com\example\face\CompareImageActivity.java）

```java
// 比较两张人脸的相似度
private void compareFace() {
    Mat[] matArray1 = detectFace(mBitmap1, iv_face1);  // 检测位图中的人脸
    Mat[] matArray2 = detectFace(mBitmap2, iv_face2);  // 检测位图中的人脸
    if (matArray1.length==0 || matArray2.length==0) {
        Toast.makeText(this, "需要两张图片均可找到人脸才能比较",
                    Toast.LENGTH_SHORT).show();
        tv_result.setText("未能检测到人脸");
        return;
    }
    Mat mat1 = matArray1[0];
    Mat mat2 = matArray2[0];
    Bitmap bitmap1 = Bitmap.createBitmap(mat1.width(), mat1.height(),
                        Bitmap.Config.ARGB_8888);
    Utils.matToBitmap(mat1, bitmap1);   // 把 Mat 结构转为位图对象
    Bitmap bitmap2 = Bitmap.createBitmap(mat2.width(), mat2.height(),
```

```
                                    Bitmap.Config.ARGB_8888);
            Utils.matToBitmap(mat2, bitmap2);    // 把 Mat 结构转为位图对象
            Bitmap bitmapA, bitmapB;
            // 两幅图片必须尺寸一样才能比较,故下面先调整位图尺寸,使得两幅图片的宽高保持一致
            if (bitmap1.getWidth() < bitmap2.getWidth()) {
                bitmapA = bitmap1;
                bitmapB = BitmapUtil.getScaleBitmap(bitmap2,
                        1.0*bitmap1.getWidth()/bitmap2.getWidth());
            } else {
                bitmapA = bitmap2;
                bitmapB = BitmapUtil.getScaleBitmap(bitmap1,
                        1.0*bitmap2.getWidth()/bitmap1.getWidth());
            }
            double degree = FaceUtil.matchCompare(bitmapA, bitmapB);   // 比较相似程度
            String desc = String.format("相似度为%.2f(完全相同为1,完全不同为0)", degree);
            tv_result.setText(desc);
    }

    // 检测位图中的人脸
    private Mat[] detectFace(Bitmap orig, ImageView imageView) {
        Mat rgba = new Mat();
        Utils.bitmapToMat(orig, rgba);   // 把位图对象转为 Mat 结构
        Mat gray = new Mat();
        Imgproc.cvtColor(rgba, gray, Imgproc.COLOR_RGB2GRAY);// 全彩矩阵转灰度矩阵
        // 下面识别人脸
        MatOfRect faces = new MatOfRect();
        int absoluteFaceSize = 0;
        int height = gray.rows();
        if (Math.round(height * 0.2f) > 0) {
            absoluteFaceSize = Math.round(height * 0.2f);
        }
        if (mJavaDetector != null) {    // 检测器开始识别人脸
            mJavaDetector.detectMultiScale(gray, faces, 1.1, 2, 2,
                    new Size(absoluteFaceSize, absoluteFaceSize), new Size());
        }
        Rect[] faceArray = faces.toArray();
        Mat[] matArray = new Mat[faceArray.length];
        for (int i = 0; i < faceArray.length; i++) {   // 给找到的人脸标上相框
            Imgproc.rectangle(rgba, facseArray[i].tl(), faceArray[i].br(),
                    new Scalar(0, 255, 0, 255), 3);
            matArray[i] = rgba.submat(faceArray[i]);     // 截取相框中的人脸结构
        }
        Bitmap mark = Bitmap.createBitmap(orig.getWidth(), orig.getHeight(),
                        Bitmap.Config.ARGB_8888);
        Utils.matToBitmap(rgba, mark);                   // 把 Mat 结构转为位图对象
        imageView.setImageBitmap(mark);
        return matArray;
    }
```

运行并测试该 App,分别选择两张待比较的人脸图片,再点击"开始比较"按钮,可观察到

人脸比较的结果如图 12-26 所示，从 0.42 的相似度可知两张人脸有可能是同一个人。

图 12-26　OpenCV 的人脸相似度比较的结果

### 12.3.3　根据人脸估算性别和年龄

　　人脸蕴含的信息量巨大，不管是青春年少，还是老年沧桑，都能体现出来。不过从人脸估算年龄全凭经验，毕竟计算机无法根据固定框架判断年龄，那么计算机的经验从何而来呢？当然是要人类把经验传授给它，这种经验在机器学习领域称作模型，通过海量的原始样本训练出结果模型，然后由计算机依据模型执行辨别操作。

　　对于年龄和性别预测，前人已经做了不少工作，网上就有公开的年龄与性别模型。在 App 工程中使用年龄模型和性别模型需要按照下列步骤处理。

**步骤01**　导入年龄模型文件和性别模型文件（两个模型例子共有四个文件，即 age_deploy.prototxt、age_net.caffemodel、gender_deploy.prototxt 和 gender_net.caffemodel），把它们都放到 App 模块的 assets 目录下。

**步骤02**　把 assets 目录下的模型资源复制到存储卡，示例代码如下：

（完整代码见 face\src\main\java\com\example\face\MainActivity.java）

```java
private String[] modelArray = {"age_net.caffemodel", "age_deploy.prototxt",
                    "gender_net.caffemodel", "gender_deploy.prototxt"};
// 复制模型资源到存储卡
private void copyModel() {
    String path = getExternalFilesDir(Environment.DIRECTORY_DOWNLOADS)
                    .toString() + "/";
    for (String model : modelArray) {
        File file = new File(path + model);
        if (!file.exists()) {
            AssetsUtil.Assets2Sd(this, model, path+model);
        }
    }
}
```

**步骤 03** 在代码中初始化年龄模型和性别模型,也就是调用 Dnn 工具的 readNetFromCaffe 方法。初始化的示例代码如下:

(完整代码见 face\src\main\java\com\example\face\GuessAgeActivity.java)

```java
private Net mAgeNet, mGenderNet;    // 年龄模型,性别模型

// 导入年龄模型和性别模型
private void importModel() {
    String prePath = getExternalFilesDir(Environment.DIRECTORY_DOWNLOADS)
                    .toString() + "/";
    String age_model = prePath + "age_net.caffemodel";
    String age_text = prePath + "age_deploy.prototxt";
    String gender_model = prePath + "gender_net.caffemodel";
    String gender_text = prePath + "gender_deploy.prototxt";
    mAgeNet = Dnn.readNetFromCaffe(age_text, age_model);
    mGenderNet = Dnn.readNetFromCaffe(gender_text, gender_model);
}
```

**步骤 04** 根据模型网络对人脸矩阵分别猜测年龄和性别,示例代码如下:

```java
// 根据人脸猜测年龄和性别
private void guessAgeAndSex(Bitmap orig) {
    Mat rgba = new Mat();
    Utils.bitmapToMat(orig, rgba);         // 把位图对象转为 Mat 结构
    Mat gray = new Mat();
    Imgproc.cvtColor(rgba, gray, Imgproc.COLOR_RGB2GRAY);// 全彩矩阵转灰度矩阵
    Mat three = new Mat();
    Imgproc.cvtColor(rgba, three, Imgproc.COLOR_RGBA2RGB);  // 四通道转三通道
    // 下面识别人脸并预测年龄和性别
    MatOfRect faces = new MatOfRect();
    int height = gray.rows();
    int absoluteFaceSize = 0;
    if (Math.round(height * 0.2f) > 0) {
        absoluteFaceSize = Math.round(height * 0.2f);
    }
    if (mJavaDetector != null) {       // 检测器开始识别人脸
        mJavaDetector.detectMultiScale(gray, faces, 1.1, 2, 2,
                new Size(absoluteFaceSize, absoluteFaceSize), new Size());
    }
    Rect[] faceArray = faces.toArray();
    List<FaceText> textList = new ArrayList<>();
    int lineWidth = Math.max(orig.getWidth()/600 + 1,
                        orig.getHeight()/600 + 1);
    for (Rect rect : faceArray) {    // 给找到的人脸标上相框
        // 猜测年龄
        String ageText = predictAge(mAgeNet, three.submat(rect));
        // 猜测性别
        String genderText = predictGender(mGenderNet, three.submat(rect));
        Scalar scalar = new Scalar(0, 255, 0, 255);
        Imgproc.rectangle(rgba, rect.tl(), rect.br(), scalar, lineWidth);
```

```java
            PointF pos = new PointF((float) rect.tl().x/rgba.width(),
                            (float) rect.tl().y/rgba.height());
            textList.add(new FaceText(pos, genderText + ", " + ageText));
        }
        Bitmap mark = Bitmap.createBitmap(orig.getWidth(), orig.getHeight(),
                            Bitmap.Config.ARGB_8888);
        Utils.matToBitmap(rgba, mark);  // 把 Mat 结构转为位图对象
        mark = FaceUtil.drawTextList(this, mark, textList);  // 往位图添加多个文字
        iv_face.setImageBitmap(mark);
    }

    // 根据模型网络分析预测图像矩阵
    private Core.MinMaxLocResult predictResult(Net modelNet, Mat imageMat) {
        // 输入图像矩阵
        Mat blob = Dnn.blobFromImage(imageMat, 1.0, new Size(227, 227));
        modelNet.setInput(blob, "data");
        Mat prob = modelNet.forward("prob");  // 模型网络开始预测
        Mat probMat = prob.reshape(1, 1);
        return Core.minMaxLoc(probMat);
    }

    // 猜测年龄
    private String predictAge(Net modelNet, Mat imageMat) {
        Core.MinMaxLocResult result = predictResult(modelNet, imageMat);
        return ageLabels().get((int) result.maxLoc.x);
    }

    // 猜测性别
    private String predictGender(Net modelNet, Mat imageMat) {
        Core.MinMaxLocResult result = predictResult(modelNet, imageMat);
        return ((int) result.maxLoc.x)==1 ? "女" : "男";
    }
```

以上代码猜测出来的年龄和性别都带中文字符，虽然 OpenCV 的 Imgproc 工具提供了 putText 方法，但是该方法尚不支持往图像上写中文，若调用 putText 方法写中文的话只会看到一堆乱码。为了在图像上看到年龄和性别，可以采取以下两种办法：

（1）修改 OpenCV 的 C 语言源码，在 putText 函数旁边增加 putTextZH 函数。新函数专门用来添加中文字符，同时还要修改 sdk 的 Imgproc.java，补充 native 类型的 putTextZH 方法声明。接着编译 OpenCV 的 so 文件，再放到 App 工程的 jniLibs 目录上，然后才能在 App 代码中调用 Imgproc 工具的 putTextZH 方法。

（2）第一种办法涉及 C 代码修改与 so 库编译，操作比较麻烦，为此考虑先将 OpenCV 的 Mat 结构转为位图对象，再借助画布往位图上描绘文字。添加文字的第二种办法的示例代码如下：

（完整代码见 face\src\main\java\com\example\face\util\FaceUtil.java）

```java
    // 在位图上添加多个文字
    public static Bitmap drawTextList(Context ctx, Bitmap origin, List<FaceText>
textList) {
        int lineWidth = Math.max(origin.getWidth()/600 + 1,
```

```
                                           origin.getHeight()/600 + 1);
    float ratio = origin.getWidth()/600f + 1;
    int textSize = com.example.face.util.Utils.dip2px(ctx, 5*ratio);
    Canvas canvas = new Canvas(origin);
    Paint paint = new Paint();              // 创建一个画笔对象
    paint.setColor(Color.GREEN);            // 设置画笔的颜色
    paint.setStrokeWidth(lineWidth);        // 设置画笔的线宽
    paint.setTextSize(textSize);            // 设置画笔的文字大小
    for (FaceText faceText : textList) {
        float textHeight = MeasureUtil.getTextHeight(faceText.text,
                                                     textSize);
        // 在画布的指定位置绘制文字
        canvas.drawText(faceText.text, faceText.pos.x*origin.getWidth(),
            faceText.pos.y*origin.getHeight()-textHeight/2, paint);
    }
    return origin;
}
```

运行并测试该 App，打开系统相册选择某张图片，可观察到性别与年龄猜测结果如图 12-27 所示。

图 12-27　OpenCV 的性别与年龄猜测结果

## 12.4　实战项目：寻人神器之智慧天眼

人脸识别自古有之，每当官府要捉拿某人时，便在城墙贴出通缉告示并附上那人的肖像，只是该办法依赖人们的回忆与主观判断，指认结果多有出入，算不上先进。如今利用监控摄像头结合机器学习算法大大提高了人脸识别的成功率，使得人脸识别真正应用到了日常生活中。从住宅小区的刷脸开门，到工作单位的刷脸考勤、超市里便捷的刷脸支付、各城市地铁的刷脸乘车，再到张学友演唱会上警方连续抓获逃犯，人脸识别被广泛地应用于门禁、购物、交通、公安等诸多领域。本节的实战项目就来谈谈如何设计并实现手机上的智慧天眼 App。

## 12.4.1 需求描述

现在许多城市都安装了人脸识别的智慧天眼系统，真正做到了"天网恢恢，疏而不漏"。特别是民航领域，早早引进了人脸识别系统，截至 2018 年 8 月，人脸识别已在国内 70 个机场示范应用。根据杭州萧山国际机场 2018 年 7 月的统计，人脸识别准确率超 99.6%，旅客身份甄别速度提升 3 倍以上，系统上线一个多月已经揪出 5 名冒用身份证的旅客。比如图 12-28 是机场监控室常见的人脸识别画面，当然仅仅找到几张人脸算不了什么，更厉害的是找到人脸的同时把他或她的姓名一块标出来，就像图 12-29 所示的那样，监控画面在人脸旁边标上了他们的角色和姓名，例如游客、雇员、承包商等。（这两张图片见数字安全杂志：https://www.digitalsecuritymagazine.com/zh/2015/07/30/aeropuertos-internacionales-de-brasil-implantan-la-tecnologia-de-reconocimiento-facial-de-nec/）

图 12-28　监控室的人脸识别画面　　　　图 12-29　标注姓名与角色的监控画面

不必说大城市的治安管理，也不必说各单位的出勤统计，单是日常生活中的小场景，就有一些需要人脸识别应用。例如，一家几口人出去游玩，到了人潮拥挤的地方（商场、公园、步行街等），小孩跟丢的事情时有发生。从前发现小孩不见了，父母只能到处找，要么四处问人，要么找警察帮忙。这种找人方式的效率显然太低了，人海茫茫，几个人的力量实在太渺小了。倘若利用人脸识别技术，寻找失散小孩就方便多了，具体的操作过程包含下列几个步骤：

**步骤 01** 由家属提供小孩照片并上传给智慧天眼系统。
**步骤 02** 智慧天眼迅速从各个监控摄像头实时匹配人脸。
**步骤 03** 一旦发现高相似度的人脸，马上通知家属甄别画面确认是否找到。

接下来就让我们一齐动手实践这个智慧天眼吧！

## 12.4.2 功能分析

智慧天眼较少通过控件人工操作，主要通过摄像头实时识别人脸；用户只需录入待寻人员信息，剩下的事就交给 App 自动匹配了。在准备寻人与寻人过程中，智慧天眼集成了如下 App 技术：

（1）图像裁剪：录入待寻人员信息时要提供他的头像，并从原始图片中裁剪出头像区域（参见第 2 章的实战项目）。

（2）数据库框架 Room：待寻人员的信息要保存到数据库，更新人脸识别的结果也要修改数据库记录。这里为了方便实现，只做了单机版的天眼 App；如果要做联网版的 App，则需将人员信息提交给 Web 服务器。

（3）计算机视觉库 OpenCV：智慧天眼采用 OpenCV 实时寻人，同时通过 OpenCV 判定目标人员的相似程度。

（4）定位服务：找到相似人员后，要获取并保存当前所在位置（参见第 9 章），以便家属前来相认。

（5）网络通信框架：根据经纬度查询详细地址（需访问天地图的 Web 服务，可采用第 6 章介绍的 okhttp 简化 HTTP 通信操作）。

下面简单介绍一下随书源码 face 模块中与智慧天眼有关的主要代码模块之间的关系：

（1）WisdomEyeActivity.java：智慧天眼的寻人列表界面。

（2）PersonEditActivity.java：人员信息的添加界面，可在此上传待识别的人员头像。

（3）PersonCutActivity.java：人员头像的裁剪界面。

（4）PersonDetailActivity.java：待寻找人员的详情界面，也包含搜寻时候的识别结果。

（5）PersonVerifyActivity.java：实时寻人的扫描界面，不仅要在预览画面中标记人脸，还要在找到相似人员时给出提示。

接下来对智慧天眼编码中的疑难点进行补充说明（主要注意两个方面）：第一，比较人脸的相似度属于耗时操作，所以要另外开启分线程处理；第二，在人脸识别的时候，随着角度的调节和距离的变化，每次的相似度结果都会随之改变，此时要将结果列表按照相似度降序排列，并随时剔除相似度较低的比较结果。

下面是在实时寻人过程中动态调整人脸识别结果的示例代码：

（完整代码见 face\src\main\java\com\example\face\PersonVerifyActivity.java）

```java
private List<Mat> mSampleMatList = new ArrayList<>(); // 样本头像列表
private List<DetectMat> mDetectMatList = new ArrayList<>();    // 头像列表
private Scalar FACE_RECT_COLOR = new Scalar(0, 255, 0, 255);   // 绿色

// 定义一个人脸识别线程，比较检测人脸与样本人脸的相似度
private class VerifyThread extends Thread {
    private Mat[] mMatArray;  // 识别到的人脸矩阵数组
    public VerifyThread(Mat[] matArray) {
        mMatArray = matArray;
    }

    @Override
    public void run() {
        if (mMatArray.length==0 || mSampleMatList.size()==0) {
            return;
        }
        for (Mat detectMat : mMatArray) {
            for (Mat sampleMat : mSampleMatList) {
                // 计算待检测人脸与样本人脸的相似度
                double similarDegree = calculateSimilarity(detectMat,
                                                sampleMat);
                if (similarDegree > 0.5) { // 找到了相似的人脸
                    runOnUiThread(() ->
```

```java
                                    tv_option.setVisibility(View.VISIBLE));
                        FACE_RECT_COLOR = new Scalar(255, 0, 0, 255); // 红色
                        addDetectMat(detectMat, similarDegree);  // 添加到已识别人脸
                    }
                }
            }
        }
    }

    // 计算待检测人脸与样本人脸的相似度
    private double calculateSimilarity(Mat detectMat, Mat sampleMat) {
        Bitmap detect = Bitmap.createBitmap(detectMat.width(),
                        detectMat.height(), Bitmap.Config.ARGB_8888);
        Utils.matToBitmap(detectMat, detect);    // 把 Mat 结构转为位图对象
        Bitmap sample = Bitmap.createBitmap(sampleMat.width(),
                        sampleMat.height(), Bitmap.Config.ARGB_8888);
        Utils.matToBitmap(sampleMat, sample);    // 把 Mat 结构转为位图对象
        Bitmap bitmapA, bitmapB;
        // 两幅图片必须尺寸一样才能比较，下面先调整位图尺寸，使得两图宽高保持一致
        if (detect.getWidth() < sample.getWidth()) {
            bitmapA = detect;
            bitmapB = Bitmap.createScaledBitmap(sample, detect.getWidth(),
                                detect.getHeight(), false);
        } else {
            bitmapA = sample;
            bitmapB = Bitmap.createScaledBitmap(detect, sample.getWidth(),
                                sample.getHeight(), false);
        }
        return FaceUtil.matchCompare(bitmapA, bitmapB);  // 比较两个位图的相似程度
    }

    // 将待检测人脸添加到已识别人脸
    private void addDetectMat(Mat detectMat, double degree) {
        Core.rotate(detectMat, detectMat, Core.ROTATE_90_COUNTERCLOCKWISE);
        if (mDetectMatList.size() < 3) {
            mDetectMatList.add(new DetectMat(detectMat, degree));
        } else {
            DetectMat lastDetect = mDetectMatList.get(mDetectMatList.size()-1);
            if (degree > lastDetect.getSimilarDegree()) {
                mDetectMatList.remove(mDetectMatList.size()-1);
                mDetectMatList.add(new DetectMat(detectMat, degree));
            }
        }
        // 将已识别人脸列表按照相似度降序排列
        Collections.sort(mDetectMatList, (o1, o2) ->
                o2.getSimilarDegree().compareTo(o1.getSimilarDegree()));
    }
```

### 12.4.3 效果展示

假设故事主角是小孩儿恩熙,现在恩熙在景区不小心走丢了,她的爸爸妈妈可急坏了。幸亏该景区早早安装了智慧天眼系统,恩熙父母找到保安,保安掏出手机打开智慧天眼的人员添加页面(见图 12-30),按照恩熙父母提供的信息依次录入人名、描述以及头像图片(见图 12-31)。

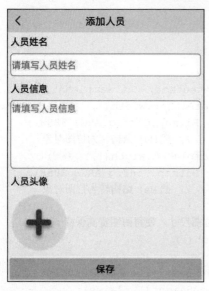
图 12-30 人员添加的初始界面

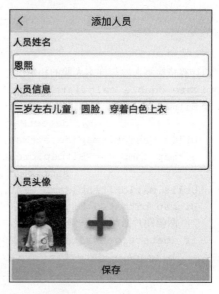
图 12-31 人员信息添加完成

点击下方的"保存"按钮,回到智慧天眼首页,发现寻人列表多了一个"恩熙",如图 12-32 所示。点击恩熙的头像即可跳到她的个人详情页,如图 12-33 所示。

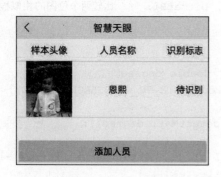
图 12-32 寻人列表界面

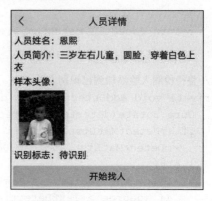
图 12-33 人员详情界面

接着赶紧通知景区工作人员开始找人,工作人员和游客还很热心,纷纷打开天眼 App,点击恩熙详情页下方的"开始找人"按钮,打开摄像头的实时寻人界面,如图 12-34 所示。这时有人发现一个小孩儿在草坪上哭得稀里哗啦,工作人员迅速拿起手机对准扫脸,App 快速识别并判断人脸相似度,结果匹配度极高,并发出"滴滴"声,同时人脸方框也变为红色,如图 12-35 所示。

图 12-34　实时寻人界面

图 12-35　找到相似人员

工作人员点击右上角的"完成"按钮，回到智慧天眼首页，如图 12-36 所示，此时人员识别状态变为已识别。他立刻通知发布寻人启事的恩熙父母，恩熙父母在保安那里打开识别结果页（见图 12-37），确认找到了宝贝女儿。

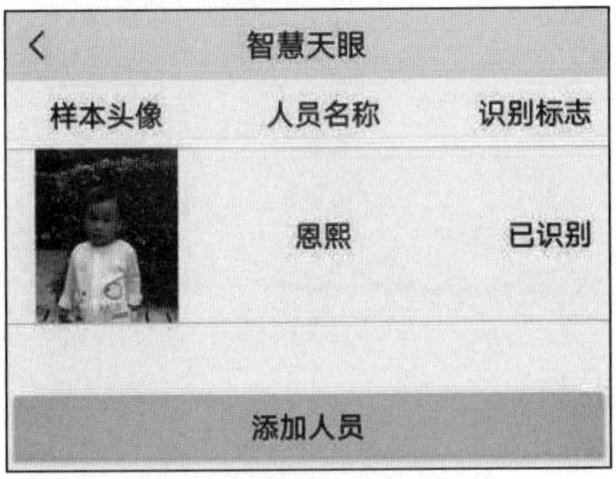

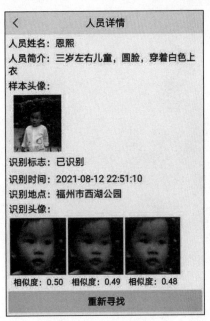

图 12-36　智慧天眼首页

图 12-37　识别结果界面

## 12.5　小　结

本章主要介绍了 App 开发用到的人脸识别技术，包括简单图像识别（自动识别验证码、生成二维码图片、扫描识别二维码）、基于计算机视觉的人脸识别（检测图像中的人脸、OpenCV 简介及其集成、利用 OpenCV 检测人脸)、人脸识别的更多应用(借助摄像头实时检测人脸、比较两张人脸的相似程度、根据人脸估算性别和年龄)。最后设计了一个实战项目"寻人神器之智慧天眼",在该项目的 App 编码中综合运用了本章介绍的人脸识别技术。

通过本章的学习,读者应该能够掌握以下 3 种开发技能:

(1)学会从简单图像中识别信息(验证码、条形码、二维码)。
(2)学会从图片中识别人脸(原生系统、OpenCV)。
(3)学会人脸识别的高级应用(实时监测、比较相似度、估算年龄)。

## 12.6 动手练习

1. 利用开源库 Zxing 扫描识别二维码携带的文本信息。
2. 使用 OpenCV 检测图片中的人脸。
3. 综合运用人脸识别技术实现一个智慧天眼 App。

# 第 13 章

## 在线直播

本章介绍 App 开发常用的一些在线直播技术，主要包括如何搭建 WebRTC 需要的信令服务器和穿透服务器，如何给不同角色（发起方和接收方）的 App 集成 WebRTC。最后结合本章所学的知识演示两个实战项目"仿微信的视频通话"和"仿拼多多的直播带货"的设计与实现。

## 13.1 搭建 WebRTC 的服务端

本节介绍 WebRTC 框架在服务端的搭建过程，首先概述 WebRTC 的愿景、技术体系和应用架构，接着说明信令服务器需要处理的任务及其搭建步骤，最后讲述 WebRTC 的穿透流程以及穿透服务器的搭建步骤。

### 13.1.1 WebRTC 的系统架构

WebRTC（Web Real-Time Communication，网页即时通信），是一个支持浏览器之间实时音视频对话的新兴技术。WebRTC 在 2011 年开源，并于 2021 年被 W3C（World Wide Web Consortium，万维网联盟）和 IETF（Internet Engineering Task Force，互联网工程任务组）发布为正式推荐标准。WebRTC 体系由应用于实时通信的编程接口和一组通信协议构成，已成为互联网流媒体通信及协作服务的基石，特别是新冠疫情催生了海量的线上教育、视频会议等在线协作需求，带动数以亿计的用户通过实时音视频技术互相联络。

WebRTC 的愿景是让开发者能够基于浏览器快速开发流媒体应用，而不必要求用户下载安装任何插件（例如 Flash、RealPlayer 等），开发者也无须关注音视频数据的编解码过程，只要编写简单的 JavaScript 代码即可实现业务逻辑。为此 WebRTC（内部结构的技术体系如图 13-1 所示）提供了在线多媒体交互的核心技术，囊括音视频数据采集→编码→传输→解码→渲染等一系列功能的实现过程，同时它还支持跨平台使用，包含 Windows、Linux、Mac OS、Android 等。

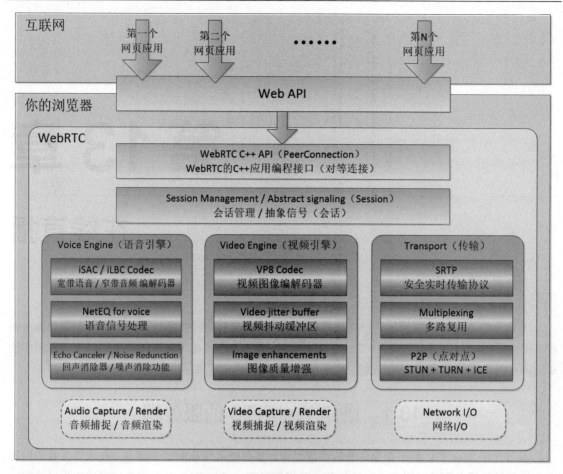

图 13-1 WebRTC 的内部结构

WebRTC 仅仅规定了实时音视频的技术标准，真正落实起来还需要各种物理设备密切配合，包括服务器、网络设备、终端设备等。其中，用于 WebRTC 的服务器主要有下列三种：

（1）网页服务器：提供浏览器观看的网页。

（2）信令服务器：用于响应设备发送的指令请求，比如请求通话、同意通话、加入房间、退出房间等。这类服务器支持的信令交互协议包括 WebSocket、XMPP、SIP 等。

（3）穿透服务器：互联网是一个公共网络，为了防止接入网络的设备被恶意攻击，网络层会通过各种手段阻止非法请求，其中一个手段名叫 NAT（Network Address Translation，网络地址转换）。由于 NAT 设备自动屏蔽了非内网主机发起的连接，导致外网发往内网的数据包被 NAT 设备丢弃，因此位于不同 NAT 设备之后的主机无法直接交换信息。该机制一方面保护了内网主机免受外部网络的攻击，另一方面也给 P2P 通信设置了障碍。为了绕过 NAT 的限制，需要采取专门的通信协议穿透 NAT，这便用到了 STUN/TURN 服务器。

集成了上述三种服务器的 WebRTC 应用架构如图 13-2 所示。

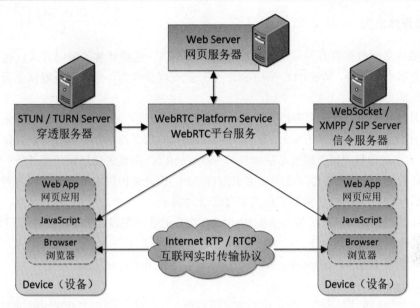

图 13-2　WebRTC 的应用架构

## 13.1.2　搭建信令服务器

信令包含信号与指令，也就是终端设备请求服务器做什么事情。原来 WebRTC 有一套规范，比如如何通过 ICE（Interactive Connectivity Establishment，交互式连接建立）收集地址、怎样使用 SDP（Session Description Protocol，会话描述协议）协商媒体能力等。除此之外，对于视频会议场景，还得创建会议房间、管理用户的加入与退出操作。信令服务器便是用来处理诸如此类的请求的，主要任务包括下列三类。

### 1．会话控制消息

与用户行为相关的操作都算会话控制，包括用户上线、用户下线、主播创建房间、主播关闭房间、用户加入房间、用户退出房间等。

### 2．交换网络信息

两台终端设备需要交换网络信息，在 WebRTC 中通过 ICE 机制创建网络连接，只有连接双方都获取了对方的网络信息才能够尝试建立 P2P（Peer to Peer，点对点）连接。WebRTC 拥有三种类型的 ICE 候选者，分别说明如下：

（1）主机候选者，指的是局域网的内网 IP 地址及其端口。在三个候选者中它的优先级最高，WebRTC 最先考虑在局域网内部建立连接。

（2）反射候选者，指的是外部的公网 IP 地址及其端口。它的优先级低于主机候选者，如果 WebRTC 无法通过主机候选者建立连接，就会尝试通过反射候选者创建连接。

（3）中继候选者，指的是中继服务器的 IP 地址及其端口，也就是通过服务器中转媒体数据。当前两个候选者都无法连接时，只能通过服务器中转来保障双方的正常通信了。

### 3. 交换媒体能力

每台终端设备硬件配置有差异，媒体能力也有所不同，包括音频的编码方式、视频的编码方式、屏幕的分辨率大小等，WebRTC 采用 SDP 协议呈现媒体能力，信令服务器就负责给两台终端设备交换媒体能力。

落实到具体实现上，信令服务器有好几种可选的技术方案，本书选择 SocketIO 承载信令交互（关于 SocketIO 的详细说明参考 6.3.1 节）。对于前述信令服务器的第一类任务，具体的处理逻辑参见第 6 章的实战项目"仿微信的私聊和群聊"。WebRTC 主要关注后面两类任务：交换网络信息和交换媒体能力。这两类事件均需明确请求的目的地，也就是说请求数据必须包含对方终端的设备标识，然后才能把 WebRTC 需要的相关信息送给对端。

依据以上思路，编写信令服务器操作 WebRTC 指令的业务逻辑。形成 ICE 候选和 SDP 媒体的事件监听器的示例代码片段如下：

（完整代码见 HttpServer\src\com\socketio\server\VideoChatServer.java）

```java
// 客户端映射表
private static Map<String, SocketIOClient> clientMap = new HashMap<>();
// 人员名字映射表
private static Map<String, String> nameMap = new HashMap<>();

public static void main(String[] args) {
    Configuration config = new Configuration();
    config.setPort(9012); // 设置监听端口
    final SocketIOServer server = new SocketIOServer(config);
    // 添加连接连通的监听事件
    server.addConnectListener(client -> {
        clientMap.put(client.getSessionId().toString(), client);
    });
    // 添加连接断开的监听事件
    server.addDisconnectListener(client -> {
        for (Map.Entry<String, SocketIOClient> item : clientMap.entrySet()) {
            if (client.getSessionId().toString().equals(item.getKey())) {
                clientMap.remove(item.getKey());
                break;
            }
        }
        nameMap.remove(client.getSessionId().toString());
    });
    // 添加用户上线的事件监听器
    server.addEventListener("self_online", String.class, (client, name, ackSender) -> {
        for (Map.Entry<String, SocketIOClient> item : clientMap.entrySet()) {
            if (!client.getSessionId().toString().equals(item.getKey())) {
                item.getValue().sendEvent("friend_online", name);
                client.sendEvent("friend_online",
                        nameMap.get(item.getKey()));
            }
        }
        nameMap.put(client.getSessionId().toString(), name);
    });
    // 添加用户下线的事件监听器
    server.addEventListener("self_offline", String.class, (client, name,
```

```
ackSender) -> {
        for (Map.Entry<String, SocketIOClient> item : clientMap.entrySet()) {
            if (!client.getSessionId().toString().equals(item.getKey())) {
                item.getValue().sendEvent("friend_offline", name);
            }
        }
        nameMap.remove(client.getSessionId().toString());
    });
    // 添加 ICE 候选的事件监听器
    server.addEventListener("IceInfo", JSONObject.class, (client, json,
ackSender) -> {
        String destId = json.getString("destination");
        for (Map.Entry<String, String> item : nameMap.entrySet()) {
            if (destId.equals(item.getValue())) {
                clientMap.get(item.getKey()).sendEvent("IceInfo", json);
                break;
            }
        }
    });
    // 添加 SDP 媒体的事件监听器
    server.addEventListener("SdpInfo", JSONObject.class, (client, json,
ackSender) -> {
        String destId = json.getString("destination");
        for (Map.Entry<String, String> item : nameMap.entrySet()) {
            if (destId.equals(item.getValue())) {
                clientMap.get(item.getKey()).sendEvent("SdpInfo", json);
                break;
            }
        }
    });
    server.start();  // 启动 Socket 服务
}
```

接着执行 main 方法启动 Socket 服务侦听，等待两台设备分别连接信令服务器，即可按照指令执行相应的中转操作。

### 13.1.3 搭建穿透服务器

实时音视频仅靠一些简单的信令是不够的，因为音视频这些媒体数据才是 WebRTC 主要的传输内容。虽然 WebRTC 会尽量通过 P2P 方式传输数据，但是存在 NAT 机制，经由互联网的 P2P 无法成功穿越，只能借助专门的媒体中继服务器转发媒体数据。这种服务器称作 STUN（Session Traversal Utilities for NAT，NAT 会话穿越工具）/TURN（Traversal Using Relays around NAT：Relay Extensions to Session Traversal Utilities for NAT，中继穿透 NAT:STUN 的中继扩展）服务器，也叫穿透服务器。

TURN 由 STUN 扩展而来，相同点是都通过修改应用层的私网地址实现 NAT 穿透，不同点是 TURN 使用双方通信的中继方式实现穿透。

两台设备究竟是怎样实时传输音视频数据的呢？要知道这并非传送几个文字那么简单，得经过一整套 WebRTC 的交互流程才行。WebRTC 穿透流程如图 13-3 所示。

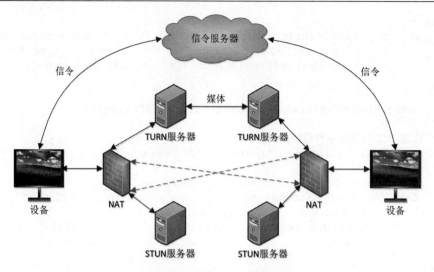

图 13-3 WebRTC 的穿透流程

有关图 13-3 所要表达的 WebRTC 流程步骤的详细说明如下：

（1）两台设备分别通过 STUN 协议从 STUN 服务器获得自己的网络信息，包括 NAT 结构、内网 IP 和端口、公网 IP 和端口。这里的 IP 和端口被称作 ICE 候选者。

（2）两台设备通过交换自己的网络信息，依据主机候选者、反射候选者的优先级顺序建立连接。也就是说，如果双方位于同一个 NAT 之下，那么它们通过内网的主机候选者即可建立连接；如果双方处于非对称型 NAT 之下，就要通过公网的反射候选者建立连接。

（3）如果通过反射候选者仍然无法建立连接，就需寻求 TURN 服务器提供的中继转发服务，也就是通过中继候选者建立连接。

（4）连接建立之后，两台设备分别通过信令服务器交换各自的媒体能力（媒体能力采用 SDP 协议呈现）。

（5）两台设备向目标候选者发送报文，通过 SDP 内容建立起加密长连接，之后才能持续不断地传输媒体数据。

目前比较流行使用 coturn 工具搭建 STUN/TURN 服务器，它的下载页面为 https://github.com/coturn/coturn。下载 coturn 源码后，还得把它传到 Linux 系统上编译、安装、运行，为此需去云厂商购买一个 Linux 云主机。考虑到初学者仅需验证 WebRTC 的实时音视频功能，故可利用 Windows 系统模拟 Linux。此时要在计算机上安装 cygwin，该软件的国内镜像下载页为 http://mirrors.163.com/cygwin。结合 cygwin 与 coturn 的安装配置步骤说明如下：

**步骤 01** 安装 cygwin 时，除了 Best 组件之外，还要安装 gcc、make、libevent-devel、libssl-devel 等必需库，也就是切换到 Catelog 选项，然后寻找以下组件补充安装：

```
Devel→gcc-g++
Devel→make
Libs→libevent-devel
Libs→libssl1.0-devel
```

**步骤 02** cygwin 安装完毕，把 coturn 整个源码目录复制到 cygwin64\home\\***目录下（\*\*\*表

示计算机用户名)。注意,要关闭所有杀毒软件,防止杀毒软件误杀了 turnserver.exe;还要关闭各种防火墙(包括系统防火墙和杀毒防火墙),避免 stun 服务器无法访问。

**步骤 03** 双击以打开 cygwin64 终端(桌面上的 Cygwin64 Terminal 图标),接着在命令行依次执行 coturn 的配置、编译与安装命令:

```
cd coturn
./configure
make
make install
```

**步骤 04** 进入 /usr/local/etc 目录,把 turnserver.conf.default 复制到 turnserver.conf,也就是执行下面的命令:

```
cd /usr/local/etc
cp turnserver.conf.default turnserver.conf
```

然后打开 turnserver.conf,补充以下几行服务器的参数配置:

```
# 监听端口
listening-port=3478
# 外网 IP
external-ip=120.36.33.151
# 用户名和密码
user=admin:123456
# 域名
realm=stun.xxx.cn
```

**步骤 05** 在 cygwin64 终端执行下面的命令以启动 stun 服务器:

```
/usr/local/bin/turnserver -c /usr/local/etc/turnserver.conf
```

之后终端输出如图 13-4 所示的 poll 信息,表示 stun 服务器正常启动。

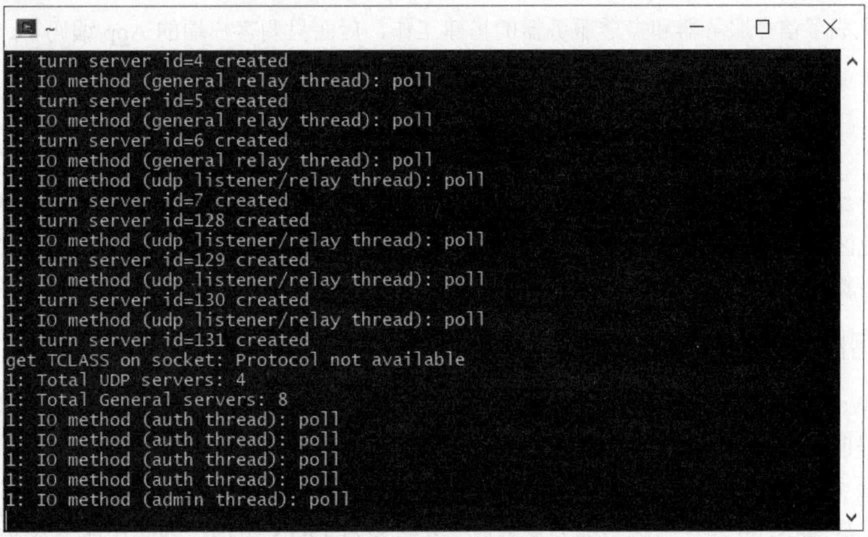

图 13-4 coturn 的启动信息

**步骤 06** 使用 Chrome 浏览器打开 stun 连接的测试网页（本书源码 HttpServer\WebRoot\trickle-ice\index.html），在 "STUN or TURN URI" 一栏输入 "turn:192.168.1.5"（服务器的内网 IP，可在 Windows 命令行通过 "ipconfig /all" 查询到），在 "TURN username" 一栏输入第 4 步设置的用户名 "admin"，在 "TURN password" 一栏输入第 4 步设置的密码 "123456"，再单击 Add Server 按钮添加服务器信息。接着单击左下角的 Gather candidates 按钮开始检测，发现结果列蹦出 "rtp relay" 字样，说明成功连上了 stun 服务器，如图 13-5 所示。

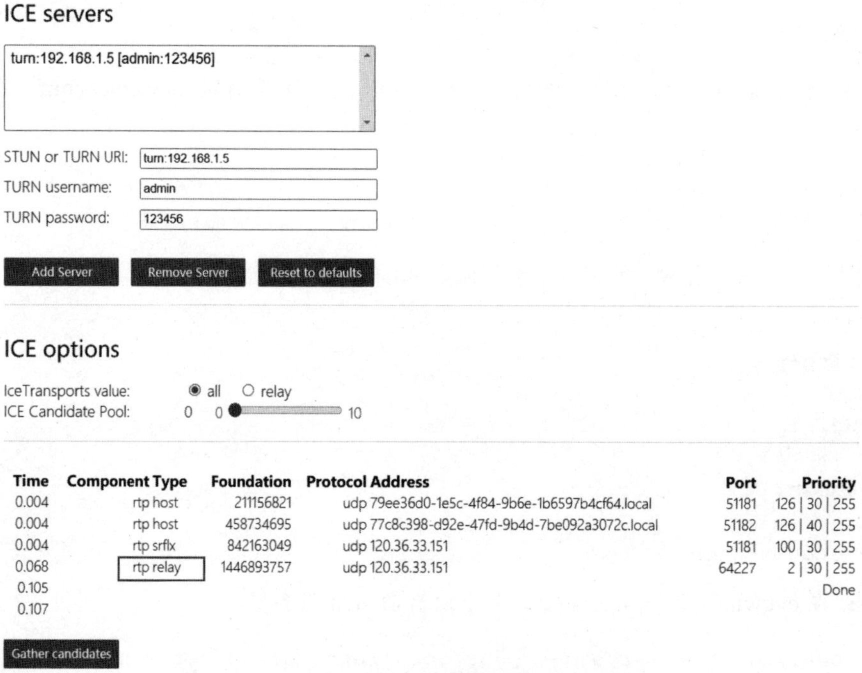

图 13-5　stun 服务器的检测结果

至此完成了信令服务器和穿透服务器的搭建工作，后面只剩客户端的 App 编码了。

## 13.2　给 App 集成 WebRTC

本节介绍 WebRTC 在客户端的集成过程，内容包括如何为 App 引入 WebRTC 开源库以及每台设备的角色区分、作为 WebRTC 发起方的 App 代码的实现步骤、作为 WebRTC 接收方的 App 代码的实现步骤。

### 13.2.1　引入 WebRTC 开源库

虽然 WebRTC 原本是为了方便网页上的实时音视频，但它同样适用于手机 App，使用 Android 的原生代码也能接入 WebRTC。具体的接入过程依次说明如下。

谷歌公司给 App 提供了专门的 WebRTC 开源库，另外信令服务器若采用 SocketIO 搭建，那么 App 也需集成 socketio 库，考虑到部分复杂信令要封装为 JSON 结构，因此还需引入 gson 库。于是修改 App 模块的 build.gradle，添加下列三个开源库的依赖配置：

```
        implementation 'org.webrtc:google-webrtc:1.0.32006'
        implementation 'com.google.code.gson:gson:2.8.7'
        implementation 'io.socket:socket.io-client:1.0.1'
```

因为音视频既要录音又要录像,还要实时传送媒体数据,所以 App 除了需申请录音和相机权限,还需申请互联网权限,为此打开 AndroidManifest.xml,补充以下功能的权限申请配置:

```
<!-- 相机 -->
<uses-permission android:name="android.permission.CAMERA" />
<!-- 录音 -->
<uses-permission android:name="android.permission.RECORD_AUDIO" />
<!-- 获取网络状态 -->
<uses-permission android:name="android.permission.ACCESS_NETWORK_STATE" />
<!-- 互联网 -->
<uses-permission android:name="android.permission.INTERNET" />
```

接着在代码中配置 STUN/TURN 服务器信息,并将它作为 ICE 候选者,配置代码如下:
(完整代码见 live\src\main\java\com\example\live\constant\ChatConst.java)

```
private final static String STUN_URL = "stun:192.168.1.5";
private final static String STUN_USERNAME = "admin";
private final static String STUN_PASSWORD = "123456";

// 获取 ICE 服务器列表
public static List<PeerConnection.IceServer> getIceServerList() {
    List<PeerConnection.IceServer> iceServerList = new ArrayList<>();
    iceServerList.add(PeerConnection.IceServer.builder(STUN_URL)
            .setUsername(STUN_USERNAME).setPassword(STUN_PASSWORD)
            .createIceServer());
    return iceServerList;
}
```

然后定义设备端的 Peer 类(每台接入 WebRTC 的设备都拥有自己的 Peer 对象,通过 Peer 对象完成点对点连接的相关操作),主要实现下列几项功能:

(1)根据连接工厂、媒体流和 ICE 服务器初始化点对点连接。

(2)实现接口 PeerConnection.Observer,主要重写 onIceCandidate 和 onAddStream 两个方法。其中,前者在收到 ICE 候选者时回调,此时要将 ICE 信息发给信令服务器;后者在添加媒体流时回调,此时要给来源方添加目标方的远程媒体流。

(3)实现接口 SdpObserver,主要重写 onCreateSuccess 方法。该方法在 SDP 连接创建成功时回调,此时不仅要设置本地连接的会话描述,还要把媒体能力的会话描述送给信令服务器。

综合上述几项功能描述,编写 Peer 类的示例代码框架:
(完整代码见 live\src\main\java\com\example\live\webrtc\Peer.java)

```
public class Peer implements PeerConnection.Observer, SdpObserver {
    private PeerConnection mConn;       // 声明一个点对点连接对象
    private Socket mSocket;             // 声明一个套接字对象
    private String mSourceId;           // 来源设备标识
    private String mDestId;             // 目标设备标识
```

```java
    private PeerStreamListener mStreamListener; // 声明点对点媒体流传输监听器对象

    public Peer(Socket socket, String sourceId, String destId,
            PeerStreamListener streamListener) {
        mSocket = socket;
        mSourceId = sourceId;
        mDestId = destId;
        mStreamListener = streamListener;
    }

    // 初始化点对点连接
    public void init(PeerConnectionFactory factory, MediaStream stream,
            List<PeerConnection.IceServer> iceServers) {
        // 根据ICE服务器列表创建RTC配置对象
        PeerConnection.RTCConfiguration rtcConfig =
                new PeerConnection.RTCConfiguration(iceServers);
        mConn = factory.createPeerConnection(rtcConfig, this); // 创建连接
        mConn.addStream(stream); // 给点对点连接添加来源媒体流
    }

    // 获取点对点连接
    public PeerConnection getConnection() {
        return mConn;
    }

    // 收到ICE候选者时回调（来自接口PeerConnection.Observer）
    @Override
    public void onIceCandidate(IceCandidate iceCandidate) {
        try {
            JSONObject json = new JSONObject();
            // 与候选者相关的媒体流识别标签（代表每一路流，比如视频是0）
            json.put("id", iceCandidate.sdpMid);
            // 在SDP中的索引值（sdp有视频流和音频流，那么视频是第1个、音频是第2个）
            json.put("label", iceCandidate.sdpMLineIndex);
            json.put("candidate", iceCandidate.sdp); // 候选者描述信息
            json.put("source", mSourceId);           // 来源标识
            json.put("destination", mDestId);        // 目标标识
            mSocket.emit("IceInfo", json); // 往Socket服务器发送JSON数据
        } catch (JSONException e) {
            e.printStackTrace();
        }
    }

    // 在添加媒体流时回调（来自接口PeerConnection.Observer）
    @Override
    public void onAddStream(MediaStream mediaStream) {
        // 给来源方添加目标方的远程媒体流
        mStreamListener.addRemoteStream(mSourceId, mediaStream);
    }
```

```
// 此处省略接口 PeerConnection.Observer 的剩余方法

// 在 SDP 连接创建成功时回调（来自接口 SdpObserver）
@Override
public void onCreateSuccess(SessionDescription sessionDesc) {
    // 设置本地连接的会话描述
    mConn.setLocalDescription(this, sessionDesc);
    JSONObject json = new JSONObject();
    try {
        json.put("type", sessionDesc.type.canonicalForm());    // 连接类型
        json.put("description", sessionDesc.description);     // 连接描述
        json.put("source", mSourceId);             // 来源标识
        json.put("destination", mDestId);          // 目标标识
        mSocket.emit("SdpInfo", json);             // 往 Socket 服务器发送 JSON 数据
    } catch (JSONException e) {
        e.printStackTrace();
    }
}

// 此处省略接口 SdpObserver 的剩余方法

// 定义一个点对点媒体流监听器，在收到目标方响应之后将目标方的媒体流添加至本地
public interface PeerStreamListener {
    void addRemoteStream(String userId, MediaStream remoteStream);
}
```

实时音视频存在发起方和接收方，两种角色的设备端在业务逻辑上自然有所不同，但不管它们作为什么角色都必须开展以下两项工作：

（1）连接信令服务器，并等待接入 ICE 候选者，一旦收到对方的 ICE 信息，就给 P2P 连接添加 ICE 候选者。

（2）创建当前设备的 Peer 对象，指定谁要跟谁对话、对方同意对话之后要做什么事等，并初始化点对点连接。

对于上面的第一项工作，对应的示例代码如下：

（完整代码见 live\src\main\java\com\example\live\VideoOfferActivity.java）

```
mSocket.connect();   // 建立 Socket 连接
// 等待接入 ICE 候选者，目的是打通媒体流传输网络
mSocket.on("IceInfo", args -> {
    try {
        JSONObject json = (JSONObject) args[0];
        IceCandidate candidate = new IceCandidate(json.getString("id"),
                json.getInt("label"), json.getString("candidate")
        );
        mPeer.getConnection().addIceCandidate(candidate);   // 添加 ICE 候选者
    } catch (JSONException e) {
        e.printStackTrace();
    }
});
```

对于上面的第二项工作,对应的代码模板示例如下:

```
// 第四个参数表示对方接受视频通话之后如何显示对方的视频画面
mPeer = new Peer(mSocket, mContact.from, mContact.to, (userId, remoteStream) -> {
    // 此处代码有待补充
});
mPeer.init(mConnFactory, mMediaStream, mIceServers);    // 初始化点对点连接
```

至此,App 工程初步引入了 WebRTC 框架,接下来就是编写客户端的界面以及对话双方的交互逻辑。

## 13.2.2 实现 WebRTC 的发起方

WebRTC 体系中的 P2P 连接看似连接的双方都是同样的端点,其实存在角色分配的差异。实时音视频有发起方与接收方之分,发起方提供自己的媒体数据,接收方接收对方的媒体数据并呈现出来。发起方是音视频信息的来源地,需要打开摄像头和麦克风,还要把媒体流送出去。接收方无须共享己方的音视频,只要考虑是否同意发起方的请求,一旦同意请求,就敞开怀抱接纳对方的媒体数据,并在屏幕上展示对方画面,同时播放对方的声音。

为了提高处理效率,WebRTC 采用 OpenGL ES 渲染视频,具体实现的时候则通过 EGL 接口操纵 OpenGL ES 指令。WebRTC 把 EGL 的相关操作封装在 EglBase 类,渲染图层则使用控件 org.webrtc.SurfaceViewRenderer,为方便观看视频分享效果,发起方可在屏幕上显示正在共享的视频画面,就像打开前置摄像头自拍那样。此时要给活动页面的布局文件添加如下所示的 SurfaceViewRenderer 节点:

(完整代码见 live\src\main\res\layout\activity_video_offer.xml)

```xml
<org.webrtc.SurfaceViewRenderer
    android:id="@+id/svr_local"
    android:layout_width="match_parent"
    android:layout_height="match_parent" />
```

发起方除了要有与服务器有关的连接初始化操作,还需初始化渲染图层和初始化音视频的媒体流。初始化渲染图层时,注意调用 setMirror 方法允许设置镜像,这样己方视频才可共享给其他人。初始化音视频的媒体流时,主要完成下列三项任务:

(1)创建并初始化视频捕捉器,以便通过摄像头实时获取视频画面。
(2)创建音视频的媒体流,并给媒体流先后添加音频轨道和视频轨道。
(3)指定视频轨道中己方的渲染图层,也就是关联 SurfaceViewRenderer 控件。

对应上面描述的图层与媒体流的初始化,实现的示例代码:

(完整代码见 live\src\main\java\com\example\live\VideoOfferActivity.java)

```java
private SurfaceViewRenderer svr_local;              // 本地的表面视图渲染器(己方)
private PeerConnectionFactory mConnFactory;         // 点对点连接工厂
private EglBase mEglBase;    // OpenGL ES 与本地设备之间的接口对象
private MediaStream mMediaStream;                   // 媒体流
private VideoCapturer mVideoCapturer;               // 视频捕捉器

// 初始化渲染图层
private void initRender() {
```

```java
    svr_local = findViewById(R.id.svr_local);
    mEglBase = EglBase.create();         // 创建 EglBase 实例
    //初始化己方的渲染图层
    svr_local.init(mEglBase.getEglBaseContext(), null);
    svr_local.setMirror(true);           // 是否设置镜像
    svr_local.setZOrderMediaOverlay(true);       // 是否置于顶层
    // 设置缩放类型, SCALE_ASPECT_FILL 表示充满视图
    svr_local.setScalingType(RendererCommon.ScalingType.SCALE_ASPECT_FIT);
    svr_local.setEnableHardwareScaler(false);    // 是否开启硬件缩放
}

// 初始化音视频的媒体流
private void initStream() {
    // 初始化点对点连接工厂
    PeerConnectionFactory.initialize(
            PeerConnectionFactory.InitializationOptions
                    .builder(getApplicationContext())
                    .createInitializationOptions());
    // 创建视频的编解码方式
    VideoEncoderFactory encoderFactory;
    VideoDecoderFactory decoderFactory;
    encoderFactory = new DefaultVideoEncoderFactory(
            mEglBase.getEglBaseContext(), true, true);
    decoderFactory = new DefaultVideoDecoderFactory(
            mEglBase.getEglBaseContext());
    AudioDeviceModule audioModule = JavaAudioDeviceModule.builder(this)
            .createAudioDeviceModule();
    // 创建点对点连接工厂
    PeerConnectionFactory.Options options =
            new PeerConnectionFactory.Options();
    mConnFactory = PeerConnectionFactory.builder()
            .setOptions(options)
            .setAudioDeviceModule(audioModule)
            .setVideoEncoderFactory(encoderFactory)
            .setVideoDecoderFactory(decoderFactory)
            .createPeerConnectionFactory();
    initConstraints();    // 初始化视频通话的各项条件
    // 创建音视频的媒体流
    mMediaStream = mConnFactory.createLocalMediaStream("local_stream");
    // 创建并添加音频轨道
    AudioSource audioSource = mConnFactory.createAudioSource(
                            mAudioConstraints);
    AudioTrack audioTrack = mConnFactory.createAudioTrack(
                            "audio_track", audioSource);
    mMediaStream.addTrack(audioTrack);
    // 创建并初始化视频捕捉器
    mVideoCapturer = createVideoCapture();
    VideoSource videoSource = mConnFactory.createVideoSource(
                            mVideoCapturer.isScreencast());
    SurfaceTextureHelper surfaceHelper = SurfaceTextureHelper.create(
                "CaptureThread", mEglBase.getEglBaseContext());
    mVideoCapturer.initialize(surfaceHelper, this,
                            videoSource.getCapturerObserver());
    // 设置视频画质, 三个参数分别表示视频宽度、视频高度、每秒传输帧数 fps
    mVideoCapturer.startCapture(720, 1080, 15);
```

```
// 创建并添加视频轨道
VideoTrack videoTrack = mConnFactory.createVideoTrack(
                    "video_track", videoSource);
mMediaStream.addTrack(videoTrack);
ProxyVideoSink localSink = new ProxyVideoSink();
localSink.setTarget(svr_local);  // 指定视频轨道中己方的渲染图层
mMediaStream.videoTracks.get(0).addSink(localSink);
}
```

在与后端服务器的交互部分，发起方一方面要向信令服务器发送视频通话请求，另一方面要等待对方接受视频通话。一旦对方同意通话请求，马上初始化点对点连接，并为其创建供应（也就是提供音视频数据）。服务器交互的示例代码如下：

```
// 等待对方的会话连接，以便建立双方的通信链路
mSocket.on("SdpInfo", args -> {
    try {
        JSONObject json = (JSONObject) args[0];
        SessionDescription sd = new SessionDescription
                (SessionDescription.Type.fromCanonicalForm(
                    json.getString("type")),
                    json.getString("description"));
        // 设置对方的会话描述
        mPeer.getConnection().setRemoteDescription(mPeer, sd);
    } catch (JSONException e) {
        e.printStackTrace();
    }
});
SocketUtil.emit(mSocket, "self_dial_in", mContact);  // 己方发起了视频通话
// 等待对方接受视频通话
mSocket.on("other_dial_in", (args) -> {
    String other_name = (String) args[0];
    // 第四个参数表示对方接受视频通话之后如何显示对方的视频画面
    mPeer = new Peer(mSocket, mContact.from, mContact.to,
                    (userId, remoteStream) -> {});
    mPeer.init(mConnFactory, mMediaStream, mIceServers);  // 初始化点对点连接
    mPeer.getConnection().createOffer(mPeer, mOfferConstraints);  // 创建供应
});
```

等到视频通话结束退出页面时要释放相关资源，对应的示例代码如下：

```
svr_local.release();  // 释放本地的渲染器资源（己方）
try {  // 停止视频捕捉，也就是关闭摄像头
    mVideoCapturer.stopCapture();
} catch (Exception e) {
    e.printStackTrace();
}
```

确认后端的信令服务器与穿透服务器均已启动（启动方式详见 13.1.2 节和 13.1.3 节），再运行并测试该 App，点击"远程视频"按钮，在如图 13-6 所示的弹窗中选择"提供方"，进入提供方的预览画面（见图 13-7），等待其他设备的接受应答。

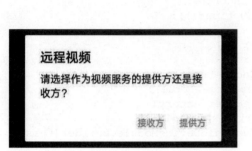

图 13-6　选择通话角色的提示弹窗

图 13-7　视频提供方的预览画面

### 13.2.3　实现 WebRTC 的接收方

视频通话的接收方需要在屏幕上显示对方的视频画面,故而要给活动页面的布局文件添加如下所示的 SurfaceViewRenderer 节点:

（完整代码见 live\src\main\res\layout\activity_video_recipient.xml）

```xml
<org.webrtc.SurfaceViewRenderer
    android:id="@+id/svr_remote"
    android:layout_width="match_parent"
    android:layout_height="match_parent" />
```

发起方的图层初始化与媒体流初始化有所不同,初始化渲染图层时,调用 setMirror 方法不必设置镜像,因为己方视频无须共享给其他人。初始化音视频的媒体流时,不需要视频捕捉器,也无须添加音视频轨道。于是接收方的图层与媒体流初始化如下所示:

（完整代码见 live\src\main\java\com\example\live\VideoRecipientActivity.java）

```java
private SurfaceViewRenderer svr_remote;        // 远程的表面视图渲染器（对方）
private PeerConnectionFactory mConnFactory;    // 点对点连接工厂
private EglBase mEglBase;    // OpenGL ES 与本地设备之间的接口对象
private MediaStream mMediaStream;              // 媒体流

// 初始化渲染图层
private void initRender() {
    svr_remote = findViewById(R.id.svr_remote);
    mEglBase = EglBase.create();                  // 创建 EglBase 实例
    // 初始化对方的渲染图层
    svr_remote.init(mEglBase.getEglBaseContext(), null);
    svr_remote.setMirror(false);                  // 是否设置镜像
    svr_remote.setZOrderMediaOverlay(false);      // 是否置于顶层
```

```
    // 设置缩放类型，SCALE_ASPECT_FILL 表示充满视图
    svr_remote.setScalingType(
            RendererCommon.ScalingType.SCALE_ASPECT_FILL);
    svr_remote.setEnableHardwareScaler(false);    // 是否开启硬件缩放
}

// 初始化音视频的媒体流
private void initStream() {
    // 初始化点对点连接工厂
    PeerConnectionFactory.initialize(
            PeerConnectionFactory.InitializationOptions
                    .builder(getApplicationContext())
                    .createInitializationOptions());
    // 创建视频的编解码方式
    VideoEncoderFactory encoderFactory;
    VideoDecoderFactory decoderFactory;
    encoderFactory = new DefaultVideoEncoderFactory(
            mEglBase.getEglBaseContext(), true, true);
    decoderFactory = new DefaultVideoDecoderFactory(
            mEglBase.getEglBaseContext());
    AudioDeviceModule audioModule = JavaAudioDeviceModule.builder(this)
            .createAudioDeviceModule();
    // 创建点对点连接工厂
    PeerConnectionFactory.Options options =
            new PeerConnectionFactory.Options();
    mConnFactory = PeerConnectionFactory.builder()
            .setOptions(options)
            .setAudioDeviceModule(audioModule)
            .setVideoEncoderFactory(encoderFactory)
            .setVideoDecoderFactory(decoderFactory)
            .createPeerConnectionFactory();
    // 创建音视频的媒体流
    mMediaStream = mConnFactory.createLocalMediaStream("local_stream");
}
```

在与后端服务器的交互部分，除了向信令服务器发送同意通话指令以外，接收方与发起方的处理逻辑还有下列两处区别：

（1）接收方收到对方的会话连接后，要调用 createAnswer 方法创建应答，然后发起方才能传来音视频数据；

（2）接收方创建 Peer 对象时，第四个输入参数要收下对方远程的媒体流对象，并将其设置到视频轨道中对方的渲染图层。

接收方囊括上述逻辑的服务器交互的示例代码如下：

```
// 等待对方的会话连接，以便建立双方的通信链路
mSocket.on("SdpInfo", args -> {
    try {
        JSONObject json = (JSONObject) args[0];
        SessionDescription sd = new SessionDescription
                (SessionDescription.Type.fromCanonicalForm(
                        json.getString("type")),
                        json.getString("description"));
        // 设置对方的会话描述
```

```
        mPeer.getConnection().setRemoteDescription(mPeer, sd);
        // 接收方要创建应答
        mPeer.getConnection().createAnswer(mPeer, new MediaConstraints());
    } catch (JSONException e) {
        e.printStackTrace();
    }
}));
// 第四个参数表示在对方接受视频通话之后如何显示对方的视频画面
mPeer = new Peer(mSocket, mContact.from, mContact.to, (userId, remoteStream)
-> {
    ProxyVideoSink remoteSink = new ProxyVideoSink();
    remoteSink.setTarget(svr_remote);  // 设置视频轨道中对方的渲染图层
    VideoTrack videoTrack = remoteStream.videoTracks.get(0);
    videoTrack.addSink(remoteSink);
});
mPeer.init(mConnFactory, mMediaStream, mIceServers);  // 初始化点对点连接
SocketUtil.emit(mSocket, "self_dial_in", mContact);   // 己方同意了视频通话
```

视频通话结束后，接收方也需释放相关资源，示例代码如下：

```
svr_remote.release();   // 释放远程的渲染器资源（对方）
```

完成以上接收方部分的编码之后，运行并测试该 App，点击"远程视频"按钮，在如图 13-8 所示的提示弹窗中选择"接收方"，进入接收方的预览画面（见图 13-9），可成功看到对方的视频画面。

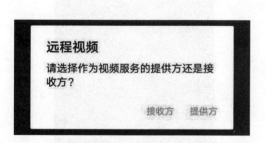

图 13-8　选择通话角色的提示弹窗

图 13-9　视频接收方的预览画面

## 13.3　实战项目：仿微信的视频通话

虽然手机出现许多年了，具备的功能也越来越丰富，但是最基本的通话功能几乎没有变化：从前使用固定电话的时候，通话就是听声音；如今使用最新的智能手机，通话仍旧是听声音。既然手机自带的通话功能不支持视频画面，那就只好通过 App 自身实现了。例如，微信就支持视频通

话功能,通话双方可以一边对话一边从手机屏幕上看到对方,感觉就像面对面交谈那般亲切。本节的实战项目就来谈谈如何设计并实现手机上的视频通话 App。

### 13.3.1 需求描述

打开微信的私聊界面,点击右下角的加号按钮,会弹出如图 13-10 所示的图标面板。点击第一排第三个的视频通话图标,弹出如图 13-11 所示的菜单列表。

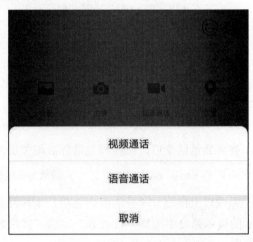

图 13-10　按加号按钮后弹出的图标面板　　　　图 13-11　视频通话菜单列表

点击菜单列表的"视频通话"项,跳到己方的等待接听界面,如图 13-12 所示,此时对方微信也自动打开等待通话界面,如图 13-13 所示。

图 13-12　己方的等待接听界面　　　　图 13-13　对方的等待通话界面

对方点击右下角的接听图标，之后双方的微信都切到接通的视频通话界面，其中请求方的通话界面如图 13-14 所示、接收方的通话界面如图 13-15 所示。

图 13-14　请求方的通话界面

图 13-15　接收方的通话界面

不管是哪一方的通话界面都是主页面显示别人的预览画面，右上角的小窗显示自己的预览画面。现在两边既能见面又能对话，可以愉快地视频通话了。

## 13.3.2　功能分析

视频通话不但要实时传输语音，还要实时传输画面，这对即时性要求很高。从用户界面到后台服务，视频通话主要集成了如下 App 技术：

- 模糊位图：等待接听界面的背景可使用模糊化了的对方头像，不至于太空洞。
- 音频管理器：按下音量加减键，可以通过音频管理器调节通话音量。
- Socket 通信：与拨号事件有关（接通、挂断等）的信令管理，需要采取 Socket 通信与后端服务器交互，为降低编码复杂程度，双方均需集成第 6 章介绍的 SocketIO 库。
- 移动数据格式 JSON：客户端与服务器之间传输信令，需要把信令内容封装为 JSON 格式，以便数据解析与结构扩展。
- 实时音视频：两人之间的视频通话交流用到了开源库 WebRTC，该库适用于一对一的视频传输。

下面简单介绍一下随书源码 live 模块中与视频通话有关的主要代码模块之间的关系：

- ContactListActivity.java：联系人的列表界面。
- ContactVideoActivity.java：视频通话的预览界面，发起方与接收方通用。

此外，视频通话还需要与之配合的信令服务器，其源码主要是 HttpServer 模块中的 VideoChatServer.java（涵盖了 Socket 通信后端的信令消息传输）。

接下来对视频通话编码中的疑难点进行补充介绍，主要是联系人列表管理和视频通话双方的交互处理两个方面。

### 1. 联系人列表管理

在一群联系人当中，视频通话双方的通信链路是临时建立起来的，因为甲可以选择跟乙或者丙通话，乙也可以选择跟甲或者丙通话。当然，通话的对象必须是已经上线的好友，上线后又下线的好友是无法通话的。此外，发起通话请求的人明确知道自己想跟谁通话，但对方事先并不知情，只有 App 弹出通话等待界面且发声提示才会知晓。

按照上述几项通话场景要求，可将联系人列表管理分解为下列三类操作：

（1）分别侦听好友上线和好友下线事件，在好友上线时将他加入联系人列表，在好友下线时将他从联系人列表移除。

（2）点击某位好友的头像，确认将要与其视频通话后打开视频通话等待界面。

（3）未在视频通话时需侦听好友通话事件，一旦收到某位好友的通话请求就立即跳到等待接听界面。

依据以上操作描述编写联系人列表的管理代码，示例如下：

（完整代码见 live\src\main\java\com\example\live\ContactListActivity.java）

```java
private EntityListAdapter mAdapter;         // 联系人的列表适配器
private Map<String, EntityInfo> mContactMap = new HashMap<>();// 名称映射表
private List<EntityInfo> mContactList = new ArrayList<>();    // 联系人列表
private Socket mSocket;                     // 声明一个套接字对象
private String mSelfName;                   // 我的昵称

// 初始化套接字
private void initSocket() {
    mSelfName = getIntent().getStringExtra("self_name");
    mSocket = MainApplication.getInstance().getSocket();
    mSocket.connect();  // 建立 Socket 连接
    // 开始侦听好友上线事件
    mSocket.on("friend_online", (args) -> {
        String friend_name = (String) args[0];
        // 把刚上线的好友加入联系人列表
        mContactMap.put(friend_name, new EntityInfo(friend_name, "好友"));
        mContactList.clear();
        mContactList.addAll(mContactMap.values());
        runOnUiThread(() -> mAdapter.notifyDataSetChanged());
    });
    // 开始侦听好友下线事件
    mSocket.on("friend_offline", (args) -> {
        String friend_name = (String) args[0];
        mContactMap.remove(friend_name);  // 从联系人列表移除已下线的好友
        mContactList.clear();
```

```java
            mContactList.addAll(mContactMap.values());
            runOnUiThread(() -> mAdapter.notifyDataSetChanged());
        });
        // 开始侦听好友通话事件
        mSocket.on("friend_converse", (args) -> {
            String friend_name = (String) args[0];
            // 接收到好友的通话请求,于是跳转到视频通话页面
            Intent intent = new Intent(this, ContactVideoActivity.class);
            intent.putExtra("self_name", mSelfName);       // 我的昵称
            intent.putExtra("friend_name", friend_name);   // 好友昵称
            intent.putExtra("is_offer", false);            // 是否为发起方
            startActivity(intent);
        });
        mSocket.emit("self_online", mSelfName);            // 通知服务器"我已上线"
    }

    @Override
    public void onItemClick(AdapterView<?> parent, View view, int position, long id) {
        EntityInfo friend = mContactList.get(position);
        AlertDialog.Builder builder = new AlertDialog.Builder(this);
        builder.setMessage(String.format("你是否要跟%s视频通话?", friend.name));
        builder.setPositiveButton("是", (dialog, which) -> {
            // 想与好友通话,就打开视频通话页面
            Intent intent = new Intent(this, ContactVideoActivity.class);
            intent.putExtra("self_name", mSelfName);       // 我的昵称
            intent.putExtra("friend_name", friend.name);   // 好友昵称
            intent.putExtra("is_offer", true);             // 是否为发起方
            startActivity(intent);
        });
        builder.setNegativeButton("否", null);
        builder.create().show();
    }
```

#### 2. 视频通话双方的交互处理

视频通话的发起方与接收方的通话处理有所不同,主要区别如下:

(1) 发起方发起通话请求之后需侦听对方的接听事件,只有对方接受请求同意接听才能调用 createOffer 方法为其创建音视频供应。

(2) 接收方只要按下接听按钮就表示同意通话请求,那么在收到对方的媒体能力时就应该调用 createAnswer 方法为其创建音视频答复。

下面是视频通话界面的示例代码(包括发起方与接收方的请求交互过程):

(完整代码见 live\src\main\java\com\example\live\ContactVideoActivity.java)

```java
    private ContactInfo mContact;    // 联系信息(联系人昵称与被联系人昵称)
    private Socket mSocket;          // 声明一个套接字对象
    private Peer mPeer;              // 点对点对象
    private boolean isOffer = false; // 是否为提供方(发起方)
```

```java
    // 初始化信令交互的套接字
    private void initSocket() {
        isOffer = bundle.getBoolean("is_offer");
        mSocket = MainApplication.getInstance().getSocket();
        // 等待接入 ICE 候选者,目的是打通媒体流传输网络
        mSocket.on("IceInfo", args -> {
            try {
                JSONObject json = (JSONObject) args[0];
                IceCandidate candidate = new IceCandidate(json.getString("id"),
                        json.getInt("label"), json.getString("candidate")
                );
                mPeer.getConnection().addIceCandidate(candidate);// 添加 ICE 候选者
            } catch (JSONException e) {
                e.printStackTrace();
            }
        });
        // 等待对方的会话连接,以便建立双方的通信链路
        mSocket.on("SdpInfo", args -> {
            try {
                JSONObject json = (JSONObject) args[0];
                SessionDescription sd = new SessionDescription
                        (SessionDescription.Type.fromCanonicalForm(
                                json.getString("type")),
                                json.getString("description"));
                // 设置对方的会话描述
                mPeer.getConnection().setRemoteDescription(mPeer, sd);
                if (!isOffer) {   // 不是提供方,就给会话连接创建应答
                    mPeer.getConnection().createAnswer(mPeer,
                            mAnswerConstraints);
                }
            } catch (JSONException e) {
                e.printStackTrace();
            }
        });
        // 第四个参数表示在对方接受视频通话之后如何显示对方的视频画面
        mPeer = new Peer(mSocket, mContact.from, mContact.to, (userId, remoteStream) -> {
            ProxyVideoSink remoteSink = new ProxyVideoSink();
            remoteSink.setTarget(svr_remote);   // 设置视频轨道中对方的渲染图层
            VideoTrack videoTrack = remoteStream.videoTracks.get(0);
            videoTrack.addSink(remoteSink);
        });
        mPeer.init(mConnFactory, mMediaStream, mIceServers);   // 初始化点对点连接
    }

    // 初始化视图界面
    private void initView() {
        /* 这里省略初始化视图的常规操作 */
        if (isOffer) {   // 主动提出通话
```

```
            tv_friend.setText("邀请" + mContact.to + "来视频通话");
            // 请求与对方通话
            SocketUtil.emit(mSocket, "offer_converse", mContact);
            // 等待对方接受视频通话
            mSocket.on("other_dial_in", (args) -> {
                // 创建供应
                mPeer.getConnection().createOffer(mPeer, mOfferConstraints);
                runOnUiThread(() -> beginConversation());    // 开始视频通话
            });
        } else {  // 被动接受通话
            tv_friend.setText(mContact.to + "邀请你视频通话");
            ll_right.setOnClickListener(v -> {
                // 己方同意了视频通话
                SocketUtil.emit(mSocket, "self_dial_in", mContact);
                beginConversation();   // 开始视频通话
            });
        }
        mSocket.on("other_hang_up", (args) -> dialOff());   // 等待对方挂断通话
        new Handler(Looper.myLooper()).post(() -> showBlurBackground());
    }

    // 显示等待接通时的模糊背景
    private void showBlurBackground() {
        // 根据昵称获取对应的位图
        Bitmap origin = ChatUtil.getBitmapByName(this, mContact.to);
        Bitmap blur = BitmapUtil.convertBlur(origin);        // 获取模糊化的位图
        iv_wait.setImageBitmap(blur);    // 设置图像视图的位图对象
    }

    // 挂断通话
    private void dialOff() {
        mSocket.off("other_hang_up");    // 取消侦听对方的挂断请求
        SocketUtil.emit(mSocket, "self_hang_up", mContact);   // 发出挂断通话消息
        finish();   // 关闭当前页面
    }
```

### 13.3.3 效果展示

视频通话需要服务器配合，在确保后端的 Socket 服务已经开启并且穿透服务器正在运行后再打开通话 App。拿出两部手机，分别输入昵称，各自打开联系人列表界面，如图 13-16 和图 13-17 所示。图 13-16 为宝宝看到的联系人列表页，图 13-17 为爸爸看到的联系人列表页。

图 13-16　宝宝看到的联系人列表页

图 13-17　爸爸看到的联系人列表页

宝宝那边的 App 点击爸爸头像，请求跟爸爸视频通话，于是跳到通话等待界面，如图 13-18

所示。爸爸这边的 App 收到通话请求，也自动跳到等待接听界面，如图 13-19 所示。

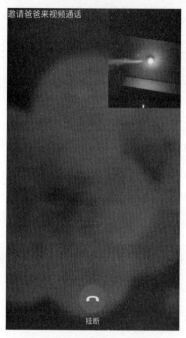

图 13-18　宝宝的通话等待界面　　　　　图 13-19　爸爸的等待接听界面

爸爸点击界面下方的接听按钮，切换到视频通话界面，主页面亮出了宝宝，如图 13-20 所示。同时宝宝的手机也切换到视频通话界面，如图 13-21 所示。这时双方的手机已经建立媒体传输链路。

图 13-20　爸爸的视频通话界面　　　　　图 13-21　宝宝的视频通话界面

原来宝宝跟爸爸视频通话是为了炫耀新买的萌鼠款墨镜，逗得爸爸忍俊不禁。至此，视频通话双方的实时音视频传输经过验证。

## 13.4 实战项目：仿拼多多的直播带货

近年来电商业态发生了不小的改变，传统的电商平台把商品分门别类，配上精美的图文说明供消费者挑选，新潮的电商平台则请来明星网红，开启直播秀向广大粉丝推销商品，往往一场直播就能达到数千万销售额。这种新型的买卖行为被称作"直播带货"。主播们现场试用试穿试吃，还跟众多粉丝网络互动，同时让消费者如临其境，使人无法抑制购买欲望。本节的实战项目就来谈谈如何设计并实现手机上的直播带货 App。

### 13.4.1 需求描述

电视直播由来已久，而手机直播迟至 4G 网络普及后才发展起来，因为视频直播很耗流量，实时性要求也高。乘着 4G/5G 建设的东风，各大电商平台纷纷采用直播售货，它们的直播卖点各有侧重。例如，淘宝主打美妆直播，直播画面如图 13-22 所示；拼多多主打助农直播，直播画面如图 13-23 所示。

图 13-22  淘宝的美妆直播

图 13-23  拼多多的助农直播

虽然一场直播仅有单个直播画面，但该画面提供的功能并不少，例如关注店铺、加入会员、领券、下单，还支持与主播聊天。直播不止用来卖商品，还可运用于各行各业，譬如蚂蚁森林在"守护母亲河"活动中开展种树直播（见图 13-24）、今日头条在美丽乡村报道中进行山歌直播（见图 13-25）等。

图 13-24　蚂蚁森林的种树直播　　　　　　图 13-25　今日头条的山歌直播

直播内容多种多样，对于初学者来说，只要能做出其中的直播带货即可。

### 13.4.2　功能分析

虽然直播间只有一个界面，但是这个界面既要有充分的空间浏览直播内容又要提供足够的控件处理用户交互，而且背后的各类通信操作还不少，当真是"台上一分钟，台下十年功"。从用户界面到后台服务，直播带货主要集成了如下 App 技术：

- 圆形图形：直播间左上角的房间标志，经过圆形裁剪后看起来更活泼。
- 打赏视图：为了鼓舞主播卖力表演，观众会通过打赏礼物激励主播，会用到第 4 章介绍的 RewardView。
- Socket 通信：与房间、观众有关的信令管理，需要采取 Socket 通信与后端服务器交互。为降低编码复杂程度，客户端与服务端均需集成第 6 章介绍的 SocketIO 库。
- 移动数据格式 JSON：客户端与服务器之间传输信令时需要把信令内容封装为 JSON 格式，以便数据解析与结构扩展。
- 实时音视频：主播的吆喝叫卖、载歌载舞场面要实时传到用户的手机屏幕，用到开源库 WebRTC（适用于小型在线直播和小型视频会议）。

下面简单介绍一下随书源码 live 模块中与直播带货有关的主要代码模块之间的关系：

- LiveListActivity.java：直播房间的列表界面。
- LiveServerActivity.java：主播的预览界面，音视频数据都来自主播。
- LiveClientActivity.java：观众的预览界面，音视频数据都来自主播。

此外，直播带货还需要与之配合的信令服务器，其源码主要是 HttpServer 模块中的

VideoChatServer.java（它涵盖了 Socket 通信后端的信令消息传输）。

接下来对直播带货编码中的疑难点进行补充介绍，主要包括服务端的房间信令管理、客户端对直播间的管理、直播间内的观众互动三个方面。

**1. 服务端的房间信令管理**

信令服务器对各个客户端的管理操作主要包括如下 4 类：

（1）观众上线、观众下线。观众上线时，需要把该观众保存至人员映射表；观众下线时，需要从人员映射表删除该观众。

（2）观众进入房间、观众离开房间。观众进入房间时，需要把该观众添加至房间观众映射表；观众离开房间时，需要从房间观众映射表删除该观众。

（3）发送房间的聊天消息。某观众发表评论消息后，服务器要把消息文本转发给当前房间的所有观众（消息发送者除外）。

（4）交换网络信息、交换媒体能力。由于只有主播的画面才要发给观众，因此只需在主播与观众之间交换网络信息和媒体能力，观众与观众之间不交换这些信息。

按照上述管理操作的描述首先声明几个映射对象，用于保存相关的实体数据，示例代码如下：

```java
// 客户端映射表
private static Map<String, SocketIOClient> clientMap = new HashMap<>();
// 人员名字映射表
private static Map<String, String> nameMap = new HashMap<>();
// 房间名称与房间观众映射表
private static Map<String, RoomInfo> roomMap = new HashMap<>();
```

接着给服务端的 main 方法补充 4 类管理操作对应的事件监听器。其中，第一类监听器参见 13.3.2 节，第四类监听器参见 13.1.2 节，注册第二类和第三类监听器的示例代码如下：

（完整代码见 HttpServer\src\com\socketio\server\VideoChatServer.java）

```java
// 添加房间列表获取的事件监听器
server.addEventListener("get_room_list", String.class, (client, userName, ackSender) -> {
    List<RoomInfo> roomList = new ArrayList<RoomInfo>();
    roomList.addAll(roomMap.values());
    RoomSet roomSet = new RoomSet(roomList);
    client.sendEvent("return_room_list", roomSet);
});
// 添加房间创建的事件监听器
server.addEventListener("open_room", JSONObject.class, (client, json, ackSender) -> {
    RoomInfo room = (RoomInfo) JSONObject.toJavaObject(json, RoomInfo.class);
    roomMap.put(room.getRoom_name(), room);
    for (Map.Entry<String, SocketIOClient> item : clientMap.entrySet()) {
        item.getValue().sendEvent("room_have_opened", room);
    }
});
// 添加房间关闭的事件监听器
server.addEventListener("close_room", String.class, (client, roomName, ackSender) -> {
    for (Map.Entry<String, SocketIOClient> item : clientMap.entrySet()) {
```

```java
                    item.getValue().sendEvent("room_have_closed", roomName);
                }
                roomMap.remove(roomName);
            });
            // 添加用户加入房间的事件监听器
            server.addEventListener("join_room", JSONObject.class, (client, json,
ackSender) -> {
                JoinInfo info = (JoinInfo) JSONObject.toJavaObject(json, JoinInfo.class);
                nameMap.put(client.getSessionId().toString(), info.getUser_name());
                if (!roomMap.containsKey(info.getGroup_name())) {
                    roomMap.put(info.getGroup_name(), new RoomInfo(info.getUser_name(),
                            info.getGroup_name(), new HashMap<String, String>()));
                }
                for (Map.Entry<String, RoomInfo> room : roomMap.entrySet()) {
                    if (info.getGroup_name().equals(room.getKey())) {
                        room.getValue().getMember_map().put(
                                client.getSessionId().toString(), info.getUser_name());
                        for (Map.Entry<String, String> user :
                                room.getValue().getMember_map().entrySet()) {
                            clientMap.get(user.getKey()).sendEvent("person_in_room",
                                    info.getUser_name());
                        }
                        client.sendEvent("person_count",
                                room.getValue().getMember_map().size());
                    }
                }
            });
            // 添加用户退出房间的事件监听器
            server.addEventListener("leave_room", JSONObject.class, (client, json,
ackSender) -> {
                JoinInfo info = (JoinInfo) JSONObject.toJavaObject(json, JoinInfo.class);
                for (Map.Entry<String, RoomInfo> room : roomMap.entrySet()) {
                    if (info.getGroup_name().equals(room.getKey())) {
                        room.getValue().getMember_map().remove(
                                client.getSessionId().toString());
                        for (Map.Entry<String, String> user :
                                room.getValue().getMember_map().entrySet()) {
                            clientMap.get(user.getKey()).sendEvent("person_out_room",
                                    info.getUser_name());
                        }
                    }
                }
            });
            // 添加发送房间消息的事件监听器
            server.addEventListener("send_room_message", JSONObject.class, (client,
json, ackSender) -> {
                MessageInfo message = (MessageInfo) JSONObject.toJavaObject(
                        json, MessageInfo.class);
                for (Map.Entry<String, RoomInfo> room : roomMap.entrySet()) {
                    if (message.getTo().equals(room.getKey())) {
                        for (Map.Entry<String, String> user :
                                room.getValue().getMember_map().entrySet()) {
                            if (!user.getValue().equals(message.getFrom())) {
                                clientMap.get(user.getKey()).sendEvent(
                                        "receive_room_message", message);
```

```
            }
        }
        break;
    }
});
```

### 2. 客户端对直播间的管理

观众侧的 App 需要获取直播间列表,并侦听新房间开通、原房间关闭两个事件,以便实时得到最新的直播间信息。主播侧的 App 要支持直播间的创建操作。下面是客户端处理直播间增删改查的示例代码:

(完整代码见 live\src\main\java\com\example\live\LiveListActivity.java)

```java
private Map<String, EntityInfo> mRoomMap = new HashMap<>();// 房间名称映射表
private List<EntityInfo> mRoomList = new ArrayList<>();    // 直播房间列表
private Socket mSocket;    // 声明一个套接字对象

// 初始化套接字
private void initSocket() {
    mSocket = MainApplication.getInstance().getSocket();
    mSocket.connect();    // 建立 Socket 连接
    // 等待服务器返回直播房间列表
    mSocket.on("return_room_list", (args) -> {
        JSONObject json = (JSONObject) args[0];
        RoomSet roomSet = new Gson().fromJson(json.toString(), RoomSet.class);
        if (roomSet!=null && roomSet.getRoom_list()!=null) {
            mRoomMap.clear();
            for (RoomInfo room : roomSet.getRoom_list()) {
                mRoomMap.put(room.getRoom_name(), new EntityInfo(
                    room.getRoom_name(), "主播:"+room.getAnchor_name(),
                    room));
            }
            mRoomList.clear();
            mRoomList.addAll(mRoomMap.values());
            runOnUiThread(() -> mAdapter.notifyDataSetChanged());
        }
    });
    // 等待新房间的开通事件
    mSocket.on("room_have_opened", (args) -> {
        JSONObject json = (JSONObject) args[0];
        RoomInfo room = new Gson().fromJson(json.toString(), RoomInfo.class);
        mRoomMap.put(room.getRoom_name(), new EntityInfo(
                room.getRoom_name(), "主播:"+room.getAnchor_name(),
                room));
        mRoomList.clear();
        mRoomList.addAll(mRoomMap.values());
        runOnUiThread(() -> mAdapter.notifyDataSetChanged());
    });
    // 等待原房间的关闭事件
    mSocket.on("room_have_closed", (args) -> {
        String roomName = (String) args[0];
        mRoomMap.remove(roomName);
        mRoomList.clear();
```

```
            mRoomList.addAll(mRoomMap.values());
            runOnUiThread(() -> mAdapter.notifyDataSetChanged());
        });
    }

    @Override
    protected void onResume() {
        super.onResume();
        // 向服务器请求获取直播房间列表
        new Handler(Looper.myLooper()).postDelayed(() ->
                        mSocket.emit("get_room_list", mSelfName), 500);
    }

    // 打开房间创建对话框
    private void openCreateDialog() {
        InputDialog didialog = new InputDialog(this, "", 0,
            "请输入直播间名称", (idt, content, seq) -> {
            String roomName = content;
            RoomInfo room = new RoomInfo(mSelfName, roomName, new HashMap<>());
            SocketUtil.emit(mSocket, "open_room", room);   // 发送房间开通事件
            // 主动开通房间,跳转到主播的直播页面
            Intent intent = new Intent(this, LiveServerActivity.class);
            intent.putExtra("self_name", mSelfName);
            intent.putExtra("room_name", roomName);
            startActivity(intent);
        });
        didialog.show();    // 弹出创建房间对话框
    }
```

**3. 直播间内的观众互动**

观众进入直播间后会一边观看主播的表演一边接收直播间的事件消息。这些事件消息包括下列几类:

- 自己加入直播间,引起直播间总人数的变化。
- 侦听其他人加入房间与退出房间的事件,并实时刷新直播间总人数。
- 自己可以发表聊天消息,也能收到别人发表的聊天消息。
- 侦听房间的关闭事件,一旦房间被主播关闭,就会自动退出该房间。

综合上述几项事件消息,编写事件发送与监听代码,示例如下:
(完整代码见 live\src\main\java\com\example\live\LiveClientActivity.java)

```
// 我的昵称,房间名称,主播昵称
private String mSelfName, mRoomName, mAnchorName;
private int mPersonCount = 0;    // 人员数量
private Socket mSocket;            // 声明一个套接字对象

// 初始化信令交互的套接字
private void initSocket() {
    mSocket = MainApplication.getInstance().getSocket();
    // 开始侦听人员数量统计事件
    mSocket.on("person_count", (args) -> {
```

```java
            int person_count = (Integer) args[0];
            if (person_count > mPersonCount) {
                mPersonCount = (Integer) args[0];
                runOnUiThread(() -> tv_count.setText(String.format(
                        "当前共%d人观看", mPersonCount)));
            }
        });
        // 开始侦听房间消息接收事件
        mSocket.on("receive_room_message", (args) -> {
            JSONObject json = (JSONObject) args[0];
            MessageInfo message = new Gson().fromJson(
                    json.toString(), MessageInfo.class);
            // 往聊天窗口添加文本消息
            runOnUiThread(() -> appendChatMsg(message.from, message.content,
                    false));
        });
        // 开始侦听有人进入房间事件
        mSocket.on("person_in_room", (args) -> {
            runOnUiThread(() -> someoneInRoom((String) args[0]));    // 进入房间
        });
        // 开始侦听有人退出房间事件
        mSocket.on("person_out_room", (args) -> {
            runOnUiThread(() -> someoneOutRoom((String) args[0]));   // 退出房间
        });
        /* 此处省略Peer创建，以及网络信息和媒体能力的侦听代码 */
        // 拨号进入直播
        SocketUtil.emit(mSocket, "self_dial_in",
                new ContactInfo(mSelfName, mAnchorName));
        // 开始侦听房间关闭事件
        mSocket.on("room_have_closed", (args) -> finish());
        // 下面通知服务器已经进入房间
        JoinInfo joinInfo = new JoinInfo(mSelfName, mRoomName);
        SocketUtil.emit(mSocket, "join_room", joinInfo);
    }

    // 发送聊天消息
    private void sendMessage() {
        String content = et_input.getText().toString();
        if (TextUtils.isEmpty(content)) {
            Toast.makeText(this, "请输入聊天消息", Toast.LENGTH_SHORT).show();
            return;
        }
        et_input.setText("");
        ViewUtil.hideOneInputMethod(this, et_input);    // 隐藏软键盘
        appendChatMsg(mSelfName, content, true);        // 往聊天窗口添加文本消息
        // 下面往服务器发送聊天消息
        MessageInfo message = new MessageInfo(mSelfName, mRoomName, content);
        SocketUtil.emit(mSocket, "send_room_message", message);
    }
```

## 13.4.3 效果展示

为了演示直播带货的效果,至少要准备三部手机,其中一部给主播使用,另外两部给观众使用。另外,直播带货需要服务器配合,在确保后端的 Socket 服务已经开启并且穿透服务器正在运行后再去打开直播 App。不管是主播还是观众都需有个昵称,那么主播在开播前要先给自己起个名字,如图 13-26 所示。

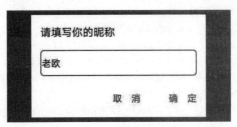

图 13-26 主播给自己起名

主播登录进去发现房间列表为空,如图 13-27 所示。主播要先给自己建个房间,于是点击下方的"创建房间"按钮,并在弹窗中填写房间名称(见图 13-28),之后点击"确定"按钮进入直播界面。

图 13-27 初始的房间列表　　　　　　图 13-28 主播为创建的新房间取名

两位观众给自己取名，比如"路人甲""好的呀"，如图 13-29 所示。观众登录进去会发现房间列表多了一个"福州特产"（见图 13-30），显然已经有主播在推销当地特产了。

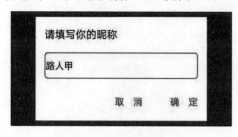
图 13-29　观众给自己取名

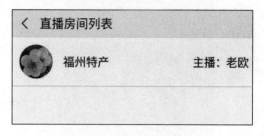
图 13-30　观众看到的直播间列表

"路人甲"与"好的呀"先后点击房间名称，进入"福州特产"的直播界面，如图 13-31 所示。此时，主播视角的直播界面如图 13-32 所示，与观众看到的画面是左右颠倒的，仿佛镜中人一般。

图 13-31　观众进入直播房间

图 13-32　主播视角的直播间

主播开始推介福州特色水果——福桔，先看福桔的颜色红彤彤，寓意您的事业红红火火；再看福桔的外形圆溜溜，寓意您的生意财源滚滚；剥开福桔的皮，眼见十个桔瓣紧密簇拥，既代表团结一心，又代表十全十美；掰下一片塞入口中，一股甘甜的汁水沁入心扉，恰似美好生活甜甜蜜蜜。福桔的祖辈来历不凡，从明朝开始它就是皇家贡品；福桔的名称尤为讨喜，"福"字代表福气，"桔"字代表吉利，二字合起来既能讨福气又能讨吉利。值此新春佳节之际，送礼就送福桔，吃货就吃福桔，开年好彩头，今年一定旺。

"路人甲"眼见主播开口叫卖福桔（见图 13-33），还现场剥了一粒桔子的皮（见图 13-34）。

图 13-33　主播正在叫卖　　　　　图 13-34　主播动手剥皮

接着主播大快朵颐（见图 13-35），引得"路人甲"和"好的呀"口水直流，纷纷羡慕留言表示桔子很甜，如图 13-36 所示。

图 13-35　主播现场试吃　　　　　图 13-36　观众发表留言

"路人甲"点击界面右下角的爱心图标，给这位认真的主播点赞打赏，随之礼物图标就纷纷飘了出来，如图 13-37 所示。随后"路人甲"离开直播房间，聊天区域弹出了该观众的离开提醒，如图 13-38 所示。

"好的呀"同样会看到主播卖力推销、主播剥开桔皮，同样会实时显示聊天消息。"好的呀"离开房间后再重新进入该房间，依然能看到主播的叫卖界面，如图 13-39 所示。

图 13-37　一位观众给主播打赏　　图 13-38　一位观众离开直播间　　图 13-39　另一位观众重进直播间

至此，一个小型直播的雏形已然浮现，主播开启摄像头发起直播，两位观众进入房间观看直播，还能正常聊天互动。

## 13.5　小　结

本章主要介绍了 App 开发用到的在线直播技术，包括搭建 WebRTC 的服务端（WebRTC 的系统架构、搭建信令服务器、搭建穿透服务器）、给 App 集成 WebRTC（引入 WebRTC 开源库、实现 WebRTC 的发起方、实现 WebRTC 的接收方）。最后设计了两个实战项目，分别是"仿微信的视频通话"和"仿拼多多的直播带货"，在这两个项目的 App 编码中综合运用了本章介绍的在线直播技术。

通过本章的学习，读者应该能够掌握以下 3 种开发技能：

（1）学会搭建 WebRTC 的信令服务器和穿透服务器。
（2）学会给客户端的 App 集成 WebRTC。
（3）学会利用 WebRTC 实现视频通话功能。

## 13.6　动手练习

1. 搭建 WebRTC 服务端的信令服务器和穿透服务器。
2. 综合运用实时音视频技术实现一个视频通话 App。
3. 综合运用实时音视频技术实现一个直播带货 App。

# 附录 A

# 移动互联网行业的新技术发展简表

移动互联网的发展日新月异，每年都会涌现出不少新技术，表 A-1 列出了 2010 年以来诞生的主要新技术。

表 A-1 2010 年以来的新技术发展时间线

| 发生时间 | 新技术事件说明 |
| --- | --- |
| 2010 年 5 月 | Android 2.2 正式发布 |
| 2010 年 6 月 | iPhone OS 改名为 iOS |
| 2010 年 7 月 | 蓝牙 4.0 发布（含 BLE） |
| 2010 年 10 月 | 中国主导的 TDD 制式被确定为 4G 国际标准之一 |
| 2010 年 12 月 | 国密 SM3 算法发布 |
| 2011 年 1 月 | 俄罗斯的格洛纳斯系统正式向全球提供定位服务 |
| 2011 年 6 月 | WebRTC 开源 |
| 2011 年 11 月 | ARMv8 架构发布 |
| 2011 年 12 月 | WebSocket 被 IETF 定为标准 RFC 6455 |
| 2012 年 6 月 | 全球 IPv6 网络正式启动 |
| 2012 年 8 月 | OpenGL ES 3.0 正式发布 |
| 2012 年 8 月 | 微信公众平台正式上线 |
| 2012 年 9 月 | iOS 6 正式版发布 |
| 2012 年 12 月 | 中国的北斗系统正式向亚太地区提供导航服务 |
| 2013 年 5 月 | Android Studio 1.0 正式发布 |
| 2013 年 6 月 | WiFi5 标准发布（802.11ac） |
| 2013 年 6 月 | 深度学习名列当年十大突破性科学技术榜首 |
| 2013 年 10 月 | 移动支付国家标准发布 |
| 2014 年 3 月 | Java 8 正式发布 |
| 2014 年 6 月 | Swift 语言发布 |
| 2014 年 6 月 | Android 5 正式发布 |

(续表)

| 发生时间 | 新技术事件说明 |
| --- | --- |
| 2014 年 10 月 | HTML 5 由 W3C 完成标准制定 |
| 2015 年 4 月 | React Native 开源 |
| 2015 年 5 月 | HTTP/2 标准以 RFC 7540 正式发表 |
| 2015 年 6 月 | OpenCV3.0 发布 |
| 2015 年 8 月 | OpenGL ES 3.2 正式发布 |
| 2015 年 11 月 | TensorFlow 开源 |
| 2016 年 2 月 | Kotlin 1.0 正式发布 |
| 2016 年 4 月 | Vulkan 正式发布 |
| 2016 年 6 月 | 蓝牙 5.0 发布 |
| 2016 年 10 月 | iOS 10 正式版发布 |
| 2016 年 12 月 | 欧盟的伽利略系统正式提供区域定位服务 |
| 2017 年 1 月 | 微信小程序正式上线 |
| 2017 年 6 月 | ARKit 1.0 发布 |
| 2017 年 7 月 | 蓝牙 mesh 技术推出 |
| 2017 年 8 月 | Android 8 正式发布（ARCore 同时发布） |
| 2018 年 6 月 | 第一个 5G 标准发布，实现 5G 独立组网，重点增强移动宽带业务 |
| 2018 年 9 月 | Java 11 正式发布 |
| 2018 年 11 月 | OpenCV 4.0 发布 |
| 2018 年 12 月 | Flutter 1.0 正式发布 |
| 2019 年 4 月 | 方舟编译器发布 |
| 2019 年 6 月 | WiFi6 标准发布（802.11ax） |
| 2019 年 8 月 | 鸿蒙 1.0 正式发布 |
| 2019 年 10 月 | TensorFlow 2.0 发布 |
| 2020 年 5 月 | Android Studio 4.0 正式发布 |
| 2020 年 6 月 | 第二个 5G 标准发布，重点支持低时延高可靠业务，支持车联网、工业互联网 |
| 2020 年 7 月 | 北斗三号全球卫星导航系统正式开通 |
| 2020 年 8 月 | Android 11 正式发布 |
| 2020 年 9 月 | iOS 14 正式版发布 |
| 2021 年 1 月 | WebRTC 被 W3C 和 IETF 发布为正式标准 |
| 2021 年 3 月 | AMRv9 架构发布 |
| 2021 年 5 月 | Kotlin 1.5 稳定版发布 |
| 2021 年 6 月 | 鸿蒙 2.0 正式发布 |
| 2021 年 9 月 | Java 17 正式发布 |

# 附录 B

# Android 各版本的新增功能简表

本书采用的 Android 最低系统版本号为 5.0（API 代号 21），然而 5.0 之后的各个版本又陆续增加了不少新功能，为了把这些新增功能与对应的系统版本梳理清楚，表 B-1~表 B-6 罗列了从 Android 6.0 到 Android 11 之间系统功能增强的索引。其中，"开发入门"代指《Android App 开发入门与项目实战》一书、"开发进阶"代指《Android App 开发进阶与项目实战》一书。

表 B-1 Android 6.0 的功能变化

| 章节标题 | 系统变更的功能说明 |
| --- | --- |
| 开发入门"7.2.1 运行时动态申请权限" | 增加了运行时权限校验与申请 |
| 开发入门"9.2.3 定时管理器 AlarmManager" | 增加了定时管理器的 setAndAllowWhileIdle 方法 |
| 开发进阶"9.2.3 室内 WiFi 定位" | ScanResult 类增加 is80211mcResponder 方法 |
| 开发进阶"10.2.1 蓝牙设备配对" | 搜索蓝牙设备时需要添加定位权限 |

表 B-2 Android 7.0 的功能变化

| 章节标题 | 系统变更的功能说明 |
| --- | --- |
| 开发入门"4.3.3 给应用页面注册快捷方式" | 长按 App 可弹出快捷菜单（Android 7.1 支持） |
| 开发入门"6.3.1 私有存储空间与公共存储空间" | 默认不允许访问公共空间 |
| 开发入门"7.3.2 借助 FileProvider 发送彩信" | 访问文件的 URI 方式改为 FileProvider |
| 未介绍 | 新增分屏模式 |
| 开发进阶"5.2.1 着色器小程序" | 支持 OpenGL ES 3.2 |
| 开发进阶"5.3.1 下一代 OpenGL——Vulkan" | 集成了 Vulkan 1.0 |
| 开发进阶"9.2.2 全球卫星导航系统" | 定位管理器新增 registerGnssStatusCallback 方法，支持欧盟的伽利略卫星导航系统 |

表 B-3　Android 8.0 的功能变化

| 章节标题 | 系统变更的功能说明 |
| --- | --- |
| 开发入门"7.3.3　借助 FileProvider 安装应用" | 增加了新的权限设置"安装其他应用" |
| 开发入门"9.1.3　收发静态广播" | 废弃了大部分静态广播 |
| 开发入门"9.3.2　回到桌面与切换到任务列表" | 新增画中画模式 |
| 开发入门"11.1.2　通知信道 NotificationChannel" | 消息通知需要指定信道编号才能推送 |
| 开发进阶"8.3.2　自定义悬浮窗" | 新增类型 TYPE_APPLICATION_OVERLAY |

表 B-4　Android 9.0 的功能变化

| 章节标题 | 系统变更的功能说明 |
| --- | --- |
| 开发入门"11.2.3　推送服务到前台" | 增加了新的权限设置"前台服务" |
| 开发入门"14.1.2　GET 方式调用 HTTP 接口"<br>开发进阶"6.2.1　通过 okhttp 调用 HTTP 接口" | 默认只能访问以 https 打头的安全地址,不能直接访问 http 打头的网络地址 |
| 开发入门"13.1.4　图像解码器 ImageDecoder"<br>开发进阶"3.1.2　显示动图特效" | 增加了图像解码器 ImageDecoder,并支持播放 GIF、WebP、Heif 等动图格式 |
| 开发进阶"6.2.1　通过 okhttp 调用 HTTP 接口" | 正式弃用 HttpClient |
| 开发进阶"9.2.3　室内 WiFi 定位" | 新增 RTT 管理器 WifiRttManager |

表 B-5　Android 10 的功能变化

| 章节标题 | 系统变更的功能说明 |
| --- | --- |
| 开发入门"7.2.1　运行时动态申请权限" | 默认开启沙箱模式(分区存储) |
| 开发进阶"5.3.2　下一代 OpenGL——Vulkan" | 集成了 Vulkan 1.1,以及基于 Vulkan 的 Angle 渲染引擎 |
| 开发进阶"9.1.1　开启定位功能" | 普通应用不能直接开关 WLAN |
| 开发进阶"9.1.2　获取定位信息" | 增加了新的权限设置"后台定位" |
| 开发进阶"9.2.1　获取照片里的位置信息" | 允许从照片中获取位置信息 |
| 开发进阶"8.3.3　对屏幕画面截图" | 媒体投影操作必须在前台服务中运行 |
| 开发进阶"10.1.4　计步器、感光器和陀螺仪" | 使用计步器时新增健身运动权限 |
| 开发进阶"10.2.2　蓝牙音频传输" | 普通应用无法操作 A2DP |

表 B-6　Android 11 的功能变化

| 章节标题 | 系统变更的功能说明 |
| --- | --- |
| 开发入门"7.2.1　运行时动态申请权限" | 新增 preserveLegacyExternalStorage 属性,表示暂时关闭沙箱模式(分区存储) |
| 开发入门"15.1.1　导出 APK 安装包" | 打包 APK 时必须勾选 V2 |
| 开发进阶"6.1.2　利用线程池 Executor 调度异步任务" | AsyncTask 被标记为已废弃,官方建议改用线程池 Executor |
| 开发进阶"6.1.3　工作管理器 WorkManager" | IntentService 被标记为已废弃,官方建议改用工作管理器 WorkManager |

# 附录 C

# Android 常用开发库说明简表

Android 自带的 SDK 仅仅提供了基本的 App 操作,未能覆盖大部分的高级开发。若想让 App 支持更丰富多样的强大功能,就得引入各种开发库,从而实现 SDK 所不具备的特色服务。这些开发库既有官方推出的,也有第三方开源的,它们拥有的组件名称及其章节索引说明如表 C-1 所示。其中的"开发入门代"指《Android App 开发入门与项目实战》一书、"开发进阶"代指《Android App 开发进阶与项目实战》一书。

表 C-1 App 开发常用的开发库

| 开发库名称 | 组件名称 | 章节索引 |
| --- | --- | --- |
| MaterialDesign | Toolbar | 开发入门"12.2.1 工具栏 Toolbar" |
| | TabLayout | 开发入门"12.2.3 标签布局 TabLayout" |
| | RecyclerView | 开发入门"12.3.1 循环视图 RecyclerView" |
| | | 开发入门"12.3.2 布局管理器 LayoutManager" |
| | SwipeRefreshLayout | 开发入门"12.4.1 下拉刷新布局 SwipeRefreshLayout" |
| | CardView | 开发进阶"1.1.1 卡片视图" |
| | DrawerLayout | 开发进阶"2.4.2 内部滑动与翻页滑动的冲突处理" |
| | Slider | 开发进阶"7.1.1 拖动条和滑动条" |
| Jetpack | Room | 开发入门"6.4.3 利用 Room 简化数据库操作" |
| | NavigationView | 开发入门"12.1.1 利用 BottomNavigationView 实现底部标签栏" |
| | ViewPager2 | 开发入门"12.4.2 第二代翻页视图 ViewPager2" |
| | | 开发入门"12.4.3 给 ViewPager2 集成标签布局" |
| | WorkManager | 开发进阶"6.1.3 工作管理器 WorkManager" |
| | ExoPlayer | 开发进阶"8.2.3 新型播放器 ExoPlayer" |

(续表)

| 开发库名称 | 组件名称 | 章节索引 |
|---|---|---|
| 谷歌开源 | Gson | 开发入门"14.1.1 移动数据格式 JSON" |
| | Glide | 开发入门"14.3.2 使用 Glide 加载网络图片" |
| | | 开发入门"14.3.3 利用 Glide 实现图片的三级缓存" |
| | Tensorflow-Lite | 开发进阶"11.3.3 从语音中识别指令" |
| | Zxing | 开发进阶"12.1.2 生成二维码图片" |
| | | 开发进阶"12.1.3 扫描识别二维码" |
| | WebRTC | 开发进阶"13.2.1 引入 WebRTC 开源库" |
| 第三方开源 | SQLCipher | 开发入门"15.2.3 给数据库加密" |
| | Okhttp | 开发进阶"6.2.1 通过 okhttp 调用 HTTP 接口" |
| | | 开发进阶"6.2.2 使用 okhttp 下载和上传文件" |
| | SocketIO | 开发进阶"6.3.1 通过 SocketIO 传输文本消息" |
| | | 开发进阶"6.3.2 通过 SocketIO 传输图片消息" |
| | WebSocket | 开发进阶"6.3.3 利用 WebSocket 传输消息" |
| | Pinyin4j | 开发进阶"11.2.1 中文转拼音" |
| JNI 开源 | Vudroid | 开发进阶"4.4.2 功能分析" |
| | Vulkan | 开发进阶"5.3.2 简单的 Vulkan 例子" |
| | | 开发进阶"5.3.3 Vulkan 的实战应用" |
| | LAME | 开发进阶"7.3.4 录制 MP3 音频" |
| | OpenCV | 开发进阶"12.2.2 OpenCV 简介及其集成" |
| | | 开发进阶"12.2.3 利用 OpenCV 检测人脸" |

# 附录 D

## 移动开发专业术语索引

本书作为一本移动开发方面的专著，不可避免地采用了大量的专业术语简称。为了让读者更准确地理解这些英文简称背后的含义，下面列举一些与 App 开发有关的常见术语，如表 D-1 所示。

表 D-1　App 开发常见的专业术语

| 术语简称 | 术语全称 | 中文说明 |
| --- | --- | --- |
| 3GPP | 3rd Generation Partnership Project | 第三代合作伙伴项目计划 |
| A2DP | Advanced Audio Distribution Profile | 蓝牙音频传输模型协定 |
| AAC | Advanced Audio Coding | 高级音频编码，一种音频格式 |
| ADPCM | Adaptive Differential Puls Code Modulation | 自适应分脉冲编码调制 |
| AES | Advanced Encryption Standard | 高级加密标准 |
| AI | Artificial Intelligence | 人工智能 |
| AMR | Adaptive Multi-Rate | 自适应多速率，一种音频格式 |
| APK | Android Package | 安卓应用的安装包 |
| AR | Augmented Reality | 增强现实 |
| AS | Android Studio | 安卓工作室，App 工程的开发环境 |
| AVI | Audio Video Interleaved | 音频视频交错格式，一种视频格式 |
| BDS | BeiDou Navigation Satellite System | 北斗卫星导航系统（中国） |
| BLE | Bluetooth Low Energy | 低功耗蓝牙，又称蓝牙低能耗 |
| CPU | Central Processing Unit | 中央处理器 |
| DASH | Dynamic Adaptive Streaming over HTTP | HTTP 自适应流 |
| EPUB | Electronic Publication | 电子出版标准，一种电子书格式 |
| FDD | Frequency Division Duplexing | 频分双工，一种 4G 网络制式 |
| FIFO | First Input First Output | 先进先出算法 |
| GATT | Generic Attribute Profile | 通用属性规范 |
| GIF | Graphics Interchange Format | 图像互换格式，一种动图格式 |
| GLSL | OpenGL Shader Language | OpenGL 的着色器语言 |

（续表）

| 术语简称 | 术语全称 | 中文说明 |
| --- | --- | --- |
| GPS | Global Positioning System | 全球定位系统（美国） |
| GNSS | Global Navigation Satellite System | 全球卫星导航系统 |
| GPU | Graphics Processing Unit | 图形处理器 |
| GUI | Graphical User Interface | 图形用户界面 |
| HEIF | High Efficiency Image Format | 高效率图像格式，一种图片格式 |
| HLS | HTTP Live Streaming | HTTP 直播流 |
| HTML | HyperText Markup Language | 超文本标记语言 |
| HTTP | HyperText Transfer Protocol | 超文本传输协议 |
| ICE | Interactive Connectivity Establishment | 交互式连接建立 |
| IEEE | Institute of Electrical and Electronics Engineers | 电气和电子工程师协会 |
| IETF | The Internet Engineering Task Force | 互联网工程任务组 |
| IoT | Internet of Things | 物联网 |
| IM | Instant Messaging | 即时通信 |
| IR | Infrared Radiation | 红外线，红外通信 |
| JDK | Java Development Kit | Java 开发工具包 |
| JNI | Java Native Interface | Java 原生接口 |
| JPEG | Joint Photographic Experts Group | 联合图像专家小组，一种图片格式 |
| JSON | JavaScript Object Notation | JavaScript 对象表示法 |
| LRU | Least Recently Used | 最近最少使用算法 |
| MAC 地址 | Media Access Control Address | 媒体访问控制地址 |
| MD5 | Message-Digest Algorithm 5 | 消息摘要算法第 5 版 |
| MP3 | Moving Picture Experts Group Audio Layer III | 动态图像专家组的音频层面 3，一种音频格式 |
| MP4 | Moving Picture Experts Group 4 | 动态图像专家组 4，一种视频格式 |
| MPEG | Moving Picture Experts Group | 动态图像专家组，一种视频编码技术 |
| NAT | Network Address Translation | 网络地址转换 |
| NDK | Native Development Kit | 原生开发工具包 |
| NFC | Near Field Communication | 近场通信 |
| OpenCV | Open Source Computer Vision Library | 开源计算机视觉库 |
| OpenGL | Open Graphics Library | 开放图形库 |
| OpenGL ES | OpenGL for Embedded Systems | 嵌入式系统上的 OpenGL |
| P2P | Peer to Peer | 点对点 |
| PCM | Pulse Code Modulation | 脉冲编码调制，未压缩的原始音频 |
| PDF | Portable Document Format | 便携式文档格式 |
| PIP | Picture In Picture | 画中画 |
| PNG | Portable Network Graphics | 便携式网络图形，一种图片格式 |
| POI | Point Of Interest | 兴趣点（信息点） |

(续表)

| 术语简称 | 术语全称 | 中文说明 |
| --- | --- | --- |
| QR Code | Quick Response Code | 二维码，又称快速响应码 |
| RAM | Random Access Memory | 随机存储器，即手机的运行内存 |
| RFID | Radio Frequency Identification | 射频识别技术 |
| RIFF | Resource Interchange File Format | 资源交换档案标准 |
| ROM | Read-Only Memory | 只读存储器，即手机的机身内存 |
| RTT | Round-Trip-Time | 往返时间 |
| SDK | Software Development Kit | 软件开发工具包 |
| SDP | Session Description Protocol | 会话描述协议 |
| SD 卡 | Secure Digital Memory Card | 安全数码存储卡 |
| SHA1 | Secure Hash Algorithm 1 | 安全哈希算法 1 |
| SM3 CHA | SM3 Cryptographic Hash Algorithm | SM3 密码杂凑算法（SM 就是"商用密码"的拼音首字母） |
| SRT | SubRip Text | 文本字幕 |
| STUN | Session Traversal Utilities for NAT | NAT 会话穿越工具 |
| SVG | Scalable Vector Graphics | 可缩放矢量图形 |
| TDD | Time Division Duplexing | 时分双工，一种 4G 网络制式 |
| TTS | Text To Speech | 从文本到语音，从文字到语音，语音合成 |
| TURN | Traversal Using Relays around NAT | 使用 NAT 周围的中继来穿透 |
| UE | User Experience | 用户体验 |
| UI | User Interface | 用户界面 |
| URL | Uniform Resource Locator | 统一资源定位符 |
| USB | Universal Serial Bus | 通用串行总线 |
| UUID | Universally Unique Identifier | 通用唯一识别码 |
| VR | Virtual Reality | 虚拟现实 |
| W3C | World Wide Web Consortium | 万维网联盟 |
| WAV | Wave Form | 波形，一种音频格式 |
| WebRTC | Web Real-Time Communication | 网页即时通信 |
| WiFi | Wireless Fidelity | 基于 IEEE 802.11b 标准的无线局域网 |
| WLAN | Wireless Local Area Networks | 无线局域网络 |
| WSS | Web Socket Secure | 安全的 WebSocket 协议 |
| XML | eXtensible Markup Language | 可扩展标记语言 |

# 附录 E

# 本书的服务端程序说明

本书的附录源码主要为客户端的 App 工程代码，由于部分功能要求服务端配合，因此本书也给出了对应的服务端源码。因为本书主要介绍客户端的 App 开发，并非服务端方面的教程，所以正文部分对服务端例程的介绍不够系统。为了方便读者理解本书配套的服务端源码，表 E-1 列出服务端 HttpServer 工程中每个代码模块的用途。

表 E-1 服务端代码的用途说明

| 代码路径 | 用途说明 |
| --- | --- |
| src\com\servlet\audio\CommitAudio.java | "7.4 实战项目：仿喜马拉雅的听说书"提交音频信息 |
| src\com\servlet\audio\QueryAudio.java | "7.4 实战项目：仿喜马拉雅的听说书"查询音频列表 |
| src\com\servlet\demo\Login.java | "6.2.1 通过 okhttp 调用 HTTP 接口"登录账号验证 |
| src\com\servlet\demo\Register.java | "6.2.2 使用 okhttp 下载和上传文件"上传包含头像在内的注册信息 |
| src\com\servlet\nearby\JoinNearby.java | "9.4 实战项目：仿微信的附近的人"提交人员信息 |
| src\com\servlet\nearby\QueryNearby.java | "9.4 实战项目：仿微信的附近的人"查询人员列表 |
| src\com\servlet\verifycode\GenerateCode.java | "12.1.1 自动识别验证码"获取验证码图片 |
| src\com\servlet\video\CommitVideo.java | "8.4 实战项目：仿抖音的短视频分享"提交视频信息 |
| src\com\servlet\video\QueryVideo.java | "8.4 实战项目：仿抖音的短视频分享"查询视频列表 |
| src\com\socketio\server\SocketServer.java | "6.3.1 通过 SocketIO 传输文本消息"传输文本<br>"6.3.2 通过 SocketIO 传输图片消息"传输图片 |
| src\com\socketio\server\WeChatServer.java | "6.4 实战项目：仿微信的私聊和群聊"传输聊天消息<br>"7.4 实战项目：仿喜马拉雅的听说书"传输评论消息 |
| src\com\socketio\server\VideoChatServer.java | "13.3 实战项目：仿微信的视频通话"传输信令消息<br>"13.4 实战项目：仿拼多多的直播带货"传输信令消息 |
| src\com\websocket\server\WebSocketServer.java | "6.3.3 利用 WebSocket 传输消息"搭建 WebSocket 服务端 |
| sql\建表脚本.sql | "7.4 实战项目：仿喜马拉雅的听说书"<br>"8.4 实战项目：仿抖音的短视频分享"<br>"9.4 实战项目：仿微信的附近的人"<br>以上三个实战项目的后端 MySQL 表格创建脚本 |
| WebRoot\海洋世界.mp4 | "8.2.3 新型播放器 ExoPlayer"待播放的视频文件 |

(续表)

| 代码路径 | 用途说明 |
|---|---|
| WebRoot\海洋世界.srt | "8.2.3 新型播放器 ExoPlayer"待播放的字幕文件 |
| WebRoot\trickle-ice\index.html | "13.1.3 搭建穿透服务器"验证后端的 STUN 服务器是否成功搭建 |

在服务端源码中,提供给客户端调用的方式主要有以下 3 种:

(1)以 http 地址访问

本书的大部分服务端程序通过 http 接口给客户端调用,包括:

- 第 6 章的 okhttp 登录示例程序和注册示例程序。
- 第 7 章实战项目的提交音频信息和获取音频列表。
- 第 8 章实战项目的提交视频信息和获取视频列表。
- 第 9 章实战项目的提交人员信息和获取人员列表。

在 IDEA 上启动 HTTP 服务需要借助 Tomcat,详细的启动说明见《好好学 Java:从零基础到项目实战》一书末尾的附录 A,也可参见本书源码包的《服务端工程的使用说明(IDEA 版).docx》。Tomcat 启动之后,App 即可通过形如"http://192.168.1.**:8080/HttpServer/login"的地址访问 HTTP 服务。

(2)以 ws 地址访问

本书有如下章节用到了 WebSocket 服务:

- 第 6 章的"6.3.3 利用 WebSocket 传输消息"。
- 第 11 章的"11.2.2 在线语音合成"和"11.2.3 在线语音识别"。
- 第 11 章的实战项目使用云知声的在线语音服务。

使用 Tomcat 启动 Web 服务后,被注解@ServerEndpoint 修饰的 WebSocket 接口也跟着开放了,App 可通过形如"ws://192.168.1.**:8080/HttpServer/testWebSocket"的地址访问 WebSocket 服务。WSS 是 WebSocket 的加密版本,遵守 WSS 协议的接口地址以 wss 打头,比如云知声提供的语音合成、语音识别服务就采用 WSS 服务。

(3)以 Socket 方式访问

Socket 接口主要用于本书的即时通信场合,包括下列章节:

- 第 6 章的"6.3.1 通过 SocketIO 传输文本消息"和"6.3.2 通过 SocketIO 传输图片消息"。
- 第 6 章的实战项目使用 Socket 传输聊天消息。
- 第 7 章的实战项目使用 Socket 传输评论消息。
- 第 13 章的两个实战项目都使用 Socket 传输信令消息。

在 IDEA 中启动某个 Socket 服务时,右击源代码并选择快捷菜单"Run ***",便可开启侦听指定端口的 Socket 进程,然后 App 即可访问指定 IP 和端口的 Socket 服务了。